U0590312

导师论导

——研究生导师论研究生指导

（第 4 版）

主　编　周文辉
副主编　周玉清
编　委　刘俊起　黄　欢

北京理工大学出版社
BEIJING INSTITUTE OF TECHNOLOGY PRESS

图书在版编目（CIP）数据

导师论导：研究生导师论研究生指导／周文辉主编．

4 版 . -- 北京：北京理工大学出版社，2025.2.

ISBN 978 - 7 - 5763 - 5071 - 5

Ⅰ. G643 - 53

中国国家版本馆 CIP 数据核字第 2025D8P997 号

责任编辑：吴　博　　**文案编辑：**李丁一
责任校对：周瑞红　　**责任印制：**李志强

出版发行／北京理工大学出版社有限责任公司
社　　址／北京市丰台区四合庄路 6 号
邮　　编／100070
电　　话／（010）68944439（学术售后服务热线）
网　　址／http://www.bitpress.com.cn

版 印 次／2025 年 2 月第 4 版第 1 次印刷
印　　刷／三河市华骏印务包装有限公司
开　　本／787 mm × 1092 mm　1/16
印　　张／28.25
字　　数／602 千字
定　　价／88.00 元

前　　言

　　党的二十大报告指出："教育、科技、人才是全面建设社会主义现代化国家的基础性、战略性支撑。"这一论述揭示了教育、科技、人才三者之间的内在联系，为新时代研究生教育指明了方向。研究生教育肩负着为国家培养拔尖创新人才、推动科技自立自强的重要使命，是教育、科技、人才三位一体发展的关键结合部，是发展科技第一生产力、培养人才第一资源和增强创新第一动力的最佳结合点，是推动科技进步和社会发展的关键力量。

　　自1978年恢复研究生招生以来，我国研究生教育事业取得了快速发展，已累计培养了1100多万研究生，2024年在学研究生超过400万人，我国已经成为名副其实的研究生教育大国。要实现从研究生教育大国向研究生教育强国的转变，提高研究生培养质量，增强研究生的创新能力，成为新时期研究生教育的核心任务。

　　在研究生培养过程中，导师肩负着传道授业解惑的神圣职责，他们是研究生成长和成才路上最重要的示范者、支持者和引领者。高水平、高素质的导师队伍是我国研究生教育得以高质量健康发展的保障。导师是培养研究生专业素质和技能的主要责任人，《中华人民共和国学位法》将研究生指导教师规定为学位质量保障的重要主体，教育部印发的《研究生导师指导行为准则》也明确提出导师是研究生培养的第一责任人。导师的学术水平、治学态度和人格魅力，深刻影响着研究生的成长与发展，在很大程度上决定着研究生的培养质量；同时，导师也是"研究生思想政治教育中的首要责任人"，导师的道德修养和指导水平对研究生的培养质量具有决定性作用。因此，要把研究生培养成为适应国家经济、社会、文化建设需求的高层次创新型人才，必须首先培养出大批具有高深的学术造诣、较高的道德修养和较强的指导能力的研究生指导教师。

　　2024年，学位与研究生教育杂志社开展的全国研究生满意度调查数据显示，研究生对导师的整体满意率达到88.9%，其中对导师学术水平、科研指导能力和师德师风的满意率分别为90.1%，88.5%和91.4%，这些数据充分表明，广大研究生导师得到了研究生的普遍认可。在多年的研究生培养实践中，不少导师形成了良好的人才培养理念和培养办法，积累了丰富的培养经验，他们将自己培养研究生的先进经验和相关思考撰写成文，发表于《学位与研究生教育》上，为新上岗的导师提供了现成的经验和有益的启示，这是我国研究生教育事业弥足珍贵的财富。为了便于广大青年导师参考和借鉴前辈导师培养研究生的宝贵经验，也为了给研究生培养单位培训新导师提供便利，我们在2008年编辑出版了《导师论导——研究生导师论研究生指导》一书，之后进行了两次修订。今年我们启动了该书第4版的修订工作，删减了原书部分文章和文件，精选并增补了2018年—2024年《学位与研究生教育》刊发的相关优秀文章，同时加入了《中华人民共和国学位法》和近年来颁布的相关文件。这些文章凝聚了六十多位导师关于如何治学、如何教育研究生做人、如何培养研究生的创新能力等方面的切身体会和深入思考；同时，也收录了部分优秀研究生导师教书育人、严谨治学、模范做人方面的先进事迹。希望本书能对广大导师培养研究生和研究生教育管理者开展工作有所裨益。

今年是《学位与研究生教育》创刊40周年，也是我国首批22所研究生院建院40周年。谨以本书纪念我国研究生教育发展史上的一个里程碑，同时也希望本书能够成为研究生导师和研究生教育管理工作者的良师益友，能为提升我国研究生培养质量贡献一份力量。

编　者

目　录

第一部分　施之以爱　导之以行

第二部分　勇攀高峰　惟恒创新

第三部分　大师风范　导师楷模

附　录

第部分

施之以爱　导之以行

谈谈科学道德问题

周 尧[*]

社会科学是研究人与人的关系的科学。自然科学是研究人与自然的关系的科学。但是我们研究人与自然的关系不是在另一个星球上，而是在地球上，在人与人之间存在复杂关系的世界上，不可能不处理人与人的关系，这就表现为人的品质、行为以及对待社会的态度，也就是道德问题，其中包括"科学道德"问题。

恩格斯说："每一个行业，都有各自的道德。""科学道德"就是科技界的职业道德。胡耀邦同志也说过，我们应当把遵守职业道德看作建设社会主义精神文明、开创社会主义现代化建设新局面的不可缺少的一个环节。由于"十年动乱"的影响，在科学道德方面，近年来出现了不少问题，引起了社会的广泛注意。今天，我以一个从事科研工作50年的老兵的身份，就我所接受的中国几千年的文化传统和30年党的教育所形成的个人直觉和是非标准，结合所见所闻（包括我个人的经验教训），归纳为10个问题，提出来和大家商讨。

一、如何对待真理

也就是如何对待科学、如何对待科学事业的问题。科学家之所以为科学家，就在于追求真理，为人类揭示事物的本质。所以，对真理的态度，也就是科学家的良心、职责、义务和节操。这是科学家取得社会信任的首要标准，也是科学家对自己评价的首要原则。

"实践是检验真理的唯一标准。"科学家要尊重实践，蔑视一切权威和压力。布鲁诺发现地球是围绕太阳转的。当他被教会用火烧死前还说，没有了我，地球照样转。伽利略同样受终身监禁。亚里士多德是柏拉图的学生，他在学术上有和老师不同之处。他说："吾爱吾师，吾尤爱真理。"当英国皇家学会会长普林格尔受到国王的压力，要他攻击美国独立运动领袖富兰克林用尖顶避雷针是错误时，普林格尔说："我许多事都可以服从陛下，但不能违背自然规律。"在科学史上记载着千千万万科学界的优秀人物的

周尧，西北农学院教授。

卓越的科学成就，也记载着他们的高尚的科学道德方面的动人事迹。

随着社会的发展，科学研究日益成为受到社会尊敬的事业，科学家有了崇高的荣誉、较高的社会地位和可观的经济收入。因此，有些人对功名利禄的追求超过了对真理的追求，无视科学道德，在科学活动中弄虚作假、招摇撞骗，走上了科学骗子的道路。但是任何伪造的"成果"都经不起实践的检验，总会暴露出其真面目，而使伪造者陷于身败名裂的境地。

今天，有一些单位重大科研题目布置不下去，没有人承担，各人搞各人的，搞些小题目，挑肥拣瘦，那又是为了什么？

二、如何对待前人

科学是创造性的劳动，又是继承性的劳动。科学家要在前人研究的基础上做到有所发现、有所发明、有所创造、有所前进，需要阅读前人的文献资料，利用前人的研究成果，也就是说必须涉及前人。

文献资料的功用，是使我们了解这个科学领域研究的历史，了解前人研究时应用的方法及在这一领域内所达到的水平，从而选择自己所做的工作从哪里前进或突破，把自己的工作也纳入历史的地位，并从文献中找到更多的文献。文献是前人劳动的成果，应当受到我们的尊重。我们要尊重优先权。如何对待前人的问题，主要表现在如何对待文献资料，如何对待优先权问题。

科学家的新发现或新发明，只有公布出来才有意义。而一旦公布，它就成为人类的共同财富，社会上任何人都可以理解它而利用它，留给那个科学家的只有一个优先权而已。任何人都可以应用欧姆定律、爱迪生效应、达尔文主义，而欧姆、爱迪生与达尔文所获得的最高荣誉是以他们的姓氏命名的定律或主义所体现的优先权。在这个问题上，有两种偏向。

一是忽视文献资料的重要性，认为科学研究和种田一样，"有一分的耕耘就有一分的收获"，根本不看参考文献，就瞎摸瞎碰，大吹大擂，什么都是他的成绩。这些人真不知天有多高，地有多厚，既可笑又可怜。我就收到不少这样的稿件，寄到《昆虫分类学报》来。他们把在教科书与日本图谱上查不到的昆虫都作为新种，把在日本图谱上查到而中国教科书上没有的就作为新纪录。我们给他指出了，他于是一篇篇地如流水一样寄来。这就不是一个工作方法问题，而是一个工作作风问题、科学道德问题。

另一种偏向则是不愿做艰苦的劳动，投机取巧，剽窃前人成果，作为自己的东西。这样的事例，在我国并不少见。有的把从外文翻译过来的东西当原著发表；更有甚者，把别人的文章原封不动地照抄发表，甚至还请奖呢！这些人最后和他们的愿望相反，不但没有得到丝毫荣誉，反而招来了耻辱。

新中国成立后的某些教科书，不是著者凭自己的研究心得写成的，而是一把剪刀、一瓶糨糊拼凑成的。书中不提哪些材料是引自何人的著作，哪些是某某人的成就，而是以原作者的身份出现，好像什么都是编著者自己的成果。似乎提到别人的名字就是为别人树碑立传，而事实是为自己树碑立传。这是学风不纯的表现，今后应当努力改正。

三、如何对待同道

现代社会中，任何科学都联合成了科学共同体。任何科学家个人如果完全离开这个集体，就将一事无成。科学家之间既竞争，也合作；既互相监督，也互相促进。应特别强调的是要互相合作和互相促进。每个科学家对集体、对同时代人都负有道义的责任。为此，任何学术垄断、资料封锁、技术保密都是可耻的行为。

《国际动物命名法规》刊有道德的规约，其中第一条提出："当我们知道一个分类学家已经认辨了一个新的分类单元并即将建立时，不应争先发表，应与他联系，并且只有他在一个相当时期内不能建立时，才可以建立它，要互通情报消息。"但是，"同行是冤家"的情形屡见不鲜。会上争得面红耳赤，会下互相揭短，搞些小动作。一个部门、一个系统或一个单位自成派系不相往来，如某省林业系统召开的昆虫会议，不邀请农业系统、科学院系统的人参加。反之，亦如此。一个省的同志还不能团结，还谈得上团结全国同志吗！我在同道关系上很注意，所以同志们对我也是近悦远来。我在文献、标本上尽量给同道方便，别人也同样来对待我。我能动员全国有关标本和文献，都是"温良恭俭让以得之，异乎人之求之也"。近来我去华中、东北、广西各讲学一次，都不收他们的报酬；他们对我的研究生与助手去那里采集，给了很大方便。在我的研究室里，随时有各地来查对标本、阅读资料的同志。每天平均有一篇送来请我审阅的稿件，我总是把"承周尧教授审阅"的字样涂去。我以乐为他人作嫁衣裳而感到高兴。

四、如何对待同事

一个系、一个教研组、一个课题组，应当是一个战斗集体，每一个成员应当培养自觉的集体意识，在实际工作中按照集体主义的原则，正确对待同志，正确对待自己，正确对待劳动，正确对待荣誉，发扬虚心谦让的美德，在互学互助中前进。

我看到许多好的集体，也见到一些相反的典型。一个单位、一个小组四分五裂，互相扯皮，各不相让，谁做事就攻击谁，真所谓"无事生非"。这样的单位、集体，弄到如此局面，主要责任应当由其中的中老年同志来负，由其中的领导人来负，由其中的党员负。中老年"为人师表"嘛！领导人是领导，党员要起"模范作用"！

一般集体中发生矛盾常起源于"名利之争"，即名次谁前谁后，奖金、稿费谁多谁少。如果都有虚心谦让的美德，那就万事大吉，皆大欢喜了。这里我提一个原则：谁首先在这项研究中起到关键性作用，其次谁在这项工作中投入直接劳动和有效劳动最大，他的名字就放在前边，其余类推。比方说我指导研究生合作写一篇论文，我为他拟定了课题，提供了研究的材料及必要的参考文献，教给他研究的方法，最后由我来修正定稿。这论文如用合作的名义发表，我的名字当然应当放在前边，因为我对这论文是起到关键作用的。这位研究生也许投入了一年的劳动，才摸进了门，学会了一种东西，但他的工作只是我的助手的工作。我在工作中培养他，他一年的工作，如果我自己来做，一星期或一个月就可以完成的。在我的工作中可能还有工人成年累月为我打字抄稿，他们的劳动日比我们更多，但论文总不该由他们来挂帅吧？

随着研究生或助手的成长，他逐渐有了初步独立工作的能力。我对他的工作逐渐失去了指导作用，我就要把他的名字推到前面去，把自己的名字放在后面，来提高他的学术地位。直到最后，他可以完全独立，我把自己的名字抹了去，虽然他们客气还把我的名字写在前面。每一个人，在集体里应甘当配角，甘当无名英雄，不要光想当挂帅人物。

新中国成立前，某单位有个助理研究员，发明了粗制的棉油羹可以制成杀虫乳剂，写成论文，报了上去。一个大所长看到觉得很好，就填上了自己的名字，把助研的名字取掉了。发表后，这位助研到处上告。在那个时期，助研的官司在法律上是不会打赢的，但在道德上他是赢家。有的科学家，别人送稿件请他指正，他就把自己的名字写在前面。我是不同意这样做的。我想送审的人心里也不会愿意。因此，不要以为我是组长，我是主任，即使不工作，我的名字也必须挂上，并挂在前面。至于稿费奖金如何分配，原则上也可以遵照前面的办法。而我，则要照顾一些低工资的，那些直接参加科研工作的助理、工人也都应当分到，使他们感到集体的温暖。

五、如何对待后进

对待青年，这个问题已经包括在第三、第四个问题中了，但还要提出来再谈一下。青年是国家的希望、社会的希望。"青出于蓝而胜于蓝"，这是自然规律，否则社会就没有进步，国家就没有希望，要培养青年人、后进者来超过自己。科学家对社会的贡献，不仅在于他自己"出成果"，还在于他"出人才"。我去年写了一首致青年科技工作者的诗，最后两句是"长江大浪争先后，好向蓬瀛侈壮观"，道出了我的心情：我希望青年科技工作者要自觉地培养科学道德，健康地发展。

六、如何对待国际关系

科学是人类的共同财富，没有国界。这是一个原则、大前提，背离了它，就会犯民族沙文主义、大国沙文主义的狭隘的民族主义的错误。但是，我们也不能忘记帝国主义列强200年来侵略中国的事实，也不能看不见资本主义世界今天对我国实行技术封锁的事实。无可否认，我们今天的科学技术还落后于资本主义国家，但我们中华民族是世界上最优秀的民族之一。我们的祖先在科学领域有过光荣的历史，我们有信心、有能力，在中国共产党的正确领导下，赶上并超过世界先进水平。我们有光明的未来，民族虚无主义的思想是错误的。对外人的崇洋媚外、卑躬屈膝是完全不必要的。当然我们应当注意国际礼貌，做到有理、有利、有节。此外，我们还应注意保守国家的机密，所谓机密，就是不要使我们国家受到政治上的损失、外交上的损失和经济上的损失。其中特别要注意政治，如果把我国有争议的地区说成是外国的领域，那就是政治上的错误。

七、如何对待学术讨论

也就是如何开展批评与自我批评的问题，如何对待成绩和缺点的问题。新中国成立已经30多年了，每个人在生活上和工作上应当习惯于批评和自我批评。这是我们党的三大作风之一，也是一个战斗集体团结的必要条件。科学家的目的是追求真理，科学家的态度是坚持真理、修正错误。一个真正的科学家有勇气正视自己的错误，承认自己的错误，改正自己的错误，也能诚恳接受别人的批评。所以在科学上要提倡百家争鸣，提倡学术讨论，这是推动学术发展的最好方式。作为一个科学家，在科学上取得了成绩，这是他应尽的义务，这是人民对他的信任和党的支持取得的。科学上所造成的错误，则要由他自己来负责。

动物分类学的书籍明确地告诉我们：学名后面附上定名人的名字，不是给他的荣誉和报酬，而是要他承担责任。科学上的异名，几百年后也将一直被人们所提到，这就要求我们必须慎重地来对待科学事业。当别人发生错误时，我们也要勇敢地提出自己的意见，提出批评，但是应当注意方式和方法，决不应该打击别人，抬高自己，或者是侮辱谩骂。这样做，常常适得其反，损失最大的还是自己，因为他失去了一个科学家的风度，失去了在群众中的威信。

《国际动物命名法规》在道德规约中也明确指出："当一个作者还在世时，不应用一个新的名称来代替他所发表的同名，而应通知他，让他自己修改。""一般以异物同名者的姓名，作为这一单元的名称。"意思是，不能因为错误而抹杀应当承认的功劳，批评缺点的时候也应尊重成绩。

"讨论不能用粗暴的言辞，而应有礼貌和友善的态度。"在这个问题上，我有深刻的教训。新中国成立前，西北农学院曾来了一个院长，贪污腐败，我反对他。他后来让位给一位学昆虫的教务长当代院长。这位代院长当面对我特别好，背后却假借教育部的名义把我解聘了。我很生气，为了报复就写文章批评他的一本书。文章长达30多页，言辞当然不会客气。知情的人都同情我，在一般人则觉得我批评得太不留情面了，说我锋芒太露了。我以后也很后悔，新中国成立后我主动和他握手言欢。

八、如何对待论文发表

科学论文必须发表，未经发表，工作不算完成。由于前辈的努力，才使我们今天有了研究的基础，我们的工作将为后人开路。科学领域是这样广泛深邃，每个人不贡献自己的一分力量，科学如何能够进展？缩小中国目前在某些方面存在的差距，如果大家不努力，又如何能够赶超先进水平？

在发表论文时千万不能忘记注明所引用的别人的研究材料，不要以首创的面目出现。凡是帮助你鉴定标本、提供标本、照片、资料、参考书、参加制订计划、为你审稿以及参加部分工作的人们的名字，都应当提到并向他们致谢。这关系到你自己的信誉。分类的记述文章应归功于采集者，因为真正的发现者是他。对标本应当爱护，借用的，工作完时归还，经协商同意可以留下一部分来。不能承担这种责任就不要冒充科学家。文章应用第三人称来写，力戒用第一人称。科学是人类的财富，因之应有外文摘要。我主张用世界语来写，使全世界各民族有同等利用的机会。

九、如何对待自己

达尔文说他自己的成就，只不过是在智慧的海滩上拾到了一个贝壳。爱因斯坦说他自己只是站在巨人的肩膀上罢了。我青年时代相当狂妄，曾在奉化雪窦寺瀑布照的相片上题字："千丈瀑布从我们的脚底飞出，千古的事业将从我们的手中做出。"当我创办天则昆虫研究所时，我曾引用过浮士德的句子："我是一无所有而又万事俱足，我向真理猛进，却向梦境寻乐。"但是，近年来我越来越感到自己的浅薄、无能、力不从心。"庄生晓梦迷蝴蝶，望帝春心托杜鹃。"我今天能够对自己有较为正确的认识，对科学道德问题有一点肤浅的理解，应当归功于党30年来的教育，归功于我小学、中学、大学时代一些老师的熏陶，归功于中国数千年传统文化的影响。

十、为谁服务

科学道德问题，归根结底是为谁服务的问题，是个世界观问题。这是一个根本问题、核心问题。这个问题毛主席在延安文艺座谈会上提出来了，那是对文艺工作者说的，科学工作者也同样有这个问题。自然科学本身没有阶级性，但科学家本身是有阶级性的，有为谁服务的问题。为希特勒制造杀人武器的科学家，为日本帝国主义试验细菌战的科学家，难道不是战犯吗？当美国的原子弹投到广岛的时候，那个制造原子弹的科学家发疯了，他受到了科学良心的谴责。当然，生活在社会主义制度下的中国科学家，不可能为帝国主义服务。但这并不说明我们的科学家都解决了为谁服务的问题，否则为什么有那么多人喜欢大锅饭、铁饭碗，热衷于向钱看呢？为什么有些人无所作为，得过且过，见风使舵，闹派性，无事生非呢？

今天党和社会之所以重视科学道德问题，其目的我想是要求我们：① 树立献身社会主义科学事业的精神，明确从事科研工作是为了造福人民，不是作为追求名利的手段。② 建立正确的劳动态度，勤奋努力，苦干实干，克服侥幸取胜、投机取巧的思想作风。③ 发挥集体主义精神，正确处理人与人之间、个人与集体之间的关系，形成和谐、团结、相互协作的大集体，创造出更高的学术水平来。④ 树立坚持真理、实事求是的精神，克服科技工作中的不正之风，为我国的四化建设做出更多的贡献。

我虽然老了，活到老，学到老，我愿与诸位共勉。"我愿余生奋蹄腕，后尘勉逐骅骝驾！"

（刊登于《学位与研究生教育》1984 年第 2 期）

当好铺路石子　培养新一代力学英才

戴世强[*]

作为研究生导师，肩负着培养新一代高级科技人才的重任，应该怎样不负党和人民所托，出色地完成这一使命？我想从如下几个角度谈一些体会。

一、着想点———当好铺路石子

著名作家赵长天最近写道："每个人，在他的人生旅途中，总有几个重要的，起关键作用的，永远也不该忘记的人。"要是有人问我，谁对我的一生起关键作用？我会毫不犹豫地回答：郭永怀教授和钱伟长教授。我在人生旅途上，得到两位著名学者的指引，实在是我的幸运。

10年前，我在纪念导师郭永怀教授逝世20周年的短文《当好铺路石子》中写道："郭永怀教授离开我们整整20年了，但是他的丰功伟绩、他的高风亮节、他的雄才大略、他的声音笑貌长留在我们心间。作为他生前最后一批学生之一，我永远深切地怀念他，永远真诚地奉他为人生的楷模。……他教导我们：'我们这一代，你们及以后的二三代要成为祖国的力学事业的铺路石子'。我将以此为座右铭，兢兢业业地当好铺路石子，为祖国的力学事业贡献出一切微薄的力量，也许这是纪念他的最好的实际行动。"我清楚地记得1962年10月4日郭永怀教授对我和李家春说这番话时的情景。这些年来，我一直以"当好铺路石子"作为我的教学科研实践的准则。我认识到，祖国要实现四化，当务之急是迅速有效地培养一大批德智体全面发展、学有专长的高级人才，而研究生教育是关键的一环。我应该像我的导师郭永怀教授那样，不计个人得失，全身心地培养好研究生，把自己对人生的感受传授给他们，不但讲述自己成功的经验，而且谈论失败的教训，让他们尽可能少走弯路，尽快成为四化建设中的有用人才。

在目前条件下培养研究生有种种困难，当好铺路石子并不容易。改革开放以来，研究生培养的大环境大有改善，但是，外部的诱惑大大增加，使研究生难以自甘清贫；研究生的待遇过低，使他们难以心无旁骛。作为导师，要全方位地关心他们，成为他们的

---

* 戴世强，上海大学教授。

引路人，也就是说，要实践钱伟长教授的教诲："教师的工作就是引导学生。"

在当好铺路石子的思想指导下，我心甘情愿地努力培养研究生，设身处地地为他们着想，近年来花费了我一半以上的精力。即使在我出访期间，我考虑得最多的还是研究生的学业。例如，去年访问香港半年中，我发回了几百个 E－mail，不少内容是对研究生作具体指导。我总是觉得，尽管我做了一些工作，与我的导师郭永怀教授相比，与我后来的指导者钱伟长教授相比，还只能算是凤毛麟角。

二、着眼点——培养大写的人

这些年来，我有幸在钱伟长教授身边工作，经常聆听他的教诲，得益匪浅。我体会到，钱伟长教授作为一位德高望重的老教育家，他倡导的大学教育方针的最关键一点是培养大写的"人"。他一贯认为，培养学生的优秀品质是至关重要的，决不能只抓智育，不抓德育，使学生成为唯利是图的糊涂虫。他说过："现在有不少人认为教育就是学点知识，那是绝对错误的。知识是要学的，但只是一个方面，更重要的是品德教育。"他还对学生说过："什么是高等教育？是两个方面的教育。第一，要转变你们的人生观，使你们生活有目的；第二是你们要获得建设国家所需的知识。"因此，在我培养研究生的实践中，对品德教育不敢有丝毫懈怠。

首先，在选才方面，尽管近年来力学学科的研究生生源不能尽如人意，但不管是硕士生还是博士生，我都坚持"人品第一，学问第二"的方针来选择人才。对报考我研究生的候选人，我都要经过事先考查，先肯定他们在政治上有培养前途，人格上没有重大的缺陷，再认定他们经过努力在学问上是可造之才。这样宁缺毋滥的选才，为日后对研究生的培养教育奠定了良好的基础。

其次，研究生招收进来之后，我一般都仿效郭永怀教授和钱伟长教授，与他们作情真意切的谈话，希望他们学习老一辈的优秀的大学问家，立定将一切献给祖国和人民的志向，并鼓励他们政治上要求进步，不要成为只钻业务的"瘾子"。因此，在我身边求学的研究生，原来是党员的继续保持先进，不是党员的纷纷参加党章学习小组。这几年，有两名研究生在毕业前成了预备党员；不少学生得到了较高等级的奖学金；所有学生都品行端正，毕业后得到用人单位好评。

最后，也是最重要的是，身体力行，努力在人格上完善自己，从而来影响我所带的研究生。正如钱伟长教授所说："老师要能为人师表，师表并不是容易做的。"自我以郭永怀教授和钱伟长教授为师表以来，深深感到人格的力量是无穷的，伟大的人格可以影响别人一辈子。我还感到，好的品格中最关键的是爱国、敬业、正直、无私。我不爱也不善于讲大道理，有机会就给研究生们讲郭永怀教授和钱伟长教授的传略（我写过他们二位的传记），讲他们在抗战期间，宁愿放弃留学，也不愿拿日本人签字的护照出国；讲他们放弃在国外的优厚待遇和安定生活，义无反顾地回祖国奉献一切；讲他们在艰苦的环境下坚持科研，矢志不移，等等。我也讲过困难时期，平时不苟言笑的郭永怀教授给我们研究生送糕点票的故事；讲过钱伟长教授"文化大革命"时期帮助首钢工人搞革新并得到他们保护的故事。我相信，这些讲话会对研究生有潜移默化的作用。我与研究生聊天时，并不忌讳告诉他们，我年轻时也有名利思想，只是经过多年磨炼，这种思想才逐渐淡化。我告诉他们，我的思想境界并非高尚得无懈可击，只是我想到，我这样一个渔岛上生长的普通孩子，只有经过祖国和人民的多年培养，才可能成为一个教授、博士生导师，这是我报效祖国的动力。巧的是，我的研究生全部来自普通家庭，大半是农家子弟，所以我的话容易引起他们的共鸣。当然，身教胜于言教。在理科类的科研工作者中，发表学术论文至关重要，其中论文署名是个敏感的问题。研究生完成论文后，一般都会署上导师的名字，我就效法郭永怀教授，经常把这种署名划去。我的原则是：只有自己做了主要工作、亲自撰写的论文，才列为第一作者；我参加过具体工作写成的论文可以列为第二、三作者；其余情况，一概不应署名。我对他们说，我对目前国内外导师霸占研究生成果的现状深感不满，希望他们将来自己一旦成为导师后千万不能这样。在与学生的交往中，他们有时为我的住房情况鸣不平。我说，我早已淡泊名利、荣辱不惊了，只要学问能做下去就行了，这也是我心宽体胖的原因。在我的影响下，我的学生也大多能自甘清贫、安心求学。

三、着手点——成为研究生的知音

我感到，要做到教书育人，导师应该成为研究生的知心人。我的学生说我没有导师架子。我想，架子有什么用？想当年，我的导师郭永怀教授是国际知名的大学者，对我们完全可以搭架子、摆谱，但我们研究生经常看到的是他亲切的笑容，大家常到他家玩，纵论天下大事，也谈音乐欣赏等，还能享受师母提供的美食。因此，我认为，导师和学生只有做学问先后的不同，师生应该是朋友。在这种思想指导下，我与研究生无话不谈，平时互相开开玩笑，没有拘束感。我觉得他们每天吃食堂，挺艰苦，只要拿到课题的开题费或结题费，我们就找个借口聚餐，一起"搓"一顿。正因为如此，研究生也愿意把我当作贴心人，有什么苦恼也愿意向我倾诉，如家里生活困难、住房发生问题，等等，我也尽力帮他们解决暂时困难。前几年，我有两个副教授级的博士生，他们离妻别子到我校深造，我觉得更有责任关心他们。他们先后得了较重的病，我在学校制度许可的范围内给他们方便和多方关怀，在他们回家养病期间，我通过"遥控"，继续指导他们写论文，他们也不负所望，按时保质保量地完成了学业。

正因为师生成了朋友，我能及时地把握他们的思想脉搏，有问题能随时解决。有一位博士生要求进步，想争取入党，我就建议另一位党员博士生多加关心，并指出他要改掉经常患得患失的毛病，他终于在离校前入了党；有一位硕士生对搞科研有畏难情绪，我就开导他，指出他的优势和劣势，肯定他接受新事物敏感等优点，同时给他更为具体的指导，最近他的论文工作已有了重要进展。我与研究生谈论最多的问题是从业方向的选定。目前我国社会正处于转型期，研究生面临多种选择和诱惑，常会感到困惑，我在与他们谈话时，提出了一个"定位论"，指出应针对自己的特点来正确地定位，不论是继续奋斗在科研教学第一线，还是转而下海从商，只要心中有大局、有大志，加上努力奋斗，都会有出息。同时，我通过具体举例，说明在社会转型期或动荡期孜孜不倦地做学问的人，无不成就一番大业或"小业"，鼓励他们按钱伟长教授的教导，在当前的商品经济大潮中，自甘清贫，发奋求学，也许下个世纪的我国两院院士就在他们之中产生。我不敢说我的话一定会有决定性的作用，但至少为他们提供了一种思路，而到目前为止，我的学生成绩有大有小，还没有一个"坍"学校的"台"的。我的研究生也喜欢与我谈个人问题，我作为"过来人"也尽可能给予指点。他们有了女朋友，总是第一个想到带到我家来（不仅限于我指导的研究生）。

四、着力点——高标准、严要求

朋友归朋友，在培养过程中，我并没有放松对这些朋友的要求。我认为，每个研究生必须达到国家的培养目标，对此不能有丝毫的迁就。我以自己的理解，着重抓好培养研究生的几个基本环节。

在制订培养计划时，我根据生源的不同，提出不同的要求。对学数学出身的，强调物理、力学、工程方面的训练；对学工程的，则要求加强基本数学技巧的训练；对学力学、物理的，则兼顾上述两方面；而对计算机知识的要求则是共同的。根据力学学科的总要求，我强调数学、物理、力学、工程与计算机五方面的能力培养。实践表明，这样的严要求对他们日后的工作或深造十分有利。

在学位课程方面，我一方面努力贯彻国务院学位委员会和本校对修满学分的要求，另一方面又强调"学分归学分，学问归学问，学分容易修满，学问则无止境"。所以，我经常针对各个学生的弱点，提出不同的"补课"要求。一旦所里开出高水准的课程，总尽力促使他们去听；并鼓励他们自学必要的基础知识。

在科研实践方面，我认为参加国际、国内的学术会议是增经验、长见识的好机会，因此不管经费多紧张，总尽力争取让他们与会。同时，让他们积极参加所里的研讨会，并且组织课题组的研讨会，让每个学生都养成学术交流的习惯。

在撰写学位论文方面，我帮着学生搭好论文的框架，根据钱校长对本校博士、硕士学位论文的要求，进行划块、细化。通常我对撰写论文提出"积木式"的做法，先让学生按论文总要求搭三四块"积木"，然后按我的要求进行"总装"。一般，每篇论文至少经过我三次修改。为了使研究生写好论文，我为他们作了如何撰写科技论文的专题报告。鉴于按目前的做法，论文的质量基本上由导师把关，所以，我对此不敢有丝毫马虎。有两位学生在论文完成大半后就想提交答辩，硬是给我扣了三四个月，补足了内容后才送出去评审。由于把好了论文质量关，近年来我的研究生的学位论文至少达到了较优秀的水平；在今年的学位论文抽审中，我的两名学生的论文获得了较高的评价。

在提高了学习自觉性的前提下，我对研究生培养采用了以目标管理为主的做法，也就是说，在确定了高标准的目标之后，给每个学生规定了每个阶段的截止日期，分阶段检查目标是否实现。正因为用目标管理取代了过程管理，我有一段时间共指导硕士生、博士生各4名，培养工作仍能有条不紊地进行。

参 考 文 献

[1] 赵长天. 文汇报 [N]. 1998 – 10 – 08.
[2] 郑哲敏. 郭永怀纪念文集 [M]. 北京：科学出版社，1990：26.
[3] 钱伟长. 钱伟长学术论著自选集 [M]. 北京：首都师范大学出版社，1994：281，307，389.

（刊登于《学位与研究生教育》1999 年第 5 期）

博士生导师工作随想录

崔自铎[*]

当了十几年博士生导师，指导了十几届博士生，积累了一些经验教训，有些感悟和体会，写出来与大家交流。

 一、关于博士生导师三题

作为博士生导师，我觉得有三方面值得注意。

1. 博士生导师要"三导"

博士生导师的业务工作重在一个"导"字。"导"的内涵主要是什么呢？我体会，主要是三个内容。一是导方向。这主要是指引导学生沿着正确的政治和学术方向进行研究。二是导方法。方法的实质，是要解决学习和研究工作中的效率问题，保证研究工作的顺利进行。三是导创新。对于博士生的创新活动，只能导，而不可能包办代替。博士生导师对博士生的指导水平，最主要的就是体现在以上三个方面，这是检验一位博士生导师工作质量的重要内容。

2. 博士生导师要具备"三种力"

要当一个合格的博士生导师，至少必须具备如下三种力。第一是人格感召力。这是指一个导师必须具备高尚的人品、人格，具有较高的综合素质。没有这一条，肯定是一个不够格的博士生导师。第二是创造力。这对于博士生导师来说，是一项十分重要的素质内容。因为道理很简单，一个没有创造素质、没有创造力、没有创新成果的导师，是很难培养出具有创新能力、创新成果的学生的。第三是辐射力或叫影响力。这是指一位导师，除了自身具有高尚的品德、广博的知识、扎实的科学和专业素养外，还须具备一种把其品德、思想、知识、智慧和创新能力传送到学生内心和行动中去的能力。如果一位导师大体具备了上述三种能力，他便可以比较好地担负起培养学生的重任。

3. 博士生导师要"三忌"

博士生导师要"三忌"，是指一个导师必须忌讳或避免"不导""虚导"和"歪

---

* 崔自铎，中共中央党校教授。

导"现象的发生。"不导"，是指导师在指导博士生的工作中，放弃指导责任，使学生的学习、研究工作放任自流。"虚导"，实质是不导。不同的是，这类导师没有在指导学生的工作中下功夫、用实劲。最后是"歪导"。这类导师是误人子弟的人，在现实生活中人数极少或是个别现象，但并不是不存在的。

二、作为博士生导师的"约法三章"

我在指导博士生工作中，有三条无形的自律性约束。

1. 不设框子

不设框子是指在科学研究工作中，使每个研究生具有充分的自主权。这里最重要的是以科学为最高准则，以真理为最高权威，以实践为最高标准。所以，导师不要给博士生的创造设想、创造成果预设框子、划范围，尽量让他们充分发挥独立、自主、自由的创造性和主动性。

自主、自由是创造的前提。因此，博士生导师必须随时注意、约束自己，避免过多地干预、限制学生在学术研究工作中的自主性和自由权。因为，无数事实表明，设框子往往是妨碍学生进行创造的思想牢笼。

2. 不定调子

科学研究，尤其是创新性的科学研究，会遇到各种不同的意见，会得出许多不同的结论，这是完全正常的现象。对此，人们应当采取何种态度呢？是否一定要以某个人（包括导师在内）的意见为准？我认为不然。因为，决定一个观点、一种思想理论正确与否的标准是实践。因此，导师绝对不可以权威自居，对学生的思想、观点、理论过早地定调子、下结论，束缚他们的创新积极性和创造才能。正确的做法应当是：尊重科学，尊重实践，尊重学生的创新精神，不过早地、主观地为学生的创新成果定调子，否则，导师很可能犯下扼杀创新思想成果和学生创新积极性的错误。

3. 甘当梯子

博士生导师为人民服务的观念，主要是体现在甘当梯子这一点上，就是要为博士生服务，要有甘当博士生人梯的思想。

众所周知，在西方资本主义国家，博士生是为导师服务的，学生是导师的帮手、助手。而在我们国家，社会主义的师生关系是新型的师生关系，要求教师为学生服务，学生是教师的服务对象，而不是相反。"甘当梯子"的思想应当变成导师自觉行动的准则，要做到、做好这一点是十分不易的。为此，一个导师要具有很好的师德和很高的综合素质。

三、与博士生共勉的三条原则

我对于所指导的每届博士生，要求他们坚持三条原则，这也是我自己为之而奋斗的三条准则。

1. 为文与做人的统一

一个博士生，不但要自己学识渊博，能写出富有创新价值的科学论文，还必须在思想、道德、人品上具有很高的水准，即成为一个德、智、体全面发展的新型高级人才。用我的话说，就是要求博士生不但会写好文章，还要具有很高的思想道德水准，很强的人格魅力，做到"又红又专"，把为文与做人真正地、有机地统一起来。

2. 知行统一

知行统一，包括言行统一、理论与实践相统一。

知行统一做得如何，是检验一名共产党员、一名马克思主义理论工作者的党性、作风的重要标志。因此，一个名副其实的共产党员、一位马克思主义理论工作者，必须在自己的全部生活——学习、研究、工作、行动中，体现出知行统一的好风格、好作风，反对言行不一、理论与实践相脱离的各种恶劣习气——经验主义、教条主义和实用主义。经验主义，做而不思，行动脱离理论，言不及义，盲目实践；教条主义，从言到言，言而不行，言而不做，言脱离行，搞经院哲学和本本主义，使理论僵化，危害实践；实用主义，片面地处理理论、理论与实践一致的目的性，既肢解、歪曲了理论，又削弱和破坏了实践。这三者的通病，便是割裂知行的统一。我们必须坚决反对上述歪风邪气。

3. 继承与创新统一

能否坚持继承与创新的统一，是考察博士生业务素质和能力的基本标志。因此，无论是博士生导师还是博士生，在自己的全部学习和研究工作中，必须随时注意，力求使坚持与发展、继承与创新有机地、紧密地结合起来。相反，如果只讲坚持和继承，而不讲发展和创新，或是只讲发展、创新，而不讲坚持和继承，都是一种片面性。唯一正确的态度是：要在坚持与继承的前提下发展和创新；在发展、创新的过程中，注意批判地吸取和借鉴一切古今中外的、优秀的、有益的文化科学成果，为繁荣社会主义的科学、文化和理论事业做出贡献。

在继承和创新的辩证统一关系中，主导的、关键的因素是创新。因此，无论是在学习、研究和工作的任何时候，在思想上必须明确如下几点：要在创新的引导下继承，在创新的统帅下坚持；继承的目的、宗旨是发展、创新；坚持、继承只是创新的保证、前提和手段。

最后，还必须强调一点，创新一定要注意科学性，要把科学性与创新统一起来。

（刊登于《学位与研究生教育》2001 年第 6 期）

从学生到导师

袁　驷*

《**中**华人民共和国学位条例》（以下简称"《学位条例》"）已经实施 20 年了，可以说取得了举世瞩目的佳绩，对此，我表示衷心的祝贺。

《学位条例》在 1981 年开始实施时，一下子为我国"文化大革命"中沉寂多年的大批潜在人才提供了进一步深造、提高和发展的历史机遇。我便是有幸赶上了这一机遇的首批受益者之一。

回想起来，学位制度的实施，除了在机制上为人才的成长和发展提供了机会之外，更重要的在于研究生阶段（特别是论文阶段）对人才培养和训练的内涵让人特别受益。

一、做学生的几点体会

研究生与本科生的一个主要的区别是导师与研究生基本上是"单线联系"，类似于师傅带徒弟式的模式，因此导师的人品、学问以及如何带学生都对学生有着直接的、重要的和深远的影响。在导师和学生的关系上，我国有着独自的传统。虽然"一日为师，终身为父"的古话表面上好像充满了感情色彩，但实质上也是强调了老师对学生的影响和老师的责任。以我本人的经历为例，我便从我的导师龙驭球先生的身上学了不少如何做人、如何做学问以及如何带学生和如何创新等一系列的人生课题。

龙先生对学生没有任何架子，十分关心、爱护、理解与信任。有一件事让我非常感动。记得当年在我做博士学位论文时，一天早晨找到一个程序错误之后，匆忙去计算中心上机修改程序，因脑子里被正在调试的计算机程序充得满满的，完全忘记了宿舍里的热水器还在烧着，结果造成了一场大火。自己检查，系里批评，学校通报。但当我去见龙先生报告此事时，他几乎未假思索地说了一句非常简短但却令我非常感动的话："你有没有地方睡？要是没有地方睡，就搬到我家来。"这句话很令我感动，因为：第一，出乎我的意料（我当时处于一片批评声中，我本准备接受批评的）；第二，我当时的确需要找个地方睡；第三，龙先生是事发后第一个问到我睡觉的人；第四，龙先生让我搬

---

* 袁驷，清华大学土木水利学院教授。

到他家里来。总之，龙先生的话让人感到温暖，其中包含了对学生的体贴、爱护、关怀、理解与信任，当然也不乏无言的教诲。

龙先生做学问十分严谨。我曾听到过一个很不错的学生这样来评价龙先生所写的书：若是别人写的书，当你觉得书中写得有问题时，多半是书中写错了；但是读龙先生的书时，当你觉得书中写得有问题时，则一定是你自己没有完全理解。龙先生的严谨，体现在我身上是不放过我的每一个错别字。由于我没上过中学，语文方面有点儿先天不足，龙先生在审我的文稿时，特别注意帮我改正错别字——清华大学的教授在为我补中学的课。

龙先生指导学生也有他的特色。在读期间，我每完成一部分工作便整理出来送给龙先生审阅，龙先生审完后就推荐给学术刊物去发表。到答辩时，我已在《力学学报》《计算结构力学及其应用》《建筑结构学报》等核心刊物上正式发表论文四五篇了。龙先生的想法并不像现在这样要完成某种论文的数量指标，而是说要让学术界都来参与指导。在后来的一次座谈会上，龙先生在谈到指导博士生的体会时，不无幽默地说："我的主要体会就是：带博士生比带硕士生省事儿。"真是举重若轻。

研究生培养的另外一个特点是它强调培养学生的创造性。我觉得作为学生，除了从导师身上学人品、知识和学问之外，还有一个非常重要的课题，就是主动去分析和解剖导师的学术特征，探究其创造性的特征和来源，从根本上把导师的创造性学到手。

龙先生在学术上有很多重要的建树。作为学生，我多次问自己，龙先生的学术创新的主要风格与特征是什么？有什么规律？我在一篇纪念文章中曾就此谈了个人的体会，那就是：龙先生学术创新的一个重要特征就是非常善于在"平凡中创新，在泥土中淘金"。这一点让很多同行异常佩服。那么多人教"结构力学"的课、写"结构力学"的书，唯独龙先生能将"结构力学"中不太起眼的"混合法"开拓为"分区广义混合变分原理"和"分区混合有限元法"，进而又在其基础之上开创出"广义协调有限元"这一崭新的有限元体系。那么，又是什么可以使龙先生"平中创奇、泥里挖金"的呢？我想来想去，最后的答案是：思考，深入的思考，深到他人难以再深下去的思考，深到穷尽、深到终极的思考。正如古人所说的，千虑必有一得。我有一个不太恰当的比喻：知识学问是汪洋大海，有的人在辽阔的海面上与风浪奋勇搏斗，而有的人则沉入海底静静地发掘着海底中的宝藏。我并无褒贬之意，这是做学问的两种不同风格。我的看法是，龙先生是沉在海底精心做学问的人，做得非常静、非常深，当然也就有其他人未有的收获。

后来我曾同龙先生聊起我对他的分析，龙先生说："一般来讲，老师对学生的特点进行深刻分析的较多，而学生能对老师进行深刻分析的较少，你在这方面做得还算不错。"其实，导师对此认不认可并不重要，只要学生能够由此受益就行了。多年来，我主动吸收借鉴龙先生的创造性特征，在教学方面的大量投入不但没有削弱创造性的科研，反而将教学作为科研的创新源，走出了一条教学、科研互动并进的发展道路，取得了很好的效果。例如，在科研上，1995年我获得国家杰出青年科学基金，后因成果优秀获得两年延续资助（共100万元）；在教学上，我作为第一完成人，2001年获北京市教学成果一等奖并被推荐为国家级教学成果一等奖。

🌱 二、做导师的几点体会

现在，我做了研究生的导师，先后指导出来获得硕士和博士学位的学生有十几名，并正在指导十名研究生。说起做导师的体会，一个切身体会就是四个字："慎为人师。"作为一个研究生导师要特别谨慎、特别慎重。古人曰：学然后知不足，教然后知所困。初带研究生时，胆子很大，学生也是越多越好，但是越到后来越发现带研究生不那么简单，越带越谨慎，越带越小心。

就我来讲，带研究生心里有很多的"怕"，怕什么呢？比如说。怕学生不努力、不勤奋；而好学生勤奋努力，又怕自己水平不行、怕学生学不到东西，误人子弟；怕学生没责任心、不懂事，反过来又怕自己对学生没尽到责任。有些事情，是学生不懂事，还是老师没尽到责任，很难说。怕学生没灵气、没创造性；反过来又怕自己没招数、没办法、没水平，好学生不能给调教得更好。有时指导多了细了，怕抱得多了，怕心太软；有时觉得学生需要严加管教，又怕心太狠，会冤枉学生。学生进来时怕他不安心，怕他老想着出去，怕他老惦着找工作；等到快毕业时又怕他出不去、找不到工作，怕学生送不出去。有时怕学生对老师耍心眼；但反过来，又怕自己对学生体贴不够，与学生间有代沟、有隔阂。怕社会上不良习气影响学生；又怕自己身上有什么毛病、弱点、不良作风传给学生。怕学生不投入，也怕自己投入不够。所以，怕来怕去，觉得当导师真不容易。我跟同学谈话、交流、讨论和进行指导过程中，脑子里一直有这四个字："慎为人师。"

如前所说，研究生不像本科生，本科生有一个教学支撑体系，一个老师砸了锅，还有别的老师；而研究生基本上是跟导师"单线联系"，将来他的前途、他的事业，这几年学没学到东西在相当大的程度上就靠导师了。所以，当导师的责任是很大的，对学生要做到爱而不溺、严而不酷。在学术上要不断给自己充电、升级，保持技高一筹；在道德情操上要不断完善提高自己，时时处处给学生树立良好的导师风范。实际上，慎为人师，反映了导师对自己的责任看得更重了，对自己的要求更高了，对自己的警示监督的意识更强了，于自己、于学生倒并非坏事。

作为一个好的导师，当然不能只是人品好就行了，还要有有效的指导方法，确实能培养出合格的乃至高质量的人才来。对学生指导方面，我也采取很多导师采用的个人面谈和集体讨论两种方式。由于目前行政事务较多，每个学生每周见一面，每人谈大约半小时。这半小时基本是通报情况，觉得有问题值得深入讨论，再约时间仔细共同研究。重要的是导师对学生的指导要不断线。除此之外，我们每周还用一个晚上进行集体讨论。集体讨论是个很好的形式，有时我讲，有时学生讲；内容可以是碰到的问题，可以是心得、读书报告、进展情况等，什么都可以。可以预约，也可以自报，还组织虚拟辩论，把一些问题组织成正方、反方，训练他们答辩能力。有时国外来专家，让学生用英语作 10 分钟的汇报，也算讨论活动之一。外国专家认为，我们的做法与他们的模式差不多。这个活动坚持下来，效果很好。对于这样的集体讨论的好处，我体会至少有以下几点：

（1）拓宽视野。因为每个研究生做的题目相对比较专，学生之间交流不一定那么主动，利用这样一个集体活动，让他们互相了解，也让大家帮着出主意，跳出自己课题的小圈子，可以拓宽学生的视野。

（2）锻炼总结能力、表达能力、表述能力。

（3）训练学生开动脑筋，培养提问题能力、快速反应能力、回答问题能力，总之，要让他脑子动起来。

（4）具有潜移默化的激励作用。谁讲得多，自然锻炼得多。老不发言，没有什么可讲的，自然就有压力，这里有个"比"的作用，同时对导师也是一种激励。导师要起组织、导向和协调作用。导师自己也要拿出东西来讲，而别人讲，导师要能提炼、升华，要现场解决问题，对导师要求提高了，所以用这种方法能促进、提高导师自己。

（5）构造了一种集体活动的氛围。俗话说："单个的馒头凉得快。"老没有集体活动，人就会心灰意冷，聚在一起才会有热乎气，所以有个集体活动是非常有意义的。

（6）培养团队作战意识。有时利用集体讨论会，讨论某个课题怎么做，现场分工，分头去做，过一两周再集成、交差，这种团队作战的机会有助于学生共同提高。

（7）提高效率。一对一地讨论时，对问题的分析解答，别的学生听不到、看不到，而集体讨论会上，学生提问题，导师分析回答，大家受益，效率比较高。

（8）辐射效应。一个学生讲，大家对他提出的问题分析指导。很多问题难点是相通的，对其他学生是一种指导、借鉴。

（9）扩大指导。研究生每个人都在广览博读、在研究和探讨，他们各自有很多思维火花，聚在一起出点子、提意见、参与指导，等于是导师和研究生智力、思维的延伸和扩充。

（10）效果显著。集体讨论比一对一讨论更容易激发思维的火花，解决了很多问题。一般来讲，导师在这里边是受益最多的，因为导师比学生经验多，思路也敏捷一点，所以别人还没想，导师就想到一个新的点子，导师的收获特别大。好学生收获也很大，而且哪个学生越积极越主动，参与越多，哪个学生受益也越大；哪个学生越被动、越自我封闭，他的收获就越小。

当然，做一个好导师，还有很多其他环节，这里就不一一涉及了。

以上所写，只是个人的经历和一些零散的个人体会。在《学位条例》实施的 20 年里，我从一个学生成长为导师，从一个学位受益者成为一个让人受益者，深深体尝了

《学位条例》的实施所具有的重要的和深远的意义。因此，谨以个人的经历和体会对《学位条例》的实施所带来的功绩添加一份祝贺，并愿意为学位制度在我国进一步的完善和发展继续贡献自己的一份力量。

（刊登于《学位与研究生教育》2001 年第 10 期）

为人不易 为学实难

——浅谈研究生的培养

王德华[*]

研究生教育与培养是件大事，直接关系到高层次科技人才队伍的建设，应该引起各界人士的足够重视。这些年来，我在培养研究生的过程中有过一些思考，在此谈点粗浅的体会和心得。

一、明确培养目标

关于这一点，教育部、每个科研院所和高等院校的研究生培养条例上都有明确的规定。但是，实际执行得如何呢？研究生们自己又做得怎样呢？我认为，作为研究生自己首先要有明确的学习目标和追求目标，作为导师也同样要有明确的培养目标。我曾对我的研究生讲，研究生三年时间是非常短暂的，学习和科研任务非常重，完成研究所里的各项要求，理解研究所关于研究生培养的一些规定，一般都能顺利毕业，拿到学位。但是，到我们这个研究组来，作为我们研究集体的一员，并不只是发表几篇论文，重要的是这三年来你在学问上提高了多少，学到了哪些知识和能力，对本学科、本领域的研究进展掌握得如何，对我们研究组以前的研究及现在各个研究方向的研究了解多少，三年后是否能真正掌握从事科学研究的基本技能，包括开题、设计实验、分析问题、写作论文，等等。同时三年来，给我们研究组带来了什么，毕业后给我们研究组又留下了什么。

对于导师与研究生的关系，我始终认为师生关系不同于老板与雇员的关系，它是一种情分，也是一种缘分。研究生不是劳动力，研究生为求学而来，学生所做的一切研究工作不应该理解为是给导师做的，但导师对研究生的培养所耗费的所有精力则是应该的，这是一种责任。我在研究组会议上对研究生讲，研究的课题是我们大家的，但学问是你们自己的。教与学看似一对矛盾，实际上在培养目标和长远利益上，导师与研究生应该是一致的，不应该存在任何矛盾。

---

[*] 王德华，中国科学院动物研究所研究员。

二、注重能力和素质培养

研究生知识层次和科研能力的培养是个关键。首先研究生要培养对所从事专业和科研工作的兴趣，这是前提。我对研究生的开题报告很看重，好的开题报告是要下大功夫的，功夫下到了，后面的研究工作也就相对顺利了。开题报告做得好的同学，见效快，实验期间问题相对少些；做得差的同学，实验过程中的问题相对就多些。在开题前，我要求研究生必须在阅读文献和专著的基础上，写出文献综述，对所从事的领域的理论背景和学科发展有一个比较清晰的了解和掌握。开题报告必须对研究课题的目的和意义、国内外研究进展情况、存在的问题、实验对象的基本生物学特性、研究方法、实验路线、仪器设备、实验的可行性、预期结果、时间进度等各个方面进行比较明确的论述。开题报告要在研究组、研究中心对专家小组宣读，广泛听取意见和建议。在实施过程中，要针对国内外相关学科的最新进展和实验过程中发现的一些具体问题，进行认真讨论和分析，做必要的调整。研究组和研究中心经常举行学术交流活动，每个研究生及时报告自己的研究成果和发现，报告自己阅读文献的心得和本领域的最新进展情况等。这些活动对培养研究生的学术交流能力、表达能力都是非常有益的。我们知道，实验方法和仪器使用等技术方面的知识是容易学习的，但学术思想、分析问题和解决问题的能力、对科学的敏感力、对新学科新生长点的判断力和学科方向的把握能力是不太容易培养的，除了研究生本身的科研素质外，平时有意识加强研究生这方面的训练是非常必要的。创造一个良好的学术气氛，对研究生各个方面的影响深远。

研究生科研素质的培养应贯穿于研究过程的每一个环节。要重视研究生的第一次实验。实验开始前，对实验的一些基本原理和规则我都要认真讲解，同时教育研究生树立严谨、认真的科学态度，认真收集和对待每一个数据。在实验和数据收集上，绝对不允许粗心大意，实验记录必须详细，要有吃苦耐劳的精神。分析结果时，要敢于相信自己的实验数据（这必须是以严格的实验为前提），要善于发现和提出新的问题，要敢于质疑，要有对现有理论和学说进行挑战的决心。我常常用一位芬兰生态学者给他的研究生的忠告告诫学生们，进行生态学研究必须"熟悉你所研究对象的基本生物学特性及其所涉及的理论框架，谨慎地提出预测，不要试图逃避艰苦的工作，要尽力避免工作量太小（样本太小）"。

阅读文献也很重要，要善于吸收有益的信息，为我所用。国际最新动向和发展趋势是必须掌握的，但不要老跟着国际文献跑，这样永远不会有创新，会永远跟在别人的后面。在方向的把握上，导师负有重要的责任，这就要求导师的知识要及时更新。大家都还记得"要给别人一瓢水，自己要有一桶水"的古训，"以其昏昏，使人昭昭"是万不可以的。作为导师必须要熟悉研究生的研究进程，发现问题及时解决。

三、言传身教、无私奉献

"师者，所以传道授业解惑也"，"学高为师，身正为范"。导师的科研和生活作风对学生的影响是巨大的。我自己从学士、硕士、博士和博士后到今天，这方面的体会较深。我的硕士生导师是中国科学院动物研究所的王祖望先生，博士生导师是北京师范大学生命科学学院的孙儒泳院士。两位先生都是动物生态学界和兽类学界的知名学者，他们对学术研究的严格认真态度对我的科研工作影响是非常大的。

在硕士生阶段，王先生从点点滴滴开始教，像如何记文献卡片、如何查阅文献等，定期检查我们的学习情况和文献阅读情况，亲自给我们做实验示范。在论文写作上，更是一丝不苟，他从句法、标点符号、动物学名、参考文献等都严格要求。学位论文改了一遍又一遍，向刊物投稿时，至少要改三遍。经过这样严格的训练，既磨炼了我的性格，也教会了我如何做学问。

在博士生阶段，孙先生严谨治学的态度，又使我得到了进一步的锤炼。孙先生对学问的严格是出了名的，你的实验数据他有时要亲自计算一遍，连统计方面的疏忽他都会指出来。同时，孙先生看书多和阅读文献多也是出名的，这样在对科研方向的把握上就比较准确。他对学位论文的修改同样是严格认真的，在论文的结构布局、实验方法的严格性、结论的可靠性等方面严格把关，不理想或不能确定的结果，必须再重复实验，否则不能写进论文，要求学生对论文的每一个结论要非常慎重，不确定的结论不要急于发表；他反对为了论文而论文，他要求每篇论文都要尽力做到有新论点。

两位先生对我的培养和要求，他们的一言一行，毫无疑问对我产生了很大的影响。正如范仲淹在《严先生祠堂记》所言："云山苍苍，江水泱泱。先生之风，山高水长！"

我在今天培养我的研究生时，有时也沿用了我的导师对我的一些培养方法。我指导博士生时，从课题的设计、实验方法、数据处理、论文写作等各个环节都倾注了心血，论文经常是改了一遍又一遍。有些实验是我与学生共同进行的，对学生的任何问题能解答的都要耐心解答；不能解答的，就一起讨论，过后再查阅有关资料，予以解答。在知识方面，懂就是懂，不懂就是不懂，我从不隐瞒。如孔夫子所言"知之为知之，不知为不知"，这是一种人格修养。作为一名导师，应该老老实实做学问，踏踏实实做人。在指导学生的同时，我也从学生身上学到了很多东西，有许多事情，导师也是不清楚的。韩愈在《师说》中也说道："弟子不必不如师，师不必贤于弟子。闻道有先后，术业有专攻。"我的一位朋友对我讲，在学界所谓"先生"就是先走一步的学生。"学然后知不足，教然后知困"，此所谓教学相长。对学生耐心指导，严格要求，辛勤的劳动终会换来可喜的成果。

我非常重视学生的第一篇论文，无论第一篇是综述还是研究论文，我都会花费较多的精力去修改。学生在写作上存在的问题，力争在第一篇论文的修改过程中发现并解决。由于这可能是学生的第一次学术创作，论文往往存在较多的问题，修改论文是个非常耗精力的过程，但却是帮助学生学会写作、解决问题的最好机会。通过修改，既可以使学生掌握基本的科技写作方法，同时也可以使导师了解学生的写作能力，在培养上有的放矢。作为导师，我觉得一定要重视学生的每一个第一次，学生的第一次开题报告、第一次实验、第一篇文献综述、第一篇研究论文、第一次向学术刊物投稿、第一次学术报告等。这都是了解学生情况、培养学生的科研能力、与学生交流的好机会。第一次往往会给他们留下很深刻的印象，对他们以后的工作会有较大的影响。

四、踏踏实实做学问

我国古代和现代的大学问家很多，他们都有许多宝贵的治学经验，很值得我们细心去学习、体验和领会。综观古今中外的有成就者，可以得出一个结论，就是"学问是做出来的"。还记得陆游的"宝剑锋从磨砺出，梅花香自苦寒来"的诗句吗？还记得荀子的《劝学》中的话吗？"故不积跬步，无以至千里；不积小流，无以成江海。骐骥一跃，不能十步；驽马十驾，功在不舍。锲而舍之，朽木不折；锲而不舍，金石可镂。"治学不是读几天书就能一蹴而就的，它需要有一个艰苦的积累过程。有位社会学者认为治学的基本点是勤奋与坚忍。勤的要求是四勤：勤听、勤读、勤思和勤写，而其根本是勤读，勤读方能博涉，博涉方能使知识源源输入，方能逐渐走向专精。治学要冷而不能躁，冷是能冷静地搜集资料，构思撰写，不是闹哄哄地赶时髦，发高论，迎世媚俗，写空洞无物的文章。历史学家范文澜曾说"板凳宁坐十年冷，文章不写半句空"，所谓"十年磨一剑"。再看看我们今天急功近利、急于求成的浮躁风气，我们会有些什么感想呢？"学问是做出来的"，这里面当然包含了许多的艰辛。做学问就是为了挖掘自然现象、证实规律，讲究的是有根有据，来不得半点马虎和大意。学者牟宗三在《生命的学问》中论证了"为人不易，为学实难"的道理，指出"无论为人或为学，同是要拿出我们的真实生命才能够有点真实的结果"。做学问是件苦差事，也是件清贫的差事，要耐得住寂寞，要坐得住冷板凳。王国维在《人间词话》中阐述了古今之成大事业大学问者，必须经过三种境界："昨夜西风凋碧树，独上高楼，望尽天涯路"，此第一境也；"衣带渐宽终不悔，为伊消得人憔悴"，此第二境也；"众里寻他千百度，蓦然回首，那人却在，灯火阑珊处"，此第三境也。

五、值得重视的一些问题

1. 阅读文献

现在科技文献浩如烟海，无穷无尽。学生要学会读得进去，钻得出来。我这里想说的是关于阅读文献原文的问题。我在评阅论文时发现，现在转引的文献较多，有些刊物或专著在国内根本无法查到，也都引上了。我想提醒的是，还是应该读原文，实在查不到，能不引就不引。有位学者在一篇文章中曾谈到关于阅读原著的问题，他说有位前辈曾告诫他说："如果不读原著，只会转用别人的资料，犹如从别人水桶中舀水一样，一旦别人之桶空，则不知别人桶中之水从何而来，只能'望桶兴叹'，继而环顾四周，是否有挑好水的水桶等人来舀。如一生中只知舀别人桶内的现成水喝，而不论清水浑水，只要是水就行，其后果实不忍设想。"这个比喻真是生动，值得我们导师和研究生深思。

2. 学术道德

现在学术界风气不是很好，媒体近来都有许多披露，有伪造国外简历的，有剽窃博士学位论文的，有抄袭别人论文和专著的，有修改编造数据的，有申请国家基金时编造简历的，有剽窃别人基金申请书的，等等，但这些毕竟是少数。作为导师要认识到这一点，也要让研究生正确认识这些问题。有些研究生在写论文时，不引用前人的工作；有些引用了，但不注明出处和作者，这是不应该的。有些是属于孤陋寡闻，不了解国内外动态；有些是故意不引，尤其国内同行的成果更是不引。记得读过一篇关于哈佛大学的文章，文章谈道：对独立思想的鼓励和培养，是哈佛大学的教育之本。每一个新生入学时拿到的《哈佛学习生活指南》，都在非常显著的地方，用加大加粗的字体套色印着这样两段话：

"独立思想是美国学界的最高价值。美国高等教育体系以最严肃的态度反对把他人的著作或者观点化为己有——即所谓剽窃。每一个这样做的学生都将受到严厉的惩罚，直至被从大学驱逐出去。"

"当你在准备任何类型的学术论文——包括口头发言稿、平时作业、考试论文时，你必须明确地指出：你的文章中有哪些观点是从别人的著作或任何形式的文字材料上移入或借鉴而来的。"

3. 人才素质

史学家一般须有四长，即史德、史学、史识、史才。其实培养研究生也应该注重德才学识。中央电视台一次邀请微软副总裁李开复博士和北京大学副校长陈章良谈关于人才的问题，他们认为，人品、智慧、执着、团队精神、激情和自信等是非常重要的人才素质。

身为人师，责任重大。导师要对研究生的学业负责，要对国家的人才培养负责，这就叫任重而道远。华罗庚先生的老师曾送给他几句话作为做人的标准："做人要正，待人要诚，学习要勤，工作要实，生活要俭。"我抄在这里，希望我们的师生共勉，让我们牢记这些忠告吧。

（刊登于《学位与研究生教育》2002 年第 10 期）

我是怎样培养研究生的

魏宸官*

我正式招收研究生始于 1978 年，先是招收硕士研究生；从 1986 年开始招收博士研究生。到目前为止，已培养硕士研究生 23 人、博士研究生 25 人。回想近几十年培养研究生的实践，有一些话很想与未来的导师们谈一谈。

一、研究生的招生问题——双向选择

能否培养出一名合格的硕士和博士，我感到招生，也就是招收什么样的学生十分重要。我非常赞同"双向选择"这一原则，并坚持这一原则。

对将报考的学生，我在其报名之前，对其要做一次面对面的交谈，交谈的目的是互相了解，为今后的"双向选择"奠定基础。面谈往往由自我介绍开始。我的介绍很简单，包括三方面的内容：一是我的为人和处世原则；二是我当前的科研方向和科研内容；三是我的治学创业的道路。谈话的第一方面，我常讲的内容有三点：① 一个人要有一个正确的人生观；② 人生应该怎样度过，也就是对人生价值观，我信奉的是奥斯托洛夫斯基在《钢铁是怎样炼成的》一书中的那段名言，即"人生最宝贵的是生命，生命对于我们只有一次"，因此应当认真思考怎样度过；③ 一个人认真度过自己的一生，必须有高度的自觉，"成人不要管，要管不成人"。我谈这些并不是单纯地说教，而是谈我自己亲身的体会。我认为这三句话对我的一生做人、求知、创业有着巨大的影响，我希望我的学生能了解我大致是怎样的一个人，也希望我招收的学生，也应该是一个有理想、有追求和有自觉性的人。谈话的第二部分，涉及我当前的科研方向和内容，介绍的是目前我已获得资助的课题、经费来源和科研条件。在介绍这方面的情况时，我更多谈及的是我为什么选择这一课题，这一课题的意义和价值，以及能够获得怎样的成果。因为研究生入学后，他们的学位论文以及他们的学习和科研工作，大部分要与我的科研工作相结合，我的科研事业需要有研究生来参与，而他们的成长和学位的获得，也必须通过参与导师的科研工作才能完成。因此，一个好的导师必须在招生以前向报考自

---

* 魏宸官，北京理工大学教授。

己的学生详细说明这些情况，使他们在了解导师的为人之后，也更好地了解了导师的专业和科研方向，这对报考者十分重要。因为这决定他能否在自己今后的研究生学习过程中，特别是学位论文撰写中取得成功，并做出有创新意义或有应用价值的成果。这对他们的未来创业和事业的成功有着重大的意义。作为一个导师，我非常希望通过对自己科研事业的介绍，使报考的研究生能对未来从事的研究工作有兴趣。

几十年的工作证明，通过"双向选择"，学生入学后方向明确，工作效率高，师生关系融洽，矛盾少，易出成果，学生能学到真本事，所完成的学位论文往往质量很高。

二、认真选择学位论文的题目

在研究生的培养过程中，我认为最关键的一个问题是如何选择和确定学位论文的题目，因为这涉及研究生能否在完成科研课题时获得全面的培养，以及所撰写学位论文能否满足学位授予所要求的标准。

我在为研究生选择课题时，一般遵循以下原则：对硕士研究生，选择的题目，应使他能获得从事一项科学研究工作所要求的全面能力，即资料检索阅读、理论分析研究、设计加工、组织科学试验以及对试验结果分析判断的能力，在成果方面不要求有很高的创新性，但一定要通过理论研究，设计和做出的一件实物，并且此实物一定要通过试验。对博士研究生，选题的要求与硕士研究生不同，比较强调创新性，即要在论文阶段做出一点有创新意义的理论研究和创新意义的实物或样品，而且必须通过科学试验证实它的真实性。

近年来，随着研究生招生规模的不断扩大，指导教师面临着一个很大的压力，即如何找到满足日益增长的学生数量的合适课题。怎样解决这一问题呢？

（1）作为一名研究生导师，必须积极从事科研工作，并且在科学试验、生产实践等活动中，不断扩展自己的科研范围，不断寻找新的科研方向，不断提出新的选题。在20余年的研究生培养工作中，我曾四次扩展科研方向：最初我的科研方向是坦克在我国南方水网稻田地区的行驶和越障问题以及履带车辆的转向问题，此后，根据工厂生产的需要，我致力于汽车、工程机械和军用车辆的液力传动的研究；之后，根据国家节能的需要，从事了大功率风机、水泵调速节电用的液黏调速离合器，以及汽车和军用车辆发动机冷却风扇的温控调速和节能用的液黏调速离合器；最后，根据学科发展和跟踪国际高新技术的需要，从事了电流变技术科研工作。我为几十名研究生所选定的课题，都来自于这四个科研方向。这里，必须指出，每个课题根据任务的情况，都会有一个时间周期。因此，一个好的导师，必须能广泛地从事科学研究和科学实践，并从科学实践中不断寻求新的科研方向和科研课题。

（2）导师应在提出自己的科研方向和课题之后，努力获得有关方面的列项资助和支持，获得完成科研工作所需的经费。科学试验需要购买价格较高的试验设备和测试仪器，而样品的加工同样需要较大的费用。因此，没有经费的支持一般课题是无法进行的，导师即使提出了课题，但是没有经济资助，课题也无法成立和进行，一切等于空谈。

因此，导师必须在招收研究生之前，能预先提出科研方向和课题，力争得到有关部门的列项和经费资助。这种资助的成功，一方面说明科研课题经过专家评审，它的学术和应用价值得到了肯定和承认，同时也获得了从事科研工作的经费保证。

（3）把工厂和企业开发新产品或生产中存在的难题，作为学位论文的课题。这类课题的内容一般十分明确和具体，科研中的加工、试验条件及经费都较有保证，论文易出成果，并能获得良好的评价。对于研究生来说，由于论文工作与生产实际密切结合，能够得到非常宝贵的全面培养和锻炼的机会，能够学得许多解决实际问题的本领。但做这类题目也有一定的难度，那就是必须在最后拿出实际有用的成果，即拿出新产品的样机或解决问题的实际办法。这点应该说是很难的，承担这样的课题，要求指导教师在此领域必须积累丰富的知识和生产经验，而且有过硬的本领。

（4）查阅国际、国内学术会议和期刊上发表的学术论文、文献资料，通过对这些资料的分析、消化，找出一些前人未解决的问题，作为学位论文的课题，这是目前很多导师采用的方法之一。如果这类课题真有价值的话，选择它时，导师本人必须积累了较多的科研经费，并且能依靠前人已经创造的良好试验条件。总之，在为研究生选择学位论文课题时，要求导师有渊博的知识、敏锐的思维、丰富的实践经验和与生产部门的密切关系；同时，也要求导师是科研工作中很好的组织者和指挥者。

三、指导学位论文

学位论文是研究生培养过程中的重要环节，研究生完成学位论文的质量和水平，在很大程度上决定了研究生能否获得学位。因此，学位论文的撰写和完成，是导师和研究生都不能掉以轻心的大事。

怎样恰到好处地去完成这一工作呢？我想从导师的角度谈谈自己的体会。

1. 对研究生的学位论文工作，绝不能"包办代替"

《学位条例》明文规定，学位论文必须由研究生本人独立完成。因为，研究生只有独立完成论文中所规定的一切内容，如资料收集、阅读，课题的理论研究分析，硬件的设计、研制，科学试验的组织实施，数据的分析判断，结论的综合归纳等，才能获得有关从事科研工作的能力。另外，论文的质量和水平，全面反映了研究生能否达到规定要求的获得硕士或博士学位的客观标准。因此，学位论文必须由研究生本人完成，导师必须坚持这一原则。

2. 导师所应承担的指导作用不能降低

导师的指导作用主要包括以下几点。

（1）帮助研究生做好学位论文的选题和制订切合实际的培养计划。

（2）为研究生完成学位论文创造良好物质条件，主要是解决科研经费、硬件加工及科学研究所需的设备和仪器。这项工作十分重要，没有这些物质保证，让一个研究生去完成一个工科类型的学位论文是很困难的。因为就目前我国的情况，让研究生独立去获得资助和购置贵重的试验仪器和设备是很难办到的，指导教师在这方面的帮助，对研究生来说是极其宝贵的。

（3）及时回答研究生在完成学位论文时所遇到的疑问，解决研究生完成论文时所遇到的困难。研究生第一次从事学位论文的各项工作，如选题、收集资料、进行理论研究、硬件和样品的设计加工、合理组织科学试验等，可能会遇到这样或那样的疑难问题。这时候导师如能给予及时的指导和帮助，能够使研究生受到极大的鼓舞，使他们在完成学位论文工作时获得信心和力量。

3. 导师应有超前意识

在学位论文的指导方面，导师有责任做一些有超前意识的思考工作。例如，在文献资料的收集、整理阶段，如果导师自己不多看一些、多读一些，了解相关领域的文献资料更多一些，那么就很难对研究生提出中肯和有指导性的意见。又如，在理论研究部分，如果导师在此领域没有较丰富的实践经验和理论基础，也难以回答学生提出的各种问题。特别是在最后科学试验阶段，学生遇到的问题最多，如：机械加工问题，试验设备和仪器选择、标定问题；为了达到预期科研目的，如何组织试验，特别是对试验中出现的各种意想不到的问题和各种奇特的结果，如何分析。

总之，作为一个导师，如果不能在这些问题上比学生超前思考，那么在遇到实际问题时，就难以给学生及时的指导。另外，我认为导师在解决学生的疑难问题时，必须在实际行动上做出榜样。因此，我认为一个好的导师应该经常在科研第一线从事工作。不认真参加科研实践，难以获得第一手的实际知识，对研究生的指导，空对空是不行的，学生希望的指导往往是指能真正解决实际问题。

4. 导师对学生应严格要求

为了保证研究生学位论文的质量，特别是博士研究生的学位论文质量，我要求研究生在完成学位论文过程中必须做到以下三点。

（1）把理论成果和创新构思，做出看得见、摸得着的实物。

（2）对理论研究的结论和实物的创新结构，必须通过科学试验证实它的正确性和可靠性。

（3）鼓励和推荐确有创新意义的科研成果，向国家专利局申请发明专利或实用新型专利，使创新成果得到客观和权威的证实。

事实证明，凡是能够做到这三点的研究生，一般都能很顺利地通过论文答辩，并获得优良的成绩。我所领导的科研组，不仅培养了几十名优秀硕士研究生和博士研究生，而且在科研上取得了多项高水平、有价值的成果。

另外，作为一个导师，我也曾思考过这样的问题：如果一个导师在自己所从事的科研领域努力了一生，却没做出任何有意义的成就，那么怎样能使别人信服你的指导地位和能力呢？因此，作为一个导师，从"言传身教"角度出发，努力做出一些成就是十分重要的。国外许多有名的博士和硕士研究生导师，往往都是在自己的科研领域做出过辉煌成就的学者，这一点对我们这些研究生导师来说，无疑是一个极大的鞭策。

（刊登于《学位与研究生教育》2003 年第 12 期）

笃学诚行　惟恒创新
——谈研究生指导教师的作用

周立伟*

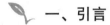 一、引言

1998 年，我撰写了《一个指导教师的札记》一书，主要是总结一下自己自 1978 年以来作为一个指导教师在大学生和研究生培养的"教"与"学"中所看到的、所想到的、所认识到的问题，特别是指导研究生学习和学位论文工作中的得失以及自己在科学研究上走过的路。当时我深深地感到，青年学人如果完全靠自己在彷徨中慢慢摸索着前行，到他（她）学会科学研究方法时，最富创造力的年华或许已经逝去。因此，如果我们这些过来人能对未来新一代的科学研究工作者给以科学方法（包括学习方法、治学方法、思想方法）的指点，使他们尽快掌握科学研究方法与学习方法，学会正确的科学思维方法，这将有助于他们增长才干，提高科学的鉴识力，去进行创造性的工作，早出成果，早日成才。过去谈指导研究生的一些方法，如选题、引路、治学、把关等，从技术层面上谈得很多。也许是那时学位制度刚开始执行，大家都非常认真，指导教师的认真敬业和求真创新的科学精神以及研究生们刻苦钻研、勤奋学习的奋斗精神都比较好，使我感到，对我们指导教师和研究生来说，需要解决的主要是提高自己的学术水平和能力的问题，是改进指导方法和学习方法等问题。而现在的情况似乎不大一样，我国学术界普遍存在急于求成、热衷跟踪模仿、追求论文数量、浮夸不实等现象，粗制滥造、弄虚作假、抄袭剽窃等学术不端行为屡禁不止。这一现象已经蔓延到高校，无论在指导教师身上，或者在博士生身上，急功近利、浮躁浮夸、抄袭拼凑等学术不端行为屡见不鲜。我的确是很着急的，有时甚至想大声疾呼，这样下去要出问题的，会把学校的名誉、国家的声誉弄垮的。因此，现在指导教师指导方法层面的问题不是主要的，经验少很快就可以学会，关键要看指导教师的思想品格、精神状态和意志能否抗得住这股浮躁风和急功近利的浊流的冲击。

---

* 周立伟，中国工程院院士，北京理工大学教授。

二、指导教师：传授治学之道，身教重于言教

一个指导教师，其首要任务是培养学生成才。指导教师不仅在学术上培养学生，而且要使学生通过在校期间的学习，在思想作风、精神道德面貌上，在世界观、人生观上有很大的提高。我的观点是，一个博士生研究生通过了博士学位论文答辩，只是表明他受过了某门专业的训练，有这方面较高的知识和才能，如此而已，但不能表明他已经是个人才。只有他具备积极向上的人生观，把祖国的需要和自己的前途结合起来，把自己的青春奉献给人民，才能真正成为一个人才。

一个指导教师培养人，光有热情是不够的，所以，指导教师的首先任务是要钻研业务，使自己成为这一领域的专家，在科学研究中做出高水平的学术成果来。关于指导学生，古代先哲"传道、授业、解惑"的教诲给我们明确了作为师长的责任。古代的教育，通过知识的传递，传授圣人的政治理想、思想学说之道，故古代的教育重在继承。今日的教育，"传道、授业、解惑"的古训仍是不可少的，然传道乃是传社会主义、科学精神之道。今日的教育要跟上现代社会的发展，必须"传承拓新"，所谓"新"，乃是创新思维、科学方法的传授，"授人以鱼，不如授人以渔"。故今日之教育重在拓新。

虽然每位指导教师的治学方法都有自己的一套，但我认为，不外乎以下四点：一曰勤奋，二曰严谨，三曰创新，四曰方法。

勤奋是第一位的，一个人有无成就，主要来自勤奋，故有"天才出自勤奋"的说法。只有"超人的努力才会有超人的成功"。勤奋的人并不一定个个会成功，但作为一个科学家、专门家，一定是一个勤奋的人，莫有例外。

严谨是指做学问上要老老实实，实事求是，严于律己，要有严肃、严格、严密的科学态度；在治学上，循序渐进，虚怀若谷，一丝不苟，锲而不舍。

创新就是要鼓励学生们做第一流的工作，要有志气去超越前人，去洞彻探求客观世界之奥秘。

方法不是取巧，学问的获取、科学研究的进展，绝无取巧之可能。但科学研究有方法，学习有方法，掌握科学方法，可收事半功倍之效。例如，我经常告诉我的学生我的科学研究的方法是，首先研究一个课题的已有情况，即它的过去，它有什么成就，它在什么基础上完成的，前人做出的贡献；同时考察它是否符合科学研究中的"严谨性、逻辑（条理）性、完备性"的标准，实际上是在找它存在的问题和不足，找不符合这些标准的情况，即"缺口"；然后着手使之符合，在已有的学术成就上使之系统化，按照科学研究的途径探索，把这一课题向前推进一步，为这一领域的科学宝库或实际应用添砖加瓦。我认为，只有这样，才能获得真正的科学价值。学生除了学到治学方法外，更重要的是找到一个研究方向，在这个领域内做创造性的工作，并能在未来继续发展。

每一位教师的治学方法，往往是能意会而难于言传，但一言一行都贯穿在整个教学

和指导的过程中。身教重于言教，使后学者知道做学问之不易。使学生对学识有一融会性的认识，逐步养成分析鉴别的态度和独立进行科学研究的能力。重要的是，使学生养成对科学研究的爱好和习惯。

我是很看重指导教师的身教模范作用的，我甚至讲过这样的话：有什么样的指导教师，就有什么样的研究生。这话多少有一点绝对化，但至少在治学态度上是如此。所以，我们作为一名指导教师，一定要以自己严谨的治学态度，对祖国科教事业的献身精神，潜移默化地影响自己的研究生。通过自己的言传身教，一方面向学生们传授业务知识和科学研究方法，培养学生们严谨朴实的学风；另一方面，以自己对事业的追求、奉献精神影响学生，以自己的人格来塑造学生的人格，激发学生的事业心、强烈的求索精神、饱满的工作热情和百折不挠的韧劲。

三、坚决反对学术欺诈和不端行为

所谓学术欺诈和不端行为是指学术上的故意欺骗行为，它与诚实的错误以及判断、解释上的偏差是不同的。学术欺诈和不端行为包括：抄袭、剽窃；伪造和篡改证据、资料或结果；隐瞒相关证据或资料；故意歪曲资料来源；把别人的成果（或资料）强行据为己有的海盗行为。这里，学术欺诈与不端行为只是程度上的差别，性质是一样的。

我们的教育体系和教育制度应以最严肃的态度反对科学研究中的剽窃行为。应该制定一项严格的制度，使每一个这样做的学生和教师知道，他们将因此受到严厉的惩罚，直至被从大学驱逐出去。因此，今天当你在准备任何类型的学术论文时，都必须明确地指出：你文章中有哪些观点是从别人的著作或文字材料上移入或借鉴而来的。你文章中的创新点确实是你第一次发现或提出的。

指导教师必须向学生强调基本的学术规范，最重要的一点就是在科学研究的专论中，必须先说明前人有什么研究成果：他们的发现、他们的观点和他们的成就。在此基础上再谈自己独到的发现、自己的想法、自己的研究成果和结论，这是一般的常识。

但是，在当今学术界，剽窃他人成果占为己有者有之；引用他人创新见解而不注明出处者有之；伪造数据、弄虚作假、欺世盗名者有之；搞伪科学、反科学以及缺乏科学道德的人更不罕见。

指导教师要使自己的研究生从一开始就懂得一个最简单的道理：偷东西是小偷，抢东西是强盗，学术偷窃与掠夺在性质上与小偷、强盗没有差别；抄袭、剽窃、改头换面地移植，是学术的大敌。学术欺诈和不端行为不仅会影响高校和学术界的声誉，败坏学术道德，而且会把科学研究和研究人员引入歧途，造成时间、精力、金钱上的巨大浪费；同时，最终也会使自己的名誉扫地，甚至身败名裂。因此，我们要坚决反对并消除学术欺诈和不端行为。

我之所以强调这一问题，是现今抄袭、剽窃的重灾区不仅包括科学界，而且包括高等教育界。据报道，如今的大学生、研究生在撰写研究论文乃至硕士、博士学位论文时，进行程度不同的抄袭剽窃的绝不在少数。我不止一次看到写学位论文雇枪手的报道，而且还明码标价。作为未来中国的学者，如果在打基础时就没有建立起应有的学术规范意识，没有培养出对学术研究应有的基本态度——严肃和尊重，那是令人悲哀的。出现这些情况，除了我们的教育体制和管理外，我想，我们作为高等学校和科研院所的指导教师是有责任的。在指导学生撰写论文时，导师应该就引用的严肃性问题对学生进行教育。很难想象一个在教学科研过程中不能恪守学术规范的学者，能严肃查处学生的抄袭剽窃行为；同样也很难想象一个不重视培养学生独立思想和严谨学风的教师，自己能够严谨治学。

四、鼓励独立思想，勇于"标新立异"，敢于向权威挑战

在反对学术欺诈和不端行为的同时，我们作为指导教师要鼓励青年学生独立思考，独立思想，使他们懂得创新之艰难和不易，尊重和珍惜他人的成果。

独立思想是学术界的一个价值观。首先，高等学校要注意培养学生的独立思想，鼓励学生向任何类型的权威提出质疑。这种鼓励具体应落实到教学的每一个环节中，从而使得学生学会并善于质疑。例如，鼓励学生们质疑教师、质疑自己和向现存理论和方法挑战。只有这样，才会有创新，科学才能前进。

在学术上崇尚理性怀疑。理性怀疑是指科学不承认绝对的权威和永恒的真理，可以对科学问题进行自由的质疑和批判。理性怀疑促使科学工作者时常对经验证据（自己的或他人的）进行先行的检验，不受经验数据的自我欺骗和被动欺骗。对科学研究来说，怀疑大概是通向成功最初的一步。

不愿挑战权威是中国学生科学研究中的最大弱点。这里，权威泛指前人、长者、老师和书本。我们的研究生论文大都是跟着别人脚步走，而大部分所谓的"创新"，乃是对前人有一点"修正"，有一点"补充"，有一点"改进"，十分满足于自己的结果与权威一致。而不敢提出或不愿提出自己的思想、自己的创见。当然，这一弱点不仅学生有，在我国科技工作者身上包括我自己在内，都不同程度地存在着。因此，直到现在，中国科学界依然推崇"经验和正宗"的原则，而缺少冒险性的改革和探索。

我认为，青年学人要在学术上、科学研究上有所建树，无非就是这么几条：怀疑、批判、创造。因此，指导教师自己，也要鼓励自己的学生，在科学研究工作中敢于怀疑，敢于批判，敢于"标新立异"，敢于创造。要推崇创新，倡导批判性和创造性思考，树立自信和敢于大胆质疑的精神。

五、倡导良好的科学实践和严谨的学风

我们是搞科学的，科学总是寻求发现和了解客观世界的新现象，研究和掌握新规

律，总是在不懈地追求真理。科学是认真的、严谨的、实事求是的。在科学研究中，要求每一个科学工作者以及从事科研工作的指导教师和研究生有高度的社会责任感，从文献检索、调查研究、开题论证、试验分析、计算设计直到论文撰写，处处都应恪守学术规范，保证研究成果的质量。要敢于对自己的研究内容和成果提出质疑，不能说偶然发现一个规律或成果，就认为是成功，提倡科学家对成果的反思和树立严谨的科学精神。另外，要求科研原始记录中不能有一点涂改，原始记录要保存起来。所有这一切，实际是尊重别人的学术成果和自己的学术生命。

我在前面说过，在培养研究生的过程中，指导教师的责任并不仅仅是在知识的传授上，教导学生恪守科学道德和培养严谨的学风尤为重要。把研究生培养成学术上和思想道德品质上都合格的人，这是育人的要求。因此，指导教师要以自己严谨的学风和高尚的品德来影响学生。在教育过程中，并不一定是通过大量"言教"，而主要是通过自己"身教"，使学生了解什么是老师倡导的，我们应该做的；什么是老师坚决反对的，我们绝不能做的。我认为，在学位论文的指导和审阅上，指导教师通过严格把关教育学生遵守学术规范和发扬科学精神是十分必要的。因为学位论文正是研究生本人科学思维和学风的写照。指导教师通过对学位论文的审查和修改，一方面指出论文中科学性、逻辑性以及文字技巧的缺陷与不足之处，不让那些不经过深思熟虑、似是而非的东西发表出去。另一方面，要特别注意论文中有无窃取他人成果或引用他人创新见解而不注明出处，以及伪造数据、弄虚作假的地方。另外，还要注意研究生不实事求是地夸大或拔高自己的创新成果（例如，在学位论文的创新点中，研究生们喜欢用"首次""首先"的字眼；如"首次发现……""首先提出……"等来表达自己取得的、但并不是原始创新的成果），以及贬低前人、抹杀前人成果的表现。对于那种哗众取宠、抄袭剽窃、投机取巧、华而不实的作风，指导教师要有明确的态度，不可有半点含糊。

我认为，指导教师要以自己严谨的学风、不懈的探索态度和踏实的敬业精神来激励研究生的责任感、事业心和进取心。因此，从研究生入学之日起，导师就要严格要求，把研究生逐步培养成为一个严谨朴实、胸有大志、方向明确、勇于探索和创新的人才。

六、提倡敬业奉献，力戒浮躁，耐得住清贫和寂寞

据我的理解，浮躁之风表现为急于求成，热衷跟踪模仿，不愿做深入的研究，评价和宣传浮夸不实，追求论文数量和不讲质量等。少数人中还出现弄虚作假、包装炒作、抄袭行骗等学术欺诈和不端行为。当然，形成这样的情势，甚至愈演愈烈，不完全是个人的原因，有社会的原因，也有管理体制的原因，如缺乏监督和制约机制，缺乏学术民主和学术争鸣等。一部分教师和科研工作者由于急功近利的心态，浮躁而不踏实的作风，而使他们缺少敬业精神，缺乏锲而不舍的意志，从而不能专心致志地投入研究。这是当前必须解决的问题。

我深深地感到，对于一个教育工作者和科技工作者，提倡敬业奉献和淡泊名利十分重要。在科学研究中，研究学问没有捷径可走，要力戒浮躁，甘于寂寞。研究学问需要一种安定、宁静的心态，准备长期坐冷板凳，一步一步、一滴一点地下功夫钻研，才能有所成就。急功近利、浅尝辄止是不可能有什么作为的。只有不浮躁的人，一旦确立了自己的志向而终生追求无悔的人才能有所成就。故每个研究学问的人应该耐得住清贫和寂寞。因此，"学案最高唯寂寞"，"甘坐冷板凳"就成为古往今来万千学子的座右铭。因为很难想象一位学者在从事科学研究时神不守舍，却能有所发现，有所创造。我们是从事科学研究的，科学有自身固有的规律，每一个新的发现都是艰难的，有时也许要奉献研究者一生的心血。没有废寝忘食、刻苦钻研的敬业精神，是不可能成为好科学家的。古往今来的学术大师们，之所以能取得丰硕的成果，决定性因素在于他们能潜心学海，苦苦思索，数十年如一日，不求闻达，视名利如草芥，"只问耕耘，不问收获"，这种崇高精神和卓越品格是值得我们学习和倡导的。

我们的青年教授和导师们极为需要的是求实的、孜孜以求地献身于学术的精神。只有不急功近利、力戒浮躁、脚踏实地、坚忍不拔、勇于攀登的人才有希望到达科学的高峰。

七、结束语

要我讲讲治学之道，我写了一段"治学六字"把它抄在下面：

治学之道，有六字要诀：志、勤、识、恒、法、创。

有志则有为，志向远大，断不甘为中下流，以献身科学、科教兴国为己任；

有勤则有才，业精于勤荒于嬉，"天才出自勤奋"，不能有一日之懈惰；

有识则有求，知学问无尽，不敢以一得自足，应心求实，力戒骄傲自满；

有恒则有成，坚忍不拔，认定方向，严于律己，不半途而废，则断无不成之事；

有法则有能，讲究科学方法，兼容并蓄，发幽阐微，方有能力做大学问；

有创则有新，锐意创新，敢为天下先，想别人想不到的，才能赶超世界先进水平。

另外，我还要赠送给大家下面两句话："做人中学做学问，做学问中学做人。做人做真正的人，做学问做大学问。"我衷心地希望指导教师和青年学人能成为一个真正的人、大写的人，并有志气做大学问。

（刊登于《学位与研究生教育》2004 年第 8 期）

教书育人 培养有志向的知识创新人才

黄荣辉[*]

研究生教育是培养高层次人才的重要途径，是实施"科教兴国"伟大战略的重要举措。当今世界，经济和综合国力的竞争实质上是科学技术的竞争，是人才的竞争。培养高层次人才是中国科学院三大战略目标之一，青年硕士生、博士生不仅是科研的主力军，而且是在第一线从事知识创新研究的生力军。因此，培养好青年硕士、博士不仅是中国科学院的重要任务，也是国家赋予我们博士生导师的历史使命。

一、教书育人，首先要培养学生有志向，具有无私奉献精神

我所从事的研究是大气科学，这是一门既艰苦、待遇又低的学科，因此，很多学生不愿从事大气科学研究，加上从事大气科学研究的学生去欧美一些国家留学比较容易，致使大批学生出国留学并滞留在国外，这造成 20 世纪 80 年代后期到 90 年代国内大气科学的研究生的生源紧缺，也造成国内大气科学人才缺乏。如何吸引、凝聚全国大气科学的本科学生到中国科学院大气物理所就读研究生一直是我所的重要工作。我无论多忙，每年都要到有关大学，或在我所新生入学仪式上，不厌其烦地讲述我国大气科学在国民经济建设、社会发展和环境保护中的重要作用以及中国大气科学研究在世界上的重要地位，以鼓励同学们热爱大气科学。我多次以我的导师叶笃正先生为例，与学生座谈要有为国家无私奉献的精神。叶笃正先生在新中国成立初期国家最需要大气科学科研人才时，放弃在美国的学术地位和优厚的生活待遇毅然回国，开辟了中国现代大气科学研究的先河，培育了一大批国家现代大气科学的高层次人才。

为了吸引同学们发展从事我国大气科学的志向，培养一批有一定特色的研究生，作为博士生导师，我首先坚持把课讲好。因此，我尽管学术事务和行政工作繁忙，20 多年来一直坚持在中国科学院研究生院主讲大气科学和海洋科学研究生的主干课程——"高等大气动力学"。许多院士由于工作忙，不得不中断在研究生院的讲课，我还是一直坚持着，一年也没中断过。有时遇到出国访问，我就提前回国，没有耽误课程；有时

---

* 黄荣辉，中国科学院院士，中国科学院大气物理研究所研究员。

遇到参加全国政协会议，我就利用政协会议休息日，把课补上。为了把这门课真正讲成一门名副其实的主干课程，我每年都要对讲义作一定修改和补充，把枯燥、不易明白的动力理论深入浅出地讲解，使同学们产生浓厚兴趣。现在这门课不仅成为中国科学院研究生院大气学科、海洋学科研究生最喜欢选的课程之一，而且成为中国气象科学研究院、环境科学研究院学生喜欢选的课程之一。无论是留在国内继续学习和工作的学生，还是到国外留学的学生，都认为这门课程为他们继续深造和研究当代大气动力学和数值模拟打下了坚实的基础，特别是国外留学的学生反映，中国科学院研究生院开设的"高等大气动力学"等于国外三门课程，丝毫不比他们差。另外，从 20 世纪 80 年代末，针对热带海洋对全球天气和气候变化的重要性，根据需要，我又开设了"热带地球流体动力学"，把自己的许多精力用在给学生讲课上。20 多年来，为了准时到研究生院授课，我必须早晨 5:30 起床，7:10 上车，下午 1:00 才能回到家，风雪无阻。我自己认为与教室打交道，与学生打交道，其乐无穷，这不仅使我感到年轻，而且使我的基础知识不断加强。说实在话，除了科研，我平生无啥爱好，也没做过什么轰轰烈烈之事，在前进的途中也遇到过不少坎坷之事，但我最欣慰之事莫过于一个个学生通过论文答辩成为国家有用的人才，到祖国大气科研、教育或业务系统的第一线去；之后，又迎来一批批立志于发展我国大气科学的新生。

20 多年来，我不仅为中国科学院大气学科、海洋学科研究生讲授了"高等大气动力学"和"热带地球流体动力学"，而且还为我国大气科学培养了一支从事气候分析和动力学研究的队伍。他们当中许多人已成为教授或副教授，有的已是研究院院长，有的是省气象局局长，有的是研究中心主任。

二、教书育人，重要的是激励学生对科学的兴趣，培养团队协作精神

当前国家各个学科领域非常需要具有高素质的高层次人才，我认为中国科学院各研究所完全有能力培养出这种高层次人才。要培养具有高素质的高层次人才，营造能激励研究生对科研感兴趣的团队是非常必要的。因此，导师在教书育人过程中，重要的是激励学生对科研的兴趣。我认为，科学研究不能以"得利"为第一位，在学生入学时的迎新会上或高等大气动力学第一堂课上，我都要强调：同学们不要把科研看成是一种谋生手段，要当成兴趣，没有志向和兴趣是搞不出什么创新性研究的，你们当中若有想把大气科学研究当成一种挣钱的职业，趁早去工作，不要考博士了。要激励学生对科研的兴趣，营造有协作精神的团队是非常必要的。这个团队在思想品质上要正派、积极向上，在科研上要互相切磋、互相交流、互相质疑、互相讨论、互相鼓励，在生活上要互相帮助、互相关心，形成一个生动活泼、宽松和谐的科研气氛和环境。这个环境的形成对吸引学生对科研的兴趣、培育学生的团队精神是很重要的。因此，我努力给研究生们

营造一个生动活泼、宽松的科研环境。由于我们的努力，大气物理研究所的研究生团队成为我国大气科学界最有吸引力的团体，从大气物理研究所毕业的大气科学博士约占全国大气科学博士生的一半。他们毕业之后，在各自岗位上做出了很好的成绩。20年来，大气物理研究所的研究中心坚持全体师生茶话会式的"学术沙龙"制度，学生们自己轮流主持，畅谈自己的研究想法、阶段研究成果以及硕士学位论文、博士学位论文的初稿，对学生提出的想法师生们共同讨论，谁都可以说长道短，互相启发；对一些错误的分析或结论，大家共同出谋划策，找出问题及根源。学术沙龙提倡人人平等，不仅是师教生，也体现生教生、生教师。

营造一个和谐、宽松而有浓厚的科研气氛的科研团队对于实现知识创新尤其重要。现在是大科学时代，不是以前师傅带徒弟的小作坊科研时代，科研项目不能只凭个人的灵感完成，要靠一个有合作精神的团队来完成，特别是大气科学，更是这样。我从"七五"起担任国家或科学院重大项目的主持人，深感团队的重要性。从20世纪90年代初起，大气物理研究所的研究中心一直在研究气候系统对我国旱涝气候灾害的影响，这不仅需要研究气候系统中大气、海洋、陆面、冰雪变化及它们的相互作用，而且还要研究这些变化及其相互作用对我国气候灾害的影响。这是一项庞大而复杂的研究任务，没有一个通力合作的团队是完不成的。要完成这一研究，就必须要求有的学生从大气环流变化来研究；有的从海洋热力变化研究，有的从陆面研究，有的从冰雪变化来研究；有的从事观测资料分析，有的从事动力诊断研究，有的从事数值模拟研究。在这个团体中同学们互相讨论、互相帮助，形成了一个和谐、生动活泼的研究团体。现在每位同学都热爱这个团队，对这个团队的研究有兴趣。正是研究中心形成了一个和谐、宽松的学术气氛和研究环境，使得中心完成了一个又一个的科研任务。

另外，导师还要关心每一位学生的思想和生活，不能把学生当成廉价的劳动力。我有一位学生，是一位品学兼优的学生，他父母亲在前两年均下岗，家庭经济十分困难，他的微薄奖学金不仅要管自己的生活，还要管父母亲每个月的生活。我担心经济困境会影响他的学习，就时常和他谈心，不仅以我自己出身为例和他共勉，鼓励他家庭的困难只能是自己工作、学习的动力，激发他的勤奋精神，而且帮助他申请到院长奖学金，让他当我的助教，获得一些经济收入，使他安心学习，感到集体的温暖，从而激励他学习和工作更加努力。

三、教书育人，就是要培养学生对科学认真和严谨的治学精神

导师对研究生成才负有义不容辞的责任，导师不仅是研究生学术的指路人，也是研究生灵魂的工程师，既要教书又要育人。导师不仅自己要治学严谨、作风正派、为人师表，而且对学生在治学、道德和团结协作精神方面也要提出严格要求。应该说，最近几年来，国家对科研加大了投入，通过许多重大科研规划的出台，使我国科研水平有很大

提高，国际影响也不断扩大了。但是，也应该看到，当前很多老师为了要任务，申请课题，或是参加种种评审会、学术会等，不得不成为"空中飞人"，加上各种晋升、课题评估和结题验收都需要论文，这样，许多论文要靠学生来完成。为了应付课题评估、结题验收，许多老师不得不追着学生要论文，这就容易使学生养成浮躁作风。这种现象在别的科学领域存在，在我们大气科学领域也存在。现在认真搞观测、细致分析数据的人少了，而喜欢从网上下一个模式，让计算机转出一个结果不管它符合不符合实际的人多了；刻苦钻研、探讨物理机制的少了，而从文献上直接引用外国人的研究结果不管它符合不符合中国实际的人多了；对课题研究孜孜以求的人少了，而过分夸大结果的人多了。这些作风是不利于科学发展的。因此，当前在研究生培养上，要紧的是培养学生对科学的认真态度和治学的严谨精神。

为了培养学生对科学的认真态度和治学的严谨精神，我所主持的研究中心要求学生拿出去发表的论文需经过三关：一是本中心学术沙龙会上要认可；二是在全国或项目学术讨论会上要认可；三是国际学术讨论会上要认可。经过这三关后的论文投到有关杂志社审稿都较容易通过。我经常要求学生在文章中不要动不动就用"发现""首先""提出"等词汇，在文章中"表明"或"指出"大气中什么新现象、新机理就已足矣。我尽管各种事务繁忙，但对于学生的论文，我要修改多遍。要求学生一篇文章至少要修改5遍。没有依据的分析、结论统统从文中删去，文中每一句话都要有依据，文中引用别人结果一定要有出处；要求学生写好的文章不要立即拿去发表，修改好放 2~3 个月，然后再拿出来，若实在没错了再投出去。培养学生对科学的认真态度，治学的严谨精神必须从一个个小课题的具体研究，一篇篇文章的撰写、修改、发表做起，持之以恒，从不松懈，只有这样，才能形成治学严谨的作风。另外，我要求我的博士研究生的文章不要动不动就署上我的名字，要锻炼学生独立发表论文的能力，只有这样，才能逐渐锻炼学生自己去发展一个分支学科。

四、教书育人，关键的是培养学生对研究的进取、创新精神

培养什么样的高层次人才才能适应 21 世纪的要求？许多导师都在谈论这个问题。有的专家认为，21 世纪高层次人才是具有创新思想、全面发展的人才；有的专家认为，21 世纪需要的高层次人才是能认识和掌握自然界和社会发展规律并对国家对社会有无私奉献精神的人才。总之，21 世纪需要的高层次人才是高素质、具有创新能力、全面发展的人才。要造就这样高层次的人才不是一件容易的事。首先要求导师必须站得高、看得远，不仅要学生学好基础课程和专业课程，重视文献阅读，而且重视培养研究生对于试验、观测资料的分析、机理的研究以及利用计算机进行数值模拟等的能力。在研究生论文的研究过程中要始终强调创新。我经常要求学生不要在文献堆中找问题，既要查阅文献，又不要被文献束缚住；选题不仅要立足于国家需求，而且要注意学科的前沿性

和国际的发展趋势。我认为，研究生的研究课题不要仅仅局限于完成国家重大科研项目，而是要强调具有一定学科的基础性、前沿性和创新性。我不仅要求我主持的研究中心的博士学位论文的研究课题要具有学科的前沿性和创新性以及研究的可行性，而且通过大气物理研究所学位评定委员会要求全所博士生的论文课题要具有学科的前沿性和创新性。我主持大气物理研究所学位评定委员会工作 10 多年来，一直高度重视研究生开题报告制度，把研究生开题报告看成是研究生学位论文研究是否具有前沿性、创新性的重要开端。10 多年来，我一直坚持主持大气物理研究所每年召开两次开题报告会，可以说，一次我也没请过假。大气物理研究所要求每位博士研究生不仅必须在全所作开题报告，而且要求博士研究生的选题要有三位高级学者预审。大气物理研究所学位评定委员会对每位博士研究生的论文选题的科学性、创新性和可行性进行严格审查，强调学位论文的创新性。论文选题审查通不过的，要求其修改选题并限期重新开题。这个制度保证了大气物理研究所研究生论文的高水平和创新性。大气物理研究所在 2003 年全国学位质量评估中，名列全国大气科学第一名，得分远远超过其他大气科学的博士学位授予单位。

由于强调创新，鼓励学生超越，提倡要"青出于蓝而胜于蓝"，我的两位 20 世纪 90 年代初毕业的博士陈文和陆日宇，分别在准定常行星波动力学和西太平洋副热带高压动力学方面做出了系统的创新研究。他们把我在 20 世纪 80 年代的研究成果大大发展了，在国际上影响因子较高的学术杂志上发表了很多文章，受到国际上的好评。他们现在也已成为博士生导师。我认为，只有在研究生的培养过程中强调创造，培养出来的人才才能符合科学发展的需要，符合国家的需要。只有这样，才能完成国家赋予我们博士生导师的历史使命。

培养学生的创新能力还必须把学生放到国内外学术研讨会上去磨炼。为了培养学生的创新能力，我总是鼓励学生们利用国内、国际学术会议，如暑假举办的中国科学院研究生暨海峡两岸青年大气科学学术研讨会、国际亚洲季风学术研讨会等，去发表论文；与国内外有关学者讨论，认识国内外本领域的研究进展、发展趋势，提高他们的创新能力。如我的一个博士生，刚上一年就被我派去参加第四届亚洲季风系统国际学术研讨会，他参加以后觉得收获很大，经与有关学者讨论不仅发现自己研究的不足，也熟悉了国际上在他所研究领域的研究状况。因此，这种广泛的国内外学术交流，给研究生提供了良好的学习机会，促进了研究生的创新能力的培养。

总之，为适应新世纪我国经济和社会高速发展的需要，国家需要大批具有高素质的高层次人才。当前，一批批对科学有志向、有兴趣，对研究有进取心的创新人才正在涌现。"长风破浪会有时，直挂云帆济沧海。"让我们紧紧把握住这大好时机，为国家培养造就更多有志向的知识创新人才，完成国家赋予我们的神圣使命。

（刊登于《学位与研究生教育》2004 年第 9 期）

价值与选择

——在北京大学医学部研究生毕业典礼上的讲话

韩启德[*]

每年这个时候，我都要在研究生毕业典礼上讲几句话，我很愿意在这个特殊的时刻向大家表达我的心意，也谈谈我自己的一些体会。今天，我想给大家讲一讲关于选择的问题。

在计划经济时期，国家实行严格的毕业分配制度，每位高校毕业生去什么地方工作是没有选择余地的，我们这代人都有过这样的经历。我自己就是 1968 年毕业时由组织分配到陕西基层农村工作的。今天的毕业分配情况可完全不一样了，毕业生们可以选择出国，也可以选择留在国内；可以选择工作，也可以选择继续深造；可以选择留在大城市，也可以选择到西部去，各种各样的选择摆在每一位毕业生面前。我认为这是一个社会进步的表现，因为只有这样我们才能找到符合自己心愿、能发挥自己特长、适合自己所干的事情，才能够使自己的才能得到最大的发挥。我记得诺贝尔经济学奖获得者阿马蒂亚·森有一本专著论述发展问题，他认为最根本的发展就是人的自由发展，就是人能够自由选择。因此，我们应该为自己生逢这样一个时代而感到高兴。

当然，面对多种选择也会给我们带来问题，因为选择太多会成为一件令人烦恼的事情，甚至是一件痛苦的事情。也许大家不理解：选择多了怎么还会烦恼甚至痛苦呢？让我举一个生活中的小例子。我们常常看到，长得很漂亮的姑娘往往有很多小伙子拜倒在她们的石榴裙下，但她们的婚姻似乎并不因此而比别人更加美满，相反不乏婚姻不幸的例子。帅哥们也有类似的情况。原因可能就是因为他们有了太多的选择而又不会选择。看来，选择是一门学问。相信在座的各位毕业生已经有过选择，现在也正在选择，以后还会面临更多的选择。所以借今天这个机会与大家分享我对选择的体会。选择从根本上来讲是对价值的评估，所以，我想先谈谈自己对与选择有关的四个价值的看法。

第一是核心价值。我认为核心价值就是在选择的时候，特别是在选择职业、选择人生道路的时候，要把自己的选择和社会的需要紧紧地结合起来。时代比人强，我们都逃不脱时代与社会给我们划定的圈子。只有当我们的选择、我们去做的事情是社会所需要

---

* 韩启德，全国人大常委会副委员长，中国科学院院士，北京大学医学部主任。

的，我们才有更开阔的道路和更广阔的前景。

中国的知识分子历来就有爱国的传统、以天下为己任的传统。这个传统是中国文化的一部分，它深深地印在我们的社会当中，社会也会以这个标准来要求我们、衡量我们。这种因传统而形成的社会标准慢慢地也会对每个身处社会中的人的心灵形成一种规范。当时间流逝，容颜变老，我们一定会问自己："我这一生过得有没有意义？"而很多当年所执着追求的东西，到了像我这样的年纪会看得更清楚，想得更明白。其实，最有意义的价值就是自己给社会留下了什么，而一切荣华富贵，都不过是过眼烟云。这就更让我们深深地体会到个人选择的核心价值就是社会的需要。当然，我们今天的选择是站在自己的立场上做出的，在面对各种各样选择的时候，每个人都有选择的自由。但是请不要忘记，社会也同样在选择着我们。社会选择谁，是根据社会的需要出发的，就像你选择什么是从你的需要出发的一样。但是我想，社会对你选择的力量要远远大过你自己对社会选择的力量。所以，我认为在选择当中核心价值是第一位的。

第二是边缘价值。严格地说，是递减边缘价值（decreasing marginal value）。一个人在沙漠旅途当中迷路的时候，失去了水的供应，这个时候如果你给他一瓶水，就能救他的命；你给他第二瓶水，他会很需要；你给他第三瓶、第四瓶水时，他就显得不那么需要了；当你拿水去充满一个浴缸的时候，这一瓶水的价值就更小了；这瓶水倒入游泳池，那它的价值简直微乎其微；在大海当中，这一瓶水几乎没有什么价值。这就是说当我们所拥有的某样东西在量上越来越增加的时候，它的价值就会不断往下掉——这就是递减边缘价值的含义。

现在的毕业生要去自己谋生，当然都有基本的生活需要，甚至还考虑到买房买车，再长远一点还会考虑到结婚生子、抚养下一代，等等，这些都需要钱。但是当你有了足够的金钱以后，金钱的价值就会成为银行里单纯的数字，对你来说就没有多大意义了。与此同时，你有没有想到除了需要钱，是否还有其他的需要呢？比如说，临床专业的毕业生，现在临床经验还太少，可能还没有独立做过手术，那么他所做的前几例独立手术的价值就是很大的。毕业生也许会感觉到自己社会阅历很浅，这个时候去经历社会、去社会实践，对他们来说是价值最大的。所以，递减边缘价值就是要求我们在选择的时候全面考虑，去选择对价值最大的阶段，而且要全面地选择。

第三是勤奋价值。我们做成一件事情，特别是做好一件事情，确实需要一定的天分，但是我还是认为，更重要的是勤奋，所以我同意"天才就是勤奋"这句话。我说这句话并不是否定天分，而是说，勤奋在一个人取得成功的道路上往往起决定作用。一个太聪明的人往往一事无成，因为他不能专注于一件事情，他觉得干任何事情都行，因此在每一件事情上都没有下足够的功夫。我注意到，取得巨大成就的人士，甚至于诺贝尔奖的获得者们往往并不是最聪明的人，但是他们无一不十分勤奋。当我们选择了基本正确的道路以及开始一个职业以后，能不能成功就取决于能不能脚踏实地，能不能专心致志、用尽全力、克服一切困难去做好它，特别是在碰到挫折的时候，还能不能继续坚持下去直至最终取得成功。

第四是设计价值。我们有时候说要把自己设计成一个什么样的成功人士，设计成为一位什么家，等等，我认为这是一个误区。因为成功取决于自己的努力，同时要靠机遇，而机遇在什么地点出现，在什么时间出现，又是以什么样的形式出现是不可预测的。因而在什么时候、什么地点、取得具体什么样的成功也是不可能预测的。我们能做的就是坚持不懈地努力，做好眼前的事情，而在碰到机遇的时候紧紧地抓住它，成功将不期而遇。

那么，有了对这四个价值的正确衡量，并变成自己思想的原则，我们在选择的时候就会主动得多。归结这四条价值原则，我想有一句话更能够概括，更有利于操作，那就是：不是选择要做什么，而是选择要做什么样的人。只要确定了自己做什么样的人，我们遇到机遇的时候就能紧紧抓住。我们固然无法预知将来在何时何处取得成功，但是一定会走向成功。

既然选择具体做什么不那么重要，那么就跟着感觉走吧。从做第一件事情的时候，就踏踏实实地把它做好；等到需要转做第二件事情的时候，再把那件事情做好，其实你就在走向成功。当然，要能够做到这一条，最重要的在于自己的思想，在于自己内在的力量。这种内在力量的形成，别人帮不了忙，是需要自己修炼的。还是《大学》里边讲的程序：格物、致知、正心、诚意、修身、齐家、治国、平天下。当我们对客观的事物、对社会以及对自己都很了解的时候，就能够自由地翱翔，就能更自由地做出正确选择，最终一定能够取得成功。

所以，我愿意拿梁启超先生的一段话来总结对选择的体会。梁启超先生讲："凡任天下大事者，不可不先破成败之见。"怎么破呢？他提出了总的原则："办事者，立于不败之地者也；不办事者，立于全败之地者也。"很简单，只要坚持不懈地去做事，最终能成功；要是不去做事，则肯定不会成功。为什么这样说呢？"苟通乎此理，知无所谓成，则无希冀心；知无所谓败，就无恐怖心。无希冀心，无恐怖心，然后尽吾职分所当为，行吾良知所不能已。愤其身以入于世界中，磊磊落落，独往独来，大丈夫之志也，大丈夫之行也！"我想，我们每一位毕业生都要做这样的大丈夫。

取得成功其实不难，先破成败之见，然后踏踏实实地去做，把自己的志向和社会的需要结合起来，坚定不移地走下去，屡败屡战，就一定能成功，就一定能够成为社会的栋梁。

今年是毛泽东主席1957年在莫斯科大学为青年留学生发表讲话50周年，我们这一代都是在毛泽东主席的这段话的鼓励下成长起来的。毛主席说："世界是你们的，也是我们的，但归根结底是你们的。你们青年人朝气蓬勃，正在兴旺时期，好像早晨八九点钟的太阳，希望寄托在你们身上。"我们的国家正在发生翻天覆地的改变，我们中华民族迎来了有史以来少有的发展机遇，正在崛起，同学们幸逢其时，只要选择的道路是正确的，只要坚持不懈地去努力，中国的未来一定是属于你们的，世界一定是属于你们的！

（刊登于《学位与研究生教育》2007年第10期）

良师三议

——如何做一位好教师

朱亚宗[*]

    曾 听过不少名师大家的讲课或演说，包括大学时代从头到尾听过严济慈和钱临照先生的两门课程，以及国防科技大学不少名师的演讲。真正的名师是同时攀上学术高峰和师德高峰的人，实在令人高山仰止。对于一般教师而言，做一位教书育人的良师，也许是更为切实的目标。自己从教至今已有 28 个年头，岁月和经历似乎使我知道良师何以成为良师，虽然心向往之，但自知能力有限，难以企及。好在德国思想家歌德早就说过，"见识和实践才能要区分开来。"这使我有勇气就这样令人敬畏的话题，奉献出自己的一管之见。

    良师是一个历史范畴，不同的时代必然有不同的标准。当代高校的良师，如从大处而言，至少应是精通专业的行家和教书育人的模范，当然，若以高标准要求，大学的良师，尤其是重点大学的良师应是同时攀上学术高峰和师德高峰的人。本文从敬业、博学与风格三个方面探讨如何做一位良师。

一、敬业：诚惶诚恐和长期不懈

    分别主持过湘雅医院和协和医院工作的医学权威张孝骞教授说，"病人把生命都交给了我们，我们怎能不感到恐惧呢?"晚年的张孝骞为刚进大学的医学院学生讲述如何成为一位好医生时说道，如果说他行医 60 年有什么经验可谈的话，"戒、慎、恐、惧"这四个字大概可以算作第一条。美国霍普金斯医学院的大学生受到的告诫则是：行医是一种艺术而非交易，是一种使命而非行业。在这个使命当中，用心要如同用脑。医学大师的敬业态度达到"戒、慎、恐、惧"的程度，实在是令人敬仰。其他专业的高校教师，其敬业态度应该如何呢?培养出杨振宁和李政道的著名物理教授吴大猷说，"医师不胜职是关系人命的，教师不胜职是误人子弟的。"竺可桢在就任浙江大学校长时指出："假如大学里有许多教授，以研究学问为毕生事业，以教育后进为无上职责，自然

---

    * 朱亚宗，国防科技大学人文与社会科学学院教授，专业技术少将。

会养成良好的学风，不断地培植出来博学敦行的学者。"教师被誉为人类灵魂的工程师，稍有差错，就会误人子弟，更何况重点大学的学生都是青年中的精英。一位有责任心、荣誉感和使命意识的教师，当你接下一门课，想到将在未来的教学中，每堂课都要面对数十上百名严格遴选出来的高素质学生，怎能不诚惶诚恐呢？我从教已有28个年头，有的课程讲过不下20遍，但每次备课仍丝毫不敢马虎，因为每届学生特点不同，每年科技动态有变，社会热点问题不同，教师自身的学术兴趣和关注中心也在变化，即便是上年非常精彩的讲稿，若原封不动地移用于下年，也很难重复往日的精彩，又怎么可能通过对固定教材和陈旧讲稿的照本宣科达到好的教学效果呢？每每想到这些，便如坐针毡，紧张之情难以自抑。为此，我养成了每年重新备课的习惯，并常用全盘更新的讲稿。而唯有在诚惶诚恐之中完成创造性的备课后，才能充满自信，淡定从容地走上讲坛。

良师敬业，不仅要对教学工作尽职尽责，对教书育人乐此不疲，而且要有实事求是的求真精神。医学大师张孝骞以切身经验告诫后学，每一个病例都是一个研究课题，对病情的诊断，必须慎之又慎。史学大师陈寅恪在史学研究中新见迭出，但在清华大学研究院的讲课十分谨慎。他常告诫大家，面对浩如烟海的史料，要证明某种现象或事件"有"，则比较容易；如果要证明它为"无"，则委实不易，千万要小心从事。我们今天的大学教学，不仅要教给学生专业知识，而且要教给学生正确的人生观与价值观，教师在课堂上的一言一行，怎能不严谨求实、慎之又慎呢？

教师的敬业素质，是一个需要长期培养和不断坚持的课题。吴大猷曾针对有些教授弃学改行之事发表看法："一个国家科学的发展进步，除了设备之外，更需要的是忠心献身学术的人，积年累月地勤奋工作。一个人学习了十几二十年的科学，而对学术没有兴趣，学位及教授头衔只是阶梯，热衷名位，这样的教授，不仅难望其在学术上有大贡献，且往往对学术气氛有不良影响。"

教师敬业精神的背后是人生观与价值观的支配。如果对祖国有神圣的使命感，对教职有高度的荣誉感，对学生有无上的责任感，而不是仅仅把教书当作谋生的途径，这样的教师就一定会有诚惶诚恐和坚持不懈的敬业精神。而敬业精神的最高境界则是由使命、荣誉和责任内化为职业的乐趣，转化为乐此不疲的献身精神。对这样的精神境界，爱因斯坦的见解也许过于绝对，却值得每一个有事业心的人深省："雄心壮志或单纯的责任感不会产生任何真正有价值的东西，只有对于人类和对于客观事物的热爱与献身精神才能产生真正有价值的东西。"而这种非凡精神境界在学术上所能引出的最有价值的成果，也许是坚守冷僻而社会需要的园地，最终在冷僻的园地上培植出世人瞩目的奇葩。当年吴大猷和叶企孙耕耘的理论物理园地，在"二战"前的中国绝对是一个冷僻的园地，最终却培养出了中国第一代诺贝尔奖获得者和10余名"两弹一星"功勋奖章获得者；而王选进入计算机行业时，热门的是数据库系统和操作系统，王选却独具慧眼，瞄准了人称黑不溜秋冷门的印刷系统，但是正如王选所说："有些现在坐冷板凳的，将来会物以稀为贵。"正是王选耐得住寂寞的敬业精神，最终使当时的冷门变为热门。

二、博学：广博深厚与教学"涌现"

"一物不知，儒家之耻。"博学，早就成为中国学人追求的重要目标，也自然成为不少大学校训的重要内容。关于现代大学教师的博学，竺可桢有言简意赅的见解："有了博学的教授，不但是学校的佳誉，并且也是国家的光荣；而作为人才以为国用，流泽更是被以无穷。现在中国的大学太缺乏标准，但几个著名的大学也多赖若干良教授而造就甚宏。"这是竺可桢出任浙江大学校长时所作讲演中的一段话。若以世界一流大学的标准来要求今日中国之大学教师，博学的差距仍是一个明显而普遍的问题。

大学教师的博学，不仅是其个人的核心竞争力之一，而且可使学生、学界与国家深受其益。力学大师钱学森当专职教授的时间并不多，除了写出专业的教材《导弹概论》与《星际航行概论》外，还横跨多个学科，综合不同专业，写出了《工程控制论》与《物理力学讲义》两本经典著作兼教材，在国际学术界开辟了工程控制与物理力学两大研究领域，并培养了一代从事工程控制与物理力学的交叉科学人才。《物理力学讲义》在 1962 年正式出版后，立即引起学术界的广泛关注，苏联很快将其译成俄文出版，1964 年，乌克兰科学院又成立专门的物理力学研究所，运用物理力学的原理研究固体材料，正是沿着博学的钱学森开辟的研究方向，这个交叉型研究所现已蜚声国际学界。

笔者也对许多博学的名师的演讲有真切的体会和深刻的印象，在中国科学技术大学读本科时，曾于"普通物理"与"电动力学"课程中两次听讲狭义相对论，似乎学到了其基本原理及计算方法。10 余年后读研究生时，中国科学院理论物理所新任学部委员郝柏林教授到复旦大学演讲，跳出具体理论和计算方法而从科学创新路径的高度重新诠释狭义相对论的创新史，并指出学习狭义相对论的创新思维，必须要研读爱因斯坦的原始论文《论动体的电动力学》才有味道。流行教材描述从实验反常到理论突破的路径，而爱因斯坦的原始论文却蕴含了从哲学思维入手的创新路径。真乃听君一席话，胜读十年书。这一演讲使我对科技史与科学逻辑的辩证关系以及科学理论的多样性，留下终生难忘的印象。郝柏林院士是国际著名理论物理专家，又兼具科学史与科学哲学的深厚素养，可谓文理兼备，博学多才。听这样的博学名师的精彩演讲，既获启迪，也是享受。

然而并不是每个博学的老师都能讲出精彩之课，更非每一堂课都能讲得精彩。笔者常聆听到并不精彩的名师讲课或演讲，这些名师就学问而言，实至名归；就教学而言，却名实难副。这从认识论的角度来看并不奇怪。马克思早就从理论上深刻阐明，说明的方法不同于研究的方法："在形式上，叙述方法必须与研究方法不同。研究必须充分地占有材料，分析它的各种发展形式，探寻这些形式的内在联系。只有这项工作完成以

后，现实的运动才能适当地叙述出来。这点一旦做到，材料的生命一旦观念地反映出来，呈现在我们面前的就好像是一个先验的结构。"发现真理与表述真理虽然都属于认识论范畴，二者却既有共通之处，也有很大差异。学问家未必能演说，演说家未必能研究；名师之课未必堂堂精彩，而无名之辈也未必没有动人之课。这是学界常见之现象。

因此，教师要成为良师，仅有广博深厚的学问还不够，还须有精彩的表述能力，也就是说还要掌握说明的方法和技巧。那么从掌握真理到说明真理的转变是如何完成的呢？这里可以运用复杂科学中一个概念——"涌现"（emergence）来说明。大自然、人类社会和认知领域的许多现象都可用"涌现"这一概念来概括。如新的生物个体就是按照物理、化学、生物等规律，由小到大、由简入繁地涌现出来的；人类社会则是按照经济、政治、文化等规律而不断涌现出新的形态和阶段来；自然科学家则善于从少数基本理论出发，涌现出关于大自然或物质世界的某种崭新见解。按照美国著名学者霍兰的解释，"涌现的本质就是由小生大，由简入繁。"可以说，"涌现"是一种将部分组合为整体的自组织现象，一旦整体的面貌显现出来，它就与组成它的各个具体部分有本质的区别。名师的精彩演讲，事实上也是一种独特的"教学涌现"，而形成这种涌现的原料，则是名师积年累月聚集起来的知识元件，这些知识元件平时储存在大脑的各个知识仓库之中，各知识仓库之间有精神网络相通，精通演讲艺术的名师一旦需要演讲，很快就能将存储于头脑知识仓库中的知识元件提取、筛选并组合起来，即因教学的需要而涌现出一个高明的教案。因此，从已有的广博深厚的知识宝库到涌现出特定性质的教学软件，是一个不折不扣的创新过程。而教学软件究竟如何在原有知识的基础上涌现出来，"教学涌现"除了名师的个体经验之外，究竟有哪些有章可循的规律，目前并不完全清楚，这也是21世纪认知科学需要应对的重大而复杂的课题。

三、风格：扬长避短与自成一格

同是精彩的讲课或演讲，也仍有不同的风格。海森堡和杨振宁同是理论物理学家和诺贝尔奖得主，对科学史与科学哲学问题津津乐道，并都喜欢恢宏的演说。但是，杨振宁偏爱从普遍原理出发的演绎方法，而海森堡钟情从经验事实出发的归纳逻辑，二人未曾谋面时杨振宁已在阅读海森堡的论文时感到别扭，待二人在欧洲一次国际会议见面后，杨振宁更深深地感受到二人表述风格上的差异。确实，名师讲课或演讲的风格千差万别：同是讲中国历史，范文澜理论先行，陈寅恪论从史出；同是讲述红楼梦，鲁迅横扫传统文化，周汝昌深入细微末节；甚至于同在清华大学，先后开讲"中国近300年学术史"课程，梁启超宏观叙事，钱穆条分缕析，如此等等，不胜枚举。

每一个自成一格的良师，必是在扬长避短的考量中，充分发挥比较优势，并经过长期磨炼而成。在人文社会科学领域内，大体而言，表达的风格，一如研究的风格，不外乎以观点取胜、以资料取胜和以语言取胜三种基本类型。以史学家为例，郭沫若、范文澜等马克思主义史学家，掌握理论优势，形成以观点取胜的风格，成为史学的主导力量；王国维、陈寅恪等人则有掌握某一领域史料的优势，如王国维的殷墟甲骨文，陈寅恪的中国中古史料学，均独步一时，二人任清华研究院导师时充分显示出以资料取胜、论从史出的风格，并赢得广泛的声誉，以至于在20世纪50年代，郭沫若放言不仅要在观点上，而且要在史料的掌握上超过陈寅恪先生。另外，还有一些史学工作者主要凭借勤奋与语言之优势，而立足于史学界，如周谷城先生以一人之力，编写出《中国通史》与《世界通史》两大教材，令人惊赞也无人可以追及。

　　笔者在表达艺术上，因天性使然，也因未下功夫，至今仍觉力不从心。每见有人能将平凡的见解、通俗的论点、寻常的事例，表达得气势恢宏、声情并茂、引人入胜，常钦佩之至，自叹弗如。因此也只能另辟蹊径，发挥自身文理兼备、经历丰富的特点，以扬长避短的策略应对教学工作。所幸经多年摸索磨炼，初步形成以独到的见解、丰富的案例与平实的语言为特征的教学风格。教学当然要以大纲为准，但大纲之下，可以发挥求新之空间实在很大，我私下要求自己每堂课必有自己独到之见解，并要有数十个大小案例作支撑。我的体会是，教学对象的层次愈高，这种以观点取胜、重证据并辅以平实语言的教学风格，便越有优势。我也曾有数次给中学生演讲的经历，深入了解学生的需求和加强针对性，再加上丰富的案例和切身的经验，虽语言平实，也可取得良好的效果。

参 考 文 献

[1] 艾克曼. 歌德谈话录 [M]. 长春：时代文艺出版社，2004：96.

[2] 吴大猷文录 [M]. 杭州：浙江文艺出版社，1999：86.

[3] 竺可桢文录 [M]. 杭州：浙江文艺出版社，1999：71.

[4] 蒋天枢. 师门往事杂忆 [G]//纪念陈寅恪先生诞辰百年学术论文集. 北京：北京大学出版社，1989：15.

[5] 杜卡斯. 爱因斯坦谈人生 [M]. 北京：世界知识出版社，1984：46.

[6] 文池. 思想的声音 [M]. 北京：中国城市出版社，2000：12.

[7] 王文华. 钱学森学术思想 [M]. 成都：四川科学出版社，2007：596.

[8] 马克思、恩格斯、列宁的社会学思想 [M]. 北京：人民出版社，1989：64-65.

[9] 霍兰. 涌现——从混沌到有序 [M]. 上海：上海世纪出版集团，2006：2.

[10] 张杰. 解析陈寅恪 [M]. 北京：社会科学出版社，1999：39.

（刊登于《学位与研究生教育》2008年第6期）

为师之要　首在德高

龚　克*

今天，学校在这里召开 2009 年度新聘博士生指导教师培训会。各位老师经过认真的遴选成为博士生导师，是可贺的，但是，博士生导师不是一种荣誉，而是一项工作。这个培训会的主题就是如何做好博士生导师。我首先就"怎样才是好导师"做一个发言，和大家一起交流。

一个好导师应该德学双馨。大家被遴选为博导，主要是依据学术的业绩和水平，所以在"学"的方面应该是合格的，当然还有不断学习、跟上发展、提升水平的问题。我今天主要从"德"的方面来讲，我认为这个方面是首要的，因为这是由大学以育人为根本的性质决定的。育人不仅仅是传授知识，更是言传身教如何为人、为学。因此，立德育人乃兴学之本，亦为师之本。事实上，导师总是在自觉或不自觉地影响学生的人生。所以，不论自觉或不自觉，导师必然是学生的人生导师。那么，怎样才能做一个好导师呢？

一、好导师要有好德行

大学应该培育什么样的人呢？最简单的一个词来说就是培养"德才兼备"的人，特别是"德"要好，即育人为本，德育为先。要培养这样的人，导师的德行是第一重要的。我国古代"四书"中的《大学》开篇就指出"大学之道，在明明德，在新民，在止于至善"，所以，大学之道首在明德，大学之师必以德高。

中国古代的司马光曾经说过：才者，德之资也；德者，才之帅也。是故才德全尽谓之"圣人"，才德兼亡谓之"愚人"；德胜才谓之"君子"，才胜德谓之"小人"。我想，我们至少也要努力做"君子"，所以要做到"德高"。中国近代的叶圣陶也曾有过明确的表述，他说："教师的全部工作就是为人师表。"

国外的教育家对德行的重要性也是十分重视的。捷克教育家夸美纽斯认为："教师要成为道德卓越的人，要做学生的表率；教师要充分了解自己职业的社会意义，无限热

---

* 龚克，天津大学校长，教授。

爱自己的工作。"法国著名思想家卢梭对于如何做老师也专门说过:"你要记住,在敢于担当培养一个人的任务以前,自己就必须要造就成一个人,自己就必须是一个值得推崇的模范。"

以上这些,讲的都是教书先教人、育人先正己的道理,讲的都是做教师要以德为先的道理。在这个方面,中外教育家的论述还有很多,可以肯定地说,教书育人以德为先,是古今中外对于教师的共性要求,只是"德"的内涵在不同时代和不同的社会制度之下是不一样的。

二、好导师要有好学风

"修德而后可讲学。"作为导师,好的学风表现为学德。作为博士生导师,更应恪守科学道德和学术规范。应像教育家陶行知所说的那样"千教万教教人求真",我们就是要教育学生做真人、办真事、说真话、写真文章。

好学风的要求可以分为多个层次,其中,学术规范是底线,而"诚信"是学术规范的核心。因此,必须杜绝 FFP 即 Fabrication(伪造捏造)、Falsification(歪曲篡改)、Plagiarism(剽窃抄袭),践行 RCR 即 Responsible Conduct of Research。

当下,在 FFP 之中,剽窃抄袭的问题更为多见。在学术界,剽窃就是使用他人的作品而"不标识来源"(without attribution),把他人的观点表达成自己的,这是剽窃最主要的属性。我从网上查到:"英文'plagiarist'一词来自拉丁文'plagiarios'(掠夺或者绑架奴隶、儿童的人),而拉丁文'plagium(绑架)'又是来自希腊文'plagios'(奸诈的、背信弃义的)。当你剽窃的时候,你是在拐走另一个人的脑产儿(brain child)。不仅如此,你还对其他人声称:这是你自己的脑产儿,你利用它给你自己赢得声誉,所以,你又是在说谎和诈骗:你从原作者那里猥琐地窃取了本应属于他的成就和荣誉。""一稿多投"算什么?学术界认为是一种"自我剽窃",而且是欺诈(把一个成果说成是多个),所以也是学术不端行为。

不久前披露的贺海波事件,是一个极为恶劣、非常典型的事件。浙江大学进行了严肃处理。大家不要以为那是别人的事,离我们很远。其实,在我们学校也有问题,不能掉以轻心。这几年,我们学校认真处理了好几起学术不端行为,有的事情涉及的是教师,我们给予了教师相应的处分;有的涉及的是学生,问题严重的学生被撤销了博士学位,与此相关的导师也有责任。如果我们导师都尽到了教育责任,至少是可以避免一部分学术不端行为的。

我于今日凌晨通过 Google 搜索引擎检索到关于"学术规范"的词条 38.5 万条,关于"学术道德"的词条 41.7 万条,关于"学术腐败"的词条 44.1 万条,关于"学术打假"的词条 24.7 万条,关于"科研诚信"的词条 147 万条。由此可见,学术道德和学术规范问题已经引起社会广泛的关注,各方面正在采取必要的措施规范学术行为。

我校有着优良的传统，形成了"严谨治学"的校风。近年来，我校更加重视学风建设。2007年9月19日，颁布了校学术委员会制定的《天津大学科学道德与行为规范（试行）》《天津大学科学道德与行为监督调查实施办法（试行）》《天津大学关于学术论著抄袭行为的界定办法（试行）》等管理办法。研究生院在此之前就专门出台了相关的规定。对于这些规定，请各位导师一定要充分了解、恪守遵行，更要尽到教育和监督的责任。同时，也要请大家帮助学校不断地完善这些规范和制度。

作为导师应该谨记：我们的行为和标准在影响学生。作为导师，必须遵循学术道德和规范，这是一个最基本的做人和诚信问题。如果在科研诚信方面未尽教育职责，甚至以不严谨的行为影响学生，那是会害人一生的。杜祥琬院士说："科研诚信和学术规范是基础课。"作为导师，经常因为论文署名问题被牵扯到学术不端案件中，大家对此应该特别注意。发表论文的署名作者应有实质性贡献，署名就要负责任。

三、好导师应有好态度

态度很重要，就像教育家陶行知所说："教师对自己从事的教学工作抱什么态度，对掌握业务专门知识抱什么态度，这也是师德问题。"

我觉得"认真"是一种态度、也是一种美德。我曾在报纸上看到，当被问到美国名校的教授究竟好在哪里时，著名华裔数学家、菲尔茨奖得主、哈佛大学教授丘成桐意味深长地说："因为他们用心，而中国的一些老师不用心。"邱先生讲得切中要害，抓住了"态度"问题。美国有一本书叫作《我的教学勇气》，书中说道："学生在私下的议论中把教师分为两类：用心的教师和不用心的教师。用心的教师热情、亲切、活跃、真诚，谆谆教诲、循循善诱。可不用心的教师上起课来完全是在敷衍了事，得过且过，看起来对教学兴味索然，对学生麻木不仁，和教材、和我们都没建立起有意义的联系。"这段话值得我们思考，这本书值得大家读一读。还有一套书，叫作《大学教师通识教育读本》，值得大家看看。

美国专业教学标准委员会2008年制订的教师评价标准，那里提出5项核心要求（The Five Core Propositions），我们可以借鉴。这5个方面是：

1. 对学生及其学习尽心尽责

让所有学生获得知识，相信所有学生都能学习；对学生一视同仁，承认个体差异，并在实践中充分考虑这些差异；了解学生是怎样成长和学习的；尊重学生因来自不同文化、不同家庭而在课堂内表现出的差异；关注学生的自我概念、动力、学习效果以及同伴关系；关注学生个性发展和培养学生公民责任感。

2. 通晓所教学科知识和教学方法

通晓所教学科的知识，透彻了解学科的发展历史、构架及其在现实社会中的运用；具备教授学科知识的技能和经验，熟知这种技能，了解学生学习这门学科在前技能、前概念上的差距；能够使用不同的教学方法和策略进行理解性教学。

3. 有责任管理和监护学生学习

进行高效能教学，掌握多种教学技术和方法，并能运用得当、游刃有余，能始终激发学生的学习动力，使其专心、投入地学习；知晓怎样确保学生参与和营造秩序井然的学习环境，怎样组织教学以达到教学目标；知道怎样去评估个体学生和整个班级的进步；能采用多种方法测量学生的成长进步和理解力，能把学生的表现向家长做出清楚的阐释。

4. 能系统地反思，从经验中学习

成为受过良好教育的楷模——会读书、质疑、创新、勇于尝试和接受新事物；熟知有关学习的理论、教学策略，始终关注和了解当前的教育问题及焦点；经常批判性地审视自身的教学实践，深化知识，拓展所有的专业技能，将新的发现运用到自身的实践之中。

5. 是学习型团队的成员

能与他人合作改善学生的学习；具有领导力，知晓如何积极寻求并建立与社区团体和企业的合作伙伴关系；在制订教学策略、课程发展和教师发展方面，能与其他专业人士合作；能够评价学校的发展和对资源的分配，以实现国家和地方的教育目标；深知如何与家长合作，使他们富有成效地参与学校的工作。

以上是对于专业教师的一般要求，对博士生导师，要求应该更高。比如，第一条讲"对学生及其学习尽心尽责"，讲的就是"态度"。对于博士生导师来说，育人的态度更应认真。又如，第二条讲"通晓所教学科知识和教学方法"，对于博士生导师来说还要懂得做学问的规律，要能够抓方向、抓方法。王国维先生曾经用宋词描绘"古今之成大事业、大学问者，必须要经过三种之境界"，即："昨夜西风凋碧树。独上高楼，望尽天涯路。"我觉得这个第一境界就是抓方向、选题目。导师一定要使学生经历这个境界，要给学生自由度，培养他们的独立性。现在导师往往不注重培养学生选题的眼光和能力，一上来就要求学生做题。在"衣带渐宽终不悔，为伊消得人憔悴"这个第二境界中，是抓方法，帮助学生渡难关、寻突破。最后达到"众里寻他千百度，蓦然回首，那人却在，灯火阑珊处"的第三境界，即成功的境界。

四、好导师要有好情感

学生只有和老师亲近了，才会信任老师，正所谓"亲其师，信其道"。导师承担着教书育人这样的责任，让研究生信任自己，是事半功倍的不二法门。而要让研究生信任自己，首先必须让研究生亲近自己。爱生是实施教育的基本出发点。教师要有热爱学生、诲人不倦的情感。教育家陶行知先生认为："没有爱便没有教育。"爱生不仅是教师人品、学识、情感与亲和力的展现，实际上是倾注了教师对祖国、对人类、对未来的热爱。为学生着想，着眼于学生终身受益是叶圣陶从事教育工作的出发点和归宿。为了学生，叶老从来不厌辛苦，全力以赴。"凡是学生要明晓的，倾筐倒箧，不厌其详；凡是学生要解决的，借箸代筹，为求其尽。"

邓小平曾经提出："教师要成为学生的朋友，与学生的家庭联系，互相配合，共同做好教育学生的工作。"他还说，"我们提倡学生尊敬师长，同时也提倡师长爱护学生。尊师爱生，教学相长，这是师生之间革命的同志式的关系。"这种"同志式关系"，强调的是师生平等，要求"教师要成为学生的朋友"，努力做到"教学相长"。由此可见邓小平的师生伦理观，与现代教育理念所倡导的师生平等、相互尊重、共同发展的基本精神是相一致的。

我们在处理导师与学生的关系时应当"以学生为本"。为什么要办学校？不是为了老师，而是为了学生，请老师来帮助学生学习。毛泽东说："学校的校长、教员是为学生服务的，不是学生为校长、教员服务的；教师要向学生学习，向自己教育的对象学习。"这个话讲得实在是太透彻了。在这个问题上，从毛泽东到邓小平，真的是"一脉相承"。可是，在很多老师的心里，以学生为本的观念还没有树立起来。他们是以自己为本，以为学生是为导师服务的。这是一种严重的谬误。所谓"师"是对"生"而言的，没有了"生"也就无所谓"师"，所以要以学生为本，不能本末倒置。导师要帮学生成长，而不是要学生为导师打工。要平等相待，尊重每一个学生。做到"有教无类"，禁绝歧视。要让学生有独立人格，站在学生身边，做他们的朋友，成为他们的良师益友。而不是高高在上，役使他们。要"诲人不倦、勇于面对"，拿出时间接触学生、认识学生。

热爱学生、亲近学生与严格要求并不相悖。是"亲师"亦必是"严师"，"教不严、师之惰"，这是古训。"严"出于"爱"，"导"高于"教"。天津大学的校训是"实事求是"，教学方针是"严谨治学，严格教学要求"。对于导师来说，"双严"首先要"求诸己"，然后才"求诸生"。什么是严？我看"勿以善小而不为，勿以恶小而为之"就是"严"。严格要求的精髓在于"高标准"，是追求卓越，但底线是诚信，保障是学风。

总而言之，好导师要好在"身教"。在为学方面，求人先求诸己，导师要站在科研第一线。要求学生做到的，导师要以身为范，以自己的言行告诉学生什么是社会责任感、全球视野、创新精神，什么是坚实宽广、系统深入的专业知识。在为人方面，正人先正己，首先是学风要正。应当像朱镕基同志要求的那样："为学在严，严格认真，严谨求实，严师可出高徒。为人要正，正大光明，正直清廉，正己然后正人。"这就是我所理解的好导师！

（刊登于《学位与研究生教育》2009年第10期）

师贤方能生斐
——谈导师在和谐研究生师生关系中的角色和作用

隋允康*

司马迁《史记·仲尼弟子列传第七》中有一段话:"孔子曰:'授业身通者七十有七人,皆异能之士也。'"这就是所谓三千弟子中的七十贤人。孔子作为伟大的思想家和教育家,理所当然被尊崇为圣人。后世常说孔子与他的弟子为圣贤,其实含有"师圣方能生贤"之理。借用"圣师"方能育出"贤生"的道理说明导师与研究生的关系,是颇有道理的。不过,如果用圣人要求导师,可能要求有些太高而难以企及,于是改为"师贤方能生斐"。《王力古汉语字典》(中华书局2000年版)解释"贤"为"才德出众的","斐"为"五色相错,文采貌",因此导师用"贤师"要求自己是应当的,而借"有斐君子"形容具有文明修养的研究生也是恰切的。

回顾恩师钱令希院士作为教育家"教书育人"和"科研育人"的事迹,更加确信:"师贤方能生斐",亦即,只有德才出众的导师,方能培养出具有德才修养的学生。下面结合钱令希先生的事迹和笔者培养研究生的体会,阐述导师营造和谐的师生关系、达到"师贤生斐"目标的六个方面的具体定位或做法。

一、亦师亦父

恩师钱令希先生对于笔者,具有父辈般的师恩。而笔者对于钱先生,则是亦生亦徒的晚辈。

早在"文化大革命"之前,大连理工大学在全校选拔两名在学业上具有创新精神的学生提前读研究生,笔者有幸被选中;若能够考取,将成为钱先生的研究生。学校要求笔者利用寒假自修完4、5年级的课程。当笔者刚刚自修通过了所有课程,"文化大革命"就开始了,笔者因此被批判成修正主义苗子。

毕业后笔者先是在部队进行军农锻炼,接着先后在建筑施工部门和设计部门从事技术工作,钱先生那时在向吉林省柳河县民主街467号的小草房寄"有限元""优化设

---

* 隋允康,北京工业大学力学博士后流动站主任,教授。

计"等讲义和写信时，可能并没有想到这是为他后来的年轻助手构筑必要的研究基础，而只是出于对一个青年人好学上进的欢喜和关怀。

那时候，笔者提出和推导出了将拉普拉斯变换与 Z 变换统一的一种变换体系，当笔者把研究结果交到钱先生手里时，他热忱地委托夏尊铨和唐焕文两位数学老师审阅，并且推荐在母校学报上发表。对笔者大学毕业后由于兴趣而独立进行的建筑、结构、力学和数学的所有研究，他都十分肯定和鼓励。

在神州大地上"拨乱反正"之后，高校也恢复了研究生招生，那时笔者真想圆"文化大革命"前读研究生的旧梦，钱先生在给笔者的信中劝道：你在工程部门，没有老师指导就能自己选方向做课题，已经独立地进行研究，还在杂志上发表那么多文章，说明懂得了如何做研究，独立工作能力超过了研究生，还是直接回校当老师吧！他派一位老师专门到笔者工作的通化地区建筑设计室游说恳谈，终于把笔者调回母校大连理工大学，那时是 1978 年。回到了母校，一面给当年的师兄、师弟们上研究生课，一面协助钱令希院士和钟万勰院士从事计算力学方面的科研项目。我在老先生言传身教下成长起来。笔者一开始协助他们指导博士生和硕士生，还协助程耿东院士指导硕士生，以后又单独指导硕士生和博士生。现在统计下来，笔者已经指导博士生 26 名、硕士生 67 名、博士后研究人员 4 名。

在钱先生指导下，笔者在科研、教学和指导研究生的过程中成长了起来。20 世纪 80 年代初，笔者在杭州完成 DDDU 程序的第一个版本，算出比施米特（Schmit）等更好的优化结果。我从上海乘船回大连时，钱先生要了一辆小轿车亲自来大连港迎接我。20 世纪 90 年代初，笔者进行晋升教授的答辩，钱先生去坐镇，提出"解决了什么工程项目"的问题，实际上是让别人更广泛地了解笔者的工作，以便让评委都投支持票。后来笔者为了某些家庭原因打算调北京工作，钱先生虽然舍不得笔者走，可是非常体谅笔者的心意，正是由于他的理解和支持，林安西书记与程耿东校长才能毅然放笔者离开母校。

笔者在大连理工大学期间，发表 80 多篇科技论文、30 多篇教育论文，出版学术专著 1 部、译著 1 部，获国家自然科学二等奖 1 项（第三名）、国家科技进步三等奖 1 项（第三名）、国家教委科技进步一等奖 1 项（第三名）以及省级教学奖 2 项（第一名）。

现在回顾一下，钱先生培养年轻人实际上有"师带徒"与"师导生"两种模式。"文化大革命"之前，研究生招生数量少，他培养年轻人多采用"师带徒"方式，大连理工大学数理力学系的中青年力学骨干大多数是他亲自带出来的，其中包括后来当选为院士的钟万勰院士、"文化大革命"后第一批调回来的程耿东院士、林家浩教授，笔者是第二批也是最后调回来的"徒弟"。

所谓"师带徒"方式，就是钱先生培育年轻人做科研课题、讲课和协助指导博士生和硕士生，这是年轻人在干中成长的稳健、快速之路。笔者其实是钱先生"师带徒"方式培养的关门弟子。1978 年恢复研究生招生以来，由于招生数量大为增多，钱先生像其他老先生一样，进入了"师导生"为主培养人才的阶段。

这里，笔者思考两个问题：现在还有没有"师带徒"的方式？"师带徒"方式有没有值得"师导生"方式借鉴的地方？其实，博士后研究人员、同一科研团队或教学团队的青年教师、外校的进修教师或国内访问学者，都应当列入老教师作为"师父"所带的"徒弟"之列。

毫无疑问，"师徒"之间具有情同父子的色彩，更深的感情沟通，更浓的和谐氛围，更直接的干中学模式，更快的实践中成长结果。概括起来，"师带徒"的方式对"师导生"方式的可借鉴之处在于其人性关怀和人文精神，有利于学术指导与人生指导的融合。

不过，"师带徒"方式缺乏"师导生"方式的以下优势：①"师带徒"方式不授学位，没有博士学位的年轻人有可能舍弃高水平的"师父"，而纳入"师导生"模式就读于低水平的老师；②"师带徒"方式要求"徒弟"有较高的起点；③ 除非老先生有较高的敬业精神，否则，他宁可不做"师带徒"的工作，而愿意多做"师导生"的工作。

鉴于"师带徒"方式更适合高层次青年教师的成长，更有利于传承老先生的丰富经验，建议有关部门考虑从身体健康、水平较高的退休老先生中遴选学术"师父"，同年轻的教授、副教授组成指导团队，发挥经验丰富的老导师传帮带的宝贵作用。

二、亦仁亦德

钱先生对笔者除了有业务上的熏陶，也有人品上的重要影响。钱先生的榜样作用使笔者悟出一个道理：要当好一名优秀的导师，必须为人师表，亦仁亦德。我们说孔夫子是"万世师表"，可见师表的分量很重，师——老师，表——表率。我们是老师，可是未必能称得起"师表"。为什么？"师表"是不简单的，他不光要有学问，更要有人品、人格魅力。凡是认识钱令希先生的，无不称他为师表，因为他具备了上述这些方面。

笔者经常在琢磨：为什么钱先生有那样好的口碑？同其他老先生比较后，笔者终于想通了——他总是在为年轻人着想。不管是否是他的学生，不管他是否认识，他总是有求必应。尽管其他老先生也能做到这些，可是他比别人更加投入，而且他常常主动地为年轻人着想。一句话：心地善良，助人为乐，也就是说：内在的仁爱心派生出外在的德行，从而发挥了师表的作用。

为了向钱令希先生学习，笔者从做人入手——以修身工程开始要求自己，按照先贤的教诲就是格物、致知、诚意、正心、修身、齐家、治国、平天下。

历览前贤事迹，笔者发现中国士的共性——无不从完善自我入手；进而又发现，西方的知识分子也不例外。爱因斯坦语出惊人："第一流人物对于时代和历史进程的意义，在其道德品质方面，也许比单纯的才智成熟方面还要大。""现在这一代人，往往只注意我们这些人发明了什么，有哪些著作，实际上，我们这些人的道德行为对世界的影响，从某种意义来讲更大。""居里夫人的品德力量和热忱，哪怕只有小部分存于欧洲知识分子中间，欧洲就会面临一个比较光明的未来。"

道德也好，修身也罢，都是做人的途径，要在日常生活中学"做人"，在日常生活中修养自己。为此，我认真钻研了20字（爱国守法、明礼诚信、团结友善、勤俭自强、敬业奉献）的公民道德规范，从中凝练出四字："敬、诚、和、勤"。

"敬"，以敬仰、崇敬、恭敬、尊敬等意表达四个要点，即爱国、守法、明礼、敬业，实际是对国家、法纪、他人、事业的敬爱之心；引申为"心敬"。

"诚"，可看成诚信的缩写，表达了精诚、忠诚、诚恳、诚实之意；引申为"意诚"。

"和"，以和气、亲和、和蔼、平和等意表达团结、友善两个要点，实际是内心善良、平和之态的外在流露；引申为"态和"。

"勤"，以勤奋、勤恳、勤勉、勤劳表达了勤俭、自强、敬业、奉献四个要点，是自尊、自重、自强美德自然表现出来的身心的勤勉；引申为"身勤"。

"敬、诚、和、勤"引申出的"心敬、意诚、态和、身勤"，实际上反映了优秀的道德准则演化出高尚的行为表现。

从过程与目标的关系来看，"敬、诚、和、勤"只是道德实现的目标，道德的养成过程则体现在内在的修身养德的工夫上，这在道德规范中没有写上，作为准则性质的规范，只要明确目标就足矣。然而精美目标的达到，离不开过程中的砥砺磨炼，也就是"修养道德、建功立业"。

如果说"建功立业"与"敬、诚、和、勤"都是目标，那么，前者是外在的，后者是内在的，只有内在的目标实现了，才能转化为外在的目标。然而，目标的实现离不开过程，这就要瞄准"敬、诚、和、勤"的目标，在认真实践的过程中，一点一滴地修养道德。

"敬、诚、和、勤"其实都根于一个"善"；在修养道德时，抓住了"善"这一根本，才能自然而然地派生出"敬、诚、和、勤"。笔者把自己的体会讲给我的研究生，希望他们能够按"敬、诚、和、勤"要求自己。笔者还经常把报刊上的富有启发性的文章（例如介绍宋健院士成长的报道、关于评选优秀博士学位论文的情况总结等）复印给每位研究生，让他们从中体悟修身与做事的道理。

三、亦示亦言

我们常说"身教胜于言教"，这句话强调了老师的表率作用，有人却以此建议老师少一点婆婆妈妈。其实老师真要少说话必须有两个前提：其一，老师的身教能被学生体会和领悟；其二，学生明白了之后能够步其后尘。若不能做到这两点，则言教不但不可少，而且还得在不产生逆反心理的条件下，予以强化。因为只有借助于说，才能使悟性低或心浮气躁的学生体味老师身教的含义，毕竟多数人不可能顿悟，只能渐悟。

要言教就得苦口婆心，就得旗帜鲜明。

一方面我们要在各方面关怀爱护学生，耐心指导学生，另一方面又要十分严格地要求学生，不允许有丝毫的懒惰、造假现象。批评要直率甚至是严厉，因为对学生的帮助是诚恳的、发自内心的，只有直率甚至是严厉才能振聋发聩。

有个别学生到外面打工挣钱，当笔者知道了就思考如何对待。想了好久，笔者旗帜鲜明地指出：若在寒、暑假妥善安排好时间适当干点也不是不可以，若在平时，就是抓了芝麻，丢了西瓜，得不偿失！个别同学如果有困难可以申请贷款。因为求学本身就是一种人生投资，贷款是为这种投资筹款。一定要利用好现在的有利条件，多学点东西，不应为一些蝇头小利而影响自己的成长。

针对学生中流传的学生给老师"干活"的说法，笔者认为应当在观念上拨乱反正。哪里有同任何项目都没有关系的"纯粹"培养学生的课题？如果导师真的没有项目，恐怕不是他的研究能力出了问题，就是他的研究方向值得反思了。导师正是通过在干实际项目中给予学生具体指导，使他们增长才干。何况真实的项目对于年轻人的锻炼最大，虚拟项目是无法与之比拟的。

笔者年轻时给自己的老师钱院士做助手，压根没有想过给谁干活这个问题，而自己只是埋头苦干，在"干活"中成长了起来。从根本上讲，笔者是为自己将来独立地干活打下了扎实基础，说穿了，还是在为自己干活。因为"活"干完了，成为过去的历史，而本领却增长在干活人的身上，成为他未来的"资本"。笔者告诫研究生，做人不要太算计了，还是"傻"一点比"精"一点对于自己有利。

辩证地看，不应把为老师"干活"与为自己"干活"对立起来，也不应把"干活"与"成长"对立起来。那种狭隘的认识不是来自糊涂观念，就是来自浮躁、急功近利的市侩哲学，在纯洁神圣的师生伦理面前显得十分渺小。笔者还指出：导师把花大半辈子工夫摸索到的学术"法宝"毫无保留地传给学生，无私地把学生引到学科前沿，这是学生干那一点"活"能换回来的吗？

总之，在当今，必须把"身教胜于言教"改为"身教与言教并重"。"身教"是无声的示范，"言教"是有声的辐射，二者兼有，就是"亦示亦言"。只示不言其实是过高估计了研究生的悟性，只言不示则无法对研究生产生感召力。

四、亦道亦术

导师培养研究生，无论是在"德"还是在"才"上，都应当剖分出若干层面，位于上面的可以划归为"道"，位于下面的可以划归为"术"。"道"是抽象的规律、原理，"术"是具体的方法、技术。由于"道"与"术"又可以各自细分，因而总的说是多层次的"道术"关系。

老子在《道德经》中指出："合抱之木，生于毫末；九层之台，起于累土；千里之行，始于足下。"这句话用于修道德和做学问上都十分贴切。

千里之行是我们做学问的理想——立志做教育家与科学家的复合型人才，不要使自己单一化（单纯科研型或单纯教学型）。不要当教书匠，要当教育家；不要当科研匠，要当科学家，而且要做德才出众的教育家兼科学家。

始于足下是我们做学问的实践——肩挑双担（教学、科研）。一手做两"课"——搞好课堂教学的学问，搞好课题研究的学问，做到教研相长。不但注意科学研究的学问，也注意教学研究的学问。要主动实现教育观念、学习观念上的转变，用高层次的道指导低层次的术。

不少同学开始读学位时别说独立思考和独立工作能力，连从事科研的基本技能都不掌握。我们就要从基本功开始教他们：怎样查文献，怎样选题，怎样写开题报告，怎样推导公式，怎样构筑程序框架，怎样编写程序，怎样考核例题，怎样归纳总结，怎样写科技文章，怎样写学位论文，可以说是手把手地教学生。不仅要有宏观方向的揭示，也要有具体思想、做法的传授和指导，甚至每个公式的推导表达，文章中每个字、句的修改完善。老师诲人不倦、诚心帮人的特点不仅在课堂教学生上如此，而且要像语文老师那样逐字逐句地给他们改文章，通过具体例子的点评耐心教他们准确、鲜明、生动地撰文，避免假话、大话、空话、套话。在具体的指导中，使他们由无从下手到会干工作，由会之较少到会之较多，逐渐掌握研究方法，提高研究能力。同时，导师还要把他们引向某个研究方向的前沿，使他们避免走弯路，避免漫长的摸索，使他们站在老师的肩膀上攀登，这样他们才有可能很快成为某个领域的国际前沿专家之一。

笔者的体会是：学"术"悟"道"，即从具体的法、术中领悟、提升、凝练出抽象的理、道；以道驭术，以抽象的理道指导、驾驭、演化出具体的法、术。前者的终极结果是"万法归一"，由众多的法、术追溯到最高的"道"；后者的终极结果是由最高层次的道推演出众多的法、术。

五、亦德亦才

学习钱先生做一名好导师，有两个首要条件：以做人为基点；以做学问为途径。这两点也意味着导师对研究生要有德和才两方面的指导。而要做到这一点，除了加强个人的修养，还涉及具体的做法。回顾笔者多年来指导研究生的做法，大致经过了以下几个阶段。

1. 随时沟通

研究生可以随时推开门找导师请教。这种做法有随时交流、及时反馈的优点，但是因为导师教学、科研等工作的繁忙，学生很难随时找到，于是他们建议改为定期汇报。

2. 每周定时个别指导

定于每周某天的上午或下午，研究生挨个陆续汇报和请教。这个办法持续了一段时间，笔者发现研究生们有许多共性的问题，要不断地重复指导，于是改变为每周定时集体指导。

3. 每周定时集体指导

定于每周某天上午或下午，全体博士生与硕士生都到实验室，从博士生开始接着是硕士生，凡是已开题的研究生陆续汇报。集体汇报是对研究生一周工作的检阅。汇报中，笔者抓住共性的问题，实时指导，事半功倍，效果很好。更重要的是，勤奋学生受到鼓励，懒惰学生受到压力，有利于形成努力工作的氛围。

4. 以做人的集体学习促进做学问的集体指导

在指导学生的过程中，笔者深刻地体会到：指导他们做学问并不难，难的是如何卓有成效地指导他们做人。笔者从杨叔子院士的德育做法上得到了启迪。杨院士要求自己的博士生、硕士生在论文答辩前要背会相当多段落的《道德经》与《论语》，据说此举对于他的研究生做人、做学问都大有促进。于是在 7 年前，笔者决定效仿杨叔子院士，组织研究生学习传统道德典籍的精华，但是笔者不要他们背诵，而只要求学习。先是学习清代学者李毓秀的《弟子规》，花了一个学期。每次汇报活动的开始，都是学习一小段；然后，我结合学生们的情况，联系实际进行讲解与阐发。为了加强效果，每次要一位同学记录，整理成文档，然后通过电子信箱传给我，我再修改，最后定稿后传给每个学生，效果十分好。从 2003 年开始，先后集体学完两遍《弟子规》后，又学习了曾子的《大学》、子思的《中庸》，现在正在学习《论语》。

传统优秀道德典籍具有巨大的感召力，进行这种活动之后，发现学生的学风比以前严谨了，更能互相帮助了，更加尊师重道了。

笔者修改博士生、硕士生论文有感，曾将自己的体会写下来鞭策他们：

阅汝等之文如观心态，或见心浮躁如长草，或见心蒙昧尚未开。古人曰"文如其人"，此语真矣！提醒尔等思之："吾属何种情况耶？"切记：要在做学问中改造自己，抓住著文之机，调整心态，力争有一较大改观。力求做到"心澄静如止水"。鸡年即将来临之际，勉励诸君静心做学问，闻鸡起舞，鸡年大吉！

又曾写诗激励他们：

赠有志者

自古人才非天降，

有无运化玄机藏，

妙哉拟贤不泥贤，

抖擞全倚自飞扬！

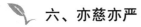 **六、亦慈亦严**

倡导导师做研究生的好朋友，从师生人格平等角度出发，此话说得很在理。然而和

谐的师生关系属于"不对称的均衡美"。所谓"均衡"，指师生朋友关系的人格本质一致——平等；所谓"不对称"，是指师生定位之别——"师导生学"。如果说，平辈之间的"对称的均衡美"概括为"友"，师生之间的"不对称的均衡美"应当概括为"师慈生"和"生尊师"。

师为主导，生为主体，这是必须承认的"不对称"。拿"均衡"反对"对称"，过分强调师生的"平等式"的朋友关系，是对"不对称均衡美"的误解。更重要的是，不利于彰显"师严生"的要点，而这是描述"不对称的均衡美"的另一个侧面。导师对待研究生如同对待自己的子女一样，要集严父与慈母于一身；多严缺慈则偏于冷峻，多慈缺严则溺爱不明。

钱令希先生的风范表明他对于研究生和中青年教师亦慈亦严。无论慈还是严，都是仁爱派生出来的。退一步看平辈的朋友，其实"友爱"也有"柔"与"直"两个侧面。正如做朋友要当诤友不可做谄友，导师也应当做诤师，对于研究生的缺点不能缄口不言，要直言不讳，有表扬也敢于批评。

研究生往往喜欢表扬不喜欢批评，原因何在？人们虽然知道良药苦口、忠言逆耳、口蜜腹剑、笑里藏刀诸如此类成语的含义，可是还是不喜欢喝苦口的良药，而宁愿饮甘饴的鸩汁。我告诉自己的研究生，对你们诤言直语就是为了切中要害，避免婉言曲语表达不清。人生路上，能遇到直亲诤师并不容易，要珍惜。

做诤师难。难在婆婆妈妈、絮絮叨叨；难在口舌厉害却心肠火热；难在因为严格要求而导致学生不理解。"子不教，父之过。教不严，师之惰。"《三字经》上这一朴素的言语，值得我们为人师表者去深思。一个确有师德的老师，不能忘记一个"严"字，应当集慈母与严父的特点于一身。

正如诤友不一定总是对朋友疾声厉色和大呼小叫，严师的严也不一定是严厉，而应当是严密、严肃和严格，即对学生品德和学问要有严密的风范、严肃的态度和严格的要求。正如诤友的本质是对朋友肝胆相照、仗义执言，严师的本质是真诚和率直，从而有了严密、严肃和严格的表现。高明的严师会营造"如沐春风"的氛围，但是我们可以从中领略到"严"字的全方位表现。

追到底，导师的责任心、真诚心和率直心更深地发自其仁爱心。在学风有待整顿之际，应当大声呼唤每个导师都成为具有爱心的严师。果真如此，何愁学风不正，何愁学风不好。研究生也就会理解导师的真心、苦心和爱心了。

（刊登于《学位与研究生教育》2010年第12期）

十五年来的探索

——研究生培养的初始要求和过程关注

1996 年，我获得博士学位后，即开始合作培养研究生，1997 年正式取得硕士生导师资格，2005 年正式取得博士生导师资格。在 15 年的研究生培养过程中，我深刻地感受到导师责任的重大，如何引导研究生正确地认识社会，帮助他们树立起科学的世界观、人生观和价值观，同时又使他们具有相应的专业素质和才能，使他们能够顺利地毕业、进入社会，是我一直在不断探索的问题。

 一、不断探索研究生培养方法的必要性

在世风学风日益浮躁不安、管理阶层日益崇拜数字、社会日益弥漫享乐主义、高等教育日益大众化的今天，要做好一名研究生导师，实在不易。如何培养硕士和博士研究生，确实是研究生导师需要重新思考的问题。

自 20 世纪末高校扩招以来，许多高校在超负荷运转，教学设施和师资条件不能随着跟进，严重地影响了本科生的培养质量，这就使得研究生的生源质量得不到保证。生源质量日趋下降，这是导师群体的一种普遍感受。

面对这样的生源质量状况，管理阶层又进行量化管理，以发表论文数量的多少来衡量研究生培养质量的高低，这就使导师们无法让研究生进行扎实的专业学养的积累。更为重要的是，这种量化管理造成的恶果是多方面的。

一是直接导致研究生浮躁的学风。由于以发表论文为目标，他们的学习就忽视了专业基础，忽视了基本的学术规范，忽视了学术研究所必需的创新意识。

二是扭曲了研究生的学习动机。一些研究生也乐于多发论文，因为多发论文会有以下利益：可以在校入党，可以申报各个层次的课题，可以多获各种名目的奖学金，可能获得各种名目的荣誉，如优秀毕业研究生、优秀研究生干部、优秀学位论文等；还可以为找一份好工作创造条件，如到高校找工作，多发表论文，特别是在所谓核心期刊发表

---

[*] 朱从兵，苏州大学社会学院教授。

的论文，似乎是有一定分量的，研究生的学习因此而带有强烈的功利色彩。

三是增加了一些研究生的学习压力。高校的量化管理，造就了期刊的营利市场，收取版面费成为一些期刊营利的不二法门，研究生群体往往成为他们收取版面费的主要对象。随着物价的上涨，研究生的生活成本在不断地上升，价格不菲的期刊版面费对一些经济条件不好的研究生来说无疑是一种压力。这就迫使一部分学生从事社会兼职，社会兼职挤占了较多的学习时间。虽然有部分研究生获取奖学金有一定的收益，但这样的情况并不是普遍现象，绝大部分学生需以社会兼职的收益支付论文发表的版面费。而当有些研究生从社会兼职中获得更多收益时，他们已无心于专业学习了。

研究生学习期间，大都市喧嚣浮华氛围的熏染，虚拟网络世界神奇魅力的吸引，领导消费潮流广告的诱导，各种明星暴富和成功神话的刺激，财富排行榜的推介，上层社会消费时尚和生活方式的招摇，日新月异的数码产品的涌现，都足以颠覆一个人的价值观、人生观。物质主义、享乐主义、消费主义已经弥漫整个社会，这就直接影响了研究生的学习动机和学习状态，许多研究生往往会重新审视自己的专业价值，从而采取功利化的学习策略。长此以往，研究生培养的质量就会出现整体滑坡，研究生教育前景堪忧。因此，每一个导师都很有必要不断地探索研究生培养的方法，以确保研究生培养的基本质量，扭转研究生培养质量下滑的趋势。

二、初始要求：献给研究生的九字箴言

要确保研究生培养质量，就必须对研究生提出一些基本的要求。每届新生入学时，与他们初次见面，我就从为人、处世与治学等方面对他们提出建议，作为一种初始要求，引导他们树立起正确的世界观、价值观和人生观，劝导他们在专业领域应有基本的追求和目标，这些作为初始要求的建议实际上也构成了对研究生三年学习生活的基本要求。我逐步地将这些要求概括为为人、处世与治学的"九字箴言"。

关于为人，我送给他们"谦""诚""义"三个字。为人谦虚，这是中华民族的传统美德，凡事低姿态，多向人请教，有益无害。"满招损，谦受益"，是列圣先贤的谆谆教诲。虽然现代社会讲究的是竞争和自我推销，但谦虚所带来的良好人际关系资源以及所增加的学习机会，仍然是个人核心竞争力的重要方面。对人要"真诚、诚实、诚恳"，对事业、对单位、对民族、对国家要"忠诚"，只要一个"诚"，万事可以化解，精诚所至，金石为开，如此则良好的人际关系不难形成。有了"诚"，一个人才能拥有长远的发展空间。始忠后弃的人，表面上得到了较多的发展机会，而实际上失去了深度发展的机会。为人要讲"道义"，但这不是哥儿们义气，而是要主持正义，追求真理。读研期间，研究生应该确立自己的志向，这种志向不能与人类的正义和真理相悖。有了这样的志向，凡事要明辨是非，是者坚持，非者反对。一身正气在，才能立得久。这是为人的根本所在。是非往往由"理""礼"决定，行事一要按"理"，二要循

"礼"，这是"义"字要义。凡是不符合"事理""道理""真理"的事情，不按"礼节""礼仪"去做事，都会遭到人们的反感，甚至唾弃。正是在这个意义上，人们体会到"世事洞明皆学问，人情练达即文章"。

关于处世，我则建议他们记住"宽""默""慎"三字。所谓"宽"，是指对他人要多宽容、多包容，尽量看到别人的业绩、长处和优点，不能尖酸刻薄，不能求全责备，无关大是大非者，能忍则忍，以一忍字来防止人际关系的僵化、恶化。因小是小非而坏大局者，实在得不偿失。投桃报李，你对别人宽容、包容，别人也会宽容、包容你。"宽"的另一个要求就是要"宽心"，凡事不要与别人斤斤计较，要勇于让功揽过，少一些名利心。无欲则刚，是一个永恒的定律。争来争去，往往是身败名裂，到头来是竹篮打水一场空。而超然于名利之外的洒脱树立起来的常常是人格魅力的丰碑。淡泊名利，是中国知识分子的优良传统。将名利之心放在一边，专心于自己的精神追求和专业进取，则名利不争自来。

要做到"宽"，则必须"默"，即少说话，保持一定程度的沉默。常言道：沉默是金，一切尽在不言中。沉默之中包含了宽容、理解、让步和忍耐，在特殊的情境之下，沉默可以化干戈为玉帛，消除人们之间的恩怨和误解，防止矛盾的激化和升级。而在日常的人际关系中，少说话，多做事，树立实干家的形象，才能为自己赢得好评。喜欢评头品足、高谈阔论的人，干不成事，也做不好人，不会有朋友。"静坐常思己过，闲时莫言人非"，是传统的知识分子塑造自己人格形象的基本做法，有值得借鉴之处。沉默不是无为，也不是懦弱和胆怯，而是在沉默中多做事、多思考、积蓄实力，最后以实力来息争议。如果沉默只是意味着懦弱和无为，那么，长期的沉默就走向败亡。所以，鲁迅说："不在沉默中爆发，就在沉默中死亡。"如果在特定的场合，有不得不言、不得不行者，则必须"慎"，即慎重、谨慎。这不是要人们谨小慎微、胆小怕事，而是言行都要有一个尺度。超过了这个度，很多事情往往会走向人们愿望的反面。慎言慎行，也是传统知识分子的修身法。如何慎言慎行？谦、诚、义、宽都是要遵循的原则，言要立意高远，兼顾各方立场；行要悦服众人，兼顾速度与效率。口出狂言、偏执一词，终致成为孤家寡人，众叛亲离；鲁莽行事、一意孤行，终致搬起石头砸自己的脚。

学习是研究生在校期间的主要任务，如何学习？我则希望他们做到"敏""达""实"三个字。所谓"敏"，就是要有敏锐的学术眼光和敏捷的思维能力。"敏于思"是一个基本的要求，经常在学术上、专业上有所思考的人，才能产生学术的灵性，久而久之，就会拥有敏锐的学术眼光，善于捕捉各类学术信息，并从这些信息中发现潜在的有价值的学术资源，从而增强自己学术研究的问题意识。"敏于思"的人，大脑得到不断的锻炼，思维日趋活跃，敏捷的思维能力因而养成。有了这样的能力，就易于找到"学术问题"的解决思路和其中的症结所在，对于提高学术研究的效率有积极意义。但是，仅仅会思考还不够，还要将自己的思考成果贡献出来，那就需要表达。对于表达，无论是书面的，还是口头的，都必须做到"达"，即言辞达意，言简意赅，语言朴实晓达，让人明白。朴实的语言和文风，雅俗共赏。在表达方面，这是一个最基本的要求。但要让每个研究生都做到这一点，并不容易。这就希望他们多多练笔（不一定以发表为目标），相互之间多多交流。学习要最终落实到学风上，那就要求他们做到"实"。做学问，必须扎扎实实、老老实实、踏踏实实，要有甘坐冷板凳的精神。在校期间，研究生应将基础打牢，不断地进行专业学养的积累。学养积累的基本途径在于多阅读，通过多阅读而了解和掌握专业的最新信息和前沿动态。因此，我建议他们多到图书馆去，不能仅仅依赖图书馆的信息检索系统，而是要深入到图书馆中去，逐排逐架地了解馆藏图书的状况，这样才能较为全面地了解本校所拥有的学术资源。当然，在信息时代，这种方法也许是不可取的。但是，本校不具备的资料和条件，通过信息调取是要付出代价的，有些代价是研究生无法偿付的。因此，充分利用本校学术资源，夯实专业基础，应该是没有问题的。

三、过程关注：导师应行的"三导法"

当然，将上述内容一下子灌输给研究生也许是没有多大用处的，只有初始要求是不行的。在接下来的三年中，我与研究生们相处，互相交流为人、处世和治学的看法，努力做到教学相长。我以为，要确保研究生培养质量，仅对研究生提出基本要求是不够的，还应该对导师群体有一些基本的要求。从长期的探索经验看，作为导师，应该关注研究生培养的全过程，在过程关注中做到身导、脑导和心导，此为"三导法"。

所谓"身导"，就是指身体力行。导师不能对学生说的是一套，而自己做的却是另外一套。言行不一、表里不一，是为人导师之大忌。言传与身教，不可偏废。只有身体力行，才能显示导师的人格魅力。"身正为范"，导师的榜样力量对学生的影响有可能是终生的，因此，每个导师都不能忽视这一点。

所谓"脑导"，就是要让研究生学会专业学习的思维和方法，习得学术研究的道德、法律和专业技术三个层面的规范。作为导师，不只是通过课堂教学，还应该经常将自己的研究课题和研究心得讲给学生听，让他们从中感受到学术研究的甘苦，从中体悟出学术研究的基本思路和方法，从中学到学术研究所应遵守的基本规范。

作为导师，更应该经常地了解研究生的学习状态和生活状况，及时地为他们排忧解难。学习中的问题、学术上的困惑，要尽量地通过互相交流来求得解决，每解决一个问题，都是一次学术思维的训练。研究生是否参加导师的课题研究，应该尊重他们自己的意见。即便他们参加，也要尊重他们的劳动成果，这是作为导师应该遵循的一个基本原则。

专业学习的思维和方法，更直接的锻炼渠道是研究生的阅读，我给他们提供了"泛－精－泛"的三阶段读书方式。研究生入学时，要求他们围绕专业基础知识适当扩大阅读范围，以扩大自己的知识面，但在这个过程中，要善于发现问题，作为日后论文选题的方向。到了二年级初，即将发现的问题进行分析，选定目标，作为论文选题，围绕这个选题精看相关资料书籍，进行论文选题的准备，撰写开题报告。到了二年级末三年级初，他们对论文选题深入思考并着手论文写作时，围绕论文选题再适度地参看其他学科的图书，试图以跨学科的视野去深化论文选题的研究。在这三个阶段中，要求学生力图做到"专"与"博"的统一，处理好"专"与"博"的关系。既不能因求"专"而形成过于狭窄的知识面，也不能因求"博"而无自己的专业特长。在某种程度上可以说，"博"是为"专"服务的，唯有相关的"博"，"专"才会有深度和广度，这就要求研究生在阅读中不断地思考，将所学到的"博"识与"专"业联系起来。

阅读的对象，名家名著以及最前沿的成果需要精读，与论文选题关联度高的资料、著作需要精读。我还要求学生不仅要阅读学术著作，还要关注期刊论文，更要尽可能多地去阅读史料。唯有多读史料，才能回到特定的历史情境中，才能对历史有深层的感悟。特别是在论文选题初步确定后，对研究动态的把握和对史料的研读更是不可或缺的基本功。具体到每一本书、每一篇论文的阅读，我要求他们从书皮读起，要了解一本书、一篇论文的基本信息，即其版权信息、作者信息，然后再去看提要、目录、序、前言或序言、后记以及注释和参考文献，通过这些基本的方面，大致了解一本书、一篇论文的基本思路、基本观点、基本方法；结合已有的专业学养从而判断它们的价值，最后决定是精读，还是泛读。不论是精读，还是泛读，都要做适当的摘录，记录自己的思考和疑惑。如此阅读，学习才会有进步。由是日积月累，学术研究的思维和方法、规范也就在潜移默化中习得，专业的学养得以提高。有了学术研究的思维和方法的严格训练，走向社会的研究生无论在何种岗位上，应该都是胜任有余的。

作为导师，最为重要的是"心导"，这当然是指导师用心指导研究生，而根本的目的即是要让研究生有一颗不断奋发向上的进取心，养成自己的专业精神。南京大学李良玉教授是我景仰的博士生导师，最令人敬佩的是，他将培养学生当成了自己的事业。他培养学生的高度责任心是一般的导师少有的。导师的责任心对于研究生的进取心的养成至关重要。如果导师得过且过，那么，研究生也会得过且过，不会有什么专业追求，更不可能形成专业精神。精神是一个人的灵魂，有了精神，人才会有不竭的动力去奋斗、去进取、去创新。通过三年的学习，研究生没有养成专业精神，或不懂得自己的专业精神，那么，我们的研究生培养就是不成功的。总之，我以为，一个研究生，如果有了榜样的力量，如果拥有了扎实的基础，如果习得了方法和规范，如果拥有了一种专业精神，那么，他走向社会，还会不成功吗？也许他现在一无所有，但将来必定有他的"天下"。

作为导师，将初始要求与过程关注结合起来，用身、用脑、用心去履行自己的职责，是确保研究生培养质量，从而为社会各业和国家建设输送更高层次的劳动者和学术人才之根本。而研究生在这样的导师的指导下，一定能够克服各种困难和诱惑，正确地认识社会和世界，树立起科学的世界观、价值观和人生观，圆满地完成学业，昂首阔步地走向人生和社会的大舞台，去创造辉煌灿烂的业绩，为建设中国特色社会主义事业多作贡献。满足了研究生个人成长的需要和社会发展、国家建设的需求，我国研究生教育才会有光明的前景和美好的未来。

（刊登于《学位与研究生教育》2012 年第 8 期）

学习大师风范　做名副其实的科技工作者

一、科学研究是人类认识世界的永恒命题，科学工作者必须具备科学精神与人文情怀

科学精神说到底就是实事求是的精神。达尔文讲过："科学就是整理事实，从中发现规律，做出结论。"请注意他说的是忠实地记录、整理事实而不是"臆想"，更不是"捏造"，从而"发现"而不是"发明"规律，因为规律是客观存在的，只不过我们还没有完全发现而已。因此，所有科学研究工作归根到底只是不断地努力去发现它。我国著名科学家竺可桢先生说过，科学精神就是"只问是非，不计利害"的精神。

人文情怀是人的价值体系、伦理体系的具体表现。一个人的人文情怀应以真善美的价值理想为核心，使自己的社会认知、价值观念、伦理行为符合人民的利益和社会进步的需求。我国材料科学巨匠、国家最高科学技术奖获得者师昌绪先生说："通过多年的实践，我悟出了做人、做事、做学问的准则：做人要海纳百川，诚信为本，忍让为先；做事要认真负责，持之以恒，淡泊名利；做学问要实事求是，勇于探索，贵在发现与创新。"

这里所说的前两项"做人"与"做事"，都是人文情怀的体现。他还引用了爱因斯坦的名言："大多数人说，是才智造就了伟大的科学家，他们错了，是人格。"用一句大家耳熟能详的话，人文情怀是人生观、世界观、价值观的反映。中国的知识分子自古以来就崇尚"位卑未敢忘忧国""国家兴亡，匹夫有责"的爱国主义精神，这也是各国人民共同的人文精神准则。法国微生物学家、细菌的发现者巴斯德，在普法战争开始后就毅然宣布退回波恩大学的学位，并宣称虽然科学无国界，但科学家有祖国。美国已故总统肯尼迪的墓碑上刻着他在竞选演说中的名言："Ask not what your country can do for you; ask what you can do for your country."

耶鲁大学在 182 年前编写过一份《耶鲁报告》，其中关于人才培养有两段著名的

话："我们培养的人不仅要在专业上出类拔萃，更要具备全面知识并拥有高尚的品德，这样才能成为社会的领军人才，并在多方面有益于社会。他的品质使他能在社会各阶层散播知识之光。""难道一个人除了以职业来谋生以外就没有其他追求了吗？难道他对他的家庭、对其他公民、对他的国家就没有责任了吗？承担这些责任需要有各种深刻的知识素养。"就是在这样的人文氛围下，耶鲁大学培养了许多各行各业的领导者，前后有5位当选为美国总统。现在校园里还立着一位美国民族英雄、耶鲁大学毕业生 Nathan Hale 的雕像，并镌刻着他的名言："我唯一的憾事，就是没有第二次生命献给我的祖国。"

人文情怀的另一个重要内涵是谦逊。当爱因斯坦到一所大学演说时，学生问道："你是否认为自己是一个巨人，是科学史上的一个山峰？"爱因斯坦默默地转过身来在黑板上写了一行字："站在山顶你并不高大，反而更加渺小。"在居里夫人去世后，他曾发表了一篇著名的悼念演说："在像居里夫人这样一位崇高人物结束她的一生的时候，我们要不仅仅满足于回忆她的工作成果对人类所做的贡献，第一流人物对于时代和历史进程的意义，在其道德品质方面，也许比单纯的才智成就方面还要大！"

为此，国外许多知名大学一年级的本科新生都要学一门课叫作文化、观念和价值（Culture，Ideals and Value），其内容涵盖古希腊哲学、欧洲文艺复兴和东方的儒家学说的各种学派，从柏拉图、亚里士多德、孔孟之道到笛卡尔、马克思都讲到，林林总总、洋洋大观，但都围绕着"人何为人"和"我是谁"这类古老的哲学命题，这是每一个有知识有文化的人都必须认真思考和终生谨守的做人之道，也就是人文情怀的体现。总之，科学精神的真谛在于求真，人文情怀的根本是求善。

二、科学研究工作是艰苦的、永无止境的探索过程，科学工作者要有献身精神

马克思曾说过："在科学上没有平坦的大道，只有不畏劳苦沿着陡峭山路攀登的人，才有希望达到光辉的顶点。"

20世纪20年代清华大学四大国学导师之一的王国维先生曾用三段古诗词中的名句来描述做学问的三种境界：首先是"昨夜西风凋碧树，独上高楼，望尽天涯路"。说的是在开题、选研究方向时要敢于独辟蹊径，耐得住寂寞，登高望远，敢于选择前瞻性的课题。其次是"衣带渐宽终不悔，为伊消得人憔悴"。说的是在研究攻关过程中，要全身心投入，专注到食不甘味、寝不安枕的境界。最后是"众里寻他千百度，蓦然回首，那人却在，灯火阑珊处"。说的是经过艰辛的探索，最后往往是在山重水复疑无路时，骤然柳暗花明，灵感降临，科研获得突破。

美国学者唐·帕尔伯格先生在《走向丰衣足食的世界》一书中评价袁隆平院士的杂交水稻成果时谈道："从统计学上看，发现雄性不育野生稻种是小概率事件，可是这

种奇迹居然发生，眷顾了杂交水稻之父袁隆平院士。"袁先生听了后却用了法国微生物学家巴斯德的名言："Chance favors the prepared mind"来回答他。因为这是他和助手们在中国南方各省的水稻田中苦苦寻觅了近 20 年才找到的。

科学工作者必须志存高远，淡泊名利，终生奉献。师昌绪院士在和同行教授、学生座谈时，说每一个科学研究工作者都应"做他能做好的一切和做好他所做的一切"，而不是想着成功后的荣誉和地位，更不是把科研的成果作为谋取自身利益的台阶。

我国两弹一星元勋、中国工程院第一任院长朱光亚院士在回顾自己的一生时，曾深情地说："我这一辈子做的就这一件事——搞中国的核武器。"我国松辽平原石油会战、发现大庆油田的功臣邱中建院士在 80 大寿时说：我的一生很简单，可用两个字概括，就是"找油"，如果再加一个字就是"找油、气"。这些大师级人物朴素简洁的人生直白地告诉我们后学者，探索自然的过程是十分艰辛而枯燥的，要日积月累才能对客观事物形成比较完整的认识，才能真正在科学上有所建树。

科学研究工作者还要经得起挫折，经得起失败，并且不断地从挫折中总结经验和教训。法国著名科幻小说家凡尔纳之所以有名，并不是因为他的著作像当今荒诞小说或某些戏剧中的穿越情景那样吸引人们的眼球，而是他所写的东西，过了几十年、上百年后居然大多被新科技成果所证实，并呈现在现实生活中。可是有谁知道这样一位在科学上极富想象力、文笔又十分优美的他，在最初尝试写第一本科幻小说时，曾被退稿 15 次，直到第 16 次才被接受并发表。如果他在失败 10 余次时经不起打击，选择放弃，那就没有人类历史上成就最辉煌的科幻小说家了。

每一个成功的人都要有坚定的信念和认准目标永不放弃的毅力。在已故美国总统尼克松图书馆里，写着他的人生信条："Never give up, never never give up."这也是他最喜欢的英国战时首相丘吉尔的名言。

三、树立科学道德与遵守学术行为规范，是科学研究正常进行的最基本的保证

"道德"一词在汉语中可追溯到先秦思想家老子所著的《道德经》。但《道德经》中的"道"指的是宇宙万物自然运行的规律与人世共通的真理，而"德"是指人的德性、品行，所以当时道与德是两个概念，并无"道德"一词。在汉语中"道德"二字连用成词始于荀子《劝学》篇："故学至乎礼而止矣，夫是之谓道德之极。"在西方古代文化中，"道德"（Morality）一词起源于拉丁语的"Mores"，意为风俗、习惯，或约定俗成的规矩。

道德是对个人行为的自我约束，是自发自律的行为；法律是从外部对人行为的约束，是外律、强制的行为。道德是法律的外延，法律是道德的底线。法律是针对万分之一左右的人（所谓法不治众），而道德是 9 999 人都在自觉遵守的行为准则。因此，社

会需要法律，但社会最终是依靠道德来维系的。

科学道德是社会道德在科学技术活动中的表现，主要是指科研活动中科技工作者的道德规范、行为准则和应具备的道德素质，这是科技人员价值追求和理想人格的具体反映，表现在如何处理个人与个人、个人与集体、个人与社会之间相互关系的准则或规范之中，下面我选择5个案例来说明科学道德的真实内涵。

案例1：尊重别人成果与奖掖后进——达尔文与华莱士

1858年6月，英国生物学家、进化论创始人达尔文，收到一个叫华莱士的青年科学家的来信及论文，希望他看后提意见并推荐。然而，达尔文阅后却陷入极度矛盾与痛苦中，因为论文中的物种进化观点与自己十几年的研究竟不谋而合，而为此他已经付出了毕生的心血。他甚至说："我的全部独创性，无论它可能有多么了不起，都将化为乌有。"但是，谦恭和不图私利驱使达尔文有了放弃优先权的念头，最终他战胜了自我，勇敢地向编辑部坦诚了自己的思想，要求将华莱士的论文公开发表。编辑部在征得华莱士的同意后，裁定进化论思想是由两人分别独立得出。对此，华莱士不仅万分赞同，并且建议把达尔文的名字放在前面，提议将这一理论叫"达尔文进化论"。

案例2：科学道德的核心是诚实——美国科学院的核心价值观

美国科学院提出5个"核心价值"，即诚实、有怀疑精神、公正、易于合作和开放。其中，居于首位的是诚实。他们所说的不良研究行为主要指伪造、篡改和剽窃三类；一句话：不诚实。

案例3：比尔·盖茨成功的保证

专利制度不仅是鼓励创新的外部动力，也是反对剽窃的法律手段。许多人都知道世界首富、美国微软公司的主要创办者比尔·盖茨，但也许并不太清楚他成功的一个重要秘诀。20世纪70年代初，软件不值钱，可随意拷贝，不需任何代价。年轻的比尔·盖茨敏锐地觉察到，这不利于软件的发展。他冲破重重阻力，连续两次发表《致计算机爱好者的公开信》，严肃指出不付任何代价拷贝软件就是"贼"，强烈要求保护软件开发者的权益。如果权益不能得到有效保护，谁还会去开发新的软件呢？正是在比尔·盖茨及其支持者的努力下，软件逐渐成为知识产权，得到专利保护，微软发展成了世界最大的软件公司。

在美国专利局的门墙上，镌刻着林肯总统的名言："天才之火注入权益之油。"科学工作者辛辛苦苦创造出来的成果，如果得不到任何支持和鼓励，等于把创造力降至冰点。因此，伪造、篡改、剽窃之类与创新是反向的：一个上升，另一个必定下降。

案例4：科学道德需要人人关注，社会监督

杨福家院士曾在《文汇报》发表过一篇文章，讲了这么一件事：美国有一位口才

极好、非常有名的主持人，被波士顿大学请去做传媒系教授、系主任。他上课非常生动，很受欢迎。一天，他在一节课临近结束时讲了一段 64 个字的话，漂亮之极，全场鼓掌，这时下课铃响了。课后，一名学生跑到院长前面报告说，这 64 个字出自某杂志的一篇文章，这位教授却没有引出处。院长听了，立即把教授找来，说同学有这样的反映，你看怎么办？这位教授说："我辞职。"其他教师挽留他，说："是铃响了，你来不及讲了，你是会讲的。"结果教授自己说："系主任革职，教授职位保留。"过了两天，这条消息被当地最大的报纸头版头条刊登，这个教授看到消息就走人了。此外，哈佛大学的入学手册里就明确写道：如果你引用他人的东西而不写出处，就退学。

案例 5：荷兰成为仅次于美国和英国的拥有顶级大学最多的国家

根据 2012 年 10 月 4 日英国《泰晤士高等教育》发布的 2012—2013 年度世界大学排名，荷兰全部 14 所大学中有 12 所跻身世界顶级大学前 200 名。荷兰连续第二年成为仅次于美国和英国拥有顶级大学最多的国家。据了解，世界大学排名主要有四个指标：经济活动与创新指标（占 10%）、国际化程度指标（占 10%）、制度化指标（占 25%）和研究指标（占 55%）。这对于人口仅有 1 600 万、国土面积仅约 4.2 万平方公里的荷兰而言，无疑是对其高等教育的最佳褒奖。

2004 年，荷兰大学联合协会发表《荷兰科研人员行为准则》（2012 年再版），对科研工作人员从社会价值、经济价值和自身价值进行行为规范，概括为严谨、可靠、可控、公正和独立。尤其重要的是，该准则对学术造假行为进行了尽可能准确和详细的说明，如抄袭他人作品、篇章段落未注明出处、虚构研究数据等。在实际操作中，荷兰高校从本科阶段起就对学生实施"以诚为本"的道德教育。学生在完成论文过程中，无论有多少引证，只要不是自己的思想，都必须注明出处，哪怕是一个数据。

据莱顿大学一名中国留学生介绍，她本科毕业时一篇 50 页的论文，相关观点、数据和信息的来源出处至少占整个篇幅的 1/3，而有的论文甚至占更多。这些来源出处的查证过程不比构思一篇论文花得时间少。这些看似繁杂的信息检索过程，不仅是对知识的再消化过程，同时也培养了一种尊重他人成果的习惯。

四、规范学术行为，构建科学评价体制，才能从源头上遏制学术不端

英国的学术腐败现象相对较少，这与其构建科学评价体制注重从源头上遏制学术腐败有关。如高校对研究人员发表论文没有定额规定，在需要使用量化考核时兼顾论文数量和影响因子。另外，英国的学术刊物比较注重对论文造假行为采取严厉惩罚措施。剑桥大学校长莱谢克·博里塞维奇曾说，剑桥之所以能够培养出牛顿、达尔文等许多大科学家，很重要的一个原因就是为他们提供了学术自由。博里塞维奇说，剑桥大学聘任教授，并不是简单地看其发表论文的数量，而是成立一个委员会，用一两年的时间来仔细

甄选，既关注其过去发表论文的记录，也看重其对相关学科前景的认识，考察他们是否在思考并准备应对该领域所面临的挑战。

帝国理工学院的华人教授郭毅可说，自己评教授的时间是 2002 年，那时在杂志上发表的文章数量不多，但他对自己的研究很有信心，在许多学术会议上介绍过自己的研究成果，在"大规模数据分析"这个专业领域比较有影响。于是他找到学校，自己提名认为自己可以当教授了，然后提交了自己这个专业领域全世界领先的前 5 名专家的名单，这 5 个人分别来自麻省理工学院、斯坦福大学、剑桥大学、微软公司等，他们的成就和地位都是帝国理工学院承认的。帝国理工学院于是邀请这 5 名专家进行函评，结果他们都认为郭毅可达到了教授水平，于是帝国理工学院就将他聘为教授。

英国学术界不是简单地看论文数量和影响因子这两个指标，他们已摸索出更加科学的量化体系。如现在许多机构采用豪尔赫·希尔施提出的 H 指数，这是一个同时考虑了论文数量和影响因子的指数。举例来说，爱因斯坦的 H 指数为 96，达尔文的 H 指数为 53。据估计，一名物理学家的 H 指数如果能达到 12，就基本可以在世界名牌大学拥有终身教职了。

我国期刊数量已达 9 800 多种，其中学术期刊 6 000 多种，居世界第二。但大多数期刊存在订阅数量小、读者面窄、发展资金匮乏等困难。一些学术期刊为增收版面费任意扩充版面甚至发行大量所谓增刊，来稿只要给钱就发表，催生大量"垃圾论文"。目前，我国几乎所有科技、教育和管理岗位都有论文考核指标，以此来决定聘任、薪资、升迁、学术资源分配等。考核只指定论文发表在哪些刊物上，而对论文本身的内容、质量和影响力没有明确要求，一些科研机构和高等院校更是强调"SCI（科学引文索引）""核心期刊"发表了多少篇文章等单一指标。

美国是最早使科技评估活动制度化的国家。1993 年，美国颁布法律，明确有关科技评估机构的作用、功能、权力和责任。美国科学评估是由政府出资，评估机构完成，评估完全立法化、社会化。美国对基础科学成果的评价一般不引入 SCI 论文指标，因为评估机构的专家都知道该领域的权威期刊是什么。例如，在美国国立卫生研究院（NIH），成果评价是以文献计量和同行评议相结合，受 NIH 资助的各研究所必须在评价报告中提供本部门研究进展和新发现的材料的说明，如在知识增长方面的贡献、开发的新仪器和技术或者对现有的仪器和技术进行的改进、发现的新方法或对现有方法进行的改进等。这让人们清晰地了解了有关研究成果的贡献。

日本"二战"后实施"科技立国"战略，科技实力大幅增长。1997 年 8 月，日本《国家研发评价纲要指南》规定，评价主体是既独立于被评价机构又独立于科技评价委托机构的第三方，被评价机构和评价委托机构的人员一般不得参加评价，而评价主体没有审查权。这种规定使得评价权力与审查权力完全分开。

美国设立研究诚信办公室查处学术不端行为，将学术腐败等行为称为学术不端，主要分为捏造数据、篡改数据、剽窃学术成果三大类。美国对学术不端的原因、表现形式、应对方案等开诚布公地进行探讨。其中一项最新成果是美国《国家科学院院刊》2012 年 10 月 1 日发表的对有关论文被撤销的研究。结果显示，以生物医学领域为例，学术论文被撤销多因学术不端造成，其比例达 2/3。目前，因造假或被怀疑造假而被撤下来的论文占比相当于 1975 年时的 10 倍。其中，来自美国、德国、日本和中国的此类撤稿占 3/4，而在因剽窃和重复发表而被撤的稿件当中，中国和印度占了大部分。研究人员对截至 2012 年 5 月被撤销的 2 047 份生物医学类论文进行了分析。分析结果显示：67.4% 因学术不端而遭撤销的稿件中，有 43.4% 是因为造假或被怀疑造假，14.2% 是因为重复发表，9.8% 是因为剽窃。

以美国声名显赫的权威杂志《科学》为例，它设有专门的编委会，由来自全世界 100 多名顶尖科学家组成，他们负责审查作者来稿的学术价值。通常情况下，寄往编辑部的论文只有约 1/4 能通过编委会审查。但这些论文要得以最终发表，还须经过外部专家匿名评审。以 2010 年为例，《科学》收到了全世界约 1.25 万篇科学论文，最后只有 7% 被发表。

最后我想说，所有弘扬科学道德的教育和防止学术不端的各种制度、措施都是为了一个目标："让真正的金子发光。"使优秀科学工作者的辛勤劳动得到世人尊重，使科学的殿堂保持圣洁美丽，不受玷污！

五、致谢

本宣讲内容取自师昌绪院士、杨乐院士、杨福家院士、杜祥琬院士、李依依院士以及中国科协科学道德建设委员会、新华社及国内外报刊刊登的相关材料，在此谨表谢意。

（刊登于《学位与研究生教育》2013 年第 1 期）

用一生为理想去奋斗

吴孟超[*]

我叫吴孟超，今年 91 岁，和在座的大多数同学一样也是个"90"后。我只是一个普通的外科医生，这一辈子就做了一件事，那就是建立肝脏外科与肝癌斗争。我的经历很简单，先是在马来西亚的光华学校念小学和初中，回国后考入同济大学附中和医学院，大学毕业后就一直工作在第二军医大学。回顾自己的经历，我最大的感受是：做人要诚实，做事情要踏实，做学问要扎实，而且一定要有自己的奋斗目标和人生理想。而我的目标和理想是：早一天摘掉戴在中国人头上的"肝癌大国"的帽子，让我们的人民健健康康地生活！

今天，我想在这里跟大家谈一下自己的一些体会和感受，不对的地方请大家多包涵。

一、要热爱祖国和人民

我出生在福建闽清的一个小山村，由于营养不良，3 岁时才会走路，5 岁时跟着母亲去马来西亚投奔在那里割橡胶打工的父亲。9 岁起，上午跟着父亲割橡胶，下午去学校读书。割胶既培养了我吃苦耐劳的性格，又练就了我灵活的双手。1937 年抗日战争爆发时，我正在读初中。那时经常遭受外国人的欺负，所以心里特别希望咱们的国家强大。初中快毕业的时候，我和全班同学将募捐来的钱，通过陈嘉庚先生组织的华侨抗战救国会寄给了八路军，后来竟然收到八路军总部寄给我们的感谢信，让我很受震动。后来，我向父母提出要回国参加抗日队伍。就这样，1940 年春天，我和其他 6 个同学一起相约回国。

回国途中遇到的另外一件事更加坚定了我对祖国的热爱。当我们在越南西贡登岸时，验关的法国人要我们在护照上按手印，而欧美旅客都是签字。我就跟那个验关的人说，我们也可以用英文签字，但那个可恶的法国人对我吼道：你们是黄种人，东亚病夫，不能签字！直到现在，那次经历都是我最刻骨铭心的耻辱。我当时就想，我们的国

＊ 吴孟超，著名肝胆外科专家，中国科学院院士。

家一定要强大起来，我们再也不要受外国人的歧视和欺负！

经过 30 天的辛苦旅途，到达了云南昆明。我们发现，形势根本不允许去延安。参战抗日的想法无法实现了。我和同学们合计着，继续念书吧。就这样，我考入了因战乱迁到昆明的同济大学附中。后来，考入同济大学医学院，走上了医学道路。

1956 年，我听一个老一辈的医生讲，日本的一个医学访问团专家傲慢地说：中国的肝脏外科要想赶上国际水平，最少要 30 年的时间！听了这话，我心里非常不舒服，并下定决心要证明我们能站在世界肝脏外科的最前沿，要用实际行动为我们的国家争光，为我国的医学争光！

于是，1958 年，我们成立了以我为组长的肝脏外科三人研究小组，制作出我国第一具肝脏血管铸型标本，创立了肝脏五叶四段的解剖学理论；1960 年，我主刀完成第一台肝癌切除手术；1963 年，我成功完成国内首例中肝叶切除术，使我国迈进国际肝脏外科的前列；1975 年，切除重达 36 斤的巨大肝海绵状血管瘤，至今还保持着世界纪录；1979 年，我参加了在美国举行的第 28 届世界外科大会，报告了 181 例肝癌手术切除的体会，引起强烈反响，确立了我们在世界肝脏外科的领先地位；1984 年，我为一名仅 4 个月的女婴切除肝母细胞瘤，创下了这类手术患者年龄最小的世界纪录；21 世纪以来，我们的肝癌介入治疗、生物治疗、免疫治疗、病毒治疗、基因治疗等方法相继投入临床应用，并接连取得重大突破，提高了肝癌的疗效。

我现在身体很好，每天正常上下班，一周一次门诊，五六台手术，医院管理上的很多事也要管，平常还飞来飞去出差开会。我觉得，作为一个党、国家和军队培养起来的科学家，我还没有研究透肝病的发病规律、还没有找到解决肝癌的最有效办法，只有倾尽毕生之力，才能不负党和人民的重托，才能对得起我深深爱着的国家和军队。

病人是我们的衣食父母。要把病人当亲人看，全心全意为病人服务，并用最有效的方法给他们最好的治疗。这是我从医 60 多年始终恪守的医道。

1975 年，安徽农民陆本海找我治病，他的肚子看上去比怀胎十月的妇女还要大。经检查是一个罕见的特大肝海绵状血管瘤，直径达 68 厘米。当手术打开腹部时，肿瘤之大让所有在场的人都毛骨悚然。12 个小时之后，当我把那个巨大瘤体完全切除时，已经没有力气把它抱出来了。经过称量，重量竟达 36 斤！

2004 年，湖北女孩甜甜被诊断出中肝叶长了个足球般大小的肿瘤。其他医院的医生说，这个肿瘤无法切除，只能做肝移植，需要人民币 30 万元。甜甜母亲下岗多年，父亲是一名普通职工，30 万元对他们来说是个天文数字，一家人只能以泪洗面。后来，在别人指点下，甜甜和父母带着一丝希望来到我院。在召集全院专家多次会诊后，我和同事们用了 8 个小时，成功为她切除了 8 斤重的肿瘤。

今年 11 月 15 号，我还做了一台手术：一个新疆的 13 岁女孩，肚子鼓得像充满气的皮球一样，在很多地方看过，大家都觉得风险很大，不敢给她手术。我给她做完 B 超后也知道手术风险很大。但是，如果不给她开刀，那么大的瘤子发展下去肯定会要她的命。手术那天，从早上八点半到下午两点多，用了将近 6 个小时，把瘤子切了下来，称了称正好 10 斤 2 两。说实话，手术下来后很累，但我心里还是非常高兴，因为我又救了一个人的生命。

二、科学既要会创新又要讲诚信

1958 年，我们三人小组开始向肝胆外科进军。我从基础做起，首先是了解肝脏结构，其次是解决手术时出血的问题。

肝脏是人体新陈代谢的重要器官，不同于其他脏器，其他脏器一般都只有 2 种管道，而它有 4 种管道，所以血管非常丰富，手术容易出血。如果能够把肝脏血管定型，在不同的 4 种管道里灌注进不同的颜色，血管走向就一目了然了。为了做成血管定型标本，我们在用作养狗的"狗棚实验室"一干就是 4 个多月，接连试用了 20 多种材料，做了几百次试验，无一成功。有一天，广播里传来了荣国团在 25 届乒乓球赛上夺得冠军的消息。我突然想到，乒乓球也是一种塑料，能不能用它作灌注材料呢？于是，我们就赶紧去买来乒乓球剪碎，放入硝酸里浸泡，这一次，居然获得了成功。此后，我和同事一鼓作气制成了 108 个肝脏腐蚀标本和 60 个肝脏固定标本，找到了进入肝脏外科大门的钥匙。

我发明的"常温下间歇性肝门阻断切肝法"，既控制了术中出血，又让病人少受罪，还使手术的成功率一下子提高到 90%，这个方法到现在都在用。

1963 年，我们准备进军中肝叶。中肝叶被称为肝脏外科"禁区中的禁区"，做中肝叶手术除了需要一定的勇气，更需要严谨求实的科学态度。手术之前，我在动物房对 30 多条实验犬进行实验观察，直到确认已经达到保险系数，才决定在患者身上手术。于是，我完成了我国第一台中肝叶切除手术，也正是这台手术，让我们迈进了世界肝脏外科的先进行列。

创新需要有敢于怀疑、勇闯禁区的精神和胆识，更离不开科学的态度和严谨诚信的学风。因为创新不是想当然，那是脚踏实地的探索，那是日复一日的积累。

孔子曾说："人而无信，不知其可也。"孔子将诚信作为立身处事的必备品质，早已成为齐家之道、治国之本。诚信既是一种处事的态度，更是一种道德的标示，对于社会和每个人都至关重要。

近年来，随着我国改革开放的深入，经济得到快速发展，科技水平和创新能力大幅提升，科研成果层出不穷。但另一方面，社会上的各种不良风气也逐渐渗透到学术界，各种各样的学术腐败、剽窃造假事件接二连三地发生，不仅引起全社会的反感，也引发了国外权威杂志对我国学术界的质疑，其带来的危害是难以估量的。学术不端行为既影响创新能力的提升，还败坏了严谨求实的学风，浪费大量的科研经费和资源，结果是学术造假和追名逐利风气扩散、蔓延，导致社会道德沦丧，创新能力下降。这应引起全社会，尤其是年轻人的重视，一定要老老实实做人，严谨诚信做事。

我在这方面对学生要求特别严。在审阅论文时，我对他们的数据和病例都会进行核实，有时甚至连语言的表述方式和标点符号都不放过。还有关于论文署名问题，我没有参与的文章一概不署名。没有劳动就不能享受人家的劳动成果，那种不劳而获的事我不干。有时候他们会说挂上我的名字好发表，我说那更不行，发表论文不是看面子的事，要靠真才实学，你文章写得好写得实人家自然会为你发表，打着我的旗号那是害人害己。还有，我最讨厌那种写文章时东抄西抄的人，说好听点是抄，难听点就是偷。我们医院就曾经有个年轻医生，发表的论文是抄袭别人的，我们发现后，坚决把他除了名。

我还想跟同学们谈一谈恒心的问题。刚才我说了，我这一辈子就干了一件事，那就是与肝癌作斗争。从1958年干到现在54年了，但我还没有把肝脏完全弄清楚，还要继续干下去。其实，其中的失败、挫折和磨难，不是一句话两句话能说得完的。我也苦恼过、犹豫过、彷徨过，但我没有退缩，坚持了下来。很多老一辈科学家一生也都只干了一件事，而干好、干成一件事，要付出的努力和汗水也是不言而喻的。所以，也希望同学们做事做学问时也有一些恒心，要吃得了苦、受得了罪、耐得了寂寞，要干一行爱一行，钻一行精一行，这样才能有所收获、有所成就。

三、要下功夫培养年轻人

我进入肝胆外科已经50多年了，做了1万多台大大小小的手术，可以说所有的肝脏手术都做了。但是，我常想：一台手术只能挽救一个病人的生命，对于我们这个肝癌大国来说，不能从根本上解决问题。1996年，我用自己的积蓄、稿费和奖金，加上社会各界的捐赠共500万元，设立了"吴孟超肝胆外科医学基金"。2006年，我把获得国家最高科技奖的500万元和总后勤部奖励的100万元全部用到人才培养和基础研究上。有人问我，为什么自己不留一点？我说，我现在的工资加上国家补贴、医院补助，足可以保证三餐温饱、衣食无忧了。可能这就是我的老师裘法祖教授常教诲我的：做人要知足，做事要知不足，做学问要不知足。

王红阳院士是我学生中的优秀代表。1987年秋天，在中德医学会学术年会上，我发现她头脑冷静、勤奋好学，不久，我推荐她赴德国留学。她留学期间，我们不仅保持着联系，而且我每次到欧洲访问，都会抽时间去看她，了解她的科研情况。我对她说："你要回来，医院给你一层楼面，为你建最好的实验室。"1997年，王红阳学成归国，面对中国科学院上海分院等单位的邀请，她毅然将中德合作生物信号转导研究中心落户我院。她在肝癌等疾病的信号转导研究上取得了很多突破，先后获得国家自然科学二等奖等重大奖项，发表有影响的论文60余篇，在国内外学术界引起强烈反响。2005年，她当选为中国工程院院士，2010年又当选为发展中国家科学院院士。

第二军医大学分子研究所所长郭亚军教授是我的第一个博士生，他在美国读书时取得了突出的成绩，我也多次去看望他。他回国后，我很希望他能帮助我研究肝癌的防治，但得知学校要成立分子研究所时，我果断地向学校推荐了他。现在郭亚军也已经是知名的青年科学家。

我对学生要求很严，规定他们必须有过硬的基本功，做到"三会"，即：会做，判断准确，下刀果断，手术成功率高；会讲，博览群书，能够阐述理论；会写，善于总结经验，著书立说。查房时，我经常逐字逐句查看病历和医嘱记录单，对出现错误的既严肃批评，又指导帮助。我们当医生的，所做的一切都关系到病人的生命和健康，一点也马虎不得。这么多年来，我培养了上百名学生，不少人成名成家了，或者是一个单位的骨干力量，我可以问心无愧地说，我把自己掌握的知识和技术毫无保留地传授给了他们。

这些年，祖国和人民给了我很多荣誉，但这些荣誉，不是我吴孟超一个人的，它属于教育培养我的各级党组织，属于教导我做人行医的老师们，属于与我并肩战斗的战友们。回想我走过的路，我非常庆幸自己当年的四个选择：选择回国，我的理想有了深厚的土壤；选择从医，我的追求有了奋斗的平台；选择跟党走，我的人生有了崇高的信仰；选择参军，我的成长有了一所伟大的学校。

岁月不饶人，但我还想在有生之年再做一些有意义的事情。只要肝癌这个人类健康的大敌存在一天，我就要和我的同行们与它斗争一天。我牵头的新医院和国家肝癌科学中心正在建设当中，明年就可投入使用，到时候我们的平台就更大了，能做的事情也就更多了。为人民群众的健康服务，是我入党和从医时做出的承诺，我将用一生履行这个承诺，用一生为理想去奋斗！

（刊登于《学位与研究生教育》2013年第1期）

做研究生的良师益友

——培养应用型军事学研究生的几点体会

孙明太[*]

研 究生教育是我国教育结构中最高层次的教育，承担着为国家培养高级创新人才的重任。研究生培养质量的高低，受到诸多因素制约，而导师在研究生培养过程中无疑起着核心作用。导师除了应该是学科专业领域的专家外，还应该在培养研究生的指导思想和具体环节上进行探索，以找到合适的培养方法。我从 2000 年开始担任硕士研究生导师，2008 年担任博士研究生导师。现已培养毕业硕士 7 名、毕业博士 1 名，在读博士生 6 名。通过指导研究生，我对如何培养部队需要的应用型军事学研究生进行了探索，从中得出几点粗浅的体会，认为在培养研究生的过程中，要解决好三层关系，采取四个举措，抓好五个环节。

一、导师应具备的条件

作为导师，应拥有自己稳定的研究方向，应根据军队未来作战需求和自己的研究兴趣，全面把握学科发展史和发展的趋势，逐步形成具有自我特色的研究方向。作为一个研究生导师，尤其是博士生导师，如果没有一个稳定的研究方向，要想培养出高水平的研究生是不可能的。我曾在海军部队、基地机关和院校等单位从事与反潜有关的工作，具有基层实际装备工作和院校教学的实践经验，为我进入航空反潜战术领域的研究奠定了良好的基础。近年来，我一直致力于航空反潜方面的研究，紧紧围绕航空反潜装备使用和战术运用开展研究，取得了一批研究成果，先后主编出版了 3 本航空反潜领域的专著，这些都为进行研究生教育奠定了基础。

现代科学技术的发展决定了武器装备的性能和使用要求，有什么样的装备就会有相应的使用方法，即所谓的技术决定战术。同时，战术反过来又指导和引领技术的发展。武器装备的发展是战术变革的物质基础，以军事需求为牵引发展的武器装备，又能极大地促进战术的进步，即战术变革与进步、新型战术的出现与不断完善，也能促进武器的

＊ 孙明太，海军航空工程学院青岛校区二系教授。

发展和新武器的出现。作为一名兵种战术学专业的博士生导师，不懂技术是搞不好战术的。因为我是学工科出身的，本科阶段学的是反潜工程，之后攻读了工学硕士学位，1999年以前从事的也是工程技术工作，所掌握的专业知识和工作经验为进行战术研究奠定了扎实的专业技术基础。近年来所指导的研究生由于对航空反潜装备比较熟悉，所做论文仿真就能做到有的放矢，论文质量相对较高。实践告诉我们，在现代技术飞速发展的时代，要进行战术研究，必须以技术为依托，做到战术与技术的紧密结合，方可培养出指技综合的实践型研究生。

二、导师与研究生的关系

在研究生教育过程中，研究生与导师之间的关系，是研究生在学习期间各种人际关系中最重要的关系之一。导师与研究生的关系直接影响到研究生的学习质量、科研活动成果和最终研究生的培养质量。在与研究生的朝夕相处中，我把导师与研究生的关系归结为三层关系，即"父子、朋友、助手"关系。从责任心上讲，把学生当作自己的孩子来培养，是父子关系；从学术交流的角度上讲，把学生当朋友，是朋友关系；从对单一知识掌握和具体问题解决方面来讲，我有时又需要研究生的帮助，学生又成为我的得力助手。

1. 研究生是孩子

一般而言，导师比研究生的年龄要大很多，社会阅历要丰富，对一些问题的认识比较深刻，可以说是研究生的长辈。长辈的言传身教不仅能在学术上给予研究生指导，而且在人生观、价值观和为人处世方面都能对研究生产生直接和间接的影响。我国传统的研究生培养方式多为师徒制，对于研究生来说导师既是老师又是长辈，对于就读期间的研究生来说，导师是他们接触最多、最亲近、最信赖的师长。在与导师的良性互动中，研究生的学业、技能、品格，可以通过师生间的交流、探讨、互相影响而得以成长、成熟。

在与学生的接触中，我把学生当作自己的孩子来培养和教育。我认为，导师不仅应该在学术上关心学生，在生活上也要时时刻刻为他们着想。军校学员到了研究生阶段，基本上已经在军校里待了5~8年，虽然已经适应了军校紧张的生活，但毕竟是独在异乡，一年难得回家一次。平时他们学习忙，业余生活也比较丰富，并没有太多的乡愁，但到节假日，他们的思乡之情会较强烈。我能够体会到他们的心情，因此，每逢节假日就与他们一起举行一些有意义的活动，缓解他们的思乡之情，让他们感受到另一种亲情。

2. 研究生是朋友

作为老师，我一直提醒自己要用平易近人的作风和诲人不倦的精神关爱自己的研究生，在生活、工作中关心体贴研究生，听取他们的意见和建议，通过与学生建立朋友关系，发现问题、及时沟通、尽早解决，使学生乐于和我交流。我会将科学的道理与做人的道理结合起来，通过对具体问题的解决，使研究生树立正确的世界观、人生观和价值观，从思想意识和行为习惯方面形成高度的事业心、责任感和高尚的文明举止，在思想情操方面不断提高与完善。我把研究生教育工作融入自己工作中，贯穿于指导培养研究生的全过程。

相对于学生而言，导师的人生阅历丰富，对于学生的思想动态和日常生活应及时洞察、给予关怀，导师应成为研究生长久的朋友。我认为，学术研讨无等级高低之分，导师与学生相处时必须抛弃高高在上的优越感，通过营造宽松、和谐、平等的交往氛围，让学生自由表达意见、陈述观点，这有利于双方的互相启发和共同成长。比如，在与学生定期举行的学术交流中，除指定的研究生汇报自己的研究心得外，也让其他研究生对其进行评论或谈感受，这样既锻炼了他们的语言表达和思维能力，又以交流的方式让学生自由表达自己的想法。

3. 研究生是助手

导师和研究生之间最基本的关系是师生关系。但在信息激增、知识日新月异的时代，教育的观念发生着深刻的变革，师生的主客体关系也在发生着改变。导师的职责现在已变为越来越少地传递知识，而是越来越多地激励思考。同时，在某些方面，导师也要向学生请教、学习。通过互相影响、讨论、激励、了解、鼓励，加强师生之间的学术互动，活跃学术氛围；通过不同学术背景的知识观点、思想相互碰撞与融合，可以拓宽学术思路与领域，激发创新激情。

作为新一代的年轻人，研究生具有工作热情高、思维方式独立、发散性思维强、计算机运用能力强等优点，从对新知识的接受和具体知识的探索方面来讲，他们具有优势，因此在我要解决某一具体问题时，就要向他们学习，请他们帮助解决，学生此时又成为我的助手。比如在科研方面，师生关系是通过研究生参加我主持、领导的科研项目来体现的。一方面，我指导研究生参与课题研究，鼓励他们去做那些探索性的题目，培养他们独立研究的能力；另一方面，我借助研究生的参与来完成自己的科研项目，在完成科研的过程中，研究生就成为导师的得力助手，通过他们的实践来实现导师的科研设想，并在指导研究生的过程中，通过与研究生的不断交流、探讨，使导师自身的学术科研水平得到提升。

三、培养应用型研究生的四个举措

要培养应用型的军事学研究生，其实践能力是至关重要的。因此，实践能力的培养是解惑也是授业，研究生不仅要有一定的理论水平，更要具有实际动手操作能力，否则是半成品，成不了大器。为此，我经常给学生安排实习机会，加强实践教育。研究生通过实习获得了学以致用的机会，学到书本上所没有的实践知识，这也是贴近部队作战任务、贴近岗位需要、突出军事局势的把握和综合运用装备能力的需要，是培养应用型研究生的需要。

1. 让研究生去部队实习，了解掌握部队现状和需求

研究生教育，特别是博士研究生教育应以培养创新思维和创新能力为中心，这样的人才在实际工作中不仅具有"现在优势"，并且会有"后发优势"。而创新应是来自实践创新，是长期实践积累渐变的突变。有实践积累才有突破，有突破才有创新，实践是创新的源泉。这也是我认为研究生去部队实习的必要性所在。为了把学员培养成为部队所需要的"信得过、用得上、留得住"的专业人才，在进行理论学习的同时，必须贴近部队需要，搞好实践能力的培养。而通过专业实习，学员既可以熟悉了解部队状况，又能提高实际工作能力，使所学知识得到验证和提高，又是实现由理论到实践跨越的一个很好的过渡。

我现在带的博士生中，有4个是应届生，他们对真正意义上的部队还缺乏了解，虽然学校已经安排他们进行过短期当兵锻炼，但他们只是以普通一兵的身份下连队体验当兵生活，与毕业后直接从事专业工作还存在较大差距。因此，在他们第一年课程学完后，我安排他们到海航部队的机务队、鱼雷队、领航股等单位实习。通过实习，他们对即将学习研究的专业有一个比较全面的认识，同时也为毕业后胜任第一任职夯实了基础。

2. 让研究生去工厂和研究所调研学习，了解掌握最新装备

导师在自身的研究领域拥有较多的资源，应积极创造条件，为学生提供实践、锻炼、交流的机会，使学生增知识、长才干。让研究生去工厂和研究所调研学习，可以了解学科最新的研究动态，掌握学科领域的前沿和热点问题，准确把握研究方向，拓宽学术思路与领域，激发创新激情，提高研究生的自主创新能力；可以及时得到最新的科研信息，加深对专业知识的理解，拓宽视野，培养良好的逻辑思维能力和团队合作意识，以及在不同文化背景下的沟通协调能力。

我经常承担一些科研项目，这些项目需要去工厂和研究所调研，我经常带研究生一块儿去。通过接触这些与生产实践相关的课题，比如，对武器装备产品的设计、生产、工艺、质量管理等全过程的了解，能够使研究生明确自己研究的实际应用价值和意义；同时，让研究生去工厂和研究所调研，能够培养和锻炼他们提出问题、分析问题的能力。只有能提出问题，才能进入分析和解决问题的过程，才能在科研工作中有所发现和有所创造。

3. 让研究生参加部队、机关重大活动，现场感受氛围，培养综合素质

研究生教育需要足够的资源投入，但是相对来说，院校教育资源并不充足。因此，鼓励研究生走出校门，到部队去调查研究，既有利于他们了解部队、了解军情，也有利于他们发现部队实际工作中急需解决的矛盾与问题，使理论研究与实践相结合，提高研究的针对性。让研究生参加部队、机关重大活动，是其融合所学知识、理论结合实践的良好机会，既能增强他们对专业知识的感性认识，加深对所学技术知识在武器装备中应用的认识，弥补校内教学的不足，同时研究生可以通过实习了解部队需求，并借助所学的理论知识和分析方法解决部队的实际问题，培养学员的创新精神。比如，我曾带两个博士研究生参加部队组织的演习任务，通过体验部队生活和参与演习作战过程，使他们对部队装备、训练、战术运用和指挥等问题有了从理论到实践的新认识。

4. 让研究生参加科研项目，在学习和工作中提高科研能力

研究生一般会参与导师的课题研究，在这个过程中，师生之间本质上是一种团队合作关系。学生通过与团队中其他成员的讨论可以及时得到最新的科研信息，加深对专业知识的理解，拓宽视野，培养良好的逻辑思维能力和团队合作意识，以及在不同知识背景下的沟通协调能力。通过团队合作和知识共享，学生不但可以学到显性知识，而且可以在与导师、学者的频繁交流互动中学习到导师的隐性知识，即工作经验、研究角度和思维方式等。

研究生在不能独立自主工作之前，必须跟随导师探索。科研项目是一个实实在在的载体，导师可以言之有物，学生也可以接受得更为直观。在这样的一种学习过程中，我首先会给学生做出示范，通过示范性的实践操作把学生带起来，即从拟定课题到搜集资料再到出成果，一步一步让学生跟随自己干，指导学生按步骤一步一步地接近预想的目标，最后得出一个满意的结果。通过这样一个较为完整的过程，学生既领会了学术思想，又掌握了学术方法。另外，在课题研究的过程中，学生会将自己的理念与我进行沟通，由此学会科学研究的方法。

 四、指导完成学位论文的五个环节

导师对研究生的培养最重要的就是在"导"字上。导师在研究生的文献调研、论文选题分析、科研方向的提出、学位论文的写作质量以及论文的检查、监督和指导等方面均起着重要作用。学位论文的完成，不是一蹴而就的，这是一个逐渐积累的过程。研究生在研究的过程中，会碰到许多方面的障碍，这就要求导师及时启发和引导学生解决当前的难题。在导师指导和点拨下，研究生将能更好地完成学位论文。从我多年来培养研究生的体会，要指导研究生写出一篇优秀的毕业论文，必须抓好以下五个环节。

1. 入好门——学好课程，打牢理论基础

如果说，本科的教学，主要是教授学科的基本原理、基础知识和基本技能，使他们对学科有一个基本认识。那么，研究生的培养，就应在这个基础上，让他们对研究领域有所了解，要指导他们阅读本领域若干经典性、代表性的著作，了解当今有开创性的新成果。特别是了解本专业著名学者如何面对、解决现实问题的思路和方法，培养他们的问题意识、创新意识和独立思考能力。

研究生教育的最根本目标，是要在某一特定领域培养优秀的专业人士，因此，不管是对跨专业的学生还是本专业的学生来说，都应该非常关注自己的专业。特别是对研一的新生来说，他们对专业知识的认识非常有限，加上还有些未接触过的专业课程，刚开始学习时往往无从下手，很希望导师能给些建设性的指导和建议。在这一阶段，导师应让学生了解本专业的特点、优势和发展前景，充分调动起学生学习知识的主观能动性，用反映本学科或本专业学术前沿的最新理论、最新技术和最新方法点燃学生思想的火花，激发他们学习知识的热情，使他们更快更好地掌握本学科或本专业的专门知识，确立适合自己的学术研究方向，从而使学生"入好门"，打牢理论基础，为"开好题"打下基础。

2. 开好题——跟踪部队需求，选好论文题目

高水平的选题是高水平论文的前提，确定学位论文题目是导师发挥指导作用的最重要的一环。首先，一个好的选题也许要占到整个成果的30%以上，好的选题首先要为学生留有相当的创造空间；其次，好的选题应该具有重要的学术意义或者具有工程和开发应用的价值；最后，选题要在规定的时间、给定的研究条件下可以完成。选择的题目，应使研究生能获得从事一项科学研究工作所要求的全面能力，即资料检索阅读、理论分析研究、仿真试验以及对试验结果分析判断的能力，在成果方面要有创新性。

在研究生论文写作过程中，导师要切实负责，从论文的理论意义、现实意义、论文结构、研究方法、论点论据乃至文字表述等各方面提出有价值的指导意见，对学生适时加以引导，注重培养学生的科研素养与能力。选题不仅要紧跟学科前沿，具有创新余地和持续性，而且要选择部队急需的军事应用课题。

3. 理好纲——根据科研工作内容和论文要求，理出章节和纲目

开好题之后，导师还要对科研工作内容和论文要求进行细节指导，对具体的章节和纲目与研究生交流沟通，列出论文的章节和纲目。检查论文所采取的技术路线和手段是否可行、是否能达到预期的目的、有无创新点等。

另外，为了保证研究生学位论文的质量，要求研究生在完成学位论文过程中，必须通过仿真试验证实它的正确性和可靠性。导师为使研究生树立严谨的治学态度、克服浮躁心理和远离急功近利的心态，要通过悉心指导，让研究生养成不怕困难、锲而不舍的精神，这不仅仅是指导学生能在学术上有所突破或成就，同时也是培养研究生的耐心、细心和恒心，培养他们严谨治学和敢于创新的精神，使他们养成实事求是的作风、科学的态度和开拓创新的精神。

4. 论好据——充分调研，仿真计算，有理有据，充实论文内容

从研究生入门那一天起，就要培养他们的学术规范。科研论文是具有一定写作模式与特点的文体表达形式，它不仅有着内容上的要求，也有形式上的规范。就内容而言，科研论文要求观点新颖、表述明确。同时，围绕观点进行分析，运用相关资料予以充分论证。简言之，就是要求科研论文言之有物、述之有序、论之有理、持之有据。我对学生的学位论文和向期刊投稿的学术论文要求都比较严格，除题目立意要新，还要合乎学术规范，仿真计算要有理有据，凡不符合要求的就推倒重来，所以每篇论文都要修改若干次，我为此付出大量的时间和精力。开始时，有的学生不太习惯，但在实践中他们觉得通过这样反复操练，自己进步了、提高了，就认同了我的这种做法，并且慢慢变成了他们的自觉要求。

另一方面，科研论文的写作总体上要求架构合理、逻辑清楚、层次分明，也要求在分析与论证过程中用语正式而准确，表达流畅而明确。我从研究生在论文写作中发现的问题入手，进一步指导研究生围绕问题，对有关资料进行搜集与整理，设计解决问题的总体思路。因为，一般的战术研究是战斗经验的总结，而和平时期，作战训练的经验不足，数据有限，只能利用现代计算机技术进行仿真，通过大量的仿真来验证一种战术和效果。进而在充分思考之后开始论文章节的具体撰写，从而使论文内容充实且有理有据。

5. 结好尾——系统总结理论，分析仿真结果，得出研究结论，提出军事应用的方法和建议

学位论文是衡量研究生学位授予质量的基本标志，是研究生的学习、科研能力、创新能力、掌握和运用知识能力以及学术修养和文化修养的全面体现，是评价研究生培养质量的重要指标。学位论文的撰写，在内容上涉及对思想观点进行翔实而准确的分析论证，在形式上则涉及对思想内容进行恰当的语言文字表达。经过两三年的学习和训练，研究生的研究创新能力有一定程度的提高，但对学科基础知识的系统掌握和对学科发展前沿的精准把握依然欠缺，这就需要导师在论文写作中进一步做出辅导，为论文结好尾提出方法和建议。

在检查和修改研究生的学位论文时，我通过让学生不断修改论文，敦促学生学会分析矛盾、系统总结理论、认真分析仿真结果，得出准确研究结论；同时要得出对部队装备使用和作战方法有指导意义的结论，并提出装备战术使用的建议，使论文具有军事应用价值，而不是为完成论文去写论文。

以上是近年来我指导研究生得出的几点体会。在研究生的培养过程中，作为导师，要有稳定的研究方向和指技合一的知识结构；对研究生通过处理好"三层关系"，解决研究生的思想问题，使研究生心情舒畅，学习工作有干劲；通过采取"四个举措"，解决了研究生的实践知识能力问题，使研究生奠定了做学位论文的技术基础；通过抓好"五个环节"，解决了研究生的论文撰写问题，为研究生写出高水平的学位论文提供了保证。因此，近年来我带的硕士研究生连续三届在兵种战术学学科点毕业论文答辩中成绩排名第一；毕业的一名博士答辩成绩也名列前茅；已毕业的研究生在工作中均表现突出，已成为所在单位的业务骨干或部门领导。

研究生教育是大学的精英教育，肩负着培养创新型人才和建设创新型国家的历史使命，导师责任重大。要培养出高质量的研究生，特别是要培养出适合部队需要的应用型研究生，导师不仅是传道、授业、解惑的师者，更应该是研究生学习生活中的良师益友。

（刊登于《学位与研究生教育》2013 年第 6 期）

导师是老师，还是老板

——试论研究生导师的职责

贾黎明[*]

　　不知从何时起，国内研究生也习惯于称导师为"老板"了。我记得这种称呼好像在国外比较流行，也属于"引进"的"国际先进"吧。但我总觉得很遗憾，中华几千年传统的师生关系应是"传道授业解惑"，为何变成了"雇佣与打工"？也有同仁曾发出同样感慨。研究生作为各个学科领域高层次专门人才的后备军，是未来各行各业发展和振兴的中坚力量，研究生培养质量的保障和提高至关重要。教育部近年连续发文强调提高研究生教育质量，其中对导师作用进行了明确要求，培养单位也倍加重视。刘延东副总理在全国研究生教育质量工作会议暨国务院学位委员会第三十一次会议上的讲话更加明确地指出要从指导能力、师德师风等方面加强导师队伍建设。在对研究生培养质量内涵理解方面，很多人脱口而出的可能是培养研究生具备很高的知识水平、创新能力和取得高水平研究成果，简单来说就是"做得好学问"。但我的理解则是通过培养，研究生应具备高尚的道德情操、超强的社会适应能力及高水平的学术能力，简单来说就是卓越的"做人""做事""做学问"能力。在研究生培养过程中，如果导师只是"老板"，学生只是"员工"，由于"角色决定责任"，研究生的综合培养目标将难以实现；同时，极端问题学生及研究生就业问题也说明，导师只当"老板"而不综合育人，将误人子弟。

　　鉴于对以上现象的理解和笔者在研究生培养中的一些思考和实践，撰写此文试论研究生导师的职责。

一、强化社会实践，实施个性塑造，培养健全人格

　　简言之，就是导师应培养研究生优秀的"做人"能力。大家都认为，都研究生了，还不会"做人"吗？确实，相较于本科生，研究生身心较为成熟，具备一定的世界观、人生观和相对独立的价值观。然而，长期的校园生活使他们对社会一知半解，多数研究

---

　　* 贾黎明，北京林业大学国家能源非粮生物质研发中心副主任，教授。

生仍是温室中的秧苗。"象牙塔"里的生活容易使人忽视自身的不足，而这些陪伴研究生步入社会后却很可能成为人生障碍。健康的个性和健全的人格是他们步入社会、实现成功人生的法宝。

1. 结合科研深化社会实践，培养健康"三观"

我所在学科是林学下的主干学科森林培育，是研究植树造林的理论与技术的学科，科研基地大多在基层的林场、乡村，即使在城市也是造林、绿化等的一线战场，这为研究生接触"不一样"的社会提供了极好机会。导师应利用科研实践的有利时机，有意识地把学生放入社会这个大课堂去长期学习。苏联伟大作家高尔基的《童年》《在人间》和《我的大学》三部曲把进入社会大学学习、塑造伟大人格诠释得非常精彩。毛泽东与好友萧瑜在学生时代曾步行湖南全省，实际上是进行深入的社会实践。利用学科优势，我们经常将学生放到基层，一待就是数月。在相对艰苦的环境中，研究生们与一线群众一起工作生活，了解他们的生活境况和疾苦，学习他们战胜困难的勇气和方法，许多事情会荡涤他们的灵魂，他们会自觉放下研究生身段，静下心来思考人生和未来，"三观"会得到升华。

我们在革命老区河北平山西柏坡附近有一个科研基地，这里群山环抱、自然条件恶劣、群众生活较为困难。我的第一个男硕士生在这里断断续续待了3年，借住村长家。他来自条件优越的家庭，学业优秀，没吃过什么苦。临行前我告诉他，这是一次考验，吃得了苦、战胜了困难、融入了农村、被村民认可，就成长了。春季试验林营造完成后，他回到北京向我汇报时说他被感动了。虽说是村长家，生活条件依然艰苦，但村长爱人总是想方设法给研究生们改善生活，让他们体会到了亲情与温暖；当地农民上山造林和管护严格按照技术要求，顶烈日、冒酷暑，不偷懒、不怠工，让他们感受到了勤劳与责任心；村长带领村民对仅有的土地精耕细作，养鸡、养奶牛，让他们感受到了信念与努力……第二年，在我和当地林业局、镇政府同志们的见证下，这位硕士生把村长一家认作了亲人。他已毕业10年，还常去看望村长一家，并成为村里居民来京求医看病、办事咨询的亲人。该生现供职于某高校党政办公室，已是中层领导。后来，一位女硕士生在该基地开展科研工作。她毕业后过年时总是先看望村长一家再回湖南老家，毕业后她供职于中国航天建设集团有限公司。如今，一位北京生源的男博士生，也已在该基地工作了3年，同样受到当地林业局及村民的好评。

总说"80后""90后"是一批自我、脆弱的公子和公主，但我认为，不是孩子们吃不了苦、不能融入社会，而是从小到大的教育体制把他们关在了"象牙塔"里。研究生教育不同于前期培养，要求学生既要学习知识也要开展科学研究，这就给了他们接触社会、向社会学习的机会。哲学、社会科学学科学生要深入社会开展调查，工科学生要在工厂实践学习，农科学生要去农村……导师不能再把学生关在实验室这座"象牙塔"中了。在前期教育中，父母、学校没有能力长时间做到的事情，我们导师应该想法做到。研究生接触社会，遇到的每一个人都是他们的"社会导师"，让社会这个大课堂培养起他们卓越的世界观、人生观和价值观。

2. 因人而异实施个性塑造，培养健全人格

个性是每个人的社会特性。每个研究生秉性迥异，作为导师应提倡张扬个性，但如与社会格格不入就要引导了。极端情况有两种：一种是过于外向，比较自我，凡事不加思考就去处理，进入社会则会时常碰壁，逐渐丧失信心或被社会放弃；另一种是过于内向，性格懦弱，遇事后退，可能干脆就没有机会被社会接纳。前一种学生应采取压制个性外加引导的"碰壁式教育方式"，让他时常面对批评，引导他思考为什么做错了、如何解决问题，个性逐渐得到压制，懂得从别人的角度思考问题。当然，碰壁式教育也需遵循古话"打一巴掌揉三揉"，学生取得进步后要及时表扬。后一种情况则是采取建立自信的"鼓励式教育方式"，处处挖掘并放大学生的优点和优势，并时常要求他负责团队活动组织工作，逐渐建立自信，发挥潜力。

有一年我正好招收了两名性格截然相反的硕士生。男生 A，思维活跃，创新能力强，但性格张扬，特立独行，甚至稍有偏激；男生 B，考研学科成绩第一，专业知识扎实，但个性内敛，遇事不主动。针对两名学生我采取了碰壁式教育和鼓励式教育两种方法，取得良好效果。对男生 A 我显得过于挑剔，时常鸡蛋里挑骨头般批评，并要求他在试验基地一待就是数月，促使他沉下来、多思考、多碰壁，碰壁后想着如何与人沟通、与团队协作。渐渐地，他的眼中有了别人，性格中有了隐忍，而在基地大量阅读文献和不断思考也使他的创新能力得以迸发，形成了许多科研的创新思路。此时，我不仅处处表扬他，对他的创新思路也都支持实现。对学生 B，我让他负责 seminar 的组织工作，要求每位同学的发言他都必须点评，并表达自己的观点。他乒乓球打得非常好，就要求他组织乒乓球活动，积极参加各种比赛。自信心的建立逐渐使其扎实的专业功底凸显出来，科研能力逐步增强。随后，两名学生双双转博。毕业后，男生 A 留校任教，学术创新能力得到大家首肯；男生 B 就职于某省发改委经济信息中心，负责森林固碳和低碳经济相关工作，获得同事们一致好评。

还有一类学生，他们平时工作生活充满阳光，但一遇到困难就丧失目标，阵脚大乱。一名本校保送的女硕士生，性格开朗，具备很强的组织协调能力，科研上独当一面。硕士阶段的优秀表现使她顺利转博。然而，接下来的困难让她始料未及。她研究的无患子树属于开创性工作，花了两年时间观测的树种物候、上万朵花及数千个果实的跟踪观测所形成的一篇论文投稿却屡屡受挫；转博后，查到一篇硕士学位论文（几乎和她同步）的部分研究内容与她的设计内容重合。看到已经毕业的大学同学在生活及工作上都小有成绩，她对博士的科研生活产生了极大的恐惧和悲观心理。作为导师，这时候若允许她退下来将影响其终身，推一把则使其前程光明。我们的一次深谈帮她"柳暗花明"。首先，要求她树立信念。思考究竟所做的工作对社会和自身有无意义，遇到困难就后撤将一事无成。其次，是作茧自缚还是羽化成蝶。读博士不只是学问上的深造，更是优秀品格的练就。不同学历，造就不同的就业平台。当然，不是博士就一定比硕士干得好，但优秀的博士一定有更高的平台和更好的发展前景。

当学生出现彷徨时，导师的职责既是学业上的传授者，也是生活中的帮助者，更是人格上的引领者。我想这样的导师肯定是会得到学生的尊重和爱戴的。

二、强调独立工作，打造综合素质，培养优秀做事能力

简言之，就是导师应培养研究生优秀的"做事"能力。打造综合素质我们从幼儿园起就在谈了，在研究生阶段再不提升，学校就再没机会尽责了。学生的综合素质内涵丰富，但我要强调的是独立工作能力、组织协调能力及团队精神，这些在学生以后的发展中将发挥核心作用。

1. 创造条件启动学生自身潜力，强化独立工作能力培养

不管硕士生还是博士生，研究生阶段都是其最后的学历教育，毕业后他们将步入社会，社会则要求其能胜任相应的工作。由此来看，对他们的要求比对本科生的要求要高很多。就像鸟妈妈需要在小鸟有一定能力时将它们狠心赶出鸟窝学飞一样，我们也需要在这个阶段狠心让他们学习如何独立工作。从我50名研究生的培养经验来看，没有一个学生缺乏独立工作潜力。我们要充分信任他们，并给予难得的锻炼机会。

这方面的案例很多。一名女硕士生，研究杨树速生丰产林碳汇问题，地点在山东省菏泽市。我的任务是领其与当地林业局负责人见面并进行了总体安排，之后涉及与区县林业局及林场的沟通协调工作、外业调查工作等全权交由她处理。这需要她与全市8县1区林业局和13个林场进行沟通，与数十个私营林林农进行沟通，需要雇用调查人员并与他们谈劳务费，谈调查样树采伐的手续与费用……两个月后，她带着完整的调查资料回校，出色地完成了工作，并且花销比预算节省了很多。她已毕业两年，而菏泽相关人员仍对该生的智商、情商及工作能力赞不绝口。前文介绍的那位女博士生，独自远赴福建，代表团队与源华林业生物科技有限公司合作开展无患子树的相关研究。试验林建设、研究内容实施、试验用地及用工等均由她与企业沟通，甚至与企业签订合作协议前的部分谈判工作也由她作为代表。由于其出色的工作表现，企业对学校与他们的合作给予了高度评价，同时向国家林业局主管部门、法国开发署等合作部门进行了积极的反馈，塑造了学校产学研合作的良好形象。我们团队的"栓皮栎主要分布区立地评价及生长模拟研究"项目，涉及北京、河北邢台、山西中条山、陕西秦岭、河南伏牛山等广大地区，3名研究生分3个区域共调查353块样地、解析502株树木、调查211株树木地上部分生物量、25株树木根系生物量。这些工作在短短三年的树木生长季完成，共涉及14个县的国有林场和村庄片林，均是研究生与地方的良好沟通，在大山中克服了大量难以想象的困难实现的。其中，1名博士生由于提前完成外业工作而赴新西兰坎特伯雷大学联合培养1年，1名硕士生连续两年获得国家奖学金，1名林业硕士生也将以优异的成绩毕业。负责全国无患子树种质资源搜集的学生，更是独自联络和调查了全

国14个省区，取得了大批优树种子及穗条，锻炼了自己，也为无患子产业发展奠定了坚实基础。

独立工作不等于独自工作，导师永远从总体协调、人力和资金支持、困难阶段拉一把等方面给予强有力的支撑，做到"放手但不失控"。通过独立工作能力的培养，研究生在就业中表现出极强的竞争力。以社会上认为难以就业的女研究生们为例，目前毕业的18名女研究生中供职于国家部委直属单位的有3名、高校2名、省（区、市）级林业核心单位8名、市级（省会、地区）单位3名、林业知名企业2名。通过独立工作能力的培养，研究生们的自身潜力得以发挥，成了佼佼者。

2. 建立团队协同机制，培养优秀的组织协调能力

团队协作精神是企事业单位在研究生招聘时极为关注的，是学生领导才能和参与能力的核心表达。导师可以依靠自己的研究生队伍组建"师门团队"。每个研究生在其负责的科研任务执行过程中是团队长，其他研究生是团队成员，随着任务的变化就会发生角色转换。这种做法，既可以解决森林培育研究工作（外业调查和内业试验）需要大量人手的问题，也有利于解决每名研究生研究方向较窄导致的知识面较窄的问题，更关键的是有利于培养研究生的团队精神。互助友爱的家庭式氛围能帮助他们进入社会后不管是组建团队还是参与团队，都能形成良好的工作氛围，这也是他们未来成大事的基础。

前文介绍了独立工作能力培养中的每一个学生都是团队带头人。菏泽杨树调查团队有6~8人，华北北部山地、秦岭、伏牛山的栓皮栎调查团队有3~5人，无患子研究团队有5~7人，杨树水肥管理技术团队有5~6人……在团队里，每位学生都互相成了彼此的"同门导师"。有一位男硕士生参加园林行业旗舰企业东方园林公司的招聘初试，现场要求组建团队研究形成设定问题的解决方案，他毛遂自荐任组长，并带领团队提交了一份优秀的方案。由于该生展现了出色的组织协调和沟通能力，被企业现场招聘，并直接任命为项目副经理。

独立工作能力的培养造就沟通能力、领导才能和执行力，团队精神打造组织协调能力、领导才能与协作能力，有了这些"能"和这些"力"，还有什么"不能"？

三、培养专业兴趣，强化独立思考，锻造科研创新能力

简言之，就是导师应培养研究生优秀的"做学问"能力。我把做学问放到最后一位，似乎是对研究生教育以科研为主的违背。但我认为，多次检验智力非凡的他们，只要有了很好的做人、做事能力，就一定能做好学问。培养研究生学术创新能力的论述很多，我仅就几个我认为需要强调的问题适当展开。

1. 引导学生热爱专业，培养学生专业兴趣

兴趣是最好的老师。导师的学术指导职责关键是让学生热爱专业，热爱所从事的研

究领域。森林培育工作的环境有荒山秃岭的造林地，也有苍翠欲滴、姹紫嫣红的森林，许多著名的旅游地（如九寨沟、张家界、塞罕坝等）都是由林场转变而来。我经常"忽悠"学生："别人的旅游地是我们的工作地，我们工作并快乐着。"我有大量自己拍摄的森林美景，这些是我引导学生热爱专业的利器。森林的美丽、静逸、热烈、神秘会使每个人一眼就爱上她，何况专业学生。我也会想方设法带着学生考察各个区域的典型森林和森林培育实践基地。2014 年，我们考察了河北塞罕坝在砂地上营造形成的百万亩落叶松人工林，感受了她如童话般的美丽；在秦岭主峰太白山海拔 3 500 米区域徒步，考察了森林植被的垂直分布；在 800 里伏牛山腹地考察，认识了我国南北界山的植被分布以及乡土树种栓皮栎，感受了 80 万亩飞机播种造林形成的油松林的壮观；考察了秋季五彩斑斓的小兴安岭腹地林都伊春的红松阔叶混交林……森林培育是实践性很强的学科，这些考察活动既拓展了学生的知识面与视野，也使他们感受到了森林的魅力、林业工作的伟大和自己职责的神圣。潜移默化、寓教于乐，专业兴趣也就增强了。他们把研究对象栓皮栎叫"快乐树"，把杨树叫"如意树"，把无患子（黄目树）叫"健康树"；他们会在决定自己未来前程的前夜还忙着试验；他们会把出外业叫作去旅游；他们会为发现一个极为罕见的长成四叶草般模样的无患子果而欣喜若狂……这样的学生不可能不认真做科研，也不可能做不好科研。

2. 充分体现学术自由，培养独立思考能力

目前的科学研究大多是项目引导型，纯粹根据自己的兴趣来开展科学研究很难。即便如此，导师也应结合课题的研究内容，挖掘出学生的学术兴趣点，在实现课题目标的同时实现学生研究方向选择的相对自由。我的导师翟明普先生在我的硕士学位论文选题时只给了三个主题词——"油松""混交林""种间关系"，具体的研究点让我自己选择。在大量阅读国内外文献和考察山西、河北等油松天然林分布区的基础上，我确立了油松辽东栎混交林及树种间化感作用的研究方向，奠定了自己的学术基础。

在大的研究方向确定后，我要求学生通过查阅国内外文献，凝练创新学术领域与方向，最终确定研究目标和内容。如：①"杨树""节水灌溉""水肥管理"；②"栓皮栎""生长模拟"；③"无患子""树体管理"；④"北京地区""森林游憩承载力"……似乎选题大得没边，但这样的方式能够促使学生去思考，产生兴趣并穷追不舍。导师的越俎代庖、过分干涉会限制学生的创新思维，但导师需要利用 seminar 及单独谈话的机会了解学生阅读文献和形成思路的阶段成果，并加以引导，逐步形成高水平的文献综述、创新的研究思路及研究方案，这就是"授人以渔"。我的研究生在《世界林业研究》这一林业研究界影响最大的文献综述期刊上共发表论文 12 篇，证明了他们对国内外文献的掌握程度。因此，后来形成的"基于杨树根系吸水机制的节水灌溉理论与技术""基于森林游憩机会谱的北京森林游憩承载力研究"等创新研究，得到国际学术界的认可。

3. 强调生产实际应用，培养解决问题能力

如今，很多高校和科研院所仍以发表 SCI 论文、报奖等作为学位获取和个人成就考核的指标，直接导致导师和研究生在科研中以发表高水平论文为目标，对应用技术创新不很重视。对于学生应该进行毕业考核，这无可厚非，但导师，特别是像森林培育这种应用学科的导师应该保持清醒的头脑。解决生产中存在的关键技术问题是应用学科科学研究的永恒目标，也是行业对于学科的根本要求。偏离了这个目标，学科很难生存和发展。我要求研究生在选题时必须落实到实用森林培育技术研发上，在技术创新中必然有需要突破的基础科学问题，这些才是发表 SCI 论文的切入点；同时，我还要求学生不到万不得已不做盆栽等控制试验，要把研究定位在大田中。虽然这明显增加了发表 SCI 论文的周期和难度，但这样的研究才是有意义的。这种要求的成果近年已逐步显现，学生们在大田研究中发表了不少 SCI 论文，也解决了技术问题。例如，我们在基于地下滴灌的杨树人工林培育中揭示了林木根系二维空间分布特征及各土层根系吸水贡献率，创新提出了树木的（基础）作物系数曲线，并由此形成杨树人工林高效精准地下滴灌综合技术体系（浇哪里、浇多少、何时浇），使林地生产力超过 $30\text{m}^3/(\text{hm}^2 \cdot \text{yr})$，超过我国杨树人工林平均生产力的两倍以上，与国际先进水平看齐。

我一直告诉学生，研究生做学问最重要的是掌握分析问题和解决问题的能力，目前的研究方向不可能伴随自己一辈子，因此，在学期间，一方面要通过了解和掌握学科更多的研究前沿来拓展知识面，另一方面是在解决问题的思维方式和方法论上要取得突破。今后无论遇到什么工作都要把它当作科研去做，接受一份工作后，思考要解决的重点问题（研究内容），了解和分析别人完成类似工作的经验和教训（综述），由此确立自己的创新工作方案（研究方案）及目标（预期成果），按照既定方案实施（科研过程），实现目标后总结经验（成果验收）。这样就能从容不迫地处理问题，使困难迎刃而解。

四、结语

最后，来回答题目的问题。我认为，研究生导师是老师而不是"老板"，研究生导师要为学生始终称呼自己为老师而努力。研究生不是生产科研成果的"机器"，他们是我们的学生。我始终认为，当老师是一件神圣和快乐的事情，当某一天学生叫我"老板"了，这个导师就当到头了。研究生导师的职责就是教学生做人、做事、做学问，培养他们的德商、情商、智商，使他们形成正确的世界观、人生观、价值观，使他们拥有卓越的领导力、执行力和协作力。当我们的学生步入社会时，无论是人品、学品和能力都被大家称道，这是每一位研究生导师最为欣慰的事情。

（刊登于《学位与研究生教育》2015 年第 10 期）

亦师亦友 分段指导 加强交流

——青年教师培养研究生的体会

韩 艳[*]

随着我国本专科高等教育的大众化，近几年我国研究生培养单位以及招生规模也快速扩大，越来越多的普通高校具有研究生招生资格，招生数量不断增加。然而调查显示：规模的增加却伴随着培养质量下降的趋势。诚然，招生规模的扩大在一定程度上引起了生源整体质量的降低，特别是普通高校生源问题更加突出，这对于培养质量的下降是有一定的直接影响的。然而，生源并非是决定研究生培养质量的唯一决定性因素。由于我国研究生培养实行的是导师负责制，导师的指导对研究生培养质量起着至关重要的作用。

由于目前普通高校规定各级教师职称具有一定比例，青年教师常常短期内难以获得晋升副教授职称以获得申请研究生导师的资格，而青年教师又处在科研热情及创造力最强的黄金时期，这势必会挫伤他们的科研积极性。为此，很多高校改革了研究生导师的遴选条件，使科研能力突出的青年教师较早地走上了研究生导师的岗位。以笔者所在单位为例，刚参加工作不久的具有博士学位的青年教师，只要近3年发表过SCI论文，并且主持过1项国家级科研项目，就可以以讲师的身份获得硕士生导师的资格。这一方面缓解了研究生导师数量不足的问题，同时也调动了青年教师的积极性。然而在研究生培养任务分配中通常实行的是学生、导师双向选择的方式，名气大、项目多的教师自然成为学生的首选。

而青年教师虽然具备了较强的科研能力，但是教学资历浅，学术影响力低，很难获得学生的青睐。如此一来形成了名师获得最好生源、普通教师次之、青年导师则分配到较一般生源的师生结构格局。青年导师参加工作时间短，刚完成从学生到教师的角色转换，缺少指导经验，如何克服生源质量差、学生科研能力弱的现实问题，对研究生进行有效的指导是很多青年导师面临的突出问题。笔者2007年博士毕业参加工作，第一年协助指导硕士研究生，第三年开始独立指导硕士研究生，目前已毕业4名硕士生，在读5名。其中一名学生论文获评湖南省优秀硕士学位论文，两名学生获得美国圣路易斯安

＊ 韩艳，长沙理工大学土木与建筑学院副教授。

娜州立大学的全额奖学金资助攻读博士学位。笔者在研究生培养过程中有一些体会及心得，在这里跟大家交流探讨。

一、和谐的师生关系

师生间和谐的关系在研究生培养中具有重要作用。作为青年导师虽然在指导经验上有所欠缺，但是年轻也是我们自身一个很大的优势。正因为年轻，所以对于自己研究生时代的记忆更加清晰，更明白作为一名刚刚接触研究工作的新入学研究生的状态及需要，更容易以自身的经历来引导他们尽快进入状态；同时，由于青年导师在年龄上与研究生差别不大，基本属于同龄人，在生活、思想等方面更相近，较容易建立同龄人间的朋友关系。因此笔者在指导研究生时，选择与研究生在同一间工作室工作，平时经常一起去食堂就餐，定期组织体育活动，这样在平时的朝夕相处中可以自然地形成亦师亦友的和谐关系。另外在同一工作室工作，可以有效地监督研究生的工作进展，及时进行交流指导。研究表明导师与研究生的见面频率与研究生的培养质量具有明显的正向相关性。虽然青年导师的生源质量不高，但我们应该认识到，在目前我们的教育体系下本科毕业生的科研能力普遍较弱，新入学的研究生虽然在本科阶段的学习中形成了一定的知识积累，并且具备了独立自学的能力，但是他们的知识不系统，知识面较窄，阅读量较少，对科研的基本程序不了解，因而在从事科研工作方面新入学的研究生基本处于同一水平线。只要导师能够在指导方面多倾注一些精力，他们是可以做出不错的科研成绩的。德国、澳大利亚等国的调查也发现研究生与导师会面频率越高，在研究方面获得的帮助就越多；与导师会面频率高的研究生能更好地完成学术及学位论文，并且科研能力也较强。

二、文献调研能力分阶段培养

在9月新生入学后，有些导师马上结合自己的科研项目给学生定好研究课题，然后让学生照此方向进行文献的调研及后续工作。笔者认为这种指导方式有积极的一面，可以让学生迅速地就某个问题专心研究。但是如果课题难度较大，学生就有可能中途做不下去或者勉强做完达不到理想效果。笔者采用分阶段循序渐进的方式进行研究生的科研能力锻炼，实践证明效果较好。

1. 专业书籍研读

笔者在新生入学后暂不确定其具体的课题方向，除按照专业方向为其选定学校开设的专业课程外，通常先指定两本与笔者从事的研究方向有关的基础专业书籍，让其在第一个学期自学，了解本研究方向整体概况；同时教会他们使用图书馆的数字资源进行文献检索，要求熟练使用中国知网、万方等中文学术资源数据库，以及美国土木工程学会

（ASCE）、Elsevier Science、EV（Engineering Village）等与土木工程密切相关的英文数据库。例如笔者安排新生胡某、刘某在第一学期自学《桥梁抗风工程》《现代桥梁抗风理论与实践》这两本桥梁抗风领域的书籍，并将书中涉及的主要理论、研究内容、分析方法等列成一页纸 30 个问题，要求他们带着问题看书并且做好读书笔记。另外笔者通常会将在东京工艺大学留学访问期间合作导师田村教授的一堂课举例给他们：上课开始后，田村教授首先拿出他的好友、某世界知名学者的一本新书样本给我们快速浏览，并让我们讲出此书的最大特点。同学的回答不尽相同，但均为诸如内容丰富、图文并茂等肯定的评价，但是最后教授强调此样书最大的特点是他做的多处修改，此书有多处错误，所以即使是世界著名学者也是会出错的。因此要求学生对书中内容及引用的文献资料使用图书馆资源进行多方查证，有意识地培养他们的批判思维能力并且锻炼其文献搜集能力。

2. 课题文献调研

在完成了第一学期的课程学习以及研究方向专业书籍的阅读之后，研究生已经对研究方向有了整体的认识。在此基础上，笔者会向学生介绍研究方向内的最新动态、目前的前沿热点、难点课题，并且将笔者的在研课题也介绍给他们，将试验研究、理论分析、数据分析或模型提炼等不同的工作重点讲解清楚，与学生一起分析其自身能力特点，让学生根据自身情况选择一个初步的课题方向。

课题方向确定后，笔者首先会要求学生按照课题的关键词搜集 10 篇左右国内高校最新的博士及硕士学位论文，只阅读其第一章"绪论部分"以及最后一章"结论与展望"，其他章节暂时不管。熟悉该课题方向研究现状、存在的难点以及别人是如何发现问题、提出问题、解决问题的。学位论文是他人几年工作的结晶，对于一些重要的文献都会有特别介绍。这样学生下一步的工作就是研读重点文献，将基本理论、假设、公式等吃透，这样可以缩短学生在大量的文献资料里进行筛选的过程，提高了文献调研的效率。另外学位论文"展望"部分提出的问题，也能使学生带着问题有效地进行文献调研和思索，这样学生就可以有目标地通过持续不断的文献搜集、研读、整理、思考、质疑以及分析来发现问题并寻找问题的解决方法。学生在文献调研过程中笔者均要求其做好读书笔记，对文献进行分类整理，方便后期的开题及论文撰写。

3. 最新研究动态跟踪

通过一学年的文献调研以及与导师的交流讨论，导师对学生各方面的科研潜力也有了较为准确的认识，学生对自己的学位论文研究工作拟采取的技术路线、研究方案以及预期的创新点也基本都有了可行的规划，再通过开题答辩的修改，就可以水到渠成地完成学位论文的开题报告工作。开题之后进入学位论文研究工作的具体实施阶段，导师仍然需要引导学生形成对文献的定题、定期搜索，重点跟踪密切相关的研究团队的最新成果，争取获得最新研究动态，确保自己研究工作的前沿性。

三、小组定期讨论监督

国内外实践早已表明讨论班是非常有效的一种研究生培养形式。对于青年导师来讲，由于研究方向相对比较单一，学生数量较少，如果因为与别人研究方向不同而只在自己的小圈子内讨论，对自身以及学生的发展都会产生很大的限制。笔者一开始选择带领学生加入一位教授的团队，每月团队定期进行小组讨论，每位学生都进行报告。一年级的学生主要为阅读的书籍或者某篇重要的文献，讲述自己的收获以及疑问；已经开题的同学，则主要报告其研究工作的进展，计划完成情况及存在的问题，并制订下一步的目标计划。每位同学在报告前都要做好功课，精心准备，反复琢磨，这样才能有底气在台上面对同学及导师。通过提问、讨论，讲者、听者均将受益。报告者能加深对问题的认识，搞清之前没能完全吃透的难点，并且可以显著地提高学生的表达能力。另外，这种小组讨论有利于学生接受不同导师的指导，接触不同的研究方向，学习多样的研究思路，拓展多元的学术兴趣，从而提高自身的研究水平。

在每次小组讨论的过程中，笔者都会采用正规会议程序，安排学生当轮值秘书，记录每位同学的主要报告内容，尤其是下一步的计划，形成会议纪要，会后将会议纪要在QQ交流群里共享。这样在接下来的时间里，学生就可以通过对照上次会议纪要，时时督促检查自己的进度，查找问题，多次会议之后就能形成良性的自我督促机制；同时导师也可以根据历次会议纪要，掌握学生的研究进展，及时检查督促。

四、拓宽视野，增强交流

在几年的研究生培养中，笔者感到创造条件使学生参加学术交流会议对培养研究生具有重要意义。相比于期刊、书籍等文献资料，学术会议上的报告往往是最新的研究热点、科研成果，参加学术会议不仅可以使学生了解到最新、最前沿的研究动态，更能够让学生有机会聆听业内学术权威及专家学者们的真知灼见。从2010年起，笔者争取每年让学生至少参加1次学术会议。至今共带领学生参加全国性及国际性的学术会议6次，累计10余人次在大会上报告自己的研究论文，接受同行专家学者的质疑、批评及建议。这对学生后续的论文写作以及研究工作开展都大有裨益，同时也能明显锻炼学生正式场合上的表达能力，感受研究工作得到同行认可的喜悦，增强其信心。笔者经常鼓励学生在会议期间积极参与同行的交流讨论，结识研究兴趣相投的朋友。另外，会议期间笔者也会尽可能引荐学生多认识和拜会业内知名学者及师长，并借机攀谈请教，接受熏陶，开阔学生的学术视野，这对学生以后的科研工作大有裨益。

笔者指导的硕士生胡某，在其读研前期从来没有出国读博的念头。2011年笔者带她参加了一次在我国香港举行的国际会议并且宣读了研究论文，会议中她近距离接触到了那些以前只在文献资料上认识的国际知名学者，感受到了国际水准的学术交流氛围，同时与其他参会的国外学生的交流，也使她的眼界以及思想受到了很大的冲击，对更高更好研究平台的向往促使其不断地努力，先后在有影响力的专业期刊上发表了两篇中文CSCD 收录论文，一篇 SCI 收录论文，最终如愿以偿获得资助到美国攻读博士学位。在她的榜样作用下，笔者指导的另外一名硕士生刘某也努力钻研，先后两次参加在国内召开的国际学术交流会议，并于 2015 年年初赴美攻读博士学位。

 ### 五、论文撰写的规划与指导

1. 学术论文

发表学术论文一方面是授予学位的硬性规定；另一方面，研究成果通常具有一定时效性，只有尽早发表才能便于业内交流、获得同行认可。在学生研究过程中，通常笔者会提前与学生讨论其工作中预计可以发表的成果，鼓励学生及时准备，争取尽早将研究成果整理成学术论文进行发表。这样学生在研究过程中就会时刻按照将来成果可以发表的要求，全面认真地开展工作，多方调研相关文献，精心设计试验方案。如此一来，当学生完成该部分研究工作后，其小论文的架构基本了然于心，论文写起来就能较为顺利。

因为学生之前没有接受过正规学术论文写作训练，因此在学生写作过程中，导师耐心的反复修改指导显得尤为重要。通常学生论文第一稿完成后会存在较多问题，如格式上，标题层次不清，图表、正文的字体字号不统一；表述上，语言口语化、研究内容描述不到位、结果论述不充分等。第一次修改，笔者通常只将其论文初稿前面两页进行详细批注，从题目、章节结构、格式规范到语句表达、标点符号都一一详细修改并红色批注。然后让学生参照导师的修改思路修改剩余部分，这样学生就可以领悟到写作中的一些技巧、手法，锻炼其写作能力。学生完成第一次修改之后，笔者会从头到尾再仔细通读，不仅对格式规范、语句标点等细节方面进行把关，还要对文章的整体布局、结果分析、结论等论文关键内容再批改 2～3 次，严格把关。正如同学们所说，"连标点符号都给改了"，"满眼的红批注"，"感觉老师把论文重写了一遍似的"，等等。这样严格的要求有利于培养学生严谨的学风，对于后续的研究工作有积极的引导作用。

笔者的付出也大多得到了令人满意的结果，基本上每位研究生都能在攻读学位期间在有影响力的专业期刊上至少发表了 1 篇学术论文。例如研究生胡某在《铁道科学与工程学报》、Wind and Structure 等期刊上发表了 3 篇学术论文。期刊论文的发表为学生顺利完成学业或继续深造创造了有利的条件。

2. 学位论文

学生完成课题计划的全部内容之后，最重要的工作便是学位论文的撰写，这也是研究生培养中关键的一环。这个阶段笔者通常首先与学生一起确定论文的题目，只有题目定好，论文的各章节才能有序安排。因为学位论文不同于一般的期刊小论文，其内容繁多，相对结构复杂，因此笔者会传授学位论文的相关写作经验，包括 Word 目录的自动生成，章节标题的等级设置，大量图表编号的编排联动，参考文献的管理等实用小技巧，使学生能有效率、有条理地进行文档编写，避免由于图号修改、编号修改等简单重复的工作耽误时间。在论文具体写作中，引导学生多参阅他人的学位论文，学习其章节布局、版面编排等。在进行学位论文写作时，第一章的文献综述就可以直接利用前期的读书笔记，不需要再从头翻阅原文献。但是要向学生特别强调文献资料的引用方式，不能照搬原文，需用自己的理解重新叙述。后续章节的具体内容则可以结合发表的期刊论文撰写，省时省力。论文送审前导师一定要严格把关，避免出现论文抄袭、造假等学术不端行为的发生。对论文送审后的专家意见认真对待，监督学生认真进行修改。

以上是笔者几年研究生培养过程中觉得比较有效的一些做法。由于经验尚浅，有些做法也可能存在不当之处。总结起来，笔者觉得要提高学生的培养质量，导师的责任心是最重要的因素。青年导师不仅要提高自身的科研能力，也需要向有经验的名师学习培养经验，提高自身修养，才能真正有效地提高研究生的培养质量，促进学生的科研能力、创新思维以及其他方面的成长。

参 考 文 献

[1] 张颖，陈传祥. 高校研究生导师制探讨 [J]. 大学教育，2014 (14)：10 – 11.

[2] 陈祎鸿. 论导师在研究生培养中的作用 [J]. 学位与研究生教育，2009 (12)：24 – 27.

[3] 李建平. 在实践中探索研究生培养经验——研究生培养若干环节中导师工作漫谈 [J]. 高教论坛，2009 (1)：4 – 6.

[4] 孙中伟，葛永庆. 论青年导师在研究生教育中应具备的素质和定位 [J]. 中国电力教育，2009 (1)：19 – 20.

[5] 李明忠，焦运红. 论理工科硕士生协助导师的可持续发展——兼论大学青年教师的学术发展 [J]. 研究生教育研究，2013 (4)：72 – 76.

[6] 黄华国. 青年硕士生导师的角色转换和研究生培养 [J]. 学位与研究生教育，2013 (4)：4 – 6.

[7] 张静. 导师与研究生之间的和谐关系研究 [J]. 中国高教研究，2007 (9)：20 – 23.

[8] 刘宁，张彦通. 建设和谐导生关系的思考——基于近年来导生关系研究文献的分析 [J]. 北京航空航天大学学报：社会科学版，2012 (2)：113 – 115.

[9] 杜长明，刘艳，熊亚. 理工科年轻教师培养研究生浅谈 [J]. 学位与研究生教育，2011 (3)：9 – 12.

[10] 郑斯宁. 指导研究生的几点体会 [J]. 学位与研究生教育，2014 (9)：9 – 11.

（刊登于《学位与研究生教育》2015 年第 10 期）

传道授业解惑　守正立德垂范

——如何当好研究生导师

严纯华[*]

一、何为研究生导师

通俗简明地说，研究生导师就是在研究生学习和研究过程中能花时间去引导学生，并能不断激发学生科学研究热情的老师。Neuron 杂志上发表的两篇文章对此也进行了相关阐述。

在《如何选择研究生导师》一文中，作者从学生的视角，详细阐释了研究生应该选择什么样的导师。在该文的致谢语中，作者还表达了自己在读研究生期间和博士后研究阶段对导师的感恩，赞美之情溢于言表。他回忆道："导师花了无数的时间来训练和引导自己，并在自己需要的时候给予适当的指导。"作为导师，在学生需要的时候给出指导是十分重要的。但要注意的是，研究生都已成年，他们十分看重导师的赞许或是批评，因此过去为师之道中的"良药苦口"或"语重心长"式的教育也需要考虑场合和学生的自尊心。作者还写道："导师能够允许我尽可能独立地工作，并且表现出高尚的学术诚信……在他们的激励下，我对科学研究的热情远胜于我自己的想象。"如果我们的学生也能像该文作者一样，在他们成长为一个独立的研究者、成长为一名优秀的科学家之后，还能如此真诚地赞扬自己的导师，我想，这既是为师的幸福和骄傲，也是一名成功导师的标志。

在该刊的另一姊妹篇文章《如何当好研究生导师》中，作者从导师的角度，讨论了研究生导师的责任。首先，就是要"因人而异，以人为本"。世界上没有两个学生的学习方式、习惯和思维方式是完全相同的，必须因材施教。其次，导师要能激发学生探索科学的热情，培养学生具有适应各种环境、解决复杂问题的能力；还要培养学生掌握科学研究以外的技能，从而面对今后生涯中的各种挑战。

---

[*] 严纯华，中国科学院院士，北京大学化学与分子工程学院教授。

二、怎样当好研究生导师

当学生进入研究生阶段后，导师首先要让学生明白自己为什么要读研究生。事实上，当下研究生新生并非人人具有明确的目标。导师要让学生自觉地明确，读研究生是为了更好地开拓自身的事业，提高服务社会的能力，也是为了提高日后的生活质量，更好地反哺父母的重要选择。为了达到研究生培养的高效和优质目标，导师要指导学生适应研究生阶段的生活，指导研究生与其他同学融洽相处，与导师建立良好的互信互动关系；要不断告诫研究生注重身体和心理健康，因为只有具备健康的体魄和坚强的心理，才能胜任紧张的学习、繁重的研究任务，为实现自己的家国情怀和远大理想奠定基础。

研究生阶段的课程学习与本科生不一样，除了要建立更为扎实和宽广的知识体系外，导师要引导研究生合理选课。"缺什么补什么，用什么学什么"，逐步培养他们将书本知识转化为工作技能的能力，特别要注重提高研究生的自学、思考、欣赏和明辨能力。当然，研究生阶段的学习和工作也是让他们更深刻地了解自己特长、能力和不足的过程，是研究生为优化和再造今后的生涯奠定基础的重要阶段。虽然导师不必用简单的考试来教促研究生的学习，但有责任关注他们的学习和学习方法，进一步提高研究生的学习能力。

应该注意的是，近年来，越来越多的研究生称自己的导师为"老板"，不少导师也默认了"老板"的称谓。我以为，这一定会有损于建立科学、合理的师生关系，也是对师生关系的庸俗化。导师与研究生的关系，始终不能偏离师生关系的轨道。为师者，自有为师之道；为学者，应有为生之规。只有这样，才能构建教学相长、师生共进的融洽互动氛围。

1. 帮助研究生制订研究和学习计划

导师要指导研究生制订研究和学习计划，特别要引入"时间轴概念"，明确计划的时间安排。研究生对可能碰到的困难往往预计不足，加之可能的松懈和情绪变化，会导致工作计划常常难以严格按时完成，这就是司空见惯的"计划没有变化快"，因此，导师必须与研究生一起，仔细推敲、论证和制订计划，用"磨刀不误砍柴工"的心态，认真研究工作计划。切勿仓促上手，应三思而后行。要让研究生掌握"先易后难、建立信心，先紧后稳、寻求突破"的计划原则，留有余地、注重节奏、控制时间节点。一个完备研究计划的制订，既能保证研究生的研究工作有条不紊，也能使他们正确面对日后遇到的困难和挫折，在挫折中仍能保持自觉和自信。

在指导研究生制订学习计划时，导师还要考虑研究生不同的背景和知识结构差异。研究生的来源不同，知识背景和知识结构也不同，要善于发现研究生的兴趣、长处和不足，因势利导，帮助他们补自身短板，实现"做中学"。

对于大多数的新导师，应该在获取教职前对拟开展的工作深思熟虑，具有严密的工作设想和计划；为了使研究生尽快"上道"，更要周密计划。建议最好先让研究生理解导师的工作设想，进而与导师一起加以实施，使他们成为导师的助手。在与研究生互动的过程中逐渐与他们一起成长成熟，当研究生能够开始独立设计工作时，逐步引导他们进行更为深入和独立的思考，使其逐步突破自己的设计和思想。对于刚刚组建的研究室，或者研究条件和基础尚未完备的研究室，导师不要急于求成，更不要使研究生成为"论文机器"，而要使自己和研究生共同经受成长过程的历练，让研究生真正学习和体会到科学研究的真谛。

2. 指导研究生阅读文献与写作

文献本身包括了经典书籍和最新论文，有时还包括专利公报等。阅读文献是系统了解相关领域历史和最新进展的最重要方法，也是培养研究生科学表达和论文写作的基础，更是培养研究生科学鉴赏力的手段。导师要引导研究生精读经典、审读文献。导师除了要按照研究生的研究课题和个人背景开列必要的经典书目和文献外，还必须要求他们养成每天必读几篇最新发表论文的习惯，要指导研究生将精读和泛读相结合，领会他人工作中的新意，思考对自己研究的启发；还要发现他人工作中的"破绽"，寻求自己的创新"机会"。只有这样，才能使研究生达到每年千篇以上文献的阅读量。按如此方式积累，只需坚持半年时间，研究生就能对相关领域有梗概了解，再结合自己的研究实践，研究生两年内一定能够对他所研究的领域和方向具有清晰的认识，对领域的发展脉络了如指掌，而且能开始产生朦胧"感觉"，对所研究领域今后的发展方向和可能关注的问题有所预判。就我所熟悉的领域而言，如果没有读过上千篇文献，只能是管中窥豹、时见一斑，难以了解全貌。文献读多读透读系统了，甚至还能从文章里读出作者的风格甚至人品来。一个有鉴赏力的研究者，对于自己同行发表的文章，哪些文章需要精读细品，哪些只需了解大概，应该是清楚且有判断力的。这就是通过文献阅读和积累，提高研究生学术鉴赏力的方法。

对于我们这样非英语国家的研究生，英文论文写作也是研究能力训练的重要组成部分。以我多年的工作经验看，研究生一般需要在独立起草三篇英文论文后，才能够称得上基本学会了英文论文写作。对于实验科学学科，不少研究生更愿意做实验，而不愿意写论文，虽然已经有了实验数据，但他们总有"茶壶里煮饺子"的感觉，难以根据实验数据写出好文章，因此存在论文写作畏难情绪。这就需要导师与研究生一起，讨论工作的背景、意义、论点和论据，从提纲、摘要和段落梗概开始，先搭逻辑框架，再组织论述层次，辅以扎实论据。即使导师心中有数（通常，导师花在讨论和修改学生头几篇文章上的精力和时间，远远大于导师自己撰写文章所需的投入），也要放手让研究生自己完成整个过程，使文章从"披头散发"到"可见公婆"，随后再精雕细琢，使研究生在论文写作中进一步凝练研究思想，学会陈述和论证逻辑，体会论文写作的严谨性，感受自己进步的喜悦。当然，这个过程对于导师而言，是耗时费工的，需要耐心和耐力。导师应该深知科学表达和论文写作是研究生培养的重要环节，容不得马虎稀松，绝不能偷工减料，也不能由导师捉刀、越俎代庖。导师在这一环节的艰苦付出，一定会使研究生受益终身。

3. 引导研究生学会与人交流及合作

当下，不少研究生并不真正懂得科学交流、讨论和争论的方法。诚然，科学交流应该率真，应该实话实说。然而，交流的目的不仅在于阐述自己的观点，还要让别人接受自己的观点。这就需要导师培养研究生学会与人交流的艺术。要让研究生知道，学术交流甚至争论，首先要不以为难对方为准则。要采用真诚的态度和礼貌的方式，本着尊重、欣赏和包容的心态说服同行、赢得共识。我认为，这种交流能力不仅有益于科学研究，也是为人的基本要求。

合作是科学研究发展的重要途径。然而，不规范的合作不仅会伤害合作本身，还可能导致更为严重的问题。合作一定是建立在互补互助的基础上，实现双赢甚至多赢的过程。对于合作的任何一方，必须本着学习的需求且能予人之特长，由此才能在合作中相互学习、相互补充，共同拓展研究能力、提高研究水平。

一般情况下，科研合作主要通过两种途径形成：一是合作双方已建立了良好的合作关系，在持续深入的讨论中又形成了新的共同感兴趣的研究问题。这样的合作因基础好、合作双方相互了解而顺理成章，易于实施并取得成效。二是合作一方在研究中面临新问题，对受邀合作方具有明确的技术和方法需求。这样的合作就要首先让受邀合作方了解工作意图，产生研究兴趣，确定需要合作的工作内容，从而集各自所长，共同实施和完成工作。另外，不少研究需要他人在设备和技术条件上的支持，因此，相互协助始终存在于研究全程。作为导师，必须在研究生培养过程中引导他们不断地凝练科学问题、优化研究方法，了解必需的技术条件，在确需用到自己不具备的研究条件或理论方法时，鼓励他们开展合作研究；同时，必须指导研究生养成良好的合作规范和习惯。规范的合作应该建立在相互信任和共同兴趣之上，不以研究论文的"共同署名"许愿，重在享受由合作带来的自己在知识和技术上长进的喜悦。论文的署名意味着自己对这一工作有实质性贡献，署名并非荣誉，而是责任。合作论文的署名要以关键性贡献为依据，不要"挂名"和"友情署名"，更不能将署名作为"雅贿"手段。要引导研究生具有大局观和可持续合作观，要"舍"才能"得"。我认为，建立持续、高效的合作关系，需要双方不计较一城一池的得失，以自我精进和研究深化为目的。导师应该把科研合作作为一个育人手段。科研合作除了提高研究生的研究能力外，还可培养他们的交流、讨论、分享能力，培养他们的团队精神甚至牺牲精神。

4. 树立学术规范，营造"实验室文化"

随着科学技术的迅猛发展和社会发展需求的不断提高，科学研究和技术开发已成为职业性工作。研究成果和贡献必然与研究者的个人生活和社会地位紧密相关。研究者的自律松懈和对个人利益的不当追求，加之社会和科学共同体对科研成果不恰当的评价体系，有可能诱发学术不端行为。这就更加需要对初习研究者进行严格的系统训练，使他们养成严谨的科研规范、高尚的道德情操和清晰的社会责任。我认为，从研究者本心而言，没有人会从一开始就以不端方式追求成功，因此，导师的责任不能仅局限于授业解惑，还必须立德树人。要在研究生培养的初始阶段就晓以规矩，在指导研究生的全过程言传身教。要从现象观察、样本抽取、数据记录、实验验证、误差分析、科学表达、客观引用、中肯评价、论文写作、投稿修改、争辩说明等各个环节加以指导，使学生养成忠实于原始数据、科学地取舍整理、客观地陈述发表的良好习惯。导师必须知晓每个学生的研究细节，有意识地安排其他研究生对关键数据进行重复印证。更重要的是，导师必须首先恪守学术规范，身体力行，保持胜不骄败不馁的平和心态。只有这样才能与研究生一起严守学术道德"红线"，将学术诚信视作自己的生命。

导师有责任营造课题组积极向上的精神和文化氛围。相对于研究室的制度建设而言，一个研究室的精神和文化建设则是更高层次的追求。铁打的营盘流水的兵，这就是研究室的真实写照，每个导师就是"守营和打更人"。"团结、紧张、严肃、活泼"，这些曾经悬挂于我们小学教室墙上的标语依然是大学和科研机构研究室应该追求和营造的氛围。我认为，科学研究是一种以失败为主旋律的特殊工作。之所以我们依然乐于此道、苦中作乐，就因为这是一项崇高的创造性工作，是人类社会进步的先导和支撑，更是一项树人济世的善业。然而，我们这些导师又往往会不自觉地流露出对那些结果新、发表论文多的学生的偏爱，甚至犯"一白遮百丑"的失误。研究生有可能因为学习和研究成绩出色，让我们忽略了他们的缺点。殊不知，这样的"偏心"和"偏袒"恰恰是对其他学生的伤害，也会劣化研究室的文化氛围。如何营造和建设研究室的高尚文化氛围，是我们导师的终身责任。

5. 关注研究生的生活细节和心理健康

我们的研究生来自五湖四海，他们每个人有着不同的家庭背景、学习经历和生活压力。近年来，研究生的心理问题愈加突出。作为导师，我们应该了解研究生的实际困难，把握他们的心理状态，疏解他们的压力和郁闷，使研究生能在压力下成长，使他们为日后的生涯奠定坚实的意志基础。不必讳言，我们当下的教育体系（包括家庭、学校和社会教育）并不完备，培养方式、考核内容和培养目标似乎清晰，但在实际培养过程中往往顾此失彼，且容易受到利益追求、名头彰显的误导。教育中的重艺轻德问题虽然广受诟病，但依然未能有效解决，甚至有愈演愈烈的倾向。可以预计的是，随着今后几年经济发展速度放缓，就业压力的提高也会影响在学研究生的情绪、心理、学习动力和工作干劲。这就需要导师更加细致地引导研究生正视困难，培养研究生的意志品质，提高研究生的工作能力和个人素养，使他们有能力在竞争中立足、有勇气和决心战胜困难。实际上，只要导师用心和留意，是能够从研究生的眼神、表情和工作状态上发现他们的心理问题，进而通过及时的劝导、咨询、求医等方式加以疏解和治疗的，这样就能避免事态的进一步恶化。

三、立德树人，守正创新

虽然我们不必苛求达到"师生如父子"的师生关系，但作为导师，至少不能把研究生当成研究工作的劳力，更不能把研究生当成研究工具。将心比心，我们应该像教育自己的孩子那样培养研究生。导师是研究生教育和培养的第一责任人，这并非一句口号，也不是一个理念，而要践行于研究生培养的全过程。导师要与研究生建立相互平等、尊重的亦师亦友关系，要对研究生有更多的包容和耐心。

中国文字象形寓意、博大精深。当我在琢磨教育的"教"字时，显然看到了"孝"与"文"两部分。望文生义，我斗胆认为，"教"字中的"孝"可能更多地关联于"德行"，而"文"则与"技艺"更近。反思我们的教育，是不是太多地关注了"文"，而淡漠了"孝"，于是当下的"教"也无方了？教育的本质属性和终极目标是什么？我以为，教育的目的首先应该是让我们的学生拥有健康的体魄、坚毅的心理、端正的品行、优雅的举止，有自在于生活和社会的能力，其次才是要学生掌握一技之长，拥有解决难题的能力。

引用北京大学校长林建华教授的话，"立德树人，守正创新"作为本段的标题，也可以作为我们师生的共同责任。当我们强调"树人"和"创新"时，我们必须各加限定，也就是用"立德"和"守正"更加准确地规范我们大学与研究机构、导师与学生的责任。只有这样，我们才能够树大人、创正新。我的导师徐光宪院士曾教育我们，做人和做事"要有360度的视野和1度的专注"。我认为，这不仅是导师和研究生应该追求的共同境界，也是建设中国特色世界一流大学之必需，让我们师生共勉和践行。

（本文根据笔者在2015年北京大学新聘博士生导师论坛上的讲话整理而成，感谢北京大学学位办公室黄嘉莹、陈秋媛老师在文章整理中给予的热情帮助。）

参 考 文 献

[1] Barres. How to pick a graduate advisor [J]. Neuron, 2013, 80 (2): 275 – 279.
[2] Raman. How to be a graduate advisee [J]. Neuron, 2014, 81 (1): 9 – 11.

（刊登于《学位与研究生教育》2016年第9期）

切实履行导师育人职责
培养学生学术诚信品格

白　强*

究生居于高校人才培养的最高层次，是国家科技创新的生力军，负有繁荣学术、发展科技的崇高使命，理当成为学术诚信的楷模。但现实中研究生学风状况不容乐观，特别是近年来高校频频发生的研究生学术"非诚信"事件一度将高校研究生培养质量问题推向舆论的风口浪尖。诚然，导致研究生学术"非诚信"的因素是多元的，但研究生导师作为"研究生培养的第一责任人"，负有不可推卸的责任。个人认为，导师应当切实履行全面育人、全程育人职责，从坚持"三个到位"着手培养研究生学术诚信品格。

一、思想教育到位：把学术诚信纳入研究生日常教育体系

思想是行动的指南，认识的高度决定行动的力度。导师作为研究生培养工作的一线实施者，当以立德树人为根本使命，牢固树立全面育人的责任意识，才能把党的教育方针不折不扣地落到实处。而现实中，由于个别导师全面育人责任意识的偏移，不同程度地存在着"重术轻道"的偏颇认识，导致研究生专业教育与思想教育不同程度地存在着"两张皮"的分离现象，致使研究生学术诚信教育实效性大打折扣。事实上，学术诚信作为一种道德观念，无时无刻不受到变化着的社会环境的影响和学生个体认识阶段性发展规律的制约，具有反复性和非稳定性。因此，要使学术诚信深入人心，必须改革传统教育观念和模式，把学术诚信教育纳入研究生日常教育体系，使之常态化，才能不断提高研究生的思想认识水平，增强学术诚信的责任感和使命感，进而养成敬畏学术、忠诚学术的诚信品格。研究生导师可以着重从以下几个方面入手强化学术诚信教育。

1. 强化学术责任感教育

"学术失范背后凸显的是责任意识的淡薄。"导师要把研究生学术责任感教育作为研究生新生入学教育的第一课。在教育中，要着力强化研究生角色转变的教育，引导学

---

* 白强，重庆大学生命科学学院研究生工作组组长，重庆大学高等教育研究所副教授。

生从习惯于本科生阶段储存知识到创新知识的角色认识转变，进而明确研究生学习阶段的使命不在于复制知识，而是促进知识，是通过对某一专业问题的深入研究促进专业知识的增长，为专业知识的发展做出创造性贡献，从而促进学生在研究生生涯中反思性学习、批判性思考、创造性研究。现实中，有部分研究生就是因为未能得到及时的教育引导而不能很好地实现角色的成功转换，沿袭本科生阶段的思维模式和学习习惯而缺乏学术诚信责任感，一旦开始论文写作便急功近利，因而学术失范也就在所难免。近年来，笔者坚持把学术责任感教育作为自己指导的每届研究生新生入学教育的必修课，辅以非学术诚信案例警示教育，有效地增强了学生忠诚学术的责任感和使命感。

2. 强化学术创新规律教育

学术创新是一项高难度的创造性活动，具有长期性、复杂性和艰巨性特征。缺乏对学术创新规律的了解和学术创新的切身体验是难以真正做到学术创新的。据笔者了解，研究生学术创新规律教育的欠缺仍是目前高校研究生学术诚信教育的"短板"。实践中，由于部分导师过于注重学生做实验、发论文而未能及时开展学术创新规律教育或给学生提供参与学术创新活动的实践机会，导致部分研究生对学术创新的难度没有足够的思想准备和实践储备，一到学位论文写作时便不可避免地出现了学术失范现象。鉴此，导师应当把学术创新规律教育纳入学术诚信教育体系，要组织开展学术创新规律专题教育，并有计划、有组织地安排学生参加学术创新实践活动，尽早培育学生学术创新规律意识，强化学术创新实践体验，才能有效预防和减少研究生学术诚信危机。多年来，笔者坚持定期组织学生对学术创新规律进行集体交流和讨论，并规定学生必须至少在研究生入学的第二学期加入导师的科研项目组或主动申请各级创新项目，争取实践锻炼机会，有效地促进了学生对学术创新规律的了解，增强了学生创新锻炼的意识。

3. 强化学术规范意识教育

学术规范是学术共同体从事学术活动必须遵循的基本规则，也是学术创新的基本要求。现实中，有少部分研究生因缺乏学术规范意识或因不了解他人已有研究成果而"不经意"地违反了学术道德规范，导致学术"过失性失范"行为时有发生，主要表现为在学术论文中存在着该标注的没标注、该引用的没引用等现象，导致抄袭、剽窃、复制等侵犯他人知识产权实际行为的发生。对此，导师应当在加强国家《著作权法》《专利法》和《计算机软件保护条例》等有关法律和法规教育的同时，着力从文献综述规范、文献引用规范、文字表述规范、论文署名规范以及论文发表规范等方面强化研究生学术规范意识教育，培养学生严肃认真的科学态度和严谨细致的学术作风。这方面，笔者紧密结合学期课程教学活动，辅以鲜活的正反例证，组织研究生开展专题学术规范教育和相关法律法规教育，增强了研究生的学术规范意识，提高了研究生的学术道德素养。

4. 导师本人要以身作则

"师徒式"的研究生培养模式决定了研究生与导师之间不同于本科生阶段的特定师

生关系，导师与学生朝夕相处，导师不仅在学术造诣、学术素养、创新思想与能力等方面深刻地影响着学生的学术成长，而且导师的人格魅力直接影响研究生的人格。在研究生心目中，导师就是一面旗帜、一个榜样，他在学术活动中的一言一行直接关系到研究生的学术进步和品性修行。有道是"其身正，不令而行；其身不正，虽令不从"，千百遍说教不如一个鲜活的榜样。因此，导师要育人，首先自己要做"真人"，要通过言传身教影响学生，以求真的科学态度、严谨的治学精神和细致的学术作风潜移默化地影响和带动自己的学生崇尚科学、追求真理、忠诚学术。在带研究生的过程中，笔者认真学习和执行学校制定的《研究生学术行为规范》《研究生导师师德建设实施细则》等管理规范，坚持独立思考学术问题，独立提出学术见解，独立撰写学术论文，从不允许自己的研究生代写论文或让学生走捷径附带署名发表研究论文，赢得了研究生的真诚信任。

二、能力培养到位：把创新能力放在研究生培养的核心位置

要培养研究生的学术诚信品格，使之将学术诚信道德要求外化为学术诚信实际行动，关键还在于培养学生学术创新的"真本事"。没有学术创新的"真本事"，才会投机取巧、弄虚作假；有了创新的"真本事"，必然对学术失范不屑为之。而学术创新的"真本事"，核心在于真正具备发现问题、分析问题和解决问题的实际能力，这是培养研究生学术诚信的关键所在，也是衡量研究生人才培养质量的核心所在。导师应当树立创新教育理念，突破传统教育方式，把创新能力置于研究生培养的核心地位，努力培养学生发现问题、分析问题和解决问题的"真本事"，教给学生一把开启创新大门的钥匙，才能有效避免研究生学术失范现象的发生。

1. 培养学生发现问题的能力

爱因斯坦说过，提出问题往往比解决问题更重要，这是大家都熟知的道理。研究生学术创新的第一步就是能够发现和提出新的问题。而要让学生能够发现新问题，特别是提出有研究价值的新问题，关键在于培养学生的好奇心和质疑批判精神。为此，在教学过程中，笔者曾努力尝试开展探究式教学，鼓励学生质疑提问，但却遇到了学生想提而不敢提或者根本提不出问题的尴尬。对此，笔者认真分析了原因。第一种情况是因为学生胆怯的心理在作怪，害怕自己提出的问题太过"愚蠢"而被导师和同学们耻笑；第二种情况是学生长期以来受到被动式学习和传统思维习惯的束缚而不能发现问题，以致提不出新问题。对此，为了让学生敢提问题，我明确向学生宣布把提问的次数直接作为学业成绩评定的重要参考依据之一。为了让学生提好问题，还想方设法引导学生深入学习、勤于思考。如我在讲授布鲁贝克的《高等教育哲学》中关于"政治论"和"认识论"两种高等教育哲学观时，我要求学生字斟句酌地阅读每一句话，把书读透、读懂、读深，再引导学生联系当今高等教育现实提出问题，进而对布鲁贝克的高等教育哲学观的"普适性"产生怀疑。后来，学生不但争相提问，而且提出问题的质量还越来越高，

有时师生间还争论得面红耳赤，这对于启发学生的问题意识、激发学生的批判思维收到了良好的效果。

2. 培养学生分析问题的能力

分析问题是对所要研究的问题进行多角度分析，探究其本质、规律、影响因素、发展趋势等的一个综合性、全方位的研究过程。培养学生分析问题的能力，关键是要使学生在掌握分析问题的基本框架和常用分析工具的基础上，着力培养学生描述问题的能力、划分问题边界的能力、提取问题关键点的能力以及分解细化问题的能力，从而让读者有一个清晰的问题概念，知道研究问题的范围和所要解决的核心问题以及是如何"庖丁解牛"的。但在现实中，有的学生虽然提出了好的问题却因缺乏这些分析问题的基本能力而最终不能产出创新成果，不能不说是很遗憾的事情。为此，笔者在研究生分析问题能力的培养过程中，坚持以问题为导向，以成功案例为例子，逐一引导学生分析别人是如何精准描述问题的，是如何界定问题边界的，是如何找到问题关键点的，又是如何细分问题的；同时要求学生举一反三、融会贯通，尝试在自己提出问题的基础上，就以上方面展开实际训练，辅以集体讨论和个别指导，有效地训练和提高了学生分析问题的能力，为学术创新打下了良好的基础。

3. 培养学生解决问题的能力

解决问题的能力虽然更多地表现为实践操作层面的技能与方式方法，但它是导师培养研究生学术创新能力不可忽视的重要内容。现实中，由于部分研究生缺乏解决问题基本技能和方法的训练，在完成学位论文的过程中或多或少地存在着研究问题不明确、研究重点难点找不准、研究思路不清晰、研究方法不妥当甚至不可行的实际问题。因此，导师在培养研究生解决问题能力的过程中，应当着力强化创新技能和方法的训练与指导，要运用优秀的学术创新案例逐一引导学生分析别人是如何就某一特定研究问题确立研究目标的，是如何明确研究重点难点的，有什么样的研究思路和技术路线以及如何运用研究方法的，从而让学生在研究成功的案例中学到经验；同时，导师还要加强对学生解决问题的实践指导，要与学生一起静下心来认真分析学生在解决问题过程中遇到的一些实际问题，引导学生主动想办法克服研究中的实际困难和障碍，才能使学生明白"纸上得来终觉浅，绝知此事要躬行"的深刻道理，从而不断提高学生解决实际问题的能力。

三、指导把关到位：把导师育人责任落实到学位论文各个环节

从研究生培养过程来讲，学位论文是全面检验和衡量研究生培养质量的最后一个环节，是学生运用平生所学、展开深入研究、创造研究成果的综合实践过程，但往往也是最容易出现学术失范的环节。在近年来发生的研究生学术造假事件中，有些造假事件是在导师并不知情的情况下发生的学术失范，致使相关导师"无辜"承担连带责任而深

感委屈不已。其实，这与导师的指导责任不到位、监管不严、疏于把关不无关系，应该引起相关导师的深刻反思。作为研究生导师，不但平时要加强对学生的教育、培养和训练，还要在研究生完成学位论文的各个重要关节点上切实负起监管之责，强化指导，严格把关，才能真正杜绝类似事件的发生。笔者着重就学位论文的指导把关问题谈几点体会，与同行共勉。

1. 强化论文选题环节的指导

选好题是研究生做好学位论文的首要环节，也是避免学术失范的重要前提，但往往也是最难下决心、作决定的环节。我的体会是，学位论文的选题应当尽量尊重学生的个人研究兴趣和专长，特别是要尽量避免导师一厢情愿地给学生"钦定"题目。有道是"兴趣才是最好的老师"，学生发自内心的热爱才是学生诚信做好学位论文的基础。在现实中，有个别导师基于学科建设需要或其他方面的考虑给学生"命题作文"，学生迫于导师的要求或者碍于师生的情面而不得不"遵命行事"。笔者认为此种做法值得商榷，因为这种做法往往会使学生把学位论文当作一件苦差事而应付了事，难免发生学术失范问题。因此，导师要与学生静下心来，平等商讨，共同确定选题。在指导学生论文选题时，除了要充分考虑和尊重学生研究兴趣外，还要与学生一起着重对论文选题的必要性、创新性和可行性等进行通盘考虑，让学生心中有数，才能有效预防和减少学术失范行为的发生。

2. 强化文献综述环节的指导

文献综述是就某一问题，在全面掌握、深入阅读相关文献的基础上，对已有研究成果进行分析、归纳和评价的综合性研究。其实，文献综述本身就是一种研究成果，是学位论文的重要组成部分，是表明继承关系、导出研究问题、进行研究设计、预示研究前景的依据。文献综述决定着学位论文的质量，没有高质量的文献综述就不可能产出高质量的学位论文。而对于导师来说，文献综述是确保研究生学位论文质量的又一重要环节，导师可从文献综述中了解学生是否找准了值得研究的问题、能否研究出问题以及可能研究出什么成果。对于学生来说，如果文献综述做不准、做不透，将直接埋下日后学术失范的隐患。因此，切实指导学生做好文献综述是增强学生学术诚信的基石。笔者认为，这一环节的关键是导师要切实负起指导之责，深入、细致地指导学生做好文献综述，要重点指导学生全面、准确把握国内外研究现状、发现新的问题或需要进一步研究的问题、弄清研究的重点和难点、理清研究的目标和思路、找到可行有效的研究方法。当然，必要时，导师还要给予学生文献综述技术性的具体指导，比如文献选择的权威性、文献综述的表达方式，等等。

3. 强化学位论文撰写环节的指导

论文撰写是一个研究与写作同步进行的综合训练过程，也是漫长的过程，既要动脑，又要动手，还要克服许多实际困难和障碍才能圆满完成论文的写作，学生常常感叹论文撰写过程"十分难熬"是可以理解的，许多走过研究生经历的学者也都感同身受。

但论文写作也是一个最容易发生学术不端行为的节点，现实中有部分学生就是因为缺乏持之以恒的精神而产生倦怠心理，企图"偷工减料"，投机取巧，弄虚作假，以致侵犯他人知识产权。笔者认为，在这一环节，导师应当侧重给予学生更多的精神鼓励和人文关怀，多赞扬、少责难；多指导、少批评，点燃学生的希望之火，给学生前行的精神动力，使学生保持蓬勃的朝气和顽强的意志。甚至在必要时，导师还要亲自给学生作写作示范，通过言传身教培育学生"板凳须坐十年冷，文章不写一字空"的信念，使学生沉得住气、静得下心、耐得住寂寞，一丝不苟地完成论文的写作过程，从而培养学生严谨扎实的学术作风和勇于攀登的进取锐志。

4. 强化论文审阅环节的把关

学生初步完成论文写作后即进入导师审阅环节。导师要特别重视这一环节，切忌走马观花、蜻蜓点水，要以对学生高度负责、对学术高度负责的态度，舍得花时间、投精力，大到论文的整个逻辑架构，小到文章的遣词造句和标点符号，都要认真、全面、系统地阅读，仔细查找存在的漏洞，严肃指出论文的不足和改进之处。在现实中，确有个别导师身兼数职，行政、教学、科研、带学生"多肩挑"，难以抽出足够的时间和精力一字一句阅读学生的论文，以致发生论文学术失范现象，但这都不是推脱责任的理由。在笔者看来，在大学这个以人才培养为核心使命的"特殊机构"里，只要你成为研究生导师，那就首先是导师，其次才是其他角色，必须保证有足够的时间和精力指导学生、带好学生。笔者就是一名"多肩挑"的导师，但我绝不敢以此为由放弃对学生学位论文的认真审阅。

古人云："师者，传道，授业，解惑也。"导师作为研究生培养的第一责任人，"是研究生学术的引路人，是研究生培养质量的关键，是高等教育水平的把关者"，只要切实履行全面育人、全程育人的神圣使命，真正做到思想教育到位、能力培养到位、指导把关到位，就能提高研究生的学术诚信素养，造就学生敬畏学术、忠诚学术的优良品格。

参 考 文 献

［1］杨航，蔡建国. 高校硕士研究生学风建设治理研究［J］. 大学教育，2016（1）：73－75.

［2］袁建胜. 中国科技大学赋予导师实际权力——让导师真正成为研究生培养第一责任人［N］. 科学时报，2010－05－04.

［3］黄成华. 研究生学术责任的建构［J］. 辽宁行政学院学报，2012（2）：119－121.

［4］王建跃，章琳. 试析研究生学术诚信培育的有效途径［J］. 学校党建与思想教育，2015（24）：46－47.

［5］冯钢. 把握好指导博士研究生的重要环节［J］. 学位与研究生教育，2014（7）：5－9.

［6］王萍，滕建华，梁秋. 研究生学术诚信教育的理性思考［J］. 黑龙江高教研究，2013（9）：128－130.

（刊登于《学位与研究生教育》2016年第9期）

导师的责任与研究生的自主性

——与研究生同学的交流

王启梁[*]

我比较早开始担任法学理论、民族法学专业的硕士生导师，2011 年开始担任民族法学专业的博士生导师。担任导师时间越长，越是多了些诚惶诚恐，因为我始终在思考和实践着怎样做一个合格的导师，并尝试着用不同的方法进行教学和指导学生。我认为导师有导师的职责、研究生也有研究生的责任，导师指导研究生是一个共同学习、共同成长的过程。研究生在读期间不能过于依赖导师，因为导师是"靠不住"的。至今我仍不认为自己是一名成熟的导师，这篇文字只是一个小小的总结，算是与研究生的一个交流。

一、为什么导师是"靠不住"的

我的导师张晓辉教授和贺雪峰教授均是非常好的老师，无论是人品还是才学。而我从踏上教师岗位之日起就要求自己做一个合格的老师。但是，我仍然要告诫我亲爱的同学们——导师是"靠不住"的！这不是在推卸责任，如果我说大家在读期间可以完全依赖导师，那么我就是个骗子。我之所以说导师是"靠不住"的，并不是要贬低任何人的人品、师德和能力，而是基于以下几点认识。

第一，导师的精力是有限的。高校扩招之后已经发生了很大的变化，我上研究生时所在年级、专业只有 6 个同学，每个导师所指导的研究生三个年级加起来也只有 3～6 人。现在不同了，导师指导的研究生比过去多得多。在这样的状况下，老师的精力非常有限，常常不能细心关照到每一个学生。

第二，导师的学术水平、研究领域有限。没有一个人的知识和能力是可以涵盖所有问题的，每个人的所知都是有限的。所以，在某些问题上导师是不能给予研究生有效的指导的。比如我自己，我也还处于成长过程中，对许多问题还在探索和思考，甚至有些问题我还完全不懂。当然，我随时愿意学习新的知识，也特别愿意和学生一起探索有挑

---

* 王启梁，云南大学研究生院副院长，教授。

战性的问题。

第三，导师的其他能力也是有限的。研究生在校读书不仅仅是要完成学业，还是一个成长的过程，尤其是人格和修养方面，这就特别需要学生自己注意自身修为了。有些超出导师职责的问题，比如找工作之类的都完全寄希望于导师，我想如果有这样的要求和期待的研究生，恐怕最终是要失望的。

第四，导师也有生存压力。校园早已不是"象牙塔"，在一些高校还存在不够合理的分配体制下，许多教师要为养家糊口努力，带研究生对不少人来讲只是个荣誉。所以，常常可以看到有的导师疏于教学和研究，更遑论指导研究生了。当然，对这样的情况，我是深恶痛绝的。

所以，我希望研究生要有高度的自觉性，在读期间要注意培养自己的学习能力。人的一生大部分时候是没有导师的，要随时做好独立的准备。

二、导师的职责

导师作为高校教师的一分子，除了要履行教师的基本职责外，导师还有导师的职责。我不会推卸作为导师的责任，即使现有环境和制度存在种种问题。不为别的，只为良心。我认为导师至少应该做到以下几点。

第一，帮助研究生成长成才。

第二，指导好毕业论文，帮助研究生提升论文水平。

第三，培养研究生的专业兴趣，引导研究生进行科学研究。

第四，在能力范围内帮助研究生获得研究资助和研究条件。

第五，给学生足够的自由。我不会把自己的研究兴趣强加给学生。当然，如果学生的兴趣和我的一致会比较好些，方便指导。如果不同，我也愿意帮助学生发展自己的研究。老师应该相信学生具备学有所成的能力，导师的责任之一就是帮助研究生发展这种能力。

第六，尊重研究生的独立人格。我不需要研究生为我制造成果，而是期望研究生是有独立人格的人，在读期间是，将来也是。所以，除非我真的是和研究生一起完成某个课题并付出了大量的智力与劳动，否则我决不合署名字发表文章。从最近几年毕业的和在读的研究生的情况来看，一种比较好的互动方式是我和研究生之间形成合作关系，就某个主题展开研究。比如我和几个研究生一起研究法院执行问题就收获颇多，既完成了研究工作，也培养了研究生的研究能力，掌握了学术研究的基本规律、规范和方法。

第七，不断学习，永远进步。我觉得这一点很重要，现代的知识和学术生产机制非常可怕，"稍不留神"就要掉队。做导师的其实应该时时抱着当学生的态度对待教学和研究。

针对目前学生较多的情况，我正在考虑一种新的培养方式。我认为只有把大家作为一个团队来培养，才能形成好的学习氛围和互动环境，导师的精力也才能充分地发挥。

三、研究生的责任

研究生在校学习，应该认识到自己是有责任的。在研究生阶段至少应该做到以下几点。

第一，完成好学位论文，按时毕业。我不认为那些只为了拿个文凭来读研的学生有什么错，人的一生有很多选择。尽管有些选择是无奈的，但是，既然来读研就要有读研的样子，作为研究生至少要拿出一篇像样的学位论文。研究生阶段的学术训练和学位论文的研究、写作过程，核心是培养大家发现问题、探索未知、研究问题、解决问题的能力以及提高写作能力。事物都有相同性，如果一个人具备这些能力，不仅仅是从事科研工作的基础，如对问题的洞察力、想象力、敏锐性等，而且对于从事其他领域的工作也同样有帮助。从更高的层面讲，我的立场是应该树立为祖国而读书的理想，正如习近平总书记对研究生说的，我们"生逢其时、责任重大"。这是一个伟大的时代，也是一个有着许多问题需要我们研究、解决的时代。

第二，极大地扩展阅读范围，提升思考、研究的水平。为此要熟练掌握收集资料的方法以及计算机运用技术。在扩大阅读面的同时，要多写些东西，这一点在著名法学家王泽鉴先生的访谈文章《写很要紧：王泽鉴治学谈话摘录》中有很多具体、深入的剖析。

第三，及时与导师沟通，紧密合作。研究生与导师的关系非常重要，师生关系的破裂和疏离对研究生学习的进程、学位论文的完成等有重大影响。导致师生关系不和谐的原因有很多，其中一些是导师的问题，比如导师不够尽职或者能力不足。作为导师，要尽可能控制和减少不良因素。而从学生方面看，尤为重要的是在整个学习阶段要与导师之间形成主动、有效、及时的交流和沟通。但要注意的是：沟通之前要先主动学习，遇到难题要进行充分的准备，然后再求教导师。我的一个基本态度是"不愤不启，不悱不发"，对于没有任何准备的学生，我不愿意"诲人不倦"。

第四，在学习过程中寻找值得研究的问题。有的学生只会问：老师，我要写个什么论文？或者要求导师指定论文题目。如果这是一年级的研究生，我觉得还正常，因为这时还处于摸索阶段。如果这种情况出现在二年级下学期甚至三年级，那么我会非常厌倦。这表明你没有读书、没有思考，你在混日子，是机会主义者，连自己想要研究什么问题、对什么问题感兴趣都不知道。有的学生也会告诉我一个论文题目，说是做毕业论文，但是对为什么研究、研究什么、如何研究、现在研究情况如何等一问三不知，足以说明这个学生根本没有认真读书、准备和思考。正常情况下，到二年级下学期时，自己要研究一个什么问题，最起码应该对这一问题有较为全面的了解。好的情况是：对这一问题研究进展的了解应该不比导师少，甚至应该比导师所知更多。因为导师的研究领域有限，不会对所有的问题都了解。导师之所以是导师，是因为导师掌握了一套有效的研究方法和学术研究的基本规律，而不是全能全知。

第五，毕业时具备独立完成小型科研项目的能力。大家考上研究生，基础相差不大，但是三年的时间足以拉开很大的距离。那些主动性强、勤奋、不断努力的研究生会在这三年中取得很大的进步，无论是能力还是心理。我期待看到的是大家迅速成长的过程和逐渐独立的能力。

四、读研期间的关键问题

研究生阶段的学习和本科阶段有关，也有相似的问题，但是也有一些重要的问题和环节还是需要研究生特别注意的，这里我仅择其要而述之。

1. 读书

阅读才能使人走出自己生活的狭小空间。阅读不仅对读研重要，对一生都重要。当然，我们现在首先要解决的是读研期间的阅读问题。每个人的需求不同，兴趣点也不同，给学生开书单，可能从一开始就是个错误。我们所要学会的是如何找到自己感兴趣的问题，然后去找相关的书籍和文章进行阅读，并在阅读中不断总结和发现新问题和有价值的问题，增长知识，扩大视野。当你有一个问题不懂或者要进入一个陌生的领域时，你可以向这方面的专家请教如何进入以及什么样的书最重要。培养发现问题和解决问题的能力是研究生阶段所要达到的目标，但这个目标的实现在很大程度上是要依赖于研究生的自我教育和自我管理的。

当然，我作为导师，还是愿意提供一个我认为最为基础、难度适中的书籍目录，是入门用的，真正的修为还要依靠诸位自己。在具备一定的基础之后，阅读范围应该由自己把握。我的建议是：如果研究生是法学本科毕业的，则应该尽快进入经典阅读；而非法学专业背景的研究生一方面要"补课"，另一方面也要阅读经典。所谓经典，就是学术思想、理论的重要源头。我个人觉得有两类书最重要：一是经典，二是前沿。教材都大同小异，精读一两本即可。不必太在意"中间层"的东西，这类书只是做研究时的参考书或工具。另外，要学会快速阅读。并不是所有书都需要完全读完，但是在需要的时候能从"仓库"中调取，因此，博览群书至关重要。至于读书笔记，因人而异，各人记忆力、学习方法不同。不过对于重要的、新的发现，应该有必要的记录，以便日后深入研究。

多泡泡书店（现在则是网店了）和图书馆，随时都可能有惊喜的发现；多看看学术期刊（不要太依赖一般的网络信息），眼界就能打开。

2. 问题意识与实践

研究生阶段要培养的当然是做研究的能力，好的研究不仅仅是一种"技术"性的，更为重要的是研究者的问题意识。比如法学是一门实践性的专业，好的问题意识来源于对实践、生活的敏感，而不仅仅是书本。所以，我个人认为广泛地阅读杂志、报纸尤其重要，能帮助我们扩大对世界和现实的理解或者发现一些线索；对生活的体验也至关重要，政治、社会、文化、经济等生活事项是真问题的来源。所以，即使没有明确的写作和研究计划，我每年也要花一些时间到处走走看看，做做调研。

理想的学习过程是理论和实践的结合。没有实践、没有对生活的深入观察和体会，不可能真正把握理论的精髓。我曾看到有的学生长篇累牍地引用理论，或者制造很复杂的理论，认真追究起来却不堪一击。这是因为没有研究真实的问题，对理论的运用就像是一团糨糊，创造的理论则是空中楼阁。例如有的人研究宗教的社会控制功能或法律与宗教的关系，却不知道什么是宗教，连最基本的观察和体验都没有，何来研究。

实践并不是意味着要完全投身进入某项工作中，也可以是去观察和理解某些现象，比如法学研究生到某个执法部门进行一番调研或实习，在这一过程中运用理论去分析、研究所见所闻，这样才能把理论用活并发展理论。对于理论法学方向的研究生，尤其要关注现实问题和部门法的问题，否则理论将是空洞、苍白的陈词滥调，或者只是华丽的假话，是一支没有标靶的箭。请记住："理论是黯淡的，生活之树常青。"

3. "练气"和"练剑"

在《笑傲江湖》中，华山派内部的分歧是："气宗"和"剑宗"各自认为自己的武学是正宗的。读书、学问也是如此。对于我们来说，写作的技巧是"剑术"，对理论把握和现实的洞察是"内功"。我觉得论文高产未必是好事，这是忙于"练剑"而疏于"练气"。要具备高超的写作技巧当然需要多写，但是不能仅仅为了发表而写。我看到有的人有非常严重的"发表癖"，结果制造了一大堆印刷垃圾。写得多不代表写得好、水平高。这就像失去内功的令狐冲，剑法不错，但是打不长久、一触即倒。还有一种人，读得多、想得多，写得少或者不写。这就像《天龙八部》中的虚竹，内功深厚却打不来架，这也不行。写作技巧和理论深度应该是同步增进的，二者不可偏废。"练气"和"练剑"需二者兼得，质与量需保持基本的平衡。

五、研究生的成人之道

研究生的学习与成长，不仅来自老师，还来自自我和同伴；也不仅仅是为了增长知识，还包括如何成人——成为一个健全的人。

1. 自我教育

所有成功的人最终都有赖于自我教育的能力。家长、教师在绝大多数情况下不能代替自身的教育和努力。我最感谢我的导师张晓辉先生的有两点：一是把我带进了学术的海洋。我在这个海洋里尽力地去游，但怎么游、游到哪里主要还是自己把握，即学习知识主要是自己的事情。学生应该自由地发展学术兴趣和专长，否则就很难超越导师。当然，"放任"并不意味着导师不重要，好的导师能够帮助学生培养学术兴趣，发现关键问题，为学生创造发展机会，也就是在关键时刻能帮助学生。二是张老师对待学术的态度对我影响至深，这里就不一一赘述了。

我也特别感谢贺雪峰教授。师从贺老师之后，他从来没有规定我要做什么，但是在很短的时间内我改变了自己研究的取向，是他强化了我对中国问题意识的敏感，使我重新认识到学术研究的价值和使命。我尊重那些有真才实学的人，也崇尚个人奋斗。因此，我也希望同学们能够在各个方面有意识地塑造自己，无论是学术方面还是人格方面。

2. 同伴教育

与自我教育对应的是"同伴教育"。我的大学时代很美好是因为有许多朋友，我们一起经历了学习、成长的过程。上学时，我得到很多师兄、师姐的关照，避免了不少弯路。在学习方面，我还清楚地记得第一次进行田野调查时没有任何老师指导，而我是领队。当时我找了几本书，查找相关资料自己总结怎么进行调查，然后和同学一起讨论调查方案，安排调查线路、联络调查对象，我们一路跌跌撞撞完成了调查。所以，在我读研究生之前就基本学会如何调查了。此后几年还有几次也是我带着师弟师妹一起做研究、搞调查，在这个过程中我学到了最重要的东西。

许多思想的火花是在和同学、朋友聊天、喝酒的过程中产生的，或是在最日常化的对话中出现的。我们必须珍惜读书时期的同学、师兄弟关系，只有相互交流和学习才能获得全面的成长。我很怀念那些曾经生活在一起的同学、朋友，怀念那些在一起学习、调研、喝酒的每一个片段。因为那是一个学习、友情、爱情、生活融为一体的过程，是一个个思想、性格、品质和能力同时发生变化的瞬间。

3. 个人生活

个人生活方面，我认为研究生在读期间应该考虑解决的问题有以下几点。

第一，顺利毕业，然后找到一份合适的工作，或者继续深造。

第二，通过国家司法考试。理想的状况应该是硕士第二年第一学期通过，否则在安排教学、学术训练环节等方面就会比较困难。

第三，找一个称心如意的男朋友或者女朋友（纯属个人意愿，但是我觉得很重要，爱人和接受/拒绝爱的能力是人最重要的能力）。

有的同学可能还有兼职的需要。我不反对兼职，但是反对盲目兼职。如果是为了生计，那么只要钱够花就行。我们用大半生挣钱，还在乎这三年？一个30岁的人不要想着享受别人60岁奋斗来的成果，对于物质欲望要有所控制，不要用物质把自己套牢了。我看到很多曾经的青年才俊就是因为对房子、车子的过分追求，对金钱的过分在意，把自己"废了"，非常可惜。挣钱也要有可持续性。获取物质是为了生存，最终目的应该是精神和人格的完满，只有精神世界和人格完满的人才会幸福，而不是最有钱的人才幸福。我听说有的学生在研究生阶段兼职挣了不少钱，但是我敢肯定这种学生如果不是天才，就是蠢到家了，据我的观察，以后者居多。如果是为了锻炼一下自己，那么最好和自己将来的职业计划联系起来并适可而止。总之，兼职以不耽误学业（最好是促进学业）以及对能力提升有帮助为原则。在这几年中，一定要想清楚你是谁？想干什么？想要什么？

4. 个性发展

个性当然不能勉强，每个人都有所差异。但是，我仍然希望每个研究生都有一种可爱、可亲、可靠的个性。希望大家多点阳光，少点阴冷，具有开阔的胸怀，人世间没有多少非要计较的事情；多点阳刚，少点阴柔，尤其是男生，要有志向和理想，要有坚毅的品质。

另外，还要经受得住压力和批评。生活和学习中总是有很多事情让我们感到困惑，压力很大。一个人的成熟意味着能够妥善地处理压力、化解矛盾，而不是逃避困难。任何人都会犯错误，都会有做不好事情的时候，这时候有可能就会被批评，甚至有时候会因误解而被批评。我们则需要正确对待批评。我就特别害怕那些受不了批评、不愿接受批评的人。

参 考 文 献

[1] 贝恩. 如何成为卓越的大学教师 [M]. 明廷雄，彭汉良，译. 北京：北京大学出版社，2007：71.

[2] 孙秀艳. 深化科技体制改革　增强科技创新活力　真正把创新驱动发展战略落到实处 [N]. 人民日报，2013 - 07 - 18（001）.

[3] 德拉蒙特，阿特金森，帕里. 给研究生导师的建议 [M]. 彭万华，译. 北京：北京大学出版社，2009：87.

（刊登于《学位与研究生教育》2016 年第 9 期）

努力成为一名合格的博士生导师

郝吉明*

 一、博士生教育的地位和意义

博士生教育肩负着培养高层次、创新性人才的重任，它不仅对其他层次的教育有着巨大的带动作用，在国家知识创新体系中也处于重要位置，是影响和制约国家综合国力和国际竞争力的重要因素之一。它不仅培养未来科学与工程界的领袖，而且是国家强盛和繁荣必不可少的基石。这不仅是我国对博士生教育的定位，世界各国都是如此。美国博士生教育的定位：为工业界、政府部门和大学培养科学家和工程师，他们是国家从事R&D 的主力；为人文、社科和艺术领域培养学者，他们能够继承和发展人类思想、文化、历史，并向下一代人传授这些知识；为各个学科领域培养学者，他们成为全国3 000 所大学或学院的教师。

博士学位从根本上说是一种研究型学位。博士生教育培养的人才能够评价、批判和辩护，能够提出和定义重要问题。博士群体应承担传承的职责：了解学科的历史和基本观点，保持学科发展的连续、稳定和活力；理解学科领域的基础，哪些需要保持，哪些需要摒弃；了解所在学科在更宽广的学术界的地位，尊重并理解相关学科的研究问题和研究方法。

从传播角度来说，博士生应该能够向他人传达信息以及自身知识技能的价值，能够清晰地以口头和书面方式向同行及外行听众表达和交流思想，知道如何作跨学科交流，知道如何在不同情况下应用知识。这些人才肩负着在成就和技术积累的基础上实现超越的重任，他们将成为学科活力、质量和完整性赖以传承的保证。

 二、培养合格博士生的体会

我国的"应试"教育，缺乏对批判性思维和创新能力的培养，所以培养批判性思

---

* 郝吉明，中国工程院院士，清华大学环境科学与工程研究院院长，教授。

维和创新能力，应该成为博士生教育的重要组成部分。要训练学生独立从事研究以及独立解决问题的能力，使其有信心、有热情，并对自己以及同行甚至权威人士的观点保持批判性和质疑的眼光。应通过非正式的讨论、小型研讨会、交叉学科小组的讨论等对话的形式与学生进行个性化的交流。

要提高博士生的选择能力。选择问题是贯穿于博士生研究始终的焦点，在课程学习、学术报告、正式和非正式的研讨中，涉及所在领域的研究进展和争议，总以选择问题为核心。要培养博士生用通俗易懂、富于启发、批判性的、反思式的、对话式的方式向他人交流所在领域的知识。要鼓励博士生勇于开展跨学科研究，拓展所在学科领域知识的宽度与深度，真正实现"博大精深"。通过学术活动，帮助博士生建立学术联系。积极参加高年级博士生的学术报告会，重视教师和同学的质疑，引导博士生进行独立思考。

在博士生学习的不同阶段，导师的作用有所差异。比如在论文选题阶段，应鼓励学生选择自己有兴趣的题目；引导他们选择高级别课题：面向国家需求，选择活跃的、学术上有生命力的领域；鼓励他们选择导师已有较好工作积累和条件的课题。有经验导师的指导与建议十分重要，他们对学生的成长与发展的作用是无可替代的。我自己读硕士生时，导师指导我选题，因为当时是 1978 年，教研室经费很少，我就选择了教研组当时经费最多的题目，研究中出主意的人多、帮手多，遇到困难易于得到重视；到博士生阶段，在美国，做燃煤污染控制还是机动车污染控制？我在犹豫。导师指导我选择适应中国发展阶段的题目，当时中国每千人只有 0.3 辆汽车，所以我选择了与燃煤污染相关的题目。我回国以后，马上就有题目可做。到现在燃煤污染的问题，仍然是一个挑战，挑战到什么时候？我估计到 2030 年还会继续挑战，挑战到我做不动为止。

引导博士生选题要兼顾自身兴趣与国家需求，还要考虑研究课题的连续性、可能的合作者、研究条件以及研究成果的影响力。你做出来的研究成果没有影响力，钻到牛角尖里去，最好不要引导学生去选这些题目。多数情况下，选择面向国家重大需求的题目，可能将来会发挥更大的作用。

研究选题应与时俱进。20 世纪 90 年代中期，已经有迹象表明中国会逐渐走向汽车社会，我鼓励学生选择与机动车污染控制相关的题目；进入 21 世纪，中国的大气环境管理进入了以复合污染为特征的新阶段，这又成为多数学生的选题方向。

选题也要相对稳定，形成积累与优势。同一导师指导的博士生选题保持延续性，经过 4~5 届博士生的连续研究，可以形成系统的成果。这时候更需要总结、思考与提高，好的办法就是集成这些论文，出版学术专著。

博士生在学习的中后期，全面进入研究工作。导师要鼓励博士生勇于探索、系统分析，这样才能出创新性成果。对于阶段性成果，要鼓励博士生发表论文。写论文就是总结、思考、提高的过程。要倡导研究生之间的讨论，使他们互相学习，成为合作团结的集体，形成良好的学术氛围。研究生之间的关系，实际上反映了学术团体的风气。

在保证论文工作的前提下，导师应鼓励研究生参与相关研究项目，开拓学术视野。

在临近毕业阶段，有的研究生困难比较多，处于爬坡阶段，应给予特殊关照。一方面，与他们研究分析学术问题，但主要是使他们相信自己、有信心，成功往往在最后的努力之中。有的学生能够满足毕业要求，但努力一下还可以做得更好，对这些研究生，要适时地提出更高的要求，既鼓励又施加压力，有些时候会产生很好的效果。

三、对博士生导师职责的认识

导师是博士生全面成长最重要的外部因素之一。导师的学术水平与视野、导师的学风与敬业精神会对博士生产生潜移默化的影响。

导师的学术水平与视野，影响博士生研究的全过程。这包括导师承担研究课题的种类以及导师的学术圈。课题种类不要太单一，课题种类的多样性，有利于扩展博士生的学术视野，也有利于培养学生广泛的学术兴趣。例如，国家科技计划项目，更强调国家目标，面向国家重大需求；国家各类基金项目可望在基础理论上取得突破或进展，对科学前沿比较注重；地方项目紧密与地方需求结合，是为社区服务的重要方式；国际合作项目有助于跟踪学术前沿，建立国际化的学术联系，有助于推动博士生培养的国际化。

与导师学术上对博士生的影响密切相关，导师的个人品质也会对博士生产生重要影响。比如导师的责任感和敬业精神，导师对学术的追求，导师奋发图强、坚持不懈的努力态度，导师乐于分享乐于助人的品格，等等。导师要为学生树立如何成为一名优秀学者的榜样。

导师要努力成为学生的良师益友，乐于与学生分享自己的专业经验，能够在情感和道德上给学生以鼓励，关心学生的生活，能够针对学生的学业进展给予具体的反馈意见，向学生提供各种信息，帮助其争取各种机会。这是导师和学生真正成为朋友的重要方面。

几年前在学校庆祝教师节会议上，我曾讲过，教师应努力做到"教人以智，育人以德；学高为师，身正为范"，今天我愿以此与各位年轻朋友共勉。

（刊登于《学位与研究生教育》2017年第4期）

新时代如何为研究生扣好人生"第一粒扣子"

张定强[*]

习近平总书记在全国宣传思想工作会议上强调："要抓住青少年价值观形成和确定的关键时期，引导青少年扣好人生第一粒扣子。"习近平总书记在学校思想政治理论课教师座谈会上指出："要给学生心灵埋下真善美的种子，引导学生扣好人生第一粒扣子。"扣好人生第一粒扣子对求学与发展的每一位学子十分关键和重要，对研究生也是如此。新时代必须为研究生扣好品德、学习、研究、发展的扣子。

一、品德扣子

坚持固本培元，在学习研究中扣好品德扣子。教育的根本任务是立德树人，因此，研究生教育的第一要务就是为研究生扣好品德扣子，培养研究生的道德力与目标力。品德是人生的信念、信仰、经验、智慧、素养的集合体，是人在学习、实践、修为、内化中形成的基本品性。这种集合体或品性伴随着人的一生，影响着人的价值观、世界观和人生观，从某种角度上决定着人生的选择和发展道路。在新时代，研究生教育要全面贯彻党的教育方针，坚持实施素养教育，培养德智体美劳全面发展的社会主义事业建设者和接班人。

1. 要为研究生扣好道德修养的扣子

这是扣好品德扣子的关键一步，每一位研究生教育工作者都要引导研究生认知、认同、践行社会主义核心价值观，继承中华优秀传统文化，增强研究生的中国特色社会主义道路自信、理论自信、制度自信和文化自信，为中华民族的伟大复兴而学习。这也是品德扣子的核心，要把这种价值观、自信贯穿于研究生教育的全过程。

2. 要为研究生扣好爱国情怀的扣子

唯有给研究生系好爱国情、强国志、报国行的扣子，才能使研究生在学习中融入理想和追求，胸怀远大志向，瞄准学术前沿，用科学的方法钻研学问，把爱国之心转化为

* 张定强，西北师范大学西北少数民族教育发展研究中心教授。

勤学苦练之行，进而增强学习和研究的动力，淬炼成钢；并能够围绕所学专业和课程，紧密结合我国现实，夯实学问，让青春之花绽放在学习和研究旅途之中，把自己的理想志愿同国家的前途、民族的命运相结合，更加清晰学习目标，明确研究动机，让理想信念、成就事业在脚踏实地的勤学苦练中开花结果。

3. 要为学生扣好德性的扣子

在课程学习、学术研究中让德性修养融合其中，不断淬炼学习和研究的品质，使读研生活更加精彩。在学习和研究中要勤奋刻苦、实事求是、诚实守信、坚持真理，不断发展学术自由精神和独立人格，养成学习与研究的基本品质；放下架子，虚心请教，形成热爱真理、关注实践的情怀，把德性视为研究生的基本资本，不断完善做人的品德、做事的美德、发展的公德。

扣好品德扣子就能为研究生一生的发展奠定坚实的思想基础，就不会出现方向性错误，就能够做到立场坚定、目标明确、自信求学。品德体现在师生精神交往活动中，是在自我反思中形成和完善的。因此在读研之初就要确立航标、校正方向、志存高远，处理好各种利益关系，养成良好的品德修养，为中华民族的伟大复兴而发愤读书。

二、学习扣子

坚持"加钢""淬火"，在引导转化中扣好学习扣子。研究生教育一个极为重要的方面就是培养研究生的学习力与意志力。学习力就是认知过程中形成的学习能力，这种能力决定着研究生学习的质量。不同于其他学段，研究生教育阶段更需要在发现、提出、分析、解决问题能力的提高方面下功夫，在批判思维和创新思维品质的提升方面下功夫。为此就要使研究生在学习过程中保持持久的好奇心，拥有极强的学习动机、欲望、主动性及责任感；要有坚定的学习态度，不怕困难、锐意进取、勇攀高峰的意志力，并且要在研究生教育阶段形成坚毅、专注、自制、乐观、好奇等学习与研究品质。

1. 要为研究生扣好学习意义的扣子

在"人工智能＋"时代，学习环境、学习形态、学习方式已经发生了深刻的变化，研究生在读研阶段就要深刻认识到这些变化带来的学习革命，在学习过程中要耐得住寂寞、守得住清贫，耐心学习，解放自我，克服功利主义影响。要在学习中从国家富强、民族振兴、人民幸福的角度认知学习的意义，保持家国情怀，强化学习的信念；在关注时代、关注社会发展态势的同时，学会用辩证唯物主义和历史唯物主义的观点分析问题和解决问题，站在人类进步发展的角度，汲取知识，探索学科前沿，在学习、实践、反思中感悟学习的意义和价值。

2. 要为研究生扣好深度学习的扣子

研究生教育阶段的学习是深度学习，"是触及心灵深处的学习，是深入知识内核的学习，是展开问题解决的学习"，这种学习要有极强的学习动机，需要深度浸入问题解决的场域，要调用各种资源，运用各种学习手段，融合多方力量，为学习赋予创新的方法。为此要在批判质疑、反思探究、对比分析中增强知识理解、能力形成、智慧提升，养成良好的探究、反思习惯，形成自己独特的学习方式和风格，深钻细研每一个问题，剖析每一种现象，深入学习与思考；要在深度学习中建立完整的知识体系，全面了解本学科领域的过去和现在，涉猎本学科基础、前沿知识，掌握从事本学科研究的过硬本领，在敢想、敢为、有为的学习境界中积极、主动、创造性地学习；在阅读、思考、提炼中逐步进入研究核心地带，训练研究的敏感性，练就研究的真本领。

3. 要为研究生扣好创新思维的扣子

在研究生教育阶段，通过学习，不断优化思维品质，为终生的研究与创新建好过河的"桥"和"船"，为此要有问题意识。问题意识是创新思维的起点，在学习中要奔着问题、针对问题去学习，基于问题的分析和解决来拓展研究问题的方法和技巧；在学习中要采用"回头看"与"向前看"的方式进行学习，对往昔学习历程进行深度反思，剖析学习过程中的得与失，诊断分析学习现状，从中提炼学习之法，感悟研究之道，同时在反思过程中找准方向，探清所在学科前沿走向，凝练选择学习内容，制订学习计划，围绕学科领域内某一核心问题，大胆尝试、勇于探索、锐意创新。

扣好学习扣子就能为研究生一生的发展提供动力源泉，使他们知晓学习力在一生发展中的关键作用，能够自主、自觉地学习，在学习中感悟学习的力量和意义，在学习中获取智慧，获取人生的精彩和意义。

三、研究扣子

研究生要坚持求真务实，开拓创新，在拼搏进取中扣好研究扣子。研究生教育的基本特质就是要进行研究，就要对感兴趣的问题与现象采用科学的态度和方法进行深入的钻研，在问题解决与现象分析中有所发现，从而助推人类的进步。只有在研究的实践场域中经风雨见世面，甘于吃苦、乐于求真、舍得投入、肯下功夫才能真正体悟到研究的意境，方可无愧于研究生的学习生活。

1. 要为研究生扣好研究要素的扣子

研究系统中核心的要素有三个：①问题要素，这是研究的逻辑起点，选择适切的研究问题是整个研究的核心，选择研究问题一要基于兴趣和自身的特点，二要基于对已有文献的掌握，三要基于时代的需要，四要基于同行学者的认知程度等。在多方考量下确定待研究的问题。②方法要素，这是研究过程中极为重要的要素，问题需要方法来解决，方法的选择一要基于问题特性，围绕问题解决的目标、假设去选择质性抑或是量化等方法来解决，二要基于问题解决的需要选择解决的方法，三要在梳理文献的基础上，探索运用先进的测量技术、统计学软件、实践实验、语言技能等工具和方法去解决问题。③结果要素，就是对所研究问题作出清晰问答，需要在凝练、概括和表达方面下功夫。这三大关键的研究要素是在符合学术规范和道德规范的前提下，做到问题、方法、结果的三位一体。

2. 要为研究生扣好研究态度的扣子

做学术研究需要坚强的意志力和坚定的信念，因为在研究中会碰到许多困难，如文献稀缺、工具短缺、调研困难、时间紧张等，所以面对困难与挫折就要不畏艰苦、不怕困难，在复杂困难的研究环境中磨砺意志。只有冲破重重阻力，用自己的坚持和韧性攻坚克难，去探索现象背后的真相和规律，体会"宝剑锋从磨砺出，梅花香自苦寒来"的研究意境，创造属于自己的精彩。

3. 要为研究生扣好研究行为的扣子

科学研究是充满挑战与快乐的旅行，是一系列研究行为铸造而成的研究历程。

（1）阅读与思维的行为。在研究中首先要养成良好的阅读习惯，要广泛阅读与研究问题相关的文献，在阅读梳理前人的研究成果中，形成自己的研究思路，这种阅读与思维行为是研究必备的基本功；掌握科学的阅读方法与思考方式对研究极为重要，需要放开视野，运用联想、类比、分析的方法去读、去尝试，从中探查研究的路径，找到研究的立足点和创新点。

（2）倾听与分析的行为。在研究启动阶段，需要广泛听取研究伙伴，包括同学、导师的研判与建议，结合文献梳理工作，系统地思考研究问题，无论是量化的分析还是质性的分析，都要把研究要素纳入研究系统中，在协作探讨、对话交流、彼此分享、思想碰撞中进入研究领域；运用多种分析诊断工具检测研究过程中的每一个细节，审视研究问题的清晰度、工具选择的合适度、方法运用的科学度、材料收集的全面度、逻辑架构的合理度、成果表达的清晰度，理清研究领域中基本概念的内涵以及相互之间的关系，剔除已有偏见对研究过程的影响。

（3）诊断与反思的行为。研究过程处处充满着风险与挑战，要定时定点地对研究行为与历程进行持续性的诊断分析，及时发现研究的不足，尽早采取修正策略，防止出现致命的失误。由于人的思维有一个天然的倾向就是易于进入思维的舒适区而不再深度思考，也容易原谅自己认知上的不足，而科学研究特别需要防止这种现象发生，需要毫不留情地追查种种不足，反复比较，多方论证，在日常科研流程中训练洞察力。科学研究既需要独立思考与分析，又需要合作交流，在合作中有独立的思想，在独立思考中有合作意识，从中形成做研究的基本品质。

（4）表达与写作行为。研究生需要将研究成果表达出来，良好的表达习惯与写作行为是极其重要的研究行为。研究生不仅要学习表达的风格和方式，而且要培养写作的习惯，清晰准确地将研究所得叙述出来，这看似简单的行为却需要长时间的训练，需要对完成的作品进行反复的修改。要汲取合作者或同行对研究设计、过程、结果提出的意见，进一步理清研究思路，以增强研究成果的学术价值，提高自己的学术敏感度，拓宽学术研究视野。

系好研究的扣子就是为创新打好基础，就是养成基本的研究态度、研究品质，形成钻研学问的精神，通晓研究的基本思路与规范，在研究中学习和进步，为自己积累研究经验和财富。

四、发展扣子

在研究生阶段坚持提升素养，在全面发展中扣好持续发展的扣子。研究生教育是面向未来培养具有创造力人才的过程，要以核心素养的培养为基本立场，树立全面科学发展观，为学生真正扣好发展扣子。而扣好发展动力、发展方法、发展路径扣子就成为发展和培育研究生核心竞争力的关键举措，这样才能使研究生成为口径宽、素质高、定位准、发展快的国家栋梁之材。

1. 要为研究生扣好发展动力的扣子

从本科生学习阶段进入研究生学习阶段会有许多不适，需要导师及同伴给予帮助、鼓励和支持，因此迫切需要营造良好的学习环境，建立发展动力机制，在学习领域、研究领域、生活领域搭建和谐的平台，使每位研究生在新的平台上感受到学习的意义、研究的价值，享受学习和研究的乐趣。在学习中，能够不畏艰难，攻坚克难，学精学通；在研究问题上，能够把好选题关、目标关、规范关，使行动规划与方案更加科学合理；在研究中能够实事求是，以积极的心态去分析、去分享、去对话与协商，从中汲取研究的信心和力量，永远保持研究的好奇心与探究的渴望感，具有研究的冲动、探究的欲望。学习和研究需要付出精力，尤其在当下知识更新、信息传递节奏不断加快的新形势下，更需要克服环境的不利影响，在总结反思中少走弯路；也需要在进入研究场域后，视探究真学问为乐趣，为持续发展提供后劲。

2. 要为研究生扣好发展方法的扣子

在发展的路径上并非一帆风顺，而良好的发展方法极为关键。

（1）自我发展方法。研究生在学习与研究中要寻找适合自身发展特点的学习方法和技巧，探寻自我进步的策略与路径，寻找研究的问题与方向，通过日常的读书、研讨、互动、思考建构自我发展的路径。虚心向师长请教、向同伴请教、向书本请教，开展多样化的思维训练是重要的自我发展路径。

（2）团队发展的方法。人是自然存在、社会存在、精神存在的统一，作为一个完整的存在，必然依存于群体并与之交往，每一个研究生都栖息于学习研究共同体之中，在一个学风严谨的组织中寻找感兴趣的领域，在团队协作中开拓研究思路和方向，在思想碰撞交锋中独立思考、自主探究、合作交流，从而优化文献梳理、方法探寻、过程筹划、成因分析、析取成果的研究过程。

（3）学术发展的方法。进行学术研究是研究生最重要的任务之一，要在学术研究中有学术气派、学术精神和学术道德；同时对选择研究的问题要有工匠精神，在研究中探寻学术前沿；不断积累、完善研究经验，拓展研究内容与空间，生长新的研究领域，在研究中求发展。

3. 要为研究生扣好发展路径的扣子

有些研究生可能带有混文凭的心态，可能存有学术不端的迹象，也可能在研究上有知难而退之意，可能在碰到困难与障碍时灰心丧气，因此必须在发展路径上克服这些阻碍，从学习与研究的价值方面拓展研究意境，克服发展障碍，使发展的理念与价值观入脑入心，在严管与厚爱之下，从"最坏处"准备，向"最好处"努力，坚持不懈地向"最好处"行动，就会柳暗花明。发展是人成长的硬道理，在发展路径上要坚持品德和学问共成长，以透彻的学理分析回应研究生发展之惑，以适切的发展故事、理论说服研究生，进而用真理的力量引导研究生。

要坚持价值和知识相统一，寓价值引导于知识传承之中。研究生教育不仅要传播知识、真理、塑造灵魂，而且要积极引导学生明确目标，执着地为中华民族的百年梦想而发愤图强。要坚持建设性和批判性相统一，既要为研究生打好发展路径的基础，又要引导研究生树立批判性思维，开拓新的发展路径，引导研究生立鸿鹄志，做奋斗者，能够有力量有信心有毅力在读研期间夯实发展基础，开拓发展路径。

扣好发展的扣子就是使研究生树立个人发展和国家富强相结合的理念，将个人发展融入国家发展之中，以发展的视角来审视自己的学习与研究历程，从而形成发展理念、掌握发展方法、拓展发展路径，使自己成为一个全面发展的人、终生学习的人、德才兼备的人。

参 考 文 献

［1］习近平出席全国宣传思想工作会议并发表讲话［EB/OL］.（2018－08－23）. http://www. xinhua-net. com/2018－08/23/c_129938245. htm.

［2］习近平主持召开学校思想政治理论课教师座谈会［EB/OL］.（2019－03－18）. http://www. gov. cn/xinwen/2019－03/18/content_5374831. htm.

［3］习近平出席全国教育大会并发表重要讲话［EB/OL］.（2018－09－10）. http:www. gov. cn/xinwen/2018－09/10/content_5320835. htm.

［4］王定华. 新时代我国教育改革发展的新方向新要求——学习习近平总书记在全国教育大会上的重要讲话［J］. 教育研究，2018（10）：4－11，56.

［5］李松林，贺慧，张燕. 深度学习究竟是什么样的学习［J］. 教育科学研究，2018（10）：54－58.

［6］利迪，奥姆罗德. 实用研究方法论计划与设计［M］. 顾宝炎，牛冬梅，陈国沪，译. 北京：清华大学出版社，2005：17.

［7］冯建军. 类主体：生态文明教育的人性假设［J］. 教育研究，2019（2）：17－24，130.

（刊登于《学位与研究生教育》2019 年第 9 期）

立德树人：导师的形象和工作

孙正聿[*]

今天的交流有一个非常明确的主题：立德树人。围绕这个主题我又起了一个题目：导师的形象和工作。

一、导师的形象

导师的形象，也就是说导师应该是个什么样子。我用一个最简洁的说法：就是学者、是人格化的学术。我们搞文科的人经常说一句话，"取法乎上，仅得其中"，也就是你追求再高，了不得可能也就达到中等或者中等偏上的程度。所以，对于导师的形象来说，是要"取法乎上"的，然后虽不能至，但心向往之。我觉得这点非常重要。所以，今天跟大家谈一下导师的形象，也就是导师怎么样才能够给学生、给社会一个人格化的学术形象，主要体现在五个方面。第一是品德，也可以称之为品位，我把它概括为大气、正气和勇气。第二是基础。这是最为根本的，下面要跟大家重点交流的就是这一点——文献积累、思想积累和生活积累。第三是能力。有了一定的基础，更重要的是提升自己的能力。对于人文学者来说，能力主要包括洞察力、概括力和思辨力。第四是心态。因为我们都不是孤立的个人，都是要在学界进行交流和研究的。我常说："作为学者，应当做到在人格上相互尊重、在学问上相互欣赏、在学术上相互批评。"学者作为人格化的学术，最后体现在什么地方呢？这就是第五个方面——著述，包括著作和论文。著述最能显示出导师的形象。人文学科的著作和论文要有三个最基本的要求：深刻、厚重和优雅。有一次我与大家交流的时候说过，我曾在《读者》上看过一篇非常小的文章，题目是《好文章》。关于好文章，作者说了三个标准：一是语言好。作为人文学者，我们大家都有这样的体会，语言好并不意味着词多、会说。二是有见地，要用语言去表达自己的思想。三是"不装"。这点说得很好，比较通俗。对于所有学者，尤其人文学者来说，要不做作、不装。下面分别来谈一下这五个方面。

---

* 孙正聿，吉林大学哲学社会科学资深教授，教育部人文社会科学重点基地吉林大学哲学基础理论研究中心主任。

1. 品德

叫作品德也好，品位也好，可以概括为"三气"：大气、正气和勇气。作为一个人文学者，首先必须要大气。如果后面还要加一个词的话，那就是霸气。霸气并不是盛气凌人，而是说有一个高尚的品格、高远的志向和高明的眼光。拿写文章来说，不是说取一个题目看起来很大气，而是说内容要蕴含高尚的品格、高远的志向和追求，蕴含高明的眼光和见地。

如果没有这样一种大气则学问是很难做大的。作为一个人文学者，你有没有一种强烈的社会担当意识？有没有一种博大的人文情怀？这从根本上决定了我们把研究和教学做到什么程度。我特别欣赏李大钊写的"铁肩担道义，妙手著文章"。要是没有"铁肩担道义"这样一种情怀，就很难做出一篇好的文章。海德格尔有一句名言："伟大事物的开端总是伟大的。"我们要想成为一个好的人文学者，这种大气落实下来是正气。所谓的正气，也可以做一个最简洁的概括：钻研而不钻营。我特别欣赏鲁迅的一句话："捣鬼有术也有效，然而有限。"这么通俗的一句话把做学问的最根本的东西给揭示出来了，就是不要投机取巧、不要哗众取宠、不要趋炎媚俗。在这方面我看到过很多负面的东西，如有教授在微信上写学界的一些腐败现象。按照作者的说法，学者之所以有名、著名就是因为会钻营。他认为只要学者是钻研的，就永远不可能著名和有名。真的是这样吗？肯定不是。我常说，现在在学术刊物上发表文章很不容易了。还有很多人说，把学术刊物分成很多个档次是非常不合理的。我们人文学科的老师都知道，学术刊物被分成 A、B、C、D 类，或者最起码要进入 CSSCI 的检索。对刊物的分档分类合不合理？我觉得它是相对合理的。按照现行的评价标准，何为 A 类、B 类、C 类或 D 类文章？这会造成什么样的结果？那就是如果有 1 万个人把自己最好的文章投给我们认定为 A 类的刊物，那么可能也就几个人或者几十个人把文章投给 D 类刊物，而且其中有些作者还认为这不是他最好的作品。说得功利一点，学校不也是按照分档来奖励教师吗？我们可以说不图那个奖励，但是你也应该知道哪个刊物发表的文章相对来说是好的。老师们在议论一些问题的时候，应该实事求是地得出一些结论。如《中国社会科学》刊登的某篇文章可能并不令人满意，但是你怎么没有看到它刊登了 100 篇文章中有 99 篇是好的呢？尤其是导师，我们不能像一般人那样去任性地、没有根据地议论某些问题。所以我觉得这样一种大气，这样一种家国情怀，这样一种博大的人文情怀，这样一种社会担当意识，首先应当落到的正气上——钻研而不钻营。

所谓立德树人，要怎么立德呢？首先是要有一种正气。如果你自己都没有这样一种正气，怎么去引导自己的学生有正气呢？不久前，我接触到心理学上的一个词，叫作"失败者的愤怒"。就是说自己没做好，不是去追究自己，不问问自己下了多大的功夫、做出了什么成果，而是怨天尤人，认为不是自己做得不好，而是有各种各样的原因阻碍自己，总觉得自己的才能被埋没了。其实一个人的才能是不会被埋没的。我常说，市场经济最大的好处就是："是才压不住，压住的不是才。"因为在这个市场中人是可以流动的，你认为吉林大学把你埋没了，你可以去北京大学；北京大学把你埋没了，你可以去其他地方，可以去找英雄有用武之地的地方。问题是你是不是真正意义上的人才，这点才是最为重要的。不要把自己变成一个"愤怒的失败者"，对于我们导师来说这个尤为重要。如果导师都是在这种失败的心态下不断地愤怒，学生怎么能跟着你去学习、去研究呢？你自己天天歪门邪道地钻营，那你的学生怎么能沉下心来去钻研呢？我真实地感觉到，立德树人，绝不是说套话、说空话，而是实实在在的。一个人如果连人都做不好，那学问也不会太好；尤其是人文学者，人文学者连人都没有做好，怎么还能叫人文？然后还想有好的人文学术成果，这肯定不现实。正如高清海老师所说的："为人为学，其道一也。"大家可以看一下，真正能把学问做大的，他肯定有一种大气，有一种高远的志向和追求，但他不是把这种高远的志向和追求变成一种钻营，而是落实到了钻研上。

刚才伟涛副校长跟我说，我们现在就是要拼吉林大学的各种实力，我特别同意这一点。参评一流学科也好，参评长江学者、"万人计划"也好，需要三样东西：实力、声誉、论证。首先是实力到什么程度了？只要你的实力达到某个程度则是早晚不等的事。如果你没有实力，天天只是"失败者的愤怒"，那么这个"帽子"永远都套不到你的脑袋上来。正是由于有实力才能构成第二点：在学界的声誉。我特别不同意之前所说的那个在微信群里发表言论的教授的说法，他说声誉就看你是不是从国外回来的，而且首先是要留在北京。我看不见得，吉林大学就有很多在国内很有影响的人物，无论是哪个学科都有很有影响的人物。正是因为有这个实力，才决定了有声誉。当然要强调的重要一点是：你要想戴"帽子"，仅有实力是不够的。实力是"你是什么样子"，而声誉是"人家认为你是什么样子"。当我们去争取"帽子"的时候，还应该重视论证。什么叫论证？论证就是"你把自己说成是什么样子"。有些人说自己往往说不好，常会把主要的与次要的事情本末倒置；或者是态度不端正、没有认真当回事儿；或者是没有一个高明的眼光，还不是一个真正的成熟的学者。论证的过程是一个自我总结、反思和提升的过程。现在有些老师总是说学校给的额外负担多，你可以问一下自己：作为一名普通老师，你一年到底填了几份材料？像那些从事"双肩挑"工作的老师，一年他得写多少材料？为什么他既能够把自己的工作做好，又能把学术提升上去呢？因为他没有把工作当成自己的额外负担，而是作为自我提升的一个方式、一个途径、一个方面。

所以我真实地感觉到，人文学者首先要有大气，而大气一定要落实到正气上。人文学者往往对很多事情能够形成和提出一些有见地的想法，我把这些想法叫作"平常心而异常思"。但有些老师却恰好相反，是"异常心而平常思"。比如，我今天又收到来自业余爱好者的一大厚本书，而且是公开出版的，有50多万字。看完之后的我的评价就是"异常心而平常思"。这就是业余爱好者，往往容易一举去解决全部问题。我并不是蔑视或者鄙视这些业余爱好者，我有一种同情的心理。业余爱好者，他有这样一种爱好，他希望搞好，但他不是专业的。这就涉及我要谈的专业训练，一个人没有经过专业的训练，想在专业上有所作为其实是非常难的。有些人说：高手在民间。这要看从哪个角度去说，如果说真的是去进行一种专业化的研究，高手不可能在民间。这就意味着有没有专业训练是不一样的，或者说，没有经过专业的训练很难进行专业的研究。所以，应该是导师自己专业化，让学生也专业化。

说完正气，接着来说说勇气。一个人要真正有所作为，还必须要有勇气，要"平常心而异常思"。我把勇气概括为：对假设质疑，向前提挑战。这样才会有真正的理论创新。我自己的博士学位论文和我自己的集大成之作，都叫作"前提批判"。搞学问，说到底是要找到你所要超越的对象的假设是什么？它的前提是什么？只有对这些进行了质疑和挑战，你才有真实意义上的理论创新。

2. 基础

我常说一句话：理科在实验，文科在文献。理科的人要是离开了实验室，怎么能做出自己的研究成果呢？但你光做实验也是绝对不行的，因为观察要渗透理论。而对于文科的人来说，如果没有长期艰苦的文献积累，恐怕连小的作为也不可能有。所以，在座的老师，你不要让别人评价你，你首先问一下自己，你读过多少书？无论是在火车站、飞机场或其他任何地方，包括走路我看大家都是离不开手机。在手机上看什么？除了八卦、游戏，还看什么？这个是国民素质最基本的东西。调查一下读书情况，我想问一下《读者》又有多少人看？习近平总书记在甘肃特意去《读者》杂志社是有深意的。中国人要提高自身的素质就要读书啊！读书推荐首先看看《读者》，因为《读者》就是讲大气、正气和勇气的。你连《读者》都不看，你还能看《读书》吗？中国的人文学者有一句话：可以不读书，不可以不读《读书》杂志。一个人文学者扪心自问：读不读《读书》杂志？如果一个人文学者连《读书》这本杂志都不读，则难以成为人文学者。

打基础首当其冲的是文献积累。文献积累不仅仅是读了多少本书，最为重要的是你读没读出书的好处。好多人拿起一本书，认为这不行、那不行，国内很多很好的学者在他眼里没一个是行的，也没有一本书是好的。一个人如果认为其他的学者全不行、所有的书都不好，很难想象他能成为好的学者、能写出好的书，因为所有人都是站在巨人的肩膀上的。我常常说，吉林大学有自己的哲学学科，是因为早先的高清海先生、邹化政先生、舒炜光先生；现在能够保持下来，是因为有我，有孙利天、有姚大志、有张盾、有王天成；将来哲学学科还会继续好下去，是因为有下一代人。一个人读书读不出好处来，那本书不仅仅是白读了，还容易变成"失败者的愤怒"。只有读书读出好处，你才能得道于心。我经常听到这样的议论：张三李四谁都不行，哪本书都不行。这是因为你没有作者的品格和品位，没有作者的视野和气度，没有作者的知识背景和知识框架，所以你什么也读不出来。能读出书的好处，说明你跟作者大体相近了；如果认为作者什么也不是，说明你距离作者太远了。我说这话是有针对性的。对于认为这个也不行、那个也不行的某些人文学者，如果请他写出一个行的来，结果他就会说，我不写那个东西，我淡泊名利，十年磨一剑。我认为多写才是硬道理。平时什么也不写，突然冒出来一个东西，有几个维特根斯坦？一个人要把自己认定为天才，很有可能就会变成废材。一个人首先要把自己当成普通的学人，真正下功夫读书才有可能成为人才。我现在最大的遗憾甚至叫作痛苦，就是一年老老实实读完一本书都很困难。

前段时间，教育部思政司让我给全国的思政教师讲课，第一课讲完，反响极其强烈，因为我讲的是一般性的东西。而前几天刚讲完列宁的《哲学笔记》导读，情况就不一样了。我可以毫不夸张地讲，100 个听课教师中有 5 个听明白了我就心满意足了。列宁的《哲学笔记》主要是关于黑格尔《逻辑学》的笔记，要听懂得有两个前提：一是读列宁的《哲学笔记》，二是读黑格尔的《逻辑学》，然后再来听我讲列宁的《哲学笔记》导读。这个就如同当时给中文系自学考试的人上课一样，有些人根本就没有读过《红楼梦》，为了考试、为了答题，他们只是背下了主要内容、思想意义、艺术价值等，其实《红楼梦》一页都没看。这样怎么能读出书的内涵呢？我是全国政协委员的时候常听一句话：政协委员不是一种荣誉，是一种责任。那么导师也是这样的，不是一种荣誉，而是一种岗位，因此更是一种责任。你要想承担起这个责任，那是极为不容易的。我常说：导师不是教师，教师是教书，导师是引导。导师自己都不知道学术为何物，怎么能够告诉学生学术是什么？

刚才伟涛副校长还和我说到了博士学位论文抽查情况，当然我知道这是比较复杂的。但不客气地说，我看过一些文科的博士学位论文，可以做出一个基本评价：那不是学术论文，那是公文。因为整篇论文就是罗列了一下一二三四。比如，我常举的一个例子——论知识经济时代：一、什么是知识；二、什么是知识经济；三、什么是知识经济时代；四、知识经济时代我们应该怎么应对。这怎么能够叫作学位论文？这不是公文吗？这不是通俗小册子吗？凭这个怎么能够获得博士学位？而我们有不少文科毕业生就是以这种公文而戴上了博士帽子的。所以我觉得开展博士学位论文抽查是非常必要的、非常有益的。我们做导师的要认同学术。常说理科的人瞧不起文科的人。你得问一下，他为什么瞧不起文科的人？他是瞧不起所有文科的人吗？不是，这是两个问题。如果你认识的那几个字，人家也认识；你罗列八条，人家能罗列六条，那怎么能瞧得起你呢？反过来，他绝对不是瞧不起所有文科的人，世界上伟大的科学家往往最欣赏搞文科的人。很多英国科学家说，没有莎士比亚就没有英国。有一句话叫作：有为才有位。你有作为了，才有位置；你没有作为，给你放在那个位置上又有什么作用？就像我们很多人，你"帽子"戴上了，但你得心中有数：到底是不是名副其实？

在文献积累的基础上，还要有思想积累，文献积累是代替不了思想积累的。很多人读了很多的书，但老实说只是"掉书袋"而已。对于一个文科学者，你必须在文献积累的基础上形成自己独到的思想见解。我一直都有做小笔记的习惯。所谓思想的火花也好、灵感的爆发也好，我及时把这些记录下来，因为灵感的爆发是稍纵即逝的。所谓思想积累就是在读出一本书的好处的前提下发现存在的问题，不是说对于自己读到的书一概叫好，一概叫好，等于没读。比如，我最近一直在想一个问题，唯心主义哲学为何唯心？这是一个最基本的问题，但是到现在为止，也没有人把它好好地说一说。按照列宁的说法，哲学唯心主义只不过是片面地夸大了人类认识的某一个部分和环节。我就想专门写一篇这方面的文章，它究竟是怎么夸大感觉、知觉、情感、意志、理性、思维的？它究竟是怎么夸大某一个认识的环节从而构成所谓哲学的唯心主义的？因为普通人都知道：先有一个东西，人们才有关于这个东西的观念。一些伟大的哲学家、思想家，如孔孟老庄、康德、黑格尔等，他们为什么就搞我们认为的荒谬绝伦的唯心主义呢？如果这个问题你都不问，那还搞什么哲学？你怎么能成为一个学者？所以，不仅仅要有读出好处的文献积累，更为重要的是还要有思想积累，能够发现人家的理论困难，从而才能形成自己发明于心的思想。用现在的话说，你才能形成自己的学术命题、学术思想和学术观点。

最后还要有生活积累。作为一个人文学者，仅仅有文献积累和思想积累，不只是说远远不够，而是你不可能有所作为。因为一个人文学者必须把文献积累和思想积累诉诸真实的生活积累才行。我们现在总在强调文科老师要面对现实。面向现实是不是就是马上放寒假了，我们下乡去。不是的，面对现实是对于生活的体悟和思辨。没有对生活深厚的体悟和思辨，则文献和思想就是死的。一个人只有拥有真实的生活积累，才能够活化于心，写出来的文章才具有真实的意义和价值。现在很多人文学科的老师写论文的时候，有一定的文献积累，知道张三、李四都是怎么说的，但就是没有去想一下人家到底是在什么条件、时间和背景下说的？针对的是什么？他仅仅是把人家说的移植到他所要说的问题上，这是南辕北辙，或叫作风马牛不相及。作为一个人文学者，没有深厚的生活积累，就不可能形成自己独立的思想，也不可能有真实的理论创新。

习近平总书记说，文科学者要提炼出有学理性的新理论，概括出有规律性的新实践。那这个提炼和概括从哪里来？我认为是以文献积累和思想积累作为学术前提，然后诉诸真实的生命的体验。一个人在大学工作二三十年，或多或少写出一些东西，怎么也能从讲师评到副教授、教授，再从教授评到博导。现在有些讲师和副教授也可以当博导了，"帽子"是容易戴上的，因为那只不过是一个岗位。就如同机关单位，科员到科长到副处长再到处长，排也排到了。但问题是，戴上"帽子"得对自己有意思，对别人有意义。扪心自问：在写一本书或是写一篇文章的时候，自己觉得这些内容有意思吗？如果自己都觉得没有意思，就不能说产生了广泛的社会影响、有重要的学术价值和实践意义。而有意思的前提就是：自己觉得要是没有把这篇文章或这本书写出来，一辈子就白活了。

因此，人文社科最重要的是基础。没有深厚的文献积累、独到的思想积累以及坚实的生活积累，在人文学科的任何一个领域有所作为都是难以想象的。就像高清海老师所说，我们中华民族有自己特殊的苦难、梦想和追求。不管文学、史学还是哲学，尤其是艺术，没有强烈的生活积累是创作不出来的。

3. 能力

首先是洞察力，这是捕捉和把握问题的能力，也是我们经常强调的问题导向。你能不能把握问题、把握到什么问题、你对那个问题是怎么理解和看待的。这是一个艰苦的过程，而不仅仅是一个训练的过程。陈省身教授说：一个数学家百分之一是他的勤奋，百分之九十九是他的天赋。他说这话有特定的语境，不能歪曲。但也说出了一个道理，不是所有的事人人都能干，也不是所有人都能干所有事，要权衡一下，自己适合干什么。我70岁的时候觉得自己这辈子很幸福，最重要的就是"得其所哉"，但很多事情我也做不好，如当过装卸工、放映员和叉车司机等。和很多人一样，青年时期我也是文学爱好者，但最后我权衡了一下：写小说不会讲故事，写诗缺少灵气，那就不如去做哲学。所以，我们要自觉地去提升自己的能力，也要反思自己特殊的、最擅长的能力是什么。有没有洞察力，能不能捕捉和发现真实的问题，决定一个人最后能不能成为大家。

其次是概括力，分析和提炼出最重要问题的能力。问题导向是要抓住一个问题，但问题是需要分解和升华的，尤其是人文学科学者最重要的是要理性思辨，也就是思辨力。我最欣赏黑格尔所说的"全体的自由性"与"环节的必然性"的统一。做学问不仅要有理念层面上的"全体的自由性"，还必须诉诸论证上的"环节的必然性"。前天我和孙利天老师聊天时说：作为一个人文学者，觉得自己读明白了、想明白了、说明白了，但和最后写明白了中间是一堵墙。比如，我从没写过孔孟老庄、胡塞尔、海德格尔，这并不意味着我没有读过，但是我写不了，做不到"环节的必然性"。正是在这种意义上，我认为多写才是硬道理，当然不是瞎写，而是诉诸逻辑环节的必然性。我同意把代表作、最好的文章拿出来，而不仅仅是以数量来评价。但是，一个人之所以能写出具有代表性的作品，是因为之前写出了很多甚至没有发表的东西。尽管博士学位要求博士生发表论文，在某种意义上是不应当的，但是如果你不能写出5篇达到公开发表要求的学术论文，你就不可能写出一篇合格的学位论文。

张希校长去哲学基础理论研究中心调研时，我说中心的一批人都是把心思用到学术上，至于一个人现在能达到什么水平，和他的努力程度以及原来的基础等各方面有关，但只要他们把心思放在学术上，都会有所作为。如果学术团体中大家都在讲究别人，这样不仅自己完了、整个团队也可能完了；如果大家的心思都用在学术上，不仅仅是对这个团体好，而且对每个人都好。只有我们每个学者都把自己当作人格化的学术，才会有一流学科。因为一流学科就是指有一流的学术领袖和一流的学术团队，有一流的研究纲领和一流的研究课题，有一流的研究成果和一流的研究能力。不管国内的同行对我们的哲学特别是马克思主义哲学怎么评价，我认为我们就是一流的，我就有这个底气。不是说要有特色和优势吗？我们从高清海先生开始就有自己独到的研究纲领，形成了一系列标志性的研究成果。只要我们把这种学术传统传承下去，我们就是一流的。因此，培养学术梯队，立德树人绝不是一句空话。

4. 心态

心态非常重要。正如马克思所说，人的本质不是单个人固有本质的抽象物，在其现实性上，它是一切社会关系的总和。学者首先是生活在学界的，生活在学术圈。这里我特别重视三点：第一，人格上相互尊重。很多学者不是这样，带有谩骂，这是不可思议的。第二，学问上相互欣赏。欣赏学问本质上是欣赏别人的劳动，人家投入相应的劳动，你就应当去尊重别人的成果。我和孙利天老师是大学同学，40年来，我们几乎每天都在一起交流，最重要的一个前提就是人格上相互尊重和学问上相互欣赏。第三，学术上相互批评。文科最缺乏的就是真实的学术批评。

现在学术批评有三种现象最为严重："捧杀""棒杀"和"抹杀"。"捧杀"就是动员学生给自己写书评，甚至找学界认识的人给自己写书评。经常碰到有人跟我说：孙老师给我写个书评吧。我说：我看都没看，你的研究领域我又不懂，我能写什么？但孙利天老师写了一本《让马克思主义哲学说中国话》的书，我看了之后就想给他写书评，确实有很多感触，这才是真实的有感而发。"棒杀"包括在学位论文评阅、课题评审中都有这样的问题，原因就是不同意别人的观点。试想如果每个人的观点都一样，又怎么能写出有创见的博士学位论文呢？所以，我们提出批评时不应该是批评观点，而应该是批评论证。论证不成立，观点才能不成立。法学都讲要无罪推定，以无罪为前提，而不是以有罪为前提。我们现在很多的批评文章，是以有罪为前提的，用的都是谩骂的词。我希望吉林大学的老师不要做这样的事，商榷非常重要也是非常必要的，但应当是出于同情的了解和带有敬意的批判。人家为什么会有这样的想法？你没有问清楚就说人家不对。有很多包括敏感的问题也是这样，他说的可能并不对，但你也应该带有同情的了解。你觉得人家不对，那他为什么要把不对的说成对的呢？因为下面还有论证，看看人家的依据是什么。这点非常重要，没有这一点就没有学术界的进步了。而我们现在要么一顿书评——"捧杀"，要么一顿质疑——"棒杀"，更多的是集体沉默——"抹杀"，好像中国学者啥也没干。多引证西方学者、中国古代学者，你看有几个人引证同行的东西？这点和理科还不一样，所以一说到引用率之类的就非常之低。因为有人觉得，要么别人的东西不值得引，要么引用别人的东西自己的就啥也不是了。所以，这个方面希望老师们能不断调节自己的心态，在人格上相互尊重，在学问上相互欣赏，在学术上相互批评。

5. 著述

导师作为人格化的学术，是体现在著述上的。对于人文学科的著作和论文，我觉得有三点要求是必要的。

第一是深刻，文章要有真知灼见。没有真知灼见人家为什么要看你的文章？所以我常跟自己的学生交流。看一篇人文学科的著作，起码应该受到启迪，最好能够受到震撼。如果看一篇人文学科的著作或论文，没有受到启迪，更没有受到震撼，那这篇文章写和不写就无所谓了。但是要想做到深刻太难了，必须要在思想上和自己过不去，和自己真实地较劲。说一个不一定恰当的例子，我的博士学位论文标题是《理论思维的前提批判》，副标题是《论辩证法的批判本性》。在中国搞哲学的、特别是搞马克思主义哲学的人，没有一个人说辩证法不是批判的。但是为什么它就是批判的呢？它怎么不能是非批判的呢？我的博士学位论文后来出版为一本书，就讲了这么一个道理。恩格斯说：哲学的基本问题是思维和存在的关系问题。那么我想，思维和存在的同一是不成问题的，但是恩格斯又说：我们主观的思维和客观的世界服从同一个规律，它应该是我们理论思维的不自觉的和无条件的前提。正是这个前提才是哲学自身反思的对象，由此得出辩证法本质上是批判的。

我想，所有写出来的能够传之久远的人文学科著作，首先取决于作者真的在思想上跟自己过不去了，并不断地从反面向自己提出问题。我特别欣赏叶秀山先生在《读书》上发表的一篇题为《读那些总有读头的书》。跟黑格尔辩论，你提出一点他会回答你一点，你怎么提他都有话跟你说。但我想问一下现在老师们写的东西：你能经得住几次追问？在为全国思政课教师讲课的时候，我就提出：怎么才能讲好思政课呢？讲好思政课就是先"有理"然后"讲理"。很多学生为什么不爱听讲，是因为有些教师把思政课变成了一种现成的结论、枯燥的条文和空洞的说教，不"讲理"，学生当然不爱听了。学生追问你的时候，你就说："这还是问题吗？"如果学生问："黑格尔为什么要搞唯心主义呢？"你回答："他是唯心主义者，当然要搞唯心主义了！"那学生能听进去吗？你自己都说服不了你自己。所以首先要在思想上跟自己过不去，跟自己真正地较劲，要从各种角度去反问自己、反驳自己。比如说，我们承担了一个国家社科基金的重大项目："《资本论》哲学思想的当代阐释"。但前段时间我在微信上看到一篇批判的文章——《驳〈资本论〉哲学化》。我欢迎批评，但问题是作者没有去想一下我们为什么要对《资本论》进行哲学阐释，也就是说，他没有从这样一个角度去追问他自己，那么他提出的质疑就难以成立。因为当我们在申请、研究和结项课题的时候，就充分地考虑到了别人可能提出这个问题，也就是这个作者提出的问题是我们在研究过程中已经充分讨论过的。因此，我觉得在思想上跟自己过不去是最为重要的。

第二是厚重，文章要有理有据。这就取决于文献积累和思想积累。没有深厚的积累，怎么能写出厚重的东西呢？比如说，我们吉林大学文科有两个被认定为 A 类的刊物：《中国社会科学》和《新华文摘》。而老师们在讨论制定标准时说：《中国社会科学》列为 A 类可以接受，但是把《新华文摘》并列为 A 类就有异议了。但我有自己的想法：这两个刊物的追求和效果不一样。我对《中国社会科学》的概括和评价就两个字：厚重。中国的社会科学刊物，还很少有像《中国社会科学》这样在理论、思想、学术方面如此厚重的学术刊物。大家可以向《中国社会科学》投稿试试，文章没有有理有据的论述、没有逻辑环节的必然性、没有充足的文献积累，是不可能给你刊发的。那么为什么又可以把《新华文摘》列为 A 类呢？这是因为它起到了另一个方面的作用。我们强调问题导向，要回应我们这个时代、我们当代的世界和当代中国所面对的最重要的问题和学界最关注的问题。所以概括和评价《新华文摘》我同样用两个字：引领。我个人认为把这两本刊物列为文科的 A 类刊有其真实的道理：一个是厚重的学术内涵，一个是对于中国社会的发展、对于学术的繁荣所起到的引领作用，《新华文摘》中主要的文摘都具有前沿性和引领性。所以我希望老师们在写论文的时候，把文章投给哪本刊物是很有讲究的。刊物追求的目标不一样，你得符合它的要求才可能被刊登。

第三是优雅。一个搞人文学科的学者，语言上过不了关，不能做到清晰的思考和清晰的表达是不行的。很多论文我确实不敢恭维。比如今天我看过的一篇博士生的论文，第一个评价就是：能非常顺畅、非常通畅、没有任何障碍地读完。这是一个相当高的评价。因为现在有许多博士生的论文使用谁都看不懂的话讲了一个尽人皆知的道理，而不是用谁都能听明白的话讲一个别人没有想到的道理。这可不是夸大，而是一个非常普遍的现象。我们现在强调马克思主义大众化，大众化那么容易吗？大众化要反对从概念到概念的经院哲学，更要反对原理加实例的庸俗哲学。现在很多人一搞大众哲学、大众化，好像一说出来大家都能看明白就是大众化了，其实这是列宁所批判的"原理加实例"。用复旦大学吴晓明教授经常说的话就是"外部的反思"。现在很多老师写东西不就这样吗？用原理来说明实例，用实例来论证原理，这不是论文。回头想一想自己写的所谓的论文，不就是"原理加实例"吗？无法卒读。作为一个人文学者，你连语言的通达、通顺、通畅都做不到，更不用说优雅了。所以，我评价孙利天老师写的著作是"凝重和空灵"。而有的人文学者写的东西那叫个笨拙。我自己写一篇论文，如果没有音乐的节奏感，我绝不发表。如果写出来的论文别人都看不下去、不爱看，那怎么能叫作人文学者的论文呢？这些年不就是培养自己这点能力吗？我们又不进实验室，又不写数学公式，又不像有些社会科学学科那样还得搞什么调研案例。你不就是在说话吗？话都不会说，还当什么人文学者呢？我不是批评谁，我只是说立德树人——得立出自己的形象来，立起自己学术形象，学为人师、行为世范。立不起自己的形象，学生背后可能会说这个老师啥也不是，还不如我呢！所以我常说一句话：知生莫如师；反过来也一样，知师莫如生。学生对老师最清楚了。学生问你问题，你说回去再看看吧，这不就明白你知道点啥了吗？不是说要求老师什么都知道，但应当知道的你都不知道这就说不过去了。

总之，有关导师的形象，就是不仅仅要有很高的品位，有坚实的基础，而且还要不断地提升自己的能力，调节自己的心态，最后能够产出表现导师形象的著述。形象就表现在一个人的著述上，写出的东西是一个人最真实的形象，作者的大气、正气和勇气，文章的深刻、厚重和优雅，都显示出来了。这是我跟老师们交流的第一个大问题。

二、导师的工作

第二个大问题就是导师的工作。按我自己的理解就一句话：引导学生学会研究。教之者有方，学之者不息。我特别欣赏采访张希校长的那个题目——不是把篮子装满，而是把灯点亮。这是说到位了。什么叫导师？导师就是把灯点亮，而不是把篮子装满。装满篮子是学生自己，点亮灯的是导师。如果导师不帮学生把灯点亮，而是去帮学生装满篮子，就没有起到导师的作用。那么怎么能起到"点灯"的作用呢？我把它概括为以下几个方面。

1. 提出研究课题

提出研究课题是一个导师最基本的工作。研究什么？虽然学生自己可能想过很多问题，但是他自己究竟要做一个什么样的课题，这必须得到导师的引导和帮助。我认为一个研究生的选题要聚焦到三个点上：学术兴趣、研究基础和现实需要。什么是学术兴趣呢？就是他想写什么东西；什么是研究基础呢？就是他能写出什么东西；什么是现实需要呢？就是无论从理论的、学术的还是现实生活的，要求他要写什么东西。很显然，这里最重要的是第二个，研究基础——学生到底能写出来什么东西。这么多年我在指导博士研究生的过程中，始终要问自己：作为一个导师，究竟有些什么方面的研究，都思考过一些什么样的问题，这对于学生的选题能起到决定性的作用。所以，在这个意义上，我不建议讲师、副教授没有指导硕士研究生的经历就来指导博士研究生。我并不参与制定政策，这只是我的体会。我的建议是，讲师、副教授最起码要完整地指导过硕士研究生。没有这样的基础，是无法帮助学生形成应有的合理的研究课题的。

如果导师自己没研究过什么、也没发表过多少文章、甚至没出版过什么书，那么怎么去指导学生呢？学生在很大程度上是取决于导师的。学生觉得这个也挺好，那个也挺有兴趣，但导师需要在听的过程中捕捉学生最好的兴趣点。比如，我有一个博士研究生，说要写《资本论》。我认为如果这么笼统地写《资本论》，那这个选题就不能成立。恩格斯在《资本论》英文版的序言中说：任何一门学科的那种新的见解都包含着它的"术语的革命"。我说你就抓住这一点：马克思的商品、货币、资本等术语怎么就有了一种真实的革命？马克思怎么就超越英国的古典政治经济学了？我这个学生的论文最后定的题目就是：《〈资本论〉的术语革命》。比如，我还有一个学生，教钢琴还教音乐史，喜欢宗教还喜欢我的《哲学通论》。我说宗教、艺术和哲学你都喜欢，那么你就把这三者做个比较，但别笼统地比较。我给你起个题目：《人类心灵的三种文化样式——宗教、艺术和哲学》。导师要给学生一碗水，导师就得有一缸水。就是说，导师自己得有许多的研究课题，这样才能够选出一个好的研究课题来推荐给学生。

再比如，还有一个明年要毕业的博士生，想了一个我觉得不错的题目，是关于《剩余价值学说史》的。这个题目好在哪呢？一方面，《剩余价值学说史》是研究《资本论》、研究马克思主义不能绕过的一本重要著述。而无论是哲学界还是经济学界，还很少有人对它进行过系统的研究。所以，这样一个选题非常具备可接受性，一方面大家都觉得应当研究；另一方面，由于还缺少一定的研究，或许这样还比较容易被通过。因为这既不是找冷门，还很难产生异议。在这些基础上再说创新的问题也不迟。而且，学生要想到自己是去答辩、是被"审判"的对象，而不是在博士学位论文里表现自己，要让评审者能接受你的这些东西。理科我不了解是什么情况，但这是文科的一个很重要的前提。所以导师要从学生的学术兴趣中找到他的研究基础，他能写且感兴趣。更重要的是，在学生能写和想写的基础之上，导师为他们凝练出一个研究课题，这是导师极为重要的工作。什么叫导师？连学生应有的研究课题都凝练不出来，那还叫什么导师呢？而有很多导师不正是这样吗？学生跟他谈来谈去，却没有收获、不能定下研究课题，这就是导师没有能力为学生凝练出研究课题，没有能力为学生凝练出"靶子""灵魂"和"血肉"。这是对导师非常高的要求，但也是最基本的要求，也就是所谓的"教之者有方"。

2. 提示背景知识

提示背景知识是导师非常重要的工作。导师不熟悉的东西，应该主动地去找一找，去和懂的人进行交流，从而为研究生的课题提示其应有的背景知识。学生要做某个课题，你为学生确定某个课题。但是学生要具体看什么呢？我觉得有三类背景知识是必不可少的。

第一类：经典文本，学科必读之书。要搞哲学，康德、黑格尔、马克思、恩格斯的著作都没看过，还说搞哲学、搞马克思主义哲学，这不闹笑话吗？现在有好多博士生选"西马"（西方马克思主义），但没看过"马恩"的著作，光看"西马"的东西，你搞什么"马哲"呢？所以，我觉得每个学科都有它的一些最基本的经典文本，这是无法绕过的。这和理科还不完全一样。文科理论是一种历史性的思想，而它的历史是思想性的历史。离开了经典文本，不可能做任何研究。恩格斯对于搞自然科学的人还提出一个警告：由于自然科学家们不懂得理论思维的历史，因此他们往往把半个世纪以前或者是几百年以前就已经被废弃了的哲学命题，当作全新的时髦的东西拿了出来。这是对于自然科学家的一种批评。就是说，自然科学家如果不懂得思维的历史和成就，他就觉得有了一个特别伟大的发现，但其实只是把哲学史上几百年前就已经被废弃了的哲学命题当作全新的时髦的东西拿了出来，更何况我们搞人文学科的。比如，搞政治哲学，卢梭、洛克、霍布斯的思想都不知道，然后就能够研究罗尔斯、诺齐克、哈耶克，这是不现实的。

第二类：专题研究，课题必读之书。这就更需要导师为学生提供关于课题的国内外一些重要的研究思路；如果学生选择的是对某个人、某个文本的研究的话，导师就必须给学生提供充分的二手研究资料。比如，有学生写康德，导师就得提供出来国内外的、早期的、后期的、当前的关于相关问题的一些二手研究材料。只有在这个基础上，学生才有可能写出一点新的东西。

第三类：相关文献，知识参考之书。我觉得真正地写好一篇论文，绝不能仅局限于要写的学科自身领域内的东西。不仅仅文史哲不分家，我觉得所有的学科都是不分家的。如果今天在座的哪位老师真正地对自然科学的某个学科有一定的研究的话，那他的研究水平就不一样。恩格斯的重要哲学命题就有好多是跟自然科学联系在一起的。所以，相关的文献作为知识参考，视野越大越好，它会启发我们很多东西。本来没想到的，但当看了一本觉得不相关的书，比如文学批判、文艺理论之类的相关作品，不一定哪个就对研究哲学问题非常有启发。

3. 提升核心理念

文科研究生写论文主要有三点："靶子""灵魂"和"血肉"。

第一是"靶子"。论文之所以是论文不是公文，就在于有"靶子"——针对一个理论问题提出了质疑、批评和反驳。如果别人说的东西都没有问题，那你还说什么？所以，我觉得作为一篇人文学科的学位论文或学术论文，首要的是有没有一个明确的重要的深刻的"靶子"。能提出什么问题就意味着能写出什么样的论文。"靶子"是最为重要的，就是说你要和谁去比赛。但是，我可以不客气地说，各个学科的论文，有很多是缺乏明确的、准确的、深刻的"靶子"的，往往就是随便找个题就写上了。

第二是"灵魂"。我总强调一点：破和立是相辅相成的，甚至可以说是不立不破。没有一个新的想法，又怎么能够去破除原有的想法呢？但这个立起来是在思想上跟自己过不去的一个结果，是一个很难的过程。

第三，最后落实下来就是"血肉"，也叫作概念系统的论证意识，就是我前面说过的思辨。

4. 提高理论思维

对于这一点，我讲三句话：一是需要有钻进去的求真意识。这一点说老实话，很难做到。一个文本研究，不仅研究特定的文本，还要研究很多其他的文本，这需要钻进去，尤其像专门研究历史的。二是需要有跳出来的反思意识。仅是钻进去了，那是"故纸堆""掉书袋"。要形成自己的东西，还需要有跳出来的反思思维。三是需要立起来的异常之思。有了前两者，才有可能在平常心的基础上形成异常之思，才能够真正地把自己立起来。

5. 提供学术典范

我觉得学术典范最重要的是"真"。

首先是真诚——大气、正气、勇气，有一种抑制不住的渴望。是"我"真心要搞研究，"我"真心要搞明白一个问题。马克思说，冷静拔剑出鞘的人是无所作为的。所以要有一种追求、一种冲动，一种抑制不住的渴望。那么接下来就是我讲过的三个积累、滴水穿石的积累，要有真实的学术基础。

其次，要形成一种举重若轻的洞见。不管是写本书也好、写篇论文也好，如果最后没有形成自己独立的见解，顶多是有文献价值，但是没有学术价值。最后，也是最艰苦的工作——剥茧抽丝的论证。想明白了、说明白了都不算数，只有一点算数——写明白了。剥茧抽丝的论证需要把全体的自由性诉诸环节的必然性。

前段时间，中国首届哲学家论坛邀请我发言，当时我想了一个题目：《从理论思维看当代中国哲学研究》。我讲了三个方面。

第一个方面是当代中国哲学的思想解放。我讲了两极对立的思维方式、教条主义的研究方式、排斥外来的学术视域、照本宣科的话语方式、千人一面的无我哲学，等等。

第二个方面，变革了什么？变革了以素朴实在论为基础的直观反映论的思维方式，变革了以机械决定论为基础的线性因果论的思维方式，变革了以抽象实体论为基础的本质还原论的思维方式，等等。

第三个方面，理论思维得到了什么样的提升？当时《哲学研究》的常务副主编就向我约这篇文章。我觉得当时讲得很清晰很明白了，但是要写明白还得下功夫。不用说三个变革，就是前面那几个"解放"都是很难具体论证的，我耗费了很多心血。文献积累、思想积累、生活积累我都有，但是要把这三个积累落地，做出一种剥茧抽丝的论证，真是下了一番苦功夫。什么叫作直观反映论？什么叫作线性因果论？什么叫作本质还原论？它们的问题到底在哪？怎么能够超越？得下多大的功夫、得重新看多少东西！所以提供学术典范，可不是一句空话。

总之，导师立德树人，不仅是给自己树立一个道德的学术形象和榜样，还需要做出很艰苦的工作。今天的交流有明确的主题，就是立德树人；有特定的对象，都是人文学者。所以我从导师的形象和工作这两个方面和大家做了一个交流，不足为训。这只是我自己在教学研究和指导学生过程中的粗浅体会。最后还想引证我常说的一句话：希望我们的导师能够做到"乐于每日学习，志在终生探索"。

（刊登于《学位与研究生教育》2020年第4期）

执事敬：我的博导经

马来平*

毫无疑问，研究生教育的重中之重是建设一支过硬的导师队伍，而要建设一支过硬的导师队伍，首要问题是提升导师的育人能力。导师的育人能力包含的内容很广，如导师的科研能力、教学能力、政治素质、敬业精神等都是制约研究生培养质量的重要因素，因而也都属于导师育人能力的范畴。特别是敬业精神，对于培养研究生至关重要。假设一位导师的业务水平很高，但他对研究生"放羊"、不管不问，一年到头见不了学生几回，恐怕也很难带出高质量的学生；或者导师只把研究生当劳动力，对研究生疏于教学与管理，尽管研究生通过做项目能学到一些东西，但效果必定大打折扣。一位教师既然当上了博导，学术上应该达到了一定水准。在这种情况下，不同研究生导师育人能力的高低，在很大程度上就取决于研究生导师的敬业精神了。敬业精神是导师育人能力的核心指标之一。

我们的祖先一向重视敬业精神，只不过他们习惯于使用"执事敬"或"敬事"这样的词。执事敬或敬事就是踏踏实实做事，就是敬业精神。例如，孔子在《论语》中多次讲到这一点："樊迟问仁，子曰：'居处恭，执事敬，与人忠，虽之夷狄，不可弃也。'"樊迟问什么是仁，孔子说仁就是"庄重，敬业，待人忠诚。即便到了异邦，也是如此"。"道千乘之国，敬事而信，节用而爱人，使民以时。"即治理有 1 000 辆车的国家，第一位的就是敬业。孔子还说："事君，敬其事而后其食。"即为朝廷做事，先做到敬业，再说俸禄的事。显然，在孔子那里，敬业精神是"仁"的基本要求，是为君治理国家的基本要求，也是为臣服务朝廷的基本要求。敬业精神何等重要！在儒家学说以论述"君子"人格为主旨的意义上，可以认为，敬业精神是中华民族"君子"人格的核心要素之一，是干事、干成事、干大事的核心要素之一。既然如此，敬业精神理所当然地是导师育人能力的核心要素之一。

下面，拟从研究生导师"执事敬"即敬业精神的角度谈几点看法。

---

* 马来平，山东大学儒学高等研究院教授。

一、言传身教：端正研究生的专业思想

端正专业思想，就是让研究生正确认识本专业，从而激发他们对本专业的感情、研究的乐趣和荣誉感，并对博士生阶段的学习有一个规划。即：端正认识；培养感情；鼓舞干劲；制订计划。这是培养博士生的第一步，也是最基础的一步。只有端正了专业思想，才有可能使研究生甘愿为之付出，甚至奋斗终生。

就研究生的专业思想而言，首先，专业思想是每个专业人员一辈子的事，时时刻刻都要保持端正的专业思想。其次，不同专业是不同的，热门专业和冷门专业不同；同一专业不同的研究方向不同，研究方向也有冷热的不同；不同研究生之间也有所不同。一般说来，几乎所有的专业都有学生不同程度地存在专业思想问题，不论是本科生、硕士生研究还是博士研究生，都是如此。这个问题在科学技术哲学（自然辩证法）专业显得尤其严重。原因是该专业是文理大交叉，学习的难度大，在全国没开设本科专业，而我所在的学院又是科研单位，没有本科生，硕士研究生源质量也差，直接影响到了博士研究生源质量。正是基于这种情况，我对端正研究生的专业思想一直高度重视。主要采取了以下几项措施。

1. 言传：提前进行专业思想教育

每年三四月博士研究生录取名单确定后，我会找新生进行谈话，了解他们的学业、生活和家庭情况，让他们先谈个人对专业的认识和读博打算，然后向他们介绍本专业和导师所从事研究方向的历史、现状和前景，针对每位研究生的具体情况，帮助他们明确目标、树立信心、制订计划；同时把我制订的"山东大学科学技术哲学专业博士生和硕士生基本书目"发给新生，要求他们尽快投入学习，建议他们根据自己的学业情况，尽快进入状态，全力以赴读书。从确定录取名单到9月研究生入校，这段时间内，我会要求他们和我保持畅通联系，定期汇报读书进程和心得，并由我解答他们的疑问。这样做虽然占用了我的一些时间，但无形中使研究生延长了半年学制。正是在这半年的非正式学习中，新生的学习兴趣得以激发，专业思想得到了初步端正。

2004年，刘海霞以教育学硕士身份考取了我的博士生。入学前，我与她进行了一次推心置腹的谈话，针对她第一学历弱、非科哲专业出身、家务重等情况，希望她能清醒认识自己的差距，力争用四年的时间，奋斗出一个绝地反击的故事。否则，她能否顺利毕业都不得而知。这次谈话对原计划在职轻松读博的刘海霞触动颇深，经过再三思量，她毅然辞去心仪的工作，专心读博。三年间，她手不释卷，甚至吃饭时都在读书或思考问题。虽然她家离学校很近，但她仍坚持住校内学生宿舍，将年幼的孩子交由家人照看，她甚至周末也不回家而在校学习。经过三年奋斗，刘海霞的专业水平全面提升，毕业论文被评为2008年山东省优秀博士学位论文。她毕业入职后，立即赴中央编译局做博士后，由于研究成果多，没几年就晋升为教授。

现于内蒙古师范大学任副教授的宋芝业，第一学历也是专科。他来自农村，家境贫寒，自幼养成自卑性格。我与他谈话和在以后的接触中，处处爱护他的自尊心，鼓励他自强不息，结果激发了他昂扬的斗志。读博期间，他根据课程进度，或精读或泛读、节读，博览群书，写下大量读书笔记。其论文《明末清初中西数学会通与中国传统数学的嬗变》被评为山东省优秀博士学位论文，并在毕业前半年内接连发表了 5 篇 CSSCI 期刊文章。

2. 身教：为研究生做出献身专业的榜样

如果专业思想教育仅仅是口头说教，而导师本人对所从事的专业却朝秦暮楚、游移不定，我想这样的导师所进行的专业思想教育肯定不会成功的。所以，除了言传，我还十分重视身教。

我加入科技哲学研究队伍是 1979 年。我在大学时学的是半导体器件专业，但我自中学时代起就痴迷于哲学。于是，我毅然选择了具有自然科学和哲学相结合特点的自然辩证法作为自己的专业，加入了自然辩证法研究队伍。最初，我花了几个月的时间搜集资料，专门研究自然辩证法的研究对象、学科性质、内容体系、研究方法，了解它的历史、现状和发展趋势等，旨在认清方向，明确目标。实际上是进行了一番专业思想的自我教育。

自那时起，迄今 40 年来，我一直耕耘在科技哲学领域，先后发表了 200 余篇学术论文，出版了 10 余种专著。我向自己提出的口号是："用理想统帅一生中的每分每秒。"我每天早上 6 点准时起床，晚上 11 点准时睡觉。不逛街、不闲聊，全神贯注做学问。不论从事什么社会活动，都尽可能地与专业联系起来，否则谢绝参加。每一届的学生把这些都看在眼里、记在心上，对他们端正专业思想，起到了榜样作用。

言传身教产生了明显效果。研究生入校后，他们的改变很大：每一个人不仅学会了积极主动地利用时间读书，还能自觉地抓住点滴机会思考、请教问题，扩展自己的学术视野。现为中国科学院科学史所副研究员的王彦雨博士颇有感慨，他说："在跟马老师读博期间，我就像上了发条一样，感觉自己充满动力，将时间抓得很紧，埋头读书、写论文、思考问题，甚至春节都不回家。因此，三年下来收获特别大，非常感谢恩师。"

受到影响的不单单是在读研究生，还包括我身边的一些人。某国企一位硕士毕业的副总经理，经常与我交往，请教或讨论一些学术问题，久而久之，他萌发了辞职考博、追随我从事科技哲学研究的念头。2012 年，他毅然辞去年薪不菲的职位，考取了我的博士生。这位博士生在校学习十分刻苦，一毕业就被聊城大学内聘为副教授，随后破格晋升为副教授，接连获得两个国家级课题项目和一个省级重点课题项目，也出版了专著，发展势头良好。

二、领读经典：促使研究生打好专业基础

怎样奠定坚实的专业基础？我认为，关键的一点就是熟读本专业的经典著作。

经典是在漫长的岁月里，经过大浪淘沙，自然形成的最重要、最优秀的著作，代表着本专业阶段性的研究范式；同时，阅读经典，意味着与大师对话、和高手下棋，特别有利于打好基础、提高水平。为此我提出一个口号与研究生共勉："半部论语治天下，十种经典傲学林。"不论是教师还是学生，只要熟读了本专业最主要的经典著作，就可以在同行面前直起腰杆、有了底气。

所以我注重读经典，也要求研究生读经典。我们读经典主要有以下两种方式。

1. 围绕"思考题"读经典

科学社会学曾长期是我的主要研究方向。我开设的科学社会学这门课，就是和学生一起读该学科的经典著作。每本书我都经过反复阅读后归纳出最能反映该书创新点的思考题。上课前，将思考题发给学生，要求大家：每一部书至少精读两遍，并围绕思考题做好发言准备；上课时，鼓励每位研究生踊跃发言。有时观点发生分歧，同学们争得面红耳赤，我做点评，并对每一思考题讲明我的观点，引导他们继续深入思考。在课堂讨论过程中，我特别重视培养研究生"不懈追问、直逼本质"的哲学思维方式。如果学生回答问题有偏差，我就会通过步步追问的方式，引导他们得出正确认识。在我的课堂上，每每有研究生会被问得哑口无言。研究生们对于我的"追问"教学方式感到十分紧张，为了避免在课堂上被问倒，陷于尴尬，他们时常会自发组织起来就所要讨论的问题提前"预演"。通过课前"预演"和课上"实战"，他们的思维严密性、逻辑性得到长足进步。我明确告诉同学们："我在课堂上带领研究生花费数周时间阅读一本经典，目的决不仅是读懂这本书，更重要的是示范如何来读经典。"

2. "先讨论后辅导"读经典

出于研究科学与儒学关系的需要，在2020年疫情肆虐期间，我带领研究生一起开展了"'四书'中的认识论思想"读书活动。"四书五经"是儒家的核心经典，"四书"中的认识论思想是最能反映科学与儒学关系的文献。2020上半年，我们首先读了《论语》和《孟子》两部书。读书的方法是：首先，以颇具权威性的朱熹《四书集注》为主，参照今人权威解读。我和研究生分头用两周时间逐句逐字细读，力求原原本本地读懂全文，力戒望文生义以及强古为今、过度诠释；其次，摘录出与认识论有关的段落和句子，进行分类后予以解读和评论；最后，师生在三周内举行三次、每次三小时的视频会议。会上，研究生先讲述自己的解读和评论，接着共同讨论，再由我用一上午的时间辅导式串讲全文，以及对此次读书会进行总结。同学们普遍反映，原来一直以为儒家学说无非是一种伦理学说，谈不上什么认识论，但是经过这次从认识论的角度深入学习之后，发现儒家认识论思想虽然比较粗疏，但已经比较强大，非常值得深入探究。这两次读书会不仅同学们收获很大，而且意外地在社会上引起了热烈反响。齐鲁晚报的"齐鲁壹点"网站、大众网、中国自然辩证法研究会网页、《中国自然辩证法研究会工作通讯》《山东大学报》《国学茶座》和山东大学企业微信网页等媒体都分别进行了报道或刊发了长篇综述。

我坚持带领研究生一起读经典的做法对他们很有触动。在我的学生中，科研成绩突出的无一不是在苦读经典过程中打下了坚实根基。王刚是一位在职博士生，我根据其理工科学科背景，为他选定了"明末清初天文学与儒学的关系"研究课题。《崇祯历书》是此一研究领域的经典著作，该书有100多卷，篇幅巨大、难啃，是一部名副其实的"天书"。当时西方传入的天文历法和数学，以及中国传统天文历法的嬗变在这本书里得到了集中体现，因此必须要攻克它。我告诉王刚，《崇祯历书》是横亘在西学东渐研究道路上的一座碉堡，"董存瑞"的角色就交给你了。很快，王刚便对此领域产生了浓厚兴趣，也激发出了顽强的斗志。尽管王刚的家距离他上班的实验室很近，但为了节约时间，他坚持吃住在办公室，周末才回家。历时一年他精读了《崇祯历书》《历学会通》及相关明清科学著作，并积累了大量读书笔记。他不但顺利完成近50万字的毕业论文，而且还发表了4篇CSSCI期刊论文。

我本人在科研上也受益颇多。基于科学的社会性这门课，完成了一部名为《科学的社会性和自主性——以默顿学派为中心》的专著，获得国家社科基金资助，由北京大学出版社出版后，被学界评价为"有望改变我国多年来对有学科开创之功的默顿研究的薄弱状况"。本书先后获评山东省社科优秀成果一等奖和全国高校社科优秀成果三等奖。

三、传、帮、带：打赢研究生学位论文写作攻坚战

研究生的学位论文不是一篇普普通通的论文，实际上是通过这篇论文的撰写，让研究生接受科研全过程的一整套严格训练，因而完成学位论文绝非易事。因为一篇合格的人文社会科学学位论文，从选题、文献综述、观点创新、方法创新，一直到材料使用、叙述框架和学术规范等，都有严格的要求。因此对于研究生来说，完成一篇合格的乃至漂亮的学位论文，无疑是一场颇有点残酷的攻坚战。而研究生导师要想指导研究生打赢这场攻坚战，是需要一点敬业精神的。

在这方面，我的做法可以概括为三个字：传、帮、带。

1. 传：毫无保留地向研究生传授写作经验

多年来，博士研究生对写论文普遍感到焦虑。人文社会科学博士生要顺利毕业，不仅要按照质量要求完成学位论文，还要发表2篇CSSCI期刊论文，后者实际上是完成学位论文的演习和步骤之一。一方面许多杂志公开拒绝博士研究生的论文；另一方面，近年来博士研究生的论文质量堪忧，特别是博士研究生论文抄袭等学术不端现象频频发生。这些情况使得博士研究生的论文发表越来越难，以致滋生了普遍存在的"海投"现象：一篇论文错时投递数家、十多家、甚至数十家期刊，有的博士生甚至不惜走歪门邪道。其实，任何一份严肃的学术期刊都看重论文质量，珍惜自己的声誉。如果论文质

量过硬，他们是乐于发表甚至是求之不得的。所以，解决研究生发表论文难的根本途径，乃是提高研究生论文的质量。

为了有效提高研究生论文的质量，2004年左右，时任副院长的我建议发挥文哲研究院专业众多、学科交叉的优势，面向全院研究生开设一门名为人文科学方法论的通选课，由各专业的博导共同讲授，每人一讲，专门讲授自己的治学心得、写作经验或正在写作中的论文思路等。我深信，不同学科的性质和研究对象不同，但研究方法彼此相通，可以互相借鉴。这门课开设后，受到学生们的欢迎，后来就变成全校通选课了。

讲授人文科学方法论课程，不同教师的做法不同，有的教师授课内容相对稳定，我的做法则是每年换一个题目，要么是专门讲科研论文的写作方法，要么是通过讲述正在起草中的科研论文提纲，与同学们交流自己的科研体会。就这样，讲课和科研形成了良性循环：讲课不仅是把自己的科研体会和论文写作经验毫无保留地传授给学生，使学生受益，而且也促进了自己的思考，通过课堂互动环节，还能搜集到思维活跃的年轻学子们的评论和建议。我通常是通过讲课，形成论文初稿，然后，利用应邀出外讲学的机会，在更大范围内再讲一次；最后，经过一年左右的反复修改，感到一切可能出现的漏洞都已消灭殆尽，才交杂志社发表。就这样，我居然在研究生论文写作方面发表了10多篇论文。而且都发表在《自然辩证法研究》和《学位与研究生教育》两个重要期刊上。最近，在这些论文的基础上，我又完成了一部36万字的专著——《研究生论文写作技法讲堂录》，将于2021年5月由山东大学出版社出版。

2. 帮：多种形式帮助研究生写论文

导师应当时刻把研究生写论文这件大事挂在心上，随时随地给他们以及时的帮助和指导。在这方面我们主要有以下做法：

（1）建立论文报告制度。除认真做好论文开题、预答辩和答辩等环节以外，我们专业还建立了论文报告制度。研究生可以随时申请报告自己论文的新进展。报告会上，研究生讲述自己完成的部分和遇到的难题；本专业的教师和同学们集体讨论，献计献策；导师点评和作总结发言。

（2）创办《阅读材料简报》。2009年4月，我们创办了电子版的科技哲学专业《阅读材料简报》。该简报内容为科技哲学专业相关的最新资料、本专业的活动动态、当下社会热点的讨论等。这份简报的主编和副主编由历届研究生轮流担任，每周至少一期。至今已坚持了11年，出了638期。该简报起到了资料共享、开阔视野、思想交流等作用。每期内容确定后，由主编或荐稿人写一篇按语，旨在简介内容和吸引读者阅读。由于写按语需要细读简报内容和有一定的概括能力，所以，参与办简报的研究生受益最大。其中担任主编时间最长的是王静同学，她当年主动放弃本校保送读研的机会，立志报考我的硕士生。她跟我从硕士读到博士，一直兼任《阅读材料简报》主编。毕业后又兼任了两年主编，总共做了将近9年的主编。王静通过这种方式锻炼了毅力，也大幅度提升了学术水平，她在研二期间便发表了CSSCI期刊文章，获得了第一届研究生国家奖学金，毕业论文获评山东省优秀博士学位论文。她入职山东财经大学两年后就破格晋升为硕士生导师。

（3）提供一对一的帮助。有的研究生在论文压力过大的情况下，往往会向导师发出求助。这时，导师应当毫不犹豫地出手相助。我的一位博士生因为发不出 CSSCI 期刊论文，曾一筹莫展，急得团团转。无奈，他请求我和他联名写一篇论文。尽管我一般不和学生联名写论文，但看到他的精神状态不佳，便欣然答应了。但我的条件是：不挂虚名，需做实质性贡献。这位研究生提出以他的硕士学位论文为基础写一篇论文，我对他说："硕士学位论文你忙了三年，等成名后你自己改吧，咱们找一篇你比较满意的课程作业论文为基础即可。"后来他写一稿，我动手改一稿，有时页面布满了密密麻麻的修改手迹。就这样连续修改了三四稿，最后我们两人都比较满意了。这时的稿子与原稿一对照，已经面目全非，原稿文字保留下来的没几行。当时恰好一家 CSSCI 刊物向我约稿，我便把这篇稿子寄给了那个期刊。我那位学生一个劲地埋怨说好稿低投了。这次合作无异于我手把手地教他写论文，这个研究生既解了燃眉之急，发表了 CSSCI 期刊论文，而且在论文写作技巧上获益良多。

3. 带：让研究生参与我的论文写作过程

一般知识分为两类：一类是可言说的知识；另一类是不可言说的知识，后者被英国哲学家波兰尼称为"默会知识"。按照波兰尼的观点，这两类知识并非平分秋色，而是"我们的一切知识都具有极度的默会性，而我们永远不能说出我们识知的所有东西"。就是说，默会知识存在于一切知识之中，而且往往是其中比较关键的部分。如导师的思辨力、鉴赏力、洞察力和科研风格等，这类知识是行动中的知识，只可意会不可言传。学生只有在导师的科研活动中跟踪不失，才能捕捉、体会得到。

在当前的大科学时代，任何科研和教学单位都需要克服各自为战的散乱局面而形成一股合力，聚焦学科发展所面临的重大问题，或者面向经济和社会发展的重大需求问题。因此，学术研究需要提倡团队合作、大兵团作战甚至是国际合作，需要提倡多学科交叉等。但是这并不意味着师傅带徒弟的指导方式可以丢掉。事实上，只要默会知识存在，就不应当、也不可能丢掉传统的指导方式。正确的做法是实现二者的恰当结合，把师傅带徒弟作为大兵团作战的一种有效补充方式。

正是基于这样的认识，我比较注重让研究生参与我的论文写作过程。我写论文通常先将初稿在研究生中间演讲，听取他们的意见。文章基本满意后，发给他们修改。要求他们提出建设性的修改意见并对文字予以订正和润色。我让研究生修改文章，一点也不觉得有失身份，相反闻过则喜。哪怕是改了一个字，我都打心里高兴和感激他们。这样做的结果，不仅是我常常收获不少中肯的修改意见，而且研究生参与了我的文章修改过程，实际上是参与了我的科研过程，因而收获更大。我的不少研究生对我"文不惮改"的科研风格耳濡目染，也逐渐养成了重视修改、精益求精的习惯。我称这种做法为"一种特殊的教学方式"或"深度学术交流"。

另外，我还鼓励研究生善于"榨取导师的时间"。研究生与校内外专家交流的机会不多，除与同学交流外，最重要的就是与导师交流了。我经常鼓励研究生积极与导师交流。导师的水平越高，就越忙，研究生要积极主动、见缝插针地与导师交流，让导师有限的时间尽量为自己服务。这种做法我戏称为"榨取导师的时间"。所有的导师都喜欢勤学好问的学生，而且教学相长，与学生交流，导师也会受益。所以这种做法是可行的。我勉励大家：与导师交流不要有畏难情绪。那种平时故意回避导师，总想等到做出点成绩再与导师交流的做法不可取，只有随时与导师交流，才能少走弯路。因此，我的研究生都养成了在课后、与导师一同开会的路上、会场间歇或帮导师捎送资料时请教问题的习惯。当然，我也主动约谈研究生，许多研究生往往把我约他们散步看作莫大的荣幸。我经常打电话询问他们读书或写论文的进度，以至于凡有我的研究生的宿舍，学生们普遍反映我给研究生的电话最多。这样做，实际上是自动延长了我"带"研究生的时间，我却乐此不疲。

科技哲学硕士生源一向比较差，专升本的比例超过半数，而且学生所学专业比较杂。诸如文秘、旅游、会计、幼儿教育、皮革，等等，五花八门，进而影响了博士生源的质量。但是经过硕士三年或博士四年的学习，许多学生实现了华丽转身，成为品学兼优的学生。在我所带的17名博士、50名硕士中间，有3名获评山东省优秀博士学位论文，有21位即近半数的硕士考取了博士生，而且大半是名校博士生。毕业后，目前获评副高以上职称者20人、担任行政干部副处长以上的6人。这些成绩的取得，原因很多，或许与导师的作用也有一些关系。

研究生教育是整个国民教育体系的顶端，是培育政治家、思想家、科学家等各行各业高层次人才的摇篮。它关乎国家科技进步和综合国力的后劲，代表着国家和民族的希望和未来。因此，研究生导师所肩负的历史使命极其艰巨，也异常神圣和光荣。我们一定要对研究生导师这一社会角色心怀几分敬畏，弘扬传统文化"执事敬"的优良传统，把研究生培养作为自己生命的一部分，全身心投入，做一名合格的研究生导师。其中尤为重要的是，在端正研究生的专业思想、促使研究生打好专业基础、帮助研究生打赢学位论文写作攻坚战等几个关键环节扎扎实实做好。

参 考 文 献

[1] 孔子. 论语·子路 [M]. 杨伯峻，译注. 北京：中华书局，1980：140.

[2] 孔子. 论语·学而 [M]. 杨伯峻，译注. 北京：中华书局，1980：4.

[3] 孔子. 论语·卫灵公 [M]. 杨伯峻，译注. 北京：中华书局，1980：170.

[4] 波兰尼. 个人知识——迈向后现代哲学 [M]. 贵阳：贵州人民出版社，2000：142.

（刊登于《学位与研究生教育》2021 年第 5 期）

创新型人才的培育与成长

秦铁辉[*]

2016 年 5 月 26 日，28 岁的湖南宁乡农村子弟何江，在几百名参选人中，通过几轮严格筛选，最终从 4 位候选人中成功突围，成为代表哈佛大学的研究生在毕业典礼上演讲的第一位中国人。何江的父母何必成和曾献华承包了外出打工村民留下的 20 亩水稻田，养了三四头母猪、十几头架子猪和 30 多只鸡。他们希望孩子把书念好，将来能考上大学，有个好前程。2005 年何江考入中国科学技术大学。大一时，他对母亲说想去美国哈佛大学留学，曾献华鼓励他："相信你能够做到。"何江在大三时各科成绩都名列全校第一且每年都获得全额奖学金。2009 年，何江从中国科学技术大学生命科学院本科毕业后，拿到全校最高荣誉奖——郭沫若奖学金。在学校导师和香港理工大学校长潘宗光的联合推荐下，他顺利申请到了在哈佛大学生物系硕博连读的机会。

何江的成长经历雄辩地说明，青年才俊并非都出身于名门望族，只要努力做好自己，"鸡窝"里能够飞出"金凤凰"。我以为年轻人成长中应该注意以下几个问题。

一、大学的使命和研究生的自我定位

现代大学的使命是培育创新型人才。创新型人才有三个特征：一是创新精神，不墨守成规，敢于创新；二是创新意识，时时刻刻想着创新；三是创新思维，能够提出异于常人的新思路、新方法、新方案。

创新能力建立在不拘一格的创新思维上，创新思维建立在广阔的知识背景和丰富的联想能力上。知识与信息一样，只是一种资源，只有把众多相关的知识散点串联成线、并联成片，发现规律性的东西，得出结论，形成解决问题的办法，知识才是财富。

钱学森在担任中国科学技术大学力学系主任时，给首届力学系的学生出了一道考题："从地球上发射一枚火箭，绕过太阳再返回到地球上，请列出方程求解。"从上午 8 点半到中午没有一个人交卷，中间还有两个学生晕倒被抬了出去。吃完午饭接着考，直

---

* 秦铁辉，北京大学信息管理系教授。

到傍晚很多人都做不出来。成绩出来，95%的学生不及格，最后钱老决定，力学系学生推迟半年毕业。

湖北沪蓉西高速公路横穿恩施和宜昌两地，沿途经过不少高山峡谷，从恩施一侧到对岸的宜昌有40多公里，开车需要2个多小时，但两岸直线距离仅900多米。一天，一枚小型火箭在恩施巴东县野三关镇腾空而起，牵引着先导索飞跃近千米的沟壑，准确落在对岸宜昌市长阳县索塔两侧预定区域，建成了无桥墩的四渡河大桥，该桥被誉为世界第一高悬索桥。四渡河大桥全长1 100米，主桥长900米，桥宽24.5米，正桥面到谷底高差650米。用火箭架桥是人类历史上的一个伟大创举，它是创新思维在桥梁建筑中结出的硕果。

在我的教学生涯中，有两件事对我触动很大。有一次去某大学做讲座，讲座毕一个学生提问："秦教授，我下学期就研二了，过去的一年中我没有学到什么东西，您对这个问题怎么看？"又有一次做讲座，吃饭时，随行的一位获得医学博士学位的30多岁的男生问同桌诸君："你们知道我为什么成功吗？"然后自问自答："我的经验是背教材和讲义的大纲。"这个学生以为得到博士学位就是成功，还错误地把中学的学习方法当作了成功的经验。这两位同学的发言对我的触动很大，他们存在一个相同的错误：定位不准确！读硕士、博士的根本目的是提升自己的能力，能够用学到的知识解决面对的困难和问题。定位错了，付出越多，失败越惨。

研究生应该利用在校学习的宝贵时间，努力把自己塑造成活学活用知识的创新型人才，才能为社会所用，成为国家的栋梁之材。

二、正确处理博与专的关系

1. 科学领域的当采性和适度的知识装备

一个研究领域总会有大大小小的很多研究课题，当采性是指最可能出创新性成果的课题。有人说，课题选好了等于完成了研究工作的一半。李政道指出，好的课题，二流的研究者可以做出一流的成绩；课题没选好，一流的研究者也只能做出二流的成绩。选择课题时要注意在学科的生长点和学科交叉点上做文章。陈章良之所以成为陈章良，是因为他研究分子生物学，而不是细胞生物学。

1897年，居里夫人完成硕士学位论文《回火钢的磁化研究》，但居里夫人的博士学位论文选择了放射性物质的研究，这不仅是学科前沿，而且是一个相当冷门的课题。居里夫人采用因果关系的剩余法对沥青铀矿进行研究，得到了一种新的金属元素，其特性与铋元素相似，她将这一元素命名为钋（Polonium），用来纪念她的祖国——波兰。1898年，居里夫人又发现了镭元素，经过提纯的镭是一种银白色的金属，很柔软，易挥发，其放射性比铀强几百万倍，原子量为226。镭的发现填补了门捷列夫元素周期表中的第88号空格。居里夫人因此获得1911年诺贝尔化学奖。

进行科学研究工作，需要的知识和技能又多又复杂，以至于新手往往会被吓得将研究时间向后推延，为的是有时间"先装备好自己"。不过我们无法预知一项研究课题会向何处发展，也无法预料在研究过程中会涉及哪些知识和技能，因此，知识"装备"到什么程度才算合适，是事先无法判定的。推动人们学习新技能和新知识的最大动力，是对它们的迫切需要。正因为如此，相当多的科学家都是在碰到这种需要时，才去学习有关的知识和技术，这样才能学得快、掌握得牢。

钱学森指出，对于青年科技工作者来讲，"先学再干"和"干而不学"都是行不通的。正确的做法应该是而且只能是"边学边干"和"边干边学"。也就是说，学习一定程度的基础理论知识以后，在工作中，在解决问题的实践过程中，又会不断发现自己原有知识的不足，再有选择、有针对性地加深加宽自己的知识。

在科学研究工作中，知识装备是永无止境的，要想一切"装备"齐全才动手搞科学研究，那就一辈子搞不了科学研究。

2. 科学思维的广阔性和深刻性

科学思维的广阔性就是任思维御风凌虚自由翱翔，肆无忌惮地驰骋想象。在科学研究的初始阶段，研究者面对复杂问题一筹莫展时，更是需要思维的广阔性。

在中国山西一个偏僻的农村，很多妇女只生女孩不生男孩，无独有偶，在远隔几千公里的英国戴姆维斯也有这种现象。科学家们从食物结构、饮用水、生物自调节功能（老鼠试验）、受孕时男女双方的愉悦程度、产道分泌物的酸碱性等方面对问题展开研究，这是一种发散思维，需要思维的广阔性。最后查明，这两个地方的饮用水中微量元素镉的含量很高，镉对男性 X、Y 染色体中的 Y 染色体影响很大，导致 X 染色体与卵子结合的概率大，因此妇女多生女孩。

2008 年前 11 个月，索马里海域发生 120 多起海上抢劫案，海盗劫持了 30 多艘船，绑架了 600 多名船员。这其中包括载有几十辆重型坦克的乌克兰货船，沙特油轮"海狼号"，以及天津远洋渔业公司的"天裕 8 号"渔船。2008 年，索马里海盗因袭击和扣留各国商船而勒索的赎金达到 1.2 亿美元。

我给研究生上课时，曾经问学生："索马里海盗为什么屡打不绝？"学生们大抵都回答：索马里政权更迭频仍，连年内战经济凋敝，民不聊生，只能铤而走险，其他原因就不甚了了。其实，把这个问题放到地理、科技、心理等框架内考察，还可以找出许多原因。诸如：①索马里所在的亚丁湾扼守红海入口，是很多国家海上运输的必经之道（澳大利亚、新西兰和东南亚各国与西欧国家的贸易如果不经红海到地中海，转而绕道开普敦、好望角经大西洋到达西欧，航程要远一倍左右）；②海运的价格和运量远优于陆运和空运，尤其适合大宗散装货物的运输；③海盗一般装备精良，母船多伪装成货船，所用快艇机动性强，这些船只不易识别且便于人员逃逸；④低投入、高回报的营生，干一票动辄获得几十万、上百万美元的收入；⑤可以高薪揽人，船员知识结构合理（船员由熟悉洋流航道、经验丰富的渔民，掌握高科技的大学生以及退役军人、警察三部分人组成）。

科学思维的深刻性是指思维活动能够深入事物内部较深层次的认识能力，即透过表层进入内部的透视能力。在科学活动中，思维的深刻性表现在善于区分现象和本质、主要和次要，善于恰当地提出问题，能够揭示所研究事物的最本质的方面，确定它与其他已知现象多方面的联系。思维的深刻性体现在三个方面：从内外层次结构认识事物的关系；从现象认识事物的本质；从变化认识事物的发展。

几个世纪以前，产褥热一直是产科医院的一大灾难，在青霉素发明以前，死亡率极高。对于产褥热发生的原因当时流行几种说法：有人认为是病房过于拥挤，通气不良；有人认为与授乳有关，还取了个名字叫"产乳热"；还有人认为病因是一种难以捉摸的"瘴气"。

塞麦尔维斯当时在维也纳总医院工作。该院产科病房分为一部和二部，一部的产妇由产褥热造成的死亡率是二部的两到三倍，有时甚至是 10 倍。前面流行的种种说法显然解释不了一部产妇死亡率居高不下的原因。塞麦尔维斯注意到两个部虽然各个方面的条件差不多，但一部承担教学任务，要进病理解剖室剖检因病死亡的产妇尸体；二部培训助产士，不参加尸体解剖。他认为一部病房的产褥热死亡率之所以比二部高，很可能是从尸体解剖室出来的医学生通过不干净的手把这种病从产褥热死亡的产妇传给了健康的产妇。

1847 年 3 月 20 日，一次偶然的不幸事件，使得塞麦尔维斯更加坚定了自己的信念。这一天，他的友人贾可布·柯勒兹齐卡对一名死于产褥热的妇女施行尸体解剖时不慎划破了手指，伤口很快发炎，引起了败血症，最终导致死亡。"男人得了产褥热"，这在当时简直是不可思议的疯话，但塞麦尔维斯对此深信不疑。塞麦尔维斯建议，每个进入产房的医生、助产士和学生必须用漂白粉溶液彻底洗手，所有接生用的器械和用具都要经过彻底清毒。此后，维也纳总医院产科一部产褥热病死亡率从原来的 18.27% 急剧下降到 1.27%。

尔后，虽然塞麦尔维斯的经历极尽坎坷，但 19 世纪 70 年代以后，医学界终于接受了他的学说，他被后人尊称为"母亲的救星"。

三、要有专业以外的一个显著特长

在一个学科领域，总是聚集着成千上万的同行，这些人虽然百人百面，各有长短，但对于专业知识的掌握大抵在伯仲之间。某个人要想在众多的竞争对手中脱颖而出，必须具有其他人所没有的与专业相适应的一个或几个显著特长。

1. 数学是一门重要的工具

数学具有高度的抽象性，它撇开事物的一切质，而仅仅研究它的量；数学还具有严密的逻辑性，因而它的结论具有高度的确定性。科学史记载，胡克曾经与牛顿争夺

"万有引力"的优先权，说自己最早提出了万有引力概念，但学术界最终将这一殊荣给予了牛顿，因为胡克只是从哲学角度阐述了万有引力的概念，而牛顿以其横绝一世的数学天才，把这个概念归纳为数学公式表达了出来。1687年，牛顿在《自然哲学的数学原理》上公布了万有引力定律：$F = G \times M1M2/(R \times R)$（$G = 6.67 \times 10^{-11}\ N \cdot m^2/kg^2$）

第谷·布拉赫是丹麦著名天文学家，他视力极好，长于观测，一生中观察记录了750颗行星的运动，位置误差不超过0.67°。但第谷·希拉赫不善于理论分析和数学计算，因此，始终没有发现什么规律性的东西。第谷·希拉赫死后，他的学生开普勒继承了老师的观察记录，继续潜心研究行星运动，终于发现了天体运行三定律，被人誉为"天空的律师"。开普勒的过人之处就是他精通数学，在这里，数学帮了天文学的忙。某大学一个本科经济系毕业的学生，考研时报考了地理系，很多同学都大惑不解。读研的两年中，他恶补了地理学基础知识，把数学运用到地理学领域，写出了几篇颇有深度的文章，受到老师和同学的普遍好评。

恩格斯说："任何一门科学的真正完善在于数学工具的广泛应用。"这句话后来被演绎成：一门学科只有当它用数学表示的时候，才能最后成为科学。显而易见，工科、理科乃至文科的学生都应掌握数学这门工具，方能强化自己的研究能力。

2. 实验科学对仪器设备的强烈依赖

20世纪70年代，杨振宁曾经提出回国搞科研，报效祖国。周总理劝说他不要回国，因为当时国内的研究条件远不如美国，回国后他可能做不出什么成绩。

发现J粒子是相当困难的，在一亿次观测中只有一次出现J粒子的机会。丁肇中由于发现J粒子而于1976年获得诺贝尔物理学奖。实际上，早在1970年美国布鲁克海文实验室就已经发现过与这种粒子有关的奇怪现象，但由于仪器的精密度不高，无法确定这是不是由新粒子所造成的。丁肇中的成功，就在于他设计制造了一架高分辨率的大型"双臂质谱仪"，并建立了一套极为严格的实验室管理制度。

2015年9月14日，美国激光干涉引力波天文台（LIGO）在路易斯安那州和华盛顿州捕捉到了引力波，证实了爱因斯坦1916年在广义相对论中提出的引力波的存在。很久很久以前，两个质量分别相当于29个太阳和36个太阳的黑洞合并，产生巨大的碰撞，3个太阳质量的能量在1/4秒内被释放出来，运行13亿年到达地球，被美国LIGO捕获到。

引力波很难被捕获到，其原因有三个：第一，振幅小，引力波是四种基本相互作用（电磁场、弱核场、强核场、引力波）中最弱的，它产生的波动极其微弱，其振幅至多相当于一个质子直径的千分之一；第二，观测极易受到其他因素（如振动、声音等）干扰；第三，对观测仪器的灵敏度要求极高。

1991年，美国国家科学基金会（NSF）斥资3.65亿美元，援助麻省理工学院与加州理工学院分别建设激光干涉引力波天文台，1999年11月建成，2000年第一次进行引力波探测，2010年结束数据搜集，历时10年并未探测到引力波。2010年至2015年，

LIGO 大幅改进设备，大大提高了灵敏度，2015 年再度开启，终于捕捉到了两个黑洞合并产生的引力波。2017 年，诺贝尔物理学奖授予了美国科学家雷纳·韦斯、巴里·巴里什和基普·索恩，以表彰他们在发现引力波方面的突出贡献。

3. 努力提升说、写能力

不论你学什么，从事什么工作，作为研究生有两个看家本领是必须具备的：能说会写，而且最好能够比别人高出一大截。

语言表达是一门艺术，要想流畅地表达思想，让人一听就明白，至少得具备三个条件：说话者对表达的内容要吃透，以其昏昏不可能使人昭昭；说话的逻辑要严谨，不能东一榔头西一棒子，语无伦次；用词要准确、贴切、置当不移。写文章比说话更难，因为它没有即席信息反馈，不能经常举例，更不能多次重复某一个重要问题。

写出好文章有三个充要条件，前两个与对说话的要求完全相同，但写文章对用词的要求更高，不仅要用词准确，还要求词汇丰富、文字简洁、笔调清新、行文流畅。

外出讲座经常有人问：为什么窗明几净、时间充裕、环境安静，自己却写不出文章，尤其是好文章？这是因为他们没有掌握写文章的规律。古人云："意在笔先"。写文章之前必须先立意，也就是要知道写什么、怎么写。写文章前，至少要做这么几件事情：收集整理资料，思考问题，安排顺序，积累词汇。写文章时，资料解决言之有物，思考、分析、判断和推理解决言之有理，逻辑解决言之有序，三者不可或缺。这些事情做好了，提笔为文，深邃的思想、严谨的逻辑、优美的文字就会源源不断从你笔端流淌出来，想不写好文章都难。这时你就从必然王国进入了自由王国，成了论文高手，甚至文坛高手。

 四、做事既要注重结果，更要注重过程

1. 结果与过程的辩证关系

结果由若干个前后衔接、相互影响的过程组成，每一个过程又都是这个结果的一个重要组成部分。结果与过程的关系，有些类似于体育运动中的跳板跳水。

在跳板跳水比赛中，裁判员根据运动员走板、起跳、空中动作和入水来评分。因此，运动员在比赛时走板应平稳，起跳角度要恰当，压板要有力，腾空要有一定高度；空中姿势要优美，翻腾、转体速度要快；入水时身体要与水面垂直，水花越小越好。在整套动作中，运动员前面一个动作的好坏，对后面一个动作的影响极大，只有每一个动作都做好了才能得到高分。

2. 小错会酿成大事故

实践出真知，只有注重过程，才能注重细节，才会得到真知灼见。认真对待每一件事，把小事当成大事去做，每做一件事都有一点进步，假以时日，聚沙成塔，集腋成裘，能力就会有很大的提升。而且，细节会决定成败，20 世纪 80 年代，一架波音 737

飞机在大西洋上空机舱着火，机毁人亡，150多人无一幸免。事故调查结果是：电工在铺设电线时，行李舱有一段电线没有理直，形成了一个弧形。年长日久，电线外皮破损，通电后电弧放电造成了行李舱着火。

在1998年的长江特大洪灾中，长江大堤的某一处溃堤是由于平时疏于管理，堤坝上有很多蚂蚁洞，洪水来临形成管涌造成的。这是名副其实的"千里长堤，溃于蚁穴"。

3. 要做大师，先做工匠

大师是指某一学科、某一领域的领军人物，学贯中西、成绩斐然，具有全国或国际影响，如国学大师季羡林、红学大师俞平伯、国画大师齐白石。工匠是指在某一行业从事某种具体工作的人，如铁匠、木匠、泥瓦匠。工匠的工作看似简单，但它要求每一个工艺环节都可丁可卯、准确无误，才能生产出合格的产品。从大处着眼，从小处着手，一丝不苟，精益求精，这就是工匠精神。徐悲鸿画的马，齐白石画的虾都是工匠精神的产物，所以它们能够享誉全球，拍出天价。

某大学一位教师给研究生讲授科学活动方面的课，布置学生查找资料解决某个问题。课后一个学生问：到了图书馆、情报所怎么查资料？老师十分困惑，毕竟这个学生本科学的就是情报学专业。人生要取得大的成就必是厚积薄发，不积跬步，何以至千里？对待老师布置的作业，学生要认认真真完成，不要采取敷衍塞责的态度。对付来对付去，对付的是你自己，因为你一次又一次地失去了历练的机会。要做大师，先做工匠，经验是从实践中积累的。年轻人不要眼高手低，否则大事做不来，小事不愿做，到头来将一事无成。

 ## 五、处理好与长者、尊者和导师的关系

1. 导师对于学生的影响

教师对于学生的影响是多层面、全方位的，包括师德、师才和师风。具体地说，教师的道德修养、学术水平和治学风格对于学生有很大的影响。在硕士生和博士生阶段，老师和学生已经到了一对一的单兵教练阶段，这些影响就更加明显。因此，学生应当处理好与前辈尤其是导师的关系，争取他们的提携和奖掖。

科学研究是一种通过师徒相授而学到的技术。导师提出和论证问题的方法、讲课时所做的透彻分析、实验操作技巧，乃至进行学术交流的方式等，都对学生有潜移默化的影响。这些技能往往要通过若干年的言传身教学生才能掌握。玻尔的导师卢瑟福几乎每天下午都在实验室里开茶话会，每周五傍晚在自己家里举行茶话会，大家在会上交流信息、提出疑难、自由争论，问题常常迎刃而解。玻尔继承了卢瑟福重视学术自由争论的良好传统。玻尔的学生任科芳雄回到日本以后，也发扬此风，一面研究，一面到各大学讲学，开展学术争论，发现和培养了汤川秀树、坂田昌一、武谷三男、朝永振一郎等一

大批优秀的科学家，建立了日本物理学派。

还有一个不容忽视的因素，那就是大人物必定会用自己的权力去恩宠他所喜爱的学生。有知名导师作质量保证，论文容易得到发表，发表后也能更多地被引用。有导师的扶持和指引，比之个人单枪匹马地奋斗，可以说是一条比较平坦的成才之路。

2. 师生角力后果很严重

长者与年轻人、学生与教师之间关系紧张甚至反目成仇，原因往往是多方面的。就长者而言，最主要的是嫉贤妒能；就年轻人而言，最主要的是恃才傲物。青年人应当尊敬师长，虚心学习，才能更多地得益于老师的教导；作为师长的导师，则应当宽宏大度，虚怀若谷，允许并且鼓励学生超过自己。在科学史上，由于老师没有宽厚容人的气度，学生缺乏应有的虔诚和尊敬，师生反目成仇，从而阻碍了青年人迅速成长的事例并不鲜见。20世纪30年代，年仅20多岁的朗道，在列宁格勒物理研究所工作时，大胆地指出了该研究所领导人约飞院士写的一篇论述用很薄的分子层做电气绝缘体的文章在理论上存在的原则性错误，后来的实验也证实了朗道结论的正确。然而，这位权威忍受不了青年人的冒犯，对这件事一直耿耿于怀。有一次，在朗道宣读一篇报告之后，约飞宣称："听了半天，不得要领。"朗道立即以其特有的方式，在大庭广众之下反唇相讥："理论物理学是一门复杂的科学，不是任何人都能理解的。"这自然深深地触怒了约飞，因而使得年轻有为的朗道不得不离开列宁格勒物理研究所。

在科学活动中，刚刚出道的年轻人就像尚在襁褓的婴儿，极易受到伤害。长者与少者、老师与学生之间如果爆发激烈的冲突，损失最大的还是少者和学生。因此，年轻人要学会克制。

 六、有所失才能有所得，有所不为才能有所为

1. 时间的有限与易逝

宇宙浩渺，历史悠长，知识车载斗量，以个人有限的生命，想读懂自然和社会这本厚重的书，原本就是一项艰巨的任务。如果把握不好，时间就像细沙，会一分一秒悄无声息地从指缝中流走。

把控时间是一门高深的学问，需要很大的定力。一天24小时，一分60秒，时间对于每个人都绝对公平，谁也不会多一分，谁也不会少一秒。多数人都习惯于随性和享乐，平庸与充实完全在于个人对欲望的克制。

2. 工作的三种状态和做事的最高境界

在现实生活中，不同的人对待工作持不同的态度，归纳起来可以分为三种：一是当作谋生的手段，父母和老婆要吃饭，孩子要上学；二是当作一项任务，上级要检查，组织要考核；三是当作生活中不可或缺的部分，把工作看成"游戏"，自己在这种游戏中得到快乐，感到愉悦。对待工作的态度又派生出人们在工作中"安、钻、迷"的三种状态：所谓安，就是安心本职工作，不见异思迁，这山望着那山高；所谓钻，就是刻苦钻研业务，锐意进取；所谓迷，就是对待工作情有独钟，如醉如痴如迷。

做事的最高境界是悟，悟有联想式和省悟式两种形式。

联想式是指这样一类情况：当人对某个问题百思而不得其解时，在某一偶然事件的刺激、启示、触发下，思维顿时产生相似性联想，豁然开朗，迸发出创造性的新设想，使问题得到解决。任何事物都可能有启发作用，都可以成为原型，如自然景象、日常用品、人物行为、技巧动作、文字描述等。但是，一个事物能否起原型启发作用，不仅决定于这一事物本身的特点，还与思考者的主观状态有很大关系，如思考者的创造意向、联想能力等。

1825 年，英国工程师布鲁内尔在伦敦泰晤士河下挖隧道，因为土质松软，经常塌方，一天他在郊外散步时看见甲壳虫钻进了坚硬的橡树，受此启发，布鲁内尔发明了盾构施工。

阎肃创作电视连续剧《西游记》主题曲歌词时，找不到适当的词汇描述师徒四人的艰辛和渴望，在房间踱来踱去，天天如此。儿子看见，说："你在干吗？把地板都踩出坑来了！"受到这句话的启发，阎肃写出"你挑着担，我牵着马；迎来日出送走晚霞。踏平坎坷成大道，斗罢艰险又出发，又出发"。

悟的另一种形式是省悟，省悟又叫顿悟，它不需要"触媒"的刺激，而是通过内在的自省、内部"思想的闪光"而得到的感悟。当人对某个问题经过长时间的思索，思维达到了饱和程度，仍然没有进展，这时，大脑神经系统就像布满了纵横交错的"电路"，却转来转去无法接通。后来，由于潜意识等尚未搞清的因素的作用，突然之间电路"耦合"，接通了，猛然省悟，使问题得到了解决。

凯库勒就是在似睡非睡的状态发现了苯环结构式。凯库勒发现苯环结构式时，从盖·吕萨克算起，有机化学分析方法已有半个多世纪，化合价理论方面也取得了长足进步，凯库勒长期致力于化合价理论研究，到 1865 年，他思考苯 C6H6 的结构问题已有 12 年之久。1847 年，凯库勒进入吉森大学学习过建筑，接受过空间结构的熏陶。他还当过审讯炼金术士的法庭陪审员，炼金术士的象征物是首尾相接的蛇状手镯。那天傍晚他还给准备出席晚会的夫人戴过项链，弄了很久才把项链扣上。

工作中人们怎样才能受惠于悟呢？这就涉及学、思、悟三者之间的关系。人之治学可以比喻为奶牛产奶。牛吃进去的是草和豆之类的饲料，经过肠胃的消化、吸收和转化，挤出来的是奶。在学、思、悟三个环节中，人们从学习中获得的是常识、知识和数据，经过思考过程中的分析、综合、判断和推理，拿出来的是办法、计划和战略等。在这里，人的学习相当于牛吃饲料，思考相当于牛的反刍和消化，悟即办法、计划和战略，就是挤出来的牛奶。

在学、思、悟三个字中，关键是一个"思"字。孔子曰："学而不思则罔，思而不学则殆"，意思是只学不思会迷茫，只思不学思想会枯竭，因为思想没有了用来加工的原料。

3. 本末倒置必将一事无成

　　年轻人精力旺盛，兴趣广泛，有的喜欢体育运动，夏天游泳，冬天滑冰；有的喜欢跳舞，慢三步、快四步、桑巴、探戈，样样都精；还有的喜欢郊游远足，寻幽探胜。科技工作者可以有自己不同的兴趣和爱好，这是正常的，也是允许的。但是，音乐体育、琴棋书画只能是科技工作者的一种业余爱好。当你紧张工作一段时间以后，当你为了某一难题冥思苦想、百思不得其解的时候，听一场交响乐，游一次泳，打一个小时乒乓球，能使你紧张的神经得到放松，然后再去工作，效率可能会比以前高得多。因此，对于科学工作者，科学研究以外的一切爱好都只能作为紧张工作以后的一种精神调剂。如果本末倒置，通宵达旦码"长城"，从早到晚"手谈"，那就是玩物丧志！

　　一个人的精力和时间是有限的，倘若什么都喜欢，什么都想学，到头来，必然什么也干不好，什么成绩也做不出来。有所失才能有所得，有所不为才能有所为，这就是生活的辩证法。

参 考 文 献

[1] 何江. 首位哈佛毕业典礼登台演讲的华人 [EB/OL]. (2016 – 05 – 27) [2021 – 07 – 25]. https://www. guancha. cn/america/2016_05_27_361901. shtml.

[2] 涂元季，莹莹. 钱学森故事 [M]. 北京：解放军出版社，2010：457 – 459.

[3] 中国交通建设集团有限公司. 中交路桥建设世界首创火箭抛送先导索施工技术 [EB/OL]. (2006 – 10 – 12) [2021 – 06 – 01]. http://www. sasac. gov. cn/n2588025/n2588124/c3889632/content. html.

[4] 解恩泽. 科学蒙难集 [M]. 长沙：湖南科学技术出版社，1986.

[5] 天津人民广播电台科技组. 科学创造的艺术 [M]. 北京：中国广播电视出版社，1987.

[6] 秦铁辉. 成才之路：学习、研究与修身的艺术 [M]. 北京：北京图书馆出版社，2003.

[7] 徐俊康. 环境污染与"阴盛阳衰" [J]. 现代养生，2003 (3)：44.

[8] 杨毅. 建设一支与中国角色相称的强大海军 [N]. 环球时报，2019 – 04 – 19 (14).

[9] 武际可. 力学史杂谈（八）、（九）[J]. 力学与实践，1997 (4)：74 – 77.

[10] 秦铁辉. 科学活动与科研方法 [M]. 北京：北京大学出版社，1993.

[11] 发现引力波问鼎"年度科学突破"[N]. 参考消息，2016 – 12 – 24 (7).

[12] 三名科学家分享2017年诺贝尔物理学奖 [N]. 北京青年报，2017 – 10 – 04 (5).

[13] 王加微，袁灿. 创造与创造力开发 [M]. 杭州：浙江大学出版社，1986：76.

（刊登于《学位与研究生教育》2022 年第 3 期）

新时代导师培养德才兼备研究生的"六教"路径

方创琳[*]

党的二十大报告提出建设中国式现代化，中国式现代化建设的关键在于实施"科教兴国"战略和"人才强国"战略，培养一批肩负现代化建设的人才。习近平总书记在 2021 年中央人才工作会议上首次提出建设世界重要人才中心与创新高地的战略部署。研究生教育作为国民教育体系的顶端，是培养高层次人才和释放人才红利的主要途径，是国家人才竞争和科技竞争的重要支柱，是肩负实现两个一百年奋斗目标和中华民族伟大复兴中国梦的精锐力量，更是建设世界重要人才中心的重要支撑与实现教育、科技、人才"三位一体"协同发展的重要保障，研究生教育对新形势下推进中国式教育现代化发挥着支撑作用。近年来，随着研究生教育事业的迅猛发展，研究生数量快速增长，在这种情况下，导师不仅要承担起教书育人、传道、授业、解惑的作用，更重要的是要担当起培养研究生良好道德品质的作用。只有这样，才能培养出对国家、对社会有用的德才兼备的创新型专业技术人才，为世界重要人才中心建设做出贡献。笔者从 2001 年到 2022 年共培养出 50 多位博士、硕士，总结出培养德才兼备研究生的"六教"路径，即：尊生重教、严管督教、以奖促教、言传身教、因材施教、互学互教。

一、尊生重教：把研究生当良师，视育才高于一切

1. 把学会做人摆在研究生教育的首要位置

教育部《关于全面落实研究生导师立德树人职责的意见》明确提出导师首先要有过硬的政治素养、高尚的师德师风和精湛的业务素质。导师的职责除了指导研究生完成学术科研方面的业绩外，更应当承担起研究生的思想政治教育工作，教会研究生如何做人。导师的首要职责就是要求所有研究生必须做到：先学会做人，后学会做事。培养研究生的目标就是为国家发展培养德才兼备的高级专业技术人才。一个业务能力很强但品

---

* 方创琳，中国科学院地理科学与资源研究所研究员，中国科学院大学教授。

质低下的研究生不是一个优秀的研究生；相反，一个品质良好而业务能力较弱的研究生可能是敢于担当、勇于奉献的研究生。这就要求研究生一定要尊敬老师、关心集体、开拓进取、助人为乐、刻苦钻研，主动承担导师或单位分配的各项科研任务及其他社会工作。导师应有意识地培养研究生具有坚定的政治立场和热爱党、热爱祖国、热爱家乡的责任感和使命感，树立正确的人生观与价值观，养成良好的自律意识、高尚的品德和精神情操，遇事要立场坚定，不能人云亦云，坚决不做损害集体、损害团队的事，绝不能干违法乱纪的事情。

2. 把研究生教育放在同科研工作同等重要的地位

作为研究生导师的科研工作者或教育工作者，都承担着国家和地方委托的各项科研任务，在很大程度上导师往往把完成科研工作作为自己的首要任务，忽视了对研究生的潜心培养。因此，把研究生教育放在同科研工作同等重要的地位说起来容易做起来难。这就需要导师不要把研究生只看作"打工仔"，导师变相地成为研究生的"老板"，一定要尊重研究生的劳动成果，不要把自己的科研工作看成是最重要的工作，要学会把研究生培养摆在至少跟科研工作同等重要的位置，要花费至少等量的时间、等量的精力和等量的投入去培养研究生，这会增加导师的成就感。

导师要学会尊重研究生，把研究生当知心朋友，包括尊重研究生的选课权、选题权、自由发展权和隐私权等；要与研究生拉家常，多交流多谈心，让每一位研究生尽快融入全新的大家庭中，轻松地做科研，愉快地生活，逐渐形成和谐的师生关系。

3. 视研究生为良师益友，要像爱护自己亲人一样爱护研究生

导师要像爱护自己的兄弟姐妹或孩子一样爱护自己的研究生，一视同仁地善待每一位研究生。在大是大非面前，敢于挺身而出维护研究生的声誉和利益，允许研究生犯错误，但最重要的是传授给研究生纠正错误、改过自新的方式方法。研究生来自不同地区、不同大学和科研机构，学习基础和基本功差别较大，在这种情况下，导师一定要一视同仁地对待这些研究生，要积极开导他们，鼓励他们，在科研工作、生活照顾、心理干预等方面多关照自我感觉不佳的研究生。

把研究生作为导师真正的研究助理，要按单位的规定聘请研究生为研究助理，并按高限发放助理津贴；同时创造机会让研究生深度参与导师的科研工作、教学工作、财务工作、社会活动，让研究生在与导师的共事中，逐步培养自身的创新能力、实践能力和责任意识，形成自强、自立和自信的人格。

二、严管督教：坚信严师出高徒

《礼记·学记》提道："凡学之道，严师为难。师严然后道尊，道尊然后民知敬学。"导师对研究生慈是爱，严更是爱，要坚信严师出高徒。

1. 严把招生关

好的生源是研究生教育成功的首要条件。在研究生培养实践中，一定要高度重视研究生面试工作，这是研究生和导师相互选择的过程，必须从品质修养、鉴别能力、语言组织能力、综合分析问题能力、外语听说读写能力、制图能力、计算机实际操作能力等多方面进行考察，从源头提升研究生的招生质量，为日后的培养奠定良好基础。

2. 严把论文选题、开题、中期考核、预答辩、盲审和答辩六道关

一旦决定招收研究生，研究生就与导师之间形成了真正意义上的师生关系，导师就成了研究生培养的"第一责任人"。研究生若因种种原因无法毕业，导师负有相应责任。在这种情况下，导师从一开始就要对研究生晓之以理、动之以情，要求研究生必须按照研究生教育管理部门的规定按时保质保量完成学位论文选题、开题、中期考核、预答辩、盲审、答辩等全过程，保障研究生顺利通过这六道关。导师在帮助研究生进行学位论文选题时，一定要给予研究生充分的自主权，研究生可根据已有研究基础和研究兴趣自主选题，也可以结合导师的研究领域和课题选题，但导师不可替研究生选题并强制研究生开展相关研究，这样会取得适得其反的效果。一旦研究生确定了选题，明确了研究方向，导师就要督促研究生一步一步地坚持研究钻研下去，直到通过六道关。由于这些措施得力，执行严格，笔者毕业的50多位研究生中，硕士学位论文盲审优秀率达到90%左右，博士学位论文盲审优秀率达到85%。

3. 严把学术论文写作与知识产权关

长期以来，研究生都被要求在国际或国内刊物上公开发表一定数量的学术论文，这也是提升研究生写作能力的一个重要方面。研究生的学术能力、学术素养集中体现在其撰写的学术论文尤其是学位论文上。为此，笔者要求研究生入学以后和导师合作撰写一篇学术论文，这篇学术论文由导师选题出题，导师与研究生深入研讨，由导师列出详细的写作大纲和研究思路，由研究生完成数据整理和计算等，目的是教会研究生如何选题、如何写论文，怎样构思、怎样查阅文献、怎样进行文献综述、怎样运用数学模型等。第一篇论文写作完成后，研究生基本上都能掌握学术论文的写作技巧，之后就可放手由研究生结合导师的科研任务和研究方向独立撰写学术论文了。在论文写作中，导师应明确告知研究生，当需要引用别人观点时，必须注明，严禁抄袭，绝不能侵犯知识产权。要使得每位研究生从一开始做研究时起就养成良好的学风和学术道德。

三、以奖促教：让研究生多劳多得，实现科研与回报双赢

1. 确保每位研究生"空手而来，满载而归"

研究生入学后，如果导师不下功夫精心培养，就无法取得良好的教育效果，更严重的后果是误人子弟、误人前程。导师需要采取全过程培育模式，加强培养全过程管理，按照培养方案和时间节点要求，指导研究生做好论文选题、开题、研究及撰写等工作。

为了鼓励研究生早日成为有用人才，成为科研战线上能独当一面的科研工作者，确保每位研究生"空手而来，满载而归"，需要改变过去对参与科研课题研究生发放等量补助的做法，而是采取通过对发表高质量论文进行奖励的做法，这样才能激发了研究生写作论文的积极性，同时也使研究生获得了可观的经济回报。鼓励研究生多发表学术论文，鼓励研究生多参加科研项目，目的就是激励他们早日成才。笔者多年的培养实践证明，这种激励机制取得了很好的效果。

2. 鼓励研究生申报各类奖学金和奖励基金

通过奖励形式鼓励研究生多发表高质量学术论文的同时，为他们进一步申报各类研究生奖学金和奖励基金奠定了基础。笔者目前已有30%的研究生获评中国科学院优秀毕业生，10%左右的研究生获评中国科学院三好研究生标兵，35%的研究生获得中国科学院三好研究生荣誉称号，两位研究生的论文获评中国科学院优秀博士学位论文，两位研究生获得中国科学院院长奖学金优秀奖。同时，笔者积极鼓励研究生申请各类科研基金，如"城市中国研究计划"设立的基金项目、林肯基金项目、王宽城基金项目、北京市科委设立的基金项目，笔者30%左右的研究生先后成功申请到各类奖励基金，大大提升了他们撰写基金项目申请书的能力。笔者90%以上的研究生毕业后都成功申请到国家自然科学基金青年项目、面上项目、地区项目和国际合作项目。

四、言传身教：用情感化每一人

1. 用自己的一言一行潜移默化地教育研究生

导师是与研究生接触最多的教育主体，在研究生的思想道德修养、科研能力提升、治学育人态度、为人处事原则、社会奉献精神等方面有着极为重要的影响。2020年，教育部印发的《研究生导师指导行为准则》明确指出："导师的言传身教对提高研究生培养质量尤为重要，高素质高水平导师队伍是构建高质量研究生教育体系的重要保障。"导师的立德修身、严谨治学对研究生培养非常重要，在很大程度上起到了模范作用。因此，导师一定要秉持科学精神，以身作则，严谨治学，带头维护学术尊严和科研诚信，用自己的一言一行潜移默化地影响每一位研究生，用自己的人格魅力感化每一位研究生，用自己的人生经历与科研历程影响研究生的人生。导师指导精力投入不足、指导方式方法不科学、质量把关不严，甚至出现师德师风失范问题，都会对研究生造成不良影响。导师应从做人做事、待人接物、关心集体、学风培养、论文写作等方面去影响每一位研究生。让每位研究生轮流跟导师出差，培养研究生的科研工作能力、财务管理能力和社会交际能力。

导师要用鼓励和赏识的态度影响每一位研究生。针对研究生中多为独生子女且普遍心理素质比较脆弱的现状，导师要以鼓励研究生为主。研究生做对了事情要大加褒奖，做错了事情忌讳过度批评，而要不断地鼓励研究生在自信中成长。导师要学会用赏识的眼光对待自己的研究生，尤其对那些有心理问题的研究生，更要百般照顾，避免发生极端事件。

2. 通过研究生例会"检阅"研究生科研、生活状态

笔者每两周举行一次例会，每位研究生要汇报两周以来的科研工作情况、论文写作情况、生活情况等；导师根据交流情况分配之后两周的科研任务，确保每位研究生都有事做，有张有弛。这种例会制度有可能在单位内部，也有可能在出差的途中，还有可能在田野里和工厂车间。有意识地带领研究生走出校园，参与社会实践活动，深入社会基层，让他们客观认识国情，提高政治站位，在思想上、行动上实现自我价值和社会价值的统一。多年实践证明，严格的研究生例会制度是"检阅"研究生科研状态、生活状态和工作状态的重要手段，更是保障每位研究生成功成才成长的重要举措。通过与导师和其他研究生的相互交流、相互学习、能达到陶冶情操、增进友谊和团队凝聚力的目的。

3. 通过野外实践活动鼓励研究生把论文写在祖国大地上

结合地理学的实践性特点以及在满足国家发展战略需求中的特殊作用，强调研究生多调研、多实践，没有调查就没有发言权，没有调查同样没有写作权。一切创新源于野外考察实践，整天待在办公室很难做出创新性成果。结合承担的各种国家和地方科研任务，笔者经常带研究生出差，把教研课堂摆在城市的繁华街面上，把规划图纸铺展在广阔的田野里，把遥感技术、GIS 技术、CAD 制图技术、大数据技术工具搬到露天场地，鼓励研究生把论文写在祖国大地上，研究成果要服务于国家发展战略需求，服务于地方的高质量发展，突出论文成果的可用性和实践价值。

 五、因材施教：把研究生的潜力发挥到极致

1. 制订差异化培养计划与因材施教方案

研究生因为数量少且与导师朝夕相处，这就为制订差异化培养计划与因材施教方案提供了可能。因材施教的前提在于充分了解每一位研究生，《论语·为政》所说的"视其所以，观其所由，察其所安"，就是指要熟悉研究生的特点和个性。导师要基本了解每一位研究生的专业特长、兴趣爱好、受教育水平、研究基础、智商情商、性格特点、思想境界、家庭状况、人品心理、职业目标甚至恋爱动态，在此基础上设计出个性化的培养方案、个性化的研究目标和差异化的培养要求，因人而异、因材施教，使每位研究生在学习期间能最大限度地发挥自己的专业特长和优势，把优势放大到最大，把潜力发挥到极致，为课题研究做出贡献，为其他研究生和导师拓展知识面和研究视角发挥重要作用。

鼓励研究基础较好的研究生从小问题切入，深入挖掘，以小见大，勤写论文。多写学术论文不仅能够促使研究生不断寻找新的学术兴趣点，还能增加研究生在研究领域的认可度、知名度和美誉度。考虑到研究生的学术经历、人生阅历和理论水平还有限，最好不要选择太理论化、思辨性太强、抽象性过高的论文选题。

2. 帮助每一位研究生选择人生道路和就业渠道

根据每位研究生个性化的培养计划，帮助研究生进行人生和职业生涯规划，引导他们树立正确的就业观和择业观，把学位论文选题写作和求职择业有机结合起来。利用导师的人脉和社会资源，推荐研究生到相关单位就业，实现院校与企业、科研院所的有效联系，为研究生提供更多的就业信息，帮助研究生寻求理想的工作岗位。目前，笔者培养的研究生先后到中国科学院、国家发展和改革委员会、住房和城乡建设部、国家旅游局、商务部、工业和信息化部、中国城市规划设计研究院、中国城市建设研究院、北京大学、中国电子信息产业研究院等国内知名单位工作，研究生毕业后就业率达到100%。充分体现出论文选题与就业有机结合带来的好处。

六、互学互教：筑牢师生命运共同体

研究生和导师形成的关系既是一种师生关系，也是一种缘分。既然有缘相聚，就要深思导师和研究生的关系，需要秉持共商共建共享理念，结成师生命运共同体。师生命运共同体首先是指学术共同体，导师是传授知识的主体，研究生是学习知识的主体，导师和研究生在同一个学科专业领域形成了知识授受的学术共同体。其次还包括发展共同体、互帮互学共同体、伦理共同体、文化共同体和价值共同体等。在师生命运共同体内，导师源源不断地从研究生身上汲取对自身和学科发展有益的新理念、新思维和新方法，研究生可源源不断地从导师身上学到高深的经典理论和丰富的实战经验。通过师生互帮互学，导师也提升了，研究生也成长了，这样就形成了相互汲取营养、师生共赢的命运共同体。研究生顺利毕业是对导师最大的帮助和莫大的安慰。可见，筑牢师生命运共同体是师生不懈探索知识、追求真理、铸塑文化、创设价值的重要路径。

导师从方方面面帮助每一位遇到家庭困难、经济困难、恋爱困难、心理困难、交流困难、发表论文困难等的研究生，确保每一个研究生都不掉队。教会研究生坚定自信，轻易不要说"不"，要告诫研究生学会不断地开拓新的领域，不断地迎接新的挑战，这样才能立于不败之地。要激发研究生的创作灵感和自由探索空间。导师不要对研究生轻易做出否定性判断，只要导师确定的总体方向明确，研究生会采用新生代的手段做出导师意想不到的作品。

导师同时要重视研究生的心理健康教育。研究生面临着学业、择业、经济、人际关系等压力，往往会出现焦虑、抑郁等心理问题，导师要增强研究生心理健康教育的意识，对研究生加强心理危机预警和心理健康指导。要定期和研究生谈心，听取研究生关于思想、学习和生活等方面的状况，及时察觉他们的异常心理情况，积极疏导。要及时查看新生心理健康测试报告，详细了解他们的心理情况，有的放矢地开展日常教育工作。

师生命运共同体建设多年来，取得了显著成效。笔者培养的研究生先后获得国家奖学金、全国优秀博士学位论文提名奖、中国科学院优秀博士学位论文、中国科学院院长奖学金优秀奖、中国科学院优秀毕业生、中国科学院三好研究生标兵等称号，导师也因培养德才兼备研究生工作取得了显著成效，得到了中国科学院研究生教育管理部门的认可，先后获得中国科学院优秀导师奖、优秀研究生指导教师奖、中国科学院朱李月华优秀教师奖、中国科学院大学李佩优秀教师奖和中国科学院大学振翅奖章等。

参 考 文 献

［1］习近平．深入实施新时代人才强国战略加快建设世界重要人才中心和创新高地［J］．求是，2021（24）．

［2］洪大用．研究生教育的新时代、新主题、新担当［J］．学位与研究生教育，2021（9）：1－9．

［3］王战军，李旖旎．新时代新征程中国博士生教育发展新定位新策略［J］．学位与研究生教育，2023（1）：55－63．

［4］姚琳琳．研究生导师职责的探讨［J］．高教探索，2018（2）：84－90．

（刊登于《学位与研究生教育》2023 年第 7 期）

第部分

勇攀高峰　惟恒创新

博士生培养要着眼于创造知识

潘际銮*

一、博士生的培养要着眼于创造知识

高等学校的任务，既要传授知识，同时也要创造知识。如果说大学生的教育是以传授知识为主，那么博士生的教育就应该是以要求创造知识为主。至于硕士生则是为了向博士生过渡，要求他们懂得如何创造知识，并对创造知识有一个初步训练。

旧中国的传统教育思想，不注意培养学生的创造力，老师讲课，学生听课，听好课就是优秀学生。因此老师善于综合、归纳与传授知识，而学生则善于吸收已有的知识，对于知识的创造这一点强调不够。旧中国科技和工业基础都比较差，也是学生创造力不强的一个原因。

一个国家的独立应该有三重要求：一是政治上要独立；二是经济上要独立；三是要求科技上能独立。如果没有科技上的独立，一个国家就不可能真正独立。研究生培养是促进一个国家科技发展最有效的途径，研究生尤其是博士生应该为人类知识宝库增添新的财富。我常常告诫博士生不要满足于前人已有的成果，要敢于并善于创新。走自己的路，这是祖国和人民寄予你们的期望。

我认为博士生的教育是否成功，应以是否能创造发展知识作为衡量的标准。博士生是国家科技的重要力量，如果博士生不能对创造发展知识有所建树，无疑是博士生教育的失败，对国家的科学技术来说是一大损失。

二、博士生选题既要有实用价值又要有理论意义，要瞄准一个高水平的目标

博士生的论文主题可能是理论的，也可能是工程性的。我认为凡是工科的博士生论文必须有很明确的工程背景，要有实用价值。换言之，论文的成果，要么能直接推动生

---

* 潘际銮，清华大学教授。

产力的发展，要么对解决工程技术问题有普遍指导意义。否则，搞些没有明确目标的课题，例如，单纯研究某些现象或规律，即使实验手段很先进，"理论水平"很高，对四化建设也没有什么意义。国外大多数导师也都是结合具体实际问题选择博士学位论文选题的，因为在那里没有经济来源，课题就搞不下去，可以说是价值规律所决定的。所以要抓住生产急需解决的重大关键问题或是该门学科发展中的主要矛盾。当然选题还必须有理论意义。如果是一些成熟的问题，应用旧的理论，即使解决了生产中的问题，有很大经济效益，作为一篇博士学位论文，我看也不行。博士生选题应该瞄准一个高水平的目标，在理论上必须有所建树。

同时作为一个导师，应该对自己的博士生的能力有一个全面的了解，要最大限度地挖掘他们的潜力，用高标准要求他们，引导他们达到更高的目标，教育他们为国家多做贡献。区智明同志在博士生学习期间曾搞过另一个方案，水平也是国际上先进的，当时他曾有过要答辩的思想。但是，我认为那个方案还有可改进之处，区智明也有这个能力，我就要求他继续改进，终于搞出来了。现在这个更好的方案在控制方法上有了新的突破，获得了国家发明奖一等奖。

三、博士生培养中导师的指导方式

就目前国内外博士生的培养来看，导师的指导方式大概可以有以下几种。

1. 大撒手

国外多半采用这种方法，在德国许多学校的博士生入学以后，兼任助教，每月领工资。题目只有一个大体的方向，让研究生自己去闯。博士生做助教工作时，导师让干什么就得干什么。等到博士生自己搞得有了眉目时，导师才出题目。导师一出题目，就说明博士学位有了把握。一般攻读博士学位的时间较长。美国许多导师也采用类似的做法。

2. 把着手教

另外一类导师则与上面相反，培养博士生把着手一点点教，指导工作比较具体。

3. 撒手与指导相结合

我赞成撒手与指导相结合的方法。导师把握住大方向，博士生可以敞开思想，放手大胆干。导师在指导过程中主要做好以下几点。

（1）引导研究生进入学科的前沿阵地，这是一个关键问题。不能进入前沿阵地，选的题目不好，实际上就把学生坑了。导师首要的责任就是要引导研究生找到一个真正有难关可攻的课题。当然在攻的过程中，只有一个方向，一个大致的目标，并没有明确的路线。把路线、方法定得太死，就等于用框子把研究生束缚住了，一定不会有创造性成果。

（2）要想进入前沿阵地，首先就要求导师本身有一定的理论准备。科学技术发展很快，不学就不行，就会落伍。作为一个博士生导师重要的是自己要紧紧跟上最新理论的发展。不仅要掌握本专业内的最新成果，而且要特别注意一些新兴学科的成果如何移植到本学科发挥作用，因为老专业的更新和成长就在于不同学科的交叉和结合上。其次自己一定要有在前沿学科搞科研的切身体会，否则自己就会缺乏明确的主攻目标，无法引导博士生前进。

（3）在指导研究生的实验工作时，导师一定要亲临第一线，亲自动手，亲自观察实验过程中出现的各种现象。不能光听汇报，光看书面的实验报告。因为研究生个人的知识面和经验都还有局限性，往往会因为自己判断失误而漏掉一些很重要的现象。一些很有价值、很值得深思的异常现象往往会被当作一般现象而忽略。这一条对于工科专业博士生的培养来说是很重要的。这种指导方法不仅可以帮助博士生捕捉住一些重要的现象，提高科研工作的效率，而且还可以培养和锻炼博士生进行科学实验、认真观察实验的科学作风和科学方法，提高科研的水平。我自己感到，如果不参加实验就指导不了研究生。研究生如果很能干、很敏感，可以把难关攻下来，那么也会因为自己没有深入第一线而变得一无所知。因此我每隔一两个周要请博士生把他在这时期内的实验结果重复一遍，亲自观察一遍。重要的实验，有时要一连做好几天，然后再一起讨论往下怎么做。

（4）处理好理论和实验的关系。理论是客观规律的总结和提高，它可以指导实践，但它的来源正是实践。作为博士生来说要创造知识，就不可能仅仅是停留在理论工作上，由理论直接发展新的理论。这一点对理科来说还有其可能性，而工科专业要做到这点恐怕是很难的。因为我们如果不能发现理论的局限性、缺点和矛盾，就很难修改或者推翻已有的理论。而要想发现理论的局限性、缺点和矛盾，其主要的途径只能是通过实验观察理论是否符合客观规律。科技在不断发展，测试手段的发展使得我们有可能比前人对事物的本质了解得更深入、更全面，能更准确地揭示出事物的内在规律，这就为博士生创造知识提供了可能性。历史上，科技的许多创造，都是通过观察现象而发展出来的。例如电、电波、放射性等现象都有如此过程。近代技术发展中，有些甚至是在实践中偶然发现的异常现象导致了意外的创造发明。所以在探索自然规律的过程中，实验工作是非常重要的，学会使用当代先进的测试设备做实验，本身就是一个重要的训练和能力。

一些重要的现象不是人人都能抓住并且深入下去进行研究的。要做好实验，首先要有比较高的理论水平，对客观现象能够有一个清醒的分析，其次又要能敏感地发现与现有理论相违背的新现象，分辨客观现象的真伪。这不是轻易能做到的，由于已学过的理论一般在头脑中先入为主、根深蒂固，很容易把不符合理论的现象排除掉，而不习惯用新现象去怀疑已有的理论。但后者恰好是我们发展科技的萌芽和源泉，若能乘胜追击，往往可得到相当的进步。

实践中的现象通常包含着许多我们还没有认识的规律，需要我们去探讨。这就要求博士生有一个严谨的科学作风和一丝不苟、实事求是、在客观现象中追求真理的精神。我觉得博士生既要掌握前人的理论，更要有自己的科学实验，文献阅读和科学实验两者应互相促进。对我们专业来讲，我倾向于两者同时并举。通过文献阅读来指导科学实验的方向，通过实验发现矛盾和问题再决定文献阅读的范围。这样可以比较快地深入到一个问题和课题中去。

（5）加强梯队的建设。现代科学技术的发展越来越复杂。许多课题和任务不是少数人可以完成的。因此没有一支强大的科研队伍就不能承担比较重要的项目。

一般来说，根据学科性质不同，完成博士生的课题可以是单独作战，也可以是小分队作战，也可以是一个较大的集体协同参战。实际上要对付较为重大的科研攻关任务，一个学科教研组必须有一个较大的集体，才能在国民经济的发展中做出贡献，在全国同行业中占一席之地。同时在较艰难的攻关过程中，也可以使博士生得到更为严峻的考验，使学科得到比较快的发展。

在焊接自动化研究方向，目前有一支十七人的队伍，两位教授、四位副教授、七位讲师、两位工程师、两位师傅。攻关的课题很多，其中不少具有较大的经济效益。在攻关过程中，我们把课题按难易程度进行排队，将最难的课题留给博士生去完成。实践证明，完成攻关任务的主要力量由博士生来承担是较好的。他们年轻，精力旺盛，创新精神强，条条框框少，接受新事物的能力强，而且有一种拼劲，全力以赴，效率高。在博士生下面，我们有时还安排一些硕士生做一些局部的工作或比较容易的课题。至于一般的小课题就作为本科毕业设计来安排。

几年来，我们这个集体在科研攻关和研究生培养中不断成长壮大。我体会，作为学科带头人应该注意以下几个问题。

（1）发扬学术民主，要经常和大家一起讨论主攻方向及技术路线。不怕别人否定自己，更不怕争论，凡是好的思想和见解都要虚心接受，通过讨论既集中大家的智慧，又统一大家的思想。

（2）重视组织分工，发挥各人所长。根据民主讨论的结果，合理分工，各负其责，使每个人都有机会发挥自己的聪明才智，取得相应的成果。

（3）正确对待自己，正确对待同志。在集体战斗中，各人都有优缺点。对同志的优点应加以肯定发扬，要仔细听取不同意见并耐心多做工作。例如在学术方向不能统一的情况下，要耐心地商讨研究，不可随便排斥。

（4）正确对待荣誉和奖励。既然是集体作战，当然成果也是集体的，只有对每个人的贡献大小都加以实事求是的肯定，大家才能团结一致，共同战斗。

（刊登于《学位与研究生教育》1985年第2期）

循循善诱　鼓励创新

——谈导师黄楠森教授对我的培养

王　东*

1985 年6月，我的博士学位论文《探索辩证法科学体系的"列宁计划"（对〈哲学笔记〉的沉思)》顺利地通过了答辩。在近3年的博士研究生期间，我还在《哲学研究》《北京大学学报》《马克思主义研究丛刊》等理论刊物上发表了20来篇学术论文（其中部分是与其他同志合作的）。

饮水不忘挖井人。我忘不了党和人民对我的培养，忘不了各方面师友对我这样一个后来者的扶持，更忘不了我的导师黄楠森教授对我呕心沥血、循循善诱的培养。使我受益最深的是，黄楠森教授不仅是一丝不苟的严师，而且以学者的宽厚的胸怀鼓励我在学术领域里有所开拓、有所创新，包括发表与他不尽相同的新见解、新观点。

（一）

在治学、为人上，导师鼓励我按照博士研究生的培养目标，从思想到学习上全面严格要求自己，力争在学术上有所创新，造就良好的思想、科学素质。

我刚读博士研究生的时候，憋着一股劲：这个学习机会太难得了，要发奋攻读，把逝去的时光追回来，政治思想上不免有点放松。有一天，导师亲自打来电话，要求我一定要按时参加政治学习，思想上放松不得。暑假办党员学习班，导师又叮嘱我千万不要忘了参加。事情虽小，却使我体会到导师的一片苦心。这几年，导师既教我治学，又教我怎样做人。正是这一点激励着我努力钻研马克思主义基本理论，力求在马克思主义理论研究上有所造就。我逐步树立起一个信念：研究马克思主义对我来说，不是谋生的职业，而是为之献身的科学事业。这成为我学习、思考、创造的持久动力。

在学习上，导师更是鼓励我不负众望，有所进取。他对我说："你的博士学位论文一定要有所创新、有所突破才行，不能一般化。"正当我写作博士学位论文期间，在我的同一个研究领域里，苏联发表了两部重要专著，导师黄楠森也发表了自己研究《哲

---

* 王东，北京大学哲学系。

学笔记》近30年的总结性专著——《〈哲学笔记〉与辩证法》。这就大大增加了我的博士学位论文的难度。导师又一再鼓励我知难而进，力争在前人成果基础上有所创新。这种巨大压力，转化为一种内在动力，时时教促我不敢有一点懈怠。

在治学上，导师要求我基础打得宽一点，不要钻牛角尖。为了达到"掌握坚实宽广的基础理论"这个目标，我力图使自己形成多层次的金字塔形的知识结构。主要包括这七个层次：① 对于整个人类的科学史、认识史、文化史的一般成果，有比较广泛的了解；② 对于最一般的基础学科（语文、数学、外语等）有扎实牢固的基础；③ 对于当代科学发展的大趋势和科技革命的最新成果，有比较系统的总体把握；④ 对于相关学科的知识领域，有比较清楚的总体把握；⑤ 对邻近学科的知识领域，有比较深入的理解；⑥ 对本学科各个分支的重大前沿问题，有较为全面、较为系统的理解；⑦ 对本专业方向的整个科学前沿，有更为系统、更为深入的掌握。这种广博的基础当然主要不是在博士生三年形成的，而是多年一贯形成的。如果说博士生还有进一步扩展基础的任务的话，那就是根据博士学位论文需要，有针对性地扩充两个最高层次的基础。为此，导师要求我对德国古典哲学，尤其是黑格尔逻辑学要进一步深入钻研，务求形成某些新见解。导师还让我参加《大百科全书》哲学卷马克思主义哲学史部分的审稿工作，以求对这一学科的基本问题、前沿问题有一个系统了解。我还搞了一个6万多字的系统资料——"苏联对马克思主义哲学史的研究"。其主要部分已由《国内哲学动态》分三期连载。

从掌握知识的角度来看，对博士生来说，更重要的是"掌握系统深入的专门知识"。我努力从三个方面达到这个目标：① 系统深入地搜集整理国际国内有关学术资料，力图全面细致地把握本专业的最新研究动向、研究成果。导师强调，要求马克思主义哲学史成为一门严格的历史科学，就要从资料工作入手。为了弄清半个世纪以来列宁《哲学笔记》的出版史、研究史，我跑遍了北京几家主要图书馆，对比研究了列宁《哲学笔记》发表以来的中外十来种版本，翻阅了上百万字的外文资料，翻译了40万字的外文资料，并加工整理成三份系统资料：列宁《哲学笔记》研究资料；列宁《哲学笔记》出版史、研究史；列宁《哲学笔记》中理论争论问题。② 系统深入地开展专题研究，使博士学位论文建立在一系列专题研究的基础之上。博士学位论文要解决的是一个重大课题，其中包含着相互联系的一系列重大问题。我的博士学位论文分10章，其实每一章都是一个研究专题。③ 系统深入地阐述独立见解，初步形成具有独创性的观点体系。为了达到这个要求，导师要求我从认真推敲写作提纲入手，精心写作论文，注意使新观点形成内在联系，表述形式具有严谨性和系统性。

正是这种金字塔形的宽厚扎实的知识结构，使我的博士学位论文有可能有所创新。

（二）

在选题上，导师支持我主动、独立、慎重地选择科学前沿上的新鲜课题，然后他为我指出方向和严格把关，把选题过程作为研究过程和培养独立研究能力的重要一步。

我们没有急于匆忙定出课题，而是在半年时间里经过了三步磋商，力图把选题定在科学发展的内在逻辑与社会需要的结合点上。

第一步，只确定了研究《哲学笔记》这个范围。当时主要着眼点是列宁《哲学笔记》研究在国内外都还是一个薄弱环节，还有许多科学上的空白地带。

第二步，经过反复斟酌，才确定着重挖掘、系统研究和叙述辩证法的列宁构想。正是在列宁这一构想当中，凝聚着他对 20 世纪时代课题的哲学沉思，对于解决当代的现实问题——科技革命和落后国家建设社会主义道路问题，富有启迪作用。

第三步是写出论文大纲，最后才把题目确定下来。这个题目从马克思主义哲学史科学来看，既是科学发展的生长点，又是社会需要的集中点。

在选题过程中，导师列出了《哲学笔记》研究中的一系列前沿问题，我根据自己的情况，提出了三个选题：① 列宁《哲学笔记》中一般与个别的辩证法；② 辩证法、认识论、逻辑学三者一致问题；③ 探索辩证法科学体系的列宁构想。我比较倾向于选题③。因为这个选题在国内外理论界还很少研究，而我近几年来理论研究的兴奋点一直集中在这里。导师根据我的基础和特长，决定支持我所做出的选择。

选题阶段的最后成果，是在导师指点下制订了博士学位论文的详细提纲，把我主要的一些新观点、新尝试都写出来了。导师仔细看了这个提纲，并提了意见，才最后拍板。

也许可以说，选题的正确等于成功的一半。导师帮我确定的选题，使我感到适合发挥自己的创造性，大大增强了我的信心。同时，通过选题可行性的研究，也使我初步摸索清了研究途径，弄清了科学创造的突破点在哪里，需要攻破的难关在哪里。选题成了博士学位论文科学创造的第一步。

（三）

在研究过程中，导师着重培养我独立进行科学研究的能力，支持我大胆独立地进行开拓。

在研究列宁的《哲学笔记》时，我的基本方向与导师的方向是基本一致的，但在研究方法、研究路径和某些观点上也不尽相同。我曾有些担心：导师是国内进行这方面研究的屈指可数的专家，会不会容纳我这样的一个青年人的独特想法呢？

我首先写出论文最核心的一章："系统研究和叙述辩证法的列宁构想"，带有投石问路的性质。这一章的内容集中反映出我自己研究的特色和不同于导师及其他前辈学者的独特之处。当我把这一章初稿交给导师时，心里还是忐忑不安的。出乎意料的是，导师热情地鼓励我说：这一章写得很有分量，有你自己的特点，有所突破，并要我按照自己的路子写下去。后来，正是这一章的内容成了整个博士学位论文的立论基础和骨干部分，在评议中获得了好评。过去在讲列宁《哲学笔记》理论贡献、基本思想时，往往仅抓住其中的个别论断、个别片断，我的论文试图上升到列宁关于辩证法体系构想的总体把握。之所以能作出这种创新，在很大程度上得益于导师的博大胸怀。

在研究过程中，导师还教我如何把握实事求是、历史主义的科学方法。在研究中，我主张反对抬高或贬低《哲学笔记》的两种倾向，但由于受自己感情色彩的支配，有时也流露出把列宁思想的意义说得过满的偏颇。导师告诫我："决不能认为只要是马克思主义经典著作，怎么评价都不会过高。只有实事求是，才能经得起历史检验。"从导师那里汲取的这种历史主义态度和方法，使我在博士学位论文创作中，不回避任何尖锐的、挑战性的理论问题。比如，列宁在认识论、实践观、唯心主义和唯物主义关系问题上观点的重大转变等问题，我在论文中力求实事求是地做出回答。

我的博士学位论文，在这一方面受到了许多专家学者的肯定。导师还在共同研究过程中言传身教，教我如何运用实事求是的科学方法，提高把握思想史特色的能力。导师曾和我讨论过一个理论界争论的问题，就是如何把握列宁十月革命后的思想主线问题。我提出了一个不同于国内国际学术界传统见解的想法，得到了他的肯定与支持，并决定合写一篇论文。导师看了我写的第一稿后，和我进行了深入交谈。他说："这个初稿的基本想法是对的，但在研究方法、论述方法上思想史的特色把握不够，不能简单地用现实需要的框子去套前人的思想。"然后，他根据多年的思考谈了一些基本想法，和我详尽地换了意见。我由此受到了很深的启发，并以此为基础，写成了《列宁对社会主义革命和建设的道路的创造性探索》。在这篇论文中，我力图抓住列宁思想本质之点，忠实再现列宁思想风貌，他看过后较为满意。这篇论文在全国第一届列宁哲学思想讨论会上报告后，引起了较好反响，并收入人民出版社出版的论文集《列宁哲学思想研究》中。我的独立研究能力，也从中得到了锻炼和提高。

（四）

导师热情支持我在博士学位论文创作中努力开拓一些新的研究领域和研究方向，发表一些具有创见的研究成果。

在列宁系统研究和叙述辩证法——认识论的纲要中，导师和我国前辈学者研究得比较多的是两个纲要，我则又补充研究了四个新的纲要，写成了《列宁关于构成认识论和辩证法的知识领域的纲要》一文。尽管导师本人没有专门研究过这个纲要，但他却满腔热情支持我的这一新尝试，他亲自出面，将它推荐给《北京大学学报》。在他的支持下，后来这一成果分成了三篇论文，分别在《北京大学学报》《哲学研究》《晋阳学刊》上发表了。由于这一研究成果挖掘了新的史料，作出了新的探讨，回答了一些理论界悬而未决的问题，因而引起了较大反响，其中有的由《新华文摘》《高等学校文科学报文摘》作了转载。

　　导师还以博大的胸怀支持我广泛涉猎一些他本人研究不多的新领域，努力形成和发展自己的风格。我的经历比较曲折，铸成了我多方面的理论兴趣和兼收并蓄的治学风格。我在北大荒经过了 10 年磨炼，后到黑龙江大学学习，那里与地方的实际生活联系比较紧密。硕士研究生阶段是在中国人民大学度过的，那里的特点是强调对马克思主义基本理论和基本著作必须以严肃郑重态度对待，一丝不苟。后来我又一度到中国社会科学院马列主义研究所工作，那里的长处是重视马克思主义三个组成部分的综合研究和当代社会主义的重大现实问题。最后来到北京大学哲学系黄楠森教授门下，这里的显著特色是把马克思主义经典文献作为历史文献，具体地、历史地分析其功过得失。这种经历使我避免了学术上的近亲繁殖，使我能够努力去博采众家之长，熔成自己的治学之道和治学风格。可是，同时也使我产生一种忧虑。会不会因为我这种自成一路的治学方法而受到导师的非难呢？事实上，这种顾虑也是多余的。导师在这一点上毫无狭隘的门户之见，他从来不强求我在治学路径上和他完全一致，相反倒是积极支持我开辟新的领域。他支持我研究当代苏联哲学的最新成果和最新动向。我写了《实现马克思的哲学夙愿的第一次伟大尝试——论恩格斯〈自然辩证法〉》一文，试图揭示恩格斯这一手稿与马克思写出辩证法的哲学夙愿之间的内在联系，并挖掘大量新的历史事实来批驳西方马克思主义的制造"马克思和恩格斯对立"的神话。他看了认为"有一定理论意义，也有现实意义"，并推荐给《青海社会科学》发表了。他还支持我研究社会主义建设中的一些现实问题。在这方面，我和另外两位同志一起写了《马克思的需要范畴和当前改革》《马克思的三大社会形态理论和当前改革》等论文，后者为说明我国实行社会主义商品经济的历史必然性，提供了新的理论依据，由《文摘报》作了转载。我们又在专题研究的基础上写出了一部书稿《社会主义建设中的哲学问题探索——改革之路的哲学沉思》。导师非常高兴地鼓励我说："这是个新的领域，你们这一工作还是很有意义的。过去我们搞哲学史比较多，现实问题研究得比较少，你们填补了一个空白。"当他听说这部书稿在出版问题上遇到困难时，他又从百忙之中抽出时间，出面为我们联系。

（刊登于《学位与研究生教育》1986 年第 4 期）

关于人文学科博士生的培养

袁行霈*

人文学科博士生的培养有两个重要问题需要研究，一是如何适应社会主义现代化建设的需要，另一个是怎样才能符合人文学科本身的特点。我想就后一个问题谈一点粗浅的看法。其实后者和前者也有关系，因为我们所要建立和发展的人文学科应当是适应现代化建设的学科。符合学科本身的特点和适应现代化的需要，这两者之间并没有矛盾。不过这毕竟是两个不同性质的问题，可以分开来讨论。

讨论人文学科博士生的培养就要找出这个学科的特点，也就是和应用学科以及理科中的基础学科都不相同的地方。这个问题可以从多方面探讨，我只想讲一点，这就是：人文学科本身带有化育人的思想、道德、情操的功能，不仅化育别人同时也化育研究者自己，使其人格趋向完美。学了文学应当更能懂得真善美，从而提高自己的思想情趣；学了史学应当更能看清楚历史的发展规律，从而找准自己在现实社会中的位置；学了哲学应当能够更好地了解宇宙、社会和人生，从而积极地投入到当前改革的潮流中去。总之，人文学科是关乎人自身修养的科学，学问不仅是知识也是修养。中国历来讲究道德文章的统一，就是看到了这一点。如果将学问和自身的修养割裂开来，知和行割裂开来，学的、研究的、论文里写的是一套，而自己想的、做的、追求的又是另一套，这就是人文学科本身的可悲的失落。

还有一层，人文学科的博士生将来从事的工作主要是关于人的工作，不管是教书也好，作研究也好，到新闻单位工作也好，他们的知识主要是用来提高人的素养的。到政府部门工作的，也不是直接和技术打交道而是从事管理，和人打交道。这些博士自身的素养和他们的知识同样重要。

所以，人文学科博士生的培养，绝不仅仅是传授知识，而是通过知识的传授培养足以代表当代中国人文精神的人。我们看到，有许多博士生或已经得到学位的博士，他们的学问和为人是统一的；但也有一些人程度不同地存在着两者互相脱节的情况，他们的学问并没有化育他们的人格，他们的气质、言谈、举止，和文学家、史学家、哲学家应有的气质、言谈、举止还有一些距离。其论文也许做得不错，其人却显得缺乏与之相称

* 袁行霈，北京大学中文系教授。

的品德与素养。

在品德和素养方面应当提出哪些要求呢？我想，以下几点可以考虑。

第一，要有献身学术、献身祖国的精神。在学术上要有大的志气，大的气象，要用自己的学术为祖国服务。

第二，要有追求真理、服从真理、坚持真理、捍卫真理的热诚。

第三，要有谦虚的态度和博大的胸襟。

第四，要有高尚的情趣。

这四点也许还不全面，主要是针对当前博士生中存在的一些不良现象提出来的，希望我们的博士生能够抵制市场的弱点和消极方面所带来的种种诱惑，做一个品德和素质与博士这个称号相称的人。

归结起来，我想说的第一点是，人文学科博士生的培养，除了一般地加强素质教育以外，应当特别注意在学科本身的教育中贯穿人文素质教育的内容。"经师易遇，人师难遭。"（袁宏《后汉纪·灵帝纪上》）博士生导师不仅要做"经师"还要做"人师"，不仅要传授知识还要培育学生的人格，责任是很重的。

我想说的另一点是，人文学科的博士生拓宽知识面的问题。关于博士生要拓宽知识面，许多专家已经论述得很清楚了。以我的理解，博士生阶段研究的课题或者博士学位论文的题目也许不宜太大、太泛，应当专精，专精才能深入，才能有突破。但是，博士生的基础必须宽广，不宜太小、太窄，宽广才能深得下去，才能有后劲，也才能适应各方面工作的需要。我们应当培养那种既专精又渊博的人才，既有绝招又能在相关的许多领域都拿得起来的人才。从科学的发展趋势来看，今后相当大一部分的绝招要出在边缘学科上，博士生的培养口径太窄，是要吃亏的。

我在这里想提出一个研究格局的概念。所谓研究格局是指博士生知识结构的大小、宽窄、正偏及其应变的能力。研究格局有大小、宽窄、正偏之分，格局的大小、宽窄、正偏取决于博士生的学养和视野。研究格局还有死板和灵活之分，格局的死板和灵活取决于博士生对学术信息的关心程度、了解程度和运用这些信息的能力大小。硕士阶段主要是建立学术规范，换句话说就是学会做学问。博士阶段就要建立学术格局，学会做博大精深、堂堂正正的学问。硕士生导师有责任为硕士生建立学术规范，博士生导师有责任为博士生建立学术格局。规范和格局是学生终生受用的，往往比具体的知识还重要。规范不正确，格局小了、窄了、偏斜了、死板了，将来很难纠正。导师的高明与否在很大程度上就看能不能帮助学生建立起好的规范和格局。

下面结合人文学科来谈。1979 年，我曾在《光明日报》发表题为《横通与纵通》的文章，借用章学诚《文史通义》中"横通"这个贬义词，赋予它以褒义，加以发挥，强调多学科交叉。我的意思是，文学与史学、哲学、宗教学、艺术学、社会学、心理学等学科有密切的关系，应当在这些学科的边缘上寻找新的研究课题，以推动学术的发展。"纵通"是我杜撰的词。"纵通"的意思是：对研究课题的来龙去脉有纵向的把握，虽然是局部的问题也能放到一条发展线索中作历史的、系统的考察。例如文学史的研究，应当不只局限于一个时期、一个朝代的分段研究，而能上下打通。即使是研究某一段或者只是某一段内的一个具体问题，也能运用关于整个文学史的修养，对这个具体问题做出历史的考察和判断。那种各管一段，上下不搭界的情况应当改变。"纵通"还有一层意思，就是对学术史的关注与了解。研究一个问题，必先注意已有的研究成果，看到有关这个问题的前沿，将研究工作的起点提高，这样研究的结果也必然水平更高。那种只管自己研究自己的，对学术史不关心或者很生疏的情况，也应当改变。当然，这绝不意味着不要专精一段或一位作家、一部作品。这是不言而喻的。但是专精也需要纵横相通的眼光和能力，否则恐怕是难以真正做到专而精的。既有研究的基点，又有"横通"与"纵通"的眼光，这或许是最为理想的研究格局。

为此我有以下几点建议。

（1）开设学术史课程，特别是近代学术史的课程，将文史哲打通，一起讲一起学。

（2）开设文史哲共通的专书讨论课程，例如《论语》《孟子》《老子》《庄子》《左传》《史记》《诗经》《楚辞》《三国演义》《红楼梦》，等等，都是古代文学、古代史以及中国哲学史的博士生应当共同研习的。现在并不是没有这些课，可那都是分系开的甚至分专业开的，以后能否三个系打通，在导师的指导下，混合编组，研习讨论。

（3）鼓励选择跨学科的博士学位论文题目，在一段时间内也许结果不很理想，过几年就会好转。对那些经过论证确有重大意义的课题，应当加强指导力量，给予多方面的帮助，包括研究经费的补助；或者适当延长时间，精雕细刻，务求取得重大突破。这样的研究成果，显然已不是博士生本人的了，应当为导师记一份功劳。

（刊登于《学位与研究生教育》1997 年第 1 期）

突出创新　肩托新星　攀登高峰

——培养经济学硕士、博士生的几点体会

何炼成[*]

我院从 1979 年招收第一届硕士生、1990 年开始招收博士生以来，共招收培养了 300 余名研究生。在已毕业的硕士、博士生中，现已晋升正高级职称的 30 多人，副高级职称近百人。其中张维迎、魏杰、刘世锦、邹东涛、李义平、张年扩等已成为知名的中青年经济学家，在全国具有较大的影响。这些中青年经济学家同出西北大学，因此被我国经济学界誉为"西北大学现象"，西北大学经济管理学院也被称为"青年经济学家的摇篮"。我们为什么能取得如此成绩？现将我们 20 年来体会最深的几点加以总结。

一、坚持四项基本原则和"三不"方针

在培养经济学硕士、博士生过程中必须坚持四项基本原则，这当然是题中应有之义，但说起来容易做起来难，问题在于在教学与研究中如何坚持四项基本原则。20 年来我们主要抓了两条：一是坚持《资本论》的教学与研究；二是坚持两个"三不"方针，鼓励观点创新。

关于坚持《资本论》教学与研究的体会，我们在《讲授"资本论"课 12 年》和《"资本论"教学的改革与创新》两文中已作了初步总结，这里不拟多谈（参见《学位与研究生教育》1994 年第 2 期和《改革·成长·发展》一书），而是着重谈鼓励观点创新问题。

我们深深体会到，要鼓励观点创新，必须真正贯彻两个"三不"方针。一个是毛主席提出的"不戴帽子、不抓辫子、不打棍子"；一个是陈云同志提出的"不唯上，不唯书，只唯实"；我们再加上一个"不唯师"。我们从 1979 年招收硕士生开始，就一直坚持这一方针。例如，我的第一届硕士生共 5 人，在他们当中，有的基础差，学得比较死；有的思想活，但容易出格。而魏杰兼有两者之长而无两者之短，因此我把他作为重

点培养对象，大力发挥他的长处，鼓励他的观点创新，使之成为我院历届研究生的学习榜样。正如他后来回忆的："何教授的学风极为民主与开明，一直鼓励我们要敢于提自己的新见解，强调做学问必须要有创新，创新是做学问的必备素质。……学生提出了完全与他不同的观点，他都是鼓励与支持的。他提倡学生与教师进行学术争论，鼓励学生超过老师、校正老师的观点。"第二届我院只招了一名硕士生，这就是现今誉满我国经济学界的张维迎教授。当年招收他时就有争议，有人认为他在读本科时发表的《为钱正名》一文是根本立场上的错误，因此不能录取；我们则认为这是学术上的不同观点，应当允许讨论，不能乱扣帽子。在读硕士研究生期间，他提出全面放开价格的主张，并在全国第一届青年经济科学工作者学术讨论会上公开发表。后来他将该主张写进了硕士学位论文中，并在论文答辩会上与答辩委员展开辩论。据说某些部门还拟组织批判他的专文。但是我们坚持认为这是个学术问题，应当通过争鸣的方式来解决，通过实践来检验。随着改革开放的发展，实践证明他的观点是完全正确的，这件事后来被我们用作研究生教育中的主要案例。后来张维迎也回忆道："何老师总是鼓励学生独立思考，有自己独到的见解。可以说，当何老师的学生，享有最大的自由。我上研究生之后，常常谈一些在当时看来是离经叛道的观点，何教授不仅没有批评我，反而鼓励我。"

20年来的教学实践证明，我们贯彻以上的教育方针是卓有成效的。我院毕业的研究生走上工作岗位以后，绝大多数受到用人单位的好评和重视。用人单位一致反映我院培养出来的研究生理论基础扎实，分析研究能力强，特别是思路开阔，具有创新观点，能从理论与实际的创造性结合上说明问题，具有较强的后发优势和解决重大问题的能力，是不可多得的优秀人才。

二、高标准 远目标 严要求

我们认为，要培养出优秀的研究生，必须提出高标准和远大目标，并始终从严要求。

所谓高标准，就是要求研究生达到国内先进水平，在专业上到达本学科的前沿阵地。进入20世纪90年代以来，我们及时跟踪国际上经济学发展的前沿，对历届诺贝尔经济学奖得主的经济理论进行学习和研究，先后组织研究生学习了诺斯、科斯、卡斯、莫里斯等的理论。特别是莫里斯获诺贝尔经济学奖的消息传来后，我们通过他的博士生、我校校友张维迎特邀莫里斯教授来中国讲学，第一站就是来西安，给我院研究生作了两次报告，受到热烈的欢迎。接着我们又组织研究生学习了张维迎的新著《博弈论与信息经济学》，从而基本上掌握了莫里斯的经济思想，进入当代西方经济学前沿阵地。

所谓远大目标，就是要瞄准诺贝尔经济学奖，实现新中国成立以来对诺贝尔奖的零的突破。为此，我们在西北大学进入"211 工程"的经济学重点学科规划中，提出"打出潼关，争取全国发言权；走向世界，问鼎诺贝尔经济学奖"的远大目标。我们认为，这对我国来说，不但有必要性（因为新中国成立半个世纪了，却一直与诺贝尔奖无缘，这实在是说不过去），而且具有可能性，特别是从发展经济学方面突破的可能性较大。为此我们提出创建中国发展经济学，力争以此问鼎诺贝尔经济学奖。1998 年，诺贝尔经济学奖得主公布以后，对我们是一个极大的鼓舞，因为得主之一的阿玛蒂亚·森教授是获此殊荣的第一位东方人（印度人），而且是以发展经济学的成就获此殊荣的，这预示着发展经济学在国际上的地位将再度高涨，这对我国发展经济学界争取诺贝尔奖是一次良机。为此，我院召开博士点会，进一步修订了科研规划，集中力量抓好《中国发展经济学》系列丛书（10 册）的编写、翻译、出版和发行工作，力争在 2010 年前完成，以此来争取诺贝尔经济学奖的提名。有人认为这是梦想，我们认为只要坚持不懈地努力，梦想是可能成真的。

三、肩托新星　攀登高峰

为了实现以上目标，仅靠我们这一代人是不可能的，只有寄希望于下一代，即掌握现代科学知识的博士、硕士们。为此，我们就必须正确地认识自己，正确地认识学生，坚信青出于蓝而胜于蓝，学生超过老师是不以人们意志为转移的客观规律。

有人认为，学生超过教师是不可能的，也是不应当的，否则就会失去师道尊严，失去导师的权威，助长学生的骄傲情绪，同时也说明教师无能，不配当教师。我们认为，这种认识是根本错误的。首先应当认识到这是人类社会发展的客观规律，不是由人们主观上承不承认来决定的；其次应当认识到，承认这个客观规律，不但不会降低导师的威望，相反只会提高导师的威望，这种正反两方面的事例不胜枚举；最后还应当认识到，承认并遵循这个客观规律，这样的导师不是无能，而是非常高明，是真正的名师，因为名师才能出高徒。至于权威，从来不是自封的，同时也不是绝对的，更不是全能的，孔子曰："三人行，必有我师焉"，这是至理名言。

正是在以上认识的基础上，我们在培养研究生的过程中，一是坚持教学相长的原则，老师教学生，同时也要向学生学习。特别是对我们这一代导师来说，由于历史的原因，耽搁了将近 20 年的学习与研究的时间，因此专业知识基础打得并不十分雄厚，再加上闭关锁国，对西方国家经济理论与实践的发展知之甚少，因此知识陈旧，亟须更新。而青年学生机遇比我们好，接受新事物快，正是我们学习的对象。二是坚持学术民主、平等讨论的原则。教师可以批评学生，学生也可以批评教师，教师可以不同意学生的观点，学生也可以不同意教师的观点，在讨论中应当讲道理，以理服人，不能以势压人，特别是对导师来说，不能搞"一言堂"，不能作"老虎屁股"，不能有"学阀"作风。三是坚持真理，修正错误的原则。教师应当这样要求学生，也应当这样要求自己，这点说起来容易做起来难，对教师来说，有一个如何正确认识和对待"面子"和"尊严"的问题，在这方面，我们有不少经验，也有很多教训。

但是，学生要超过老师并不是自然而然就会实现的，而是要接受家庭和社会的教育，特别是各级学校老师的教育。研究生教育作为最高层次的学历教育更为重要，所谓"名师出高徒"就主要表现在这个层次上。因此，作为研究生导师，除了"传道、授业、解惑"外，主要是进行立场、观点、方法的教育，启发学生的创新思维，把学生推向学科的前沿阵地，让学生踩着自己的肩膀攀登科学高峰，继承和发扬华罗庚教授"甘当人梯"的精神。这是我院研究生中人才辈出的"奥妙"所在。

在研究生毕业后，作为导师总是希望把优秀的学生留在自己身边，甚至采取各种"卡"的办法，但多数学生还是走了，当时这使我们很伤感，认为过去的心血白费了。但后来见到分出去的学生成长很快，多数人已经成才，有几个已成为全国知名的中青年经济学家，他们不但没有忘记母校，而且对导师的感情有增无减，对母校也从各方面进行了帮助。这一切使我们认识到，过去那种"卡"的办法是不对的，及时地把研究生推向社会则是非常必要的。正如张维迎所追忆的："何教授关心西北大学经济系的发展，希望培养一支强大的教学队伍，但他同样为他的学生的前途着想，有些他得意的学生离他而去，他虽然难过，但从不阻拦。"刘世锦也回忆道："在经管学院用人之际，眼看着自己培养的学生而且多是优秀学生流动出去了，对何教授来说显然是一个痛苦的抉择，但他总能看得远一些，真正把学校为国家为社会培养、输送人才为己任。"

据初步统计，20年来我们所培养的百余名硕士生中，留校任教的仅1/10；在20多名博士生中，留校任教的仅6人。这对我们学院的教学科研力量来说，当然是一个巨大损失，但是看到这些出去的同学茁壮成长，成绩巨大，我们又感到由衷的高兴和快慰。他们的成就为母校争得了无上光荣，也是对母校最大的支持。《光明日报》在1997年1月14日发表的《这么多经济学家缘何出自西北大学》一文及其带来的反响，就是有力的证明。

（刊登于《学位与研究生教育》2000年第1期）

建构博士生教育模式　培养高级创新性人才

——记林崇德教授培养博士生的经验

申继亮*

2000 年 5 月北京师范大学召开高质量培养高级人才研讨会，会上突出介绍了我国著名心理学家与教育家、北京师范大学博士生导师林崇德教授培养人才的经验。林崇德教授长期从事本科生与研究生的教学工作，到 2000 年年底，他先后与人合作或独立培养了 32 名博士，这些博士在各自领域已发挥了重要作用，并各有建树与成就。

林崇德教授是心理学大师朱智贤教授的得意门生，他不仅承传了先师的发展心理学思想，而且还继承了先师的优良教学传统，并在此基础上逐步建构了一个富有创新精神的博士生培养模式：以培养创新人才为出发点，以实际能力的培养和知识结构的更新为重点，以紧抓教学的各个环节为基础，以情感投资为纽带，全面提高博士生的教育教学质量，如下图所示。具体地说，这个模式表现在 6 个方面。

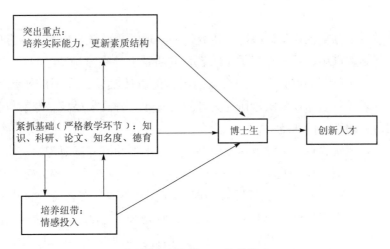

林崇德教授的博士生培养模式

* 申继亮，北京师范大学发展心理研究所所长，教授。

一、制订高质量博士研究生评判标准

如何确定博士研究生的评判标准呢？林崇德教授认为可作不同层次的理解。第一，研究生不同于本科生，区别在于研究生的学习方法、内容、要求都要体现出研究的味道。第二，博士研究生又不同于硕士研究生，这不同点在于从事科学研究的独立性方面。第三，培养高质量博士研究生的问题，主要是创新的问题。创新精神、创造能力、适应能力和实践能力是林教授追求的高质量人才的关键标准，这些评判标准以及具体的评估指标，则是林崇德教授指导博士生的依据。

二、博士生招生的五条标准

林崇德教授从培养人才的逆方向提出了博士研究生的招生标准。第一，考前没有任何成果的暂不招。第二，面试时发现没有创造性思维的不招。他认为，没有创造性思维就等于没有培养前途。第三，通过录取前的深入调查发现没有拼搏精神的不招。第四，看不出有成就动机的、不想成名成家的不招。他认为，创造性人才＝创造性思维＋创造性人格。这里的创造性人格，指的是非智力因素，特别是成就动机。第五，"德"与"才"的任何一方面有缺陷的不招。他在教育部表彰首届优秀博士学位论文会上发言时，这"五不招"的标准被与会领导和专家所认同。

三、引导博士研究生重视实践

林崇德教授十分重视在基础教育中研究发展心理学与教育心理学，并将自己的思维理论应用于基础教育中，以求提高中小学教育的质量。他在全国26个省（直辖市、自治区）建立了3 000多个实验点，进行多门课程的教改实验，在国内外教育界颇有影响。国家教委领导曾表彰他的实验研究为理论与实际、普及与提高、专家与群众、基础研究与应用研究相结合的典范。

林崇德教授把实验点的建设看作他所领导的博士点的研究基地建设，他要求他的博士研究生一入学就下实验基地。学生的任务如下：第一，熟悉学校，熟悉研究的被试（即熟悉中小学师生）。第二，了解发展心理学与教育心理学在教育改革中的地位与内容。第三，在实践中选择课题，并为未来的论文研究打下基础，只有这样，论文才能够体现"以基础研究为主，以应用研究为辅"的精神。第四，适当参与教学，参与行政领导工作。第五，充分利用实验点的资源，获得被试样本以便于深入研究。第六，为提高所在点的教育质量而献计献策，成为一个教育改革的指导者。这种锻炼方法不仅为博士学位论文的撰写奠定了坚实的实验研究基础，而且也加强了学生的社会化技能——他

培养的博士生普遍行政能力强，横向课题经费多。

 四、培养博士生创新精神和创造能力

为培养博士生的创新精神和创造能力，林崇德教授采取一系列措施，引导博士生获取新知识、新成果、新方法，使其更新素质结构。具体的措施如下：第一，博士生入学第一学期，林崇德教授为他们讲述自己的学术观点，强调他自己所研究的"智能与思维发展"领域的新进展。第二，规定读书目录，在引导博士生系统广博地掌握专业知识的同时，要求阅读近五年国内外（尤其是国外）的新书和新杂志。第三，要求博士生在第一学年末所撰写的开题报告中的"文献综述"部分，必须吸收国内外同行近三年的最新研究成果。第四，每年都邀请中国科学院和北京大学等兄弟院校的名家到所里为博士生讲述各自的研究，让博士生了解国内同行，尤其是这些名家的新研究、新成果和新方法。第五，每季度举行一次博士生学术沙龙，让博士生畅谈新研究、新成果和新理论，突出自己的新见解。第六，创造机会，送博士生走出国门，进行合作培养或访问，要求时间必须在 8 个月以上，目的在于让博士生过外语关，从而便于掌握国外的最新研究动态。第七，在论文研究中，引导博士生学会操作和使用所里的仪器设备，或者去天津师范大学心理学开放实验室运用一些新器材，使博士生能够熟练地使用有关的心理学研究的新设备、新手段。

林崇德教授培养博士生的质量，正是建筑在这种素质结构更新的基础上。正因为如此，他培养的博士生，在毕业后都能与国内外一流心理学家打交道，并凭着他们崭新的知识结构，申报并获取各种基金的科研项目，还能从国外获取大量的科研费用。近 5 年来，林崇德教授和他的学生们为其所在单位——北京师范大学发展心理研究所获取了403.7 万元的科研经费。

 五、严格教学的各个环节

第一，引导博士生形成合理的知识结构，即在"博"的前提条件下突出专业。具体做法如下：① 根据考生录取前的情况，指定其补修课程。例如，非本专业的博士研究生要随硕士生补修心理学研究方法、基本理论等课；文科考生入学后，着重强调补修计算机、统计学等课，通过补修完善其知识结构；② 制订详细的必读书目，定期检查，以确保博士生知识面的广度；③ 根据博士生的专业兴趣或原专业（指入学前非本专业的学生）的特点，及早地确定研究方向与课题，在阅读文献的过程中有意识地进行思考，并在文献综述的基础上写出 2~3 篇专题论文。

第二，明确规定博士生所承担的科研工作，使博士生在科学研究中增长才干、锻炼能力、强化创造性思维。具体做法如下：在形式上，聘请博士生为科研助手，承担导师所主持的多项课题任务；在内容上，不仅要求他们完成一些具体的科研工作，如收集数据、统计分析等，而且要求他们参与课题指导思想、技术路线的讨论，并逐步能独立地完成某个课题的研究任务。同时还要求他们参与现代化实验室的建设工作，协助导师购置设备、操作器材、做好主试。因此，林崇德教授培养的博士生科研能力普遍很强，他们不仅博士学位论文做得好，而且毕业后承担的课题也多。例如，1999年，国家自然科学基金共有8个心理学项目，在与100多个学者的激烈竞争中，林崇德教授培养的博士生获得了4项。

第三，紧扣博士学位论文的质量。林崇德教授对博士学位论文的质量有三个与众不同的要求：① 一篇好的博士学位论文就是一部较高质量的专著，或者拆开后至少能够在核心学术杂志上发表4~5篇研究报告和学术论文；② 方法严谨，数据不能有一个差错；③ 注重论文的讨论部分，因为通过这部分可看出论文有无新意、有多少新意，还能够反映出博士生能否评价各种理论、是否具备独立从事心理科学研究的能力。所以，林崇德教授的博士生对论文的讨论部分少则修改4~5遍，多则达21遍。当林崇德教授的博士生难的一个重要原因可能就在于他对博士学位论文的严格或近乎苛刻的要求。1990年6月，他的一个博士生的学位论文按照常规本来可以进行答辩了，但林崇德教授认为一些结论为时尚早，还需要进行验证。为此，他的学生推迟了答辩，并结合再次实验的结果对原论文进行了修改。毕业后，这位博士将这篇博士学位论文的学术思想贯穿到工作实践中并取得了很好的成绩。由于林崇德教授对论文质量的严格要求，在全国首届优秀博士学位论文评选中，他的学生的论文便榜上有名。

第四，通过高质量的博士学位论文与科研成果，提高博士生的知名度和影响力，为他们获取科研项目、科研经费和晋升职称奠定了良好的基础。正因为如此，林崇德教授的博士生分配到各个单位后职称晋升之快，是其他博士生难以比拟的。在北京师范大学人文社会科学教师的科研经费评比中，近年来居前几名者，一半是他的留校博士生。

第五，政治思想上严格要求，特别注重博士生的师德修养。林崇德教授认为，教师的严应该体现在德育领先上，因此，他十分重视博士生的思想教育，尤其是爱国主义教育和理想信念教育。他要求其博士生始终与党保持一致，并亲自介绍了10名博士生入党。他还把握其博士生的学术观点，将坚持辩证唯物主义、理论联系实际、"洋为中用，古为今用"的三个要求贯穿于博士生的研究之中。

六、融科学性与艺术性于博士生的培养中

总结林崇德教授带研究生的个人特色，可以用10个字来概括："严在当严处，爱在细微中。"他教书不忘"育人"，强调"教师的'严'首先应该体现在品学兼优上"，他一方面重视研究生的思想政治教育，另一方面对学生的业务素质一丝不苟，严格要求。在北京师范大学和心理学界，林崇德教授更以对学生的爱而著称。他将自己的整个

身心都投入到了培养学生的工作中，以至于学生反映"他投入在我们身上的精力远远胜过投入在他孩子身上的精力"。林崇德教授在其著作里也说过："我不是一个合格的父亲，但我敢说，我是一个合格的人民教师。"

林崇德教授的爱首先体现在他不惜一切地为学生争取各种发展的机会。1989 年之后，林崇德教授多次找学校有关部门协商他的学生出国访学或深造。在一次学校外事会议上，他说："我以我的人格担保，申继亮一定能够按时学成回国。"最终申继亮获得了学校的批准，顺利赴美访学。自 1986 年以来，林崇德教授先后送出 16 名学生到国外深造，已有 15 人按时回国。这些青年学者们在谈到回国的感受时说："没有别的。我觉得，我不回来，对不起林老师。"而林崇德教授则认为，自己仅仅只是做了一点"感情投资"。

林崇德教授的爱也体现在他甘为学生成功的奠基石。辛涛博士在谈到自己初次发表论文的体会时，感触颇深："先生帮我仔细审阅全文，一字一句改正错别字，甚至整段重写，但当我要把先生的名字写上时，林先生坚决不同意。他说，'你的成果就是你的成果，何必把我的名字写上。我鼓励你们每个学生都成为专家，成为专家就要让大量以你们为第一作者的学术文章出现在学术刊物上。我帮你们推荐，但不可署名。'"

林崇德教授的爱还体现在他全方位地关心学生生活中的各种问题，如思想问题、学习问题、职称问题、婚姻问题、孩子问题，等等。1989 年，北京师范大学决定把新入学的研究生派到基层去锻炼。发展心理研究所的研究生被分派到贫困的抗日老区——北京市昌平县①黑山寨当教师。在出发前，林崇德教授专门召集学生开会，鼓励他们勇敢地面对困难、战胜困难。临近冬天，他还亲自送去了几百斤大白菜到黑山寨中学看望他的学生。他要让学生们明白，只要对工作、对生活充满着热情，无论什么困难都是可以克服的。这段艰苦的时光对这批研究生来说成了他们最宝贵的人生经历。

林崇德教授的博士生大多已到而立之年，相当一部分人成了家，有一定的工作经历。他们都形成了自己的人生观、世界观，在人格上具有相当大的独立性，这就更加需要情感投入，加强师生之间的沟通。所以，林崇德教授认为，师爱就是师魂，"亲其师，信其道"，感情上的沟通是实现师生之间学术思想沟通与碰撞的"纽带"或重要条件。多年来，他一直品味着这样一句话："爱自己的孩子是人，爱别人的孩子是神。""成为神"已成为他的一种精神追求。有追求就会有收获，当教育部有关部门负责人看到他的学生出国后均能按时回国，就问他"为什么'回收率'这么高"时，他朴实地说："人心换人心，八两换半斤。"正是这种感情投入才换得了 32 位博士的茁壮成长以及由此带来的巨大的社会效益。

（刊登于《学位与研究生教育》2001 年第 9 期）

---

① 昌平县：今为北京市昌平区。

如何培养学生的创新能力

朱清时[*]

目前我国已加入 WTO，面临着经济发展的最大机遇和挑战。在未来的岁月里，我国经济成败的关键在于能否培养出大批具有一流创新素质的人才。我在"文化大革命"中大学毕业，从西北地区的工人作起，改革开放后到过不少世界一流学府，后来又长期从事教育和科研工作。因此对于青年人如何成才有较多的阅历和特殊的视角。近来我已多次谈及这个问题，现在，我将对这个问题的看法进一步加以整理，供大家参考。

人的创新能力包含许多方面，其中的悟性和记忆力等，大家已有共识，不再赘述，这里着重讨论那些容易被大家忽视、然而对于创新能力却是至关重要的素质。

传统教育制度中存在许多不利于创新人才成长的弊病，如，在教育思想上只重视向学生传授知识，忽略了培养他们创新知识的能力；在传授知识时采用灌输式，忽略了学生的兴趣和好奇心；在评价体系上采用简单划一的方式，未能反映出学生真实、全面的水平和能力。这些弊病的存在，在一定程度上遏制了创新能力的发展，爱因斯坦对此就深有感触。爱因斯坦是人类有史以来最有创新能力的科学家，他在 1955 年 3 月（他去世前一个月）是这样回忆 1896—1900 年他在苏黎世工业大学的学生生活的："我很快发现，我能成为一个有中等成绩的学生也就该心满意足了。要做一个好学生，必须有能力去很轻快地理解所学习的东西；要心甘情愿地把精力完全集中于人们所教给你的那些东西上；要遵守纪律，把课堂上讲解的东西笔记下来，然后自觉地做好作业。遗憾的是，我发现这一切特征正是我最为欠缺的。""对于像我这样爱好沉思的人来说，大学教育并不总是有益的。无论多好的食物强迫吃下去，总有一天会把胃口和肚子搞坏的。纯真的好奇心的火花会渐渐地熄灭。"爱因斯坦的这段话生动地说明了传统教育的弊病，遗憾的是，目前它们仍然在我国的教育系统中普遍存在。

西方科技先进的国家较早认识了此问题，他们在培养青年学生的创新素质上已经有许多成功的经验，以下简介其中最重要的几点。

---

[*] 朱清时，中国科学院院士，中国科学技术大学校长。

🍃 一、好奇心和兴趣

好奇心人皆有之，但是对自然现象具有好奇心的人就不多了，这种好奇心是科学研究的驱动力，因此是创新人才最重要的素质。

众所周知，核物理学的一个重大里程碑——放射性的发现，就是因为年轻的居里夫人被一种强烈的好奇心所驱使，选择了探索贝克勒尔射线的秘密作为论文课题。她花了整整四年时间，在一个破旧的棚房中坚忍不拔地重复着繁重而又枯燥的工作，终于找到了新元素镭和钋。

爱因斯坦对传记作家塞利希说："我没有什么特别的才能，不过喜欢寻根刨底地追究问题罢了。"他又对一位物理学家说："空间、时间是什么，别人在很小的时候就已经清楚了，我智力发育迟，长大了还没有搞清楚，于是一直在揣摩这个问题，结果就比别人钻研得深一些。"他的这段极为朴实的话，蕴含着深刻的含义。

请试想一下：你是否对自然现象感到过好奇？自然现象分为两类：一类是人们未曾经历过的异常现象，如火山爆发，对这类自然现象感兴趣的人很多，但能把这种兴趣持久下去的人就不多了。第二类是人们在日常生活中司空见惯的东西，如空间、时间是什么？对这类问题感兴趣的，或能够思考这类问题的人不多，其中绝大多数人只满足于一些简单的回答，能像爱因斯坦那样深入思考下去的人就是凤毛麟角了。

在爱因斯坦70岁生日时，著名物理学家拉比致辞说："在爱因斯坦以前，在爱因斯坦以后，从来没有人这样深入地探索、研究过我们关于空间、时间、因果性这样一些人类最本能的观念。"拉比的话带有很浓的感情色彩，但毫无疑问，爱因斯坦是极少数能够深入思考这类人类最本能的观念的人，因而他对这类问题的好奇心可以持续下去。正巧他又生逢其时：科学的发展刚刚为解决此问题准备好了一切必要条件，能力和机遇的完美结合使他成为人类历史上最伟大的科学家之一。

如何培养学生对科学的好奇心或兴趣呢？

1. 让学生有机会观察到丰富多彩的自然现象和亲手做实验

前面讲过居里夫人的例子，她的好奇心是在她看到胶片被一种神奇的物质曝光引起的。爱因斯坦也是这样，他回忆说："当我还是一个四五岁的小孩，在父亲给我看一个罗盘的时候，就经历过这种惊奇。这只指南针以如此确定的方式行动，……这种经验给我一个深刻而持久的印象。"关于这种对科学的兴趣，他又说："在我们之外有一个巨大的世界，它离开我们人类而独立存在，它在我们面前就像个伟大而永恒的谜，然而至少部分地是我们的观察和思维所能及的。对这个世界的凝视、深思，就像得到解放一样吸引着我们，而且我不久就注意到，许多我所尊敬和敬佩的人，在专心从事这项事业中，找到了内心的自由和安宁。"正是他对科学的这个伟大而永恒的谜的兴趣，使他在晚年拒绝了作以色列总统的邀请。

这样的例子不胜枚举。发达国家十分重视对青少年开展科普活动，科学博物馆等科普设施十分普遍。另一方面，好的学校都重视教学实验课和实验设施。这些正是我国目前最缺的，希望引起大家的重视。

2. 教学方法很重要

量子论的创始人普朗克回忆说，他在上小学时，他的老师说："想象一下，一个工人举起一块重石头，奋力顶住它，把它放在房顶上，他做功的能量没有消失。多少年以后，也许有一天石头掉下来砸了某人的头。"这个解释能量守恒定理的例子使儿童时代的普朗克终生难忘，就像他被那个落下的石头砸着了一样。这种教学方法使普朗克对支配着物质世界的物理规律产生了浓厚的好奇心，并且从此对物理学产生了浓厚的兴趣。这个故事是一个生动的例子，它说明人的好奇心和兴趣如何在课堂教学中被引发，而且决定他一生的事业追求。因此，课堂教学永远是学校的中心环节，应该让最好的教师讲课。好的教师不仅对所讲的知识有深刻的了解，而且也善于用学生易懂的语言表达出来，就像普朗克终生难忘的老师那样。

二、直觉和洞察力

从上中学至今，我认识许多学生，他们念书时都很好，但毕业后工作能力相差悬殊，其中一个重要原因就是直觉和洞察力的差异。

当一个科学家在从事创造性工作时，他常常犹如站在分岔路口，他的直觉和洞察力是决定他选择哪一条道路的重要因素。正如一个好的指挥员，面对复杂的局面，必须靠直觉和洞察力马上找到关键所在和解决办法。一位英国科学家在同我谈到我们都认识的一位美国青年教授时说，这是一位好科学家，因为他对科学有很好的直觉。类似的话我听过许多，有经验的科学家都知道，好的直觉是优秀科学家的必要素质。

什么是科学家的直觉和洞察力？为何它如此重要？爱因斯坦曾现身说法地解释过："（学生时代）我在一定程度上忽视了数学，其原因不仅在于我对自然科学的兴趣超过对数学的兴趣，而且还在于下述奇特的经验。我看到数学分成许多专门领域，每一个领域都能费去我们所能有的短暂的一生。因此，我觉得自己的处境像布里丹的驴子一样，不能决定自己究竟该吃哪一捆干草。这显然是由于我在数学领域里的直觉能力不够强，以致不能把带有根本性的最重要的东西同其他那些多少是可有可无的广博知识可靠地区分开来。……诚然，物理学也分成了各个领域，……可是，在这个领域里，我不久就学会了识别出那些能导致深邃知识的东西，而把其他许多东西撇开不管，把许多充塞脑袋、并使它偏离主要目标的东西撇开不管。"这里爱因斯坦强调了直觉在选择研究课题上的重要作用。爱因斯坦能够取得如此大的成功，原因之一就是他在很年轻时就懂得直觉的重要，又选择了他具有最好直觉的领域——物理学。因此他能找到一个具有重大意义、取得突破的条件又已成熟、可以大发展的课题方向。

培养学生的这些素质是创新能力教育中最重要的问题之一。如何培养学生对科学的直觉和洞察力？这些能力是不能靠上一门课或读一些书（类似"小说写法"之类）获得的。培养学生创新能力的最好办法是让学生在实践中和浓厚的创新气氛中自己"悟"出来。因此世界上的一流大学都是研究型大学，它们都通过教学与科研结合和扩大研究生人数，在学校里营造出浓厚的研究气氛，来促进学生的创新素质的形成。

三、勤奋刻苦和集中注意力

数学家华罗庚的一句名言是"天才出于勤奋，聪明在于积累"。他还说过："在中学时，别人花一小时，我就花两小时。而到工作时，别人花一小时解决的问题，我有时就可能用更少的时间去解决了。"此外，他还带出了优秀学生，陈景润就是其中之一。

这些科学家在基础知识方面下的功夫很深，像老工人熟悉机器零件一样熟悉它们，因此也可以像老工人把零件装成机器那样熟练地用它们写出新定理，组装出新反应，完成新实验。当你看精彩的杂技表演时，就可以生动地感受到这个道理。杂技演员几年、几十年地练习一些基本动作，直到练得炉火纯青，以致使普通人认为这是天才作出的奇迹。科学研究和杂技在这个意义上是相似的。陈景润说过："做研究就像登山，很多人沿着一条山路爬上去，到了最高点，就满足了。可我常常要试9～10条山路，然后比较哪条山路爬得最高。凡是别人走过的路，我都试过了，所以我知道每条路能爬多高。"这句话揭示出了陈景润何以能超过别人达到顶点的秘密。

勤奋刻苦必须以能集中注意力为前提。注意力集中的程度决定着思维的深度和广度。科学史上思想深邃的巨人都特别能集中注意力。牛顿曾在思考时误把怀表当作鸡蛋放进水里煮。奥托弗里希回忆说："爱因斯坦特别能集中注意力，我确信那是他成功的真正秘诀：他可以连续数小时以我们大多数人一次只能坚持几秒钟的程度完全集中注意力。"这句话很精彩，它清楚地揭示出了优秀科学家与一般人的不同之处。

因此，现在我想对华罗庚的名言做个注解："天才比常人能更高度地集中注意力。能长时间集中注意力并勤奋工作的人，才可能成为天才。"华罗庚和陈景润就是这样的天才。事实上，陈景润的成功不仅是由于他有超常的毅力、耐性和不计代价的投入，更重要的是他具有长时间地高度集中注意力的能力。具有后一点，他才能做出别人做不到的事，也才能感受到工作的乐趣，从而舍弃正常人的生活，愉快地把全部时间都花在工作上。

学校不仅应该让学生具备集中注意力的能力，而且应该营造出有利于学生集中注意力的环境。一个人集中注意力的能力既有生理因素，也有心理和社会原因。生理因素包含先天和后天两类，许多事实均说明先天因素的重要，但是其中的科学原理尚待脑科学家们做深入研究。后天因素则比较明显，例如充分休息和适当运动之后，脑部供氧充足时，比较容易集中注意力。又如科学研究已确定：血液中铅含量较高的儿童会出现注意力缺失等。因此，足够的休息、适当的运动和恰当的营养有利于集中注意力。好的学校不仅应该给学生提供良好的学习和工作环境，还应该给学生提供好的休息环境和体育活动场所。

心理和社会的原因则比较复杂。例如，做自己很有兴趣的事最容易集中注意力；又如古人说的"宁静致远"。现在不少学校的校园里有很浓的商业气氛，青年人边读书边经商，这样一来，学生就难以静下心来，更谈不上集中注意力了。

四、人文素质和文化传统

有志在任何领域成大器的人才还必须具备一些基本的人文素质。

一是要有"海纳百川，有容乃大"和"文人相亲"的胸怀，即善于看到自己的同行和竞争对手的优点和长处，在保持各自的风格和特点的同时，相互学习、相互鼓励、相互支持。英国名作家萧伯纳曾说过一句精彩的话，大意是：两个人交流思想与交换苹果不同，交换苹果以后，每个人手里还是只有一个苹果，而交流思想后，每个人都有了两个思想。具备这种素质的人，就能不断获得新思想，同时也才能有"团队精神"。目前我国的学生中独生子女很多，学校教育又忽视培养学生的这种素质，这是很令人忧虑的。

二是要提高自信心。举一例即可说明：获得了诺贝尔奖的约瑟夫森效应被发现时，约瑟夫森还很年轻。他发现此现象时并不理解，但他相信自己没错，就与他人合作，坚持研究下去弄清了原理。其他人也曾看到这类现象，他们不理解，就认为自己的实验有问题，不再去想它。科学上的重大发现在初期往往难以被人理解，有自信心的人才能勇于创新、不怕风险，这样才能领风气之先，反之，缺乏自信心，就只能去跟潮流。具有博大的胸怀和自信心是成功的前提，希望这两点能引起大家重视。只有使我国的年轻人才普遍具备上述这些素质，我们才能造就一批科学界的大师，他们中才能有人问鼎诺贝尔奖。

（刊登于《学位与研究生教育》2002 年第 4 期）

导师，你应该教给学生什么

林文勋[*]

在研究生的教育与培养中，这个题目是非常重要的一个问题，也是我担任研究生导师以来经常思考的一个问题。导师的工作是指导和培养研究生。研究生与本科生的最大区别就在"研究"二字上，离开这一点，就谈不上是研究生了。而导师，主要在这个"导"字上，你如何"导"学生们的科学研究，"导"学生们的处世为人，最终使之达到培养目标。根据这一点，我主要谈以下三方面的认识。

一、导师如何引导学生进入学科前沿

要作出高水平研究成果，非常重要的一点取决于你的研究是否处于学术前沿。

据有关统计，全世界4%的科研机构占了22%的诺贝尔奖的获奖名额。如英国的卡文迪许实验室有7位获奖者，德国马普学会有17位获奖者，贝尔实验室有11位获奖者。日本获得诺贝尔奖者共11人，其中有10人是东京大学的。诺贝尔奖显示出明显的"集中性"特征。另一方面，诺贝尔奖有某种"传承性"。如，丹麦科学家玻尔获了奖，他的好几位学生也获奖。又如，1909年德国的奥斯特瓦尔德以研究化学平衡问题获奖，后来他的学生能斯脱以创立热力学第三定理获奖；能斯脱的学生米里肯又获奖，米里肯的学生安德森又以发现正电子获奖，安德森的学生格拉塞又获奖。这说明，科研需要一种好的传统和好的氛围，但更说明导师处于科学前沿的重要性。

从国内来看，根据很多全国优秀博士学位论文获得者所谈的经验，他们之所以能够获得优秀博士学位论文，一个非常重要的经验就是，导师能够把握学术前沿，并能及时将学生们带入前沿，在学科前沿从事自己的科学研究。

什么叫学术前沿？已有学者指出，前沿就是一个学科在发展中碰到的还没有解决的问题，不解决这些问题，学科就不能前进。我认为还应加上"重大"两字，是学科发展中碰到的还没有解决的重大问题。根据这一规定性，前沿是阵地，只有进入阵地，才能找到问题，解决问题；前沿是火车头，只有解决了前沿的问题，才能推动学科的发

---

[*] 林文勋，云南大学历史文化学院院长，教授。

展。有的人说，没有人研究过的问题就是学术前沿，把学术空白等同于学术前沿，这并不完全正确。因为真正的前沿，是关系学科发展的那些还没有解决的重大问题，而不是一般的问题。

如此看来，前沿往往具有理论性，它关系到学科发展中的重大理论问题，它的解决将会导致学科理论上的重要突破；前沿具有导向性，前沿问题的解决往往会将学科发展导入一个新的层面，甚至是新的发展阶段；前沿是最具学术活力的地方，既然是前沿，往往会为很多研究者所关注并加以探索，所以前沿问题往往是学术热点问题。这一点，在人文社会科学中表现得最为明显。

毫无疑问，要进入学术前沿，需要较长时间的学术积累。而现在研究生的学制较短，特别是博士生，比国外的要短得多。在这种情况下，学生们要尽快进入学术前沿，导师非常关键。更重要的是，如果是学术前沿，研究者不会太多，学生了解和研究不多，导师也是这样。可以说，如果是前沿问题，导师往往和学生处于同一条起跑线上，这对导师来说是一个挑战。如何将学生"导"入科学的前沿，对导师来说是一个很大的问题。这里没有捷径，唯一的办法就是，导师要不断学习，要不断更新知识，始终走在学术前沿上。为做到这一点，就我本人来说，这么多年上研究生的课，我始终坚持讲一些新的问题，在讲授的过程中，讲出一些新的认识和观点，而不是照本宣科地讲已有知识和研究成果。

如何进入学术前沿？有几点我认为比较关键：首先，要具有厚实的专业基础知识。任何前沿都是在学科已有知识和认识水平基础上出现的新问题和新的知识生长点，没有厚实的专业基础知识，就难以认识到前沿问题。其次，要对所从事的学科的学术发展史有全面的了解与把握。前沿问题是在科学发展的不断推动下出现的，它有一个与已有问题的连续性关系，是一个不断探索的长期过程。一个个前沿问题的出现与解决，形成了一个学科的学术发展史。所以，要追踪前沿问题，必须对学科的学术发展史有全面的了解与把握。现在，我们比较忽视这个问题。我在指导研究生做某一问题研究时，往往要求研究生先写出对这个问题已有研究状况的学术综述。这个综述，应该成为他们研究的重要基础和学位论文的一个重要组成部分。最后，要具有敏锐的洞察力。前沿问题往往很少有人问津，不易看出，需要一种敏锐的眼光，要善于思考、善于总结，能透过现象抓住问题的本质。

将学生"导"入前沿，关键一步就是确定好研究的选题。这是非常重要的一个问题。前沿往往不是一个问题，而是很多问题。好的题目具有以下特征。

（1）符合学术发展规律及趋势。只有符合学术发展规律与趋势，才具有研究的可行性，才具有研究的持续性。在这方面，导师应讲清学科发展历史，要讲清学术发展趋势。

（2）符合社会经济发展规律和趋势。科学研究的实践已经证明，没有脱离社会发展的学术研究，也没有脱离经济社会发展需要的学术前沿。不了解社会，不认识社会，很难把握真正的学科前沿。在这一点上，导师应关注社会，同时要引导学生认识社会。现在，我们更注重的是传授知识，而忽视如何引导学生认识社会，这应加以改进。不要说很多应用学科与经济社会紧密相连，就连我们的历史学科也是这样。著名历史学家张荫麟先生曾说过这样一句话：不了解现实社会的认识，没有资格写历史。这话值得深思。

（3）符合本人兴趣。杨振宁先生在一次接受新闻媒体采访时，主持人问，你何以会取得如此巨大的成就？他深思一会，只说了两个字：兴趣。丁肇中先生获诺贝尔奖后，仍坚持高水平和高难度的科学研究，有记者问他何以如此，他说是"兴趣"。兴趣，爱因斯坦称之为"神奇的好奇心"。因为，只有有了兴趣，才会产生想象力。爱因斯坦说："想象力比知识更重要，因为知识是有限的，而想象力概括着世界上的一切，推动着进步，并且是知识进步的源泉。严格地说，想象力是科学研究中的实在因素。"可以说，想象力是知识的延伸，是知识的新的生长点。有鉴于此，导师要给学生以自由，允许提出不同观点与问题。

（4）不能脱离现有研究环境与条件。我们选择的问题，虽然题目很好，意义也非常重大，但如果所在的高校和科研机构没有相应的设备及资料条件，开展不了有关研究，这也是不行的。为此，导师要积极为学生创造良好的研究环境与条件。

二、导师如何引导学生学习和进行科研创新

研究生阶段的培养目标是培养出高层次创新性人才，为达到这样的目的，必须学习。但学习并不是目的，学习的目的在于打基础，科研创新才是目的。因此，研究生阶段学习的目的是打好基础，为科研创新奠定坚实基础，为走向社会做好智力和能力准备。

对于每一个人来讲，学习是一个长期的过程。古人说：学海无涯。但是，在特定的时间内，学习又是一个短期行为。所以，学习始终具有无限和有限的双重性。

我们现在来学习，关键一点是要弄清现阶段学习的特点。否则，要学的知识实在太多，怎么学呢？如处理不好，就会很茫然。我们上研究生时也是这样。研究生阶段的学习不是一般的学习，而是一种创新性的学习。为此，关键要处理好这样几个问题。

首先，打基础与科学研究的关系。在某种程度上是处理博与精的关系，处理打基础与出成果的关系。对这个问题，现在有两种认识：一种认识是，现在研究生的基础并不理想，应打基础；另一种认识是，研究生应尽可能地出成果。我认为，研究生阶段主要还是研究，要研究，不打基础是不行的。打基础不应该漫无边际，否则就会使研究生成为大学五年级、六年级的学生，即学生的知识只有量的积累，而没有质的提高。研究生阶段的打基础，应紧紧围绕研究来进行。

其次，学习与思考的关系。古人说：学而不思则罔，思而不学则殆。就我个人来

说，我的研究做得不好。原因是前一个阶段"学而不思"，后一个阶段"思而不学"。这两者都是读书为学的弊端。要思考，就必须有学术信息。现在，学生之间的交流太少。我常对我们专业点的研究生说，每天应有一两次相互交谈，鼓励大家互相交流。

最后，要善于学习，不要盲目学习。

第一，要有自觉意识，要善于不断增加新知识。有的学生常常感到学不到知识。其实，知识就在我们身边。只要有学习的主动意识，每天都可以增加新的知识。我常跟学生说，我经常参加会议，最初也认为是浪费时间。后来，我比较注意听会上很多人的讲话与发言，哪怕是与自己不太相干的会。这样，时间一长，自己的思维和讲话水平都得到了不小的提高。问题在于，不是有没有知识可学，而是你有没有学习的意识。

第二，要善于将知识转化成能力与素质。我们目前的教育比较重视知识的传授。但是，我们学习知识的目的是为了提高认识社会和改造社会的能力。如果能够将知识转化成能力和素质，知识就会像滚雪球那样越滚越大，能力就会不断提高。否则，我们辛勤学到的东西就会不断地被忘记。而要将知识转化成自己的能力与素质，关键是要了解社会和认识社会。只有了解社会和认识社会，我们才能够知道社会需要什么样的人，我们如何通过学习完善自我。

第三，要善于发挥优势，扬长避短，构建较为完善的知识体系。知识是一个系统，而不是支离破碎的。只有系统的知识才能发挥出应有的力量。我们每一个人，由于自身的经历不同、所学的专业不同，知识背景也不相同。因此，我们要善于总结自己，找出自己的优势，避免劣势，形成一个符合自身特点的完善的知识体系。

现在，有一个如何看待在学校所学的知识的问题。我个人认为，任何知识都是人类文明的结晶，都是有用的。从来没有无用的知识，只有我们掌握不了的知识。我常给学生举一个例子。现在，在都市的超市中，彩电卖不出去，组成了彩电墙。但这并不表明彩电没有用，应该说，很多人特别是几亿农民，他们都需要彩电。彩电卖不出去，有许多深层的社会原因。这里，关键是如何将所学知识转化为自己的能力与素质的问题。一旦转化了，知识能够为我所用，那就会显出巨大的力量。

导师除教给学生自觉的学习意识之外，重要的就是要引导学生进行科研创新。这其中，关键的是如何创新的问题。

结合当前的实际，大家要注意一个问题。这就是要改变那种只拉车、不问路的研究思路。做学问并不是漫无止境，学问实在太多了。做学问不是看你写了多少数量的东西，而是要有所创造、有所发明。我个人觉得，虽然很多人在做学问，但做学问的方式与层次却有所差别。根据我自己的领悟，做学问是分层次的：一种人是用手在做学问，这种人很勤奋，但对自己最终要达到一个什么样的境界却缺乏考虑；一种人是用脑在做学问，这种人往往是思想家型的学者，其研究成果具有思想性；一种人是用心在做学问，这种人将学问与自己的生命融为一体，不仅具有思想，而且能够在做学问中实现人生的升华。

爱因斯坦也曾将科学研究区分为不同的层次。他说，在科学殿堂里，有三种人：一种是把科学研究当成职业，一种是把科学研究当成智力游戏，一种是把科学研究当成自己的"宗教"。如此说来，做学问的人，一种是工匠型的，一种是技艺型的，一种是思想型的。

我本人做得不好，但至少现在如有人问我究竟做出了什么东西，我会告诉他：第一，我系统地提出了历史哲学意义上的商品经济史研究这一概念和体系；第二，我提出了一个与"丝绸之路"相对应的"钱币之路"的学术概念和体系。这说明，做学问不能见子打子，而需有战略眼光，要有全局性、有思想性。只要有思想，就会有创新，就会有生命力。因为思想之树常青。

要创新，比较重要的另一方面是要对现实社会有深刻的认识与把握。学科的发展，学术的发展，从来没有脱离过社会的发展，这是一条基本的规律。俗话说：实践出真知。而现在，我们的教育偏重知识的传授，而忽视引导学生们如何认识社会。不了解社会，我们就不能很好地知道社会面临哪些问题，需要我们解决什么问题。

对于创新而言，从大的方面来说，有原始性创新，有继承性创新。有学者指出，原始性创新，就好比你建造了一座新的大厦；而继承性创新，好比别人已将大厦建好，你再在大厦上面安上一道漂亮的窗子。照我个人的理解：原始性创新，重在超越；继承性创新，重在转换自己的研究视角。但是，不论是哪种创新，都需要有质疑的精神与思维。学问，要既学又问。如果只学不问，就不能称其为学问。

具体说来，创新有几种方式：① 首次提出新的理论或新的观点；② 在别人已提出的观点与理论上有重大发展；③ 对别人提出的多种新观点、新理论、新方法进行综合和提升，将之推进到新的层面；④ 对现有观点或理论进行批判，在批判中提出新的观点与理论。反观我们现在的研究，很多都属于常规研究的范畴。现在我们要大力提倡原始性创新。爱迪生实验室里有这样一句格言："只有离开大道，在崎岖小路上行走的人，才能看到别人看不到的景象。"这说明，科研创新需要我们打破常规。

创新是科学研究上的重大突破与发展。但这种创新却有程度上的差别，这种差别决定着创新成果的影响。如何判断一项成果的创新价值呢？下列四个标准非常重要：新思想、新理论、新材料、新方法。导师要教会学生如何判定自己研究成果的水平和价值，否则，学生就会出现两个极端：一个极端是认为自己没有研究能力，不适合从事科学研究，对自己的发展与前途较为悲观；另一个极端是认为自己的研究水平很高，整天忙于想出成果，忽视扎扎实实打基础和做学问。

现在，有相当一部分研究生存在这样的认识，即：研究生阶段的科研创新或出的创新性研究成果，只有以后从事科研工作才会有用，而从事其他工作则未必用得上。考虑到以后自己既不从事科研，也不从事教学，因而对创新问题未予以充分重视。其实，创新过程是一个思维和能力的培养过程。只有具有创新思维和能力，才能在工作中做出创新性的业绩。所以，创新对每个人来说都是非常重要的，而不论你以后从事何种工作。

三、导师与学生科学精神的培养

现阶段，在社会的转型与变迁过程中，一些人变得急功近利。反映到学术研究中，就是学术风气浮躁，缺乏一种科学的精神。这一方面说明，科学精神的缺乏是一个客观存在的问题，另一方面说明，一个健康的社会，一个健康的学术研究，必须要有科学思想与科学精神，社会在呼唤科学精神。

什么是科学精神？科学精神是从事科学研究的主体在从事科研活动中遵循的精神价值与道德规范。根据这一规定，很多学者对科学精神作了概括与归纳，认为科学精神包括求实的精神、实证的精神、民主的精神、自由的精神、人文的精神，等等。虽然科学精神内涵丰富，但最根本的是：一要实事求是；二要勇于追求真理。

当前对青年学生而言，第一，要树立对科学知识的正确认识，抓紧时间学习。研究生阶段是学习知识和培养能力的黄金时期，无端浪费时间是一种难以弥补的重大损失。现在有不少学生没有这种紧迫感，对学习抓得不紧，时间利用得不充分，心思没有全部放在学习上。要知道，任何机遇都是给那些有准备的人的。社会对研究生的期望很高，评价的重要标准就是你的知识如何、你的能力如何。如果不抓紧时间学习，自己的知识和能力没有实质性的提高，自己的发展是可想而知的。

第二，要杜绝浮躁的学风，潜心研究。科学研究是一个艰辛的探索和创造过程，需要脚踏实地的工作态度和严谨求实的职业道德，任何浮躁与虚假都是与科学研究相悖的。司马迁穷毕生精力成《史记》一书，摩尔根花40年的时间写成《古代社会研究》，马克思数十年研究资本主义社会，完成巨著《资本论》，这些都是典范。我们要以此为榜样，即使因各种因素限制，难以完全做到，但也要有虽不能为，心向往之的境界。我们要有更高的目标，不能获得一个学位了事，而要努力做出无愧于时代、无愧于后人的优秀成果。

第三，要磨炼自己的意志，培养健全的品格。做学问要能甘于寂寞，能抵住诱惑与干扰，这对每个人来说都是一种意志的磨炼。读研究生的时候，老师常常对我们讲，做学问与做人是相统一的。当时，因阅历和经验的限制，我还不能完全领悟其中的道理。现在，随着自己的亲身实践，更感它的重要性和深刻性。如何做人？应该是从大处着眼，从小事做起。所谓从大处着眼，就是要有远大的人生目标和不凡的人生境界；所谓从小处做起，就是凡事要从一点一滴的小事做起。现在，有的研究生不论是做人还是做事，都不拘小节，觉得无所谓，其实这并不好，对自己的成长也不利，苏东坡曾经说过："观人必于其小。"这是非常有道理的。

导师在引导和培养学生科学精神的过程中，首先要言传身教。既教书又育人是中国古代教育的一大优秀传统。要做到既教书又育人，对导师来说，最好的办法就是言传身教。在这个问题上，一个核心的方面就是，导师不能放松自己的科学研究，要始终走在科学研究的前沿,不断有新的知识传授给学生;同时,导师应从上课到具体的指导培养各个环节都认真负责,使学生不但能学到知识,而且能够确立起对科学研究的浓厚兴趣,激发起探求知识的欲望。如果导师在这方面做得不好,却要求学生要热爱科学研究,要勇于探索,其效果是可想而知的。

其次,导师要正确处理与学生之间指导与被指导的关系。在整个培养过程中,导师要积极主动地给予学生指导,而学生也要积极主动地接受导师的指导,并形成二者的互动。在指导与被指导的过程中,导师对学生既要关心爱护,又要严格要求。要妥善处理这二者之间的关系,这其中有个"度"的问题。任何一方面处理不好,都会产生一定的负面作用。目前,我们这方面还做得不尽如人意。如有的导师出于关爱,给学生打的各门课程成绩普遍偏高;还有的导师出于关心学生,自己的科研成果发表时署上学生的名字。这样做,初看起来是关心学生,实则并没有起到好的作用。这不仅使学生没有学到应学的知识,没有受到科学研究的训练,而且容易使学生对知识、对科学研究产生轻视的心理。

最后,导师要尊重学生的劳动。在几年的学习过程中,学生通过努力学习,总会取得一些研究成果,当学生将这些成果呈给导师审阅时,导师应及时并认真批改,肯定成绩,指出不足,这样会激发起学生学习的热情,增加学习的动力。还有,当学生作出一项成果要发表时,如果是学生独立研究的成果,导师最好不要署名。可能有的导师会认为学生是在导师指导下进行学习,自己署上名也并没有什么不对。其实,导师指导学生应是自己的一种工作,付出一定的劳动是应该的,也是必要的。

参 考 文 献

[1] 方延明. 解疑释惑　传道授业　学高为师　德高为范——南京大学四位教授谈研究生培养 [J]. 学位与研究生教育, 2001 (10): 85 - 92.

[2] 胡守军, 等. 诺贝尔奖带给我们的启示 [N]. 文汇报, 2002 - 05 - 31 (12).

[3] 侯光明. 提高博士生培养质量应重视并处理好的四个关系 [J]. 学位与研究生教育, 2003 (10): 121 - 128.

[4] 王则温, 等. 与优秀博士学位论文获得者探讨博士生培养 [J]. 学位与研究生教育, 2003 (10): 65 - 74.

[5] 魏宸宫. 我是怎样培养研究生的 [J]. 学位与研究生教育, 2003 (12): 105 - 110.

(刊登于《学位与研究生教育》2005 年第 3 期)

博士生创新素质的教育与培养

博士研究生教育是高等教育的最高层次。如果说大学阶段注重的是专业基础教育，硕士阶段强调的是专业知识与能力的掌握，那么博士阶段突出的则是创新素质的培养与创新活动的实践。"创新是一个民族进步的灵魂，是国家兴旺发达的不竭动力。一个没有创新能力的民族难以屹立于世界先进民族之林。"这是江泽民同志多次强调的。我国博士生教育质量与世界发达国家相比，最大的差距在创新精神与创新能力的教育与培养上。本文所要探讨的就是如何进行博士生创新素质的教育与培养问题。

一、把好入学选拔关，发掘创新潜能

如果说我们的本专科生教育正在迈向大众化，那么博士生的教育将在很长一段时间内仍然是精英教育。也就是说，博士生的教育只有少数素质较高、专业能力强的人才有机会享受。因此，入学选拔是保证博士生教育质量的基础，是提高研究生教育效率的关键，是搞好博士研究生教育的第一关。

1. 从笔试与面试过程中发掘创新潜能

博士生的选拔，目前主要是笔试与面试。对于社会学科的学生，笔试题目一般是 2~3 道综合性考试题。如何从短短 3 个小时的答卷中与半个小时左右的面试中考查考生的创新潜能并非一件容易的事。

社会科学考生的答卷与理工科考生答卷的要求不尽相同，数学的"1+1=2"是唯一正确答案，但如果一个学管理的考生答卷完全照搬书本上的标准答案，而未融入自己的思考、见解，对这类考生的创新思维潜能应该质疑。因此，我们给考生的评分规则是：完全按照某个专家书上或报刊文章回答的给 60~65 分；综合 2~3 位专家观点进行回答的给 66~70 分；综合 3 位以上专家观点回答并且有所发挥的给 71~75 分；综合 3 位以上专家观点回答并且自己有独立思考的给 80~85 分；综合 3 位以上专家观点回答、自己有独立见解并且论证规范的给 85~90 分；综合 3 位以上专家观点回答、自己有不

＊ 肖鸣政，北京大学行政管理系主任，教授。

同观点并且论证合理的给 90～95 分；综合 3 位以上专家观点回答、自己有相反观点并且论证严密的给 95～100 分。

经过面试可进一步考查考生的思维能力、分析问题的能力以及创新能力，可以了解考生是否具有投身科学的事业心，是否具有脚踏实地、刻苦钻研的精神，这些非智力因素对成就一名优秀人才也是不可或缺的。但是，如果面试把握不好，则容易走过场，甚至会被一些表面现象所迷惑，误认为能言善辩、滔滔不绝的人是有培养潜能的，表现紧张、反应滞后的人就智力低下。实际上，历史上许多像陈景润式的科学家都是大智若愚的。因此如何做好博士生的面试工作至关重要。

2. 考察学生的研究能力

要在博士阶段出创新成果，必须掌握一定的研究方法和具备一定的研究能力，这在硕士阶段就应该培养。未出过任何科研成果的考生很难说他已具备一定的研究能力和已掌握一定的研究方法。对考生硕士阶段的论文、研究成果的考察了解，是博士生入学选拔时导师不可忽视的环节。

3. 学生的学历背景、专业基础与工作经历并同考虑

学科间的融合与交叉是当今科学技术发展的特点与趋势。人力资源开发与管理这门新兴学科与教育学、心理学、社会学、经济学等学科都有密切关系。在招收博士生的时候，我们一般不局限于人力资源方向的硕士，而是从更宽泛的学科背景中去发掘考生。例如除欢迎具管理学基础的考生报考外，我们还特别欢迎本科或者硕士阶段具有哲学、数学、政治学、心理学、经济学、教育学、社会学、历史学等学科背景的学生报考。由于管理学科的实践性、应用性都很强，因此，在考虑考生学历背景与基础的同时，我们还比较注重考生的阅历和工作经历。

另外，我们还要考查考生的培养潜能、创新素质、思想品德、外语能力与总体印象等。

二、改革教学模式，奠定创新基础

博士生培养的第一个阶段是知识学习，而合理的知识结构与启发性的教学方式，是创新能力培养的基本环节。

1. 以"宽口径、厚基础"构建研究课题的知识结构

"宽口径、厚基础"是针对博士生的研究方向或者研究课题来说的，是相对的，是培养知识广博、视野开阔、基础扎实、专业精深的优秀博士生的前提。围绕博士生研究的方向与课题，构建合理的知识结构，处理好"博"与"专"的关系，直接影响到博士生下一阶段的课题研究与学位论文质量。"博"与"专"是辩证统一、相得益彰的，"专"源于"博"，只有在相对广博知识的基础上才能真正达到专业知识的精深；而"博"又得益于"专"，当对所学专业知识达到足够深度时，对相关、相近学科会有触类旁通之效，对所研究的问题才有新思想与新观点。研究生教学管理部门应与博士生导师共同研究制订博士生的培养计划。导师可为博士生开列"精读"与"泛读"清单，指导并督促他们的学习。同时也要结合各学生的学习基础，适时调整课程计划。由于交叉学科与边缘学科的不断出现及各学科研究方法的相互借鉴，目前在博士生当中普遍认为在课程设置中应加大方法论性质类课程的比例，对此，我们导师及教学管理部门应予以重视。

2. 改进课程教学方式

我国著名的教育学家王逢贤教授，在博士生程教学中创造了一套独特的"问号教学法"。王先生认为，本科阶段主要是"句号教学"，即给学生传授正确无误的知识；硕士阶段主要是"逗号教学"，即提出问题，指明方法，把结论留给学生自己去完成；而博士阶段则是"问号教学"，即通过问题引导学生独立发现与解决更多更难的新问题，把问号拉成惊叹号，得出前人没有或与众不同的新结论。实践证明，这种启发性的教学方法，有助于使博士生迅速地从学生角色进入研究者角色，深入学科前沿，提高科研创新能力。此外，在注重基础理论课程教学的同时，还应结合各专业实际，采取研讨课、自我研究、实践教学等多种不同的教学方式，发挥学生自主学习的积极性，培养学生勇于探索、敢于创新的学习风尚。

三、抓好学位论文，培养创新能力

学位论文是博士生培养的重要环节，学位论文的选题是博士生科研工作的起点，是完成高质量学位论文的关键。选题的过程同时也是对博士生创新意识、创新精神培养的过程，导师要不断地引导、鼓励学生进行创造性思维，敢于选择前人未曾涉及的领域，一个具有创新意义的博士学位论文选题的确定，对于发挥博士生在研究工作中的积极性和创造性是个有力的推动。但要完成一篇具有创新价值的学位论文还要历经艰苦卓绝的努力。

1. 尊重学生的研究兴趣和学术个性，激发创造力

导师在指导博士学位论文选题时，还要尊重学生的研究兴趣。兴趣是最好的老师，对某一问题的浓厚兴趣，往往能够转化成研究工作的一种内在动力，并由此激发出空前的创造力。全国优秀博士学位论文获奖者在交流经验时，有些人就谈到因对某一学科领域某一前沿问题的浓厚兴趣，从而产生了强烈的探求和创新欲望。我国已故著名数学家陈景润先生也正是基于对哥德巴赫猜想的极大兴趣，直至痴迷，全身心投入这一世界难题的攻克之中，以常人难以想象的超常毅力和超负荷的工作，最终取得了举世瞩目的成绩，摘取了数学皇冠上的一颗明珠。导师在指导博士学位论文时还要尊重学生的学术个性并考虑他们已有的学习工作基础，要因材施教，对他们进行个性化指导，而不是统一"整编"。要充分发扬学术民主，支持博士生独立选题，支持他们自己选择研究方向，

启发、引导、鼓励他们大胆创新。

2. 注重学科融合与交叉，孕育创新能力

数学的发展对传统的经济学带来了挑战，计算机科学的兴起与会计学结合产生了电算化会计，管理学、经济学、教育学等多学科的思想渗透到传统的人事管理活动中产生了现代人力资源管理。学科之间的融合、交叉、渗透创造了新的边缘学科、交叉学科及新的学科生长点，这些学科的边缘、交叉处犹如一座待开垦的矿产资源，有待于我们的科研工作者去发掘。这也正是科研课题和博士学位论文选题不竭的源泉。能否选择一个具有创新意义的课题，关键在于前面所说的博士生是否具有广博的知识结构，开阔的学术视野。除注意博士课程设置外，还要充分发挥综合性大学学科专业较齐全的优势，让学生利用学校的学科环境资源来形成自己所需的知识结构。

作为博士生导师，一是要帮助学生合理构建知识结构；二是自身除必须具备深厚的专业知识外，还必须拥有宽广的相关学科知识。这样才能对学生在跨学科选题和跨学科研究过程中，真正发挥指导作用。这些年来，我们在人力资源开发与管理方面的教学与研究实践中，特别注意教育学、心理学、数学等多学科的基础学科交叉性。教育学研究的是关于人的培养、促进与素质发展的科学。教育学的研究对象、方法、手段和人力资源开发与管理学有许多相似之处，完全可以借助教育学相关的研究方法与研究成果来研究新兴的人力资源开发与管理学。心理学是研究人的心理现象发生、发展规律的科学。而人力资源开发的对象是人的素质，主要是心理素质。所以也可以运用心理学的研究方法与研究成果来丰富和发展人力资源开发与管理学科。而数学为人力资源的定量化研究奠定了坚实基础。我们常把自己研究经历中所得到的启示告诉学生，不断地帮助、鼓励和要求我们的学生拓宽知识视野，选修跨学科课程，选择跨学科研究课题，力争培养复合型创新人才。

3. 引导学生参加社会实践，培养创新实践能力

创新源于社会实践，服务于社会需要，同时也被社会实践所检验。作为管理学科的博士生导师，自己必须投入科研第一线，尽可能带领学生深入社会生产实践，使理论研究与社会实践有机结合，在实践中不断发掘新问题，不断检验自己的研究经验。这往往是成果创新的切入点，是创新能力的生长点。研究生教育，应该在巩固基础上加强应用。面向经济社会需要的科学研究实践，是培养研究生创新能力的必要过程。人力资源开发与管理是一门应用性比较强的新兴学科，20世纪80年代中期才传入我国。中西方文化的差异，各国管理的不同背景，使我国人力资源开发与管理不能完全照搬西方一套，应建立切合我国实际的一整套人力资源开发与管理的理论与方法体系。这些年来，我们带着学生深入到北京、深圳等全国许多省市的许多企事业单位及政府部门进行人力资源开发与管理的咨询服务工作，将理论研究成果服务于基层管理的需要。我们的一些博士生学位论文选题正是源于我们的社会实践；同时，我们又要求学生把课题研究与社会实践紧密结合，并将研究成果拿回到实践中进行实证检验。

我国的大部分学生是从学校到学校，一部分导师也是如此，较少有机会与社会生产实践接触。一些博士生完全凭文献资料做研究，这样出来的学位论文很可能是闭门造车，没有应用价值，更谈不上创新。美国高校则非常重视老师与学生的实践能力的培养。哈佛商学院鼓励老师用20%的时间到社会一线兼职，为政府、企业提供咨询服务。我们认为哈佛商学院的经验值得我国高校借鉴。北京大学大力倡导并积极为教师创造各种实践的机会。

高校、社会也要为博士生进行社会实践搭建平台。清华大学水利专业的一名学生，在作博士学位论文期间到黄河水利委员会挂职研究。他的学位论文是在实践到理论再回到实践这样的互动模式中完成的。他的理论研究成果最终在黄河流域得到了实证检验，同时研究成果又直接服务于黄河的水治理。这种人才培养模式对博士生创新思维与创新能力的培养是非常有益的。然而社会给我们提供的平台非常有限，清华大学这位学生可谓是众多博士生中的幸运者。高校在探索博士生创新教育时，应拓宽与社会实践相结合的途径，可在全国范围内选择一批富有活力的企事业单位、政府部门作为博士生长期固定的实践基地。可通过社会调查、挂职研究等多种形式，使博士生的理论研究与社会实践结合起来，培养符合社会需要的高素质创新人才。

博士学位论文的指导是项系统性工作。导师既不能"越俎代庖"，也不能"放任自流"，导师除指导、帮助学生选好题，制订好研究计划，及时解决研究过程中的疑难问题外，还应尽可能为学生完成学位论文提供物质帮助。优秀的研究生导师不应该只关注研究生写作是否规范、能否通过答辩与按时毕业，更应该关注研究生的思维方式是否过于常规老套，有没有在内容与架构上超越现有成果，或者从另类角度上对问题进行研究，在更高层次上有新认识。

四、营造良好的校园文化，拓展创新素质

要保证创新能力的持续发展，必须培养与开发相应的创新素质。创新素质是创新能力产生与发展的基础。良好的校园文化，是创新教育的原动力。校园文化是学校历史的积淀，是学校学术风范、目标追求、个性魅力的长期凝练。校园文化的主体和核心是优良的校风和学风。校园文化对师生的人格塑造、价值取向、学术风气、思维方式、道德情感有着无声的浸染和无形的感化。校园文化的培育与弘扬，是博士生创新教育的精神原动力，北京大学"勤奋、严谨、求实、创新"的学风，清华大学"自强不息、厚德载物"的校训，激励了一批又一批莘莘学子。走进中外一流的大学，我们似乎可以感觉到弥漫在整个校园里浓厚、活跃的学术氛围，正是这种浓厚、活跃的学术氛围萌动着创新思想，这正是博士生创新教育不可或缺的良好氛围。博士生参加各种学术交流，是开阔学术视野，激发科研兴趣，提高学术水平，产生创新思维的重要途径，这是课程学习和学位论文研究难以取代的，一流大学与一般大学的区别往往就在于此。北京大学光

华管理学院院长、我国著名经济学家厉以宁先生常说：北京大学的 MBA 不只是光华管理学院培养的，是整个北京大学在培养。为什么清华大学、北京大学培养 MBA 备受社会的关注和认可，独特校园文化的培育不能不说是个非常重要的因素。

科学的价值观和科学的精神，对博士生的创新教育也十分重要，浙江大学对该校全国优秀博士学位论文获奖者的调查发现，几乎所有接受调查的论文获奖者都把具有强烈的事业心、勤奋刻苦、甘于寂寞作为他们取得成功的主要因素。"宝剑锋自磨砺出，梅花香自苦寒来"，劳其筋骨、饿其体肤、空乏其身是成就大业的必经之路。做学问是件非常清苦的事，必须有坚定的信念，不畏艰难的精神及全身心的投入，才不会为各种诱惑所动，才能顽强地坚持下去。据教育学研究表明，非智力因素对成功所起的作用达到80%，要培养具有创新精神、创新能力的优秀人才，非智力品格的培育不可忽视。同时导师的言传身教及潜移默化的影响也不可低估，一些作出杰出贡献的优秀博士生正是在导师人格魅力的感召下，传承了导师科学严谨、求真务实的治学作风，不畏艰难、坚持不懈的治学精神而成就了一番伟业。

总之，博士生创新素质的教育与培养是一项艰巨的任务和一项系统的工程，需要导师、学生、学校、社会多方的共同努力。

参 考 文 献

[1] 伍一军. 研究生创新思维和创新能力的培养 [J]. 学位与研究生教育，2003 (7)：5.

[2] 肖鸣政. 言导身导文导 [J]. 学位与研究生教育，1994 (2)：47 – 48.

[3] 黄飞跃. 谈研究生创新能力的培养 [J]. 学位与研究生教育，2004 (3)：5 – 6.

[4] 张振刚. 中国研究型大学知识创新的战略研究 [M]. 北京：高等教育出版社，2003.

[5] 萧鸣政. 人力资源开发学 [M]. 北京：高等教育出版社，2002.

（刊登于《学位与研究生教育》2005 年第 8 期）

谈研究生导师的素质

赵馥洁*

我从事哲学教学和研究 40 多年，从事哲学硕士研究生的培养工作 20 多年。在 20 多年思考、探索和追求的过程中，日积月累地形成了一些关于培养哲学硕士研究生的教学观念，特别是关于导师素质的观念，并不同程度地见之于教学实际，这些"观念"和"实际"不足以称之为"经验"，只可以统名为"体会"。既曰"体会"，总具有浓厚的特殊性和个人性，不值得为他人道也；然而任何特性中都有共性，所有个性中都有一般，故写出来，以作交流。

研究生导师既要有广博的专业知识和坚实的专业理论功底，有丰富的教学经验和科学的教学方法，能够开设高水平的课程，也要在学术上有独到的思想和丰硕的成果；既要有站在学科发展前沿、洞察学科发展趋向的见识，能够指导研究生从事科学研究，撰写出有新意的学位论文，还要在思想、品德、学风、人格等方面成为学生学习的榜样，对学生有人格上的吸引力和感染力。

一、在传道、授业的基础上，追求"人师"境界

革命老前辈、教育家徐特立认为，教师有两种：一种是经师，一种是人师。经师就是教知识，人师就是教行为，教学生怎样做人。他说："我们的教学是要采取人师和经师二者合一的，每个教科学知识的人，他就是一个模范人物，同时也是一个有学问的人。"为了培养硕士研究生，我们不仅要做好一名教师，还要做好导师，更要成为人师。做好教师，就是把书教好，把课上好，把传道、授业、解惑的职责完成好。做好导师，就是在科研上有建树、有成果，并能在高水平上指导研究生从事科学研究。做好人师，就是要在教授学问、传授知识之外，关心学生的思想、品质、作风，引导学生在德、智、体、美等方面全面发展；就是要寓德育于智育之中，结合课程教学对学生进行思想品质、治学态度、创造精神和职业道德的教育；就是要养成治学严谨、教学认真、尊重科学、热爱真理、情调高尚、仪表庄重、行为文明、作风朴实、循循善诱、严于律

---

* 赵馥洁，陕西省社会科学联合会主席，西北政法大学教授。

己等优良教风；就是要具备良好的教育素质和崇高的人格境界，以自己的模范行为为学生做出表率，使学生在人格境界上受到强烈的感染和熏陶。

古今中外的教育家都非常重视教师的道德素质，都希望教师成为人师。《韩诗外传》云："智如泉源，行可以为表仪者，人师也。"扬雄说："师者，人之模范。"卢梭说："一个教师，是多么高尚的人！"洛克说："希望做导师的人也具有一个谨严的人和一个学者的性格。"

在教师、导师、人师三者的统一上，教师是出发点，导师是基本点，人师是制高点。人师是体现教师素质的最高标志。在研究生教育中，由于导师的主导作用特别突出，人格影响更为直接，因此，自觉追求人师的崇高境界尤为重要。

二、在精通专业的基础上，形成学术特色

一个硕士点鲜明的研究方向是该硕士点指导教师的学术水平、学科优势、科研特长的集中表现，也是该硕士点学科建设的重点内容和学科发展的具体目标，也是培养出术有专攻的创造性人才的基础条件。而硕士点的研究方向归根到底是由该学科的发展趋向和导师的科研优势确定的，这就要求导师个人也必须有自己的科研优势和学术特色。而要形成自己的科研优势和学术特色则需要自觉而又专心致志、锲而不舍地沿着某一方向从事研究，并在这一研究领域取得有特色、有价值的学术成果。一个导师如果形成了自己的学术特色和优势，就有了自己的学术"根据地"、学术"栖身处"、学术"生长点"。而如果在治学过程中东张西望，左顾右盼，业无专攻，学无专长，没有自己的特色和优势，就不会有自己的阵地。

20 年来，我一直坚持价值哲学和中国价值哲学这一方向，开课程，撰论文，写著作，自觉地追求着学术特色和专业特长这一目标，虽没有多少创获，但却在这一追求中集中了自己的学术注意力，保证了心不二用、志不旁骛、力不分散、时不浪费。尽管做到这一点并不轻松，但总觉得在学术园地里有了一个栖身之所，指导研究生时也有了方向和底气。

三、在知识融会的机制中，着力"转知成智"

"转知成智"的意思是把知识转化、升华为智慧。智慧是一种基于知识、现于才能、达于彻悟的高、远、深、广的认识能力和认识境界。首先，智慧是一种认识能力，人的深层次、高境界、创造性的认识能力，即一种高屋建瓴、高瞻远瞩、探赜索隐的洞察力、创造力、预见力。其次，智慧还是一种明了事理、洞悉人情、彻悟人生的精神境界。章学诚说史家应有"德、识、才、学四长"，袁枚也认为诗人应有"德、识、才、学四长"。"德"是道德，"才"是能力，"学"是知识，而"识"就是智慧。清末刘熙

载说："才、学、识三长，识为尤重。"哲学家冯契说："意见是以我观之，知识是以物观之，智慧是以道观之。"古今中外的杰出人才不但拥有渊博的知识，而且拥有卓越的智慧。

人的境界的高低、优劣，人的事业的得失、成败，从根本上说主要不取决于他的知识数量的多少，而是取决于他的智慧的高低。如果说本科教学要在传授知识的同时教给学生获取和运用知识的方法的话，那么，研究生培养就应该在知识、理论、方法教育的基础上，着力于帮助和引导研究生把知识和才能升华为智慧。所谓升华就是融会贯通、陶冶熔炼，知识和才能融会贯通、陶冶熔炼之后形成的见识、思想和能力就是智慧。从其形成而言，智慧是知识和才能的升华；而从其功能而言，智慧又是知识和才能的统帅。它不但主导着知识和才能的获得，而且指导着知识和才能的运用。

智慧对知识、才能的获得起着方法和动力作用；对知识、才能的运用起着方法和定向作用。清人袁枚将智慧的功能喻为"神灯"："我有神灯，独照独知，不取亦取，虽师勿师。"清人叶燮认为没有"识"（智慧）的"才、胆、力"有害无益。他说"无识而有胆，则为妄、为卤莽、为无知，其言背理叛道蔑如也。无识而有才，虽议论纵横，思致挥霍，而是非淆乱，黑白颠倒，才反为累矣。无识而有力，则坚僻妄诞之辞，足以误人惑世，为害甚烈。"因此，研究生要实现事业理想和人格理想，就不但要学习知识、掌握知识，还要转化知识、升华知识，把知识升华为智慧。当人善于把知识转化、升华为智慧的时候，知识就可以陶铸智慧；当人把知识僵死化、固执化的时候，知识就会遮蔽智慧。

近代以来，人类处在一个知识愈益遮蔽智慧的时代。自培根提出"知识就是力量"的口号以来，人类的知识飞速发展，大量积累。至20世纪60年代以来，形成了知识爆炸、信息泛滥之势。科学知识增长一方面推动了社会经济的发展，另一方面却导致了人类智慧的萎缩。人类越来越变得有知识而无智慧，有技能而无境界，正如印度政治家卡兰·辛格所说的"知识越来越丰富，智慧却日趋枯竭"。在当今这个知识泛滥、智慧匮乏、重知识轻智慧、甚至以知识遮蔽智慧的时代，教育、引导研究生把知识升华为智慧，有着极其深远的意义。

"转知成智"的一个重要方面就是警惕思维误区。任何一门学科的思维方式，既有其优势和长处，也有其弱势和短处，关键在于身处其中的人对之要有自觉而清醒的认识。是否清醒认识自己所从事的学科的思维局限性，并善于扬长避短，不把该学科的重要性和优长性绝对化，乃是一个学者学科自觉性的重要标志。哲学虽说是人类精神的至境，人类思维的高地，但它的高度抽象的思维特征，如果运用不当、驾驭失宜，也会把人的思维导向歧途，引进误区。在哲学研究生的培养工作中，通过教学和论文指导，使学生明确认识哲学思维的弱点，警惕哲学思维的误区，对于端正其思维方向、优化其思维方式，有着深远的意义。为此，我经常提醒并告诫研究生：哲学搞好了会使人充满智慧，搞得不好会使人"走火入魔"。"走火入魔"的表现有：① 有概念而无生活（空），只对概念有反应，而对现实生活麻木、迟钝；② 有论断而无论证（霸），对问题只下断语、作结论，而无事实证明，无逻辑推理，既不摆事实也不讲道理；③ 执己见而无反省（固），固持自己的一孔之见，坚信自己的看法不会失误；④ 只深入而不浅出（玄），只会引用玄奥的专业词句，不会用通俗语言阐发深刻的道理。因此有人嘲讽搞哲学的人说："研究自然科学的人搞了多半辈子，还不敢与大科学家对话；而学哲学的人才读了一本哲学书，就敢于批判哲学大师。"意思是说搞哲学的人易患"思维狂妄症"。提醒哲学研究生警惕这些思维误区，可以使他们在发挥哲学的思维功能时，多得其益而少受其累。

四、在遵循规范的起点上，提高教学艺术

教育是一门科学，也是一种艺术。罗素说："教育就是获得运用知识的艺术。这是一种很难传授的艺术。"教学过程既要以理服人也要以情感人，既要启智又要释疑，既要有抽象的概括又要有形象的描绘；教学内容既要有说服力又要有感染力；教学方法既要有科学性又要有情趣性；教学语言既要精当又要精彩；课堂教态既要庄重又要生动。这就得讲究教学艺术。

课堂讲授的根本特点是既讲述又解释。讲述即传道、授业，解释即解惑、释疑。韩愈所谓"传道、授业、解惑"，可以说是对课堂教学特征的高度概括。课堂教学艺术的核心是在诸多因素的张力中保持和谐，从而达到抒情而不煽情、说理而不拘理、通俗而不庸俗、深入而不深奥、浅出而不浅薄、自然而不散漫、严谨而不拘谨的境界。

要提高教学艺术，固然必须从各方面提高素养，然其精魂在于教师必须把所传授的知识、理论、技能内化为自己的思想和心灵，熔注入自己的生命过程。就是说，在教学中，教师所传授的知识，不但是自己知道的，而且是自己独立思考过的；教师所讲授的理论，不但是自己记得的，而且是自己真正理解了的；教师所教授的技能，不但是自己操作过的，而且是有自己的体会和感受的；教师所用的话语，不但是出之于口的，而且是发之于心的。这样，就可以打破有学无识、有理无思、有技无情、有口无心的僵化教学状态，超越无人主义、外在主义的机械教学模式。

五、在学业积累的过程中，不断优化学风

搞学习，做学问，必须解决好学习目的、学习态度和学习方法三个问题，其中学习态度问题直接影响着学习目的的实现，支配着学习方法的运用。学习态度就是学风。养成良好学风，对于硕士研究生的在校学习和毕业后的工作都极为重要。每一届研究生初进校，我都要对他们进行"学风十戒"的教育。"学风十戒"一曰戒满，满则无求；二曰戒骄，骄则无识；三曰戒惰，惰则无进；四曰戒浮，浮则不深；五曰戒躁，躁则无

得；六曰戒急，急则不达；七曰戒粗，粗则易错；八曰戒袭，袭则无创；九曰戒奇，奇则常谬；十曰戒名，名则难实。

由于近多年来学界浮躁风气极为严重，危害甚烈，所以在学风教育中，我尤其突出强调要"戒浮求实"。学风上的浮，就是停在表面，不求深入，浮光掠影，浅尝辄止。例如读书籍，满足于浮浅的理解；写文章，追求浮华的言辞；看问题，停留于浮泛的观察。这种浮而不入、华而不实的学风，会产生许多弊病，严重危害学习。其危害在于以下几方面。

浮则躁——学风浮的人，学习时不专心致志，不安静踏实，坐不住，钻不进，心猿意马，心慌意乱，听讲则充耳不闻，读书则一目十行，作业则草草了事。

浮则急——学风浮的人，学习时急于求成，急于达到目的，不循序渐进，不顾学习的质量，只求数量多、速度快，企图走捷径，搞速成。

浮则粗——学风浮的人，学习时粗心大意，粗枝大叶，粗手粗脚，不认真，不细密，不严谨，由此造成在阅读、理解、谈论、写作等方面含混不清，似是而非，常出差错。

浮则浅——学风浮的人，对知识的掌握停在表面，知其一不知其二，知其流不知其源，知其然而不知其所以然，抓不住内容的关键，探不到问题的本质，弄不懂知识的真谛。

学风上的浮，是一种志大才疏、眼高手低、头重脚轻、外强中干的坏习气。用这种态度对待学习，不会取得任何真正的收获。没有诚实的态度，企图靠夸夸其谈去一鸣惊人，企图靠自我吹嘘去显示才华，企图靠投机取巧去达到目的，都只是水中捞月、镜里折花，最后一无所成。因此研究生应该"戒浮求实"。求实，就是要对学问采取诚实的态度，实事求是，遵循科学规律。

求实就是要建立坚实的知识基础，重视基本知识的学习、基本理论的掌握、基本技能的锻炼。在掌握知识时循序渐进，由浅入深，乐意下苦功、做笨工作。知识基础不坚实，要想才能卓越，无异于沙上筑塔，缘木求鱼。

求实就是要养成踏实的作风，踏实刻苦、认真严谨、好学深思、勤学多练、专心致志、耐得寂寞。

求实就是要严格遵守学术规范，严谨细致，一丝不苟。

古人说："学问之道，惟虚（谦虚）乃有益，惟实乃有功。"戒浮求实，是治学之大本，是学风的基石。研究生只有在学习上鼓实力，做实事，求实功，才能使自己成为有真才实学的人；研究生导师只有着力对研究生进行"戒浮求实"的学风教育，不断优化研究生的学风，才能培养出基础扎实、功底深厚、创造力强的高水平人才。

以上关于导师素质的几点体会。虽乏善可陈，也无多新意，但却凝结着笔者长期从事研究生指导工作的一些主要心得。这些心得的基本旨趣可以归结为对人文教育理念的追求，即努力在研究生培养中溶注人文精神。《学记》云："学然后知不足，教然后知困。"经过长期的教学实践，我深刻地认识到，做好研究生培养工作，当好研究生导师，颇为不易，甚多困窘。理想和现实总有距离，一困也；心志与能力常有差距，二困也；动机追求与实际效果常难一致，三困也；主观认识与客观规律总难符合，四困也。有此四困，致使不少理念仍处在"虽不能至，心向往之"的境遇。尽管如此，有"向往"和无"向往"却是大不相同的。古语云，"取法乎上，可得其中"，因此，即使在成效上不能"得乎其上"，在主观追求上仍然要"取法乎上"。

（刊登于《学位与研究生教育》2008 年第 2 期）

培养高质量博士的探索与实践

岑可法[*]

浙江大学工程热物理学科是全国首批博士点、首批国家重点学科，20多年来为国家培养了175位博士，其中45人晋升教授，任职于清华大学、中国科学院、上海交通大学、浙江大学、大连理工大学、天津大学等全国著名高校和科研机构。这些人里有3位是教育部长江学者奖励计划特聘教授，3位是国家杰出青年基金获得者，4位是国家"百千万人才工程"第一、二层次人选，5位是全国优秀博士学位论文奖获得者，6位是教育部跨世纪、新世纪人才，2位是"973计划"首席专家，9位是浙江省"151"人才梯队第一层次人才。在2003年全国一级学科评估中工程热物理学科在人才队伍和人才培养两项指标上排名均居全国第一。浙江大学工程热物理学科所在的研究所被评为浙江省劳动模范集体和省级先进党支部。在教学成果方面，"培养高水平工学博士的新机制"获1997年国家级优秀教学成果二等奖。"瞄准能源学科前沿，构建一流导师群体，培养一流创新人才"获2005年度国家级教学成果二等奖。

浙江大学工程热物理学科的这些成绩，是经过学科点全体成员艰苦不懈的奋斗才取得的。从1962年到1983年，我一直在做学科负责人陈运铣教授的助手。1983年，陈运铣教授不幸突然逝世，浙江大学工程热物理学科的发展面临很多困难。当时校领导让我负责这个学科的工作，要求把整个学科发展起来。我们只能靠人和、靠团结、靠团队精神、靠集体的力量去克服困难，经过不懈的努力，20多年来终于慢慢走出了一条具有浙江大学工程热物理特色的学科发展道路。

在总结培养高质量博士生的经验之前，我想指出我们培养博士生所遵循的两个原则：一个是科学技术是没有国界的，要相互学习；第二是我们的制度和培养方法要符合中国实际情况，要符合建设有中国特色的社会主义的方针。前一个原则强调科学技术是不分国界的共同的真理和学问，后一个原则强调科学技术要为国家的经济建设服务。下面具体谈一下工程热物理学科培养博士生的经验。

---

* 岑可法，中国工程院院士，浙江大学机械与能源工程学院教授。

一、组成导师团队，发挥集体指导的优势

我们认为，传统单元式博士生培养模式（导师 – 博士生的一对一模式）有好的一面，也存在一些不足之处：① 单元式培养方法使博士生的研究范围受到限制；② 不利于导师和博士生充分发挥各自的长处，导师和学生各自的专长在这种培养模式下很难结合得很好；③ 不利于各分支学科的导师之间以及学生之间的学术交流和研究积累，很难形成一个凝聚力很强的研究群体；④ 不利于发挥集体力量完成国家重大科研项目及高水平的学位论文和科研成果，不利于不同学科导师交叉合作来指导博士生。

所以我们采取了团队指导的方式。工程热物理学科博士生指导教师团队的组成有如下特点：① 由著名教授做学术带头人，导师组整体学术水平较高；② 导师组由老、中、青教授相结合组成；③ 导师分工合作，相辅相成，有的侧重于把握整个研究方向，有的侧重于指导基础理论研究，有的侧重于新的试验方法及新的试验路线的拟定，有的侧重于指导试验和工业应用研究，有的侧重于大规模数值计算，这样自然能使学生得到全面培养；④ 强调学科交叉，形成交叉学科研究团队，这样有利于承担国家重大科研项目，锻炼博士生的创新思维。

二、博士生研究方向要与国家重大需求相结合

选择正确的研究方向，对于保证和提高博士生培养质量非常重要，因此，我们非常重视博士生研究方向的选择。我们认为，工科博士生的研究要有创新性，要有为国家工程服务的能力。所以我们尽可能地把博士生的课题与国家建设的需求结合起来，尽可能把博士生推向国家及省部级重大科研项目的第一线，比如国家自然科学基金重点项目、国家杰出青年基金项目、国家"973 计划"项目、国家"863 计划"项目、国家科技攻关项目、国家高技术产业化示范项目、国家经贸委技术创新项目、省部级重大重点项目、国际合作项目、重大横向项目等，我们将大课题分解成几个子课题交给博士生来做，并作为博士生的学位论文选题。我们先后有近 200 名博士生参加了100 余项重大科研项目，在科研实践中锻炼成才。全国博士学位论文质量评审重点考查两点：选题是不是国家重大需求；是不是科学前沿课题。这两点是前提。工程热物理学科有意识地安排优秀的博士生结合国家重大需求或重大理论创新选择研究方向，先后培养了池作和、邱利民、程军、周昊、罗坤 5 位全国优秀博士学位论文奖获得者。程军博士参与的研究项目不但获得国家科技进步二等奖，而且发表了我国学者在国际顶尖能源期刊上的首篇综述性文章。

博士生尤其是工科博士生的研究，只有考虑了国家建设的需求，与重大科研项目相结合，才能取得重大的科研成果并在实践中加以推广。以水煤浆代油技术课题为例。水

煤浆是一种高效清洁的代油燃料，我们从1981年提出这个新课题，因为看到了我国能源紧缺及环境污染的现状。从2005年到2020年，我国进口石油占需求总量将从43%增长到75%；如果按照现在的石油价格计算，我们到2025年需要在进口石油上面花费将近5000亿美元。经济问题之外，还存在（能源）危机问题、安全问题。假如这75%的石油进不来，我们的工业就要全部停顿。所以我们1981年就提出，能不能利用我们现有的资源，把煤变成油。我们和美国B&W公司合作，建成了目前高等院校最大的实验台架，也是全国最大的煤粉／水煤浆热态实验锅炉（3.52 MW），投资500多万元来进行这方面的研究。项目申请之前有专家质疑，煤可以燃烧，但是煤和水混合怎么可能燃烧呢？所以我们自己先进行了两年研究，确定水煤浆可以燃烧了，才向国家申请立项。国家将这个项目列入"六五""七五""八五"攻关项目来大范围推广。我们研制成功的全世界最大的670 t/h全烧水煤浆专用锅炉（200 MW）已于2005年在广东南海发电厂建成并成功投入运行，现在正在建设第二台。从基础理论、专利、应用实践、关键设备到最后建成大型发电厂，这个研究过程非常漫长，经过了25年努力，直到今年才通过省级鉴定。由浙江大学负责新建或改造并且实际应用的水煤浆锅炉达100余台（最大的670 t/h），其中电站锅炉20余台，工业锅炉20余台，工业窑炉20余台。到目前为止，按锅炉容量折算，我们每年为国家节约石油150万吨。现在世界上有很多国家在和我们合作，如意大利、俄罗斯、菲律宾等。

第二个例子是洗煤泥燃烧发电，也是基于国家重大需求。我国铁路运输紧张，火车运力不够，而60%的火车用来从内蒙古、山西等地运输煤到上海、北京、广州等沿海地区。粗煤纯度低，有石头、泥沙等混合，所以运送之前需要先将煤洗干净，避免污染沿海环境。但是洗完煤之后剩下的煤泥等同样污染了当地环境，流到河流和田地里，生物都要死亡。这是个国际难题，当时没有一个国家能够解决，所以国家科委给我们这个任务，希望我们解决这个国家重大需求。经过两年多的艰苦试验，国家科委、煤炭部的领导看到我们的实验结果，马上把它立为国家攻关项目，在兖州煤矿试点，建成了全世界第一座全烧煤泥的发电厂——兖州矿务局电厂。目前全国已有几十座煤泥发电厂，基本上都采用我们的技术。美国能源部在对世界各国流化床燃烧技术发展的研究报告列出的值得重视的技术中，对中国只列出了这项技术。"煤水混合物异重床结团燃烧技术"获得了1997年国家技术发明二等奖。这项技术从无到有的过程中也培养了很多优秀博士，其中有一位博士凭与这项技术相关的毕业论文获"有突出贡献的博士学位获得者"称号。

三、理论密切结合实际，引导博士生把基础研究变成生产力

国家现在越来越重视科研成果在实际生产中的应用，连重大基础研究"973计划"

的导向也有所转变。我是"973 计划"项目评审专家,开始讨论的时候有人认为重大基础研究就是数、理、化、天文、地理、生物,另外一些专家认为重大基础研究是数、理、化、天文、地理、生物为国家建设服务。最后国家同意了后一种意见,将基础研究分为六大领域:农业、能源、生命科学、环境、信息、材料。后来补充了两个:一个是重大学科交叉,一个是科学前沿。一共 8 个领域。说明国家慢慢将科学研究的重点从基础理论研究转变为为重大实际问题服务。"973 计划"项目验收的时候专家们也会提出有多大的可能性为国家重大实际问题服务,而不仅仅是看发表了几篇论文。我们从很早开始就注意这个问题,要求研究生"能文能武",文是指基础理论,武是指工业应用,这是工科学生应该做到的。

以废弃物能源化利用技术为例,我们导师组将重大项目"垃圾焚烧发电"分解成 6 个关键性问题,指导博士生分工协作、共同攻关。这个项目得到了生活垃圾发电技术第一个国家奖,并且培养出一大批优秀博士。由此我们还成立了超洁净二噁英实验室。因为垃圾焚烧释放的二噁英毒性很强,比氰化钾毒 1 000 倍,焚烧过程必须把它消除掉才能保证安全。浙江省环境监测中心站联合比利时 SGS 二噁英实验室对焚烧炉烟气排放监测表明,烟气中有害物质排放优于国家排放标准,尤其是二噁英排放大大低于国家标准和欧盟标准。这样从基础研究到应用一条龙就完成了。浙江大学垃圾焚烧技术在国内得到大力推广,已运行的垃圾焚烧电厂有 11 座,正在建设的有 9 座。目前采用浙江大学流化床技术的焚烧厂的市场占有率居全国第一,达 26.3%。导师组与博士生共同攻关,在垃圾清洁焚烧领域取得了重大的科研成果。

类似的例子还有很多,比如,我国近 100% 的煤泥发电运用的是浙江大学的技术;水煤浆代油技术经过 25 年的努力,建成世界上最大的 20 万千瓦全烧水煤浆发电机组,2007 年水煤浆代油技术获浙江省科技进步一等奖;洁净煤及低负荷稳燃技术已在 100 座电站机组推广,获国家科技进步二等奖;劣质煤高效燃烧技术分别获国家发明三等奖、四等奖;优化配煤催化燃烧脱硫技术在每年 200 万吨配煤厂推广,获国家科技进步二等奖;废弃物发电技术已建成和在建 21 座电厂,在全国市场占有率第一,获国家科技进步二等奖;根据西部地区缺水的实际情况研发的半干法烟气脱硫技术已在 66 个电厂推广,获浙江省科技进步一等奖;污泥焚烧处理成套技术已成套出口到韩国清州;日处理量为 65 吨的污水处理厂,正在向全国推广;经过近 10 年的基础研究建成的全国首台最大生物质循环流化床发电机组(3 万千瓦)已在江苏省宿迁市建成运行;烟气脱硝技术已成功在多台 30 万千瓦和 12.5 万千瓦发电机组中应用;烟气脱硫技术成功应用于 30 万千瓦、60 万千瓦发电机组。这些研究在投入实际应用、转化为生产力,产生重大经济效益的同时,也培养出了多位全国优秀博士学位论文奖得主。

四、要为博士生提供良好的物质条件

有了好的导师队伍、好的课题之后,还要有良好的物质条件作保障。我们先后承担

了5项"973计划"项目，其中包括一级课题1项、二级课题7项、三级课题26项，课题经费共计3 000多万元，加上"863计划"、国家支撑计划、国家重点基金、杰出青年基金等2 600万元资助，平均每位指导教师有200多万元的基础研究经费。2000—2006年总科研经费达2.11亿元，2007年到目前为止已到款科研经费4 800万元。同时，我们建设了一大批特色鲜明的大中小型实验台架，拥有40台/套大型实验台架和先进仪器，培养博士生使用现代化仪器的能力，为博士生科研创新提供了具有国际先进水平的实验平台。3.5 MW大型煤粉燃烧实验台是我们与美国B&W公司合作建设的，是目前国内高校最大的实验台。多位博士生利用该实验台研究煤粉稳燃及低污染燃烧技术，从基础研究到工业性实验，取得了重大的工业应用成果，获得了国家科技进步二等奖，池作和博士荣获全国优秀博士学位论文奖。80户生物质中热值气化中试装置是在英国壳牌（Shell）基金支持下建成的。10 t/d多功能垃圾焚烧中试试验台，是用"211工程"经费建设的。这是固体废弃物回转窑热解/焚烧中试装置，已成功应用于浙江湖州的医疗垃圾处理中心。还有半干法烟气脱硫实验台、二噁英分析中心实验室等。充足的科研经费和高水平的实验平台，使每位博士生均能有充足的物质条件大展身手，开展探索性的重大基础研究及应用基础研究。

五、要鼓励博士生参加国际会议和国际交流

这一点非常重要，假如我们自己把自己封闭起来，就不可能成为一流。我们组织博士生参加了中日韩三国的定期交流。通过交流，博士生不但科研水平提高了，而且组织能力也提高了，外语水平也提高了。我们还进行了中美、中法、中瑞交叉培养。除了"送出去"，我们还"请进来"。我们已与国外10余所能源领域实力比较强的知名大学和研究机构签订了合作培养博士生协议。我们已培养国外进修人员15人，与国外大学联合培养国内博士生15名。我们与法国联合培养的博士生周昊回国后取得了突出的科研成绩：攻读博士学位期间发表SCI论文7篇、Ei论文20篇；获得国家自然科学二等奖1项、国家科技进步二等奖1项、浙江省科技进步一等奖1项、中国高校自然科学奖1项；与导师合作出版专著1部；获国家发明专利2项；荣获全国优秀博士学位论文奖。周昊认为，他在国外的经历对他帮助很大，能看到其他国家是怎么做的，同时增强了自己的信心。我们和大企业也有合作，这使得博士生有机会参加有大量经费来往的实质性国际科研合作，接受高水平锻炼。近五年来，我们与欧美、日本等国家的相关机构开展了9项国际合作科研项目，总经费达900万元，50余名博士生在国际合作项目中受到高水平锻炼。

最后我想讲一点。我认为研究生培养应该创新，对于管理者来讲也应该进行管理创新。比如前面讲过的导师组方案一度不能通过，就不利于交叉学科合作，当然现在已经

大大改变了。另外培养优秀学生应该考虑不同学科的不同要求，工科的学生更应该培养团队精神，这就要求给导师更大的自由度，要相信导师们的智慧和创新性，让导师们发挥自由能动性。过多的行政规定是不利于发展的。全校一盘棋，但不能要求一刀切、用同一个模式评价所有学科。每个学科都没有棱角没有特色是不行的。创新难，管理创新最难！

（刊登于《学位与研究生教育》2008 年第 5 期）

导师要则

我 今天主要想谈谈作为研究生导师所不能做的一些事情，可称之为"十诫"，作为导师要则。

一、诫"光当老板"

20世纪70年代末80年代初我读研究生的时候，学生都称导师为老师。20世纪80年代在美国读书的时候，同学之间提到导师都称"boss"。时下研究生在网络文化影响下，经常称呼自己的导师为"老板"。"老板"这个称呼有几重含义：可以是爱称，导师给学生提供科研资助，指导研究方向；可能是憎称，学生觉得导师让自己做各种事情；也可以是戏称，是导师不在场时学生之间的互相调侃。

但是，导师自己不应以老板自居。导师地位建立在三个权威基础上：学术权威、道德权威和经济权威。导师在学术上站得高、看得远，在各方面能够为学生争取到各种各样的资助，支持学生的科学研究工作，成为学生的楷模，这样才能建立起权威。

导师指导研究生的过程并不完全是一个"我教你学"的过程。研究生做科研应该有创新，其中的创新点有些是学生自己悟出来的，有些是在导师指导下悟出来的。但是不管怎么样，学术面前人人平等，导师和学生应该是互相探讨、互相促进的关系。

中国有句古话："一日为师、终身为父。"我认为"一日为师、终生为友"更为贴切。作为导师，最高的境界不应该是"门徒满天下"，而应该是"桃李满天下"。学术上很有成就、得到学界的尊敬，这都是比较高的荣誉，但是最高的荣誉应该是"桃李满天下"，这是导师自己内心世界能够得到最大满足的境界。

二、诫"尽做监工"

导师们应该做到帮助学生在学术方面尽快成长，而不是整天监督学生每天做了什么

事情，这样既无益于学生的发展，也无助于学生产出高水平的创新性成果和培养高水平人才。所以要把学生当学生，不能视为劳动力、下属。在学术上应该和学生互相探讨，要尊重学生的人格。因此，导师指导也应该是以"激励"为主，"监督"为辅。在导师和一群学生所形成的研究组中，也需要有和谐的学术生态，让大家自主地表达自己的想法。

导师应该鼓励学生自主创新，不能要求学生过于循规蹈矩。完全循规蹈矩的学生可能成就也不会太高；而且要求学生完全循规蹈矩，可能会遭到学生反感，引起师生关系紧张。

🌿 三、诫"漠不关心"

导师对学生漠不关心是一个极端，但这种情况目前也不少。现在全国高校每个导师指导研究生平均是 8 人，这个数字在全世界都算是高的。美国的导师指导研究生平均是 2～3 人，欧洲更少。

古话说："师傅领进门，修行看个人。"这在每个导师指导研究生数量不多的情况下或许可以，但人数多了以后就有一个规模化培养的问题。导师人均指导研究生的数量增加，容易导致导师精力分散，对每个研究生可能不会都关注到，这样就会造成一个问题：即个别研究生或一批研究生表现不是很好，影响到导师、学科甚至整个学校的品牌，这就是个人发展与集体品牌的关系。所以还是应该给予研究生足够的关心。

再谈一下梯队结构化的喜与忧。目前存在一种比较普遍的情况，就是导师下面有教师团队：博士后帮助带学生，博士后下面又有博士生，博士生带硕士生，形成了一个梯队结构。这种结构有好处，就是可以带很多学生，学生的成果看起来很大。但是这种情况也有负面效果，就是导师和学生的指导关系已经不大了（可能到答辩的时候都不认识自己的学生）。部分学生因没有得到导师及时的教导，尚未养成学术规范，为了达到毕业要求，可能出现论文抄袭等问题，到时候就要遗憾终身了。所以说导师对学生的关注很多时候影响到学生很长一段时间的发展。

每个导师在整个学术生涯可能培养很多个学生，每个学生对导师来说是诸多学生之一。但是对研究生来说，在他研究生阶段这几年，对他是重要的一段人生经历，其中导师就是最重要的，是领路人。

还要强调一下分类型关注与全过程关注问题。要区分不同的学生：有的学生自主性很强，只要给予一些指导和指点就可以；有的学生自主能力没有完全培养好，这就需要全过程关注。对于每个学生，导师要体会他们不同的特点，针对不同的特点进行关注。

🌿 四、诫"呵护过紧"

导师对学生关心的频次也需要把握。对一个学生，导师一个月关心一次和半个月关心一次，这个差别可能很大，当然过多过频也未必合适。创新需要空间，学习研究需要时间，所以导师需要留给学生必要的时间和空间。

培养研究生的目的何在？培养研究生的目的并不是为了完成某篇论文或者某个项目，而是为了培养他的研究能力。所以"呵护过紧"对培养能力不利。需要在"呵护过紧"和"漠不关心"之间找一个平衡点，这也是做导师的艺术。

我们希望培养的学生具有多样性——造就品格、促进创新。这就像某些体育项目中的规定动作与自选动作。规定动作与自选动作的比例是需要掌握的。对研究生来说，规定动作是基本的方法、学识，自选动作是学生的发挥。这有一个过程，有的工作是熟练性工作，做一段时间就会了；还有的工作是挑战性工作。培养学生应该从熟练性工作转为进行挑战性工作。

怎样判断对学生是不是呵护过紧呢？有个表征：小组会时学生不会讨论，学生不会提批评性、建设性意见；或者是导师在场与导师不在场大不一样，导师在场时学生不肯交流，导师不在场时学生可以交流得很好，这也是有问题的。应该是导师在不在场情况都差不多，这样才说明导师掌握得比较适度。

五、诫"批评不停"

不要不断地批评学生。自信是学生很重要的品质，千万不要剥夺他们的自信。屡屡的心理挫折会使学生手足无措。偶尔一次严厉的批评是必需的，但是经常的批评是有问题的。导师和学生在学识上并不站在同一高度，但师生在学识上的不平衡不应该演化为"滥用话语权"。这会引起创新意识的泯灭，会引起学生的逆反心理与师生关系紧张。

实际上，研究生、导师、培养环境的利益是一致的。研究生有好的创新性成果，导师有荣誉感；同样导师的学术地位提高，研究生也会有荣誉感。对学校来说也一样，学生培养得好，科研成果丰富，也关系到学校的利益。

过度批评还会造成过度批判的学风与文风。蔑视权威的目的不是为了蔑视权威，不是为了单纯批判，或者依靠批评成名。批判是为了对新领域、新问题的深入思考。

六、诫"处事不公"

应注意导师处事不公的问题。导师断错一事便会挫伤一个学生的积极性。比如研究生培养机制改革以来，导师可以给学生一定的资助，但是切忌将学生待遇过度量化，导致学生的不平衡。

导师也不要把学生分成不同的亲疏等级。这样容易造成学生或不信任导师，或奉承之风盛行。如果在学生中养成这样的风气，就很难出成果了。

七、诫"用心不专"

导师在一开始的时候是比较专注的，但是中间过程由于受其他事务的干扰，容易分散精力。所以我想提醒年轻导师不要丧失"学术前行"的精神支柱，在逐鹿学术前沿时不要盲目跟风。导师自己如果对某一学术领域不够了解，又没有足够的精力去研究，对学生的指导就不会很中肯。

研究中还要注意根与枝的关系，磨刀与砍柴的关系。需要时刻把握研究方向，准确区分研究中的主要问题和次要问题。对年轻的导师而言，年轻时要打好学术底子，阅历深厚后再做战略科学家。

八、诫"治学不实"

前段时间，美国 NSF（National Science Foundation）的项目申请不命中率达到了90%，评审通过的只有极少项目。申请项目基金具有了"博彩"效应。因此申请人尽量将申请材料做得完满，不断制造一些新概念，导致了浮夸，申请材料成了一个"good story"，但是离实现却差得很远。

30 多年前就有人提出了"硬科学"与"软科学"的概念。什么是"硬科学"和"软科学"呢？可以完全被验证的是"硬科学"，其他无法完全验证的都是"软科学"。这样说来广义相对论，基于广义相对论的超弦理论，以及基于超弦理论发展的其他理论都已经不能算是"硬科学"。现在的科学 90% 都已经是"软科学"了。并不是说"软科学"就不好，但治学需要尽可能的"实"，但又不可能完全"实"，需要从一个学者的良心上说：我已经尽可能地做到"实"了。

人脑具有"造概念"与"逻辑批判"两重功能。"造概念"太强会变成空想者，"逻辑批判"太强则没有创新，这需要找到一个平衡点。借用胡适的话就是要"大胆假设，小心求证"。

九、诫"逐末忘本"

学生在研究中容易犯的一个错误是 Tangent Off，走死胡同（或者说是刀不快，光砍枝蔓）。研究中遇上问题后抓住不放，结果把原来的研究目的丢开了。过度追求细节会导致丧失研究方向，容易做的东西先做，不太重要的东西做了很多，真正的研究内容却忘记了。

这和导师判断力以及价值观有关系。导师需要帮助学生确立"什么是重要的"这个观念，认准以后往下走，不要过多理会细节。当然也有可能出来一个细节是重要的、可以出成果的，这就需要导师的判断力，也要让学生具有这样的判断力：做大事，顶天立地，原始创新。

十、诫"快速扩张"

年轻导师往往"心有余而力不足"，和其他研究组攀比学生数，喜欢多招学生。这样加速度过快、惯性过大，结果无力驾驭。因为年轻导师在初始阶段往往还不知道如何指导这么多的学生，也往往不知道如何获得科研项目来支持这些学生的研究；同时年轻导师还没有足够的吸引力招到最好的学生。年轻导师在自己的学术道路上还在攻坚阶段，过早分散精力会导致成就不高。

所以我建议年轻导师在刚刚起步阶段指导三四名学生就足够了。到自己视野比较开阔、可以触类旁通、科研经费也比较充足的时候，再来指导更多的学生。

（刊登于《学位与研究生教育》2008 年第 7 期）

谈研究型人才培养的点滴体会

孙圣和*

研究型人才与知识型人才不同，知识型人才的培养强调"三基一能"，即基本理论、基本知识、基本技能和较强的自学能力，是对本科生培养的目标；而研究型人才是指具有扎实的基础理论、系统的专门知识和实际技能，独立完成科研工作能力的硕士和博士。

培养高质量研究型人才全过程包括许多环节，下面介绍几个主要的环节。

一、选苗与育苗

（1）选苗。"巧妇难为无米之炊"。培养人才，首先要选择好的苗子才能培养出优秀的人才。在选才过程中，要选奇才、怪才，不选通才、庸才。这里所说的通才并不是指综合型人才，而是指那些门门课程都是 60 分的学生。例如我培养的几个已经毕业的研究生，他们当年在研究生入学考试时的情况如下。

修林成，1988 年参加硕士研究生入学考试，英语成绩差 2 分及格，但信号与系统成绩却得了 100 分。该生毕业后考上了清华大学的博士研究生，现在美国一个著名的公司担任主任工程师。

郭世泽，1991 年参加博士生入学考试，英语成绩差 4 分及格，硕士阶段从事雷达方面的研究。该生的智商和情商都很高，当年仅 21 岁。现在是总参 54 所的总工程师，并兼任全军信息对抗中心主任。

初仁辛，硕士毕业于国防科学技术大学应用数学专业，数学基础特别好。在哈尔滨工业大学博士毕业后，进入清华大学仪器科学与技术学科的博士后科研流动站工作。现在是哈佛大学生物工程研究中心的教授。

因此，我认为在录取研究生时一定要选特殊人才，不要用考试分数来卡。这就是说，选才要重能力，不选高分低能的；要重视对考生的面试工作，重视对考生的实际考核。对考生面试一定要成立考核小组，进行多种形式的考核，准确识别后再做出录取决

---

* 孙圣和，哈尔滨工业大学自动化测试与控制研究所教授。

定。我自己在录取博士研究生时，就喜欢选数理基础好、外语好、软件仿真和写作能力强的人。

（2）育苗。"入了我的庙，就要念我的经"。培养人才，选好了苗后就要育苗。育苗就是要对学生进行全过程、全方位的培养。"念我的经"中的"经"，就是要教给学生做人、做事的理念和思维模式，从入门到出门导师要全过程负责。全方位培养就是对学生进行德、智、体全面的培育。

德育重在培养学生实事求是、团结合作和勤奋不息的工作作风。实事求是是指从事实中寻求客观规律，特别是理工科研究生，一定要尊重实验数据，决不能抄袭、剽窃或弄虚作假。

智育重在培养学生的创新能力。导师要告诉学生，什么是创新？创新分哪几类？在科研工作中如何创新？如何判断创新？我认为：创新是指解决问题时获得原来没有的或较他人更好的方法和结论。创新分三类：原始创新、改进创新和组合创新。原始创新是指获得原来没有的方法和结论；改进创新是指获得性能更好的方法和结果；组合创新是将两种以上的思想和方法组合在一起解决问题时获得较好的结果。要想创新就要调查研究解决某问题的已有理论和方法，并注入新兴学科、交叉学科和邻近学科的新思想、新方法和新理论。学生问我如何判断创新，我让他们上网去检索期刊、会议论文、专利和学位论文等数据库，从中去找答案，并选择投稿方向。

体育就是要关心学生的身体和生活。这不仅仅是补贴助研岗位的学生，对那些有创新成果的学生也要给予补贴，对有特殊困难的学生还要给予特殊补贴。补贴经费由导师或研究所资助。导师没有课题经费，研究所当然也就没有效益，这时是无法补贴学生的。因此，哈尔滨工业大学最近执行博士生指导教师登记制度，没有经费的导师停招两年博士研究生。

二、选题与开题

（1）选题。"差之毫厘，失之千里。"论文选题的失误可能会导致整个论文工作的失败。研究生学位论文的选题要以学术型为主，且是前沿热点问题。前沿热点问题是指近几年许多学者所关心和感兴趣的、其科学意义和潜在应用价值是公认的。当然，如果你在科学研究中能发现新现象、新问题，探索出新规律、新结论，并有重大的科学和应用价值，无疑你的选题内容就是填补国际空白，所取得的成果就是重大的原始创新。因为"发现"比"探索"更难。

通常，我们可以通过国际会议、专家讲学、网上检索等多种渠道来了解本学科研究方向和国际前沿热点问题，师生共同进行选题；另外，还可以从工程应用项目中抽取前沿的学术问题。有些工程项目里确实有"含金量"高的问题，要注意从中发现和抽取。例如，我在主持"北京正负电子对撞机直线水冷控制系统研制"这个工程项目时，就从其中抽取出"大型分布参数系统集总化方法"和"大惯性、大滞后分布对象的控制算法"等问题。

我所指导的博士生中有 3 人的论文被评为全国优秀博士学位论文，他们的论文题目都是按照上述原则和方法选择的，或是结合工程问题或是参加国际会议或出国访问时定下来的。

博士研究生赵春晖的论文《数字形态滤波器理论及其算法研究》被评为 2000 年全国优秀博士学位论文。该论文的选题就是 1996 年航天部五院提出的遥感图像中存在散斑和椒盐噪声问题。

博士研究生牛夏牧的论文《数字图像水印处理算法及测试研究》被评为 2002 年全国优秀博士学位论文。该论文的选题就是我在 1998 年参加国际会议时定下来的。

博士研究生陆哲明的论文《矢量量化编码算法及应用研究》被评为 2003 年全国优秀博士学位论文。该论文的选题也是我在 1999 年去台湾访问、讲学时定下来的。

（2）开题。开题是同行专家对选题的评估和认定过程。博士生开题前的准备工作一定要充分，开题前要多看资料并进行消化吸收。准确地确定课题名称，明确课题的目的与意义、研究内容、思路和粗略方案，进行了前期的研究工作并取得阶段性成果，在权威期刊（如 SCI、Ei 等）上发表数篇论文，满足上述条件才能进行开题。开题必须回答"3W"问题：① Why to do？学生必须讲清楚为什么要做这个课题，其目的、意义是什么，要解决什么问题，国内外研究现状如何；② What to do？学生需要回答在理论、实验和应用上做哪些具体内容，并指出可能的创新点；③ How to do？学生需要回答从理论和实验上解决问题的大概思路和方案。

三、自学与互学

（1）自学。"师傅领进门，修行在个人。"尤其是博士研究生要具备很强的自学能力。博士生的课程主要以自学为主，导师答疑、共同讨论和交流为辅。要求学生每学完一门学位课除了要交"读书报告"外，还要做成 PPT 文件进行"面试报告"。"读书报告"强调对理论知识掌握的心得体会，"面试报告"强调在解决论文工作的实际问题中理论知识的应用。课程考试小组给这两项的评分比例是 6∶4。强调自学并不是说老师不讲课，对于每门学位课，老师首先要做启发报告，告诉学生这门课有什么用，主要学些什么内容，怎样应用所学知识解决实际问题等。例如，现代数字信号处理这门课，主要讲述随机信号参数估计和谱分析的典型方法的基本思想和主要步骤。

（2）互学。"三人行必有我师。"导师和学生要互相学习，师生关系动态变化，才能共同提高。要定期或不定期地举办各种规模的师生研讨会。研讨会可采取多种形式，例如，我所彭喜元教授要求每个研究生在开题前要把研究成果公开报告一次，报告前一周将报告题目在布告栏上公示，以便全所师生都来参与讨论。研讨会也可以是非正式的，导师不定期地与学生讨论，询问其论文的进展情况并与学生交流。研讨会重在坚持，例如陆哲明和牛夏牧两位教授规定每周末都要组织学生开展报告讨论会，很多新点子就是在研讨会上得到的。

在互学过程中，尤其在讨论问题时要提倡歧见，导师要放下架子虚心听，才能真正学到东西。这对提高导师的知识水平很有好处，尤其是对年轻的导师。

四、论文与答辩

（1）论文。"编筐织篓，重在收口。"学位论文是对研究成果的总结。撰写学位论文之前，导师要仔细审查学生在期刊或会议上发表的学术论文，是否满足学校要求的数量和级别。例如，哈尔滨工业大学要求博士生申请学位论文答辩前要公开发表3篇以上被 Ei 收录的论文，而我的最低要求是学校的2倍。要求除学位论文的第一章外，其他每章都需有2篇学术论文作支撑。撰写学位论文前，学生要反复思考论文的结构、撰写思路，同导师一起讨论论文的章节目录，题目与内容应准确吻合，避免文不对题的现象。

学位论文的"绪论"章重点是对本课题国内外研究现状的分析，应按时间节点从概念、方法、理论、技术、应用等多方面，一分为二地分析国内外的研究现状。目前存在的问题是，一些研究生对自己的课题的国内外研究现状分析得不系统、不全面、不详细，甚至评价不客观，这些都是值得重视的问题。

在学位论文的后续各章节中，应重点阐述要解决的问题、理论知识和实验工作。

理论知识部分要求如下。① 问题描述要清楚。不管是方法和方案的设计，分析问题时都应说明已知和未知，或假设和期望的结论是什么。② 逻辑推理要严密。在介绍创新成果的方法和技术原理、步骤的叙述上要有逻辑性、条理性、可读性，尤其是定量的推导要严密。③ 结论要分析。结论说明因果关系，是条件和结果的必然联系。应分析结论的物理意义，以及特定条件下的推论。这一部分目前存在的问题是物理概念不准确、公式推导不严密、跳跃性过大、结论的物理解释不够。

实验部分一般要求如下。① 明确实验目的。例如，验证算法和技术方案的鲁棒性、准确性、实时性等。② 确定实验方案。所采用的仿真或模拟手段，单因素或加权综合因素实验方法，改变影响条件或因素的方案等。③ 制定实验步骤。对确定的实验方案，写清楚制定仿真或模拟的具体步骤。④ 结果和讨论。实验结果可用各种数据表格，一维曲线图、二维或三维图形图像等形式表示。分析数据可得出结论，并与理论的结果对比，吻合不吻合都要分析原因，奇异的结果可能是新现象、新问题的发现。这部分内容目前存在的问题是实验条件不充分，缺少对比数据，结论不明确，缺乏物理意义分析等。

学位论文的摘要部分除主要介绍理论的创新成果外，在论文中提出的新方法、新技术、新原理或建立的新模型等，要评价其性能和适应范围。结论部分要重点介绍根据实验数据得到的新规律、新结论。目前存在的问题是，一些研究生的学位论文的摘要和结论部分内容重复过多。

另外，论文格式要参考学校研究生院制定的规范。根据目前对学位论文的格式审查，主要的格式错误是参考文献的注释不规范，图、表缺少题目和序号，公式序号不连续，错别字、打印错误多，等等。

（2）答辩。学位论文答辩是同行专家对论文工作创新性成果和结论的认定、评价过程。研究生应详细介绍重要创新成果，专家应充分讨论和认定。一篇学位论文有 1 ~ 2 个真正的有价值的创新成果就是不错的。目前，学位论文中存在的问题是创新成果列出四五个，但每个成果的论述都不深不透，蜻蜓点水。这就要求学位论文预答辩前，导师一定要从内容和形式上认真、仔细地审阅全文，形式上的错误过多或严重的要延迟预答辩申请。研究生预答辩时，答辩委员要严格把关，否则送出去评阅的论文因质量问题，不仅会影响导师的声誉，也会影响到学校的声誉。送审论文建议多采用匿名评审方式，避免只评优点不评缺点、百分之百地通过的不正常现象。

（刊登于《学位与研究生教育》2008 年第 8 期）

砺剑图强 勇于创新

——从当研究生到指导研究生谈几点体会

何 友[*]

我是从一名普通的海军士兵成长起来的，先后在海军工程大学和清华大学攻读学士、硕士和博士学位，我的学位论文于 2000 年被评为全国优秀博士学位论文。现在，我是海军航空工程学院院长、教授、博士生导师。自 1990 年担任研究生导师以来，已指导和合作指导多名博士、硕士研究生，其中合作指导的 2 名博士生的论文被评为全国优秀博士学位论文，5 名博士生的论文被评为山东省、全军优秀博士学位论文，4 名硕士生的论文被评为山东省、全军优秀硕士学位论文。总结自己从当研究生到指导研究生这 20 多年的时间里，在学习和工作中的得失以及在科学研究上走过的路，深感作为导师，既要导"方向"、导"方法"、导"创新"，更重要的是要指导学生"做人"；而作为学生，不仅要学习治学之道，更要学习为人之道。下面我结合自己攻读博士学位以及指导研究生的过程中所积累的经验，谈几点体会。

一、志存高远，勇于拼搏

指导研究生很大程度上是言传身教，而"身教"比"言传"更有说服力。这就要求导师首先要严格要求自己，加强师德修养，积极探求学问、创新知识，在思想、价值观念多元复杂的社会面前，以执着追求真理的精神品质感染研究生，促使他们形成良好的做人、做事和做学问的思想品德。

我于 1991 年作为访问学者到德国访学一年，由于在"雷达自动检测与恒虚警处理"领域研究成果突出，当时我的指导老师希望我留在德国攻读博士学位，继续该领域的研究。但我认为自己所从事的国防事业决定了我的事业和位置在中国，只有在祖国为国防事业服务，才能体现我的人生价值，因此我婉言谢绝了导师的提议，如期回到了祖国。回国后即全身心投入到教学科研之中，相继提出了三种新的恒虚警处理方法，研究工作进入了该领域的国际前沿。在当今知识经济影响下的地方大学，知识向金钱的转

---

* 何友，海军航空工程学院院长，教授。

化被很多人作为首要问题考虑，我所获得的理论研究成果虽然不会给我个人带来直接的经济收益，却因其巨大的应用价值引来很多地方研究所和大公司的高薪聘请，这些我都一一回绝了。面对物质的诱惑和各种思潮的影响，要耐住寂寞和清贫、专心致志地做学问，我认为需要的是坚强的意志和无私奉献的精神以及独立自主的思维和追求。

再如，我进清华大学读博时已经 38 岁了，比同年级的直博生大 15 岁，记忆力和精力都远远比不上他们，年龄上的差异带来的劣势是显而易见的。而清华大学对研究生的课程学习要求是非常严格的，就拿外语学习来说，由于当时部队相对封闭的环境，对外交流的机会很少，我所掌握的英语可以说就是"哑巴英语"，因此我面临的最大难关是听力和口语。为了在繁忙的专业课学习中挤出时间学外语，我就利用吃饭、路上和睡前的时间听外语磁带，周末在别人休息娱乐的时候我则参加英语沙龙，并尽可能多地参加国外学者的学术报告会和国际学术会议，不放过每一个锻炼英语听说能力的机会。经过艰苦努力，最终以优良的成绩通过了外语考试。

我是这样做的，因此对学生也是这样要求的。现在，我作为学院院长、研究生导师，既要把学校管理好，又要带好学生，责任之大、压力之大是可想而知的。面对挑战，我选择了拼搏和奋斗，付出了常人双倍的努力。为了能有更多的时间指导学生，能不参加的社交活动我尽量不参加，晚上和节假日几乎都是在实验室度过的；同时我也要求学生向我看齐，如果连续几次找不到某个学生，那我就会对这个学生提出严肃批评。久而久之，我的学生都养成了勤奋好学的良好习惯，晚上和节假日很少有外出娱乐的，都能自觉在实验室加班加点。

二、积极进取，大胆创新

研究生学位论文的选题，尤其是博士生的论文选题要具有一定的前瞻性和前沿性，当然这也意味着一定的风险性。因此，要求研究生一定要有自信和自强的创新精神，勇于开拓和探索，勇于涉足国际上的前沿领域，这样才可能出高水平的创新性成果。

就拿我自己来说，由于我到清华大学读博前已在"雷达自动检测与恒虚警处理"领域取得了一定的研究成果，为了尽快获得博士学位回单位工作，选题之初我本想将这个课题作为学位论文的研究方向。但当我向导师陆大金教授汇报了这个想法后，陆教授指出：作为一名博士生应敢于投入到新的研究领域，通过研究工作不仅能提高学术水平，还能锻炼一种在科学研究中的自信和开拓进取精神。在他的建议下，我毅然选择了当时国际上正逐渐兴起的"信息融合"作为研究方向，开始涉足一个新的研究领域。此后的两年多时间里，我阅读了近 400 篇相关文献资料，编制了上万行的程序，提出了一系列有实用价值的算法。从 1994 年入学到 2000 年这 7 年时间里，在《IEEE Trans. AES》等刊物发表论文 80 余篇，出版专著 3 部，2000 年我的学位论文《多目标多传感器分布信息融合算法研究》被评为全国优秀博士学位论文。

成绩的背后是汗水和艰苦的付出。在做学位论文期间，我经常在实验室一干就是一天，有时甚至通宵达旦。面对一次又一次的困难和失败，我鼓励自己一定要克服困难、战胜失败，训练在困难和失败中的自我稳定能力。我深切体会到在创新过程中面临的各种竞争、挑战、困难和失败带来的心理压力是巨大的。在这种情况下，自强和自信的心理素质是成功的首要素质，也是创新的必要心理基础。

作为导师，要想让自己指导的学生作出高水平的学位论文，导师首先应该具有勇于创新和敢于冒险的精神，具有人胆选择前沿课题作为研究方向的勇气。我和清华大学彭应宁教授联合指导的博士研究生关键，他在选择研究方向时就选择了当时国际性的前沿领域"多传感器分布式检测"方面的课题。尽管当时我国在这方面的研究很薄弱，但国际上的研究却已有一定的基础，选择这个课题作为博士学位论文的研究方向，需要获得国际水平的研究成果，否则就有可能拿不到学位，因此具有相当的挑战性。由于关键的刻苦努力和自强、自信的精神，他在读的四年时间里，在国内外重要期刊和会议上发表论文18篇，其中10篇被三大检索收录；参与撰写出版学术专著1部，他的学位论文《多传感器分布式恒虚警率（CFAR）检测算法研究》被评为2002年全国优秀博士学位论文，现已任我校电子信息工程系教授、博士生导师，获得中国青年科技奖。

三、善于思考，敢于质疑

思考是科学研究的重要部分，是创新的前提。很难设想，不思考的人如何做研究，并且这种思考应该是持久的、反复的和深入的。对一个问题如果连想都没有想透，又怎么可能找到好方法去解决它呢？而善于思考的一个突出表现就是能提出问题。爱因斯坦说："提出一个问题，比解决一个问题更重要。"提问能把不懂的东西变成懂的东西，提问能从不同的角度去考虑同一问题，提问能始终保持着探索的状态，提问能养成追根问底的习惯。善于思考的学生会带着疑问去听课，带着问题去看文章。

科学不承认绝对的权威和永恒的真理。对科学研究来说，理性怀疑是通向成功最初的一步。在指导研究生阅读文献资料时，我经常告诫他们：要占有资料，但不做资料的俘虏，不受现有结论的束缚；要解放思想，不唯上，不唯书，不唯洋，大胆怀疑，大胆假设，大胆猜测；要善于向常识或公认的规律质疑，大家都觉得应该是这样的，我们往往就会忽略，有时候这些被忽略的问题却是非常关键的。

我指导的研究生修建娟，本科时读的是化学专业，考取研究生后专业跨度较大。但她学习刻苦认真，善于分析问题，悟性较强。考虑到她数学基础较好，我指导她选择了研究背景相对简明、专业知识相对独立的"无源定位"研究方向。她很快就进入了状态，在攻读硕士学位期间，发表学术论文8篇，其中被Ei收录3篇。接下来的攻读博士学位期间，在研究"最优交汇角"问题时，发现在有些情况下，前人公认的规律是不成立的。她在确认实验无误后，怀疑可能是某个条件被大家忽略了。经过我们讨论后，我对她的质疑表示肯定，并引导她去寻找这个被忽略的条件。最终，我们以定理的形式给出了交汇角最优融合的条件，撰写的学术论文发表在《IEEE Trans. AES》上。修建娟在读博期间，共发表学术论文 22 篇，其中一些分别发表在国内外高水平的学术杂志上，如《IEEE Trans. AES》《IEE Proceedings on Radar Sonar Navigation》《Chinese Journal of Electronics》《中国科学》。她的博士学位论文被评为 2006 年山东省优秀博士学位论文。

四、率先垂范，勇占前沿

高水平的导师是培养高质量研究生的基础，导师只有明晰本学科前沿领域的内容和动态，才能指导研究生选择有价值、有水平的研究方向。对此，我深有感触。清华大学陆大金教授是国内著名电子学学者，可谓桃李满天下，他在年逾七旬时，仍然奋斗在科研和教学的第一线，跟踪学科前沿，不断更新知识。陆教授无论是对自己的博士生的学位论文，还是对评审的博士学位论文，都是仔细审查，绝不放过一个疑点。彭应宁教授是国内知名雷达专家，学校工作和社会工作异常繁忙，但他仍然坚持为每一级博士生开设雷达信号处理领域的前沿课程，并且直接参与科研项目，从实际中发现问题并与研究生共同分析和解决问题，形成的科研成果以学术论文形式发表，做到了学术研究和科研项目的相互促进。

两位导师的这种精神也深深地感染了我。现在我虽然身兼院长和导师，但我一直坚持主讲一门博士生课程，亲自指导学生，直接参与科研项目。我把时间分成两部分：白天上班时间我是院长，处理学校的事务；晚上和节假日我是导师，在实验室上班，集中解答学生的问题。学生的每一篇论文我都认真审改，即使发现公式推导时一个单位符号写错了也会提出来。为培养学生严谨认真的工作、学习作风，我给学生定了一个规矩：不论时间多久都要站着回答我的问题。有的学生有时一站就是两个多小时，站不住了也得坚持。要想以后站得时间短，下次他的论文最好让我找不出太多的问题。

五、甘为人梯，无私奉献

在快速发展的现代科学技术中，一个人的力量越来越显得有限，只有通过合作才能完成一些高难度的项目。导师和研究生之间不仅是教与学的关系，还包含一种密切协作或者说是合作关系，这在指导一些工作经验丰富、年龄稍大一些的博士生时更是如此。在这种合作中，无私奉献和甘为人梯的精神是至关重要的。作为导师，在指导研究生过程中不仅要敢于冒科学研究中的风险，还要有一种无私奉献的精神，要舍得将自己的研究成果、思路和想法给研究生利用，舍得用自己的心血为他们的成功当铺路石。

我经常把授课、看文献、看学生的论文时产生的一些好想法和思想火花无私地告诉学生，有时1~2个方案就够学生做一年的研究。我和北京航空航天大学毛士艺教授联合指导的博士生王国宏，他从事的信息融合研究领域正是我的主攻方向。我在这个领域的研究已经很深入，有很多比较成熟的方案和思路。因此，我毫无保留地与他交流自己的研究心得，为他所用，使他更快、更多地出成果。王国宏在读博期间发表学术论文36篇，其中被三大检索收录18篇，参与撰写出版获国家科学技术学术出版基金资助的学术专著1部。他的学位论文《分布式检测、跟踪及异类传感器数据关联与引导研究》被评为2004年全国优秀博士学位论文，现任我校电子信息工程系副主任、教授，山东省"泰山学者"。

六、广泛交流，团队协作

"道之所存，师之所存也"，讲的就是求学的道理。杨振宁曾经说过：回顾自己的学习历史，从同学身上学到的东西最多，同学间的互相学习、竞争、启发、挑战，要占到知识获取量的一半以上。文学家萧伯纳对思想的交流有一个深刻的比喻，他说两个人各有一个苹果，互相交换后，每个人还是只有一个苹果。而两个人各有一个思想互相交换后，每个人就有两个思想。现代的通信手段，突破了地域的限制，使更多的人在一起讨论成为可能。研究生应充分利用这些资源，与同学、老师、工程师交流，还可以与国外同行交流。在尊重知识产权的前提下，将他们的思想、方法为我所用，达到共同进步的目的。

我在清华大学读博时感受最深的就是对学术讨论的重视。我当导师后也一直坚持定期的学术沙龙制度。学生畅谈自己的研究想法、阶段性研究成果、学位论文的初稿，对提出的问题和想法师生共同讨论、互相启发。对一些有错误的分析或结论，大家出谋划策，找出问题及根源。这样既实现了思路、方案和成果的共享，又可在讨论中激发更多的思想火花，同时还避免了团队中不必要的重复性工作。为了开拓学生的学术视野，我还鼓励学生积极参加国内外学术会议，了解同行们都在做什么，做到什么程度，这样就对我们的优势和不足做到心中有数。

当今的科技是大协同的科技，当今的研究是大合作的研究。特色和优势的研究成果不是只凭一个人或几个人能完成的，要靠一个团结协作的团队来共同完成、保持和发展，因此，营造有协作精神的团队是非常必要的。这个团队在思想品质上要正派、积极向上，在科研上要互相切磋、交流、质疑、讨论和鼓励，在生活上要互相帮助和关心。通过近20年的科研项目组织和攻关，我周围已汇聚了一支作风过硬、业务精良、勇于创新、团结拼搏的科研团队。团队的科研成果先后获得国家科技进步二等奖2项、军队科技进步一等奖5项；发表学术论文600余篇，其中被SCI、Ei和ISTP国际三大检索收录300余篇，出版学术专著10部。我带领的通信与信息系统学科也被批准为全国重点（培育）建设学科。

"学为人师，行为世范"。导师不仅要指导学生如何做学问，更要指导学生如何做人。这要求我们这些做导师的要严格要求自己，不断学习，不断进步，不负历史使命，为祖国培养和造就栋梁之材贡献力量。

（刊登于《学位与研究生教育》2008 年第 12 期）

努力把博士生带到学术前沿

——全国优秀博士学位论文获奖感言

杨瑞龙[*]

继 2004 年我指导的博士生杨其静的博士学位论文《企业家的企业理论》被评为全国优秀博士学位论文后，2008 年，我指导的博士生聂辉华的博士学位论文《声誉、人力资本和企业理论——一个不完全契约理论分析框架》再次被评为全国优秀博士学位论文，这让我又一次有了金秋收获的欣喜。学生们坚持学术信仰，"宁坐板凳十年冷，不写文章一字空"的刻苦钻研精神让我感动。记得家在江西农村的聂辉华刚入学时也像我指导的第一个博士生周业安一样，家境贫寒，但他宁可勒紧裤带也不为外面的精彩世界所动，全身心投入到学习与科研中，在校期间就在《经济研究》等重点核心刊物上发表多篇论文，留校后继续瞄准国际学术前沿刻苦钻研，成为目前国内经济学界颇有影响的青年学者。我的在读的博士生都比较用功，其中家境比较贫寒的尹振东与桂林本来应该 2008 年毕业，但他们为了写出一篇高质量的博士学位论文，宁愿负债也要申请延长一年学习，付出了很高的代价。谢谢我的学生，他们在学术上所取得的一个又一个的成果给予了我作为教师的幸福与快乐。

我自 1996 年开始担任博士生导师，屈指算来已经 12 年了。我从学校的其他导师身上学到了许多培养学生的成功经验，有些做法也是众多优秀博士生导师某些成功经验的复制。同时，我在教学实践中也悟出了一些道理。我想集中谈谈以下三点体会，以求教于各位导师。

第一，坚持招生与培养过程中的学术导向。博士生教育的首要目标就是培养高层次的专业教学与研究人才，一旦失去了学术导向，博士生的培养就失去了核心意义。因此，不管学生从哪里考来和今后希望从事什么工作，我都以学术标准来衡量其是否具备入学资格，以学术标准来衡量学生的论文是否达到博士学位论文水平。学生来报考我的博士生时，我都要深入地与他面谈一次，以求解对以下问题的答案：① 他是否做好了专注于学术研究的准备。要在短短的三年时间里完成高级经济学的训练和高质量的博士学位论文，是要付出很高代价的，即使全身心投入都未必能达到预期的培养目标，因此

---

* 杨瑞龙，中国人民大学经济学院教授。

我明确告诉考生，我不能接受对学术研究三心二意的学生。例如，我告诉学生，如果入学后我发现他在周一至周五期间到外面兼职或从事营利性商业活动，我就会让他离开。② 我是否有能力指导他。要实现培养目标，对导师的学术要求是比较高的，目前的专业分工越来越细，导师并非无所不能，我只能在我比较熟悉的研究领域给予学生专业指导，超越我的能力，就有可能误人子弟。因此，学生在报考前，我一方面要求学生了解我所做的研究，了解学生是否对我从事的研究领域有兴趣；另一方面，我也要了解学生过去所做的研究，我是否有能力把他带到学术前沿。如果考生的学术兴趣超越我的指导能力，我会推荐他去报考与他的研究兴趣相近的导师。③ 考生是否有能力达到培养目标。为此，我要全面了解学生的教育及学术背景，测试学生的知识结构及学术水准，查阅学生已经发表的科研成果，特别是对其硕士学位论文的学术水准有个基本的评估。我在综合评估学生的学术素质后才决定是否同意他来报考我的博士生。为此，每年我都会婉拒一些考生。学生一旦被录取，就必须以严格的学术标准来要求学生，除了进一步完善知识结构、掌握扎实的基础理论以及在同行业中占据优势的专业知识外，还必须写出一篇高水准的博士学位论文。

第二，力求把学生带到学术最前沿，使学生瞄准学术制高点，以理论创新为己任。经济学意义上的理论创新并非只是说人家没有说过的话，也不是天马行空式的空泛议论，更不是与已有理论没有任何关联、别人也不明白的故弄玄虚，而是建立在坚实文献基础和严格学术规范上的独到见解。一篇与学术渊源没有任何关系的政策研究报告同样也不符合博士学位论文的规范，只有具有学术价值的理论创新成果才能成为博士学位论文应用价值的坚实基础。因此，理论创新的基本前提就是对相关研究领域经典与前沿文献的充分掌握，从某种意义上说，学术研究的首要前提就是拼文献。学校研究生院所推行的主文献制度对于提升博士生的学术品位是很有意义的。

为了引导学生尽快进入学术前沿，我组织了一个契约与组织理论读书会，基本上每周举办一次，至今已经坚持了近 5 年时间。我通常在期末在征求多方意见后为下学期的读书会定书单，选择文献的主要原则是围绕制度经济学与企业理论的研究领域，根据目前团队成员的研究方向以及当前国际学术界的最新发展动态，选择相关经典与前沿英文专业文献，每周由一名学生主讲一篇文献。在我的主持下，首先主讲人要做前期准备，他需要检索与该论文相关的文献，以便向大家介绍与过去的相关讨论相比较，该文献的理论创新性以及学术价值体现在哪里；其次是文献导读，介绍该文的基本命题、论证过程以及理论贡献，特别是要在技术上讲清楚相关的理论模型及计量方法；再次是先结合自身及国内学术界的相关研究对论文进行评价，特别是评判该论文对自己及本团队相关研究的启示及应用前景，之后由 1~2 名学生进行评论，补充相关的阅读体会；最后大家围绕该论文的基本命题进行讨论。为了督促每位学生仔细阅读文献，我规定每个学生都必须发言，并且发言只能围绕论文的内容进行。

另外，我每学期还组织若干次学生工作论文和学位论文选题及研究的讨论会。通过前沿文献的阅读，学生的学术素养有了明显的提高，其博士学位论文的选题大多瞄准国际学术前沿，他们完成的前期研究成果先后入选重要学术会议，先后被邀请到北京大学、清华大学、复旦大学、武汉大学、南京大学等高校宣读他们的论文，其学术素养得到了同行高度的评价，其中不少人在就读期间，就在《中国社会科学》《经济研究》《管理世界》《金融研究》《经济学季刊》《经济学动态》等国内重点核心期刊上发表论文。

第三，给学生创造一个宽松自由的学术环境，让学生的创造力得到最大限度的发挥。我认为，一个学生的创新能力除了与其经济学素养、逻辑思维能力、对前沿文献的把握、对先进分析工具的熟练运用、外语水平和必要的悟性等因素外，还与宽松自由的学术环境有很大关系。为此，我一方面对学生严格要求，同时把握好基本的政治方向，另一方面给予学生充分的信任与尊重。为了给学生插上学术创新的翅膀，我努力做到以下几点：① 努力使自己坚持学习，拓展自己的学术眼界，跟踪相关研究领域的最新发展动态，防止因自己原有知识存量更新不及时所导致的眼界局限束缚学生的学术创造力。② 不用自己承担的各种课题来束缚学生自主选题的自由。我承担了各种国家与教育部的课题，但我从来不用指令的方式让学生围绕自己的课题内容来选题，用博士学位论文来完成自己的课题，因为这很有可能会限制学生的创新能力。③ 允许甚至鼓励学生发表与自己不同的学术见解，也欢迎学生对自己的研究成果进行学术商榷。我在与学生讨论学术问题时是非常平等的，学生可以无拘无束地发表自己的学术观点。④ 包容学生的个性。一般来说，越是具有学术创新能力的学生，其个性就越鲜明，而且越是沉浸在思维的王国中，对社会上的人情世故可能越不熟悉，其专注的学术精神越需要保护。我认为只要这种鲜明的个性不影响他人的利益，就要尽可能包容，让其更好地进行学术创造。⑤ 尽可能为家境贫困但专注于学术研究的学生提供一些物质上的帮助，以减少他们的后顾之忧。我经常会用我承担的各类课题经费资助一些经济困难的学生，让他们能集中精力进行科学研究。

尽管自己在多年的培养和指导博士生过程中取得了一些成绩，但与许多优秀的导师相比还是在很多方面存在着差距。"教书育人"是一项非常崇高的事业，是一项值得一辈子为之奋斗的事业。我将在今后培养博士生的工作中不断地学习其他导师的成功经验，培养出更多被社会和其他高校认可的一流博士生，为把学校建设成为世界知名的一流高校作出自己应有的贡献。

（刊登于《学位与研究生教育》2009年第6期）

略论军校研究生导师的使命与责任

蒋乾麟[*]

高层次教育的主力，是推动军校前进发展的精锐力量，地位很重要，工作很辛苦，贡献很突出。为此，我们走出校门、走进自然，组织研究生导师集训，既是交流工作和经验，也是交流思想和感情；既是加深对推进研究生教育改革、提高研究生教育质量的认识和理解，也是加深导师之间、各教学单位之间的了解和友谊；既是增强使命、感悟责任，又是亲近自然、享受人生。下面，围绕这次集训的主题，我作为一名导师，谈一些个人的体会；同时作为院长，也谈一谈在当前军事教育深入转型的大背景下军校研究生导师的使命与责任。

一、既要传做文之法，更要授做人之道

研究生的学位论文是我们衡量研究生培养质量水平的标志性成果。但是如果把精力仅仅盯在这个标准上，可能会在培养目标、培养方向上出现一些偏差。作为军事人才培养最高层次的军队研究生教育，必须把做文之法和做人之道结合起来，把人文精神塑造渗透到研究生培养的全过程。特别是对于以培养"举旗人"、带兵人为办学治校根本目标的军队政治院校来讲，这个问题尤为重要。具体来说，要传授五个"道"。

1. 传授军魂文化之道

解放军南京政治学院多年的文化积淀，形成了"育忠诚使命的举旗人，做让党放心的带兵人"的军魂文化，这是解放军南京政治学院多年来办学治校文化积淀的一个精辟概括。如何围绕军魂文化，通过教师的知识传授，切实把学员培养成为忠诚于党、献身使命的举旗人、带兵人，把这种理念和文化贯彻到我们的教学工作中去，需要我们深入思考。地方高校的马克思主义理论等课程是作为公共课、基础课来上的，是很容易被边缘化的学科。甚至有个别老师在上课的时候，用的是一种调侃的口吻，把自己消极的政治倾向不知不觉地传授给了学生。军校是绝不允许出现这种情况的。我们讲军校要发展特色，这就是最大的特色。解放军南京政治学院最大的优势、特色就是培养举旗

---

* 蒋乾麟，解放军南京政治学院院长，教授。

人，从我们这里出来的人，都应是可以让党绝对放心的。每一位导师都要充分认识到这一点，在传授知识、教学生做学问的过程中，在平时与学生交往的言谈举止中，一定要把握好育人的正确方向，强化党对军队绝对领导的军魂教育，使这种军魂文化在学员的头脑中牢牢扎根，任何时候都不能动摇。在这一方面，要非常清醒、非常坚定，不能有任何含糊。

2. 传授职业精神之道

军人要有一种职业精神。这种职业精神表现为开阔的视野、忧患的意识、警惕的目光，还表现为集体主义精神更强烈，吃苦精神要更强化，等等。当前尤其需要强调和引起重视的是立足基层、献身国防的自信和执着。回顾我们学院20多年的研究生教育，我们的高学历博士生、硕士生当中，究竟产生了多少政治指挥军官？现在的部队政治领导中，从我们学院毕业的有多少人？因此，我们必须强化研究生的军人职业精神教育。作为军人，首先必须热爱部队，要有一种立足基层、勇于吃苦、乐于奉献的精神，要有这样一种自信和执着。这是我们的研究生应该具备的一种军人素养、职业精神。作为导师，必须在教学中自觉地把这种职业精神灌输给学生，强化"不管是学士、硕士还是博士，首先都是战士"这种理念和素养，鼓励研究生从基层干起，帮助研究生树立起履行使命、献身国防的坚定信念。

3. 传授学术素养之道

研究生就是研究学问的，而做学问应该有一些基本的素养，包括一些导师谈到的学术风范、学术人格、学术气节，等等。我们要重视传授这方面的素养，要灌输这样一种科学精神。一方面，要引导研究生潜心学术研究，杜绝浮躁心理。现在研究生读书的自觉性可能要差一些，缺乏学习的紧迫感，缺乏如饥似渴的学习精神。当然，这和整个社会大环境有关。快餐文化和网络的发展，方便了我们的工作和生活，但也使得一些人滋生了快餐式的学习。这就需要我们在教学中培养研究生潜心做学问的科学精神，尤其要避免一种习惯或者在细节上的常识性错误。为什么有好多论文本来写得不错，但是最后评价不高，就是因为引文不规范，概念不准确，甚至论文中有很多错别字。所以，我们做学问，包括引文、数据，必须严谨、规范、认真。另一方面，要引导研究生遵循学术规范，杜绝学术不端行为。抄袭问题在学员中每年都会不同程度地存在。这种现象虽然发生在个别研究生身上，但带来的负面影响是非常大的。作为导师，必须言传身教，既通过严格把关教育学生遵守学术规范，更要以自身的严谨学风和学术品德来影响学生发扬科学精神。在论文指导过程中，一方面，要指出论文中科学性、逻辑性以及文字技巧的缺陷与不足之处，不让那些不经过深思熟虑、似是而非的东西发表出去；另一方面，要特别注意论文中有无窃取他人成果或引用他人创新见解而不注明出处，以及伪造数据、弄虚作假的地方，不实事求是地扩大或拔高自己创新成果，贬低前人、抹杀前人成果的地方，督促研究生恪守学术诚信和学术道德。这一点，导师要有明确的态度，不能有半点含糊。

4. 传授思想方法之道

教研究生做学问，实际上就是在教一种思想方法。我接触过一些学生，有的思路很开阔，人也很聪明，但是看问题容易偏激；有的喜欢钻牛角尖；有的喜欢挑战公认的权威的东西。这就是思想方法方面的问题。在研究生的培养过程中，这种现象需要引起我们关注，需要加以矫正。尤其在年轻人世界观、价值观形成过程中，思想方法更为重要。有些地方高校的研究生有因为婚姻问题或其他什么问题跳楼的，是不是跟他的思想方法也有关系？获取知识是重要的，但比知识更重要的是正确的思想方法。导师在传授知识的同时，一定要加强具体方法和技能的教授、训练，帮助研究生找到理性思考的方法，强化学习研究的能力。

5. 传授品行修养之道

这里主要是指思想品德方面的修养。到解放军南京政治学院来学习的，都是军队的政治干部或是未来的政治干部，都是共产党员，应该坚守共产党员的精神家园。处在改革开放的社会中，有很多东西都在变，但有些是不能变的，思想道德的底线是不能突破的。思想品行的问题和思想方法有关，比如如何看待人生价值的实现，如何看待自己和他人、自己和组织的关系等。但有的人把追名逐利看成是人生价值的实现，这就属于思想品德上有问题了。再比如，有的研究生考评前给导师送东西、拉选票等行为，就已经不仅仅是学术素养问题，而是道德品行的问题了。这类行为，导师应该旗帜鲜明地批评、阻止。当研究生在思想品德上有一些不好的苗头时，导师就要做好教育引导。要把主流价值观、人文精神贯穿于研究生培养教育的始终，教育引导研究生在思想道德上成为一个高尚的人。

二、既要打牢理论根基，更要强化应用能力

在军事教育向任职教育深入转型的大背景下，军事研究生教育也正在从以学术型人才培养为主向以应用型人才培养为主转变。这是新时期国防和军队建设对人才培养提出的新要求，是大方向，势在必行，不是主观上喜不喜欢的问题。对此，我们要更加自觉和坚定。比如，关于研究生教育和学科建设的关系，打牢专业理论基础和强化应用能力的关系，虽然我们在认识上是统一的，但在实践中怎样把学科的优势转化为任职教育的强势，我们还需要深入的研究，需要找到最佳的结合点。任职教育有了学科建设的支撑，才能有理论深度；同样，学历教育有了任职教育的指向，我们培养出来的人才才能更加适应部队的需要，我们在理论联系实际方面才能做得更好。具体来说，在研究生教育中，从人才培养方案到课程设置、研究生论文的选题等，都应该符合任职教育转型，符合由学术型向应用型转变的大方向。

1. 注重打牢专业理论基础

强调应用型人才培养，并不是否定打牢理论根基。我们现在的研究生培养忽视了这

个问题，明显的表现就是"两个不够"：一个是研究综述写得不够。在撰写学术论文和学位论文的时候，一些研究生往往忽视了对论文选题研究现状的综述，做起研究来东拼西凑，谈不上什么创新。有的培养单位搞了学位论文预开题，关口前移了一步。但是我觉得还不够，要从学术综述开始。从学术研究角度看，既然是做研究，就必须对学科前沿以及历史上对这个问题的研究状况有一个了解，在此基础上才能谈自己的想法、研究成果和结论，才能在前人的肩膀上前进。另一个是经典原著读得不够。很多经典著作还是要读的，例如《共产党宣言》这样的经典，不仅对思想有启发，而且对写论文也有启发。有学者就指出，导致研究生培养质量下降的原因有很多，对经典原著阅读的轻视，是其中的一个重要因素。当前，研究生中有着"原著太枯燥、不想读，考试用不上、不用读，平时读书少、不会读"的想法和顾虑的不在少数，导师们要加强引导，让研究生多读点书，读经典。一个高水平的导师，一是要善于开出学科前沿的书单，让学生读后对这个学科有一个比较深刻全面的认识；二是要善于科学设置讨论主题，让学生不把所列书目认真读完就无法作答；三是要善于组织课堂讨论，发动每一名学生发表自己的观点，让学生想偷懒都不行。

2. 注重培养岗位任职能力

与地方高校研究生教育面向市场相区别，军队研究生教育面向的是战场，最终目的是要培养部队建设需要的高素质军事人才，必须强化军事应用性，突出职业军事教育特色。我们必须牢固树立这种意识，切实弄清"谁适应谁、谁服务谁、谁评价谁"，培养的研究生要适应部队建设的需要，适应毕业后岗位任职的需要，要经得起部队实践大课堂的检验。否则，毕业研究生学术水平很高，可是对部队不适应，没有被部队认可，也只是自我评价、自我欣赏。这两年，我们也意识到了这个问题，在研究生毕业前都会开展岗前任职能力集中训练。这种集中突击集训是必要的，将部队岗位任职所需要的知识能力归拢一下，可以使研究生更好地适应部队。然而更重要的还是平时的训练，要将任职能力的培养贯穿于研究生教育的全程。特别是要将有关部队建设的新动向、新发展、新知识自觉贯彻到教学培养过程中去。比如，军队信息化建设、联合作战指挥人才、基于信息系统的体系作战、加快转变战斗力生成模式等，这些新知识和新内容是我们军队建设改革迫切需要解答的问题，必须在人才培养的过程中予以充分关注，在研究生的论文选题上予以充分关注，要跟学科专业建设和人才培养紧密结合起来，回答好这些问题。

3. 注重培养学习创新能力

研究生教育是最高层次的学历教育，但不是人生学习阶段的终结。我经常讲，"学习的最高境界是学会学习，教育的最终目的是不再教育"，这是我们所要追求的境界。所以，要重视研究生学习创新能力的培养，要通过研究生期间的教育来挖掘学员的学习潜力、发展后劲。"学问学问，不能光学不问"，问题意识是学习创新能力的一个基本问题。现在的研究生问题意识不强，提不出问题来。要鼓励研究生敢于提出问题，专业研究方向中有什么问题需要研究，看书的过程中有什么问题，在实践中看到了什么现象、什么问题需要研究，先要找到问题，然后再去研究，形成"提出问题－解决问题－再提出新问题"的循环往复过程。作为导师，要善于引导和鼓励研究生提问题、做学问。有时候换个角度看问题，就是一种创新。比如，谈到学雷锋，大多数人都是从思想教育的角度来探讨的。我在本科期间学习人才学课程的过程中，就把人才学中的基本原理和当时正在开展的学雷锋活动联系起来仔细琢磨，发现雷锋的"螺丝钉精神"体现了顺势成才的规律，"钉子精神"体现了压力成才的规律，"傻子精神"体现了忘我成才的规律。后来把文章给《人才学》杂志寄了过去，很快就刊用还获奖了。其实想想，这只是换了一个角度看问题而已。所以，我们不要把创新看得很神秘，创新不一定就是从无到有，重新组合、交叉融合也是一种创新。马克思主义普遍真理和中国革命的具体实践一结合，产生了多么伟大的创造！做学问，就是要大胆地质问，大胆地回答。

三、既要学高为师，更要身正为范

"学高为师，身正为范"，解放军南京政治学院在这方面有着很好的传统，"忠诚使命、以身作则"的院训就体现了这种传统和精神。每一名导师都要继承和发扬这一传统，既教书又育人，既言传又身教，不断提高自身学术水平和能力素质。

1. 严谨治学，不断深厚为师之本

学生拜你为师，主要是希望导师成为引路人，求知识，长学问。但是现在当导师和过去做政治工作不一样了。过去做政治工作，指导员说啥战士都听得津津有味，因为有信息差，指导员知道的战士不知道。现在情况发生了变化，由于网络时代信息的实时性，导师和学生之间的原始信息差已经不复存在。这个时候，你的信息优势体现在哪里？怎样做到"给学生一杯水，自己得有一桶水"？物理学上讲势能，有了势能，才能把东西贯彻下去。导师要有势能，就要不断追求卓越，不断攀登学术高峰，不断深厚自己的为师之本，确保将最新的知识成果传授给学生。当然，我们也要不断设计和完善课题带教制度、任期考核制度、招生资格认定制度等，让优秀的导师脱颖而出，让"能者上、庸者下"。

2. 严格要求，全面履行为师之责

导师的责任不仅仅是要指导研究生作一篇学位论文，而是要全面履行教书育人的职责。教书，就是要把书教好，把课上好，把传道、授业、解惑的职责完成好，指导研究生写出高质量的论文，这是一个重要标准。育人，就是在传播知识、教授学问之外，还要关心学生的思想、品质、作风，教育学生牢固树立忠诚使命、献身国防的理念。在这个方面，导师应该是一个自觉践行者，在学术素养、人品修养等方面做一个正直正派的人，做一个符合主流价值观的人。研究生培养质量，导师的带教水平，要经得起时间的检验，经得起历史的检验，经得起部队的检验。最终评价我们人才培养质量的，还是部

队等人才使用单位。

3. 严以律己，切实增强为师之力

当老师无非有两种力量，一种是真理的力量，一种是人格的力量。我们传授的知识特别是马克思主义理论，真理的力量是不言而喻的。但这个力量要转化为我们学生的力量，就需要一个中介，这个中介转化的重要方面，就是我们导师的人格力量，就是导师要在各个方面能够给研究生以示范。我们导师自己讲真理，自己信真理，自己用真理，给学生以感染，我们培养出来的学生才能"真学、真懂、真信、真用"马克思主义。如果我们导师自己内心都没有坚定的信念，又怎么能教出一个马克思主义的信仰者来？

四、既要搞好个别带教，更要注重团队育人

目前，我们的研究生培养采取的是导师负责制，就是一名导师带几名研究生，就像过去师傅带徒弟一样，一对一，或者一对几，导师是师傅，学生是徒弟，导师个人的创造性劳动特征比较突出。但同时我们也要注意到，科学研究已经从以前师傅带徒弟的小作坊时代向大科学时代转变，个人的创新能力总是有限的，研究生培养既要重视导师的个别带教，更要注重发挥团队育人的优势。

1. 导师之间联手互助

每个导师都是某一个学科领域或研究方向上的专家，在特定领域"术有专攻"。建立导师组、实现导师之间的强强联手和团队式培养，有利于创新人才的脱颖而出。第一，同一学科专业的导师要组建导师组。比如研究生开题或答辩，邀请相同或相近学科的导师参与，提出意见和建议，既可以互相监督、共同把关，又可以互相激励、共同促进。再如，同一专业或研究方向的研究生的专业基础课、方向课，可以几个导师一起上课，每人讲其中一部分，把自己研究的精华部分拿出来。第二，不同学科专业实行主辅导师制。加强不同学科导师的通力合作，可以实现学科之间的相互渗透，使研究生的知识面更宽广，思考问题的方式更全面、角度更新颖，最终促进各方面能力不断提高。第三，院校导师与部队导师实现联合培养。聘请具有丰富部队实践经验的部队领导干部或高职人员担任研究生部队导师，对研究生的学习科研进行全程指导，可以实现院校与部队优势互补、资源共享、联合办学、合力育人，特别是能够弥补我们紧贴部队实际的不足，有利于加强研究生岗位任职能力的培养。

2. 学员之间交流互补

学员之间相互交流、争辩，可以互相指出不足、深化理解，有利于知识结构的优化和知识量的增加，从而提高学习的起点，锻炼学生们把握问题、解决问题的能力，激发学习兴趣和求知欲。我在复旦大学、北京大学读书期间，虽然年龄较大，但是我的很多同学都是青年学生，每次参加他们的讨论时，他们的发言总是很出乎我的意料，给我很多启发。因此，导师要随时营造研究生之间互动交流的氛围，激发学生的交流热情，培

养他们的交流技巧，让大家把科研上、学习中发现的跨学科问题，把部队岗位实践中遇到的理论困惑和焦点、难点问题，带到团队中去讨论，使研究生从不同的角度提出问题、分析问题，达到相互促进的目的。另外，在搭建学员之间的交流平台方面，我们要发挥学院研究生教育、生长干部本科教育、任职教育"三代同堂"的优势，充分利用好任职教育学员的资源，深入开展"结对子"活动，让研究生与在职宣传干事、现任的宣传处科长面对面交流，让科长现身说法，讲讲部队需要什么样的宣传干事，自己当年又是如何转化过来的，我相信这样的交流是非常好的。有了这种交流，我们培养的研究生才能真正满足岗位任职的需要，才能真正做到紧贴部队需求。

3. 师生之间全程互动

学院在任职教育教学中总结推广的全程互动教学法，我觉得也完全适用于研究生教学。如何实现研究生与导师之间的教学相长，增强研究生与导师之间的互动，这个问题还需要探讨。有些时候不完全是导师在指导研究生，反过来研究生对导师也是有启发的。在整个研究生培养过程中，导师要积极主动地给予学生指导，而学生也要积极主动地接受导师的指导，并形成两者之间的互动。导师对研究生既要严格要求，更要注意营造自由的学术氛围。一方面，要给研究生提出要求、布置任务，并督促他们去认真完成；另一方面，更要鼓励研究生在严谨思考的基础上，大胆地提出自己的新思路、新见解、新观点，使研究生敢于敞开心扉，无所顾忌地发表意见。

4. 全院育人形成合力

人才培养是个系统工程。研究生在校学习期间，不仅要接受导师学习科研上的指导，还要接受研究生队的军事化管理教育、校园大环境的熏陶感染，还有来自社会和家庭的多重影响。如果一所学校整个大环境不好，学习风气不好，管理松散，很难想象它能够培养出合格的研究生。因此，学院各级组织和部门都要为人才培养服务，要积极营造有利于研究生培养的科研学术、校园文化、管理服务等良好氛围环境，形成思想育人、环境育人、服务育人、管理育人的合力，努力探索适合研究生特点、宽严相济、张弛有度的管理教育模式，让研究生在良好的氛围中接受方方面面的熏陶和培养。

参 考 文 献

[1] 蒋乾麟. 以新的教育理念促进研究生导师带教水平提升 [J]. 中国军事教育，2010 (2)：1 - 6.

[2] 周立伟. 笃学诚行　惟恒创新——谈研究生指导教师的作用 [J]. 学位与研究生教育，2004 (8)：121 - 128.

[3] 闫引堂，王丽君. 精读原典 培养文科研究生的学术原创能力 [J]. 学位与研究生教育，2007 (2)：75 - 83.

[4] 罗永泰. 构建师生学习型创新团队探析 [J]. 学位与研究生教育，2005 (4)：11 - 15.

[5] 陶雷，牛文杰. 刍议导师素质与研究生培养 [J]. 军事经济学院学报，2010 (4)：9 - 14.

（刊登于《学位与研究生教育》2011 年第 8 期）

搭建学术平台　促进研究生自我成长

邹建军[*]

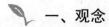 一、观念

1998 年我开始指导硕士研究生，迄今已经有 13 个年头了。我指导的硕士生将近 100 名，指导完成硕士学位论文将近 100 篇，也是一个不小的数目。在这个过程里，我发现当代中国的研究生培养虽然形成了自己的特点，各高校的研究生教育为国家的现代化建设输送了许多人才，然而也存在不少问题，有的时候问题还相当严重。特别是在研究生政策性扩招以后，许多导师还是以从前师傅带徒弟的方式来培养研究生，结果是力不从心，效果很差，学生也没有得到真正的知识、过硬的本领。据说有的导师到了学生毕业的时候，居然还不认识自己的学生而闹出了很大的笑话。这种情况的出现，也不能完全怪导师，因为一个人的时间与精力是有限的，再能干的导师同时带 20 个以上的学生，也会捉襟见肘，可以想象其间的困境。由此可见，从前的"师傅带徒弟"的方式，真的不再适合现在的研究生培养了。根据比较文学与世界文学专业研究生培养的实践，为了适应当前高校研究生培养的新的现实，我认为我们需要建立四种观念：学术平台观念、自我成长观念、研究生群体观念与理论与实践相结合的观念。

1. 学术平台观念

要让研究生有发挥自己才能的舞台。如果他们可以利用此种平台，展开多种多样的学术活动，其自我成长与自我发展就有了保证。作为导师，如果我们只是强调读书，然而又没有好好地指导他们怎么去读书，那他们也许就无所适从，最后可能根本就不知道从哪里下手来进行学术研究。如果说一个一个地指导学生确实有困难，那么最好就以自己的方式为研究生的成长搭建学术活动的平台，让他们能够在这个高水平的舞台上自我成长。也许有的人认为学术平台就是学术会议，学术平台就是研究生的课堂，学术平台就是在学生中间自然形成的兴趣小组，其实，这是一种相当落后的教育观念，这种早已存在的"平台"不可能解决根本的问题。这里所说的研究生培养的学术平台，是指研

究生自己创办、导师参与的系列学术活动，包括学术讲座、学术演讲、学术期刊的编辑、学术会议的组织、学术话题的展开、学术项目的申报等。如果常年坚持这样的活动，每一次活动都能保证学术含量，三年下来，每一个人都会有实实在在的收获。华中师范大学比较文学与世界文学专业的中外文学讲坛，就是具有现代观念与世界眼光的学术平台，每月一次的现场研讨会、每月一次的网上研讨会，所有活动内容与探讨成果，又通过中外文学讲坛、比较文学与外国文学史三个网站，向学界公开，对所有公众开放。可以说，中外文学讲坛六年的历史，就是这样一种新的学术平台观念的具体体现。

2. 自我成长观念

一个导师的时间和精力都是有限的，要把研究生事务一项一项管理好，担负起学生成长的重大责任，这样的观念及其做法，在今天的中国似乎已经不太现实了。学生们在学术平台上自我训练、自我成长、自我发展，既可以发挥学生的创造性，也可以减轻导师的负担，学生们如果可以在此自然地、茁壮地成长，以后就会成为对社会对国家有大用的真正人才。从本质上来说，研究生阶段与本科生阶段是存在区别的：本科生主要是接受有关本专业的基本知识，而研究生阶段更要注重研究方法的训练、研究成果的取得，在这方面导师不可能代替学生，一切都要靠学生自己的努力。因此，研究生们一定要能够独立自主地解决所有的问题、经历所有的学术研究过程。如果不能做到这一点，导师说什么就去做什么，导师不说就没有事可做，一切以"师傅"的话为准，以后离开了导师，就什么事也做不成。因此，在学术平台上自主学习与自我成长，就显得特别重要。六年来，我所指导的研究生在中外文学讲坛学术探讨平台上自我成长与自我发展，提高了自己的学术水平，提升了自己的各种能力，特别是论文写作能力、学术演讲能力、学术策划能力与学术组织能力。到了毕业的时候，让他们任何一个人主办全国性的学术会议、申请社科基金项目、独立地进行科学研究工作，基本上是不存在任何问题的。如果没有一开始就建立起来的自我成长观念，特别是在公共学术平台上自我成长的观念，就不会有这样的结果。因此，自我成长是研究生最好的成长方式。

3. 学术群体观念

所谓学术群体观念，就是要把研究生们当作一个学术群体来看待，对他们作出统一的要求。如果能够把所有的学生当作一个学术群体来看待，让每个学生都有成长和发展的机会，让他们相互之间建立专业性很强的小组，他们每一个人就可以在集体里共同讨论、共同提高。硕士研究生（包括教育硕士生、高师班与学位班的学员）是一个群体，博士研究生与访问学者是另一个群体，对于不同的群体可以提出不同的要求。两个群体合起来是一个大的群体。包括导师在内，经过多年的努力，也许就可以形成独立的学术流派，为国家的学术建设与经济社会发展作出巨大的贡献。门派观念也许是不合时宜的，然而中国的学术研究要与国际接轨，要在世界上发出自己的声音，建立在学术群体基础上的学术流派，是十分有必要的。所以，研究生群体的观念，对于导师与学生来说都很重要。中外文学讲坛就是一个群体，是硕士研究生、博士研究生与访问学者，包括导师组成员共同构成的学术群体。当我看到一个年级的硕士生走在一起，一个年级的博士生坐在一起，一个年级的访问学者们坐在一起，共同探讨学术问题的时候，我就很高兴，因为有了这样的群体，就有了学术讨论的基础，就有了学术争鸣的条件，正是他们构成了当代中国比较文学与世界文学研究的学术生力军。

4. 理论与实践相统一的观念

我们的研究生培养有一种似是而非的观念，即研究生们最主要的任务就是要学习理论，要学一些高深、一般人所不知道的东西。从表面上看，这样的说法好像是有道理的，其实是存在问题的。因为任何理论都是来自实践的，没有特定历史阶段的实践，就没有理论本身，一般而言，从理论本身是不可能得出新的理论来的。因此，无论是本科生、硕士生还是博士生的学习，最主要的还是理论与实践的统一，最后也需要落实到实践。在当代中国的研究生培养实践里，我们要强调一切都要落到实处的观念，强调演讲的锻炼、学术的锻炼、写作的锻炼和教学的锻炼。要建立一种实践观念，不能只是强调研究生读书、学知识。一切的要求都要落到实处，一切都要在实际工作里得到训练，这样才会真正提升研究生的学术水平和科研能力。前辈学者王忠祥教授曾经高度肯定中外文学讲坛对于研究生成长所发挥的作用，并将之概括为"实战"。我们的研究生之所以能够找到很好的工作，许多人考上博士研究生得以继续深造，许多人申请到科研项目，有的人获得了重要奖项，与我们所提出的实战理念与实践观念是不可分开的。中外文学讲坛就是理论与实践的高度统一，每一次研讨会所讨论的问题，往往都是具有宏观性的大问题，都是理论性很强的学术前沿问题，然而都是以实践的方式解决具体的问题，对话、交锋、商讨、反驳是时时存在的。正是在这种学术探讨的实践里，每一个人的学术境界与人生境界都得到了极大的提升。

二、实践

以上四种观念是从哪里来的呢？现在回想起来，主要是从研究生培养实践里体会与总结出来的。1998年，我开始在中南民族大学文学院培养研究生，专业是文艺学、中国诗学与比较诗学方向，共培养了5届硕士研究生，这5届硕士研究生几乎都考上了博士研究生。2003年到华中师范大学以后，我带了10届研究生。在这样一个过程里，我比较用心于研究生如何发展自己、导师如何为研究生的成长提供条件、研究生与导师究竟是一种什么样的关系等问题的思考。在前辈学者的支持下，我有意识地去探讨研究生培养的改革措施，终于建立起了一种全新的研究生培养模式。在此培养模式下，研究生们建立了中外文学讲坛，长期坚持每月一次的现场讨论会，每月一次的网上研讨会；同时建立了反映研究生们学术活动与学术成果的中外文学讲坛博客。这一学术探讨平台，坚持6年，风雨无阻，从未间断。因此，上述四种理念绝对不是空穴来风，而是以丰富的实践经验以及教训作为基础的，是对本专业研究生成长实践的理论概括。中外文学讲坛的建立再次证明了理论来自实践并服务于实践，理论与实践应当高度统一的正确性。

1. 每月一次的现场研讨会

中外文学讲坛学术探讨平台的主体内容之一，就是每月一次的专题学术研讨会。参与其中的人数也不是很多，每次 20～40 人，但基本的参与者也没有很大的变化，主要是我们自己专业的研究生，有时候也有来自外语学院与国际文化交流学院的师生。在每一次的研讨会上，都有一位主持人、一位主讲人、一位讲评人，每一位研究生都有做主讲人、主持人与讲评人的机会。主讲的题目往往由研究生自定，当然都是与导师讨论过的。他们所讲的基本上是自己学位论文的选题，或者与此相关的问题。开始的时候，研讨会是在每个月的月末举行，后来因为网上研讨会要在月末举行，所以现场的研讨会就移到了月初。据统计，现场的研讨会现在已经做到了第 81 期，有 81 位研究生与访问学者在中外文学讲坛作过专题学术演讲。主讲人的时间基本上控制在一个小时到一个半小时，然后大家再讨论半个小时到一个小时左右，最后还有半个小时左右的导师总结，所以，每一次研讨会的时间是在两个半小时到三个小时，从质量上来说是相当扎实的。主讲人、主持人与讲评人的选定，基本上是自己申请，然后导师根据具体情况进行安排，但必定是在几个月以前就全部排定，在中外文学讲坛群里与博客上公布。因此，研究生对下几个月专题研讨会的题目与内容，很早就开始进行认真的准备了。因为每次活动我都参与其间，现在看来没有哪一次中外文学讲坛的研讨会是失败的，经常出现讨论环节结束了，许多人也不愿意离去，继续在那里争论不休的情况。

2. 每月一次的网上研讨会

中外文学讲坛网上研讨会是从 2010 年 8 月开始举办的，截至 2011 年 7 月已经举办了 11 届。已经讨论过的题目有中西自然山水诗里自然山水意象对比分析、易卜生戏剧与 20 世纪西方文学、《惟山哲学笔记》与当代中国哲学、文学地理学批评与中外文学研究等。中外文学讲坛网上研讨会以中外文学讲坛 QQ 群为学术探讨平台，基本上是在每一个月的月末两个晚上的 8 点钟到 9 点半之间举行。网上研讨会每次一个专题，与现场版的研讨会相比，参加的人就更多了，有的时候达到 100 人左右。每个人只要有兴趣，就可以在这样的虚拟空间里就相关的学术问题自由发言。网上研讨会对于主持人与讲评人的要求高，每一次都安排三位主持人与三位讲评人，硕士生、博士生与访问学者搭配，形成一种梯队。网上研讨会没有特定的主讲人，主讲人就是参与者全体，不过也会有几个主力发言者，他们基本上都是水平比较高的博士研究生，可以引领与带动网上的讨论。主持人虽然也相当于这样的角色，但各有分工，每一个人负责一个时段，因为每一个时段有不同的讨论子议题。讲评人虽然也要全程参与讨论，但也有一个适时回顾与总结讨论的任务。在每一次讨论的最后，三位讲评人要按顺序进行讲评，每一位讲评人的侧重点并不一样，合起来才是全面的评价。主持人与讲评人提前几个月就已经排定，并在中外文学讲坛的 QQ 群与博客里公布，想参与其中的人就可以早做准备，让自己的发言更为精彩、更有魅力。

3. 每天公开的中外文学讲坛博客

中外文学讲坛另外开办有一个能够反映现场研讨会和网上研讨会成果的博客，名为中外文学讲坛网易博客。到目前为止，中外文学讲坛博客里共有 10 多个栏目、800 多篇文章、6 000 多张照片，集中反映了 6 年来中外文学讲坛参与者们的探索成果，生动地体现了华中师范大学比较文学与世界文学专业老师与学生们学术探讨精神。中外文学讲坛的博客，其容量与意义相当于一个成熟的网站，每一天的访问量能达到 200～400 人次，现在共有近 40 万人次的访问量，受到了中外学界的高度关注与高校研究生们的热烈欢迎。在中外文学讲坛博客上发表的，有研究生们所写的学术论文，也有一些诗歌和艺术作品，也有导师发表过的作为学术论文范例的论文，也有中外文学研究者发表过的具有代表性的学术论文，还有一些专题的文献目录，但主要是中外文学讲坛成员的实践成果展示。任何人都可以访问中外文学讲坛，也可以对相关作品与论文进行评论，有问题也可以在上面留言。该博客有专门的管理员负责回复每一位访问者提出的问题。中外文学讲坛的主体内容是每月坚持的两次研讨活动，而博客也是学术平台的重要组成部分。

4. 一直开放的两个专业网站

中外文学讲坛学术探讨平台，还有两个一直开放的网站与其配套：一个是比较文学国家精品课程网站，一个是外国文学史国家精品课程网站。它们也构成了两个开放的学术平台，中外文学讲坛的成员们多半都能参与其间，他们的努力与探讨，共同丰富了网站内容。两个国家精品课程的网站，本来就是在导师的指导下由本专业的研究生们建设的，日常的维护工作也是由研究生们完成的。在这两个网站里，也可以看到中外文学讲坛成员们的身影，也可以感受到中外文学讲坛成员们的学术探讨的热情，以及一年一年所付出的艰苦努力与取得的学术成果。

中外文学讲坛作为华中师范大学研究生的学术探讨平台，已经坚持了 6 年，为研究生的成长建立起了一个综合性的平台，具有很强的探索性与实用性。

中外文学讲坛学术平台的追求，主要体现在"三个到位"。

第一是主持人到位。中外文学讲坛的主持人，基本上是按照中央电视台主持人的标准来进行要求与评价的。开始的时候，中外文学讲坛学术活动没有主持人，只有主讲人，后来发现一定要有比较正式的主持人来主持，同学们的发言才不至于漫无边际，所以很快便建立了主持人制度。81 次现场的研讨会，11 次网上的研讨会，表明已经有100 位左右的研究生做过主持人了。

第二是主讲人到位。任何一位研究生要主讲一个题目，要有两到三个月的时间来准备，有的时候需要半年左右的准备时间。每一次演讲的课件，导师都要事先审查，总是要提出这样那样的意见，有时候提出的意见多达 10 条以上。现场研讨会的主讲人是最为重要的，主讲人到位是"三个到位"里面最为重要的，导师组也最为重视。

第三是讲评人到位。网络研讨会有三个讲评人，现场研讨会有一个讲评人，这样的安排也许就体现了一种国际惯例，表明了讨论甚至是争论的重要性。网上研讨会的三个讲评人，每一个人讲评不少于三段，每一段不少于200字，讲评一定要非常到位。由于中外文学讲坛追求三个方面的到位，提升了研究生学术活动的学术水平，提高了参与者的学术境界，取得了十分明显的效果。中外文学讲坛成为华中师范大学研究生教育创新的品牌活动，参与了中外文学讲坛的研究生，往往都成了一流的专业人才，并且在之后的工作中，受到了用人单位的好评与重用，创造了出色的业绩。

三、效果

研究生扩招10年以来，高校研究生培养工作虽然取得了一定成绩，然而问题依然存在，有的时候问题还越来越突出、越来越严重。研究生数量太多，导师的工作量太大，培养质量就出现了问题。许多研究生还是抱着从前"一日为师，终身为父"的观念，要求导师什么事都要管，什么事都要过问，而导师却难以做到。如何解决这个突出的矛盾，是摆在研究生导师以及管理工作者面前的任务。到了新的世纪、新的时代，一定要对研究生培养模式进行全面改革，研究生培养质量才能得到基本的保证与全面的提升。华中师范大学比较文学与世界文学专业按照一种全新的观念进行研究生培养的实践，创建了中外文学讲坛学术探讨平台，使研究生在这个学术平台上自我成长，取得了一定的成功。不过需要强调的是，从前的"师傅带徒弟"的方式也不能全部丢掉，因为它有自己的传统优势，那就是把自己的学生当作儿女，当成自己学术上的后代，学术传统要靠他们传承下去，并让他们成为中国学术发展的庞大基石。

传统的与现代的有机统一，这就是当代中国研究生培养的有效路径。

（刊登于《学位与研究生教育》2012年第4期）

因材施教　授人以渔

——指导研究生的几点做法和体会

刘生良[*]

我 是陕西师范大学文学院一名普通教师，长期从事中国古代文学、文学教育学及相关专业的教学与研究。作为一线教师，我一直坚持为本科生上课，从2004年开始指导硕士研究生，2011年开始指导博士研究生，至今已有7届42名全日制硕士生、9名高校教师及17名在职教育硕士生毕业，目前还有3届共16名全日制硕士生、5名博士生及5名在职教育硕士生正在攻读学位，另外还有2名在研博士后。这些年来，与搞好本科教学同步，我在研究生指导方面投入了很大精力，取得了一些成绩，也存在一些不足。为了把这方面的情况略作总结，以便使今后的工作做得更好，在领导和同志们的鼓励下，我愿在此主要以古代文学研究生的培养为例，谈谈自己10年来指导研究生的一些做法和体会，既与大家分享，也请批评教正。

10年来，我在研究生指导方面的做法和体会主要有以下几点。

一、在了解掌握研究生情况的基础上因材施教

从第一届开始，每届研究生入学后，我给他们布置的第一个任务，就是每人手写一份较翔实的自传。这些自传我都一直保存着。通过他们所写的自传，可以较全面地了解和掌握每个同学的基本情况，尤其是学业背景、知识体系、个性爱好和研究兴趣等，同时也可以看出其汉字书写状况、语言文字表达能力和写作功底等方面的大致情况；接着，再通过课堂提问、课程作业、学期论文等，进一步了解和掌握每个同学的专业基础、读书积累程度和思维能力等。这样就能做到对每个研究生的学习情况心中有数，为因材施教奠定基础。在此基础上，我便有针对性地进行指导。如2005级我指导了5名古代文学专业硕士生，其中一位男生从河南大学应届考来，入学成绩为本专业第一名，在本科阶段阅读了大量书籍，尤其爱好老庄道家的著作，还爱好音乐，能演奏多种乐器，我就建议他以《庄子》为主研方向，围绕主研方向搞好专业学习，对相关典籍进

＊ 刘生良，陕西师范大学文学院教授。

行深入研读，还让他保持并在适当场合发挥其艺术特长，以丰富生活。

有两位女生是本院保送生，本科所学专业却分别是文秘和对外汉语，一个幽默开朗，一个贤淑文静，我建议她们强化文学功底，多阅读分析一些文学作品，在专业学习的同时再阅读几本有代表性的文论、美学著作，相互合作，互帮互学。

还有一位女生和一位男生，来自省属地方院校，虽是中文科班出身，但基本功还不是太好，我建议他们在专业学习和研究中加强基本功训练。那位男生还是个特困生，本科、研究生学费全靠借贷，我除了在生活上给予必要的接济外，还帮其联系在继续教育学院兼职做一些作业批改、阅卷之类的工作，以解决生活费用问题，鼓励他自强不息，下更大的气力奋力赶上。最后这五位同学都很好地完成了学业，学位论文评优因名额所限，有两人的论文被评为优秀，其他三人的论文也都达到或接近优秀水平。毕业后他们的工作都干得较出色，那位特困生在生活基本安定后还于去年考取了北京某大学的博士生。

我指导的2008级3位古代文学专业研究生，一位是中师毕业后在中学任教，已有11年教龄，通过自学考试取得本科文凭，但没接受过正规的大学教育；一个本科毕业于本校新闻与传播学院，毕业后在内蒙古某旗中学任教两年；一个从地方师院应届考来，年龄只有20岁，智力较好，但基础较差，甚至不知论文怎么做，最初交来的课程论文信笔胡写，被打回去后又杂抄乱凑以充数。面对这种情况，我向他们推荐了本院几位课讲得最好的老师，让他们抽空去旁听学习，在课堂上具体感受文学的魅力和名师的风采，接受诗性智慧、科学思维、专业素养和讲授艺术的熏陶与启导，以弥补各自的欠缺和不足，使其学业基础得以加强和提升；同时在不断引导他们研习专业典籍的过程中，加强作品细读、赏析、探究等方面的基本功训练，并根据三人的不同情况分别进行有效的指导，最终他们的学位论文都达到了优秀档次，成绩喜人。

我去年招收的两位古代文学专业博士生，一位是我门下应届毕业的硕士，我自然而然地让她接着硕士阶段继续有计划按步骤地往下深入研究；另一位是毕业于首都师范大学汉语言文字学专业的硕士，甲骨文、金文等古文字学基础较好，又爱好并熟悉出土文献，根据其特长和兴趣，并尊重其意愿，让她在修完学分的同时，着力进行出土文献与先秦文学相关疑难问题的研究。

对每届研究生（包括所带语文课程与教学论专业研究生和语文教育硕士研究生在内）的培养，我都是既按照学科点制定的培养方案提出统一要求，又在了解掌握学情基础上根据每个同学的实际情况因材施教，有针对性地进行不尽相同的具体指导，觉得这样效果较好，10年来的实践也充分证明了这一点。

二、着力抓好原典文献的通读和文本的研究

对于文史专业的研究生来说，原典文献的通读和文本的研究至关重要。必须让学生

读研期间扎扎实实地通读若干部经典文献，熟悉文本，弄懂训释，理解内涵，积累资料，不能玩"空手道"。我的研究方向主要是先秦汉魏六朝文学，和每一届研究生见面后，我就给他们提供一份阅读书目，以较权威的或有代表性的原典注本为主，辅以水平较高的研究著作。在一些重点专书的导读中，我对原典通读和文本研究都有具体的指导。比如《诗经》，我本想让学生以通读陈奂的《诗毛氏传疏》为主，参以朱熹的《诗集传》和陈子展的《诗经直解》等，但由于"陈疏"影印本没标点断句，对现在初入学的硕士生来说阅读难度很大，于是调整为以通读《诗经直解》为主，参以"陈疏""朱传"。

对于《楚辞》，我让学生通读洪兴祖的《楚辞补注》，参以朱熹的《楚辞集注》、蒋骥的《山带阁注楚辞》及马茂元主编的《楚辞注释》等；对于《庄子》，我让学生通读方勇的《庄子诠评》，参以陈鼓应的《庄子今注今译》和郭庆藩的《庄子集释》；对于《左传》，我让学生通读杨伯峻的《春秋左传注》，辅以童书业、张高评的研究著作；对于《史记》，我让学生通读泷川资言的《史记会注考证》，辅以重要研究著作。

对每部经典的通读，我都要求学生做好读书笔记，不定期地汇报读书进展及有关情况，读完后将资料作以分类整理，并撰写出读书报告或论文。我一向把原典通读和文本研究作为学生读研期间尤其是前两学年的主要学习任务[1]，切实抓紧抓好，觉得这样可以使学生真正学点东西，学得扎实，学有所获，也能较好地保证学位论文写作质量，并为以后的治学和工作打下坚实基础，使其终身受益。实践也证明这是很有成效的。这里举一个例子，我指导的一位2009级回族硕士生，来自青海，入学时基础并不好，但他在我的指导下一部一部地通读原典，钻研文本，用心细读，肯下苦功，进步相当明显。他感到读书时一遍看过往往印象不深，看了后边忘了前边，也理不清头绪，难以贯通和理解，为了加强记忆和理解，他看一段，抄一段，边读边抄，把《诗经》《左传》等大部头的经典都完整地抄了一遍，同时加以批注和按语。就这样扎扎实实地一直读下来，基础越来越厚实，研究功力也一步步提高，课程论文一篇比一篇好，越来越细致充实，颇有心得和见解，学位论文也获得优秀，而且还应届考上了博士生。报考时为了保险，他选报并被录取为少数民族骨干博士生，但其实际考试成绩并不比汉族考生差。历届其他古代文学专业研究生，也都在我的指导下通过认真通读原典研究文本，学得比较实在，有较大长进和提高。

三、以传授研究方法为重心努力上好研究生专业课

研究生课程自然不同于本科生课程，就专业课而言，不能是本科生课程的压缩版或

---

[1] 这是就古代文学专业研究生而言的，对于语文课程与教学论专业研究生和语文教育硕士研究生来说，由于专业特点不同，则主要是学习教育理论，钻研语文课程标准、语文教材、教法及案例等。

增删版，必须符合研究生的特点，适应研究生的需要，这就要着眼于研究生科研能力的培养，注重研究方法的传授和引导。古代文学专业研究生的专业课包括必修课和选修课，在教学过程中，旧知识的巩固和新知识的讲解当然是重要的，但更重要的无疑是学习方法尤其是研究方法的示范、引导和传授，使学生学会学习，学会研究，掌握使他们终身受益的研究方法，这样才能事半功倍、执一应万。常言说"授人以鱼，不如授人以渔"，这对研究生教学来说显得尤为重要。10 年来，我先后给本院不同年级不同类别的硕士生讲授"中国古代文学研究""中国文学研究通论"（与人合讲）、"先秦汉魏六朝文学研究""十三经导读之《诗经》导读""中国文体学"等必修课，给博士生讲授"道家道教与中国文学"等必修课，还要为自己所带的研究生讲授"《诗经》《楚辞》研究""汉魏六朝诗赋研究""历史散文研究""诸子散文研究""中学语文教材解析""中国古代文体研究""先秦汉魏六朝韵文散文及专书专家研究""文学作品鉴赏写作"及"教学研究"等专业选修课，一直承担着较繁重的研究生教学任务。这么多的研究生专业课，显然比本科生课难上得多，我从来没有随便应付过，都写有讲义或制作了专门的课件，多是以自己写过的论文为主分为若干个专题，每次上课都是以一两个专题讲座的形式进行讲授；即使从未讲过的新开专业课，也有讲授纲要和较详细的备课记录。

在教学过程中，我很少照本宣科，总是想方设法努力把课上好，力求突出重点，突破难点，具有研究性，而且大多是结合自己对问题的思考和研究，重在研究方法的引导、示范和传授，诸如如何发现问题，如何获取资料，如何分析解决问题，从什么角度切入进行考察，应采用怎样的思维方式，如何梳理头绪、提炼要点、形成文字等，连带地也讲一些行文的格式规范，以期对研究生有所启发，使他们真正学有所获。如先秦汉魏六朝文学研究这门方向课，在讲授神话专题时，我简要讲了一些神话理论和研究信息，接着以《夸父逐日》为例进行示范解读；然后以某学者的《精卫神话新解》作为特殊案例，让学生就该文所提出的"精卫鸟不是一个英勇的形象，而是一个愚蠢的形象"这一新观点能否成立展开讨论。这一下子引起学生的兴趣，激发出思维碰撞的火花，我暂不表态，让他们每个人课后当即就此写一篇随感式的学习笔记，随后我在适当时候再作总结，归纳出神话解读和研究的基本原则，强调指出神话研读不宜用理性思维、科学思维而要用神话思维即原始思维，应着力发掘其精神资源和艺术资源，从而使学生掌握了具体问题具体对待这一正确、科学的思维方法和研究方法。

讲授《诗经》《楚辞》时，我是先简要讲了一些基本问题和研究进展，然后着重进行作品解读和疑难问题的研究，结合自己的论文，把一些基本研究方法教给学生，并给他们推荐了一些参考文献。

讲授《左传》《史记》时，除了必要的知识辨证、心得传授和经典篇章的艺术赏析探究外，我还针对当前文学作品思想内容研究的僵化模式进行剖析批判，鼓励同学们不要为教科书所囿，要解放思想，独立思考，实事求是，勇于创新。

讲授《孟子》《庄子》时，我是以自己的研究论文和著作为例，着重讲述研究过程和研究方法，既"授之以鱼"又"授之以渔"，是以更为具体集中、现身说法的案例引导和研究方法教学。当然，有些课程还是要以知识传授为主，但其间也要贯穿学法的主线。如"中国文体学"，我在引导学生明确其发展概况、了解其基本内容的基础上，把主要力量用在了《文选序》《诗品序》特别是《文心雕龙》文体论篇章等学生较难读懂的文献文本的讲授和研习上，在讲清内容的同时也做些学法的指点。

有些专业选修课，我主要讲某些经典的研究史，自然以知识为主，根据我的切身体会，觉得这对学生的专业成长进步是有意义的，甚至还要更直接更有用一些，但与此同时也要不时总结、提示和评点前人的治学方法，为同学们提供参考和借鉴。

由于我给研究生上课对研究方法的传授相当重视，以方法传授为重心和主导，加之非常投入，不辞辛劳，尽己所能，毫无保留，因此得到了历届各类研究生的认可和好评。同学们普遍反映听完课后既拓展、开阔了知识领域和视野，更学得了研究方法，很受启发，很有收获，很有实效。

四、重视作业的批改、讲评和学位论文的指导与把关

研究生平时的作业，一般以课程或学期为段落，以单篇论文为主要形式，这既是考查学习情况、检验学习效果和评定成绩的基本依据，更是一种重要的训练方式、交流渠道和培养途径。10年来，我一直对此十分重视，凡研究生交来的读书报告、课程论文等作业，都精批细改，一丝不苟，尽心尽力。这从2008级一位硕士生的电子信函中即可见一斑。

> 刘老师：
>
> 您好！
>
> 非常感谢您修改论文如此详细。我拿到您修改的文章和我原来的底稿详细对照后，发现我写的文章竟然有如此多的纰漏，我深感自己在学问上有许多不足，还要抓紧学习。您能如此详细地修改，我深感敬佩。您对学术的严谨，对学生的严格要求和认真负责态度在这一笔一笔的修改中体现了出来，我非常感谢。在此，我对您的严谨和负责表示由衷的敬意。鲁迅在《藤野先生》一文中回忆他在日本仙台医专求学时，藤野先生为他修改课堂笔记，从头到尾都用红笔添改过了，不但补充了许多错漏的地方，连文法的错误都修改过了，鲁迅看了后很震惊，震惊于藤野先生对学生如此负责。我拿到您修改的论文后，我也很震惊，为您如此详细地添改文章而感动。我工作10几年了，从没有如此仔细地批改过学生的作文，这里面有我对中小学教师这个职业的认同感问题。您多次给我修改作业体现出来的严谨和负责，体现出来的对学生的平等对待，体现出的正直做人的原则，令我深受感动。说实话，从小学到初中再到中等师

范再到大学，给我印象深刻、让我能久久忆念的老师寥寥可数。我一路走到今天，主要靠我个人的一步步奋斗，特别是参加工作之后，是无师自学，您是到目前为止对我学习指导最到位也最认真负责的老师，我会永远记住您对我的指导，就像鲁迅记住藤野先生一样。

您的视力不好，希望不要过分劳累，望多保重身体。

学生：张××

2010 年×月×日

每次批改作业之后，我会把同学们召集起来进行讲评，对每篇论文的优缺点尤其是存在的问题，都一一指出，谈清说透。这样可以使每个同学明白自己的成绩和不足，知道努力的方向，以便发扬成绩，克服不足，不断进取。在讲评时，我还注意抓两头带中间，使优不骄差不馁。尤其注意做好"后进生"的转化工作，对其问题既毫不客气地批评指正，又热诚鼓励其奋发上进。从第一届起，有好多届研究生都出现这样的现象：这一次论文最差的同学，下一次就赶上来了，有时还成为最好的论文。经我批改过的论文，同学们再修改完善，后来大都发表了。10 年来，我所指导研究生经我批改和指导而公开发表的论文已逾百篇。

学位论文是研究生攻读学位期间的最终成果，撰写学位论文是研究生培养中最关键的一个环节，我当然格外重视。从一开始，我就要求学生注意在读书过程中自己发现问题，把学位论文的选题和平时的读书、课程论文结合起来，鼓励自选论题，早作考虑。实在没找到合适选题的，我才会根据情况推荐题目供其参考和选择。开题之前，我会和研究生就初步确定的题目多次交换意见，又集中讨论一次，才和其他导师的研究生一起举行开题报告会。在论文写作过程中，不时为其答疑解难，进行指导。论文初稿交来后，我和平时作业一样仔细加以批改，这在每个同学的"致谢"中都有充分反映。正如同学们所说的"从题目、结构、材料、语句到标点符号、格式规范，都一一订正，毫不马虎""连半个字符的空格也不放过""看到连一个不符合规范的中文或英文状态下的标点符号他都用红笔标识出来""每页都改成了花脸""极有耐心，极显爱意"，等等。学生按我的批改意见作了修改后，我还要从大的方面和某些细微之处对诸如摘要、引言、大小标题、结语等关键部位及补充的内容再批改 1～2 次，严格把关。这样做，能较好地保证学位论文的质量，有利于培养研究生严谨的学风，对他们以后的工作和品格修养也有好处。

我指导的以往 7 届学位论文，大多数令人满意，尤其是 2004 级、2005 级、2008 级的学位论文，几乎全都达到或接近优秀水平。有一些学生的硕士学位论文写了 10 万字左右，2010 级龚思的硕士学位论文写到 16 万字，质量较高，得到答辩委员的一致好评。2006 级高校教师刘桂荣关于《天问》研究的学位论文，篇幅较长，质量上乘，在答辩时颇受好评，毕业后刘桂荣将其进一步增加、扩充成专著，出版后评上了副教授。

陕西师范大学从 2008 年开始在全日制硕士研究生中评选校级优秀学位论文，6 年来，我所指导的研究生先后有9位同学的论文被评为学校优秀硕士学位论文。2006级教育硕士研究生张丽娟的学位论文《论〈说文解字〉在小学识字教学中的应用》，被评为全国第三届教育硕士专业优秀学位论文。另外，还有7人被评为学校优秀研究生或优秀教育硕士，2人被评为学校优秀研究生干部，其中1人还被评为陕西省优秀研究生干部；有8人先后考上了西北大学、黑龙江大学、中央民族大学、四川大学和陕西师范大学的博士研究生。

五、带领研究生参加学术会议以开阔眼界，转益多师

为了使研究生开阔眼界，转益多师，我除了鼓励他们平时尽可能多去本院其他导师那里旁听学习外，还经常带他们外出参加学术会议。从2005年开始，我主要根据研究生撰写拟提交的论文情况（本地会议例外），先后13次带领35人次研究生分别去包头、南充、黄冈、杭州、成都、上海等地参加楚辞学、《诗经》《庄子》和先秦文学、语文教育方面的国际、国内学术会议，让他们聆听众多专家学者的真知灼见，学习其研究成果，并在会上宣讲自己的论文，接受批评指导。同学们提交的论文，大都得到了与会学者的肯定，这些论文后来都被收入会议论文集，得以发表，这就使同学们在接受学术熏陶、开阔学术视野的同时还接受了研究成果得到学界接纳认可的喜悦。更重要的是，会议期间在我的引荐下，他们认识和拜见了很多学界名家和师长，进行交谈并请教，而且会后还能继续联系，从而转益多师。这对研究生的培养非常有益。一直以来，各高校在研究生培养上都有访学的考虑和经费支持。

20多年前，我读硕期间曾到南京、北京专程访学，但收效甚微：老远跑去，想拜访某些专家，偏偏有的专家外出不在家；就是在家的专家，因上课、开会等，也难得一见；好不容易见了，老师都很忙，也不便多打扰，谈不了多大一会儿，请教不了多少问题。而那次访学的终点是到湖南汨罗参加全国楚辞学年会，在会上却很容易地拜识了汤炳正、姜书阁、褚斌杰、赵逵夫等一大批来自各地的楚辞学和先秦文学专家与新秀，聆听了他们的高见和教诲。会上会下交流请教的机会较多，各位学者也耐心接受咨询，回答疑问，况且此次建立了联系，以后还可以随时请教，从而使我满载而归。由此我深切体会到，参加学术会议就是最有效最理想的访学，其意义还超出了访学。所以我招研究生后，有机会就带他们参加学术会议，不怕麻烦辛苦。我还建议研究生院以后鼓励硕士生、博士生把访学经费用在参加学术会议上。当然，我本希望所指导的每个研究生在读期间都能参加一次学术会议，但由于有的同学没写出论文，或因经济困难等原因，还有一部分同学未能如愿，这在以后还得再想办法做得圆满一些。

以上做法，在多年的实践中我觉得是较有成效的。要培养高质量的研究生，在我看来，最根本的还在于作为导师的良心和责任感。我一向认为，研究生是高层次人才，担任研究生导师，责任重大，使命光荣，不敢懈怠。以上工作对我来说都是应该的，而我

做得还很不够，这主要在于自己的学识和能力有限。就我主要从事的先秦两汉魏晋南北朝文学研究而言，先秦文学我还有些研究，较有底气，两汉文学就有所欠缺，魏晋南北朝文学就更加欠缺，遇到我不太了解的论文选题，指导起来就显得力不从心；而课程与教学论、文体研究与文学教育这两个专业，我都是服从学院工作需要勉为其难指导研究生的。在教学过程中，认真细心，往往是和学生一起研习，还需要向学生学习，教学相长。还有，极个别高校教师做事不认真，其学位论文我批改得很细，但他就是不好好改，再三批评都不大顶用，最终论文质量我不大满意，又无能为力；虽反复强调学风问题，严厉禁止学术不端行为，但仍有极个别学生（主要是在职教育硕士生）学位论文初检重复率过高。对此，我都有清醒的认识，并将在以后的工作中努力改进，再接再厉，争取把研究生指导工作做得更好。

（刊登于《学位与研究生教育》2014 年第 5 期）

社会科学类专业研究生导师应该如何指导硕士学位论文

我先后指导了10余届研究生的硕士学位论文超过40篇，其中大部分论文都获得了答辩委员会的好评，多篇论文被答辩委员会认定为优秀学位论文，有数篇论文被评为校级优秀硕士学位论文。我指导的研究生普遍认为，他们在完成硕士学位论文的过程中科研能力有较大的提高。我把指导硕士学位论文的体会略作介绍，供青年教师参考，并请大家批评指正。

首先要说明的是，我非常幸运，我所指导的大部分研究生都是较为出色的学生，他们都有较好的知识和能力基础。他们聪明、勤奋、刻苦、有上进心，能够按要求完成硕士学位论文，或者完成高质量的硕士学位论文，主要是他们自己努力的结果。作为导师，我只是起到了力所能及的指导和帮助作用。但是，导师的指导对研究生完成学位论文也是很重要的。我认为指导硕士学位论文是一项复杂的系统性工作，导师只有认真周密地做好各个环节的指导工作，才能确保学位论文的质量。

一、指导研究生严格进行理论学习和研究方法训练

俗话说"功夫在诗外"，研究生做学位论文工作也是如此。要完成高质量的学位论文，研究生必须掌握有关理论和研究方法、研究技术。导师务必要求和指导研究生学好基础理论和研究方法课程，这是最重要的一点，也是被很多导师忽视的一点。

硕士学位论文是研究生进行的一项完整的学术研究，良好的研究成果是以科学的理论、正确的研究方法和规范的研究程序为保障的。指导和帮助研究生在课程学习阶段打好理论基础，掌握研究方法，认真进行研究方法的训练，这是做好学位论文工作的前提和关键。如果在课程阶段不能很好地掌握研究方法，那么学位论文的研究将会遇到严重阻碍，甚至无法完成论文的研究和撰写工作。相反，如果学生的基础理论和研究方法掌握得比较好，只要选定合适的题目，研究生甚至可以独立完成硕士学位论文工作；即便

不能完全独立完成，导师的指导工作也会相对轻松。

我国社会科学类专业研究生的培养处于发展和转型过程中，研究生的研究方法训练是个薄弱环节，由于很多研究方法的掌握需要一定的数学知识作基础，课程难度很大，很多研究生望而生畏，采取应付的态度和回避的做法。很多研究生选课专门挑选难度系数小的课程，以获取学分为目的，没有充分考虑形成合理的知识结构的需要。如果在课程学习阶段不能学好研究方法课程，而导师又不能及时弥补这一欠缺，就会导致学生研究能力训练不足；同时，一些导师对研究方法训练的认识不足，认为研究生不需要进行严格的研究方法训练，主张等科研用到某种方法时，再去"临时抱佛脚"现学现用。很多情况下，正是由于导师的这种错误认识，误导了学生，导致学生没有掌握所需的研究方法和技能。这样的研究生培养方法直接导致研究生没有能力独立完成一项研究。其结果是尽管研究生在学位论文阶段狠下功夫，也没法作出好的研究成果。

二、培养研究生发现问题的能力

指导研究生自己寻找问题、发现问题，是学位论文指导的重要内容；尤其是在论文的选题阶段，这是导师指导工作的主要目标。能够发现问题才能解决问题，在很多情况下发现一个新问题的重要性，不比解决一个问题逊色。数学家康托说："在数学的领域中，提出问题的艺术比回答问题的艺术更重要。"无论是自然科学还是社会科学，学术进步、科学发展都是从发现新问题开始的。培养硕士研究生发现问题的能力，也是研究生做学位论文研究的重要目标之一。但是，在实际指导过程中，发现问题能力的培养往往被导师和研究生有意无意地忽略掉，是否去努力落实这一点也不易被学生和导师之外的其他人观察到。在社会科学研究中，提出有价值的问题，既需要有一定的理论基础，也需要对社会现实有所了解，在阅读理论文献和对现实的思考中发现需要解决的科学问题。导师既要指导学生阅读重要的理论文献，也要引导学生关注实际问题。对于两年制的硕士生而言，这个过程不可能花费很长时间，也就是一至三个月的时间。经过阅读和思考，学生往往能提出一些问题，这说明学生动脑子思考了，学生脑子中有了问题就是发现，就是学生的进步，应该对学生的独立思考充分加以肯定。导师应该充分意识到，培养研究生发现问题的能力是论文指导工作的重要目标，导师应该花时间与学生进行对话讨论，研讨学生提出的各个问题，分析是否可以作为硕士学位论文的题目。

三、帮助研究生确定合适的论文题目

导师应该帮助硕士生选定学位论文研究的题目。研究生自己所提出的问题未必适合作为硕士学位论文的题目。有的问题过大，工作量很大，短时间内难以解决；有的问题意义不大或者过小，很难作为一篇学位论文的题目。一些学生能够自己选定合适的研究题目，导师应该鼓励支持学生这样做。但是，也有很多研究生在有限的时间内，自己找不到合适的学位论文题目，需要导师帮助学生确定一个题目。按照李政道教授的看法，只有在博士后研究阶段，才能要求一个研究者有能力独立发现问题；即便是博士学位论文的题目，也应该由导师帮助确定。硕士研究生的培养不同于博士研究生培养，也不同于博士后的合作研究指导，尽管我们把发现问题能力的培养作为硕士生完成硕士学位论文要达到的目的之一，但这并不意味着要求研究生自己选定题目。对于社会科学而言，需要对社会现实有相当深刻的了解才能发现问题。我们的研究生大都是没出过校门、没有工作经历的应届毕业生，理解现实很难，发现问题更难。一些硕士研究生还不能做到自己独立发现问题，尤其是不能对一个新问题的研究过程和研究结果有个大体的事前预测和判断，这需要导师帮助他们进行斟酌、筛选，帮助学生尽早确定一个合适的研究题目。

什么样的研究题目是合适的硕士学位论文题目？我们必须对硕士研究生做学位论文研究的目的有清醒的认识。硕士学位论文研究，目的在于在规定的时间内，让学生运用已经掌握的理论和方法，去研究和解决一个新问题。符合这种要求的论文题目就是合适的题目。具体来说合适的硕士学位论文的题目应满足以下几点要求。

（1）资料和数据比较容易获得。

（2）题目的难度是学生力所能及的。

（3）研究所需的时间一般不能超过五个月。

（4）是学生感兴趣的问题。

硕士学位论文题目一定是一个需要研究的有价值的问题，这一点看似常识，但一些导师往往缺少问题意识，在帮助学生选取学位论文题目时，往往会对研究生说，你去写什么方面或者领域的论文。至于这一领域有什么需要研究的问题、是否有问题，导师也没有深入的思考。

还有一些导师不是从硕士学位论文的特点要求出发帮助学生确定题目，而是不顾及学生的兴趣和能力，把自己的研究项目或者项目的一部分作为研究生的学位论文题目，让研究生趁机把自己的课题完成，把完成课题和项目作为首要目标。这对学生是不公平的，也是导师对研究生培养指导工作不负责任的表现。现在我国的社会科学研究课题来源很多，甚至到了课题泛滥的程度，在这种情况下，个别导师往往把做课题作为赚钱获取经济利益的手段，导师成为"老板"，研究生成了导师的"打工仔"。导师把课题经费的一小部分支付给研究生，对于研究生来说，这也是一笔可观的收入，研究生也非常高兴，甚至希望能把导师承担的课题的一部分作为学位论文题目。这导致很多研究生的学位论文题目不是一个理论上或者实践中有意义的研究问题，甚至根本就不是学术问题。这样的题目当然做不出好的成果。

四、指导工作要贯穿研究生的整个研究过程

导师对于硕士学位论文的指导，不仅是对于"写论文"的指导，更是对于"做研究"的指导。对于研究的重点和关键环节，导师必须给研究生以足够的指导。这些环节主要有：①对于解决问题所运用理论的选择；②模型的建立；③数据分析方法的选择；④数据处理结果的分析判断；⑤针对研究结论，如何提出有针对性的政策建议。

以数据处理结果的分析为例，这就像一个医生拿到化验单或者 X 光片后对病人进行诊断。对数据分析结果进行科学的分析，需要研究者既具备相当的理论基础，熟悉统计方法，了解相应的社会现象和情况，还要积累一定的经验。学生缺乏这方面的经验，容易出错，导师可以让学生自己先分析，然后再帮助学生分析，让学生知道自己的不足在哪里。

至今，仍然有一些社会科学专业的研究生导师，把研究生完成学位论文视为一个简单的论文写作过程，而不是视为一个有严格的研究程序、使用科学的研究方法的研究过程。这些导师往往把主要的指导工作放在最后论文稿子的修改上，这是极其错误的。很多研究生的研究过程存在问题，例如一些变量指标的选取不合适、数据采集有问题，甚至模型本身有问题，到了最后成稿的时候，再去纠正已经来不及了，或者需要重做，致使研究生的论文工作非常被动。导师不在研究的关键环节上对研究生进行指导，而是把重点放在修改学生的论文文稿上，这是难以指导出好论文的，结果是导师花了很大的精力，反复看文稿、修改文稿，还是修改不出好论文。这样的指导工作，看似导师很下功夫，其实这是在做亡羊补牢的工作，效果非常有限。

 五、重视论文的格式和文字规范

规范的社会科学学术论文，无论是学位论文，还是学术期刊公开发表的论文，其格式、语言要求等都非常规范，甚至是"八股文"式的。这种格式要求，看似呆板，但是体现了现代社会科学研究的科学性和规范性。论文的这些格式、规范，可以通过指导学生自己阅读相关的文献掌握。论文文字的修改，可以通过学生自己反复修改完成，或者学生之间相互阅读对方的论文进行修改完成。导师需要去做的是对学生严格要求，让学生耐心反复修改。当然，应该具体学生具体分析，对于文字功底较差的学生，导师必须花时间帮助他们修改提高。

 六、用心指导而不越俎代庖

导师既要有高度的责任心、高度重视硕士学位论文的指导工作，在指导工作上下工夫、尽责任，又要避免过度指导，切忌把该由学生自己完成的研究工作由导师包办。同教学工作一样，研究生论文指导工作的情况，也很难被外界观察到，也是属于"良心的工作"。导师在指导过程中不尽职尽责，很少会受到惩罚。所以，部分导师在学位论文指导过程中，不尽职尽责，甚至把研究生的论文研究完全视为研究生个人的事情，对研究生的论文不管不问。个别导师只是在研究生完成论文后，扫一眼论文的目录、签个字了事。这是极其不负责任的严重失职行为。

二年制研究生在校学习的第一年主要进行课程学习，修满所需要的学分；硕士学位论文主要在第二年完成，同时还要花大量时间和精力找工作，致使研究生花在论文上的时间非常有限。这对研究生进行学位论文研究相当不利，不少研究生无法按时完成论文研究工作，导师迫不得已替代研究生去完成部分研究工作。这对研究生培养是有害无益的，是另一种失职的行为。导师应该让学生独立完成论文研究工作。尤其是学生能通过自己的努力独立完成的工作和环节，教师绝不可以越俎代庖。

总之，研究生的硕士学位论文指导，是一项系统工程，贯穿于研究生学习的整个阶段，需要导师用心去指导，才能尽到指导的责任。

参 考 文 献

[1] 康托. 数学名言 [J]. 数学教学通讯, 2010 (13)：35-41.
[2] 李政道. 李政道文录 [M]. 杭州：浙江文艺出版社, 1999：112.

（刊登于《学位与研究生教育》2014 年第 6 期）

谈谈指导研究生与科研中的一些关系

黄　琳*

 于指导研究生和科学研究，我对其中的一些关系有些想法，供参考与评论。

一、"师傅领进门，修行靠个人"

导师的作用在于"领"。"领"既是原则性的"领"，也包括必要的一对一的教，但"领"在入门的前后是不一样的。在博士学位论文答辩委员会的决议上通常有两句必写的话：一是该生已具有坚实宽广的理论基础和系统深入的专门知识；二是该生具有较强的独立从事科学研究的能力。前者是讲入门的条件，这里导师的作用表现在如何教会他学和学到什么程度上，而后者则表示研究理应主要由学生自己独立完成。这两个条件也是区别职业科学家和所谓民间科学家的标志，后者专指那些未经系统教育和严格训练就声称解决一科学著名难题或对某学科仅具一知半解的常识就声称推翻该学科基本结论的人。例如未学过数论就声称已证明了哥特巴赫猜想者和声称已成功发明永动机的人。职业科学家的培养者在引导学生时必须能既充分发挥学生的主要作用又能在关键时刻告诉学生应抓住哪些以避免出大的错和走过多的弯路。完全"放羊"是不负责任的行为，而事无巨细包办到底的导师对于优秀的学生说来既不需要也不欢迎乃至反感，因为优秀的学生需要的是睿智和引导而非保姆，而包办式培养出来的学生一般也只能是庸才。

二、好学生不靠教，"赖"学生教不会

我记得有一个著名的物理学家上物理课，很多人听不懂，为此他进行了一次考试。发现有10%的学生考得很好，他就请他们来谈谈，发现他们共同的一点是靠自学。这大体上说明好学生是不靠教的。在具有基本的基础前提下，其实说到会是有好几个层次

---

*　黄琳，中国科学院院士，北京大学工学院教授。

的：真正的会有得心应手的意思，这当然很难也不是靠老师教的；形式的会是相对容易的，基本上用教可以做到，刻苦努力的学生都能达到；而形式的会都达不到的则一定自己不努力，就只能归为"赖"学生了。我从不认为所有的学生都是能经过老师教就能在科学上成才的。

三、选题最能体现导师的作用

选题一要有价值，二要学生经过努力能做得出来，即跳一跳才够得着。什么叫有价值？选题的价值指的是科学意义、技术意义及应用意义而不是别的。刊出的论文未必选题就好，当今科技论文中无意义的垃圾文章远比有价值的成果要多。虽然沙里淘金是不可避免的过程，但也不能以沙乱金，以出版垃圾论文多取胜。科学发展到今天，同一领域研究人员众多，要得到有价值的成果，基本上是没有免费午餐的。不要存侥幸心理，不要以为只有自己命好也不要把别人想得很呆。不跳一下就能达到的高度不会了不起。所有高招与妙想都是功夫的累积。这是学生要了解的，当然导师首先必须悟透。

四、注重实质性贡献而不是科学管理需要的数据

现在评价科学成果时有一种风气，即特别强调发表论文杂志的影响因子和论文被引用的次数，并以此作为衡量科学成果的最重要标准，而不讨论论文本身究竟解决了什么科学问题和有什么重要的价值，这是一种标准的行政化评价方法，这当然是不适当的，因为无论 SCI 他引数还是杂志的影响因子都不可能真正代表论文的质量。几年前，我在自然科学奖的终评会上就听到一位香港数学家在答辩时讲："我查过到目前为止陈景润的哥特巴赫猜想的论文 SCI 他引数总计也未超过 70 次。"有理由相信最近报道的张益唐关于孪生素数的重要成果的 SCI 他引数也不可能很高，因为能在这个问题上写出论文的人世界上总数也不多。形成对比的是神经网络领域一篇不起眼的文章 SCI 他引数就能过百，一个并无很大实质性贡献的人的论文 SCI 他引数就能高达几千。这是因为在这些领域工作的人数众多，充满了修修补补无实质进展的成果，并形成了一些互相引用的"团伙"。

有一次，某甲向我介绍他的工作时说了刊登杂志的名称和档次，我问他你的贡献是什么？他告诉我他的文章有近 30 篇 SCI 他引；我再问他：你能告诉我他们是怎么引用的？有哪些文章在什么地方用什么文字怎样正面评价你的工作的吗？他什么也说不出来，还只是说反正 SCI 他引有 30 次也不容易。我又问他，你能不能用简洁的语言告诉我你解决了什么科学问题，有什么重要意义？他支吾了很久就是讲不清楚。我只好笑着告诉他，人家连你自己也讲不清楚意义的文章都引了，但并未作正面评价，只说明这些作者检索文献的全面和工作的细心，与你成果的价值没有什么直接关系。事实上文章的

他引有三种：一种是正面引用，通常是用文字指出你的工作的意义和价值或用你的成果解决了什么问题，也有考虑到你工作的重要性而作详细介绍的；第二种是泛引，例如研究该问题的文献 [12－23]，这只是说他知道研究该问题的有 12 篇论文，对论文好坏并未置评；第三种是负面引用，例如对你文章的内容写了 comment 质疑你的结果或指出你的错误，这当然要引用你的文章。对 SCI 他引不加区别，都看成是成绩当然是不对的。从统计学的角度考虑无论是杂志的影响因子还是论文的 SCI 他引数，对于评价科研成果和科学家的学术活跃程度和影响均有相对重要的意义，也不失为一个有意义的参考指标，但无论如何不能绝对化，更不能只看他引数，而不去弄清楚实在的科学价值和意义。

五、"十年磨一剑"和"有铁就打菜刀卖"

有人常把甘于寂寞钻研问题取得重大成果比作"十年磨一剑"，而将并不重要、比较粗糙的成果比作菜刀。在科学研究上是立志"磨名剑"以取得重要成果还是"卖菜刀"以获取短期效益，历来是青年研究者面对的问题。世界田坛有个神奇的天才——撑竿跳王布勃卡，他在 10 年里 35 次打破室内和室外的撑竿跳高纪录，有几年他每参加一次国际比赛就会打破一厘米的世界纪录，于是人们就把这种每次都有进步而不断得奖或取得成功的现象戏称为布勃卡现象。在现代田径比赛中任何打破世界纪录的提高都是很小的，因为这已接近人类体能的极限，因而都应充分肯定。在科研活动中，不合理的评估与奖励制度，例如每篇 SCI 论文奖金是多少，促使一些人玩起布勃卡现象。他们把一个系统性的成果，加以"稀释""掺水"，然后故意拆分成很多小成果去发表很多论文；或一有小进展，不等完善就抢着发表以获取更多奖励。在体育界，布勃卡现象是能够理解的正常现象并受到尊敬，而在科技界为评估与奖励而故意制造布勃卡现象则归于学风不正，在获取奖励的同时却严重损害了自己的声誉，因为科学与艺术很相似，在急于出小成果的思想指导下，常常在把握方向和立题上拈轻怕重不得要旨，所能得到的结果也常常只是支离破碎的一堆庸作。一把名剑和一堆切菜刀的价值当然是不可相提并论的。

六、功劳、苦劳与疲劳

常常听到有人在完成一件事后用这样的话安慰自己："事做完了，我没有功劳也有苦劳；没有苦劳也有疲劳。"在科研上，这功劳、苦劳和疲劳大致对应原创与价值，尽力和受累。在科研的成果上功劳从来是第一位的，即结果是第一位的，至于过程是拙是巧，是否很累只能是第二位的。原创只属于最早得到这一结果的人，这是因为是他首次告诉或揭示了这个有价值的结论。以前宣传学习毛泽东著作的典型，常常告诉大家他一共写了多少本笔记，而不谈他有什么独到的见解，这在推崇唯圣人之言的那个年代为培养驯服工具是必需的，但在科研成果的评价上，这种无任何创意的苦劳和疲劳实际上是不起作用的。因此在评选学科带头人或科研奖励时人们的主要注意力也只会集中在原创与价值上。原创需要原创的主客观条件，并不是花了大力气或高奖金就能出原创。原创往往出自浓厚的兴趣和强烈的探求欲望，而这些与功利主义未必有直接的关系。

七、不能总满足于编习题和做习题

小学生学写字首先要描红，画家成才要临摹，这表明模仿是不少人成才的第一步。科学研究也有类似之处，特别是对年轻的博士生说来模仿别人出点成果也无可非议。有人将科研比拟为在一个充满珍宝的开放的屋子里大家去取走珍宝，但珍宝取走必须先有合适的方法。第一个掌握了方法的人取走了他认为最有价值的东西，其他的人学会了他的本领也搬走了一些有价值的东西，时间一长，屋子里只留下价值不大但能取走和很有价值但难以取走的东西。好的老师为了训练学生，让他们也用已有的方法去取走一些价值不大的颗粒，并期望他能从中得到领悟，提出新的方法，以便得到有价值的成果，这相当于编习题和做习题。当今国内很多单位研究生心态不好，急于求成，粗制滥造。就像在这珍宝屋中，满地趴着寻找剩余的颗粒的人，争取眼前小利而置有价值但难攻克之问题于不顾，这相当于把大量的人力与智力用去编习题和做习题，而置国家需求和科技创新于不顾。如此下去既对科技发展和人才培养十分有害，又给人以科技热闹就是科技事业兴盛繁荣的假象，此风不刹，前景堪忧。

八、是真创新就不要急于要别人认可

科学的发展常常是对一个问题有了解答以后，经过不断的推敲并符合当时科学条件下的检验，就会形成业界的共识，这种共识会影响到社会上的方方面面，当然也包括现实的利益及其分配，尽管其中一些共识由于条件所限可能并不完善，甚至存在根本的错误。而在达成共识以后，撇开社会因素不说，这个共识也一定会成为业界进一步研究的出发点和几乎是深信不疑的真理。所谓创新有三类：第一种是作出了新的有价值的事情；第二种是对业界共识的修正乃至推翻；第三种是对人类科学发展进程中长期研究而未得结论的正面或否定式的回答，例如各种猜想的解决。这三类的任何一种出现时都必然引起业界不同程度的惊异和质疑。一般说来，在立论正确的前提下，如果让同行高手感到吃惊和提出质疑则创新就可能比较大，而让同行普遍感到将信将疑则可能是创新，如果连庸才在思考一下后都表示坚信不疑，估计创新即使有也不会大。所以应该告诉年轻人，经过十分严谨的过程得到的结论受到怀疑乃至反对是非常正常的事情，好的结果一定是引起包括高手在内惊讶的结果。

九、时间比奖励更能体现成果的价值

好的科学研究成果在时间上常表现出两头皆长的特征，即孕育与完成的时间长和得到以后常有经久不衰的影响，因此一项成果是否真有价值，时间是最好的检验。现今是信息时代，在同一领域的研究者人数众多，发表论文的会议、论坛与杂志名目繁多，一有新鲜的结果就能很快在业界传开，这种传播的时间尺度远比一个结论经受检验所需的时间要短得多。这种时间上的跨尺度特征加上其他因素就会造成科学成果的轰动效应，其中难免出现众多泡沫。一些领导对科学研究的规律常有误解，本来科技奖励是承认科技造福人类的一种方式，这是对科研成果出现后的一个社会认定，正因为如此它就应该建立在客观、公正和拒绝利益攸关者介入的基础上，以保证奖励的置信度。中国有一句名言"重赏之下必有勇夫"，于是科技奖励的职能就被领导人扩展为激励科技发展的因素，这种因果关系上有些颠倒的做法使得奖励成为从事科研目的的一部分，并部分地使科学家的工作沦为领导者政绩的一部分而失去科学本来的意义。在这种思想指导下，有组织有领导的报奖或争奖的活动风行；报奖材料弄虚作假、拉关系、跑路子乃至送礼等完全不应在科技行业出现的歪风邪气一定程度地泛滥；不做研究工作只当领导的人为了自己的私利而强占一些大奖的显赫地位；为了报奖的需要进行拼盘式作业，把一些关联松散的成果装在一起以满足某些指标的要求等乱象使科技奖励的公信力大为下降。应该告诉学生，绝对不能把获奖作为研究目的和科研价值的体现。真正有价值的成果必须经过时间的检验。

十、学习和研究都很苦，乐是在苦中产生的

科技界有一个共识，即认为兴趣是科学创新的主要原动力。随着科学技术的发展，人们对兴趣的理解也发生了变化，即认识到科普式的兴趣与专业兴趣的差异，前者更多是对科技事物的直观表面东西的兴趣，而后者则更注重对其核心与规律性的理解。例如关于天文上金星合月的现象就只为天文爱好者关注而专业天文学家对其并不关心，因为这只是站在地球上看到的一种表象，而利用基于牛顿力学的计算和并不复杂的对球面投影的计算就能精确地估计出这一时刻和方位，而牛顿力学恰恰是人类摆脱了以地球为中心的立场后才建立起来的。类似地在生物学领域对基因组的研究兴趣已不是对生物表面现象的讨论，而是非常理性地建立在大量数据之上的研究与结论。兴趣由感性到理性的转变、坚实的理论基础、现代化的严格的实验条件、丰富的数据及其分析手段与计算机是进行现代科学研究的主要条件，这些条件是培养职业科学家所必需的，任何个人要掌握这些条件均需付出足够的代价。进行现代科学研究必然面对庞大的数据、重复的实验与结果分析、反复推敲的过程和从十分复杂的表象中寻求本质所在的挑战。所有这些都

表明科学研究是一个非常费脑费力、繁杂枯燥的过程。通常人无法认同这中间会有丝毫乐趣，而研究者之所以能乐此不疲，是因为他们深信，要想得到任何有价值的结论，这个过程都是不可避免的。

十一、积累是基础，创新是目的

苏轼在《杂说送张琥》中说："博观而约取，厚积而薄发，吾告子止于此矣。"此话对研究工作无疑意义深远。"博观而约取"与华罗庚先生所说的读书应读厚书然后将其读薄是一个意思；而"厚积而薄发"实际上有两层意思：一方面说明只有积累得厚重方能有发，另一方面说明在这大量的积累中能发的也只能是薄的。事实上厚重的积累中直接能用上的材料毕竟是少数，而且在积累的过程中也无法准确预知哪些知识能够用得上，但积累的过程对于爱思考的人说来慢慢地就造就了一种很高的素质——提出科学问题和面对科学问题能相对快捷地找到用以解决问题的知识和办法。很多人不了解这一点，反过来短视地认为大多数的积累是无用的。在要求积累要厚的队伍中，一部分人并不认为厚的目的是为了创新，而是为厚而厚。在20世纪初即清朝末年，中国对于西方近代科学还很陌生，如果一个人能对当时西方科学有足够了解并能进行宣扬，就一定被认为是大科学家，而不追问他本人在相关科学领域有无建树。经过100多年的发展，中国的面貌发生了根本的变化，加之信息化的时代科学成果的发现与收集已大大方便，为科研人员的厚积创造了很好的条件，因此一个好的研究者在厚积的过程中必须学会凝练科学问题，勤于思考，找出解决问题的途径，达到创新的目的。为厚而厚、不加思考的积累者，在今天实际上不如一张有很好检索功能的光盘。

十二、"工欲善其事，必先利其器"

"工欲善其事，必先利其器"是一句常用的话，出自《论语》孔子回答子贡问仁的，此话对于科学研究有重要的意义，这涉及科研中的"器"以及如何使"器"能"利"。"器"就是指进行研究的方法和对积累成果查询和运用的本领，而"利"就是指这种本领的得心应手。每门学科在其形成的过程中除了积累了系统性的大量资料外，还形成了具一定特色的方法，例如数学分析中的极限描述、判定和复杂的极限换号，线性代数中空间用基的描述、变换的构成以及特征值与特征向量等，都是解决对应学科中问题的基本手段。而技术科学例如控制、信号处理等则不一样，这些学科的问题有时是综合性的，在理论分析上碰到什么数学就应该会用该门数学的基本功；不仅如此，有时还要用物理思维，例如考虑谐波在回路中的传递与平衡，有时还要利用系统在工程实际上的信息。这方面越是用得顺手，得到结果就越快捷。在研究中我们会用到各种仪器和以计算机为主的仿真设备。这其中也有一个会不会用和用得好不好的问题。在同一个试验和仿真的过程中，未经严格培训、缺乏经验的人和训练有素的人在得到有用信息上的差别会很大，这如同不同医生用同一设备对同一病人进行检查，高明的大夫能准确找到病灶并给出诊断，而训练差的大夫可能一无所获。这之间最关键的一点在于训练基本功，扎实的科研基本功对于研究生说来常常是终身受益的。基本功是需要不断训练的，但却不是死记硬背的，它应成为自己科研素质的一部分，到用的时候就自然发挥出来，达到武林高手"无招胜有招"出神入化的境界。

（刊登于《学位与研究生教育》2014 年第 10 期）

研究生学术能力的缺失与习得

——以教育学硕士学位论文为例

李润洲 *

硕士学位论文（以下简称"学位论文"）是研究生三年学习的结晶，在一定程度上集中反映、折射着研究生学术能力的大小与优劣。因此，从学位论文的视角反观、透视研究生的学术能力，就具有一定的合理性。

 一、研究生学术能力的构成

研究生的学术能力，即研究生进行研究的能力。倘若将研究视为过程，那么研究生的学术能力通常包括澄清问题的能力、探求答案的能力与展开论证的能力。

1. 清澄问题的能力

研究是对问题的研究，没有问题，就没有研究，因此，问题是研究的起点。通常来看，人本来不乏问题，无论是做事还是为人，总会遇到这样或那样的问题。但此处的问题不仅指研究生个人未知或尚未解决的问题，而且指某专业学术共同体未知或尚未解决的问题。从这种意义上说，澄清问题的能力就包含以下两个不可或缺的要素。

（1）概念界定。既然问题总归是某事物或现象的问题，那么澄清问题就意味着要揭示出问题发生或出现的事物或现象是什么，这就需要概念界定。而概念界定就是澄清问题的边界和范围，指出问题是什么事物或现象的问题，正如本文探讨研究生学术能力缺失的问题，就要界定清楚什么是研究生的学术能力。

（2）文献综述。因为堪称研究的问题并非仅是研究生个人未知或尚未解决的问题，而是指某专业学术共同体未知或尚未解决的问题，因此，凡是研究皆需对拟研究的问题进行历史回顾，看看前人或同时代的人对该问题都进行了哪些探索，回答了哪些问题，是否还有尚未解决或有待进一步商讨的问题。只有寻找到前人或同时代的人尚未解决或有待进一步商讨的问题，研究才找到了起点，此时的问题才能真正称得上是研究的问题。

---
* 李润洲，浙江师范大学教师教育学院教授。

2. 探求答案的能力

无论是问题表现为已知与未知之间的张力，还是理想与现实之间的差异，皆催逼着人去探求答案。但由于此处的问题并非是研究生个人所未知或尚未解决的问题，而是某专业学术共同体未知或尚未解决的问题，因此，要想给出答案就绝非一件轻而易举之事，这也是学术研究之艰难所在。但不管如何艰难，问题的求解皆表现为概念的重新界定、命题的概括提炼与理论的体系建构。概念的重新界定是指重新定义已有的概念，赋予已有的概念以新的意涵。命题是将两个或两个以上的概念联系起来而构成的一个判断。当然，概念的重新界定通常也表现为一个命题，但概念的重新界定主要是为了揭示拟研究对象的内涵，而命题则是对拟研究问题的回答。倘若各命题按照一定的逻辑有序地联结在一起，那么就建构了某种理论。比如，"教育即生活""学校即社会"与"做中学"三个命题就建构了杜威的生活教育理论。从结果上看，判断研究生学术能力的大小主要看其是否提出了一个新概念、新命题或新理论。因此，在学位论文的构思和写作中，研究生要时刻反省、追问自己的学位论文是否提出了一个新概念、新命题或新理论。

3. 展开论证的能力

无论是概念的重新界定，还是命题的展开，抑或是理论的建构，皆需以事实为根据，以逻辑为准绳，进行充分的论证。而没有论证的概念、命题或理论就是独断乃至臆断，是难以说服他人、让人信服的。从这种意义上说，展开论证的能力就成了研究生学术能力的应有之义。而展开论证的能力，则主要表现为框架搭建与语言表述。框架搭建就是澄清言说思路，是基于自问和他问的逻辑而展开有序的言说。自问是指遵循拟研究问题的逻辑而自问自答，并随着拟研究问题的提出、破解而形成递进或并列的逻辑结构；他问则是指在概念界定、命题或理论阐释时，将自己虚拟为读者，对自己提出的概念、命题或理论进行质疑和批判，以读者的疑问、质疑为线索进行言说。当然，实际的言说思路或以自问为主，或以他问为主，但最好是融合、兼用这两种言说思路。从操作上看，论文的主标题确定后，要将主标题分解、细化为次标题。而每个次标题就是论文的分论点，各分论点有序地呈现就形成了服务于主标题的二级标题。而语言表述则是将概念的界定、命题的展开和理论的建构变成有形的文字，要准确、鲜明与生动。准确即语言表述恰如其分。在论证中，概念需明确，判断需恰当，推理需严密。鲜明即观点明确。无论是赞成还是反对，是这样做还是那样做，立场皆需明朗。生动即有文采。古人云："言而无文，行之不远。"在语言表述准确、鲜明的基础上，要尽量生动形象、言简意赅。

 ## 二、研究生学术能力的缺失

研究生学习的旨趣已不是接受、吸纳已有的知识，而是创新、生成未有的新知。或者说，研究生学习的目的在于习得"举一反三""由一知十"的学术能力。然而，从当下教育学学位论文来看，有些研究生的学术能力却呈现出缺失现象，具体表现为研究问题的非问题化、问题答案的不证自明与言说论证的逻辑混乱等。

1. 研究问题的非问题化

研究问题的非问题化是指研究问题模糊或虚假。前者大多是由于核心概念界定不清所致，后者则是由于文献综述的偏差而未彰显出研究的价值。比如，在《大学生道德冲突的教育策略研究》中，其核心概念本是"大学生道德冲突"，但却只是阐释了何谓"道德冲突"，且不论其对"道德冲突"阐释得是否准确，单就将下位概念"大学生道德冲突"置换为上位概念"道德冲突"，就扩大了"大学生道德冲突"研究的外延，从而人为地稀释了"大学生道德冲突"的内涵，进而使其提出的缓解大学生道德冲突的教育策略一般化而缺乏针对性和实效性，诸如"教育观念：理性对待道德冲突的'过'与'不及'""教育内容：两种能力的培养"和"教育方式：引导与对话"①。

在《人本主义视野下小学教育自我管理问题探究》中，本来研究选取人本主义视野作为探究小学教育自我管理的角度，有助于创新小学教育自我管理问题的研究，但该研究不仅在文献综述中并未阐述人本主义在小学教育自我管理问题上都进行了哪些研究，还存在哪些有待进一步探讨的问题，而且在论述完人本主义的教育目的观、课程观、师生观后脱离这一理论视角，直接描述当前小学教育管理的现状，从而使"人本主义视野下小学教育自我管理问题探究"成了一个文不对题的虚假问题。当然，从严格意义上说，研究问题的非问题化是指重复研究某专业学术共同体已研究过并有定论且自己的研究又没有新解的问题。当下，在大兴调查研究的背景下，倘若不对已有的调查研究进行详细的文献综述，搞不清已有调查研究选择了何种样本，揭示了怎样的调查现状，提出何种改进策略，那么再对该问题进行类似的调查研究，就无非是重复已有的研究，甚至连对比、验证的研究意义也丧失殆尽。比如，假如运用调查法进行大学生公民意识问题研究，那么在研究过程中，就要不断地追问自己的研究与已有的研究成果（如作者自己在文献综述中列举的袁亚琦的《大学生公民意识现状及培养研究》和张莎莎的《当代中国公民意识培育问题研究》等）有何异同，否则，该研究就有使研究问题非问题化的重复研究之嫌疑。

2. 问题答案的不证自明

问题答案的不证自明是指问题的答案是无须进行论证且普通人皆知的常识。可以说，研究的要义在于揭示众人未知的关于某事物或现象的"真相"，或阐明众人心中有而口中无的关于某事物或现象的独特观点，表现为概念、命题或理论的创新。但是，有些学位论文的问题答案却常常呈现无须进行论证且普通人皆知的常识，说着一些正确的废话。比如，在《人本主义视野下小学教育自我管理问题探究》中，对小学教育如何

---

① 论文中的案例，凡是未注明出处的皆源于笔者盲审的硕士研究生的学位论文。

自主管理给出的答案是"更新教育管理者教育观念……实现教育管理的科学化、民主化、法制化""减少政府对学校的行政干预，充分落实学校办学自主权""以素质教育目标为导向重新设置教育评价标准，实施多元评价方式"等。试想，倘若将论文的"小学教育"置换为初中教育或高中教育或大学教育，以上答案仍是正确、适用的。像这些可运用到多种研究对象上的概念、命题或理论，就是大话、空话与套话，并不能从根本上解决本研究拟要回答的问题。

从表面上看，问题答案的不证自明表现为讲述着一些不着边际的大道理，而不是自己对某研究的明确主张；喜欢夸夸其谈、泛泛而论，而不是深入分析、对症下药。但从思维方式上看，问题答案的不证自明则是整体思维强而分析思维弱的外化结果。本来，整体思维与分析思维各有优劣、长短。但倘若对某事物或现象只进行整体思维的把握，那么就会犯只见森林不见树木之错。反之，倘若对某事物或现象只进行分析思维的洞察，那么就会有只见树木不见森林之弊。而问题答案的不证自明显然是整体思维过度而分析思维缺失所致。因为离开了分析思维，不对构成某事物或现象的各因素、方面、特性等进行充分的认识和理解，那么基于整体思维所获得对某事物或现象的认识就是模糊的、笼统的。

3. 言说论证的逻辑混乱

任何言说论证要想让别人认可、接受与信服，首要的条件就是遵循逻辑、言之有据，就不是"人在说话"，而是"话在说人"。这种基于逻辑、证据的"话在说人"，在研究某问题时，总是首先界定清楚自己言说的对象是什么，正如苏格拉底所言："当我对任何东西，不知道它是'什么'时，如何能知道它的'如何'呢？如果我对美诺什么都不知道，那么我怎么能说他是漂亮的还是不漂亮的，是富有的而且高贵的，还是不富有不高贵的呢？"因此，基于逻辑、证据的言说源于核心概念的清晰界定。然而，当下学位论文核心概念的界定却存在着种种偏差，诸如列举式界定、烦琐式界定、模糊式界定和干瘪式界定等。比如，在《大学生道德冲突的教育策略研究》中，研究者在界定核心概念"道德冲突"时，就列举了袁明华、李培超、赵颖、曹斯、何力平等学者对道德冲突的看法，接着就自认为道德冲突是一种左右为难的"心理状态"，而拒斥了道德冲突是"客观的不同道德准则间的矛盾"之看法。既没有看到"客观的不同道德准则间的矛盾"是导致左右为难的"心理状态"的根源，也缺乏基于事实或理论的逻辑论证，从而使该核心概念的界定既有列举之嫌疑，也有武断干瘪之缺陷。

同时，在对实践问题的研究中，言说论证的逻辑无非是"问题＋成因＋对策"，且在问题、成因与对策之间具有内在的一致性。但许多实践性问题研究的学位论文，在问题、成因与对策的阐述上却存在着各自为政、自说自话与互不关联的现象。比如，在《大学生公民意识问题研究》中，通过调查揭示的当下大学生公民意识存在的问题是"自由意识逐渐觉醒，但规则意识亟待加强；自主意识明显增强，但集体观念需要提高；国家认同感日益深厚，但政治践行尚需引导；宽容意识充分显现，但维权意识有待普及；公正意识与日俱增，但公益行为亟须强化"。那么，在分析原因时，就应针对这些问题阐释原因。但作者给出的解释却是"市场经济中消极因素的影响，社会转型期认知错位的困扰，学校教育中权责统一平台的缺失"。且不说给出的原因能否解释大学生公民意识存在的上述问题，单就问题（5个）与成因（3个）的数量来说就不对等。而且作者阐述的对策也与问题、成因不匹配、难契合，诸如"新型公民社会文化的建构，大学校园公共生活的打造，高校公民意识课程的开发"。

三、研究生学术能力的习得

研究生学术能力的习得是众多内外因素，诸如课程设置、课堂教学、学业评价、研究生的学术志向、学习能力与导师引导等相互作用、互为激发形成的。而从学位论文的撰写上看，研究生要想习得学术能力，则需明确问题，洞察问题脉络；创新概念，提炼命题理论；强化论证，展现论证逻辑。

1. 明确问题，洞察问题脉络

学位论文的写作总要思考、解答某个问题，因此，拟思考、解答的问题是否清晰、明确，就在一定程度上决定了学位论文的成败。但在学位论文的写作初期，最让人头疼、烦恼的就是问题的模糊或游移。这是因为初研某个问题时，首先进入人的视野的并不是一个具体、明确的问题，而是一个蕴涵着多重问题的问题域。而要在这个蕴涵多重问题的问题域中寻找到一个有价值的研究问题，不仅要清晰地界定表征研究对象的核心概念，而且要清楚某特定研究领域中已有学术成果的状况，这也是学位论文要界定核心概念、进行文献综述的原因所在。确切地说，无论是核心概念的界定还是文献综述的呈现，皆是为了明确学位论文要研究的问题。从这种意义上说，学位论文核心概念界定得是否清晰、充分，文献综述是否全面、深刻，就决定着学位论文能否有创新之处。

同时，学位论文对某个问题的思考、解决是否透彻、充分，则取决于能否洞察这个问题的脉络，因为拟研究的某个问题也是由众多小问题构成的，只有把握了构成研究问题的一个个小问题，研究才能深入下去。从学位论文的写作语境来看，洞察研究问题的脉络则要澄清"我为什么写""我要写给谁看"与"我要写什么"等言说语境。清楚了"我为什么写"，就为学位论文的写作提供了内在的动力；预测了"我要写给谁看"，就使学位论文的写作有了明确的指向；而明白了"我要写什么"，就使学位论文的写作有了具体的内容。比如，倘若研究"大学生道德冲突的教育策略"这一问题，从语境上就要搞清楚"我为什么研究这个问题——大学生道德冲突会带来哪些潜在的危害""我要写给谁看——是教育管理者，还是大学生，抑或其他人""我要写什么——预设了哪些缓解大学生道德冲突的教育策略"。从操作上看，洞察研究问题的脉络就是将一个大问题基于逻辑分解、细化为一系列小问题。而对大问题的分解、细化，既可通过层层推演的纵向思维追问"是什么""为什么"与"如何做"等问题，也可运用多角度的横向思维追问从"这个角度"或"那个角度"来看问题会呈现出什么形态。

2. 创新概念，提炼命题理论

在知识创新中，概念创新是知识创新的源头，命题创新是概念创新的延伸和扩展，而理论创新则是命题创新的体系化。因此，在概念的界定上，是重复已有的定义，还是重新定义，就在一定程度上反映了研究生学术能力的大小。而概念之所以要重新定义，一方面是因为"凡是值得思考的事情，没有不是被人思考过的；我们必须做的只是试图重新加以思考而已"。另一方面是因为概念是编织认识之网的"纽结"，没有概念的重新界定，命题与理论的创新就成了空中楼阁。在教育史上，凡是拥有自己独特理论的教育家，无不是重新界定概念的高手。比如，佐藤学在《课程与教师》中，就对"课程""学习""教学""学科""学校"等概念进行了重新定义，将原来的知识集合的课程定义为"学习经验之履历"，将原来的知识掌握的学习定义为学生与客体世界、他者和自身的"意义与关系"，将原来的传授知识的教学定义为"反思性实践"，将原来的视为教学内容的学科定义为"学习的文化领域"，将原来的作为教育机构的学校定义为"学习共同体"。且不说佐藤学对既有概念的重新定义是否贴切、完美，但没有对这些概念的重新定义，就形成不了其独特的教育理论。

而一旦戴上重新定义的概念这个新的"眼镜"，那么同样的事物或现象就会呈现出不同的景观。从一定意义说上，佐藤学对教育提出的诸多新命题、新理论，皆源于其对既有概念的重新界定。比如，从"传递中心课程"转变为"对话中心课程"，"课堂知识的权力关系；从'权威'到'主体性'再到'本真性'"，"超越'技术理性'"，"创造富有弹性的课堂教学"，建构"作为学习共同体的学校"，等等。实际上，即使建构一个宏大、精深的理论，其源头也在概念的重新界定。像柏格森的生命哲学就源于其对传统机械论时间观的批判，认为时间是一种纯粹的不可测量的绵延；而胡塞尔创建的现象学也与其对时间的重新界定不无关联，在他看来，绵延的时间是一个由原印象、滞留和前摄组成的不可分割的连续体。海德格尔的存在论则在柏格森、胡塞尔的时间观的基础上，将时间界定为"此在在世生存的人生哲学时间观"，从而将以往的意识哲学转变为生存哲学。由此可见，研究生要想习得学术能力，就须基于新的现实、新的背景和新的语境来重新界定已有的概念，而一旦有了自己界定的概念，那么从这个重新界定的概念出发，就可以引申、拓展出自己的命题与理论。

3. 强化论证，展现论证逻辑

对拟研究的问题有了自己的概念、命题与理论，并不意味着拟研究问题的解决。这不仅因为自己提出的概念、命题与理论并不一定是正确的，而且因为即使自己提出的概念、命题与理论是正确的，还需基于事实、理论进行充分的论证。而没有经过充分论证的概念、命题与理论，不仅让人难以信服，而且有可能因其新颖而遭人拒斥，从而丧失了研究的意义。但在论证中过程，往往自己已经想清楚的想法，一旦诉诸语言表述，却又不知从何写起了，正如刘勰所说："意翻空而易奇，言征实而难巧也。"因为在头脑中构思一篇学位论文，可以信马由缰、海阔天空，但要把它写出来、形成文字却需基于理论和事实，遵循逻辑进行充分的论证。从这种意义上说，要想习得学术能力，就需强化论证，展现论证逻辑。而强化论证、展现论证逻辑简单说就是逻辑提问的逻辑回答，它包含两层含义：①逻辑提问，即将有序的提问转换为标题构成论文的逻辑框架。②逻辑回答，即通过基于理论和事实的论证构成论文的内容。或者说，一旦基于理论和事实回答了逻辑的提问，也就意味着心中所构想的概念、命题与理论变成了有形的文字。

同时，在对概念、命题与理论进行逻辑论证时，要时时提防论证的谬误。因为人们的言说常常受困于心灵的种种假象，诸如族类假象、洞穴假象、市场假象与剧场假象。这些假象的存在常常阻碍着人的独立思考，导致人在言说时发生种种论证的谬误。

比如，在言说中，人们往往借助修辞手法，如唬人法、转移注意力、相对主义等引诱人们作出感情或心理上与某个问题相联系的假象，但它们并未真正支持所要论证的观点；有时则因说话人是权威，就认为他的话就是正确的，或某一论据是某一权威机构发布的，就不假思索地作为判断的理由，从而在知识论证中发生"以人为据的谬误""发生论谬误""稻草人谬误"等。而为了避免论证的谬误，套用墨子的话说就是要有"四表"："有本""有原""有用"与"有比"。具体而言，"有本"即"上本之于古者圣王之事"，立论要有历史事实的根基；"有原"即"下原察百姓耳目之实"，言说要有现实经验的支撑；"有用"即"观其中国家人民百姓之利"，论点要经得起实践的检验；"有比"即有古今中外的比较，并在比较中彰显研究的广度与深度。当然，由于具体论题的不同，虽不能求全责备地要求每个论证的展开皆有历史、现实、效用与国际的视野与论据，但尽量运用多种论据来论证自己的概念、命题与理论，则是避免论证谬误的不二法门。

参 考 文 献

[1] 北京大学哲学系. 古希腊罗马哲学 [M]. 北京：商务印书馆，1982：167.

[2] 李润洲. 学位论文核心概念界定的偏差与矫正 [J]. 学位与研究生教育，2012 (6)：6－9.

[3] 歌德. 歌德的格言和感想集 [M]. 程代熙，张惠民，译. 北京：中国社会科学出版社，1982：3.

[4] 佐藤学. 课程与教师 [M]. 钟启泉，译. 北京：教育科学出版社，2003：13－14.

[5] 舒红跃，张黎. 何为时间：从柏格森、胡塞尔到海德格尔 [J]. 江汉论坛，2014 (6)：49－52.

[6] 培根. 新工具 [M]. 许宝骙，译，北京：商务印书馆，2005：20－22.

[7] 摩尔，帕克. 批判的思考 [M]. 余飞，译. 北京：东方出版社，2007：168－217.

（刊登于《学位与研究生教育》2016 年第 7 期）

关于研究生因材施教的一点体会

张　希[*]

从青年教师成长为合格导师需要时间。在这个过程中，经常沟通和交流可以少走弯路，有利于缩短这个过程。当研究生院的老师问我是否能参加导师研修班时，我马上欣然接受邀请，因为在我心目中这是应该优先安排的工作。合格的导师需要多方面的素质，我无法在这么短的时间里逐一诠释。在我心中，导师应该是知识渊博的学者，创造知识的带头人，科学精神的坚守者和传播者。一位学富五车、修养深厚的导师，不仅会让学生肃然起敬，而且能够以身示范，潜移默化地影响学生。根据我培养研究生的经历，今天想分享因材施教方面的一点体会。

在研究生阶段，学习的重点不再仅仅是知识，而是创造知识的方法，更是在创造知识的过程中学习创造知识的方法。但刚进入实验室的研究生，还没有来得及掌握足够的创造知识的方法，不知道该做什么，不知道科学问题在哪里，因此大多数学生无法一开始就独立开展研究。这时，导师一定要发挥引导和指导的作用，正所谓"师傅领进门"，需要带领学生进入科学之门。

记得当年我在德国美茵茨大学有机化学研究所参加博士生联合培养时，我带着国内合成的两亲高分子样品，希望借助德国实验室的先进仪器设备，做一些国内当时无法做的表征。但我的德国导师 Helmut Ringsdorf 教授鼓励我，要按照他的思路做一些新研究，这样可以从中学习他思考和解决问题的方法。关于蛋白质的界面分子识别，我当时一无所知，不知道为什么要开展相关研究、哪些问题已经解决、哪些问题尚待解决，等等。Helmut Ringsdorf 教授同我讨论工作时，耐心地告诉我要合成什么类型分子，研究其界面上组装的单层膜性质，利用界面生物分子识别诱导蛋白质形成二维结晶……他把讨论的工作要点写在一张纸上，复印一份存档，一份给我作为工作的要点。我至今保存着这份工作要点，不时提醒着我应该这样去指导学生。

经过多年的实践，我自己把研究生的培养大致分为三个阶段。第一个阶段是在导师的具体指导下，实现导师的思想。在这个过程中，学生们会学习很多合成的方法，掌握各种表征方法，提高科技写作的能力，学会与他人沟通和合作，等等，这就是第二个阶

* 张希，中国科学院院士，清华大学化学系教授。

段，即严格的科研训练阶段。实际上，第一个阶段与第二个阶段是密不可分的，第一个阶段会自然过渡到第二个阶段。在这以后，导师要鼓励学生产生自己的想法，如果学生自己的想法通过与导师反复沟通和讨论后成功得以实现，学生的提出问题、分析问题和解决问题的能力就会大大提高，学生的自信心会得到很大的提升，这就是第三个阶段的特征。如果学生完成这三个阶段的学习，并有自己的领悟与结论，当然就可以毕业了。

每个学生的具体情况不同，在不同阶段停留的时间会不同，因人而异。导师要充分理解这种差别，并针对不同的学生采取不同的培养方法，即因材施教。我曾经有过这样一位学生，一开始在我的具体指导下从事超两亲分子的构筑与功能研究，第一篇论文发表，就基本完成了前两个阶段的学习。他很快就带着自己的想法来同我讨论，在我的帮助下，接连实现了自己的两个想法，论文发表后也受到了同行们的高度评价。他是直博生，本该学习五年。但在他学习三年后，我就找他谈话，动员他考虑提前毕业。一开始，他很不情愿，想再多出几篇论文。我认为他在清华园本科学习四年，直博再学习四年足矣，该学的都学了，是否再多发表一篇或两篇论文已不重要。从长远发展考虑，他应该去世界名校做博士后，再学习一些新东西，建立一些新联系，并静下心来想想将来自己做什么。在我的鼓励下，他提前一年毕业了，在美国斯坦福大学做了三年博士后研究，现在得到了美国一所大学的助理教授职位，已经开始独立的科研和教学工作。

有的学生的开始阶段需要较长时间，启动得相对慢些，导师要有足够的耐心。一旦过了较长的引发阶段，可能有一个神奇的加速过程，最终的结果与起步较快的学生并无差异。我曾经有过一个来自工科院校的学生，因为不是化学系和化工系出身，化学功底差一点完全可以理解，引发阶段需要较长的时间也在意料之中。但他非常珍惜在清华大学的学习机会，化学基础差一点是他的弱点，但正因为如此，他没有受什么束缚，更适于从事开拓性的工作。加之他勤奋努力，懂得合作，毕业时他开创了超分子聚合一种新方法。

少数学生对化学兴趣极浓，很早就进入实验室参与科研工作，在大学阶段已经掌握了很多研究方法，大学毕业时基本完成了研究生的第一和第二个阶段的学习。开始研究生学习后，又恰好继续在原来的导师组学习，了解他们的研究方向和科研理念，这样的学生也有可能一开始就有自己的研究想法，直接开始研究生第三个阶段的学习。我就遇到过一位这样的学生，研究生学习一年过后就基本按照自己的设想，建立了一种可控超分子聚合的新方法。最近，他又在关注可控超分子聚合的物理本质，找到了关于正协同、不协同和反协同的一些规律。

导师要尊重学生的志趣，以理服人，鼓励学生自由探索。我曾经让一位新进实验室的学生做一项工作，他明确表示没有兴趣，要我给他一个月时间，他要自己查文献，找自己喜欢的题目。我说没有问题，一个月后再找他讨论。一个月后，我问他是否找到了喜欢做的题目，他说找到了一些题目，但也没能说服自己比老师给的题目更重要，于是已经按老师的建议开始了实验。待这份工作完成和发表后，我再次同他讨论新的工作时，他又表示没有兴趣，提出来要再给他一个月时间，要自己再找个重要的题目做，而且强调这一个月内不能找他谈话，要给他自由，不能给他压力。一个月后，我按时找他谈话时，结果他又是提前按我的想法开始了实验。完成这两份工作后，他已经受到了很好的科研训练，没有了毕业的压力，又开始自由探索的进程了。

我们常说，你可以计划你的实验，但不一定能够预言你的结果，有些实验结果会偏离原来的研究构想，但抓住实验中的一些偶然现象，有可能出现更为重要的成果。我曾有一位学生研究两亲分子的自组装时，注意到有一种两亲分子与众不同。一般两亲分子自组装形成的都是一维结构，只有这种分子形成了二维结构，他怀疑是抗衡离子在其中起着关键的作用。他也是直博生，五年一晃而过，延期了半年，还是没能完全解决这个问题。由于他已经基本完成了研究生三个阶段的学习，满足了毕业的基本要求，于是我让他毕业了。但我认为这个时候结束有些可惜，令人欣慰的是他也这么认为，就同意留在了组里做博士后研究，继续研究这个问题，证实提出的假说。又经过两年的努力，他最终阐明是两性抗衡离子诱导产生了从一维到二维的结构转变，建立了制备有机二维结构的一种新方法。这个学生的自加速过程来得慢一些，但是他追求卓越的劲头特别值得赞赏。

"师傅领进门，修行靠个人。"作为导师，我们有责任和义务把学生领进科学之门，并懂得如何针对不同的人，用不同的方法调动学生的主观能动性。合适的题目，给了合适的学生，成功就有了保证，反之必将失败。如何做到将合适的题目给合适的学生，要待学生完成后才知道答案，因此这个问题对导师和学生都是很大的挑战。通过以上一些事例，我希望能够部分回答这个问题，至少给出回答这一问题的一点启示。只要导师与学生间的相互作用比较强，导师和学生相互影响，循序渐进，不断修正，就一定能够给合适的学生以合适的题目，让导师有成就感，让学生开心进步。

实际上，因材施教自古有之，据说这个教育思想最早由孔子提出。他承认学生个性的差异和起点的不同，主张在统一的目标下，应该注意因材施教。但遗憾的是，在当今的教育中，因材施教常被无意遗忘，或被认为难以实施。有时还会把因材施教简化为划分重点班和普通班，让一些学生从小就变得不自信，以为低人一等，这是对因材施教的错误解读。如果导师真心热爱教育，喜欢学生，因材施教并不难做到。我主张的因材施教，最终目的是让每一个人充分发挥潜能，由因材施教到人尽其才。

（刊登于《学位与研究生教育》2017 年第 2 期）

师生协同共生体：文科研究生日常指导的科学范型

龙宝新[*]

多年来，文科研究生日常指导近似"空壳"的问题在研究生教育领域普遍存在，成为研究生教育质量提升的关键瓶颈之一。相对而言理工科研究生的日常指导工作紧密结合实验研究开展，"实验室文化"有力保障了日常学术指导的密度；相对于课堂教学与毕业论文指导环节对文科研究生的学术指导深度也毋庸担忧。相比之下，日常学术指导恰好成为文科研究生教育的最薄弱链环。在整个专业基础学习阶段，若无视对日常指导环节的质量管控，文科研究生的培养质量保障系统无疑存在根本性缺陷。笔者认为，研究生日常指导的主体责任归属于导师，师生日常教学组织的建立与维护至关重要，构建理想的日常学术指导组织是提高我国文科研究生培养质量的有力抓手。在我国研究生培养体系中，导师与其研究生团队之间不是一般意义上的人际关系体或专业性的协同创新体：一般人际关系体强调的是人与人之间的和谐关系的建立，而导师与研究生之间的关系更承载着发展研究生学术能力、支撑其日常学术研究活动的特殊功能；协同创新体是"以知识增值为核心，企业、政府、知识生产机构（大学、研究机构）、中介机构和用户等为了实现重大科技创新而开展的大跨度整合的创新组织模式"，解决的是学术知识与经验知识间的转生问题，而导师与研究生间的协同创造活动显然还没有达到这一层级。因此，以教学相长、知识共生为核心特征的协同共生体就成为研究生日常学术指导组织的理想范型，对以思想、文化、精神创造为主要任务的文科研究生而言具有较强的特适性。

一、文科研究生日常学术指导方式的四大缺陷

文科学术发展的显著特点是思想性、体验性与积累性，不经过缓慢的日常磨砺、潜心钻研与学术修炼，文科研究生要想取得预期的学术成就几乎不可能。在这一意义上，日常学习训练是文科研究生学术成长的主渠道，科学的指导方式是事关研究生培养的关

* 龙宝新，陕西师范大学教育学院副院长，教授。

键链环。就传统日常指导方式而言，导师一般通过四种方式来指导研究生，即会议式指导、答疑式指导、做论文指导、论著阅读指导。但这些指导方式存在四个明显缺陷，进而导致了导师日常学术指导低效，与人们对高品质研究生教育的期待相差甚远，成为研究生学术训练不够、学位论文低劣、创新型人才培养力度不大等问题出现的主因。具体而言，传统研究生日常指导方式的主要缺陷表现在以下四个方面。

（一）无抓手

在学位论文写作之前，课堂教学与日常指导是文科研究生专业学习的两大基本环节，如果在对感兴趣课题的研究中能将这两个环节综合利用，使之相互促进，形成理论知识学习与日常研究实践互促共进的良性循环，研究生学习质量势必会大大提高。而在传统指导模式下，上课、阅读成了文科研究生的主要学习活动，论文写作、专题研究反倒成了学生随性而为的事情，课堂教学与日常指导陷入相互脱节、双双走弱的局面：研究生课堂教学极易退化到本科生教学的水平上，课堂教学作为"播种学术研究种子"的功能被漠视，甚至被扼杀，研究能力、学术素养的培育被边缘化、碎片化；研究生日常学术指导随之陷入随波逐流、失范无规的境地，研究生学术发展呈现出任性而为的状况。究其主因，就在于日常学术指导环节中没有抓手，即没有研究主题、研究任务、研究计划的同步跟进，导致日常学术指导缺乏轴心，极易流于形式、名存实亡，出现大量"学术指导盲区"。在这种情况下，如若大力倡导跨学科的主题研究，用基于好课题的研究将研究生的课程学习串联起来，研究生日常学术指导就可能突破上述瓶颈，形成课堂学习与课外指导并驾齐驱、互助共进的研究生教育新局面。

（二）低密度

指导密度与指导广度是判断研究生日常学术指导质量的两个重要指标。指导密度主要指师生在线见面、线下见面等指导活动的频率；指导广度主要指指导内容的全面性，包括学术态度、研究选题、研究过程、论文写作、学术修养等各方面的指导。相对而言，指导密度对研究生学术发展而言更为重要。在研究生教育中，传统日常指导方式几乎都是"1对N"式或辐射式，导师主持的定期学习工作会议是主要形式，其最大缺陷是：教师在场，才有指导；教师缺席，无从指导；日常指导密度高度依赖于导师的工作责任心与工作紧张度。在这种指导模式中，研究生学术发展受制于导师的学术水平与工作热情，导师成为学生学术发展的主要营养源，学生间相互指导、切磋研究的机会较少，优秀研究生的传、帮、带潜力在学术指导中没有被充分开发利用。不仅如此，即便导师可以在工作会议上开展学术指导，但大都局限于常规问题、个别问题与典型问题，每个研究生得到的个性化指导、特需型指导的机会少之又少。可以说，加大日常指导密度是保障研究生培养质量的重要方面，而如何促进研究生间的相互指导显得尤为迫切。

（三）浅层性

在传统研究生指导方式中还潜藏着另一重要危机，这就是日常指导的肤浅性。研究生指导毕竟不同于高中生的课业辅导、大学生的专业指导，而是以培育研究生学术综合素养，包括学术敏感性、学术创造力、学术精神等的研究性指导。所以，突出日常指导的"研究味"，让指导深入研究生的心智、心灵层面，为他们学术志趣的激发、学术潜能的爆发、学术思维的建立、学术信念的确立等营造学术氛围，创造外化条件，正是研究生日常指导的核心任务。然而，在传统日常指导方式中，学术指导会议化、行政化，指导内容问题化、碎片化，指导过程师本化、线性化等现象相当常见，有研究、有创造、有思维的深度指导活动较为罕见，日常指导沦为行政会议或学术杂谈的翻版，指导活动的研究性品质难以体现。有学者指出，真正有效的教学指导应该突出以下要素："关注师生课堂创生知识""关注对非认知技能如社会情绪、团队合作、可迁移技能等的挖掘、掌握""让学生经历真实的探究、创造、协作与问题解决"。在研究生日常指导中要践行这些新型指导理念，就必须推进研究生日常学习方式由"教师导学"向"学生自本学习"、由"碎片式问题指导"向"系统专题式指导"的深刻转变。因此，构建基于学生"自本学习""自本研究""协作研究"的深度研究生日常指导体系任重而道远。

（四）单向性

从垂直性指导走向矩阵式指导，从信息交换型指导走向优势共享型指导，从同质叠加式指导走向异质互补式指导，是当代学习组织变革的走向。显然，传统研究生日常指导方式与这一改革要求相距甚远。一方面，日常指导单向化、一言堂现象较为普遍，无论在论文指导、问题指导还是会议指导中，导师始终处在主动、输出的一方，研究生大多处在被动、接受的一方，师生间学术信息、态度、思想的交流始终具有单向性，师生定位具有固定性；另一方面，日常指导中研究生间的平行互动较少，研究生团队自身的学习力、研究力难以得到培育，学习型组织搭建较为困难，整个团队自我学习、自我教育、自我创造的功能脆弱，接受导师指导成为研究生团队发展的主动力。应该说，对一个健全的研究生学习团队而言，其学术研究力主要来自三个方面：导师的领导力、研究生间的互动力与团队的组织力。其中，研究生学习团队的组织力来自整个团队的科学组织架构，来自这一架构对学术资源的整合力、对学术信息的吸纳力、对学术能量的集成力与对学术创意的聚合力。显然，从以教为中心、以学为中心进入教中有学、学中有教、不分彼此的"第三种教学关系"，打破师生间的学术层级体制，把研究生学习团队改造为研究生学术组织，为师生间、生生间的学术信息流通与互生搭建网络状立交桥，是突破研究生日常指导瓶颈的现实要求。

二、走向协同共生体：构筑研究生日常指导的科学组织框架

针对上述问题，笔者认为，构建协同共生体组织，以之作为研究生日常指导的基本组织框架，是当前提升研究生培养质量的有效策略。所谓协同，就是在研究主题的统领下催生师生共事、共谋、共创的研究活动，推动研究生日常指导活动的研究化、民主化、网络化，让师生在日常指导活动中建立起一种亦师亦生的研究合作伙伴关系；所谓共生，就是将师生间的共享、共促、共赢作为日常研究活动的基本方式与价值主调，利用真实的专题学术研究活动来统领日常指导活动，全面抛弃琐碎服务型、就事论事式研究生日常指导方式。基于"协同"与"共生"的理念，重构科学的研究生日常指导范型，是提高研究生培养质量的得力举措。当然，这一日常指导组织的提出有其深刻的现实基础与历史原因。

（一）研究生日常指导组织的三种历史形态

在文科研究生指导中，有两种日常指导模式较为常见，即"1 对 N"式指导与任务式指导，由此催生出两种基本日常指导组织构架，即辐射式关系体与任务型共同体，对其缺陷的主动扬弃召唤着"协同共生体"这一新型日常指导组织形态的产生。

1. 辐射式关系体

我国研究生培养中最常见的日常指导模式是"1 对 N"式，即授受式指导，师生间构成一种辐射式关系体，导师成为研究生学习中的核心信息源、知识源、教育源，由此导致导师的学养学术水平决定着所带研究生团队的学术水平，导师难以对每个研究生进行针对性指导与高密度指导。尤其值得关注的是，在这种师生关系体中，一旦导师出外交流、调研，研究生团队的日常学习活动随时可能中断，导致研究生日常学习活动无法持续运转，大量日常指导"空白区"随时可能出现；同时，由于研究生日常学术发展高度依赖于导师，其学术思维、学术套路难以超越导师学术水平的上限，其学术视野、学术眼光很容易僵化，难以孕育出宽领域、高创意的学术成果。从这个角度看，辐射式师生关系体很容易滋生研究生闭合式学术视野，不利于学生观点间的融合与共生现象发生。

2. 任务型共同体

当前，随着国家对人文社科领域课题研究支持力度的加大，加入导师课题团队，接受真实研究过程的磨砺，正成为当代研究生学术发展的新路径，基于真实项目的研究生日常指导活动日益盛行。在这一日常指导方式中，师生间结成的是任务共同体关系，围绕导师研究项目开展实战性研究工作成为这一指导方式的根本特点。这一指导方式中师生间是基于研究任务或项目要求的合作关系，整个师生关系体具有明确的目的，其缺陷异常明显：研究生日常指导活动很容易走向异化，研究生学术发展的核心地位被功利性

研究活动所取代，多样化的研究生日常学习任务被窄化为"学习做研究"，制约了学生学术素养的全面发展。显然，研究生参与导师课题的主要目的是亲历真实研究过程，而非为项目研究"打工"。任务型共同体的实质是把研究生编制到项目团队中去而非将其卷入师生学习共同体中。所以，任务型共同体同样不能成为理想的研究生日常指导形态。

3. 协同共生体

当代教学组织发展的态势之一是：由行政型组织走向学习型组织，由他组织走向自组织，即"让小组成为自组织，让学生人人成为创客，让课堂成为学习生长的共同体"。在这一意义上，研究生日常指导组织必须发生真正的蜕变，即由辐射式关系体、任务型共同体走向以学术问题探究为主题，以发现、探究、解决问题为主线，以教中学、做中学、创中学为主形式的协同共生体。一方面，"协同"是在共同关注的学术问题探究中打破导师与研究生间垂直性、行政性师生关系架构，走向师生情感上的共通、认识上的共享、思想上的共创、价值上的共鸣、行动上的协调，进而模糊师生间的指导与被指导关系；另一方面，"共生"强调研究生日常指导过程中的研究性与新知识的生产性，它是突破功利性师生合作关系的一剂良药，因为新知识在师生团队中的共生既不受制于教师的学术上限，也不受制于项目研究任务的束缚，而是沿着学术逻辑、知识主线、探究方向自由生长，真正让研究生在日常学术问题研讨活动中成长为研究者。正如叶澜教授所言："教师在教学中与学生组成的是学习共同体，教师在其中的角色是服务者、帮助者与促进者，或称平等中的首席，最多是教学的主导者，而绝不是教学的主体，因而在教学中师生的地位关系是'学生主体、教师主导'。"在这一意义上，支撑研究生日常指导活动的协同共生体是导师与研究生在共同的学术问题研讨中结成的一种以新知催生、灵感孕育、教学相长、共研互学为手段，以知识共生、思维共生、方法共生、思想共生为目的的教学组织形态，其实质是"一种多主体互动、互补的关系模式，其核心是如何有效构建一种全方位、全参与、深度一体化的多主体融合机制，并相互协作，产生优势互补、互联共赢的效果"。作为一种日常学术指导组织，协同共生体更为关注的是两个焦点：其一，师生如何在关系上实现高度一致、深度协作；其二，协作活动如何产出创造性成果，实现"做研究"与"学研究"间的有机统一。有学者指出，合作学习有四种，即：帮助－接受型、协同－接受型、帮助－发现型、协同－发现型。协同共生体构建的目的是将研究生日常指导活动转变成为师生深度参与的"协同－发现型学习"，彻底改变肤浅、低效、零碎的日常指导旧模式。

（二）构建师生协同共生体的四个支点

所谓"协同共生"，就是"主体参与的联结互动创新"活动，其显著特征是创新主体的多元化、创新方式的互动性以及创新成果的高效性。对研究生日常学习而言，学术创新的"手段意义"大于"目的意义"，而当前流行的"以重大科技创新为目的，以知识增值为核心，以企业、政府、知识生产机构三位一体的合作为形式"的"协同创新体"，则是以真实的科技创新为首要目的的。相比而言，将研究生协同创新型学习组织称为"师生协同共生体"最为恰切。作为一个共生体，其三个关键构成要素是共生单元、共生模式与共生环境。在师生构建的学术共生体中，三者间的关系理应是：共生模式是关键，共生单元是基础，共生环境是重要外部条件。基于此，我们认为，构成师生协同共生体的四个重要支点如下。

1. 确认以研究生个体为基础的知识共生单元

所谓"共生"，就是生物体之间"按照某种方式互相依存、相互作用，形成共同生存、协同进化的共生关系"，寄生、互惠共生和同住是生物体间共生的基本形式。其实，共生中生物体间不仅有相互利用、相互借力、相互依附的关系，更有相互交换、相互催生、共同创造的关系，师生协同共生体正是在这一意义上被使用的。任何共生现象都立足于对共生单元、共生主体地位的确认与强化，承认师生作为学术共生体的平等主体地位是构建协同共生体的前提。换个角度看，"共生"的根本含义是"达己必先达人"，即在学术互动共生的环境中，个人学术发展水平取决于身边有无学术高手的涌现与参与，研究生团队中的学术新秀同样可能拉高整个团队的学术水平，师生协同共生体强调的每个参与者"作为学术共生元"的意义就在这里。也就是说，在日常学术指导活动中，师生之间不是学术依附关系、学术寄生关系，而是相对独立、相互促进、相互催生关系，师生就是相对独立的两类学术创新主体。一旦师生学术主体身份得以确立，日常指导活动就可能发生质的飞跃：学生不再会以导师的学术立场"唯马首是瞻"，不再将自己的学术水平归结于导师的学术造诣，不再将自己置于学术发展中的被动地位，而是主动在参与学术问题研讨，吸收他人观点，在自主创新中构筑自己相对独立的学术发展目标与道路，知识分子的人格特征与学术素养才会在他们身上成长起来。

2. 营造开放、竞争、尚创、民主、商谈的知识共生环境

在研究生日常学术指导中，知识共生环境的构建更为重要，因为环境既是激发师生学术探究热情、构建学术争鸣平台的必需条件，又是实现不同学术观点、立场、思维、方法间整合新生的重要支撑。无疑，师生共同体的启动需要"双驱"，即学术热情、学术思维、学术创造的"硬驱"与学术氛围、学术环境、学术生态、学术文化的"软驱"，后者就是知识共生环境。在学术活动中大致存在三种性质的学术环境：学霸主宰的单极化环境、派系纷争的多极化环境与民主开放共生的生态环境。在第一种学术环境中，学霸主宰着学术活动的话语权、主方向，其他学术观点从属于学霸学术立场；在第二种学术环境中，学术活动无序竞争、相互诋毁、自由生长，难以形成理性、公认、聚焦、优质的学术成果；在第三种学术环境中，各种观点既有序争鸣又能相互借鉴，弘扬求同存异、智慧碰撞、兼容并蓄的学术精神，一种和谐共生的学术生态、研究文化更容易形成。在师生协同共生体构建中，大力倡导多元共生、异质相生、共创超越的学术精神，积极营造开放、竞争、尚创、民主、商谈的知识共生环境与学术生态，不仅有利于共生体内知识、信息、思想的深度交融与持续更新，有利于学术"温室"的顺利搭建，更有利于师生学术潜能的孕育与开发。

3. 引入多元化的知识共生机制

在师生协同共生体运转中，知识共生的机制就是其中央处理器，是知识共生现象发生的心脏部位。只有构建起导师、研究生与学术问题间的动态关联机制，让三者在知识、信息、方法、思想的流通、互动、互生中融为一体，真正意义上的协同共生体才可能出现。从共生模式上看，至少有四种，即点共生模式、间歇共生模式、连续共生模式、一体化共生模式。其中，点共生模式中共生活动具有一次性、单面参与性；间歇共生模式中共生活动具有多次性、多面参与性；连续共生模式中共生活动具有连续性与交互性；而在一体化共生模式中共生活动具有多面交互性与稳定性。在研究生日常指导中，导师应该以一体化共生模式为蓝本，在整体协调与研究主题驱动下，积极推动师生间多元共生、多次共生、多面共生发生，为新知识、新思想、新方法的形成提供舞台。进言之，师生协同共生体中应该引入各种更具体的知识共生机制，如基于研究生个体学术原创的互助创新机制、共享创新机制、连锁创新机制等，为新知识、新思想的生产与研究生学术素养的成长搭建平台、创造机遇。

4. 确保学术共生界面与共生链的高效运转

在师生协同共生体中，知识共生是其存续的扭结所在，是研究生日常指导的"研究性"体现，而维系学术知识共生的关节点正是新知识、新思想能否在学术共生界面上生产，以及这一知识思想生产活动能否在学术共生链上持续推进。因此，学术共生界面与共生链就是师生协同共生体的"死穴"，能否确保其持续运转具有关键意义。所谓学术共生界面，就是师生主体间形成的知识思想发生关联、对接与碰撞的"中间地带"或"边缘地带"，就是新知识、新思想生发的专属空间或前沿区域。在研究生团队活动中，导师能否引导研究生跨越自己的知识圈层，让个体知识自觉向这一空间生长，进而催生出独具创意的新知识、新思想，决定着日常指导工作的品质。为此，导师应该鼓励、引导研究生在知识前沿位置展开研讨与探究，确保指导活动始终在学术共生界面发生。所谓学术共生链，就是学术知识推陈出新、新旧置换、交互催生、拓展创新的链条。在研究生日常指导中，导师若能引导学生用"剥洋葱"或"追问"式思维对待学术专题研讨活动，努力构建"1带N"式的学术研讨格局，那么，知识的共生链就会形成，学术思维的深度、知识视野的广度就会渐次提高，协同共生活动的生命力也必然得以强化。因此，学术共生面与学术共生链是协同共生体存续的关节点。研究生日常学术指导活动的协同共生体构架如图1所示。

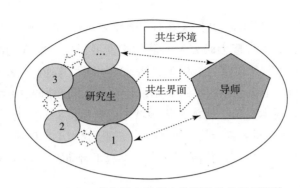

图1　研究生日常指导中的师生协同共生体组织架构

三、基于协同共生体的研究生日常指导流程

在协同共生体框架的指引下，"集成、合作、融合与共享"将成为研究生日常指导活动的价值准则，"走向多方参与的、集体的、开放的、相互联系的创新"将成为师生日常学术活动的基本宗旨。显然，要将这些准则、理念落实到实践中去，就应该重构研究生日常指导流程，为文科研究生学术素养培育提供坚实的组织支撑。在实践中，笔者采取了"六环"式日常学术指导流程，即沿着"问题启动→观点检索→主体联网→创意集成→新知生成→成果共享"的主线设计日常指导工作周期，着力构架一种基于问题、开放互动、知识涌流的新型日常学术指导流程，如图2所示。

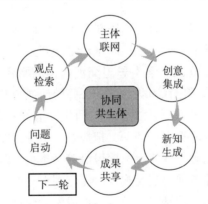

图2　基于协同共生体的研究生日常指导流程图

（一）问题启动

要真正克服行政式、琐碎式指导方式的缺陷，研究生日常指导必须走"问题驱动、问题探究"的新路子，善于用一个热度较强、容量适度、难度适中、专业性明显的学术问题来统摄整个日常指导活动。问题即课题，是研究的源头，好问题是启动师生协同共生体运转的钥匙。在日常学术指导中，遴选出对整个团队最适宜的研究问题尤为重

要：一方面，好问题一定是师生共同关注且具有学术价值的问题，它能够有效调动师生的学术能量与研究热情，对整个研究生团队学术发展形成一股强劲的驱动力；另一方面，好问题一定是具有智慧凝聚力、思维启迪力的问题，它能够发挥出整合团队成员的学科视野、认识视角与个体创意的特殊作用，让师生从问题研究中多方面受益。因此，在日常学术指导中，师生要善于抓住学科领域中的典型问题，如热点问题、冰点问题、痛点问题与焦点问题等，将之置于整个团队的关注视野焦点上，以唤起全体研究生的注意力、探究欲，形成明确而又精细的研究任务分工，真正启动研究生的协同探究行动。

（二）观点检索

在团队中抛出好问题后，研究生的学术探究热情被激发，学术思维被发动，学术能量被聚焦，此刻，如何将探讨引向深入，促使优质学术观点在交流中涌现，就显得尤为重要。显然，如若不经过前沿观点涉猎、学术思想孕育阶段，直接让研究生发表观点、交流意见，日常指导无疑会陷入平面化、平庸化的泥潭。基于这一考虑，师生共生体搭建中必须增加一个重要阶段，即观点检索阶段。在学术问题确定后，导师应该指导学生利用中国知网、超星数字图书馆、百度学术等网络工具去检索相关文献，梳理前沿观点，并在此基础上开展独立思考、深入揣摩，努力形成高浓度、有创意的好观点，以备在下一次学习研讨会上发表、分享。可见，对研究生学习而言，观点检索是培育学术创意、积淀学术涵养、精化学术观点的重要阶段，是确保协同共生活动品质的奠基工程。

（三）主体联网

在经过一段时间学术积累后，研究生团队即可进入协同共生体的枢纽环节——创新主体心智联网环节。这个环节一般可采取学术论坛或圆桌会议的形式进行。这个环节的设计意图是搭建研究生学术观点、学术思想交汇碰撞的平台，构筑学术创新的主体网络，为学生创意观点、学术思想在团队内部的无障碍流通与共享共生搭建舞台。该环节要解决的核心问题是：如何实现学术主体——师生间心智的深度联通与有效协同，为此，导师可以从以下四个方面努力：其一，把握好学术探讨的开放度与闭合度，确保问题探究的主线清晰、方向明确，促使学术探讨沿着一条主线深入下去；其二，善于发挥导师点拨的功能，点拨中注意捕捉创意观点、深刻观点与典型观点，将之凸显出来、拓展开来，使之成为新观点衍生的基点与节点，形成学术观点延伸主链；其三，善于利用学术观点互生互补机制，让好观点和观点中好的方面联合起来，在观点的叠加与补偿中催生出更好的观点；其四，培育学术交流规则，营造激励、有序、民主的研讨氛围，培养研究生的学术勇气与学术自信，让共同体中的每一个成员敞开学术视野，保持饱满精神状态，自由、充分、定向释放学术创造能量。

（四）创意集成

借助研讨活动，师生共享共生的学术主体网络得以形成，一系列学术观点随之会涌流显现，发现创意、集成创意、生成新创意随之成为协同共生活动的新使命。换言之，学术主体联网只是为了实现师生"协同"，而创意集成才是凸显学术"共生"的标志性环节；主体"协同"只是学术"共生"的手段，而学术"共生"才是主体"协同"的终端目的。在创意集成阶段，导师必须善于识别、捕捉、抓取有创意的学术观点，并将之在探究主题或学术链条上汇聚起来，形成各观点交相辉映的态势，构建学术知识集群，促使"创新知识内溢"现象的发生。为了实现这一目标，教师必须尽可能为各种观点的展现提供机会，引导有创意的观点在相互竞争中脱颖而出，进入学术探讨的焦点区域与共生中心。

（五）新知生成

显然，没有物化学术成果的产出，协同共生活动的优势与价值难以显现，整个学术知识生产活动难以获得激励。在学术探讨中，学术创意的汇聚与集合为新知识、新思想的形成做好了铺垫，进一步将之知识化、成果化、文本化。形成实体性研究成果，是彰显协同共生体组织优势的现实要求。在学术探讨后，导师应该鼓励每个研究生将讨论中形成的创意观点用规范学术论文或研究报告的形式写出来，把一条条学术创意转变成一个个知识单元，并按照逻辑链条将之整合成为论文成果，进而实现对学术观点的进一步升华与完善。每一个优质学术观点的运思大都要经历三个阶段，即酝酿、表达与反思。在协同共生体运转中，反思环节的直接任务就是借助书面表达进一步完善自己的观点，升华自己的创意，使之达到圆润完满、严谨精妙的境地。

（六）成果共享

合作共赢是协同共生体存续的生命线，共同分享学术成果是协同共生体顺利运转的最后一个关节点。在研究生日常指导中，要让师生协同共生体永续发展、健康成长，还必须完善共生学术成果的利益共享机制，让每一个参与者都从中受益，领略到一种别样的学术成就感与获得感。在指导实践中，导师应该鼓励优秀学生把各自收获的知识成果通过共同创作的形式表达出来，将之凝练成一篇或一系列高质量的学术论文，并争取在学术期刊上发表。文章共同署名方式是体现成果共享机制、显示共同体成员在成果中的各自贡献率的重要方式。比较理想的做法是：严格按照不同成员对本论文成果的心智贡献率与研究工作量依次进行准确排序。这一做法的好处就在于既能体现对不同成员知识产权的尊重，还可以凸显"多劳多得"的分配原则，激发所有成员在下一轮研究活动中的参与积极性。

（刊登于《学位与研究生教育》2017 年第 11 期）

导师培养博士生需要关注的若干重要环节

董贵成[*]

　　培养高质量的研究生是高校"双一流"目标建设的重要任务。总结梳理以往积累的成功经验，探讨研究生教育教学的内在规律将有助于更多创新性人才的脱颖而出。我们对中国石油大学（北京）获得全国优秀博士学位论文的指导教师进行了深度访谈，围绕在研究生培养过程中导师如何更好地发挥主导作用这个主题，了解导师在培养研究生的各个环节的所思所想、所作所为。同时，我们就这些问题也访谈了全国优秀博士学位论文的获奖者，把导师的思想历程和学生的感受双方进行对比和验证。在访谈中，导师们普遍认为，导师的悉心指导是一个好学生成长的重要条件，下列几个关键环节是需要导师尤其关注的。

 ## 一、挑选优质生源是基础

　　选择好的生源是培养优秀博士生的基础。如果采取统一考试的方式招收博士生，对于考查考生对课本理论知识的掌握是简捷有效的。然而，单纯考试不能够充分展示考生的实践能力和创新精神。虽然面试环节为弥补这些不足提供了机会，但短促的提问交谈也不容易让导师对考生有深入细致的了解。陈小宏教授建议，如果考生与导师不熟悉，最好能在考试前与导师进行面谈，让导师了解以下情况。

　　（1）考生对报考学科是否有浓厚的兴趣和拼搏精神。要在短短的三四年时间内完成高质量的博士学位论文，没有浓厚兴趣和脱皮掉肉大干一场的思想准备，是很难完成的。

　　（2）学生有无达到培养目标的能力。导师要详细了解学生的教育背景和工作经历，考查学生的知识结构。考生应把先前写的论文，尤其是硕士学位论文带给导师审阅。导师对考生的学术水平做出评估，判断学生的研究方向与导师的研究方向是否契合，选拔那些具有扎实的基础理论和系统的专业知识，有发展潜质的考生来报考。对于以下几类考生最好能说服其不要报考：①报考动机不纯正，读博士只是为了获取文凭而无心专注

---

* 董贵成，中国石油大学（北京）马克思主义学院教授。

学术研究的；②没有做好充分思想准备，以为读博士是一件轻松的事情，几年之内自然就能毕业的；③没有学术成果，且硕士学位论文学术水准不高，没有创造性思维的。

除了统一考试外，导师们还利用推免保研的渠道从本科生中选拔好苗子。李根生院士团队的做法具有代表性：他们从本专业本科三年级的优秀学生和综合排名靠前的学生中确定保研学生，让他们尽早参与实验室活动，与实验室老师和研究生交流；布置一些基础性文献让他们阅读，提供一些研究方向让他们探索，逐渐引导到科研领域。这些本科生的毕业设计要做与实验室相关的项目，本科毕业之后两个月的暑假要充分利用起来，一般分配三个任务：一是学习英语，例如背诵英语900句等，开学后进行考核；二是学习各种软件，开学后要给实验室全体师生讲各种软件的学习情况；三是对毕业设计的内容继续深入研究，开学之后要给实验室师生介绍毕业设计的内容，看是否有值得继续研究的内容。最近几年学校选拔学习成绩较好的本科生在入学时组成创新班，实验室安排相关的老师及高年级研究生对他们进行辅导，吸纳学生广泛参与实验室科技立项、文献调研、实验活动、沙龙交流等学术活动。

赵震教授认为，现在有些硕士生对科研付出的劳动量不够，博士生因为有发表高水平论文的硬性规定，即使很努力仍然觉得时间紧张。推行本硕博连读、本科直博、硕博连读、提前攻博等模式，可以统筹兼顾、长线规划，使培养过程更具有连续性，学生有比较充裕的时间选择高水平和高难度的题目。避免硕士生、博士生阶段分离，硕士生阶段做不深，博士生阶段时间太短，形成两个"短平快"。总之，这种尽早引导学生进入科研领域的培养模式，如果学生科研兴趣浓厚，理论知识扎实，就会培养出更多的优秀学生。

也有的导师对推免保研提出一些不同的看法。他们说，有的学生为了推免保研得高分，只学直接相关的课程，其他科目则应付了事，以至于死记硬背能力较强，知识结构单一，可能不适合搞科研；有的排名靠前的学生是靠参加各种名目的活动加分的，与搞科研关系不大；有的学生表达很好，但学得不专；有的学生排名不在最前，倒可能适合做科研。

二、选好论文题目是关键

有的导师说，一个好的选题是论文成功的一半，从事学术研究的人都听说过这句话。虽然选题在成功论文中的分量不好确切定量，但强调其重要性毫不为过。选好题是完成一篇高质量学位论文的首要环节和重要保障。一个有丰厚学术功底的学者，如果选题不当，也可能做不出像样的成果来；而一个刚跨入学术门槛的研究生，如果选题得当，也能取得令人欣喜的成果。全国优秀博士学位论文的作者便是例证。

好的选题蕴涵文章的创新性，反映作者的专业素养和学术水平，考验作者的洞察力，这需要作者深入学科前沿去发掘和思索。如果一个学者已经有选择好题目的能力，说明他已经具备了一定的学术阅历和素养。现实中，研究生中极少有人能达到这样的高度，他们的选题有赖于导师的掌舵，当然这是导师义不容辞的职责。崔立山教授把指导学生做研究形象地比喻为老猎手带着年轻猎人去打猎，年轻猎手个个都是快枪手、神枪手，但是他们还没有追踪猎物踪迹的经验，不知道到哪里能寻找到猎物，在哪里守着能打到大猎物。当老师的就要像个经验丰富的老猎人，凭借自己的学识和判断力，帮助学生找到有价值的突破点，并引导他们实现学术目标。高德利院士认为，要完成一篇优秀的博士学位论文，导师在学生写作的各个环节都起着重要的指导作用。导师要在自己有一定研究基础或熟悉的领域选题，能够对研究中的方向、技术路线、方法、结论等重大问题做出准确判断。同时，这个选题又必须是当前科研平台所能支持的。一般来说，好的选题要具备如下几个方面的特点。

1. 选题要发挥学生的特长

石油工程方面的课题有的方向偏重理论，需要一定的数学功底；有的方向偏重实验，需要一定的方案设计头脑；有的偏重计算机技术，需要较强的编程能力等。每个课题均有不同的特点。在选题时导师要根据学生已有的知识结构、研究基础、兴趣、特长、能力等因素推荐适宜的题目。有一位本科学数学的学生，考上石油工程学科的博士生之后，觉得自己不是"科班"出身，入学后曾一度有严重的急躁情绪。程林松教授耐心地帮他调整好心态，帮他系统填补石油工程专业知识和解决专业疑难问题，鼓励他在科研中要发挥自己的长处，做出自己的特色。导师正是看中了该学生良好的数学功底和英语基础，给他推荐了一个有数学公式推导和论证、偏于基础研究的题目，结果该生取得了优异的成绩。另一位学数学的学生转入地球物理学科，他处理地震资料的方法让人耳目一新。

2. 选题要有创新前景

化工学院一个导师给学生选定的题目是关于水合物方面的研究，这个选题在20世纪90年代末期国内基本没有相关研究，导师敏锐地捕捉到了水合物的巨大潜在应用前景，后来果然成为热门研究领域。另一位导师为学生确定的是关于颗粒物环保催化剂的冷门课题，不料时至今日关于PM2.5的研究不仅是国家科技的重大攻关课题，也是人们健康保护迫切需要的研究课题。有的导师说，在石油工程领域，博士生选题要面向国家战略需求，应该考虑未来5~10年国家的中长期发展规划，这样可使课题研究具有长期的生命力。这位导师给学生确定的课题是车用燃料的清洁化，这个课题完全符合国家的战略需求，对改善汽车尾气排放、降低雾霾具有重要的理论和现实意义，因此相关研究一直延续至今。

3. 选题要妥善处理工程项目研究和学位论文研究的关系

宫敬教授说，2000年之前，石油大学隶属于中国石油天然气总公司，研究生教育是长期为企业服务，主要是解决工程实际问题。2000年，学校归入教育部后，和其他学校比较，发表的SCI、Ei论文落后，学科排名靠后。学校领导经过反思发现：原来的培养模式适合于硕士生，不适合博士生，培养博士生要注重理论上的提升，这是学校博士生培养理念的一个转变。不过现在这个因素对选题的影响越来越小了。另外一个因素是学校教师的科研任务大部分来源于油田等企业单位的横向项目，这些项目都注重生产和效率，强调实用性和实效性，其中部分涉及科技攻关的问题，但也有不少项目具有比较成熟的技术套路和方法，重复性工作占很大比例，只需要把工作完成即可，是否有学术创新企业不太关心。有的导师直接把横向课题分配给博士生作为学位论文的选题，结果一篇博士学位论文基本就是一个科研报告，导致博士学位论文报告化，这样不利于博士生科研水平的提升。高质量的博士学位论文通常产生于学术性较强的基础研究课题中，因此，基础研究项目和应用基础研究项目如国家"863"计划、"973"项目、国家自然科学基金、国家科技重大专项、博士点基金等纵向项目较为适合作为博士生的选题。但另一方面，要充分发挥学科工程实践背景的优势对基础研究的支撑作用。高水平的选题肯定要把解决工程实际问题作为一个重要的考量因素。工科的特点要求博士生的选题要面向国民经济建设主战场，紧密结合石油工业发展的实际。石油工业是国家的重要工业部门，从上游到下游各个环节都有世界性的技术难题，横向课题完全可以作为论文理论的验证和工程实际的应用。理想的选题应该是从科研项目中提炼出比较基础性的理论问题，也不要贪多求全，能找出一两个重要影响因素加以深入研究，得到科学的解释和理论说明便是好的博士学位论文。这主要考验导师和学生提炼理论问题的能力，找到工程项目与学位论文的结合点，使二者相互促进，而不是相互抵触。

有的导师通过调研世界著名石油类高校认识到，我们的研究生教育与国外相比还有不小的差距：国外的选题大多偏向基础研究，研究的面很窄，但是很深；他们发表的文章数量不多但学术水平高。我们的研究一般是面比较宽，点比较多，但深度不够；文章的数量多，高学术水平的论文不多。由于研究不够基础，不够深入，高水平论文较少，学科排名落后。这种差距是诸多社会现实因素决定的，例如学生就业时，单位看重与油田工程实际的结合，注重是否有过做项目的经历等，还有国家科技政策大环境的制约。

三、科研能力培养是根本

1. 博士生独立工作能力的培养

《中华人民共和国学位条例》对博士学位获得者的学术水平要求有三条：①在本门学科上掌握坚实宽广的基础理论和系统深入的专门知识；②具有独立从事科学研究工作的能力；③在科学或专门技术上做出创造性的成果。从博士生成长的角度看，第二条最为关键。导师的首要任务是培养学生独立工作的能力，要刻意给学生留出足够的自主活动空间，充分发挥他们的聪明才智并培养他们的创造能力。对于长久习惯于接受应试教育的中国学生来说，这是一个艰难却意义重大的转变。多数情况下，学生的独立工作能力是被逼迫出来的，"穷人的孩子早当家"。当然，这会引起依赖性强的学生抱怨导师对自己关心太少、指导不多，但导师的作用是引导学生，给他们提建议，把科学的思维、科学的方法和学术规范教给学生，教会学生如何思考，如何发现问题并解决问题。学生的任务让学生自己去完成，解决问题的思路要自己悟出来，不要养成什么都问的习惯，不要事无巨细都等导师安排，不要拨一下动一下。导师知道，青年人可塑性大，荒岛求生的能力强。这种转变一旦实现，学生将受益终生。

有一位学生说：读本科时，老师把教材上的知识教给我们就行了，我们只需要上课听讲，下课做习题就能基本掌握所学知识。读博之后，导师只会给我一个方向性的意见，或者提供一些相关资料，大部分知识需要依靠自己搜索和阅读大量资料才能获得。由于大量时间用于搜索和阅读相关文献，学习知识的途径不再像以前那样直接有效，学习的进度大大减慢，学习汇报经常没有大的进展。但导师很有耐心，从不催促我加快学习进度，反而表扬我文献看得不错。其实，我学习的知识老师早已运用得炉火纯青，但是老师从不直接告诉我其中的原因原理，而是引导我自学相关知识，自悟其中道理。经过半年的训练，我的自学能力果然有显著提高，每当遇到全新的知识，都能在较短的时间内掌握其基本架构和原理。老话说得好："师傅引进门，修行在个人。"

有一位学生体会到，搞科研是一个需要动脑筋、发挥主观能动性的事情，要把它作为自己的事情，而不是别人给你的任务，这样才会时不时思考一些问题。主人翁意识的建立是搞科研强劲的动力。而有一些学生从事的都是老师安排好的、按部就班的工作，他们关心的是表层的显而易见的问题，很少有对实验本身和里面蕴含的科学问题感兴趣而去刨根问底。做实验不能只满足于得到结果，还得弄清楚里面的实质性规律，这样才能触类旁通，达到更高的境界。经历了这样的艰难困苦过程，学生就实现了从被动接受知识到主动探索知识的转变。

2. 博士生创新能力的培养

导师的重要职责是帮助学生树立敢于创新的信心和勇气，让学生主动承担起自己应该承担的职责。学生一入学就要明确告诉他：在你初入师门的时候，导师在学术方面总体在你之上，但是，当你毕业的时候，在你研究的那个专业点上肯定超越了导师，因为你收集查阅的资料比导师宽广，你对研究内容的了解比导师深厚。否则，你就没有达到国家对博士生毕业要求的标准。科学研究是探索未知世界的活动，不是导师事先做过且知道了答案，然后让学生再做一遍。学生要做的是一个原本没有模板的东西，一个拷贝不到的东西。科研的道路上布满荆棘，老师事先也不知道困难在哪，更不知道怎样解决，世界上也没有人知道。在这一探索过程中，需要师生之间的交流、探讨、学习、提高，师生一起面对困难和挑战。但任务的最终完成主要是靠学生自己，没有任何人可以替代，导师仅仅起指导作用，只是领路人，路要靠自己闯下去。冯友兰先生曾说：读书就好像游泳，老师只是把学生推到水里，游得怎么样，能否游到对岸，要靠学生自己的悟性和努力。有的导师在学生明确研究方向后，甚至一年多不提具体指导意见，放手让学生去闯荡，开阔思路、广泛涉猎，学生可以随便想、随便干。石油储运专业的学生可以看看流体力学方面基础研究的新发展、新成果，或许对工作有启示；可以看看其他工业领域，诸如食品、化肥、血液等领域有哪些突破和好思路、好方法可以借鉴。导师要让学生了解研究领域的学术前沿动态，掌握关键性的科学理论、技术。有的学生说，导师经常把当前国内外该领域的新技术、新方法的研究动态讲述给我们，让学生的思路得到拓宽，久而久之，学生就会有主动关注学科前沿动态的意识。在这个研究领域里，世界上有哪些机构在做类似的研究，最著名的是哪几个人。我们在哪些地方可以学习借鉴，哪些地方可以改进完善，哪些地方可以别出心裁做出创新。学生就会兴趣盎然密切关注最新学术动态，紧盯研究领域的领军人物，只要他们有文章发表，学生三天之内保证能检索得到。

高德利院士强调：在点拨学生前，让学生处于苦思冥想的思想状态是训练学生思维的必经过程，正如孔子所言，"不愤不启，不悱不发，举一隅，不以三隅反，则不复也"。不到学生深刻思考、急于解决而又想不通的时候，就不去启发；不到学生认真体会、想说却又说不出来的时候，就不去开导。要把握启发教育的恰当时机，有的导师利用这个时机专门给学生讲授论文写作的经验。导师面对面、手把手的论文修改讲评对于学生的帮助很大，且印象深刻。通过这些环节的磨炼，学生遇到疑难问题也能逐渐找出解决的方法，实现从汲取知识到创造知识的转变。

四、日常学术讨论是保障

学术讨论会是研究生培养的重要环节。导师们普遍实行的是每周一次或两周一次的定期学术讨论会，有的以实验室为单位，有的以课题组或学科组为单位。有的在工作日，有的在周末双休日。学术讨论会的目的是督促学生学习，检查科研进展情况。学生在一个项目进行一段时间后向老师汇报项目进展情况、存在的问题以及下一步计划等。有的导师要求学生的汇报要围绕"三点一面"展开："三点"指亮点、难点（问题点）和创新点；"一面"指研究综述和进展。导师根据汇报可以掌握学生的研究进展和动态，知道项目哪些地方取得了进展，哪些地方走偏了，根据情况做出具体的指导建议。如果有的学生连续几次汇报没有任何进展，自己会不好意思，也会想办法改进。

李根生院士实验室每周的学术沙龙根据主题不同一般分为三种情形。

一是进行新技术、新观点、新方法的研讨，这是分研究方向进行的，不一定全部学生都参加，一般由相关项目组的师生参加讨论。

二是对实验室近期要投稿的文章或者专利进行评定和审核。每个人将拟发表论文或者要申请的专利进行汇报，由论文审查小组或专利小组就其观点、结论、可靠性、有无抄袭等违反学术道德等内容进行审议评定，通过后方能投稿或提交申请。

三是对所有学生的开题和答辩都在学术沙龙上进行试讲。师生共同对研究内容和演讲问题进行讨论与指导。这种机制驱使学生积极投入到课题项目研究中，保证科研工作有效开展。

逻辑思维能力、表达能力的锻炼也是学术讨论会的重要内容。现代社会要求科技人员要具有充分的交流沟通和自我展示能力。一次讨论会的完成需要学生在广泛阅读的基础上进行去粗取精的处理，加工、提炼后形成自己的基本观点。导师要注重让学生将自己研究的问题从原因到过程再到结果以一种富有内在逻辑顺序的方式进行展开。有的导师善于从宏观上把握学生的思路，学生讲完后，他把可以改进的地方提出修改建议，换一种思路或角度给学生重新示范讲解一遍，学生通过比较就能体会这样做的妙处。同时在讨论的过程中，师生之间、同学之间的相互交流和相互启发又使得每个人的概括更准确、更科学，这对于培养学生的逻辑思维能力大有帮助。同时学生汇报时要动脑、动手、动口，必要时还要加上肢体语言，要清楚观众的背景，要为观众着想，让别人容易接受和理解。经过多次反复的讨论能使学生克服心理或语言障碍，在大庭广众之前落落大方地陈述和有效地表达自己的观点。经过几年的反复训练，学生感觉逻辑思维能力、语言表达能力有了明显提高。即将毕业的学生在做最后一次汇报时深有感触地说：拿出入学第一次汇报时低劣的PPT，现在都不敢看了。几年来的进步是这样的显著！

张劲军教授认为，学术讨论会有两个重要功能。

一是可以开阔眼界。科学具有相通性，不同学科有其内在的相似原理，当我们在某个研究方向遇到无法跨越的障碍时，借鉴其他领域的思路、方法就有可能化难为易。一个学科组有做纯理论研究的，有做设备开发的，有做模拟设计的。一个同学汇报，其他人也要从不同角度思考解决问题的办法，考虑他人的工作与自己工作有什么联系，寻找有什么可以借鉴或激发自己灵感的东西。

二是长期听取不同研究领域的知识，学生的知识就更加全面了，这对以后的就业很有帮助。许多情况下，社会提供的就业岗位不一定完全与你研究的内容相匹配，有可能是你不了解的其他知识领域的岗位。

接受我们访谈的学生对导师的指导都给予了高度赞誉。一位博士生说，他的学位论文能获得全国优秀博士学位论文，自己的努力是一方面，但更重要的是导师的悉心指导，导师的指导贯穿于开题、定期检查、研讨、发表论文和撰写学位论文的全过程。各位导师均为学校科研和教学做出了骄人成绩，在长期的教学科研中身体力行积累了丰富的经验，有的导师善于总结行之有效的教学方法，甚至归纳出一套可供借鉴和学习的教学程式。他们专注于教学科研，但极少就人才培养方面撰文论述，因此对他们指导研究生的真知灼见进行梳理总结，可以在导师中示范推广，扩大受益面，也可以让学生知晓导师关注的环节和内容，更好地发挥主观能动性并成长为优秀的研究生。

（致谢：感谢在百忙之中接受访谈的导师和学生。）

（刊登于《学位与研究生教育》2018年第9期）

社会科学研究生培养中的两个不等式

贺雪峰[*]

 一、引论

2019 年 4 月 27 日中国人民大学社会与人口学院和华中师范大学社会学院联合召开了"社会学人才培养与学科建设论坛"，国内高校主要社会学院系代表参加了论坛，重点讨论了如何培养一流社会学研究人才的问题。从论坛发言来看，当前中国社会学界普遍的一个认识是培养创新型研究人才很困难。复旦大学社会学系系主任李煜教授指出复旦大学社会学研究生培养中的一个困扰就是"要培养一个好的学习者问题不大"，而"要培养一个好的研究者问题很大"。李煜教授提出的问题显然在中国社会学界具有普遍性。实际上，几乎整个中国社会科学领域都存在"培养学习者易，培养研究者难"的困扰。

之所以很难培养出优秀的社会科学创新型研究人才，一个可能的原因是当前社会科学研究生培养模式出了问题；培养模式出问题又与人们对社会科学的认识及对社会科学教学中主要矛盾的认识存在问题有关。简单地说，社会科学既不同于自然科学，又与人文艺术学科有差异。社会科学介于自然科学和人文艺术学科之间，因为社会科学所研究的社会事实要依托于极为复杂具有认识自己能力的人，社会科学很难像自然科学那样做到完全客观，同时又不像人文艺术学科那样主观。当然，社会科学不同学科之间也有差异，比如经济学有越来越科学化的趋势，社会学的科学化进展则比经济学缓慢得多。

当前中国大学社会科学人才培养模式中出现的一个严重问题是过于注重教学生正确的知识和具体技术，而缺少对学生进行基础教育和能力教育，在教学关系中过于注重教而忽视了学，在师生关系中过于强调了教师的重要性而忽视了学生的主体性。结果就是学生在大学阶段仍然延续了高中阶段的填鸭式、灌输式学习，学习了很多具体知识与技术，却缺少对"是什么"之前的"为什么"的提问。他们虽然学习到了知识，却没有在学习知识过程中获得分析能力、逻辑推理能力和独立思考能力的提升。从教学上看，

＊ 贺雪峰，武汉大学社会学院院长，教授。

当前中国大学中不仅本科阶段仍然强调课堂教学，而且硕士生、博士生阶段往往也安排有大量课程，研究生首先需要通过选修课程来修满学分，再开始做硕士学位论文和博士学位论文。因为课程设置不合理（往往是本科课程的简易版本），以及研究生认为只要修满学分就可以自然获得研究生的水平与能力，所以研究生学习阶段重点就放在被动学习上，这样的被动学习自然就只可能在课堂上获得一些结论、一些具体知识，自然就只知其然而不知其所以然，也就很难做出好的硕士学位论文和博士学位论文，也就很难成为一个好的研究者，更不可能成为一个优秀的创新型人才。

在社会科学研究生培养中，如何培养出具有创造力的研究者，关键就在于研究生培养中能否让他们掌握理论和了解实践，从而将理论运用到对经验的理解中，形成基于经验的理论性认识。

以下通过比较建立两个社会科学研究者掌握理论和了解实践的不等式，再讨论其原理。

第一个不等式：一天阅读经典著作所获得能力训练大于一周上课所得。

第二个不等式：一天实地调研所获得经验训练大于10天阅读二手文献所得。

先讨论第一个不等式。

二、上课与阅读

一般来讲，学习的主要途径是以教师课堂讲授为主，以学生自学为辅，学生围绕课堂教学，通过教师讲授来掌握知识技能。这种办法的好处是，因为有教师系统教学，学生比较容易学习到专业知识与技能。这种办法的缺点是，因为注重课堂和教师，教师成为师生关系中的主动者，学生学习比较被动，课堂教学以教为主，以学为辅，就容易出现教学中的灌输式和填鸭式问题。即使采用启发式教学，学生的学习也是相对被动的。这种学习方法容易造成学生学习的主动性不强，积极性不高，在学习时真正用于思考的时间并不多。

一直以来，从小学到中学再到大学本科四年，学生主要学习模式都是教师在课堂上讲学生在课堂上听、教师主导学生学习的模式。这种模式在讲授比较成熟的知识和方法时比较有效，比如知识性和技巧性强的课程，对学生十分重要。数学、自然科学等科学性强、学科成熟的知识尤其需要课堂讲授，包括采用启发式教学的讲授方式。相对来讲，人文艺术学科往往需要学习者有艺术想象力，对知识的确定性反而较少要求，人文艺术学科的课堂就不能仅靠课堂教学，而需要大量课外阅读以及有主体性的模仿（比如写生）。介于自然科学和人文艺术学科之间的社会科学训练，到了研究生阶段，重要的就不再是学习具体知识与技能，而是要在学习过程中学会思考，提高分析能力，形成严密的逻辑推理能力。

因此，到了研究生阶段，社会科学教育就可以有两种不同的模式：一种是继续以从小学到大学一直实行的灌输式、填鸭式教学为主，以教师课堂教学为主，以在课堂上修满学分为主；另外一种则是主要由研究生自己阅读社会科学经典著作，并且是依据导师指导进行体系化的经典阅读。即研究生根据个人情况制订读书计划，在读书过程中遇到了问题再求助导师。无论是知识性的问题还是方法的问题，乃至阅读技巧的问题，都通过研究生个人阅读和教师辅助指导来解决。这样一种以学生为主体的学习方法，学生按自己的状态和节奏来读书，通过读经典著作来逐步理解社会科学的知识，学习知识的过程即是竭尽全力地读懂读通的过程，也是提高个人理解能力、分析能力和逻辑思维能力的过程。因为是个人阅读经典，缺少导师专门定制的讲授，阅读肯定会有困难甚至失败。为了能读懂和理解经典著作中的问题，就需要一边阅读一边绞尽脑汁地思考，阅读经典著作的过程就是绞尽脑汁思考的过程，就是竭尽全力读懂读通的过程。结果，为了读懂，就要不间断地思考，一天读 10 个小时的经典就要思考 10 个小时。读完一本经典著作、读懂一本经典著作以及读通一本经典著作的过程就是思考的过程。读懂、读通经典著作既获得了知识，在阅读过程中的思考又进行了理解能力、分析能力和逻辑思维能力的训练。全身心地投入到经典著作阅读中，就是全身心投入到对经典著作的思考中，就是通过阅读来训练自己的过程。经过深刻的甚至痛苦的长时间经典著作阅读训练，研究生学到的不仅是读懂、读通的理论知识，更重要的是在潜移默化中学会了经典作家的思考模式、分析方法，因而提高了分析思考能力。在读懂、读通经典过程中获得的这些能力是研究生训练中最为重要也最为关键的能力，这种能力通过课堂学习是很难获得的。

在研究生阶段不是要读一个经典作家的著作，而是要读很多经典作家的很多著作；不是读一个学科经典作家的著作，而是要读多个学科经典作家的经典著作。这样就可以在读懂、读通经典作家理论过程中习得他们的思考模式、分析方法，提高个人的分析思考能力。在阅读过程中读懂、读通经典作家的著作，最不重要的是了解经典作家在著作中得出来的结论，比较重要的是弄清结论是如何得出来的，最为重要的是通过学习习得经典作家的思考模式，提升自己的分析能力。

以研究生为主体、主要借助阅读经典来进行的研究生训练，有几个重要前提：①阅读方法本身必须科学。阅读经典著作显然不能随心所欲、漫无边际，而必须纳入严格的学术训练中来。严格的学术训练主要是体系化的经典阅读。体系化阅读要循序渐进，要一家一家地读、一门学科一门学科地读。要有长时间高强度的阅读训练。②研究生学习要有规划，这个规划以研究生个人为主，导师提供参考意见。规划可以不断调整但大方向要明确。③阅读要能坚持到底，必须有一个强有力的指导者在阅读过程中提供随时随地的指导。这种指导包括方向、方法的指导，也包括过程的指导，还包括具体知识的指导。不过，具体知识指导是最不重要的，因为通过研究生自己阅读经典著作可以获取研究生对经典著作的个人理解，在很大程度上，这种理解的关键不在于对错而在于深浅。

导师指导研究生主要是为他们解决阅读方向问题、方法问题和动力问题，而不是要解决他们阅读中遇到的具体知识问题。阅读经典中有些问题不理解不要紧，理解错了也不要紧，只要方向正确、方法正确，读得多了，阅读时间长了，研究生自然而然就可以读懂读通，自然可以较为深刻地理解经典，并在这个过程中提高自己的思维能力。导师不能代替学生思考，而要鼓励学生思考，防止学生在读书中丧失自信或走火入魔。好导师会鼓励学生去探索，去读经典，读硬书乃至硬读书，而不是代替学生去读书。读书本身就是训练，为了读懂的思考是训练的关键，知识体系和结论本身反而不那么重要。在这个意义上，读经典著作的关键就是为读懂、读通而进行的绞尽脑汁的思考，是提升思考能力的训练。

研究生自己读经典著作，就可以有自己的节奏，这就体现出了研究生个体的主体性和主动性。没有主动性根本就不可能坚持阅读。研究生个人阅读经典，从读懂到读通有一个很长的过程，从读完一家的经典著作到读完一个学科的经典要很长时间，从读一个学科的经典到读多个学科的经典著作，累积起来需要用研究生期间的全部时间（二三年时间）。这种学习知识的办法看起来比较慢，且个人很可能一开始阅读学习时会有错误的理解，但是，经过两到三年每天 10 个小时坚持"读硬书"和"硬读书"，几乎所有研究生都可以不仅读懂而且读通社会学经典作家的理论；不仅可以掌握这些社会学家的知识体系和概念工具，而且可以获得不同学科和不同经典作家的具体洞见，掌握不同学科和不同经典作家的分析模式。最为重要的是，经过长期的"硬读书"和"硬思考"，形成了社会科学研究所需要的分析能力和独立思考能力，具备了逻辑推理能力，从而让自己具有了深刻性，具有了研究能力，具有了创新能力。

三、实地调查与阅读二手文献

社会科学就是研究人类实践经验的科学，没有对经验的敏锐把握能力，没有"想事"的能力，仅仅靠概念进行思考，显然是不靠谱的。要做出好的社会科学研究，必须有丰富的经验性认识或者说要有经验质感。有了"经验质感"，才能有"想事"的能力，才能有将概念还原到经验的能力，在经验研究中才不会一触即跳，在经验研究中也不会发生能指与所指的错乱。正是经验与实践本身的极度复杂性，如果缺少对经验的深刻理解，没有"想事"的能力，不懂经验与实践的逻辑，社会科学的"词"（概念）与实践中的"事"就无法对应；如果实践本身的逻辑被浮于表层的想当然所代替，理论研究变成脱离经验的概念的胡乱运动，就无法做到真正深入经验与实践本质层面进行讨论，也因此既无法解释经验与实践，更无法预测或改造经验与实践。

获得"经验质感"或进行经验训练大体有两个路径：一是田野调查；二是阅读文献。社会学和人类学研究倾向于通过田野调查来获得经验质感，因为社会学和人类学的研究对象往往是现实。相对来讲，历史学研究的往往是过去的时代，过去时代的人物已经逝去，历史学就只可能通过二手文献来进行研究，通过阅读资料来获得"经验质感"。

　　无论是"田野现场"，还是阅读二手文献，都是真正的经验。不同之处是：在"田野现场"感受的是正在发生着的经验；而阅读文献是学习已经逝去的经验。逝去的经验是过去的现实，"田野现场"是未来的历史。无论是"田野现场"还是二手文献，因为都是或曾是活生生的人类生活实践，而与作为抽象逻辑体系的理论是完全不同的。通过田野现场调查和阅读二手文献，都可以获得关于实践与经验的知识，都可以形成"经验质感"。因为人类经验与实践古今相通，对当前实践的通透认识必定有助于对历史实践的认识，因为"所有历史都是当代史"，人类总是从当代人类实践去理解历史；反过来，通过阅读二手文献所获得的历史感也会极大地增长对现实的认识，因为"读史使人明智"。有趣的是，当前中国学界出现了"走进田野"的历史学，典型的如华南学派的研究，而社会学界也出现了"历史社会学的兴起"。

　　不过，虽然通过田野调查和阅读二手文献可以获得等值的经验训练，而从训练研究者的经验能力、形成经验质感来讲，进入"田野现场"与阅读二手文献却有着相当巨大的差异，具体来讲就是，在"田野现场"是感受活着的历史，现场有着极为丰富的、相互联系的经验整体；研究者通过田野调查来训练经验能力会相对比较容易，如果有正确的方法和保持相对的强度，两年时间即可以完成"饱和经验训练"，形成经验质感。相对来讲，二手文献是逝去的实践，二手文献中的经验往往支离破碎、缺少联系。一个研究者要通过阅读二手文献来训练经验能力，形成经验质感，往往需要花费比田野调查多得多的时间与精力，"板凳要坐 10 年冷"很适合描绘通过二手文献来完成经验训练的情况。

　　之所以田野调查可以较阅读二手文献更容易完成经验训练，形成"经验质感"，是因为"田野现场"本身的丰富性和完整性。任何一个"田野现场"都具有全息的特征，而且"田野现场"中的当事人是活生生的经历了或经历着实践的人。进入"田野现场"的研究者可以通过半结构性访谈，在有限时间内掌握远远超过阅读二手文献所能掌握的有效信息，从而可以很快建立起对经验与实践的总体认识。当然，进行经验训练的研究者与"田野现场"的互动并非一次完成，而是在不断的互动中，通过总体进入、具体把握，不断地深化对经验各个层面的认识，最后形成经验质感。研究者与"田野现场"互动大致过程为：任何一个研究者在特定时期都会有特定关怀，带着关怀 A 进入田野；很快就会发现要深刻理解 A，必须要关注 B；然后再进入对 B 的关注，却发现还必须关注 C；由 A 到 B 再到 C，一直到了 Z，沿着经验本身的逻辑向前走，一层一层将抽象的经验变得具体，并形成对整体经验的结构性认识。研究者反复进入"田野现场"并与经验形成互动，逐步形成对经验整体性和复杂性认识的过程，就是最好的经验训练，也最容易形成"经验质感"。经过从 A 到 B 到 C 一直到 Z 的深化，再回到对 A 的认识上，对 A 的认识就由表面进入相对本质的层面，A 就不再只是一个没有具体的抽象、没有结构的整体，而具有了丰富性和复杂性。同时，研究者也从中获得经验训练，若干经验训练就形成了经验质感。

之所以田野调查具有远优于阅读二手文献的经验训练效果，除"田野现场"有活着的实践者和完整的现场关系以外，"田野现场"本身的信息丰富性也是二手文献所完全不可比拟的。如在"田野现场"可以通过对话来轻松获得研究者希望获得的大量有用信息；在"田野现场"可以采用各种调研手段，可以通过访谈、观察、搜集文献甚至通过试验来获得大量高质量的田野资料，在高度丰富的厚重可靠信息基础上进行高质量的思考。而二手文献往往是碎片化信息，是过去的实践，研究者也不再可以对当事者进行访谈。阅读的文献到处存在断裂，文献所提供的有效信息相对有限。信息越少，思考就越容易脱离经验本身，意识形态、情绪以及理论本身的逻辑就越强大，结果就很难做到在阅读文献中形成对经验逻辑的深刻把握。

因此，从训练经验形成"经验质感"来讲，我们可以得到这样一个不等式：一天田野调查所获得饱和经验训练大于10天阅读二手文献的所得。

正是这个意义上讲，当前社会科学研究十分需要真正进入"田野现场"进行深入广泛持续的饱和经验训练，从而为真正社会科学创新研究提供经验基础。

遗憾的是，当前中国社会学界甚至社会科学界不太重视田野调查，甚至缺少对经验训练的基本认识，缺少对"经验质感"的基本认识。没有经验训练，对中国历史与现实缺少"经验质感"，生硬使用定量研究方法，以及强调对话式的从理论到经验再到理论的研究，就会得出各种缺少经验的幼稚结论，也造成了理论对经验本身的切割，难以为中国的现代化建设提供理论指导。

当前中国大学中，除极少数学科（比如人类学）以外的社会科学学科，研究生（尤其是博士生）几乎没有真正到田野现场的经历，对他们几乎没有进行经验训练，更缺少通过经验训练来形成"经验质感"。唯一可能有的就是在已经确立博士学位论文题目，完成文献阅读和理论综述，再到田野中找对应经验，结果就是用理论裁剪经验，而不可能从田野经验中生长出理论。以理论来裁剪经验的结果必然是博士学位论文理论与经验两张皮。

更糟糕的是，当前中国绝大多数社会科学研究生根本就没有进行基本的经验训练，因此完全没有形成"经验质感"。缺少"经验质感"，就缺少了"想事"的能力，就无法将理论和概念还原到经验中，在理解经验现象时就容易表面化，就会以理论去套经验现象，甚至以意识形态或情绪来取舍经验、切割经验，这样的研究当然就会浮于表面，没有意义。

中国社会科学研究生培养不出好的研究者，更难培养出创新型研究人才，重要原因是缺少真正的经验训练。在理论的汪洋大海中，没有"经验质感"的社会科学研究者就像盲人摸象一样，让理论的大词乱飞，概念和理论都失去了具体性和科学性，概念无所不指，理论十分盲目，经验难以理解，实践独自暴走。要想培养出好的社会科学研究者，必须同时强调经典和经验。缺一不可。

四、研究生培养中的若干关系

上述研究生培养中的两个不等式是培养出一流社会科学研究者的重要认识前提。在研究生培养实践中必须正确处理以下若干关系，才能有效保证研究生培养中两个不等式落到实处。

1. 关于师生

在导师和研究生之间，要以研究生为中心。研究生的主体性能否建立起来，主动性、积极性能否调动起来，是研究生教育的关键。只有调动起研究生的积极性和主动性，真正建立了研究生的主体性，才可能培养出一流的研究生。

当前研究生教育中，导师的主动性和主体性往往发挥得非常充分，研究生主体性和积极性却没有调动起来。以教师为中心，表现在学分安排上。要获得学分主要靠上课，不仅课堂上教师在主导，而且课外也主要是阅读专业课教师布置的各种文献。大多数研究生入学后，前两个学期主要是上专业课修学分，导师是主动的，研究生是被动的。后面则主要是撰写学位论文，此阶段也往往由导师主导，甚至学位论文选题只是导师主持课题的一个部分。整个研究生学习期间，研究生除了被动修满学分和完成学位论文之外，几乎没有多余时间自我阅读、自我探索。更糟糕的是，不仅硕士生阶段的训练是学分加学位论文，博士生阶段也是学分加学位论文。从大学本科到硕士研究生、博士研究生阶段，10多年时间里学生绝大多数时间都被教师安排，成为被动学习的客体，其在学习中的主体性和积极性无法调动起来，表现出来的就是学习消极、不努力，有些研究生变得"又懒又蠢"。

研究生教育不同于本科生教育。在研究生教育阶段就应该重点培养研究生的独立思考能力，应该让他们自己去学习。要对研究生的学习放手，而不是用课堂教学切割研究生自主的学习安排。只有研究生自己认真学习，在学习过程中产生问题，导师再为研究生答疑解惑，帮助他们，才能算是建立了正确的师生关系。在研究生培养中，导师非常重要，这个重要不是导师代替了研究生自己的努力学习，而是在研究生学习出现问题时帮助他们，让研究生有正确的方法在正确的方向上努力。只要研究生有了主体性，他们就会焕发出学习热情，就可以很快成长起来。

在研究生教育中，一定要相信研究生，要对他们放手。导师的责任是激发研究生学习和探索的热情，调动研究生的主动性，而不是用各种复杂制度来限制约束他们。最好的师生关系就是研究生积极主动地学习和探索，研究生在学习探索过程中遇到问题，导师为他们答疑解惑。研究生的主体性一旦建立起来，他们就会爆发出巨大的热情和惊人的创造力。

2. 关于教学

在教与学之间，要以学为中心。要以研究生的学习为中心，课堂教学的重点就不在于具体知识的教学，而应是启发式教学，尤其是要培养研究生学习的能力并传授学习的方法。方向正确、方法正确，努力才有成效。

在教与学的关系中还要处理好学习知识与训练能力的关系。在学习知识与训练能力之间，要以训练能力为主。知识是具体的，是可以遗忘的，也是可能将来用不上的，在学习知识的过程中所训练出来的能力则是通用的能力，是终生的能力。当前研究生教育中，过于重视知识学习而较为忽视能力训练的状况必须改变。

在教与学的关系中，还要处理上课与读书的关系。在上课与读书之间，要以读书为中心。上课一般都是被动的学习，读书则是主动学习。上课时，导师往往准备了比较充分的能让研究生听得懂的教案，研究生只要认真听就可以听懂，获得所学知识。问题是，上课的主体是导师，且导师往往只可能针对一部分研究生的状况尤其是针对学习比较困难的研究生进行教学，因此，大部分研究生听课时就容易分心走神，就不需要动脑筋。

读书则有所不同，因为读书是比较个人的活动，研究生可以自己安排阅读内容、阅读顺序、阅读时间，可以自己掌握阅读节奏，依据自己的特点和状态来制订读书计划。当然，研究生制订读书计划时，导师的建议是很重要的。

3. 关于阅读

（1）学教材与读原著的关系。在学教材与读原著之间，要以读社会科学经典作家的原著为主。社会科学教材存在的最大问题是：只有是什么，不问为什么，只知其然不知其所以然，只有结论没有也不可能有论证的过程。仅仅是学教材，所获得的都是死知识、是教条，是不形成通用能力的知识。读经典作家的原著，不仅有助于理解知识的来源和形成过程，而且有助于训练能力。

（2）兴趣性阅读与训练性阅读的关系。研究生期间，在兴趣性阅读与训练性阅读之间，要以训练性阅读为主。兴趣性阅读只是增加了自己已经具备的能力和强化了自己已经有的兴趣，训练性阅读则是增加自己的新能力与拓展自己的新兴趣。

（3）消遣性阅读和"读硬书"的关系。在读消遣性著作与"读硬书"之间，要以"读硬书"为主。"读硬书"和"硬读书"，是训练理解能力、分析能力和逻辑思维能力最关键的方法。"读硬书"就是读经典作家所写的有难度的经典著作，这些经典著作不容易读懂，就需要"硬读"。所谓"硬读"，就是硬着头皮读。研究生刚开始读时，可能每个字都认识，但就是不懂作者的意思。坚持读下去，就可以逐步懂一些、懂更多，再逐步由读懂到读通，再到联系现实进行思考，到可以运用。

"读硬书"和"硬读书"，很重要的一个方面是通过读懂、读通来获得思维能力的训练。为了读懂经典著作，就需要绞尽脑汁思考。读一天"硬书"，就要思考一天时间；读两年"硬书"，就要绞尽脑汁思考两年时间；长时间读"硬书"、进行"硬思考"，可以极大地提高思维能力，可以通过大量阅读经典著作内化形成经典作家特有的思维模式和分析方法。而且，"读硬书"和"硬读书"需要强大意志力，必须真正坐得下来、静得下心。经典著作读进去不容易，稍有干扰就会跳出来。要读好"硬书"，就必须有大块时间，要集中全部注意力，要聚精会神、全神贯注。花两年时间读"硬书"，就需要在这两年集中全部注意力静心读书，这样就容易形成坐得下来、静得下来的品质。

（4）读专著与读其他文献的关系。在读专著和读其他文献之间，要以读专著为主。社会科学不同于自然科学，社会科学没有最终的正确结论，新理论与旧理论之间不是替代式的关系，新理论并不否定或者推翻旧理论。阅读最新研究文献不能代替对社会科学经典著作的阅读，因此对社会科学研究生进行训练需要他们将主要时间集中到对各个经典作家的经典著作的阅读上去。

（5）体系化经典阅读与课程性经典阅读的关系。掌握理论是一个艰苦的过程，研究生必须有刻苦的理论阅读过程，不仅要掌握专业技能，而且要通过理论阅读形成社会科学的思维方式，具备分析能力和逻辑思维能力。研究生仅仅通过学习教材不可能真正获得社会科学思维能力，必须花费大量时间阅读社会科学经典作家撰写的社会科学经典著作，只有在长时间大量阅读中才能掌握社会科学的精髓，内化形成社会科学的思维方式，悟到社会科学分析的精巧之处，也才能具备成为一个好的研究者的基础。

4. 关于研究

（1）田野调查与阅读二手文献的关系。在田野调查与阅读二手文献之间，以田野调查为主。在不具备田野调查条件的情况下，靠阅读二手文献来训练"经验质感"是迫不得已的办法。只要具备田野调查的条件就应该毫不犹豫地进入田野训练。社会科学研究必须有经验训练的前提，不然就缺少基本的洞察力和敏锐性，就没有"想事"的能力。最有效的经验训练就是进行实地访谈，离开大量实地访谈所积累起来的饱和经验训练，要做出一流的社会科学研究是非常困难的。

（2）打基础与做研究的关系。在打基础和做研究之间，要以打基础为主。基础不牢，地动山摇。当前研究生培养中存在的一个严重问题就是缺少基础训练。读经典和做调查都是基础训练，只有有了充分厚重的基础训练，才可能具备较强的研究能力，才能做出好的研究，做研究才有后劲、有兴趣、有动力。

（3）研究积累与发表论文的关系。在研究积累和发表论文之间，要以做研究为中心。发表论文是研究积累自然而然的析出。论文不是写出来的，而是研究的自然而然的结果。要认真做调查研究而不仅仅是认真撰写论文。

（4）研究过程与研究结果的关系。在过程与结果之间，以过程为重。没有艰苦卓绝的学习与研究的过程，就不可能有真正重要的发现。指望不经过个人努力，不需要时间磨砺，就可以一举成功，这是投机取巧、急功近利。世界上没有人可以随随便便成功。

五、小结

在社会科学研究生培养中，如何以阅读经典著作和训练经验的"两经"为主，来改革研究生教育，以培养出大批优秀社会科学研究者，是当前社会科学研究生教育中需要讨论的重大问题。

社会科学研究生培养的根本问题是能否将研究生当作主体，调动研究生学习和探索的积极性与主动性。只要研究生教育仍然以课堂为中心，以修满学分为前提，不改变以教师为主体的格局，不改变以课堂填鸭式知识传授为重点的模式，中国大学就不大可能培养出大批一流的社会科学研究者。

培养社会科学研究生必须要相信学生，相信他们的学习能力，相信他们的学习自觉性，相信他们的悟性，而不能总是想着限制研究生，不应该试图通过越来越严格的制度约束他们。在研究生培养中，研究生是学习的主体，导师的作用只是当研究生在学习过程中出现困难时提供帮助、答疑解惑，并激发研究生的学习激情。一旦研究生的学习主体性建立起来，学习热情被激发出来，他们就会爆发出惊人的能量，产生出强大的学习动力，并且会在阅读经典著作和训练经验两方面都取得填鸭式教育所不可比拟的成绩，当然也就可以培养出大批一流的社会科学研究者。

（刊登于《学位与研究生教育》2021 年第 1 期）

学术写作的三大意识

吴国盛[*]

教 师们常常抱怨现在的学生不会写作，不仅理工科学生如此，文科学生也一样。这和中国现行教育中写作训练的缺失有关。现代学术（无论理科还是文科）的传统和范式都来自西方，所需要的文体训练在中国的教育体系中恰恰被制度性地忽略了。中国小学和中学的语文课传承的是中国传统的语文训练，学生们接受的写作训练以及学到的写作技巧，更多的是文学写作，而不是学术写作。到了大学阶段，很少有学校开设学术写作的课程，因此，学生们只能靠老师有限的指导、各自的悟性自行其是，或者照着期刊上已经发表的文章的样子去写。不幸的是，许多学术期刊特别是人文社科期刊上的文章本身就不合格，以此为样本去学习写作，只能越来越糟。究竟什么是学术写作？为什么国际学术界约定了如此这般的学术写作规范？本文对这些学理问题略作讨论。

一、同行意识：写给谁看？

要想说清楚学术写作，首先要追问一个问题：学术论文写给谁看？写作常识告诉我们，没有明确的读者意识，就写不出好文章。不明确学术论文的读者是谁，就无法理解为什么学术论文会有那些特殊的格式要求。

学术写作是学术共同体成型并且具有相当规模之后的必然要求。写论文不是写日记、发感想式的独白，而是为了开展学术交流、促进知识生产、获得学术荣誉和学术地位。在学术共同体未良好发育之前，从事学术研究只是学者个人的业余爱好，也没有关于学术文体的统一要求。19 世纪之前的学者，通过通信体、对话体、散文体等多种文体进行交流，并没有今日所谓的学术论文这种文体。19 世纪以来，"科学家"一词被发明出来，标志着这个社会学群体正式登上历史舞台，科学家完成了自己的职业化过程。20 世纪，科学全方位进入专业化和职业化阶段，受其影响，人文学术也加入了这一分科化、职业化进程，文理工科的学者人数越来越多，知识生产规模越来越大，论文越来越多。这个时候，就产生了对学术论文的规范要求。1909 年，美国地质调查所对投稿人提出格式要求。1920 年，美国《天体物理学杂志》的编辑富切尔（Fulcher）要求该刊的投稿论文提供摘要，并且在 1921 年的《科学》杂志上发文呼吁所有科学出版物提供摘要，以方便研究同行。到 20 世纪 50 年代，目前通行的科学论文写作规范正式建立。

简言之，学术论文是写给学术同行看的，是学术共同体内部的交流文本。既然学术论文是写给同行看的，那就要为同行着想，要方便同行检索和阅读。以下三大基本格式要求，都与这个"读者定位"有关。

1. 关键词

关键词的目的是方便同行检索（尤其是在数字网络时代）。随着学术共同体规模越来越大，产出的学术论文也越来越多，为了让研究者在浩如烟海的学术论文中迅速找到其他同行的论文，就需要有关键词以便检索。这个功能决定了关键词一定要准确地反映文章的内容，否则的话，同行将找不到你这篇论文，你的论文在同行中的影响力下降。

2. 摘要

摘要的功能是方便同行迅速判断本文是否值得细读。随着职业学者人数越来越多，生产的学术文献汗牛充栋，读不过来，必须从中进行选择。为了帮助读者选择，摘要必须把论文的基本观点简明扼要地展示出来。

摘要写作经常出现的错误是把摘要写成了导言。导言和摘要的区别是什么呢？"导言"往往出现在文章的开头，表达本文的写作意愿、计划和目标，但并不透露结果，是一个"预热"：只是摆出问题，并不一定把答案也摆出来。"摘要"不同，它既要摆出问题，也要摆出答案，必要的话，还要摆出解答方案，要让读者在尽可能短的时间内把握整个文章内容。总之，摘要的功能是"剧透"，而不是"放诱饵"，要让同行一眼看出这篇文章想说什么，以便初步判断该文是否靠谱、是否值得细读。

我见到的中国人文社会科学期刊上发表的论文，至少有一半把摘要写成了导言。很多论文作者从未有人教他什么是摘要，为什么要写摘要，因此稀里糊涂、见样学样，直接把论文开头几句话取来做摘要。这些置于论文开头的导言，往往只告诉读者本文的计划和目标，但没有说出结论，根本起不到摘要的作用。同行面对一个只有"愿景"而没有"结果"的摘要，一种可能是因为摘要的含糊其词而丧失对该文的兴趣，从而降低该文的影响力；另一种可能是冒险去读，但最后并没有获得自己想要的东西，浪费了时间和精力。

这里还可以进一步指出关键词和摘要的关系。实际上关键词是对摘要的进一步浓缩，通过关键词读者就应该大体知道你要论述的问题是些什么问题，你采取的是什么解决方案。如果你列举的关键词让读者产生误解，以为你论述的是另一些问题，采取的是另一些解决方案，那么你的关键词就提炼得不对。

一个恰当的标题差不多就是关键词再加上一些介词。如果不是这样，要考虑一下要么是标题、要么是关键词不恰当。

3. 文献征引与参考文献格式

参考文献的作用有三个：一是表明自己的学术资格；二是尊重同行，维护学术共同体的荣誉体系；三是方便同行。

先说参考文献与学术资格的关系。一篇论文所征引的文献，通常反映作者对这个学术领域和学术话题的熟悉程度，因此可以帮助人们初步评估一篇论文的学术价值。在参考文献中如果没有引用该论文主题的基本文献，会令人怀疑作者是不是一个合格的研究者；如果没有引用最前沿的文献，会让人怀疑作者深入前沿的程度。有经验的资深学者，通过看参考文献目录就能大体判断一篇学术论文的价值。当然前提是，这是一篇诚实的参考文献目录。如果你没有读过一篇文献却引用它，假装自己读过，那就是"伪引"，属于学术不端行为。

再说文献征引的伦理道德意义。文献征引是现代学术规范里非常基本的部分，它是职业化学者构造学术荣誉体系的重要途径。

征引规范要求，凡是借用来帮助你叙述、论证的文字或思想，都必须注明出处，以表明这是他人的文字或他人的观点而非你自己的东西，否则就属于学术不端。内容征引包括直接引用和间接引用两种方式。直接引用他人的字句，需要对引用的文字打引号，并注明引文的出处。这是直接引用。用自己的语言复述、转述他人的文字或观点，叫间接引用，不用打引号，但也需要明确地告诉读者，这个文字或观点是他人的，也需要注明文字或观点的出处。这是一个基本的学术习惯。

文献征引首先是对同行工作表示尊重。学术职业化后，学者们通过学术研究确定自己的社会角色，实现自己的人生价值，自己的研究成果被引用是一种荣誉，而成果被抄袭和剽窃则是一种损害。"己所不欲，勿施于人"，诚实地标注自己曾经参考或引用过的文献，是一项基本的学术道德。中国学界广泛存在的抄袭、剽窃等学术不端现象，有道德败坏的因素，也与对文献征引的学术规范陌生、轻视，没有养成良好的征引习惯有关。

最后说说文献征引的格式要求。

对征引格式的规范目的是为了方便同行。征引格式指的是标明引文出处的方式。征引格式的一个基本要求是：让读者照此可以无偏差地查到你所引用的文字或观点，也就是提供该文献充分必要的版权信息。如果引文来自一篇论文，则需要提供该论文所在的期刊的卷号和期号。如果引文来自一本著作，则除了提供该著作的书名、出版社、出版年之外，还要注明页码。另外，为了方便读者，注释和参考文献放在页脚就比放在文末要好。现在通行电子排版，页脚注一点也不比尾注麻烦，应该提倡页脚注。还有，如果文献重复引用，应该考虑在页脚注中采用文献的简写，否则每次注上完整的版权信息，显得累赘。应该把这些文献统一列在全文最后的参考文献之中，以作者为序，以作者加出版年（括号）作为该文献的简写，每次引用只需以此缩写再加页码作注即可。我曾经结合自己的学科特点提出过一个引文规范，可供参考。

这里要强调一下，由于参考文献的目录在于方便同行，因此排列方式也有一个"方便同行"的讲究。过去有一种文献排序的方式，就是完全按照文献在文章中出现的自然顺序来排。这种方式显得粗鲁而且没有章法，也是对同行不尊重的表现。对一篇论文有兴趣的同行读者，会希望看到那些你应该读过的文献是否出现在参考文献之中，而这种自然排序使人很难查询，没有考虑到"方便同行"。国际学术界通常的做法是，按照作者姓氏拼音的顺序排列文献，同一作者的多种文献按照发表年份排序。这样做的好处是不言而喻的。

我如果读到一篇论文的参考文献胡乱排列，就会本能地认为，这绝不可能是一篇好文章。我也会固执地、内心充满鄙夷地认为，这位作者多半没有受过基本的学术训练。

二、问题意识：如何写？

学术论文的目的是推进知识增长，那么以什么方式来推进最有效率呢？通过提问和答问的方式。

在人类历史的漫长时间里，独白文体最为流行，都是"我认为""我觉得""我断定"之类。但是，这样的文体不能构成一个知识的进步序列。如此我们面对的将永远是一大堆观点、意见，或许中间夹杂了真理和真知，但是鱼龙混杂的局面会使知识的进步无从谈起。每一代人都将被迫从零开始，这是前现代学术的一般状况。

中世纪晚期诞生的大学开创了现代学术论文的一般写作规范，那就是，以亚里士多德的学术论文为范本，开辟了提问－答辩－再提问－再答辩的学术积累方法。与古典时代的其他作者和作品不同，亚里士多德留下来的作品（多是讲课大纲、学生笔记等非公开发表的作品）有一个共同的写作模式：先是提出一个问题，然后历数从前的学者关于这个问题的种种看法，然后对前人的看法进行批判和甄别，最后提出自己的看法。中世纪晚期的大学继承了这种讨论问题的方式，对待亚里士多德本人的作品也是如此：先提出一个问题，然后看亚里士多德是如何解答的，再检查他的解答是否合理，最后提出自己的看法。可以说，通过大学继承下来的亚里士多德的知识构造模式，影响了整个现代学术的进路。人们很容易发现，这个进路最适合构造一个进步的知识积累过程。因此，现代学术论文的写法基本沿袭了这个模式。

这个写作模式的核心是问题意识。科学研究起于"问题"，学术研究能力的核心就是"抓住问题、分析问题、解决问题"的能力。脑子里没有"问题"，或者抓不住"问题"，表明还没有进入研究"状态"。爱因斯坦曾经说过："伽利略提出了测定光速的问题，但没有解决它。提出一个问题往往要比解决一个问题更重要，解决一个问题也许只是数学或实验技巧上的事情而已。而提出新的问题、新的可能性，从新的角度去看旧的问题，却需要创造性的想象力，标志着科学的真正进步。"

一篇没有问题意识的文章，有可能是一篇好文章，但绝不可能是一篇好的学术论文。没有抓住问题的文章，容易写成以下类型。

一是教科书。教科书是对既有知识的有条理的系统叙述，读者对象是初学者，提供公认的无争议的基本知识。教科书往往是对现有公认知识的汇集，目的并不是扩展现有的知识空间；相反，学术论文的目的是扩展知识，因此要在"不疑处有疑"，要以问题为导向，不能写成教科书。

二是科普作品。科普作品是对既有知识的通俗化叙事，也默认了既有知识的权威性和无可置疑性，因而也不是学术论文。科普作品当然是有意义的，但不能把学术论文写成科普文章。

三是讲故事。在以一个社会现象或者历史事件为研究对象的时候，如果缺乏问题意识，文章就容易写成讲一个故事。一个故事情节再完整、细节再丰富，都不是学术论文。任何故事都是有视角的，意识到任何故事的视角性，是最初步的问题意识。故事的讲述者是谁？他或她是否在撒谎？故事的逻辑是否通顺？

新闻报道不是学术研究，但也要明确显示信息的来源：你是现场目击者，要表明你是现场证人；如果不是现场目击者，要有多人证词，有多渠道信息来源，并且在不同观点上要有平衡考虑。学术研究不仅要像新闻报道那样有明确的视角意识，还需要对这个或这些视角进行质疑和辩护，缺乏这种视角质疑和辩护的平铺直叙，都是讲故事，而不是做研究。

如何做到有问题意识呢？

首先，要有批判性思维的习惯。受过良好学术训练的基本标志是，面对任何论断，除了意识到这个论断本身，还能同时意识到这个论断得以成立的各项先决条件，也就是同时意识到论断存在的条件性。如果这些先决条件不能成立或者可疑，那么这个论断也是可疑的。这就是反思性的思维习惯，就是中国古人所说的"在不疑处有疑"。中国的传统教育多为知识灌输型教育，注重学到知识本身，对怀疑和批判性着眼较少，这是中国学生写不好学术论文的一个重要原因。

其次，对某一个具体课题而言，"问题意识"与"吸取前人成果"往往是结合在一起的。没有对既有文献的充分掌握，真的"问题"就提不出来，提出来的"问题"也是假问题，是早已有了明确答案的不成问题的"问题"。因此，一个充实而非空洞的问题意识，往往与对既往研究文献的熟悉密切相关，这就引出了下面要讲的文献意识。

三、文献意识：创新误导

最近 10 多年，要求学生在学位论文中"创新"成了一个标准要求，我认为这里面存在着巨大的混乱和误导，需要澄清。

在当代汉语语境下，"创新"有两个大不相同的意思。

一个是出自英文 innovation 的"创新"，是一个经济学术语，包含"技术创新""制度创新"和"知识创新"等，指的是通过新技术的引进、制度的变革、新知识的引进等手段，提高"经济效益"。请注意，这个意义上的"创新"是创新一词的原初含义，着眼点在于"提高经济效益"。

第二个意思是出自这个汉语词汇的字面意思，指的是创造性地提出新理论、新思想，这个派生的含义反而是今天中国公众话语中最为流行的"创新"概念的含义。国家层面上使用的是创新一词的本来意思，是希望科学家能够把新知识、新技术转变为新生产力，推动经济增长，但是一旦成为某种"一刀切"的国家战略之后，那些并不能直接"提高经济效益"的学科，比如自然科学的基础学科、人文社会科学，为了加入"创新战略"、进入"创新工程"，也把创新作为口号，这样就搞得人人咸与创新了。创新一词也由其原初的意义，转移到了第二个更具广泛性的意义上了。

在那些不能直接创造财富的学科中要求学者和学生创造性地提出新思想，表面看似乎是一个不算过分的要求，但细究起来，这其实是过高的要求。过高的、达不到的要求，导致的结果就是弄虚作假、虚张声势、一地鸡毛。

按照科学哲学家库恩的科学发展理论，只有在科学革命时期，科学家的非凡的创造性才有用武之地，而科学发展的大多数时期属于常规时期，是所谓的常规科学（normal science）。这个时期科学家的任务是用既有的范式（理论框架、世界观、方法）解难题。这个解难题的过程严格说来并没有什么创新，如果说有的话，也是在解题技巧上的小创造。如果要求所有的科学家在所有的研究过程中都产出创造性思想，这是不现实的，也是不必要的。一般来说，倒是那些缺乏基本训练的民间科学家总是宣称自己有巨大的创造创新。

在人文领域，人文学者担负的任务首先而且主要是传承人类文化，是理解、解释从而传播人文经典。评价一个人文学者学术水平的基本标准是：他熟悉多少经典著作，能在多大程度上阐释经典著作，本着当代人面临的问题展开与伟大经典的对话。至于创造性思想，那是一种可遇而不可求的事情，有些才能杰出者或许可以提出富有创造性的思想，甚至提出自己独特的理论体系，但那是人文学者"修炼"过程中水到渠成的事情，不应该是预先设立的目标。实际上，在人文学科中，太阳底下无新鲜事，凡是值得思考的问题，都已经有人思考过了，而且通常比你思考得更深入。

我们当然希望中华民族有越来越多原创性的理论学说出现，但这件事情不是急得来的，更不能直接把"原创性"明码标价，相信"重赏之下必有勇夫"，这肯定会欲速不达、贻笑大方。我们现在需要的是，遵循学术自身的发展逻辑慢慢积累实力，伟大的原创性自然会不期而至。

现在回到学术写作问题。在有了问题意识之后，应该如何循着这个问题展开学术研究和学术写作呢？而实验科学，要用实验数据来说话；社会科学，大概也要用到统计数据；而文史哲等人文学科，则只能用文献来说话。文献意识是人文学科学术写作最重要的意识。

按照亚里士多德的做法，在提出了问题之后，就要做如下三件事：一是追溯关于这个问题既往前辈已经提出了哪些看法；二是检查、讨论这些看法是否合理；三是提出自己的看法。这三件事都需要有强大的文献阅读、理解和阐释能力作支撑。在人文学科，掌握语言种类的多寡、语言能力的好坏，决定了可以利用的文献数量以及运用文献来解决问题的能力的高低。

有的人说，我做的是一个完全新的课题，比如研究一个新出现的社会现象或者一个前人从未关注的历史现象，没有任何既有文献可以依赖。而问题在于，这种前人从未关注或涉猎的现象是如何成为一个学术话题的？与那些有前人的肩膀可以依赖的课题相比，这样的课题是更加困难的，而不是更加容易，因为你首先要论证为什么这个课题是一个学术问题，为了完成这个论证，你需要调动更多的学术资源。如果你只是根据常识描述一下这个社会现象或历史现象，那就不是在写学术论文，而是在做新闻报道或者讲故事。

做现实问题研究的学者或学生要经常问自己，当你做比如民工问题、环境污染问题的时候，你和新闻记者的区别是什么；在做政策研究的时候，你和政策宣讲者、普及者的区别是什么？一个问题如果不能引起学术界内部的对话，那就不是一个学术问题，也做不出一篇好的学术论文。

作为一篇学术论文，你不能只是描述某种现象，而应该将该现象提炼成为一个问题，从而追究这个现象的"意义"。对"意义"的阐发以及阐发的深度，往往取决于你所凭借的学术思想资源的丰富程度。通过援引丰富而有力的学术资源，可以进一步明晰你提出的问题，增强你解决问题的能力。问题意识和文献意识相辅相成。

1. 文献类型决定问题类型和解决路线

我的研究领域和我指导的学生跨越科学史和科学哲学两个学科领域，所以我经常会问学生，你是准备做一篇史学论文还是一篇哲学论文？论文的史学性质还是哲学性质有时从论文题目看不出来，但是却可以从征引的文献看出。文献决定了问题的类型和性质，也决定了解决问题的路线和方案。如果想写一篇史学论文，征引的大多数是哲学文献，或者反之，那就说明，要么作者的问题意识还不清晰，不知道想解决什么问题；要么作者的文献意识混乱，不知道如何援引文献来解决问题。

2. 要有精确的同行意识

有的学生有抽象的文献意识，知道要有大量文献的支持才能从事学术写作，但是找不准文献，往往引用一些东扯西拉、乱七八糟的文献。前面说了，文献的选择必须服务于"问题叙述"和"问题解决"目标，而不是"大路货""常识""教科书"。比如，你想研究爱因斯坦"狭义相对论的历史"由来，你就要尽量寻找与这一主题直接相关的文献，而不是列一大堆科学通史、物理学通史、爱因斯坦传记充数。如果"狭义相对论的历史"根本找不到既往的研究文献，那就说明这个问题还不适合成为研究主题，至少不适合成为学位论文的选题。

3. 如何查检文献

有的学生不知道如何去查找相关文献。通常有三种基本的文献查检方式。

（1）咨询导师。导师如果不熟悉这个课题或这个领域，可以推荐咨询这个领域或这个课题的专家。导师或专家可以向你提供基本的文献，使你少走弯路，节约时间。当然，导师或专家也可能对学生造成误导，因此，一个优秀的学生不能仅仅是照着导师的意见去做，需要独立自主地、用批判的眼光来接受导师的指导。

（2）根据已有文献扩充文献范围。西方的学术文献通常会在结尾处提供一个范围更广的文献列表，照此追踪，你就可以找到更多的有用文献。

（3）网络查询。网络功能强大，有些用传统方法费时费力的文献查找工作，在网络上不费吹灰之力。但是一定要记住，网络检索出来的文献良莠不分，有时垃圾信息居多，有效信息较少，但有时也能够查到出乎意料的有用信息。网络查询的方法不能起主导作用，可起辅助作用。

4. 为什么题目容易太大

所谓题目大，是指前人在这个题目之下已经产生的研究文献太多，以致要想把该题目基本说清楚（且不论创造性开拓），需要阅读的基本文献就已经太多，不是一个学生在规定的学习年限之内能够做到的，也不是一篇学位论文的篇幅所能容纳的。题目的"大""小"当然是相对而言的，随时代和学界研究状况的变化而变化。如果一个历史人物，大家没怎么听说，学界基本上没有什么研究，比如亨利·摩尔，那么你写一篇《论亨利·摩尔的自然哲学》是可以的，可是你要是在今天写一篇《论海德格尔的哲学》作为学位论文，那就太大了，因为海德格尔的哲学已经成了显学，文献太多，再研究就需要细化。学位论文通常要求"小题大做"，就是考虑了学位论文的这个特点：在相对有限的时间之内，把该问题涉及的基本文献都消化一遍，从而在此基础上有所创新。题目选得太大，说明你对该问题的已有研究太不熟悉，"无知者无畏"。"大题小做"是学位论文的大忌，其后果是基本文献挂一漏万，最后得出的结论千疮百孔、惨不忍睹。

问题意识和文献意识是人文学科学术写作的关键。每年的研究生开题，我通常会要求开题的学生先简明扼要地回答两个问题："你准备解决一个什么问题？""你打算依据和凭借哪些学术资源来解决这个问题？"如果不能够回答好这两个问题，那就说明学生尚未准备好，还要进一步阅读文献、澄清问题。

参 考 文 献

[1] GROSS A G, HARMON J E, REIDY M S. Communicating science：the scientific article from the 17th

century to the present [M]. Oxford：Oxford University Press，2002：162.

[2] 吴国盛. 学术作品的编辑体例与格式亟待规范 [J]. 学术界，2001 (3)：103 – 110.

[3] 爱因斯坦. 物理学的进化 [M]. 张卜天，译. 北京：商务印书馆，2019：72.

（刊登于《学位与研究生教育》2021 年第 7 期）

研究生学术能力的发展与培养

在研究生所应具备的各项能力中，学术能力是核心。因此，在研究生教育中，学术能力的发展和培养便是事关全局的重大问题。

何谓"研究生"？首先，从字面上理解就是"钻研探究"的求学之"生"，尚未达到"熟"的阶段，但要进到钻研探究的程序之中。研究生既是一个生物人，也是一个社会人，更是一个学术人。其次，作为特殊的"学者"，研究生所研究的对象是学术性问题，应该以学术的方式去看世界，把世界的结构和功能化为学术，并用学术的形式将其成果展现在世界面前。最后，研究生最终的显性评价形式是学位。学位应该是能够体现学术水平高低的一种"位置"、一种评价、一种标杆，如果没有学术，学位大概就成了学历的画皮，结果是有学历无学力、有学位无学品。

基于这样的感知和理解，下面主要从三个方面来论述研究生学术能力的发展与培养问题：第一，如何理解研究生的学术能力；第二，如何看待当前研究生教育中存在的一些比较现实的、需要破解的难题；第三，如何培养研究生的学术能力。

一、研究生学术能力的若干维度

本部分主要探讨研究生学术能力的内涵，重在对相关内容进行逻辑系统的梳理和建构。大体而言，研究生学术能力与研究生应该如何有效定位自身的学术品质有关，主要包括良好的学风、充分的学识和学术能力的结构系统等若干维度。

（一）良好的学风

学术能力的发展和培养要基于良好的学风。研究生要有严谨踏实的治学态度和坚持不懈的求实精神，热爱学术性思考，并遵循良好的学术规范。这方面虽很基础，但非常重要，是学术能力的有机组成部分。

---

* 施春宏，北京语言大学教授，《语言教学与研究》主编。

（二）充分的学识

学术能力的发展和培养要形成充分的学识。作为研究生，其学识主要体现在专业知识、治学修养、创造力等方面，研究生不能把自己简单地当作知识的搬运工，不仅要阅读，更要钻研与深究。作为研究生，既要有坚实的知识基础，也要有合理的知识结构，还要有良好的知识建构能力和发现新知的能力。

上述两个方面，学界已讨论得较为充分，几成共识，这里不再展开。下面重点阐释研究生学术能力的结构系统，这也是研究生培养应该着力采取具体措施之处。

（三）学术能力的结构系统

关于研究生乃至一般研究者学术能力的结构系统，不同学者的归纳角度可能有所不同，但核心内容大体相通。我们在系统梳理后发现，学术能力系统主要体现在下面六个方面，每个方面的能力还可进一步分化出更为具体的表现。

1. 严谨的思维能力

研究生需要培养的能力中，首先即是严谨的思维能力，其中与学术研究关联度最高的是概括抽象能力、逻辑推导能力、观点结构化能力以及隐喻转喻能力（这种能力与联想能力相关，详见下文讨论联想能力时的具体说明）。对研究生进行思维能力训练应该是研究生教育的基本要求，但目前这方面的训练似乎较为欠缺、相对薄弱，这必然导致研究生学术能力的发展不够，甚至理解学术的能力也较为低下。

2. 透彻的理解能力

在阅读与思考中，研究生需要有比较透彻的理解能力。例如，研究生要有高效阅读的能力、概括观点的能力、拓展应用空间的能力等。没有大量的高端阅读和深入理解，就谈不上攻读研究生学位；不能够将阅读的材料和研究实践结合起来，也很难成为一名优秀的研究生。

3. 敏锐的判断能力

在理解的基础上，研究生还要有做出高质量的怀疑和判断的能力。这里所讲的判断要比一般的理解更为宽泛一些，主要包括以下三个方面。

一是对现象的判断：某个现象的特征是什么？在系统中处于什么位置？是否具有研究的空间和价值？如何去研究？

二是对理论的判断。理论是带有现象偏向性的，现象也有理论偏向性。该理论适用什么现象？此现象适合什么理论？这在研究生学习过程中常被忽视，容易导致人云亦云。

三是对前瞻的判断：当下学科、领域的发展空间在何处？哪些方面正发生着突破性变化？哪些领域的知识增长点比较多？

以上三个方面都涉及敏锐的判断能力，这也是与研究选题关联度非常紧密的能力。

可以说，判断能力高低是研究能力高低的基本标杆。

4. 丰富的联想能力

研究生应具有丰富的联想能力，这种能力要么没有得到充分地强调，要么被简单地理解为类似文学艺术想象方面的能力。其实，学术研究中的联想能力有特殊所指，而且对研究生能力发展非常重要，就现实状况而言，其重要性更加凸显。

从宏观方面概而言之，研究生需要培养的联想能力包括隐喻能力和转喻能力两个方面。隐喻和转喻是人类认知世界的基本思维方式，而这两种思维方式的有效运作都是基于丰富的联想，甚至两者可以合二为一，都是基于由此及彼的联想和加工，只不过方式不同。

研究生应该有活跃的隐喻能力。从一个现象推导出另一个现象，从一种情境切换到另一种情境，基于一种分析模型建构出另一种分析模型，这就是隐喻能力。这种联想越丰富、敏捷，说明隐喻能力越强，越有利于拓展学术的深度和广度。

研究生学习钻研某一学科的知识，即便将来不从事与该学科直接相关的工作，仍然可以使用在该学科中获得的认知世界的方式去从事其他工作，而且能够做得到位。这也是隐喻能力，是更广泛的认知隐喻能力。

我们通常说要学有所用，但有时对该说法理解得较为狭隘、功利。一是希望学习之后就能直接使用；二是学习某一领域的知识就在某一领域运用。这些认识在很多情况下是不切实际的。高校学科分工再细，也不能充分适应社会的所有需求；何况理论和实践本身并非完全对应。其实，人生发展的"不确定性"可以说是常态，而高质量的学习就是用当下相对确定的行为去适应未来的"不确定性"，迎接未来随时可能出现的各种各样的挑战。因此，大学要培养的是学生的基础性能力，培养的是能够发展个人学习和不断思考的能力，培养的是认知世界和建设世界的方式和能力，培养的是能够结合实践来思考问题，提升认知的能力。

以上认识蕴含的一个原理是：不同领域的知识之间存在着隐喻性关联。研究生要把这些不同知识之间的隐喻性关联有效地建立起来。这就是我们所说的隐喻能力，包括拓展领域内知识的能力，吸收跨领域知识的能力，迁移不同领域之间知识的能力。

除了隐喻能力，研究生还要有千回百转的转喻能力。这就要求能够从部分看到整体，从整体又能更清楚地看到部分，以及从一个部分转到另一个部分；从现象看到特征，从特征又能看到更丰富的现象。这种转喻过程和方式牵涉对事物所呈现的信息的感知和理解。很多知识最初呈现时，信息不够完整，我们要能够从部分信息看到更多的信息，从此方面信息看到彼方面信息，甚至从显性信息看到隐性信息。

隐喻能力和转喻能力都是认知领域很重要的能力，不可或缺。两者结合起来，才能更好地发展结构性思维的能力。人生大部分知识不是学得的，而是悟得的、推得的，是在实践中通过运用隐喻能力和转喻能力而获得的。

5. 规范的操作能力

规范的操作能力是学术能力训练需要特别强调的能力。要培养规范的操作能力，首先要熟练运用相关学科基本研究方法，即对所在学科如何开展研究要做到了然于心。就如开车，知道如何掌握方向盘、怎么踩油门、怎么停车，而且要熟练。其次，还要熟悉科学研究中具有普遍意义的学理操作规范（这方面将在下文讨论学科之术和学理之术的关系时再作说明）。

需要特别强调的是，当下迫切需要积极培养研究生运用数据的能力。对研究生而言，数据就是"学力"，就是"生产力"。数据研究方法在不断迭代，基于数据研究产生的思想不断更新，因此，怎么运用数据的生产力高效产出前沿性的知识，应该成为学术能力培养中新的基础要求，并形成新的操作规范。

6. 准确的表达能力

再精妙的想法，也需要通过准确到位的表达才能呈现出来。陈述报告、写作论文等，是表达能力的集中体现。作为研究生，不能也不应写口水论文或散装论文。

以上六个维度的学术能力是一个整体、一个能力系统，若在某个方面有明显欠缺，必然会影响学术能力的整体提升。但我们在进行学术训练时，可以有针对性地逐项开展，每个维度都可以作为专题来深入探讨。

需要说明的是，这些能力都是基于取法乎上的高标准严要求，现实情况自然有所差异，而且硕士生和博士生存在质的差异。能力发展是逐步提升的过程，仰望山巅，拾级而上。

二、当前研究生学术能力发展中存在的几个迷思

当前研究生学术能力发展过程中，存在着一些迷思，即令人迷惑的问题。一是学业定位的迷思；二是对"问题意识"的迷思；三是深与广的迷思；四是关于知道与知识之间关系的迷思。下面即从这四个方面具体阐述当前研究生学术能力发展中存在的几个迷思。

（一）学业定位的迷思

研究生学业定位的现实迷思可以从能力定位和职业定位两方面来认识。

1. 能力定位的迷思

近些年研究生扩招力度较大，有时是突然性的大幅扩招。按道理而言，即使研究生人数增加，在培养过程中也应保证研究生的质量，不能放松要求。可现实是，导师指导的研究生数量增加后，效果会有所变化，而且研究生的总体素质也不同（这里说的是平均水平，优秀研究生的绝对数量当然并不比以前少，因此笔者认为不能笼统地说"研究生的水平今不如昔"）。这是必须认清的现实问题。现在很多硕士研究生，给人的感觉就是"本科＋"或"本科后"，他们的课程学习仅限在课堂记笔记和考前突击，阅读专业文献很少，思考不多。有的硕士研究生甚至还用"高中＋"或"高中后"的思

维方式来学习，总希望导师画出重点学习范围，自己背标准答案。就笔者讲授研究生专业基础课的情况来看，这种状况还比较普遍，尤其是一年级硕士研究生。有些硕士研究生因不看材料而听不懂课程，就认为是导师讲得不清楚。其实，研究生的课程学习，未必是导师在课堂上都能让学生立即完全明白的，否则这门课的研究分量或许不太够，至少不够前沿。同样，博士研究生中"硕士＋""硕士后"的情况也较为常见。笔者每年审读博士学位论文时常常发现，很多学位论文的章节之间逻辑关联较弱，每一章与各自独立的硕士学位论文或平时的课程作业区别不大。研究生把硕士生读成了"本科＋""本科后"，把博士生读成了"硕士＋""硕士后"。这些情况说明，学术能力的发展确实需要注重培养过程的训练，让研究生尽快从"本科＋""本科后"过渡到硕士生，从"硕士＋""硕士后"过渡到博士生。我们要想办法让这个过程有一个平滑而快速的过渡，实现研究生学术能力的彻底转变。

2. 职业定位的迷思

职业定位的迷思是师生和研究生教育管理者都需要认清的最大现实问题：学生攻读研究生学位未必是为了做学问，而且他们大多数将来并不会（没有机会甚至没有能力）做学问。

严格来讲，学术型研究生所受的训练是一种基于思维能力和事业情怀培养的学术训练，而不是具体的职业训练（当然可以包含一些职业训练的内容）。即便是专业学位硕士生教育，也不完全是充分的职业训练。现实问题是，研究生毕业之后是否从事学术研究工作，并不完全可知，甚至大部分研究生毕业后并不从事学术研究工作。就当下现实而言，即便专业学位硕士生将来也未必从事对口的专业工作。学生读研，很多是为了缓解求职压力，有时还是制度安排的需要。这就带来了两个问题：一是学生将来要做学问怎么办？一是学生将来不做学问怎么办？经常有研究生问笔者：自己并不想做学问，为什么要花这么多时间去学习专业知识？笔者的回答基本上就是上文所述：主要是为了好好发展隐喻和转喻的认知能力，以及通过学术的方式培养其他能力。做任何事都需有一个抓手，无论是学文学、语言学、政治学、社会学，还是学数学、物理学或化学等，学的都是知识结构和运用方式，即使未来不从事该专业方面工作，可能会忘记了具体的学科知识，但是若对结构系统的分析策略和建构方式有了认识，便有了基本的分析问题和解决问题的思维方式、认知能力。这种思维方式、认知能力，具有很大的共通性特征，如果能力养成了，就能在实践中产生良好的变通性。例如在遇到复杂情况时，将它看作一个结构系统，解剖它由哪些成分组成，分析每个成分具有怎样的功能和特征，这些成分之间存在怎样的关系，这些关系是如何建构起来的，存在着怎样的逻辑发展空间和现实限制条件；在现象互动中产生了哪些新结构、新特征，这些新的结构和特征是如何浮现出来的，又构成了怎样的新系统。学会了这种思路，就能解决一大片问题。

以上探讨的是研究生主观上不愿做学术研究的情况，另外还存在客观上没有机会做学术研究的情况。目前面临的问题是，大部分研究生毕业后进不去高校、研究机构

（而且研究生的培养也未必都以此为目标），这就要求我们去考虑职业发展和学术训练之间的关系问题，这个问题处理不好，就容易带来职业定位的迷思。

也就是说，研究生毕业后是否做学问不是一个根本问题，做学问也好，不做学问也好，重要的是如何把对他们的学术训练跟未来的社会发展在思维上、认知方式上和认知能力上很好地对接起来。只有这样，才能解决好职业发展与学术训练之间的关系，也只有这样，才能处理好研究生阶段是技能培训还是思维训练的迷思。研究生阶段的学习，本质上是认知能力和思维能力的培养，是事业心和社会情怀的培养。

（二）问题意识的迷思

导师经常教导研究生学习时要有问题意识，但是我们在阅读材料时发现，一般所指的"问题"多是从现象分析的角度来看的具体问题，这似乎还没有充分展示问题意识的价值。学术训练中必然会强调"问题意识"，但何谓"问题"，何谓"问题意识"，常常没有清晰的界定。如果连"问题"本身都成了问题，显然会带来很大的问题。从学术研究来看，问题意识中的基础性问题，有的是知识方面的，有的是路径方面的，有的是学科方面的，还有更为宏观的，因此需要明辨详察。下面从发展性问题和生存性问题两个方面来讨论。

1. 发展性问题：问和求

学界在谈如何做学问时，基本上都提到要带着问题去阅读、去思考。而研究生最大的问题，常常是"没有问题"。"带着问题"需要先存在一个问题，然后带着这个需要解决的问题去寻找答案。其实，这里面有一个逻辑先后的问题。很多时候，阅读、研究和生发问题是相互递升的。可见，问题意识是发展中的问题，而且是在问和求的互动中变化的。甚至问题本身也是找出来的、推出来的、碰撞出来的。

那么问题意识中的问题到底指什么？从问题的层次性来看，学术研究中的问题有三个层级，我们权且称之为"学术三问"。

一问是求知性问题（question）。这类问题指在文献中或搜索引擎上可以检索到的事实性问题、概念性问题。这类问题花费点时间就能解决，而且解决的方式在本科生阶段研究生就应该已经学会。我们将这类问题称作"百度性问题"。

二问是求解性问题（problem）。这类问题指研究生遇到的在自身当下的知识结构中不容易解决的问题，但又蕴含着某种解决方案或能够引发新的思考的问题。面对这类问题，善于思考的学生在提问时可能也会提供某种解决方案或明晰当下的困境。这就相当于知乎平台上比较高端的问题，邀请尝试回答，而且答案并不限于已有的知识框架。我们将这类问题称作"知乎性问题"。

三问是求识性问题（issue）。这类问题涉及领域、学科层面的理解，因此层级相对更高。这是求见识、求原理、求实践的问题，意味着能够达到发表文章层次水平的问题。这种问题可以称作"知网性问题"。

由求知性问题到求解性问题再到求识性问题，体现了学术能力的"问题"进阶。用"百度性问题""知乎性问题"和"知网性问题"来概括，可以更加形象地展示出问题的层次性。如若简单比附，只能问出"百度性问题"的，至多是本科生；经常问出"知乎性问题"的，可以是硕士生了；若经常思考"知网性问题"的，可以说是研究生中比较优秀的硕士生和理论上应该如此的博士生了。这就要求我们在培养研究生时要有意识地按照"学术三问"的层次，引导研究生在提升问题意识的过程中逐步发展。

这三类体现层级高低的问题，也不妨被称作"三诸葛问题"：诸葛亮、诸葛瑾、诸葛诞（他们都是徐州琅琊阳都人，诸葛亮是诸葛瑾的亲弟，诸葛诞是其堂弟）分别报效蜀、吴、魏国，各有建树，但影响大小有别："蜀得其龙，吴得其虎，魏得其狗"（注意，此处"狗"乃"功狗"之意，并无贬义），后人称他们为"龙虎狗三兄弟"。

2. 生存性问题：摘果子和种果树

对学术成长中的生存性问题，笔者在做编辑和进行研究工作中感受尤深。越研读文献做研究，就越感受到在不同领域、不同学科的学术研究存在"摘果子"和"种果树"的差异。

总体而言，传统学科的选题越来越窄，为什么呢？原因可以概括为"四化"：学术研究精细化、既有成果丰富化、前沿问题复杂化、研究者集中化。每个角落都有一批专家拿着放大镜在看一粒沙子（用现在一个时髦的词来比附，可以叫"内卷"，当然这样说也不完全准确）。在这种情况下想做出重大发现尤其困难。这些专业的研究生必然会产生选题的焦虑，导师必然也有这种感觉。尤其是要在短时期内找到一个有很高学理价值、对未来学术发展有很大拓展空间的选题，难度之大，可以想象。如果研究生在之前的求学阶段（硕士生阶段或本科生阶段）没有得到较好的训练，更是难上加难。这就牵涉到学术生存问题了。对研究生来说，传统学科枝头上低垂的果子，尤其是好果子，会越来越少。最好的情况是出现了新理论、新方法、新材料，这便有了新的生存空间。可是，创新并不容易，一"新"难求。如果跳出传统学科，则会有所不同。新领域、新学科和跨领域、跨学科的研究及传统学科与应用结合的研究，似乎正在开山种树，在这些地方耕耘，便可能有更多的果子。

就专业研究而言，选题问题首先是研究生的学术生存问题，接下来才是学术发展问题。如前所述，研究生要"生"而为"人"，这里的"人"具有多重含义。培养研究生，给予他们生活关怀是从生物人的角度来看，要让他们健康地成长，并在这个基础上把研究生培养成有情怀的社会人。而对"研究"之"生"而言，还要让他们成为学术的人。如此一来，除了"生活关怀、思想关怀"（生物人、社会人）之外，研究生就更需要"学术关怀"（学术人）了。

（三）深与广的迷思

研究生可能经常被这样教育：硕士生要"硕"，博士生要"博"。对此类说法，也

有进一步思考的地方，这里面蕴含着深和广的关系问题。

1. 广能灵活，深可缜密

研究生的知识结构要既广又深，但在三四年时间里要达到这样的要求，殊为不易，常规状态下大多数研究生做不到。

就学习者知识系统的建构而言，广能灵活，深可缜密，两者都需要。但在特定阶段，若先从精深入手，学会学术逻辑的操作规范，也许更有利于打下科学探索的基础。基于此，笔者特别强调在学术能力培养的基础阶段，"唯有精深，才能广博"。当我们建一栋100层高楼的时候，地基自然就宽起来了。

2. 必要的专和适当的通

这里"必要的专"指专业知识，缺乏这个前提条件，作为一名研究生就不合格。前面所言的"唯有精深，才能广博"，主要是从这方面来考察的。但研究生并非不要通，只有具备了"适当的通"，才能更好地发挥隐喻和转喻认知的能力。"适当的通"包括专业内的通和专业外的通，前者不易，后者尤难。虽难，也当有所为。为什么要重视通用能力的发展？一是因为学习者未来职业和人生规划的不确定性，而且常常并非是学业的自然延伸；二是专业能力的重大突破很多来自通用能力的加持。

（四）知道与知识的迷思

学术能力的底层逻辑概括起来，无非就是两个字：一是"知"；一是"识"。目前很多课程和教材，对"知"的传播很重视，但对"识"的引导还不够。即便是精品课程，有不少也主要是将"知"的层面组织得很好，但有时还有些欠缺，尤其是识见、学理上的"硬通货"不够。就上述学术三问而言，"百度性问题"都在"知"，知道也；"知网性问题"才能更多地展示"识"，识见也；"知乎性问题"介于两者之间。笔者在教学实践中发现，很多研究生听课，仍然是喜欢那种让人一听就明白、不想也清楚的授课方式，任由思维的惰性占据自己的大脑。说句题外话，现在高校实行学生评教的做法，笔者认为只给教师评分还不够，应在打分的基础上给出可验证的理由，尤其不能让学生的评分偏好和诉求绑架了教师，扭曲了研究型教学的根本目标。

研究者不能把自己简单地定位为"知道分子"，应该定位为"知识分子"。关于知识分子的具体理解，现实中实际很庞杂，尤其是后现代的认识。当然，也有一些共性，大体而言，知识分子的定位和追求是：良好的学识＋独立思考的能力＋创用知识的能力＋强烈的社会责任感。知识分子既要有事业，还要有情怀，对这个社会、这个世界要真关心，要深入到事业和社会的发展过程中，要将自己的知识化为事业和社会发展的一部分。总之，培养研究生时，不能只培养"知道分子"，更要培养"知识分子"。

三、研究生学术能力培养的基本路径

对于研究生学术能力培养的基本路径，本部分不对研究生的自我塑造进行讨论，而主要集中于"导师"二字，落脚点在"研究"二字。关于研究生学术能力培养的基本路径，笔者认为大体上可分成三个目标、两个要素和三个策略、四个角色。

（一）三个目标：析美、求真、行善

在教学过程中，笔者一直强调，学术研究的基本目标有三个方面或层级：析美、求真、行善。

1. 析美：研究对象之美、研究活动之美

一般都言"真善美"，但是笔者认为，若从研究过程出发，首先是析美，因此将美置于首位。作为研究者，要能够感受到而且能够分析出学习或研究的对象之美，能够体悟到一套合乎学理逻辑的分析模型所蕴含的美，这样才能进得去，才能谈真。而且在研究活动过程中也能感受到美的力量，明白研究活动过程本身也蕴含着生活之美。

2. 求真：挖掘事实、构建逻辑、探求本质

在学术探索中求得真知的基本路径就是挖掘事实、建构逻辑，由此而探究本质。需要注意的是，"真"既表现于客观事实、规律规则，也体现于分析模型、学理逻辑。这方面问题涉及对科学过程、科学范式的认识，是科学哲学特别关注的论题，需专题阐述，这里不再展开。

3. 行善：推进学术、发展事业、服务社会

第三个方面是以学术的方式行善。科学研究的基本目标是推进学术、发展事业、服务社会。这也是成为一名"知识分子"的基本路径。在研究生培养中要多注意这些方面，让研究生既要有事业，又要有情怀，不做精致的利己主义者。

（二）两个要素：术和学

目前已有的研究中，"术"的地位越来越重要，"学"的分量不够彰显。如何将二者结合起来，值得探索。下面主要谈一些笔者指导研究生过程中生发的理解。

1. 术：学科之术＋学理之术

学术需有学理、有方法。"学"是通过"术"的方式进去，"术"的使用要有发现，所以要有"学"。由此来看，"术"有两方面内容：一个是学科之术，即特定学科本身的技术、方法，如做实证研究必须掌握实验、访谈、田野调查、数据统计分析等方式方法。又如做语言本体研究，建立最小对立对是一个重要的"术"，如果没有掌握这个方法，就没有真正领会语言本体研究的科学本质。另一个是贯通任何学科的学理之术，即科学原理之术，例如归纳和演绎、证实和证伪、猜想和反驳。如何用这些方法？其效度和限度在哪里？如果不清楚这些，那么论证的逻辑往往就不到位，容易走偏。

2. 学：材料之中、材料之上、材料之外

"学"的目标或任务可以分为三个层次。最基本的层次是要把现象本身、材料之中的规律挖掘出来。在此基础上，最好立于材料之上建构出一个具有普遍性意义的模型。

材料之上的研究仍然没有脱离学科。如果再追求得高远一点，做出材料之外的理论，也即做出对别的领域或者别的学科的研究有启发性的内容。材料之中→材料之上→材料之外，这三个层次是笔者在开设 10 多年的语言学的观念和方法这门研究生课程教学中反复强调的内容。笔者评判研究生作业时，除了写作方面的要求外，内容上的要求主要就是依据这三点来评判分等：没有做出材料之中的认识，成绩较低甚至不及格；如果基本得出了材料之中的认识，则可为良好层次；要想有相当好的成绩，多少要提出一些材料之上的认识。至于材料之外的研究，则往往是"非分之想"了，但偶尔也能在作业中发现。

（三）三个策略

概而言之，研究生学术能力培养的基本路径主要落实于阅读、思维和写作三方面。这是研究生学术素质中综合能力的表现。

1. 学术阅读的强化

对于学术阅读，下面引用笔者经常给研究生展示的两句话来说明。

一句来自六祖惠能。他在为《金刚经》解义时序中有言："经者，径也。"这句话对研究生学术阅读特别有启示和指导意义。"经"是指月的手指、达到彼岸的航船、长出庄稼的土壤。研究生一定要读"经"，但并非泛泛而读，只有读出"经"的旨归，才算真正读懂了"经"，找到了"径"。

还有一句来自孔子。一日，孔子问他的儿子孔鲤近来学《诗》了没有，孔鲤说没有，孔子便说："不学《诗》，无以言。"因为《诗》反映了商周很长一段时期的社会生活和政治思想状况，有很多道理和经验可供后人参考，如果不好好学习，连说话的资格都没有，连话都不会讲了。可见，学了《诗》，对世界的了解、认识就不一样了。正因如此，《诗》才被称为"经"，即《诗经》。

就文科研究生的学业发展而言，硕士生进阶基础大体是：精读 10 部高端著作 + 50 篇高端论文，若能如此，大概能入学术之门；博士生进阶基础大体是：精读 20 部高端著作 + 100 篇高端论文，若能如此，大概能在门内走动。当然，具体数字只是一个简单化的说法，主要是说，下不了这功夫是入不了大门的。不读"经"，不知言；不学"《诗》"，无以言。学术研究也需要"童子功"。

2. 学术思维的培养

主要包括"术"的训练和"学"的养成两个方面。基于上文对"术"和"学"的阐释，"术"的训练和"学"的养成就不难理解了，此不赘言。

3. 学术写作的训练

学术写作非常重要。写，然后知不足。这既是笔者指导研究生的长期感知，也是自己进行研究工作的深刻体会。现实情况是，很多硕士研究生甚至博士研究生的论文写作能力并不尽如人意，有的研究生确实不知道如何进行学术论文写作（其实不唯学术论文如此），这就自然需要强化基本的学术写作训练。关于写作前如何组织思想、结构观点，牵涉到研究过程本身，暂且不论。这里想提及的是论文结构各部分的写作问题，如标题如何拟定，导言如何引入，综述如何梳理，导言后的每一部分如何展开，用例和论证之间如何配合，结语如何概括，余论如何拓展，引述别人观点时如何处理，如何有效地评判别人的观点，摘要的内容是什么，关键词如何提取，体例如何安排，等等，都需精细化地刻意训练。当前在研究生培养中，对写作训练重视不够，常常需要研究生自己去领悟。当然，研究生的自我要求更重要，如果他们真的做足了"童子功"，研读了50篇或100篇高端论文，从形式到内容都分析到位，且见样学样地研究和写作，写作能力自然会提升得非常快。

学术写作训练需要有一定的强度，包括量的频度和质的梯度。有一种说法，要成为某个领域的专家，需遵循"一万小时定律"，也即要形成某项技能，就需要长时间地刻意练习。没有基本的、足够强度的刻意练习，肌肉就达不到条件反射的程度。大脑也是"肌肉"，同样需要有一定强度的训练。这里的刻意练习不是低层次的、机械性的重复，而是积极反省、不断调整、逐步提高。写作要有上行的要求。笔者在平时训练研究生进行学术写作时，要求他们以核心刊物上的论文质量为标准来要求自己，至于论文最终能否在核心刊物上发表，则是另一回事，不是关键。

（四）四个角色

1. 导师之"导"：（学术）保姆、向导、驴友和顾问

导师的角色实际上可分为四种：保姆、向导、驴友和顾问。研究生容易期待导师是学术保姆，在研究生学术水平较低阶段，导师也只能当保姆：从文献阅读到作业提交再到开题答辩等，都需要导师来提醒和指导研究生。研究生之间的层次差别较大，如果导师不当一段时间的保姆，有的研究生就不能上道。当然，导师不能总是当保姆，要渐渐地从保姆过渡到向导，最好是跟研究生做驴友。

向导和驴友是不一样的。向导是带着游客看风景，多是沿着熟悉的路径走；驴友是大家一道同行探索未知的风景，所以很有风险。当然，导师毕竟站得高、看得远，所以不但要与大家一道走，还要当顾问。因此导师之"导"的发挥体现为四个角色：保姆→向导→驴友＋顾问。

需要特别指出的是，以前人们常常认为导师应该是伯乐，实际上导师真正的身份并不是伯乐，至少不能简单地当"伯乐"。伯乐是发现千里马的人，而教学过程不是或者说主要不是让导师去发现千里马。导师也不能简单地当"牧马人"，甚至变成"骑马人"。导师是驯养马、培养千里马的人，而且要跟着研究生一道在学术原野上奔驰，一起欣赏，一道成长。

2. 导师之"师"：在与不在

上述导师之"导"的四个角色，必然要通过"师"之行为才能实现。然而，遗憾的是，网络上有不少关于导师和研究生之间关系的讨论，其中有很多研究生抱怨联系不上自己的导师，学位论文选题和写作都完全靠自己；有时将写作内容发给导师，却很少有回音。这样，"师"的作用就很难发挥。

导师作为"师"，在导的过程中应该既"在"又"不在"。即在研究生有困难、有疑惑时，要能及时找得到导师，及时得到指导和帮助。这是"在"。这点对研究生的培养非常关键，尤其是对尚处于学术菜鸟阶段的研究生非常重要。但导师也不能永远当保姆或向导，该放手的地方就放手，这是"不在"。所以，导师要"常在"，但不需要"时时在"，这样才能当好顾问。

导师毕竟要有导之行、师之范，"导"和"师"要落实在具体研究上，要跟研究生一道去探风景。老一辈学者在谈带学生时，特别强调学术传承中的熏陶，这点很重要。人们所说的工匠思维、工匠精神，除了指精益求精、追求完美外，同样包含着匠人培养中的熏陶过程。

另外，导师在培养研究生时，要特别注意学术训练过程中的及时反馈。研究生提出的问题、交来的文章，导师应尽快给予回复，告知存在的问题以及下一步如何开展；若暂时无法答复，也要告知研究生大概什么时候会反馈，或指出其他的解决路径。对研究生的学术训练，要以研讨来启发研究，以论文带动研究。如果研究生交给导师一份材料，导师没有回复，或者过了很久才有回音，且回复比较粗疏，这都不利于研究生研究能力的提升。高质量的及时反馈特别重要。

以上所言就是我关于研究生学术能力发展与培养的基本思考。需要说明的是，研究生的能力结构主要包括两个方面：学术能力和实践能力，这两种能力的发展存在着互动互进的关系，两条腿走路才能行稳致远。本文只是就学术能力方面谈了一些粗浅的想法。而且师生都存在学术能力的发展与培养问题，两者之间存在着互动关系，并在互动的基础上可以实现互塑，相互砥砺、相互成就。由此可见，师生关系是一种镜像关系，师生互塑跟"教学相长"还不完全一样，学术养成，不仅仅是培养研究生，也是导师在发展自己。

（刊登于《学位与研究生教育》2022 年第 3 期）

论学术自觉与学问之路

陈伟武[*]

一、学术自觉与自学

知识的积累和传承有一定的规律，学习是人类的一种重要能力。从知识的学习到知识的创造，有一个发展的过程。模仿是允许的，有时还是必需的。如《红楼梦》出了名，就有《续红楼梦》《红楼前梦》《红楼后梦》等；《少林寺》火了，就有《少林小子》《南北少林》。诗文创作的模仿祖述前贤有深远的传统。陈永正先生指出："诗文家摹拟袭用前人，初时似觉不大光彩，甚至以此互相攻讦。……但后来这已成文人的惯技。其实，不必忌讳，摹拟前人佳作，是学诗必由之径。习诗如同习字，临摹古代名家碑帖，先力求逼肖，然后才取其神韵。几乎所有需要讲究技法的文艺门类，不从摹拟入手，则终生只能作门外观，难以升堂入室。"

学术自觉是对未来学术发展的自我期许，是一种人生定位。若想做一个有作为的学者，一定要有清醒的学术自觉，上天入地，焚膏继晷，对创造性的研究有强烈的进取心，将学问的追求变成永不止息的内驱力。纯粹的学者不应有掠美、抄袭之类的失范行为。"立志"很重要。毛主席说过："久有凌云志，重上井冈山。"梁漱溟先生说："……从那维新前进的空气中，自具一种超迈世俗的见识主张；使我意识到世俗之人虽不必是坏人，但缺乏眼光见识，那就是不行的，因此，一个人必须力争上游。所谓'一片向上心'，大抵在当时便是如此。"又说："由于这向上心，我常有自课于自己的责任，不论何事，很少需要人督迫。……所谓自学，应当就是一个人整个生命的向上自强，最要紧的是在生活中有自觉。……向上心是自学的根本，而所有今日的我，皆由自学得来。"

大约小学五六年级开始到中学毕业，我就长期阅读《人民日报》和《解放军报》，还是学到不少时事知识。后来做简帛兵学文献研究，与小时候这种阅读恐怕也有一些关系。1975年，我读高中一年级时，听了校长林绍文先生一次讲话之后，我还写过一篇

* 陈伟武，中山大学中国语言文学系教授。

作文，题目就叫《评"胸无大志"》。那时语文课本收的古文篇目极少，语文课许慈祥老师讲的一篇补充材料叫做《陈涉起义》，出自《史记·陈涉世家》，其中有一句话："燕雀安知鸿鹄之志哉！"这句话一直伴随着我沐风栉雨，砥砺前行。古人说："大丈夫当雄飞，安能雌伏。"1991年秋，我考上在职博士生，从曾宪通先生习战国秦汉文字，陈永正先生惠赐墨宝，我请求写的内容是《淮南子·本经》的话："秉太一者，牢笼天地，弹压山川。"沚斋先生跋语还谬赞说"足见器度"。2012年夏天，博士生王辉（号小松，现为山东大学文学院副教授）即将毕业，我为他书写的赠联是："博士亦尝种地，小松当可参天。"这固然是对学生的殷殷寄望，看作夫子自道也未尝不可。

大家进入研究生阶段，对人生目标、学习目的和个人的能力特点都有了比较清醒的认识，有了更好把持自己的能力，这就是"自觉"。有了"自觉"，才能"自主"，才能"自决"，才能更好地"自学"（但千万不能"自经"）。可以说，人的一生中自学比起被动地受教占了更大的比例。老师的传授反而是短暂的。研究生期间虽说有导师，但导师的作用仅仅是引导而已。《荀子·劝学》说"君子之学也，入乎耳，著乎心"，"小人之学也，入乎耳，出乎口"。荀子原话的大意是，道德好的人，求学是为了提升自己的素养；道德差的人，求学是为了让人知道。儒家讲究修身齐家治国平天下。"修身"是其他诸项实现的基础。既要"独善其身"，德才兼备，又要有家国情怀，"兼善天下"。有理想，有抱负，有大局观，不做井底之蛙，关心时事政治。清华大学收藏的战国竹简中有许多治国理政的篇章，至今还焕发着耀眼的光芒。自觉方能体现反省精神。朱熹说："人之病，只知他人之说可疑，而不知己说之可疑。试以诘难他人者以自诘难，庶几自见得失。"在实现国家利益和集体利益的同时，也实现了自己的人生目标，体现自身的个人价值。

二、读书与选题

陈永正先生说："在当代，社会对传统文化的漠视，知识传承体系的断裂，致使人们，包括'读书人'在内，已经不大读'书'了，学者不学，更成为高校文科的症结，研究者每倚仗电脑，搜索网络资料，黏贴成文，并以此为能事。作为一位注释家，一位社会的文化传承者，须博闻多识，贯通古今，解读'四部'之要籍，有深厚扎实的学问功底，对中国传统文化有总体的认识。"真可谓语重心长，振聋发聩。年轻人如何完成研究生学业、实现自己的人生理想？无论如何，刻苦读书、练好基本功是必要的前提。机会总是留给有准备的人的。

容庚先生1940年12月25日在日记中写道："并世诸金石家，戏为评骘：目光锐利，能见其大，吾不如郭沫若。非非玄想，左右逢源，吾不如唐兰。咬文嚼字，细针密缕，吾不如于省吾。甲骨篆籀，无体不工，吾不如商承祚。操笔疾书，文不加点，吾不如吴其昌。若锲而不舍，所得独多，则彼五人似皆不如我也。"容老能成为大学者，引以为傲的正是这种锲而不舍的治学精神。曾师经法先生说："（容庚、商承祚）二位前辈长期从事古文字资料的搜罗和撰集工作，他们擅长字形分析和强调第一手材料、注重实证的严谨学风，对我影响至深，特别是容庚先生一贯倡导的'人一能之己百之，人十能之己千之'的自强不息、锲而不舍的精神，至今仍是自己克服困难的座右铭。"

韩愈在《答李翊书》中说："将蕲至于古之立言者，则无望其速成，无诱于势利，养其根而竢其实，加其膏而希其光。根之茂者其实遂，膏之沃者其光晔。"朱东润先生说："我敢说我绝没有一丝一毫想要做一位古文家的意思。可是韩愈那两句'养其根而竢其实，加其膏而希其光'的思想，对我是起着莫大的影响的。"上大学之前，我学过一年的木工，跟我姐夫学的。从前，我姐夫的爷爷去几十里外的山区亲戚家当学徒，学习木工手艺。整整三年只学了一个品种——制作摆放棺材的条凳，练就了过硬的榫卯基本功。平时人们形容事物格格不入是"圆凿方枘"。而我姐夫的爷爷在附近乡村名气颇大，做的木器是榫头与卯眼契合，恰到好处。不用钉子，不用楔子，却坚固无比。

人们常用"学海""书海"来形容知识海洋之浩渺广博。要读的书真如恒河沙数，而能读到的书却非常有限。老作家孙犁建议人们多读选本是有道理的。但做学问只读选本远远不够。读选本可当作一种重要的读书方法，对某一方面的书有"鸟瞰式"的了解，或对某一专题的材料有一个精要的掌握，以此为向导，再作更全面更深入的阅读和探索，这才是治学的正确途径。读书做学问，有打井式的，长期做一个题目，打持久战。本科毕业论文做的题目，硕士学位论文接着做，博士学位论文继续深入，掘地三尺，"批深批臭"。出土秦代简牍的考古遗址有"睡虎地"，也有"放马滩"。有老师开玩笑说某位学者"10年都睡在睡虎地里"。其实，如此治学真能出成绩。这位学者治学的认真和毅力都值得钦佩，其专著进了国家社科成果文库，还晋升为教授。这样治学属于炖老火靓汤的烹饪法。苏东坡《和子由论书》诗曰："多好竟无成，不精安用夥。"另一种方法是撒网捕鱼法，先广撒网，再慢慢收拢，纲举目张。读书可使人改变气质，明辨是非，洞悉高下。书读多了，"识"才会高。也可选定若干题目，围绕题目来读书。真的是"戏法人人有，变化各不同"。

结合我本人的问学之路，谈点感想供大家参考：苦练内功，先易后难，由浅入深，亦雅亦俗。我在《中山大学研究生学刊》1986年第1期发表了《〈诗经〉同义动词说例》，算是入道之始。1988年5月参加广东省语言学会年会，写了一篇《骂人话研究》的论文，算是文化语言学的学习心得，1992年发表在《中山大学学报》时改名为《骂詈行为与汉语詈词探论》。写《〈古陶文字征〉订补》这篇会议论文，用了8个月时间。《〈甲骨文字诂林〉补遗》，都是自己为了读书而做的题目。《简帛文献中的残疾人史料》原是题为"古代残疾人与礼、俗、法"的讲演稿。博士学位论文《简帛兵学文献探论》，是研究古人如何杀人的学问，后来一段时间治简帛医药文献，是研究古人如何救人的学问。将汉语史与古文字、古文献紧密结合起来研究，逐渐形成自己治学的特点。回首前尘往事，读了一些杂书，只是走了不少弯路。《出土战国文献字词集释》是与曾师经法先生联合主编的书，此书是中山大学老中青三代学者20多人15年艰苦奋斗的结晶。我的体会是：态度决定一切。在一个团队中，需要有合作的精神。上海博物馆收藏的战国楚简《性情论》说："凡忧患之事欲任，乐事欲后。"讲的也是奉献的精神。

叶燮《原诗》说："大抵古今作者，卓然自命，必以其才智与古人相衡，不肯稍为依傍，寄人篱下，以窃其余唾。窃之而似，则优孟衣冠；窃之而不似，则画虎不成矣。"若无新见，文章大可不必作。写出来的东西要"人人心中所有，人人口中所无"。郑天挺先生说过："在技术科学中，某些方法，在历史研究中也适用。如在技术改革和研究中，每讨论一个问题，都要从对你的整个事业有无作用着眼，然后把问题分成若干小的单元，再从三方面加以研究：一、这个选题是否必要，能否取消它？二、能否和别的题目合并？三、能否以别的东西取代它？"容庚先生说："有题目我还不自己做，还留着让你做？"自己读书多了，题目都做不完，用不着去抄袭剽窃。陈永正先生说过："我像你们这般年纪的时候，满脑子都是题目，还可给别人出题目。"要寻找学术的问题点、焦点，开拓新材料，寻求新方法，做出新考释。蔡鸿生先生说："从苏东坡的诗（《题西林壁》）可以悟出学理：要避免主观、片面性，历史认识一定要坚持整体认识，包括纵横、内外的观察。这当然要花大力气。做学问应从容、宽容。从容，才可慢慢探讨，从难从严要求自己；宽容，是指对他人，对古人固不宜苛求，对今人也不要苛求。在当今的学术和教学的评估体制下，从容是非常难做到，于是有人寻找种种捷径，如用第二、三手资料，或通过现代技术手段，综合别人的成果而没多少新意，甚至抄袭，改头换面，乔装打扮，招摇过市，这是不能做好学问的。"明目张胆抄袭，巧取豪夺，故意隐匿、淡化或抹杀他人的学术贡献，都不是真正读书人应有的行为。

三、"炼眼"与"养心"

读书要"炼眼"，"眼"即眼力，见识。裘锡圭先生说："我在学习和研究过程中，深感治学应有三种精神：一、实事求是；二、不怕苦，持之以恒；三、在学术问题上，对己严格，对人公平。"

读书还要"养心"。常言道："知人知面不知心。""人心不古。""心"太难懂了。2000多年前的战国时代心性学说就已在中国流行。《孟子·告子上》说："心之官则思。"清华大学藏战国竹简的《心是谓中》篇说："人之有为，而不知其卒，不惟谋而不度乎？如谋而不度，则无以知短长，短长弗知，妄作衡触，而有成功，名之曰幸。幸，天；知事之卒，心。必心与天两事焉，果成，宁心谋之，稽之，度之，鉴之。"中医的"心"似乎比西医的"心"含义更宽泛。西医的"心"指心脏，有时为了更明确，就直接说"心脏"，不说"心"。20多年前我为了赶博士学位论文，总觉得胸闷，一坐到书桌前就透不过气来，跑去校医院看中医科，医生说是"心悸"，B超结果是"左心室心律不齐"。大毛病也不是，只能说"我心脏不好"，不说"我心不好"。心脏不好是病人，心不好是坏人，当病人还是比当坏人好。

裴锡圭先生在接受青年学者访问快结束时说："该讲的都讲了，最后强调一下我的主要意思。我不反对提倡或引进好的理论、方法。但是我感到，就我比较熟悉的那一部分学术界来说，存在的主要问题不是没有理论或方法，而是研究态度的问题。要使我们的学术健康发展，必须大力提倡一切以学术为依归的实事求是的研究态度，提倡学术道德、学术良心。我不是说自己在这方面就没有问题，一个人不可能完全不受社会环境的影响，何况还不可避免会有认识上的偏差。大家共勉吧！"裴锡圭先生引用《吕氏春秋·诬徒》言："善教者则不然，视徒如己，反己以教，则得教之情也。所加于人，必可行于己。"师法古人，师法今人，博古通今。《论衡·谢短篇》说："夫知古不知今，谓之陆沉……夫知今不知古，谓之盲瞽。"一心前行，必有善果。学术之路很漫长，跋涉前行，总能修成正果。《西游记》中的白龙马都能修成正果，马是畜生，我们是人，为什么不能呢？

做学问要调节好心态，先难受，后享受。"炼眼"就是长学问，"养气"就是长精神。比"养气"更根本的是"养心"。我有一盆水仙花，用于春节期间，一到夏天闲置在侧，于是买来小睡莲，以清水供养茶几上，差不多每天早上到工作室之前，路经小区或校园树下，拣数朵鸡蛋花置于花盆中，鹅黄的花与睡莲嫩绿的叶相映成趣。以前饶宗颐先生喜欢给人题字："如莲华在水。"语出《法华经》。如此境界我们难以做到，先来个"如鸡蛋花在水"，倒也不错。

梁漱溟在《我的自学小史》中谈道："《东西文化及其哲学》一书，在人生思想上归结到中国儒家的人生，并指出世界最近未来将是中国文化的复兴。这是我从青年以来的一大思想转变。当初归心佛法，由于认定人生惟是苦（佛说四谛法：苦、集、灭、道）。一旦发现儒书《论语》开头便是'学而时习之，不亦乐乎'，一直看下去，全书不见一个'苦'字，而'乐'字却出现了好多好多，不能不引起我的极大注意。在《论语》书中与'乐'字相对的是一个'忧'字。然而说'仁者不忧'，其充满乐观气氛极其明白，是何而为然？经过细心思考反省，就修正了自己一向的片面看法。此即写出《东西文化及其哲学》的由来，亦就伏下了自己放弃出家之念，而有回到世间来的动念。"在学习和工作之余，多发现生活中的乐趣。尤其要善于苦中作乐。陈永正先生说过："西瓜就让别人去抱吧，自己捡点芝麻算了。"有平和的心态，往往能做出实实在在的成绩。

台湾著名医生、病理学之父叶曙先生说过："不过也有像不修边幅的人一样，满不在乎升等不升等，心想只要我有学问、有能力，万年副教授又有何妨？优秀台大人中，各院都有这一类的名士。……像上述的人物，称之为超俗的逸士固无不可，要说他们都是些懒于写论文而又怯于争先的懦夫，你也无法为他们辩解，不幸优秀台大人中，便不乏这种人物。"老先生的话，确实值得我们警省。

四、学术自律与学问境界

20 世纪 90 年代，学术界对学术规范问题曾有过一场热烈的讨论，参加者有梁治平、邓正来、杨念群、徐友渔、朱学勤、陈少明、王缉思、钱乘旦、雷颐、朱苏力、陈平原、陈来、林毅夫、刘东、周国平、童世骏、樊纲、丁东、谢泳等著名中青年学者。杨玉圣先生对这场影响深远的学术争鸣作了很好的评述。进入 21 世纪，葛兆光先生曾发出这样的提问："中国学术界的规范和底线崩溃了吗？"学术失范的现象触目惊心，名利地位的诱惑成了学术不端滋生的社会土壤。张昌平先生在《方国的青铜与文化——张昌平自选集》自序的结尾说："我的一些文字及观点有时会有意无意地被有的学者'雷同'，或者被更高明的学者在'错误的观点'这样的话之后做出引注，暗示读者该错误源自我而不是我已经提出他正在论述的东西。对此我也曾经郁闷，但念及这种特殊的方式或许也算得上是对于学术的一点贡献，最终释然。"刘钊先生在《古文字构形学》的后记中说："这篇博士学位论文迟迟没有出版，也使得学术界的某些人得以故意装作没看见，从而不加解释注明地任意取用。台湾学者邱德修先生曾热心建议我在台湾出版该论文，并开玩笑地说：'再不出版就要被人偷光了。'对此我只能报以苦笑。"考释一个甲骨文奖 10 万元，确实能刺激人的神经。学术不端的学者，与运动场上服用兴奋剂的运动员很相似，都是抱着侥幸的心态对待人生。人穷志不穷，不坠青云之志。古人说："人必自辱，而后人辱之。"没有污染的绿水青山就是金山银山，金杯银杯不如学界同道的口碑。自己的骨头要长肉。我们要适应环境，顺时而作，将自尊、自爱、自重、自律当作毕生追求，不因某些诱惑而出现学术不端。没有失范行为的学术人生，才能赢得人们的尊敬；缺乏学术自觉的人肯定自律不严，未来的学问境界肯定高不到哪里去。我们深为一些前辈学者惋惜，平生严谨治学，一旦失范，终致贻人话柄。

有了学术自觉，珍惜自己的羽毛，自尊自爱，才能自律。不做帮凶，不推波助澜，不当枪手。自己勤奋读书，勤于思考，题目都做不完，就不会生出妄念，想去抄袭、剽窃别人的成果。

要把学问做好，必须有正确的"三观"：世界观、人生观、价值观。金岳霖先生在讲到清末民初美国人在中国办雅礼大学时指出："学校教育这一势力范围的占领是头等重要的大事。头一点要强调，它的对象是青年，不是老年。老年就是争取到了也没有用。要占领的是青年的什么呢？意志、情感、思想，或者两个字：'灵魂'。古人对于这两个字是有某种迷信的，这里的意义只是前三者的代名词而已。前三者非常之重要，占领了它也就是占领了整个的人。这也就是说，这一势力范围的占领制造了许多黄脸黑头发而又有中国国籍的美国人。当然这只是极其初步的美国人，单靠在中国办学校也只能做到这一点。""为谁服务"的问题、"把自己培养成什么人"的问题一定要讲的。在追求中华民族伟大复兴的社会主义新时代，我们正处于百年未有的大变局，年轻人要有理想，有担当，有作为。读书要有大局观：了解学术史，大至一个学科的发展脉络，小至某一知识点、问题点的研究史、演变轨迹。写文章要开门见山，要讨论哪个问题，在书或论文开头，人家看你的概述，大致就可知道你的学术背景的深浅。一个人治学的"格调""气象"是很重要的。希望大家炼好本领，把学问做大，看看到底是翻江倒海卷巨澜，还是激起学海的一点小涟漪。

刘梦溪先生说："人文科学的作用不是现在时，而是将来时，它有潜移默化的作用。宋代大思想家、理学家、哲学家朱熹，认为读书可以变化气质，真是一语中的之言。如果很多人都有机会念书，就会形成集体的文化积淀，每个人都有人文方面的修养，这样的人群的气质就不同了。……另外学术还是一种象征，一种文化精神的象征。我在过去的文章中讲过，学术思想是一个民族的精神之光。王国维说一个国家有最高的学术，是国家最大的荣誉。而大学，就是拥有最高学术的学府。……陈寅恪的一个文化理想，就是希望国家能够尊礼大儒。总之人文科学的作用，对个人来说是变化气质，对国家和社会而言，则是可以转移风气。"王国维《人间词话》说："古今之成大事业、大学问者，罔不经过三种之境界：'昨夜西风凋碧树。独上高楼，望尽天涯路'，此第一境界也；'衣带渐宽终不悔。为伊消得人憔悴'，此第二境界也；'众里寻他千百度。回头蓦见，那人正在，灯火阑珊处'，此第三境界也。"前不久中山大学中国语言文学系主任彭玉平教授在第七届全国中文学科博士生论坛开幕式上致辞指出，博士生阶段大体相当于第二境界。艰难困苦，玉汝于成，向幸福进军！

参 考 文 献

[1] 陈永正．诗注要义［M］．上海：上海古籍出版社，2017.

[2] 梁漱溟．我的自学小史［M］//陈引驰．学问之道：中国著名学者自述．杭州：浙江大学出版社，2008.

[3] 朱熹．朱子全书（修订本）第14册［M］．上海：上海古籍出版社；合肥：安徽教育出版社，2010：344.

[4] 容庚．容庚北平日记［M］．北京：中华书局，2019：638.

[5] 曾宪通．学术自传［M］//曾宪通．曾宪通自选集．广州：中山大学出版社，2017：4.

[6] 朱东润．我怎样学习写作的［M］//文史知识编辑部．与青年朋友谈治学．北京：中华书局，1983：11.

[7] 马承源．上海博物馆藏战国楚竹书（一）［M］．上海：上海古籍出版社，2001：264－265.

[8] 叶燮，蒋寅．原诗笺注［M］．上海：上海古籍出版社，2014：78－79.

[9] 郑天挺．漫谈治史［M］//文史知识编辑部．与青年朋友谈治学．北京：中华书局，1983：18.

[10] 蔡鸿生．历史眼界的诗性阐释［M］//陈春声．学理与方法——蔡鸿生教授执教中山大学五十周年纪念文集．香港：博士苑出版社，2007：39.

[11] 裘锡圭．治学的三种精神［M］//裘锡圭．裘锡圭学术文集：第六卷·杂著卷．上海：复旦大学出版社，2012：215.

[12] 清华大学出土文献研究与保护中心，李学勤. 清华大学藏战国竹简（捌）［M］. 上海：中西书局，2018：88 - 89，149.

[13] 裘锡圭，曹峰. "古史辨"派、"二重证据法"及其相关问题——裘锡圭先生访谈录［M］∥裘锡圭. 裘锡圭学术文集：第六卷·杂著卷. 上海：复旦大学出版社，2012：304.

[14] 裘锡圭. 谈谈"反求诸己"［M］∥裘锡圭. 裘锡圭学术文集：第六卷·杂著卷. 上海：复旦大学出版社，2012：219.

[15] 叶曙. 优秀台大人之另一面［M］∥叶曙. 闲话台大四十年. 合肥：黄山书社，2007：101.

[16] 杨玉圣. 九十年代中国的一大学案——学术规范讨论备忘录［M］∥杨玉圣. 学术批评丛稿. 沈阳：辽宁大学出版社，1998：22 - 54.

[17] 葛兆光. 想象的边界——关于文史研究的学术规范［M］∥葛兆光. 思想史研究课堂讲录：视野、角度与方法. 北京：生活·读书·新知三联书店，2005：359.

[18] 张昌平. 方国的青铜与文化：张昌平自选集［M］. 上海：上海人民出版社，2012：6.

[19] 刘钊. 古文字构形学［M］. 福州：福建人民出版社，2006：376.

[20] 金岳霖. 回忆［M］∥陈引驰. 学问之道：中国著名学者自述. 杭州：浙江大学出版社，2008：94.

[21] 刘梦溪. 人文与社会科学研究的几个问题［M］∥刘梦溪. 学术思想与人物. 石家庄：河北教育出版社，2004：371 - 372.

[22] 王国维，彭玉平. 人间词话疏证［M］. 北京：中华书局，2014：76.

（刊登于《学位与研究生教育》2022 年第 3 期）

第三部分

大师风范　导师楷模

"燃烧"自己 为国争光

——记博士生导师马祖光

竺培国 张满山*

马祖光教授是哈尔滨工业大学电子物理与器件学科的博士生导师，党的十三大代表。早在 20 世纪 60 年代初期，他就是教育战线的红旗手；以后，又多次获得劳动模范、优秀党员、模范教师等光荣称号。马祖光教授的名字被列入美国《光学科学与工程世界名人录》。现在，他是我国高技术研究发展计划专家委员会的成员。

人的价值 在于为党为事业去燃烧

"一个共产党员的价值就在于为党、为事业去燃烧。"——这是马祖光教授的座右铭。他几十年来是这样要求自己的，他也同样要求自己的学生朝着这个目标努力。

马祖光老师是学生的严师益友。他不仅帮助学生掌握专业知识，而且十分关心学生们的思想政治进步。他对研究生中出现的某些不良的思想苗头十分警觉，并能及时、细心地做好思想工作。有一次，他安排了两名研究生共同进行部分内容相近的实验。由于有一位学生只强调自己的意见，不能很好进行合作，马老师察觉到后，及时地解决了问题。还有一次，他又发现一名研究生在黑板上写了一首打油诗，其中流露出一些不健康的情绪。为了防微杜渐，马老师把学生们找到一起，语重心长地同他们交谈思想。他向同学们介绍了 20 世纪 50 年代末中国登山队登山英雄刘连满为了队友登上顶峰，为了祖国荣誉，不惜作出最大牺牲，把氧气让给战友，自己甘当人梯的崇高品质。他希望研究生们在攀登科学高峰的征途上，也要发扬这种献身精神和集体主义精神。真诚的师生情谊，循循善诱的教导，深深地打动和教育了青年学生们。一位将去美国攻读博士学位的研究生，临行前去看望马老师。马老师勉励他"不要忘记祖国，要长中国人民的志气，要作出成绩，报效祖国"。一年多来，师生之间书信频传，既谈业务，又谈思想，使得这位学生的研究工作进展很快，受到了美国导师的高度评价。

马老师的心脏病严重，腰部又有旧疾，可是他从未想到休息，一心扑在事业上，精

---

* 竺培国，哈尔滨工业大学研究生院；张满山，哈尔滨工业大学研究生院。

力花在人才的培养上。他现在指导 10 几名博士生和硕士生，每个学生的培养方案、选课及课题进展情况他都要亲自过问和做出细致安排。这几年，有不少中外访问学者到他这里进修，马老师都悉心予以指教。由于马老师的言传身教和表率作用，他所领导的研究所里已形成了一种良好的政治氛围和严谨的学术风气。在业务培养上，马祖光注意研究生的培养质量，对每一个研究生都配备了 1~2 名教师。有的研究生刚到研究所进入课题工作的时候，不愿意主动干那些劳动强度大或重复单调的工作。但是，过了一段时间，在马祖光的带动下，在良好环境的熏陶下，很快就有了转变和进步。

1986 年，一股思潮冲击了学校和社会。马祖光敏锐地看到这股思潮的实质是否定党的领导和社会主义道路。他旗帜鲜明地站出来讲话，谆谆告诫学生要珍惜和爱护安定团结的大好局面，不要做"亲者痛，仇者快"的事。中央电视台和黑龙江省电视台都相继播放了马祖光的讲话，在研究生、大学生中引起了强烈的反响。很多青年学生表示，要学习马老师坚持四项基本原则的坚定立场和热爱祖国的深厚感情，要旗帜鲜明地反对资产阶级自由化，做一名祖国四化建设所需要的合格人才。

勇于攀登 选择一条赶超世界先进水平之路

马祖光在 1970 年开始组建激光专业。当时正处在动乱的年代，在极其困难的条件下，他带领助手们以顽强的拼搏精神完成了首批 CO_2、Nd 玻璃等激光器的研制任务，并在应用方面做了大量工作。1979 年，他应邀到联邦德国 Lambda Physik 公司发展研究部工作。在半年多的时间里，就在脉冲 CO_2 选支激光器的研制工作中获得 105 条线输出的成果，这一突出成就后来被送往美国波士顿展出。他设计的非稳腔也获得该公司的 How Know 级专利。Lambda Physik 公司曾竭力挽留马祖光，希望他能继续留在那里工作。但是，马祖光的志向在于发展祖国的激光事业，为了早日形成我国自己的激光科学体系，他到汉诺威大学研究所从事激光新介质的研究工作。当时，在激光理论的研究上，曾预言钠分子光谱中存在第一三重态跃迁，有可能研制出可调谐的红外激光器。为此，世界上有众多的激光专家在实验室里全力搜寻着这些谱区。马祖光也跻身于这个行列之中。汉诺威大学研究所的实验设备先进而完善，然而对马祖光却限制了使用时间，只能在晚上使用，而且还规定了最后期限。马祖光以报效祖国和献身科学的忘我精神，在经过 7 个月夜以继日的工作之后，于 1981 年 7 月 13 日终于找到了这些谱区，在世界上首次观察到 Na_2 第一三重态跃迁。他的工作得到了我国著名光学专家王大珩的高度评价。汉诺威大学研究所用他的谱图申请到了一笔德国国家科学基金。同年，马祖光又继续发现 Na_2 近红外四个新谱区；在 K_2 橙黄色扩散带的观察工作中，也首次发现了新峰。三年之后，美国普林斯顿大学 Happer 教授重复作出了钠的跃迁。Happer 教授在自己的论文中声明，他的工作证实了马祖光工作的正确性。

回国后，马祖光没有停歇，他又相继在 Na_2、Li_2、S_2、Te_2 等蒸气型双原子分子新激光介质的课题研究上，获得了一批处于学科前沿水平或国内带有开拓性的重要成果，找到了 17 个可以产生激光的新谱区，与联邦德国、法国的科学家同时实现了钠 $2.50\mu \sim 2.56\mu$ 激光振荡和 S_2 激光振荡。由于他的工作近年来一直处在与世界先进水平同步的状态，世界上著名的激光专家、美国的肖洛教授（诺贝尔奖奖金获得者）、哈帕教授、蒂托教授和联邦德国的威林教授等都十分关注和重视马祖光教授的研究成果，与他建立了互访联系。他的两名研究生已分别去美国和联邦德国攻读博士学位。同时，马祖光教授也吸引着国外的高级访问学者到他这里来学习。1986 年，曾来马祖光这里做访问学者的苏联明斯克大学物理系副博士波洛夫副教授已明确表示，争取 1988 年年底再次到这里来，为自己的博士学位论文工作做好准备。

严谨治学　为四化建设培育合格人才

1984 年，马祖光教授的两名研究生到上海华东师大去进行课题调研，一位刚从美国肖洛教授那里进修回国的学者接待了他们。可能是想测试一下他们二人的水平吧，这位学者随手拿出一张 Na_2 谱图让他们观看，两位学生随即准确地指出谱区的名称、特性，接着介绍了自己所做的工作，并虚心向这位学者请教。事后，这位学者见到了马祖光教授，极为赞赏地说："我见过你的学生，他们的工作很深入。"

马祖光教授认为，研究生在学习阶段要打下坚实的理论基础，拓宽知识面；在论文工作阶段要进行严格的科学训练，以提高学生的基本素质和实践能力。为此，他对研究生的培养提出了严格的要求，并采取了一系列措施。就拿他指导研究生的论文工作来说，他首先要求学生要独立地重现本研究课题领域内已取得的最新成果并提出自己的见解；然后，要求学生一定要在此基础上作出别人尚未进行的工作。总之，他要求的硕士学位论文水平，一定要达到或接触到本领域的世界前沿。对于博士生，则要求在理论上、实验上进行更深入的探索，要有新见解和新发现。近年来，他所指导的研究生先后完成了 Na_2 2.54 μ 近红外激光发射、Na_2 峰值位于 9 650 ~ 9 700 Å 荧光谱研究、Li_2 5 000 ~ 6 000 Å 激光感生荧光谱、钠蒸气中红外激光及非线性光学效应的研究、Te_2 激光新介质研究以及光泵 S_2 兰—绿激光等多项研究成果。目前，研究生们正在马祖光教授的悉心指导下，继续探索激光科学前沿的新课题。他们先后在国际学术会议和各级刊物上发表论文 30 多篇，仅 1983 级的 4 名硕士生就提交了 5 篇论文参加了 1986 年 11 月在美国西雅图召开的国际激光与科学会议。

"规格严格，功夫到家。"马祖光教授严格把握每个培养环节的质量。我们不妨看一下他对研究生在进入课题之后的工作要求。

（1）每个研究生一学期要向研究所和指导教师汇报两次。学期初汇报工作计划、预期的实验结果，解决问题的途径；期末汇报工作进展情况，包括已取得的实验结果、进行的理论分析以及存在的问题等。

（2）严格规定各课题组使用设备的期限和轮换时间。要求实验前必须做好充分准备，写出实验计划、方案、布局、预期结果以及所需器材等，还要写出预备方案，以备不时之需。

（3）研究生每月必须交一次新文献卡片，以便及时掌握国内外课题发展动向。

（4）每三个月对实验要进行一次总结，完成对实验数据的处理和对实验现象观察的理论分析等。

（5）凡能自己动手解决的实验装置，必须由学生自己动手安装调试，以提高实验技巧和动手能力。

马祖光教授就是按照这样严格的程序在指导他的学生，而他自己也是身体力行，为学生作出表率。他的一位博士生，在一次偶然的机会翻开了马老师的工作日志，当看到马老师详细地记录着各个课题的发展趋向、理论计算数据以及每个研究生的工作情况时，他内心十分敬佩和感动。他对同学们说，只有像马老师那样去工作、去奋斗，时刻把祖国的利益放在第一位，才能对得起党，才能无愧于老师的谆谆教导。这位博士生果然没有辜负人民的期望，他放弃了出国学习的机会，深入进行课题的研究工作，获得了丰硕的成果。他先后发表了10篇论文，其中在国际学术会议上发表的有两篇，在国内一级杂志上发表的有两篇；1987年，他又获得了中国科学院青年奖励研究基金。

"献身、求实、探索、协作"，马祖光教授曾以这八个字赠勉他的学生，也正是他自己奋力拼搏的真实写照。从马祖光教授的业绩中，我们不难体会到它包含的深远含义，也不难体察到一位知识分子的耿耿丹心。

（刊登于《学位与研究生教育》1988年第1期）

在一幢普通的实验楼里

——记博士生导师、浙江大学校长路甬祥教授及其所在的博士点

颜　文[*]

在浙江大学校园的一角，有一幢二三层错落、外观为小 U 形的实验楼，门口挂着三块质朴的铜牌，上面铸着："流体传动及控制教研室""流体传动及控制研究室"和"流体传动及控制工程教育中心"，这就是路甬祥教授领导的液压传动及气动博士点，也是国家教委开放实验室。三块铜牌正好体现了路甬祥教授把人才培养、科学研究和技术应用结合在一起的整体思想。从外表上看，这是一幢普普通通的实验楼，一点也不给人以雄伟壮观之感，只有在参观访问之后，才会使人留下不平凡的印象。

培养高水平人才的必要条件

跨进一个个实验厅，醒目而整齐排列着试验台座足足有 50 多个，简直像 50 多位铁汉严守在工作岗位上。它们不是装点门面的摆设，而是炼人才、出成果的战场。如果没有这些试验装置（使用率在 80% 以上），50 多名硕士生、10 多名博士生和 2 名博士后研究人员，还有高年级大学生是不可能开展创造性的实验研究工作的。

在这里有的台座被用于故障诊断，机器故障不论怎样微小，隐藏多深，都逃不脱严密的科学检测；有的台座在对机器进行测速，只要电动机一开动，其速度变化的过程就能被自动记录下来；实验楼里还安装了一台已经研制成功的液压驱动电梯，它平稳舒适，在我国尚属首创（现已技术转让由工厂生产）；还有配套的电控制器、电机械转换器和检测反馈元器件，以及开发适合国内使用又具有国际先进水平的控制器件等。实验室的设备配上了灵敏的传感器，接上了计算机系统，笨重的铁家伙一下子"手脚"灵活、"头脑"清醒起来了。实验室内有计算机房，中型机的许多终端在日夜忙碌；23 台

* 颜文，浙江大学。

IBM/PC 微机分布各处，大显神通；一台台信号分析仪、磁带记录机、记忆示波器、过渡过程记录仪等在记录、处理、分析、显示各种信息。原来属于传统性的机械专业如今已到处洋溢着 20 世纪 80 年代的气息。近几年来，在路甬祥教授领导下，依靠集体智慧和力量争取到的 260 万元装备所产生的大量成果，为国家带来的直接和间接经济效益，实在无法一一计算。

对创造良好的研究工作条件，路甬祥教授还有更深的见解。他说："良好的研究工作条件和学术环境是培养高水平人才的必要条件。本研究所近几年来积极引进了相当数量的现代化测试设备，建立了比较优越的计算机条件，使研究生能以较高的效率作出较高水平的工作。"这表明了路甬祥教授见物更见人的思想，始终把人才培养放在首要地位。

不仅为自己，更为后来人

在这样环境里培养出来的研究生，不仅思考自己要获取什么，而且还想为他们的后来人留点什么。一位博士生指着台座上架起的复杂的专用设施对我们说："这都是我自己动手加工而成的。路老师和其他老师为我们创造了良好的试验研究条件，我们也应该为以后的研究生留下些实际的东西。搞成这一套设备，的确花了不少心血和时间，但精神上是愉快的。"许多研究生为实验室添砖加瓦，他们完成了硕士、博士学位论文，也为实验室进一步武装作出了贡献。

博士生入学的时候，路甬祥教授向他们提出，每个人都要在学位论文的题目之外，完成一个自由选题报告的任务。自由选题的内容不限，可以在本专业以内，也可以属理工农医等各个其他学科，水平要达到博士学位论文开题报告的要求。通过这种自由选题，一方面可以增强独立选题的训练，活跃学生的学术思想；另一方面也丰富了本专业的课题库，供以后博士生选题之用。例如，有一位博士生的自由选题为"心血管流体动力学研究以及在医疗诊断上的应用"，这是"管道流体动力学"与"心血管医学"两学科交叉的课题。为了做好这一自由选题，这位博士生查阅了大量的资料，并对几个研究所进行了详细的调查。选题报告评审认为，这一研究可望在心血管病诊断方面有重大突破，并论证了这一研究的可行性。

"不仅为自己，更为后来人。"路甬祥教授的教育方法很富于现实感，这仅是寓教育于业务之中的一个例子。

培养人才的新路子

路甬祥教授经常思考培养人才的新路子。他认为，目前的流体传动及控制专业已远远跨出传统的范围，它包含流体控制工程、计算机仿真、机器人、数控系统和节能技术等许多分支，体现了机械创造、自动化仪器仪表、自动控制、计算机应用以及流体动力学等学科的交叉渗透。要保持一个学科的优势，必须培养多领域交叉的人才。他根据学科发展大趋势，招收了流体传动与控制、测试和仪表、自动控制、流体力学和计算机应用等相关学科的研究生来共同工作。学科交叉使专业生机勃勃，欣欣向荣，新型人才辈出，科研成果纷纷涌现。对此，可以看一看毕业博士生的论文题目：《电液控制系统辨识及实时控制的策略研究》《多自由度机器人的自适应模糊动态控制策略》《流体传输管道动态过程的基础研究及应用》《电液控制系统智能辨识研究及其工程应用》和《高频响液压蓄能及消振装置的设计理论和基础技术研究》等。没有多学科的基础知识是不可能完成这样的论文课题的。路甬祥教授的博士点和他所领导的博士后科研流动站，生源济济，学校每年都要调剂一些博士生名额给该专业，这和路甬祥教授不拘一格录用人才所造成的反响是分不开的。

多学科交叉培养研究生需要多学科的教师来指导。路甬祥教授广泛邀请校内外专家教授担任指导小组成员。在他和他的同事们的共同努力下，实验室已成为国家教委的开放研究实验室。开放研究实验室的学术委员会主任委员是学部委员雷天觉高级工程师，路甬祥教授为副主任委员。在总数为 17 名的委员中，校外专家 13 名，其中国外教授 2 名；博士生导师共 10 人，其中校外 6 人，国外 2 人。1987 年开放研究实验室提供基金和设备向国内外推出 13 个重要研究项目，其中研究生的项目也在申请之列。这样强大的国内外结合的学术队伍和良好的研究条件，又使广大研究生开拓了新的视野。

坚持高标准严要求

路甬祥教授虽然工作很忙，但他对自己的研究生从招生开始就亲自过问。例如，他认为"博士研究生必须严格选拔，把好质量关，朽木不可雕，良材能成器"。严格选拔考生是培养优秀博士生的前提，单凭考试往往不足以为据，而应对其德才进行全面深入的了解。在智育方面特别要注意其学科基础，独立进行科学研究的经历，还有创新意识和献身精神。研究生入学后，路甬祥教授布置任务前严格控制每个学生的进程表，到时一个个地询问检查，遇有未完成任务者，必深究其原因。

对培养工学硕士生和博士生，路甬祥教授很强调实验的要求。记得在一次博士生导师座谈会上，当有人谈到目前个别学生只重视仿真计算而忽视科学实验时，他激动地说："我认为仿真建模，如果没有实验为依据，那等于胡说八道。"在当前计算机相当普及的条件下，有的学生喜欢走所谓"捷径"，脑筋一动，上机一算，以为文章就可以出来，对于艰苦的实验研究则视为畏途。对他们来讲，路甬祥教授的忠告是一张治"病"的良方。

路甬祥教授丝毫没有贬低仿真建模和理论研究的重要性。他对博士生高标准严要求时是这样说的："我们明确提出博士学位论文应具有基础性、系统性、创造性和工程实用性，即博士学位论文必须包含基础性或应用基础的科学研究内容，使其成果具有较普遍的学术价值，为后人进一步深入研究提供学术研究基础；必须完成比较系统的研究工作，以使研究工作具有较好的科学性；必须在理论上、研究方法上或达到的结果方面较前人有所创新，有所前进；作为工学博士学位论文，还必须具有明确的工程实用性。无论是开题报告、阶段报告还是学位论文均严格按'四性'要求把关，坚持理论分析、计算机仿真和实验研究相结合的研究方法。实践初步证明这是有效和可行的，并有利于坚持工学博士生正确的培养目标和培养理论联系实际的学风。"

对博士生严格要求的"四性"思想，路甬祥教授在四年前就提出来了，但是他没有同意发表，因为他认为不经过实践的检验就谈不上什么价值。现在第一批5位博士生已按照他的设计蓝图培养出来，他才同意公开他的想法，他就是这样处处严字当头。

学术环境也是育才的重要条件

在实验室二楼宽敞的走廊上，两边布满了展品，小的放在玻璃柜里，大的覆盖在塑料布下面。明亮精致的走廊也成为小小的专业博览厅。

路甬祥教授说："除了设备条件以外，学术环境也是育才的重要条件。"这些由国内外同行赠送的展品和他们自己创造的成果构成了一种环境的熏陶，展品会使人产生联想：这里是国内外学术交流的场所。近年来，路甬祥教授在校内主办过一次国际专业会议，参会人数达180人，其中有50人来自13个国家和地区。此外，他还和国内某些单位联合主办过两次国内学术会议。他极力主张研究生参加国内外学术交流活动。三年来，研究所的研究生在国内外学术刊物和会议上发表论文100余篇，并在研究所内不定期举行开题报告、阶段报告、自由选题报告与论文答辩等，活跃了学术气氛、交流了思想，在交流切磋中产生新的学术思想，在良好的学术环境中培育高水平人才。

（刊登于《学位与研究生教育》1988 年第 5 期）

为了生态文明的曙光

——记北京大学生命科学学院潘文石教授

周玉清　郑兰哲[*]

提起"大熊猫专家""白头叶猴教授",人们马上就会想到"潘文石"这个名字,这位北京大学的动物学教授由于在研究大熊猫和白头叶猴方面的突出成就而蜚声中外。为了深入了解潘文石教授的研究工作和培养研究生的情况,笔者在8月中旬赴广西崇左市北京大学生物多样性研究基地(以下简称"基地")采访了潘文石和他的研究生。基地位于崇左生态公园中,是由北京大学和崇左市共同出资、以废弃的军营为基础建立起来的。基地被葱郁的青山所环绕,一派自然风光,潘文石身着褪了色的T恤衫和迷彩裤,北热带强烈的阳光把他晒得比当地的农民还黑,他的几个研究生也像他一样,一张张年轻的脸黝黑而充满朝气。

潘文石1937年出生于泰国曼谷的一个华侨家庭,1941年,父母抛下所有的家产回国参加抗日战争,年幼的潘文石就这样跟随父母来到了广东汕头并在那里长大,直到1955年考入北京大学生物学系。1958年至1960年,他以学生的身份参加了珠穆朗玛峰探险队,目睹了一个又一个探险队员牺牲在雪山上;在此期间他还参加了一场平息叛乱的战斗。这段经历日后成为他的精神财富,使他在以后的科研工作中养成了坚决、果断、精确的作风。为了科学地认识濒危物种大熊猫的生存危机,找到帮助它们在其自然生境中继续生存的办法,从1980年起,潘文石就开始对大熊猫进行研究。在此后的10几年里,他和他的研究小组取得了丰硕的科研成果,2001年,他们出版了《继续生存的机会》,认为大熊猫野生种群仍具有天然的恢复力。为了进一步研究动物的行为尤其是灵长类动物的社会行为,探索我们人类的社会行为究竟是部分还是全部由我们动物祖先的行为倾向所决定的,1996年潘文石偕众弟子移师广西,开始了对濒危的白头叶猴的研究。

---

　* 周玉清,《学位与研究生教育》编辑部记者,副编审;郑兰哲,北京大学研究生院培养办公室主任,副研究员。

不畏艰难险阻　醉心科学研究

从 1961 年留校至今，潘文石已将 40 余年的光阴花在了科研和教学上。长年累月的野外研究让他备尝艰辛，但他凭着坚定的信念和科学工作者的执着，克服了自然和人为的种种险阻，终于获得了骄人的研究成果。

宋代文学家苏轼认为："古之立大事者，不惟有超世之才，亦有坚忍不拔之志。"1980 年，潘文石刚开始在野外考察时，曾一个人留在海拔 3 000 米的山上，没有帐篷，缺少食物，大风裹着雪将树桩都刮倒了，他仍忍饥挨冻地坚持着。在冰天雪地的卧龙进行国际合作研究时，有一次他路过一处悬崖，被雪下的竹根绊倒，直向崖下摔去，身手敏捷的他在危急中抱住了从绝壁上长出的一棵杜鹃树才幸免于难。性命虽然保住了，但他被重重地摔在下面一块突出的崖岩上，肛门四周被摔裂了几个口子，流血不止，无法继续考察工作，他只好离开科考队忍痛独自下山。在小招待所养伤的那些天里，他每天只能靠一勺蜂蜜来维持生命，冻饿难忍。在这种境况下他给父亲写信："我已经身陷绝境了，没有人照顾我，我吃不了东西，一吃东西我的肛门就流血。我已经整整 13 天每天只靠一勺蜂蜜维持生命，我在不断地流血和挨饿中度过。爸爸，我干吗还要这样撑着呢？我干吗要挑选这样艰辛的路呢？我的同学都在国外生活，他们又有钱，生活又舒适，可我为什么要过这种艰难的生活？"他的父亲回信道："你不是从小就喜欢野地探险吗？现在好不容易实现了理想，为什么又动摇了？许多人到国外是为了镀金，既然是镀的，就不是纯金。我想你要的是真金，是不是？"父亲的信给了他极大的鼓舞，他继续沿着自己选定的道路义无反顾地走了下去。

属相为牛的潘文石倔强、顽强、个性鲜明，国内外许多人都知道他反对克隆大熊猫。他说："科学家要有自己的观点，对于错误的决策不能装聋作哑。"这种个性使他在科研工作中敢于面对挑战，不屈不挠。1983 年秋天，当卧龙自然保护区的冷箭竹大面积开花时，人们对以竹为生的大熊猫的命运作出了过于悲观的估计，因此当他申请大熊猫研究的经费时，对他的要求是必须去"研究竹子开花是如何使大熊猫面临绝境的"。凭着对大熊猫已进行了 3 年的研究，他没有接受这个已有预设结论的研究项目，并一再向有关部门说明大熊猫不会因竹子开花而灭绝。在无法获得经费的情况下，他只得向海外亲友、家人和过去的学生求助，连他和学生的野外工作服都是从北京大学体育教研室"化缘"来的旧运动衫。就是在这种困境中，1985 年 3 月，山里还在飘雪，他毅然带领 2 个研究生和 1 个即将毕业的本科生进入秦岭研究大熊猫。然而就在他们进山的第 39 天，年仅 21 岁的研究生曾周在寻找大熊猫的踪迹时不幸坠崖身亡。潘文石处理完曾周的后事，顶着来自各方面的巨大压力，又投入到研究工作中。

在秦岭进行研究的初期，曾有人说在秦岭这么大的山里杀死你个把人也没人知道，并扬言要偷他们的装备，使他们研究不成。潘文石怒不可遏，他拍案而起，当面怒斥这些人。在他的严词厉色之下，这些人灰溜溜地走开了，没敢再来打搅研究工作。

除了这些人为的干扰外，野外的工作也充满了艰辛。在秦岭的那段日子里，潘文石和他的研究生们每天都背着沉重的监测设备在高山峡谷中跋涉，在累得没有办法的时候，他们就会盼望"明天下大雨就好了，我们就可以不上山了"。但就是第二天真的下大雨了，他们也照样上山去。冬天的秦岭严寒逼人，连林业工人都下山过冬了，潘文石却带着他的研究生在海拔 2 000~3 000 米的高山上追踪、监测大熊猫。由于怕惊动大熊猫，不能生火，随身携带的食物都冻成了冰坨，无法食用，因此又冻又饿倒成了他们的家常便饭。有一年冬天，潘文石和一个研究生在山上过春节，为了节省经费和时间，他们买来一麻袋土豆，将许多土豆和大米熬在一个大锅里，连续吃了几天，这就是他们的年夜饭。由于缺乏油水，主食也不够吃，所以他们除了面带菜色，还经常饥肠辘辘，这种状况一直持续了 8 年之久。10 几年在野外风餐露宿、栉风沐雨的生活，以及艰苦的环境和恶劣的气候给潘文石带来了许多伤病，关节炎和来自家族遗传的痛风病一直困扰着他。有一次他的痛风病在夜里发作，他想去卫生间，但两脚疼得不敢沾地，最后他只得手膝并用，爬到卫生间。在谈到自己的病痛时，潘文石像在讲趣闻一样有说有笑，可谁知道他曾经忍受着怎样的疼痛啊！

在研究大熊猫的 10 几年里，潘文石的绝大部分时间都是在野外度过的，13 年没看望过自己的父母。他的努力没有白费，他和研究生们用了 4 年时间跟踪的一只佩戴无线电颈圈的母熊猫"娇娇"，终于不再追咬他们，允许他们接近自己，并把他们当成了自己栖息地的组成部分，由此，潘文石和学生们才能够从 1989 年到 1996 年连续监测到她 4 次产仔的全过程，并实地记录了幼仔的生长、发育、交配和分娩情况，获得了野生大熊猫在纯自然的环境中自然繁殖的宝贵资料。同时，潘文石的艰苦研究也终于受到了重视并获得了承认，1987 年、1990 年，他的研究成果分别获得了国家教委科学进步一等奖、二等奖；1992 年，他获全国"五一劳动奖章"；1996 年 5 月，获美国大熊猫基金会的科学特别成就奖，同年 10 月，获美国圣地亚哥动物学会保护野生动物金质奖章，11 月，获荷兰王子为他颁发的保护野生动物金制诺亚方舟奖；1999 年，因在研究和保护野生大熊猫工作中的卓越成就，获得 Paul Getty 奖励基金。他所从事的研究被国际同行认为是最领先的，2000 年 10 月在美国召开的一个国际学术会议为了请到潘文石，主办方自愿负担他和 4 个研究生参会的全部费用。纽约保护野生动物协会科学主任乔治·夏勒说："潘文石教授领导的大熊猫研究是中国大陆同类研究中最好的。他的研究成果扩大了世人对熊猫及其生态的认识，推翻了一些关于熊猫行为的旧有观念，激起全世界关注大熊猫的危险处境。"潘文石的工作在世界上也产生了良好的影响，各国科学家请他转达他们对中国政府的谢意，认为"中国政府在发展经济需要大量资金的大背景下，没有忘记为世界人民保护大熊猫和保护环境的任务"。

追随崇高理想　勤勉教书育人

作为大学教师，潘文石一直怀有强烈的责任感和使命感。他认为大学教师仅仅做到"传道、授业、解惑"是远远不够的，帮助学生树立崇高的理想、培养他们的奋斗精神才是教师最应该做的事情。

居里夫人曾说过："如果能追随理想而生活，本着正直自由的精神、勇往直前的毅力、诚实而不自欺的思想而行，则定能臻于至善至美的境地。"潘文石正带领他的研究生实践着这句话。别人评价他"是个真正的理想主义者"，他也同样要求他的研究生树立崇高的理想。潘文石一再向学生申明："我们正在参与一项伟大的事业，那就是缔造人类的第三次文明——可持续发展文明。我们只有在这个崇高理想的激励下团结一致、勇敢向前，我们活着才会于心无愧！"正是在这个目标的激励下，他和他的研究生们甘心在西部的大山中顶风冒雪，在北热带的莽莽丛林中艰难跋涉。曾有好心人劝他说："你已经功成名就了，干吗还要领着学生在野外冒风险？再这么干下去，你会失败的！"他的回答是："如果我只是为了保住我今天的地位，那我就应该立即退休，但是我的思想、情感不允许我这样做。我仍然要去冒风险，去做我认为应该做的事情。如果害怕失败，就永远也不会有成功，我们也就不可能培养出有创造力的年轻人。"在这种强大的精神力量的感召下，他的门下聚集了一批优秀的年轻人，他们虽来自大城市，却甘愿钻进山沟做艰苦的野外观测工作。有两个学生的 TOEFL、GRE 的成绩都分别达 640 多分和 2 300 多分，正准备联系出国读书，但到他的野外基地实习之后马上改变了初衷，决定投到他的门下攻读学位。有人对此感叹道："这就是精神的魅力！"

潘文石一再强调不能将学生教育成名利之徒和势利小人，做研究更要"不诱于誉，不恐于诽"，要有大的视野，因为"没有哪个伟大的科学家是为了自己的名和利而成为伟大的人的，他们生前都过着艰苦的生活，他们所有的努力都是为了人类的福祉"。他的价值观也影响了他的学生们。他的一对博士生结婚后，他去看他们，说："你们现在可能是北京最穷的人了，是不是考虑有一个人到外企工作或出国做博士后？我写推荐信。"谁知他的这两个学生却说："我们的钱确实不多，但还过得去。我们喜欢现在的研究工作，钱虽少，但要看如何去理解人生的价值。"正在野外基地进行研究的一个即将毕业的博士生，为了保证潘文石整项研究的顺利进行而主动要求留在基地，主动延后获得博士学位的时间。当被问及这是否会影响到他的工龄、待遇、今后的晋升时，他说他根本就没想过这些问题，做好研究工作才是最重要的。

潘文石认为，科学研究者要深刻认识到科学研究的真正目的和价值，不能急功近利。他认为，为了得到学术界的承认，需要发表 SCI 论文，但不能仅仅为了发表 SCI 论文才去做研究。"我们做保护生物学的研究，就要从人类发展的长远利益来考虑问题，我们要努力争取将一个完整的生态系统留给我们的子孙后代，这就要求我们勇于担负起对社会和人类文明的历史责任。如果我们发表了许多 SCI 的论文和专著，但我们的研究对象大熊猫、白头叶猴都死光了，山上的树也被砍光了，老百姓在更贫瘠的土地上挣扎，过着更加艰难的生活，试问我们的研究论文及专著有何用？我们的研究又有什么意义？"

潘文石认为，科学研究的成果是用来造福人类的，而不是用来谋取个人名利的，如果把科学研究作为自己加官晋爵的手段，那就是对科学的亵渎。他以自己的身体力行来揭示科学研究的真正意义。早在 20 世纪 70 年代初，北京的鸭场流行着一种未知的流行病，95% 以上的雏鸭面临着死亡。潘文石亲自下鸭场，查清了病因，发现这是小鸭病毒性肝炎。他和同事们研制出给母鸭接种疫苗的方法，成功地控制了这个流行病。为了让鸭场摆脱困境，他骑着自行车跑遍了北京 20 多个鸭场，教工人如何给鸭舍消毒，手把手地教他们给新出生的小鸭注射含有抗体的蛋黄。这些治疗和防治方法比国外早了 4 年，而且由于它简单易行、成本低廉、效果良好，到 1980 年他去研究大熊猫的前夕，便无偿地向全国推广了。

潘文石非常欣赏北京大学"勤奋、严谨、求实、创新"的校风，并以此来严格地要求自己和他的学生。他对研究生有三点最基本的要求：要有科学理想、有明确的价值观；能吃得起苦；有团结协作的精神。要想读他的研究生，必须先到野外工作至少 3 个月，让双方有互相选择的机会；若要攻读博士学位，则研究生至少要在野外工作 2 年不能回家。他原先有几个直博生或者因为没有科学理想，或者因为没有吃苦精神，或者因为协作精神不够而被转到其他专业，或只让他们读完硕士阶段。潘文石认为，研究生若没有科学理想，他的研究就失去了正确的目标；年轻人若连一点苦都吃不起，他也不可能做成大事；对于野外工作来说，团结协作的精神十分重要，因为科学研究工作本来就是一个整体，只有团结协作才能共同完成，正如孙子所说的"上下同欲者胜"。在潘文石的教导下，他的学生个个吃苦耐劳，自觉地相互协作，所有野外工作人员齐心协力搜集资料并共享成果。

对于治学，潘文石毫不含糊。他自己的一个博士生学位论文有些小问题，但若稍微放松一下也能过去。在其他 10 位答辩委员都通过的情况下，潘文石一个人硬是坚持没让这篇论文获得通过，因为他想通过这件事使这个学生在今后的科学研究中更加严谨，而不马马虎虎。他的另一个学生也仅因为论文中的一个数据不精确而在第二年才获得学位。但学生们并不因此而怨恨他，反而认为潘教授对他们的教诲是"享用不尽的思想财富，不论做什么工作都十分有益"。尽管潘文石严格要求学生，但他并不用各种戒律来约束学生，他认为只有让每个人享有充分的自由，他们的创造力才能发挥出来。他常对学生们说："你们的未来都掌握在你们自己手中。5 年的直博生活就是一条宽阔的河，能不能游得过去全凭你们自己。你们知道钢铁是怎样炼成的吗？在我这里，我每天都在炼钢，受得了就留下，受不了就请离开。"

潘文石教育学生要有远大的理想，但他不赞成空想，他常说："我们不单要有崇高的理想，还要具有将理想付诸实践的能力。学生最重要的是学习如何做人、做事和做学问，这三者是统一的，如果做人、做事都做不好，学问也肯定做不好。"潘文石教育学生从生活中的一点一滴做起，如节约用水、节约用电，打印纸要双面打印等。一次，一个学生没有充分利用打印纸，他就写了一句话贴在了墙上——"即使实现了共产主义也不能忘记节约"，从点滴之事着手进行生态文明教育。潘文石虽生于富裕家庭，但他始终对穷苦的人们有着深切的同情。他说："如果我只是将考察成果写成文章发表，而不管老百姓的疾苦，这在道德上就是不合格的。"他也极力培养学生们对劳动人民的感情，他要求在基地的研究生，不论研究工作多忙，都要定期到附近的乡村进行社会调查。在他的感染下，他的学生们自觉地为当地村民做好事，为了"关爱逆境中的生命"，他们成立了"蚂蚁协会"，通过募捐来解决村民的困难。协会成立的时间并不长，但他们已资助了一个女学生到南宁上卫生学校，还拿出钱来为村里一位老人治病，并拯救了一个已经断粮、无钱购买肥料的农民家庭。他们还从北京募捐来许多衣服送给村民，几年来，这些衣服累计起来共有30多个装运袋。

从1984年带研究生赴秦岭考察，至今已有20年的时间。这20年里，潘文石培养了一支具备端正的科学态度、坚强的意志品质、严谨的工作作风、优良的科学素养及较高专业水平的研究队伍，他们已成为各自岗位的骨干力量，他为此十分骄傲和自豪。他的大弟子吕植未满20岁就随潘文石进山研究大熊猫，在秦岭考察中几次与死神擦肩而过，在经历了种种磨难后，取得了丰硕的成果。吕植两次获得国家教委、国家科委的科技进步奖，并被中国科协评为杰出青年科学家，1998年还被共青团中央评为全国十大杰出青年，1999年当选为海淀区人大代表。吕植现已成为北京大学和耶鲁大学的教授，曾经是世界野生动物基金会（WWF）中国物种保护的项目负责人，现在正在领导国际保护组织（CI）中国项目的工作。

热心服务社会　传播生态文明

潘文石认为："若人的生存问题得不到解决，就无从谈起其他物种的生存。"因此，他在保护自然生态系统的过程中强调："保护环境的核心问题之一，是在提高贫困地区人民生活水平的同时，尽可能多地保护现存的物种。"

白头叶猴生活在喀斯特石灰岩山区，是独产于广西崇左的灵长类动物，以树叶、花、果等为食，它们性情温和、形态优美，被列为世界25种最濒危的灵长类动物之一。由于人类活动范围的不断扩大，致使白头叶猴的栖息地急剧缩小；而且在当地有一种陋习，认为喝了用白头叶猴骨头泡的酒能强身壮体，因此对白头叶猴的盗猎不断，以致到1996年，广西境内白头叶猴据估计已不足400只，白头叶猴的种群数量及生存空间比大熊猫还要小很多。

在对白头叶猴猴群的调查中潘教授注意到，这里的情况与秦岭截然不同。在秦岭，大熊猫生活在无人区，只要全面禁伐了天然林，大熊猫的栖息地就基本得到了保护；而在这里，人和白头叶猴生活在同一个生态系统之中，若不提高人们的环境保护意识，白头叶猴的生存仍然摆脱不了危机。由此，潘教授认为保护白头叶猴的唯一可行之路是：使人们生活水平的提高与生态保护协调起来。

在一次进村调查时，村口那个污浊的水塘给潘文石留下了深刻的印象。在那个水塘里，牛在洗澡，农妇在洗衣服，而这就是村民的饮用水。当地的许多村民都肝肿大，年轻人想当兵，可体检时竟没有一个合格的。怎么能让我们的老百姓整天喝这样的水呢？"我不能无动于衷！"于是，通过潘文石的努力，县里拨出专款为村民修蓄水池，用打通的竹节套着塑料管从 7 公里外引来了清澈的山泉水，雷寨的百姓终于喝上了甘甜、卫生的山泉水，他们自然非常感激潘教授，生态保护工作因此能较为顺利地开展。

在调查中潘文石还注意到，村民因为做饭没有燃料才上山砍树，但这已威胁到白头叶猴的生存。如何让村民不再砍树呢？他想到了沼气，于是一个收牛粪的广告贴到了村口。老百姓不知这位教授要牛粪做什么，但他们很快就送来了两大车。3 天后沼气池里的牛粪发酵了，产生了沼气，村民们见这神奇的气体居然可以做饭、照明，纷纷表示出了兴趣。潘文石借机在村里开始了沼气池的推广。他拿出所获福特（Ford）汽车环保奖的全部 10 万元奖金为村民买来水泥，帮村民修沼气池，结果每一户都拥有了一个沼气池。此后村民不再砍树了，村里的卫生状况也大为改善。以前潘教授他们进村就像跳芭蕾舞，因为路上尽是牛粪，无处下脚。现在情况已大不相同了，笔者在研究基地附近的岜旦村走访，见各家的庭院都非常干净，猪圈和厕所后边紧连着沼气池，粪便可以直接进池，因此闻不到难闻的气味，也看不到蚊蝇乱飞的景象。潘文石的一个英国友人的孩子在看了这里的沼气池后，决定在上大学前义务去非洲国家喀麦隆一年推广沼气池。

解决了村民的燃料问题，潘文石又开始考虑教育问题，他要让这些村民的孩子受到良好的教育。为此，他从美国请来了一对华侨夫妇，他们看了岜旦村那破旧的教室后，捐出了 20 万元人民币盖了一栋二层的教学楼。潘文石还通过中国民盟广西委员会从南宁拉来一批课桌椅，既解决了 130 多个孩子的上学问题，又改善了孩子们的学习环境。在教学楼前，笔者看到了潘文石教授刻的这对华侨夫妇的一句话："教育对个人、国家和民族都是非常重要的。"这也是他的心声。

为了进一步推动环境保护，潘文石决心将研究基地办成国际教育交流中心、环保教育中心和科学普及中心，为此，他促成了两次国际会议在基地召开，他和研究生们与中外科学家共同商议保护生物学的问题；他还亲自为自治区、市、县的领导们当生态导游，让他们了解生态与经济的关系，以此影响他们的决策。正是在他的影响下，崇左县关闭了许多采石场，其中的一个已经成为一群白头叶猴的家；也正是在他的影响下，崇左生态公园建立了，秀美的喀斯特地貌和可爱的白头叶猴成为以保护环境为目标的生态旅游的资源，当地人认识到保护白头叶猴比毁掉它们会带来更大的利益，从而促使经济发展与生态保护协调起来。

为了保护生态环境，潘文石一直在进行着不懈的努力。1993年，国务院接受他的请求，停止对秦岭森林的采伐，林业工人全部下山转产。现在，作为全国政协委员的他又上书国务院，请求拨款来帮助桂滇黔川山区的百姓建沼气池，以"阻止西南地区石漠化的进程，给生活在那里的2 500万人民一个光明的未来"。有人曾问他为什么这么执着、这么辛苦地从事着生态保护事业，他回答说："用一句半句话我真说不清楚。我觉得自己就像是传教士，如果你能理解信徒对宗教的虔诚，你就会理解我的行为。"

潘文石的虔诚换来了人们的支持，也换来了百姓生态保护意识的提高。到1998年，偷猎白头叶猴的事件在崇左地区基本上消失了，村民们也开始自觉地保护猴子。一天，3个农民抬来一个被铁夹子夹伤的白头叶猴，请潘文石为它治伤后放归山林，不要一分钱。经过7年的保护，研究基地所在的崇左弄官山区，白头叶猴的数量已由1996年的不足百只发展到了近300只，在全世界的灵长类动物数量急剧下降的今天，只有这里独放异彩，人们随时能见到嬉戏中的山中精灵。在崇左，上自县里的领导，下至当地的百姓都有了较高的生态保护意识，他们已将潘文石看成了自家人。今年春节，县长一家人、县委书记一家人、副县长还有好几位县委干部都来到基地和潘文石一家人以及全体研究生共同包饺子守夜，当地的村民也自发地送来各种食物，这种融洽的关系使得生态保护工作成效显著。现在，白头叶猴的数量增加了，喀斯特石山更绿了，老百姓的生活水平和生态保护意识提高了，生态文明的曙光初现。潘文石对此由衷地发出了感慨："我们正在参与缔造人类的第三次文明，即继农业文明和工业文明之后，我们必须在地球遭受彻底破坏之前建立起人类共同遵守的伦理道德，我把这种伦理道德称为可持续发展文明。"

（刊登于《学位与研究生教育》2003年第9期）

汗沃南国　爱获丰收

——记暨南大学中文系博士生导师饶芃子教授

蒲若茜*

有人称她是"锦心绣口"的学者才人；有人称她是清丽脱俗的"诗性批评家"；有人把她比作一棵树，能给人荫蔽、宁静和充实；有人说她是辛勤的园丁，守护着嫩绿成型的青草地……在美国、英国、中国香港地区的世界名人录上有她的名字；在学生的心中，她是一幅"永恒的画卷"。这位声名卓著、德才兼备的知识女性就是生于钟灵毓秀的古城潮州，至今仍活跃在中国文艺学界的文艺理论家、博士生导师饶芃子教授。

饶芃子教授是暨南大学文艺学博士点的创始人，曾担任暨南大学两届副校长、学校学位委员会主席、国家教委规划项目中国文学学科专家组成员、广东省作家协会副主席、广东省社会科学联合会副主席等职务，现仍是暨南大学博士点领衔人、学校"211工程"子项目的一级负责人，国家社科基金规划项目中国文学学科专家评议组成员、中国作家协会文艺理论批评委员会委员，并兼任中国世界华文文学学会会长、中国比较文学学会副会长等学术职务。

饶教授的人生，和许多与她同时代的人一样，历经艰辛和磨难。但让人叹服的是，年近古稀的她不仅承担着暨南大学博士生教育以及国内学术团体的种种重任，而且依然笔耕不辍，不断有高水平的学术论文和优美的散文见诸报纸杂志，让人叹服其充沛的精力和对生活的激情。本文无法细述先生风雨人生中诸多的感人故事，只撷取她在南国大地上47年如一日地辛勤耕耘于文坛、教坛的些许片断，希望能反映出先生治学、为人、为师的独特风貌。

一、诗性批评家不懈的学术追寻

巴乌什托夫斯基在《金蔷薇》里有这么一段话："写作，作为一种精神状态，可能产生在少年时，也可能产生在童年时……对生活，对我们周围一切产生诗意的记忆，是

---

* 蒲若茜，暨南大学外国语学院副教授。

童年生活给予我们最大的馈赠。"在饶先生的文章中，人们也时时能感受到诗意的浸润，而这种诗意的馈赠，正是来源于家庭和童年生活环境的熏陶，是先生出自书香世家，幼承庭训的结果。

1957 年，饶先生毕业于中山大学中文系并留校任教，跟随王起先生进修宋元文学史。1958 年，暨南大学在广州重建，她调到暨南大学工作，跟随肖殷先生修文艺理论。20 世纪 60 年代初，饶先生就在广东文艺界初露头角。但随着"文化大革命"的开始，她受到了无情冲击。在一波又一波的压力之下，她没有低头，没有倒下，正是心灵深处对于文学的执着信念使她相信，文学和文学人不会永远这样被曲解和玷污，文学的天空总会有云开雾散的一天。

终于，10 年浩劫结束了，饶先生满怀激情地投入了新时期的文艺理论研究工作。她对前一时期的中国文艺理论现状进行了反思，对马克思主义文艺理论在中国的意义做了新的思考，并对曾经被视为"禁区"的一些文艺理论问题进行梳理，发表了《论形象大于思想》《论社会主义时期的悲剧》《马克思、恩格斯论悲剧冲突》等系列论文，引起人们的关注。

作为文艺理论批评家，饶先生似乎与诗人的精神气质相契合，她的评论集《心影》《文心丝语》等，显示出令人赞叹的对艺术形象的捕捉力和感应力，而且有一种诱人的诗情、诗味和诗韵在其间律动、流溢。饶先生的学生、中国人民大学博士生导师余虹教授把这种缘情而入理的批评方式称为"我性话语"，认为"它在本质上是诗意的"。饶先生因此被誉为"诗性批评家"。同时，先生的评论总是那么见微知著，没有"评头论足""指手画脚"之嫌，是与作者和读者的"对话"，亲切而自然，因此被批评界归为"婉约派"。

饶先生对文学的挚爱和婉约的批评风格赢得了学界的认同和学生们的心仪。正如钱谷融先生所言："在举世嚣嚣，人们都让眼前的一点小利小害迷失了本性的今天，芃子女士居然还能保持着对文学的执着的追求，纯真的依恋，实在是非常难得的。"她的来自香港的学生、《东方日报》编辑蔡益怀在解释自己为何辗转于九广铁路、追随饶老师6 年从学时也说："饶老师是用整个生命去拥抱艺术的诗性批评家、诗人理论家，同样，她也以一颗'诗心'去点化后学，激活我们沉睡的艺术心灵……我为自己有一个整个生命都跃动着艺术心灵的老师感到幸运和自豪。"

多年来，饶先生的学术研究，主要纵横于中外文艺理论、比较文学和海外华文文学领域，而这三者在先生的教学和研究中并无截然的界限：文艺理论是其学术的底座，比较文学和海外华文文学是它的延伸和拓展，其间贯穿着先生治学领域不断深化的原则性考虑：她将比较文学的世界视野和比较的方法引入文艺理论研究，拓展了比较文艺学这一新领域，而海外华文文学，则是先生理论研究的实证基础。

20 世纪 70 年代末期，比较文学学科在中国复兴，饶先生以她特有的学术敏感，于20 世纪 80 年代中期就从文艺学延伸到比较文学研究领域。她主持国家教委"七五"规划项目"中西戏剧比较";主编并撰写《中西戏剧比较教程》,该书于1989年出版,被称为中西戏剧比较的"拓荒之作",先后获得广东省优秀文科教材一等奖、全国首届比较文学图书二等奖、国家教委第二届优秀教材奖。1994年,饶先生与人合作的著作《中西小说比较》出版,强调以弘扬中国文化为目标,力图把中国文化的成果推向世界。在中西戏剧、小说研究方面取得了突破性的成果之后,饶先生以更加饱满的热情在比较诗学研究领域辛勤耕耘,并向纵深推进。10几年来,她出版了10几本著作(含与人合作),其中具有代表性的有《文学批评与比较文学》(1991)、《艺术的心镜》(1993)、《中西小说比较》(1994)、《本土以外——论边缘的现代汉语文学》(1998)、《中西比较文艺学》(1999)、《比较诗学》(2001)等,还主编多套比较文艺学、比较诗学丛书。其中《论中西诗学之比较》是饶先生有关比较文艺学的一篇纲领性论文。她认为,中西诗学之比较不是以一种诗学模式去"攻克"另一种诗学,而是突破各种界限,作"文心"上的沟通,必须坚持一种跨文化的诗学立场去构建"相遇"的"桥梁"和寻求"对话"的"中介",找出文学的共同规律,从而进一步实现中西诗学的互识、互证、互补,为建立更具世界性的现代诗学理论探索道路。

与此同时,饶先生倡导并介入海外华文文学研究,由于比较视野和方法的引进,她和她带领的学术群体着力于世界各地不同国家、地区华文文学的理论研究,以此为出发点,她进一步探索了海外华文文学研究作为一门学科存在的合理性与意义,努力为这一学科在中国大陆学术界的确立和发展拓展理论思路。如她近年发表的《海外华文文学命名的意义》《海外华文文学的新视野》《拓展海外华文文学的诗学研究》等论文,都是在这方面的前沿性思考,她分别从命名、方法论、理论视野诸方面领跑、启迪了国内的海外华文文学研究,使暨南大学成为海外华文文学研究的重镇。近几年来,饶先生和她的一批博士生在这一领域取得了引人注目的成果;现在,她又把目光扩展到了海外华人非母语文学,试图打通海外华人母语与非母语文学,在二者的相互比照中丰富和发展海外华人文学的研究层面。这为海外华人文学研究拓展了新的学术空间,对推动世界华人文学和文化的研究有着重要的现实意义。

面对自己所做的一切,饶先生还常常感叹自己没有达到理想的状态,她说:"我充满激情地写论文或著作,但完成之后很少满意,就像生出了一个不太漂亮的孩子。"她讲这话绝不是矫情,而是缘于理想主义者的真性情,缘于她对于人的能力生而有限的洞察。所以她年近古稀依然奋战在教学、科研的前沿,她依然不遗余力地提携后学,关注着学生学习、生活上的进步,为他们一点一滴的成就感到由衷的欣喜。

二、宽容、快乐的爱的施予者

饶先生身边的人,常常能受到她乐观天性的感染,而她的快乐,更多的是来源于对学生、同事、朋友的关爱和支持。

在一次访谈中，饶先生满含深情地谈到了自己以 97 岁高龄去世的外祖母：外祖母教育她要同情弱者、残者、贫穷者，要重视人与人之间的温情，"要乐于助人，能帮助人是我们的福气"，"对人好就等于对自己好"。这些平白却不乏哲理的话，影响了她的一生。

正是这样真诚的施与之心，使饶先生时时事事愿意为学生、为朋友去付出、去奔走。饶先生培养的博士张瑞德，因癌症而英年早逝。张瑞德生前在《永远不会忘记的爱》一文中满含深情地回忆老师对自己的关爱和帮助：

"记得，我手术后，第一个从广州打来电话慰问的是饶老师；第一个从广州写来信、寄来钱的是饶老师；1997 年元旦前，我收到的第一张贺卡又是饶老师寄来的……爱是真正的滋补品，爱是真正的灵丹妙药！这其中，恩师饶芃子教授的那一份，格外厚重，那么独特！她会使我永远无法忘记！"

而饶先生为张瑞德所做的不仅仅是解囊相助，她还亲自协调各种关系，周旋上下左右，解决他的住院经费，后来又为他的毕业论文撰写、答辩和找工作付出了许多心血。澳门学生汤梅笑亲眼看见饶老师为了同学着急、奔走的情形，感动之余暗暗疼惜自己的老师："我望着饶老师手拿话筒大声地发着急话，深切地感到她爱生如子的儿女心肠。她真诚地爱护她的学生，这是学生的福分，然而，她该有多累！"

对于张瑞德所受到的老师的爱，饶先生的学生无不感同身受。在毕业多年以后，饶先生当年的硕士生张廷波动情地回忆起这样一件往事：

"……我们迎来了在广州的第一个冬天，也领略到了广州冬天砭人肌骨的干冷。那天，我们照例去饶府上课，天权单衣薄裤，缩着脖子，迎着冷风，嘴里发出'唆唆'的声音。上完课，饶老师再也坐不住了，走到衣帽间，抱出一大堆衣服，一件一件地分发给我们……我只记得，饶老师将衣服分发给我们时，她的熠熠闪动的目光，给我们带来春的感受。"

在"非典"肆虐的 2003 年的春天，饶先生对学生的关爱感动着许多在学学生和学生的家庭：她定居新西兰的女儿为了增强家人的身体健康，从新西兰邮寄了 10 多瓶牛初乳回来，而老师却无私地将它们分发给了学生，说："大家都要增强免疫力，你们的孩子和爱人都应该吃一些。"

更难能可贵的是，饶先生爱的援手不只是伸向自己的学生，而是身边所有需要帮助的人。在当系主任和副校长期间，她为了系、学校学科的发展，先后调进了 10 多位高学历的青年教师。在人事调动、户口迁移非常困难的当时，她往往是在他们还没提出要求的情况下，就主动找他们交谈，牵线搭桥，解决了不少教师的后顾之忧。在担任暨南大学副校长期间，校长办公室有位女秘书经常迟到，先生详细询问了她迟到的原因。当得知其迟到的原因是由于小孩夜哭，她没有休息好时，饶先生就帮她找了一个儿科专家，治好了孩子夜哭的毛病，从此这位女职工上班再也没有迟到过。在参与学术评估、基金项目评估等工作时，先生总是多为晚辈说话，为那些不为人知而又专心治学的人说话，为学术圈内的"弱势群体"争取公道，争取从事学术研究的资源，而这些晚辈往往不是她的学生。对此，中山大学林岗教授感慨地说："在学术圈子里，'仗义执言'需要很多条件，例如需要敏锐的专业判断，需要超越一般的专业地位，需要热心奖掖晚辈的仁德爱心。饶师恰好三者具备。在耳闻目睹的诸多规划评估中，学界晚辈从饶师的'仗义执言'中获益匪浅。"

虽然"施者"并不是期望"受"才去"施"，但"施"与"受"的关系是辩证的。饶先生对学生、对后辈付出爱与关怀时没有想过回报，但她的乐于给予的天性确实感动、带动了身边的人们，因此也赢得了真诚的爱的回赠。

"文化大革命"中，饶先生受冲击，行动不自由。分配在潮汕地区教书的一个印尼侨生，从自己学生那里借了一个红卫兵袖章，连夜乘货车来到广州，买了罐头来探望饶老师，叫老师要想得开，一定要活下去，还说"生活离不开文学，文学离不开老师这样的人"。一位姓钟的学生是在部队工作的诗人，远在北方工作，也专程来暨南大学看望饶先生，他穿着全套的军装，不顾红卫兵的监视，给饶先生立正行军礼，并说"要从精神上支持老师"。她被隔离在干校劳动的时候，在校的一位学生跑到乡下去看她。他戴着农民的大斗笠，坐在一株大树后面，等着老师收工。当看到老师的身影后，他就对着饶先生大声喊："相信党，相信群众，我们都相信您！"正是学生的理解和支持给了饶先生活下去的勇气，熬过了人生中最苦难的岁月。如今，学生们没有了这样激情地回馈先生的机会，但学生们都知道老师平生最爱鲜花，所以每逢节日，饶先生雅致温馨的客厅里总是摆满了各种各样的鲜花，玫瑰、杜鹃、百合、君子兰……鲜艳的花朵和四溢的香气表达着学生们的崇敬和爱戴。

现在温哥华工作的昔日硕士生曹文静说她这一生最敬爱的两个女人：一个是养她的母亲，一个就是导师饶芃子。曹文静的父母虽然不了解女儿的学业和思想，却知道饶老师是女儿的知心人，所以每当他们在电视上见到饶先生，总是放下手中的事，坐在电视机前看女儿的老师，有时还叫邻居来："来看我女儿的导师，我女儿的恩师。"离开中国去美国的前夕，饶先生送她，曹文静依依不舍，她推着单车，在绵绵细雨中不断回头。曹文静说，"饶老师是我心灵上一幅永恒的画卷"，"离开她，总有一种离开母亲的感觉"。2002 年，饶先生访美的时候，曹文静不顾路途遥远，专程从得克萨斯州连夜乘飞机来到旧金山，为的只是看一眼多年不见的老师，为的只是与老师的一夜长谈。

三、身教胜于言教的严师

作为博士生导师，作为享誉国内外的知名学者，饶先生把学生当成自己学术生命的延续，所以学生一入门，就被赋予了一种学术使命感，他们在获得巨大的进取动力的同时，也有了巨大的压力。由于对饶先生的严格、严谨早有耳闻，所以刚进门的硕士生、博士生都有个苦读、苦思的过程，因为怕在先生的课堂上出不了彩，谈不出新见，所以只好用加倍的努力去弥补。

饶先生对学生严格，对自己更严格。从某种意义上说，正是先生对自己严格要求的言传身教，才使学生不敢懈怠。

首先，饶先生对待每一堂课的认真态度和高超的授课艺术是每一位曾经受教的学生感受最深的。同一门课，每讲一次一定要修正，要增加新的东西，她说："我不能交给我的学生发馊的东西。"正是这种自谦和不满足，使先生的每一堂课都成为学生们细细咀嚼的经典。深圳大学中文系主任钱超英教授回忆起多年前饶先生在大课堂讲授文艺理论的情形，饶先生授课时的风采可见一斑。"每逢饶老师讲课，我们这一大群加上其他来旁听的师生，把偌大一个阶梯教室挤得爆满。饶老师的课讲得投入而条贯，且每每把古今中外的作品顺手拈来，比如她能把《红楼梦》等名著主要人物出场的描写倒背如流，以绘声绘色的例证来解释写作、批评的种种理论问题，思路如流云追风，大气磅礴，十分抓人；对学生纷至沓来的疑问，则举重若轻，解答、批阅都常带感情，不像后来的许多批评理论，有复杂的逻辑阐释而少有对作品内容的生命感悟。多少年后，我们的老同学相聚，仍然认同那是印象最深的课程之一。"

不仅如此，学术界对于饶先生的学术发言也有同样的体会。她的发言，有如诗人的激情演讲，多数时候没有讲稿，滔滔不绝，侃侃而谈；她的思想睿智灵活，语调抑扬顿挫，古典诗词、典故信手拈来，配合着生动的表情和手势，字字句句打动人心；加上那与生俱来的优雅的仪态、气质，先生的每一次学术演讲，都给学界同仁留下深刻的印象。

俗话说，"台上一分钟，台下十年功"，饶先生台上的挥洒自如正是来源于她几十年如一日的勤奋积累。学生们都知道，饶先生是细读文本的典范。长期以来，她坚持阅读文学作品，一边阅读，一边做笔记，时时与来家里座谈的学生交流心得；连看到让她心动的电影或电视剧，她都不忘写下密密麻麻的感想，推荐给学生看，跟他们探讨。

饶先生尤其重视学生与学生之间、学生与老师之间的互动。她那股为学术"发烧"的劲头并不因年龄的增长而稍减，她的思路总能保持与时俱进的新锐、敏感和开阔。这一方面得益于她力求创新的精神和对事业持久不懈的专注，另一方面也得益于她教书育人时那种不拒一点一滴新知，喜与学生作平等交流的态度。"泰山不让土壤，故能成其大；江河不择细流，故能就其深。"在扶掖后学的同时也使为师者本人有所激发，这种教学相长的积极互动，的确是饶先生常葆其学术青春的一大特色。

饶先生这种着意在师生团队中培育情感、学术思想互动的做法被学生们称为"中国式的师生世界"。钱超英教授曾留学海外，也接到过澳大利亚麦理大学和西悉尼大学的博士教程录取通知书，但他没有去，而是选择了在饶先生手下攻读博士学位。在问及缘由时，他说："除了个人生活、工作上的具体安排之外，饶老师主持的这个中国式的师生世界的独特氛围，吸引着我那游子归家似的向往，应该也是一大因素。"

学生们说，饶老师所主持的这个"中国式的师生世界"确实给他们带来了无穷无尽的惠泽，无论是课堂讨论、预开题讨论，还是在老师客厅里喝下午茶时的闲聊，学生们都从彼此的互动交流中受益良多，尽管有时会为观点不同而争论得面红耳赤，但思想火花撞击所带来的精神享受却令人时时向往着这样的聚会。

在这样的聚会中，面对不同学术观念，饶先生体现出学者的大气学养和优容雅量。这大概受惠于先生对于比较文学的研究。"比较"使她更深地体会了不同文化和不同眼光的限度与差异，而尊重"他者"也成了她一贯的学术主题。在这样的聚会中，每一种见解都不许飞扬跋扈，每一种见解都会得到尊重。她提倡学术自由，但不是居高临下的施舍；她吸纳异己怪诞之见，但不是大慈大悲的降尊宽容，她是以自己的威望和权力守护而不是剥夺学术的自由与思想的独立。

饶先生在给予学生充分思想自由的同时，对于学生最终"产品"的要求却非常严格：一篇课程论文，大的修改就是四五次，在每一份修改稿上都留下了她红笔的圈圈、点点。对于硕士学位论文和博士学位论文的开题，先生更是精益求精，她的原则是"宁缺毋滥"，如果没有丰富的资料和前期积累，决不允许学生匆忙开题、敷衍成文。对于学位论文题目的选择，她坚持其一贯的原则："开口要小，挖掘要深"；"大处着眼，小处着手"。对于个别学生热衷于"制造论文"的现象，先生尖锐地指出，"不能只顾往外吐，还要吸收"，刹住了论文写作中的"速成"恶习。但如果学生学术的努力达到了某种程度，先生就会利用学术研讨会等方便，把他们推荐给相关的学术圈子；当学生写出了好的文章，先生也一定会把它推荐给有关的学术刊物。

正是饶先生这样的严格要求和积极扶持，培养出了被厦门大学应锦襄教授称为"骁勇善战"的"饶家军"。饶先生从20世纪80年代初期开始带硕士生，1993年领衔创立暨南大学文艺学博士点，每年都吸引了许许多多来自全国各地以及东南亚地区的优秀学子。从1983年至今，先生已经培养了数十位硕士、32位博士，其中有11位晋升了教授，5位已经是博士生导师，她所指导的博士学位论文已经有14篇正式出版。在担任中文系系主任和暨南大学副校长期间，她为暨南大学中文系学术梯队的建立付出了辛勤的劳动，使其形成了学历层次高、学术背景多元互补、年轻而富有生机和活力的学术群体，并成为国家文科基础学科人才培养基地。

47载，饶先生倾心守望的南国这片文学沃土，硕果累累。在她七十华诞到来之际，在温哥华工作的昔日硕士生在忆及老师的文章中由衷地写道："老师并不是一位女强人，她只是一个成功的女人。她成功并不因着她头上的种种头衔与光环；却是因着她对文学怀有与生俱来的迷恋与热爱；因着她对事业的那份执着；因着她对人生持有的那份真诚；因着她为人处世的那份睿智与豁达；因着她对家庭所倾注的全身心的爱。那是一位学者的成功，一位师长的成功，一位领导者的成功，更是一个真实的可以信赖的女人的成功。"

（刊登于《学位与研究生教育》2004 年第 9 期）

八百里秦川绽奇葩

——记著名材料学家、中国工程院院士张立同教授

李彩香[*]

2005 年 3 月 27 日，北京人民大会堂洋溢着热烈而庄严的气氛，2004 年国家科技奖励大会在这里隆重举行。在这次大会上，令人瞩目的是我国连续 6 年空缺的国家技术发明一等奖终于诞生了。共有两项成果获此殊荣，其中一项是由我国西北地区高校唯一的女院士、位于古城西安的西北工业大学张立同教授率领的科技创新团队在"耐高温长寿命抗氧化陶瓷基复合材料应用技术研究"领域的成果获得。为张立同院士颁奖的是国务院总理温家宝。当温家宝总理紧握张立同院士的手向她表示祝贺时，这位坚强的女院士眼睛湿润了。在这荣誉的背后，是张立同院士几十年来以赤诚的爱国之心和强烈的报国之志、以一个科学家勇于探索的奉献精神在八百里秦川这块热土中所走过的艰难历程和付出的无数心血。

执着铸辉煌

张立同 1938 年出生于四川重庆，她的童年是在抗日战争的战火中度过的，那段在川、黔、桂逃难的经历在她幼小的心灵中刻下深深的烙印。她父亲是个忧国忧民的律师，从小受父亲"没有国哪有家"的熏陶，国家在她心中深深地扎下了根。抗战胜利后，父亲带着一家人几经辗转回到北京。中学时代，她勤奋好学，刻苦用功，被评为北京市第一批"三好学生"。1956 年，她以第一志愿考入北京航空学院热加工系，1956 年 9 月，随国家院系调整，她来到西北工业大学热加工系铸造专业学习。结束了 5 年紧张的大学生活，她没有回北京，选择了西北工业大学。从此，张立同在西北这块沃土上开始了她几十年的奋斗征程。

20 世纪 70 年代初，发达国家已将一些重要的航空发动机涡轮叶片生产由锻造改为无余量熔模精密铸造，叶片的工作面无须加工就可达到所要求的尺寸精度和表面光洁度。当时，我国的熔模铸造技术还十分落后，即使增加抛光余量的叶片，变形报废率仍

---

* 李彩香，西北工业大学党委宣传部。

高达 30% ~ 50% 。当时，一片高温合金叶片的价格相当于张立同 4 个月的工资，这对于我们积弱积贫的国家来说是多么大的浪费呀！对祖国的挚爱，对科学的追求，以及强烈的忧患意识，使张立同在那样一个批判"唯生产力论"逆风劲刮的年代，勇敢承担了"高摄合金无余量熔模精密铸造叶片新工艺研究"课题。

抗战时四处逃亡的经历，磨砺出了她一股百折不挠的勇气和敢为天下先的锐气。当时不少人都涉及过叶片变形问题的研究却没有得出结果，"叶片变形无规律可循"似乎成了"真理"。她不信邪，"明知山有虎，偏向虎山行"。经费有限，仪器奇缺，资料空白，怎么办？她决心首先获得叶片变形的第一手资料。为此，她与工厂技术人员、工人一起跟班生产，亲自测量了上千个叶片在 10 余道工序中的尺寸变化规律，测定了叶片在浇铸过程中的温度场变化；同时，她和同事一起，自己动手研制了成套"熔模铸造用陶瓷型壳高温性能"的测试仪器，获得了陶瓷型壳高温性能变化的大量数据。经过半年不分昼夜的工作，从获得的数万个数据的分析中，她发现了刚玉陶瓷型壳的高温软化变形机理和叶片的铸造热应力变化的特点，终于寻找到叶片变形规律，首次从理论上全面揭示了航空发动机涡轮叶片在熔模铸造过程中的变形规律和本质，为无余量精铸工艺研究提供了重要的理论依据。这一研究成果引起同行的极大关注，获得了高度评价，著名材料学家周尧和院士兴奋地对张立同说："顺着这个思路走下去，一定能解决叶片变形问题。"这时的张立同并没有笑容，她深知这只是迈进了门槛，以后的路程更艰巨。她领导课题组全面铺开了"无余量熔模精密铸造新工艺"的研究工作。

为了搞清刚玉陶瓷型壳的变形问题和寻找新材料，她刻苦攻读陶瓷专业的理论知识，四处去调研，在国内率先提出发展"具有优良中温抗蠕变性"的高岭土陶瓷型壳材料替代昂贵的电熔刚玉的思路，先后研制成功上店土、峨边土等新型陶瓷型壳材料，成功地解决了困扰航空熔模铸造生产十几年的刚玉型壳高温变形问题。她还揭示了熔模铸造模料组成、微结构与性能的关系，研制成功一系列高性能模料，研究发展了保温壳体新工艺和低热应力熔铸工艺等。1976 年，用上述工艺铸造出我国第一个无余量叶片，验证了无余量工艺材料的潜力。

机遇总是垂青有准备的人。1976 年，我国引进英国斯贝发动机专利，其中重金购买的"无余量熔模铸造技术秘密"中，陶瓷型壳材料、模料和陶芯等分属三个厂家专利，还需另花大量外汇去买。在大家束手无策、进退两难时，张立同抓住了这个机会，胸有成竹地提出用他们课题组自行研制的上店高岭土材料和模料来替代进口材料，研制无余量叶片的任务，并毅然承担了这项国家急需的攻关项目。

这个项目不仅涉及大量研究工作，还涉及不少材料的定点生产问题。1976 年的天灾人祸使得不少生产部门处于瘫痪状态，研究工作的难度是可想而知的。但是，"国家需要"的号令鼓舞着她去克服困难，张立同带领课题组即使在"闹地震"的高潮中，仍然坚持留在工厂。她是一个学者，更像一个将军，指挥着她的部队在科学的战场上奋勇驰骋。用"见山开路，遇水搭桥"来形容，更能描绘出他们的科研历程。为了寻找材料的定点厂，她跑遍了铜川矿区；没有设备仪器自己研制，终于开发出高温强度、透气性、膨胀、抗蠕变、表面润湿仪等十多种材料性能的测试仪，填补了国内空白。

张立同夜以继日地工作，已经没有白天黑夜之分。一天深夜，她独自在实验室工作，由于实在太累了，她一不小心被喷出的高温蜡糊住了双眼，灼热的痛苦以及旷日持久的疲劳几乎使她丧失信心，委屈和伤心一刹那涌上心头。可是第三天，眼伤还未愈，她又进了实验室。凭着这种拼命精神，张立同带领课题组经过1 000多个日日夜夜的奋战，1980年，用铜川上店土型壳材料铸造成功我国第一批高精度、低粗糙度的斯贝低压一级无余量空心导向叶片。英国罗尔斯·罗伊斯公司的专家持着怀疑的态度将上店土型壳材料、模料和叶片带回英国鉴定。在精确的测试数据面前，英国专家信服了。专家的书面鉴定说：我国无余量叶片的"尺寸精度和内部质量与英国罗尔斯·罗伊斯发动机公司斯贝发动机叶片相当，表面粗糙度还略低于英国叶片"；"上店土是一种非常令人满意、具有非常好抗蠕变性的型壳材料"。从此，张立同他们的无余量铸造工艺研究成果得到国际认可，我国的熔模铸造水平终于进入了国际先进行列，这为发展我国新型发动机复杂内腔叶片及薄壁复杂整体构件的生产奠定了理论和工艺基础。铜川上店土型壳材料也被正式命名为"中华高岭土型壳材料"。这一材料的诞生，为我国进一步发展优质型壳材料开辟了一条新路，满足了国内高精度熔模铸件的要求，生产的铸件远销国外，产生了巨大的经济效益。

科学的春天更激发了张立同的斗志，她没有停歇，又带领课题组接连突破了"铝合金石膏型熔模铸造"和"高温合金泡沫陶瓷过滤技术"等航空重大课题的技术关键，1985年一举获得国家科技进步一、二、三等奖共三个奖项。

勇攀新高峰

在日夜奋战的日子里，张立同不曾想过要得到什么，而一旦得到诸多荣誉，她又觉得自己做得太少，一种责任感驱使她向更高的目标迈进。1987年，张立同根据国际航空航天材料的发展趋势和从事高温陶瓷材料研究的基础，又提出发展航空航天高温结构陶瓷的新方向。1989年4月，张立同作为高级访问学者来到美国NASA空间结构材料商业发展中心的实验室，她是进入该实验室唯一的中国大陆学者，承担了美国未来大型空间站结构用连续纤维增韧陶瓷基复合材料的探索研究工作。

1991年1月，张立同怀着报效祖国的强烈愿望带着在国外研究的成果回到西北工业大学。近两年的国外研究经历使她更明确了航空航天用结构陶瓷一定是高可靠性的，更坚定了发展"具有类似金属断裂行为的连续纤维增韧高温陶瓷基复合材料"的决心和占领这一高技术领域的信念。她带领学生们共同走过了研究工作中艰苦的历程。为了在我国发展连续纤维增韧高温陶瓷基复合材料，她到处呼吁，四处奔走争取经费，却没有得到支持，于是课题组就在经费十分困难的情况下因陋就简自制了一台热压机。

1992 年的冬天特别冷，为了调试热压炉，他们在冰冷的实验室度过了春节。功夫不负有心人，课题组很快在热压自增韧氮化硅性能上取得了突破性进展。

1993 年的全民经商风又给张立同课题组带来了新考验，是放弃航空材料研究去搞开发，还是坚持发展陶瓷基复合材料的方向？她发动大家进行了热烈讨论，"我们不能散伙，既要做教授，还不能做穷教授"，"要发挥群体力量去赚钱，稳定队伍、积累资金，等待机遇发展陶瓷基复合材料"。从此，张立同课题组确定了"航空为本、广打基础、重点突破、军民两用"的发展策略，全组齐心协力，当年就在高温陶瓷材料的应用开发上取得了很好的经济和社会效益。他们还利用挣来的钱，研制了一台纤维增韧碳化硅陶瓷基复合材料制备的小型 CVI 炉，拉开了"碳化硅陶瓷基复合材料研究"的序幕。

"碳化硅陶瓷基复合材料研究"很快有了结果，初步的性能数据令人鼓舞。在"九五"课题计划中，"连续纤维增韧碳化硅陶瓷基复合材料"终于被列为国防预研课题，但意想不到的困难也接踵而来。当他们把实验型技术与设备向工程型转化时，所遇到的困难几乎使张立同课题组对 CVI 工艺丧失信心。1995 年，国际 CVI 碳化硅陶瓷基复合材料的技术鼻祖、法国波尔多大学 Naslain 教授被盛情邀请到西北工业大学，张立同他们希望能得到他的启示。Naslain 教授在看过他们研制的设备后，毫无表情地说了一句话："我掌握 CVI 工程化技术花了 20 年，你们至少要用 10 年。"

他们不信邪，师生五六人夜以继日地泡在实验室做试验，然而却做不出一炉性能合格的试样；"九五"课题中期检查时，差点被亮了黄牌，他们真正品到"至少 10 年"的味道。失败更增加了强者的斗志，他们先后做了 4 代 CVI 设备，试验了 400 余炉次，整整用了 3 年时间，在 1998 年年底终于制备出第一批性能合格的试样；又经不断改进，于 1999 年全面突破了碳化硅陶瓷基复合材料制造工艺与设备的一系列核心关键技术，材料的性能达到国际先进水平，从此打破了西方国家对我国的技术和设备封锁，获得了 6 项国家发明专利，形成了具有独立知识产权的制造工艺及设备体系，建成我国第一个超高温复合材料实验室，使我国一跃成为继法国和美国之后，全面掌握碳化硅陶瓷基复合材料 CVI 制造技术及其设备的第三个国家。采用该技术制备的多种 SiC 陶瓷基复合材料构件在不同发动机上均一次试车成功，在航空航天高技术领域和材料界引起轰动。就在 1995 年张立同教授当选为中国工程院院士之后，她的科研工作也如日中天，国内多家航空航天部门纷纷上门来商谈合作，国际会议也纷纷邀请张立同院士做特邀报告，相关成果通过了由国防科工委主持、有 7 位院士参加的技术鉴定，总体技术进入国际先进行列。

十年磨一剑，张立同和她的研究群体抵制了学术界的浮躁风，他们深信，科学的道路是一步步走出来的。张立同在胜利面前没有止步，也没有去赶时髦换方向，而是提出要做强、做大的发展新思路。他们先后又获得国家安全重大基础研究、国家"863 计划"和国防基础研究和型号等 10 余项国家项目的支持，建立了跨学科的合作队伍。为满足国内外对 SiC 陶瓷基复合材料迅速增长的需求，已逐步形成了基础研究、应用研究和应用开发相融合的发展链条，发展产业、降低成本、建立中国品牌，以解决"用得起"的问题。

Naslain 教授 2001 年再次来到西北工业大学，看到大小各异不同规格的 SiC 陶瓷基复合材料构件非常惊讶。后来他在给张立同院士的一封信中说："我一直在关注你们实验室的发展，我认为你们实验室不仅是一个中国的重点实验室，而且也是一个具有国际先进水平的实验室。"是啊，10 位教授、20 位博士、100 余名研究生，1 000 平方米的国际化标准厂房、3 000余平方米的实验大楼、一系列自行研制的国内独一无二的复合材料制造设备和多台进口的复合材料测试设备，同法国波尔多大学、德国宇航院、日本京都大学、韩国机械研究院以及多家国外大公司的紧密联系，使超高温复合材料实验室正在向名副其实的国际化实验室迈进。

悉心育人才

张立同在科学道路上凭着自己百折不挠的毅力取得了骄人的成绩，在人才培养工作中，她又以严谨的治学态度为国家培养了一大批高科技人才。在学生心目中，张立同是一位治学严谨、学养深厚、境界高远的良师，她襟怀坦荡，有大家风度，无名人架子。在她的周围，活跃着一批朝气蓬勃的年轻人，大家和她谈理想、谈人生，她对人生的感悟值得每一位学生学习。

材料系专业一般为铸、锻、焊、热处理，乍一听，让人发怵，女生尤其对其有恐惧心理。当女生们每每感叹她所取得的成绩时，张立同总是说，科学研究是不拒绝女性的，关键是要有执着的精神和忘我的劳动热情，年轻人应该坚信，没有跨不过的高山，没有做不成的事。她经常对她的女学生说，不论男人还是女人，一定要活得有价值，价值不在于高低贵贱，而在于对别人、对社会的贡献。女同学从心理、智力上都不比男同学差，男同志能办到的事，女同志同样能办到。在她的鼓励和感召下，个别对自己所学专业不满的女同学，对自己的事业有了正确的认识。

在研究生培养工作中，张立同认为，研究生教育肩负着为国家现代化建设培养高素质、高水平、高层次、创新性人才的历史重任。因此，在研究生培养过程中采用何种模式、何种方法，最终达到什么样的目的是张立同院士经常思考的问题。

张立同常说："没有创新，就没有超越。"正是基于这种科学的认识，她总是要求学生进行创造性研究。她坚持两周进行一次课题组学术交流会，让研究生汇报论文进展，教授做专题介绍，实验人员提实验工作建议，鼓励学生的创新精神，注意培养课题组浓厚的学术气氛。她严把研究生论文质量关，总是和研究生一起逐字逐句推敲论文，反复修改，要求论文要有新的观点及深入的理论分析。研究生说，张老师指导的论文至少修改三遍才能过关，连文字、标点也不能错。榜样的力量是无穷的，研究生们秉承张立同的作风，自觉地把"新试验、新数据、新分析、新理论"作为评价论文的标准，要"言人所未言，见人所未见"。

严谨的治学思想、辩证的治学观点、创新的治学态度结出了累累硕果：张立同培养的硕士生有70%攻读了博士学位，已毕业的30多名研究生中，大部分在各自岗位上独领风骚。张立同的学生成来飞教授现为西北工业大学博士生导师，任超高温复合材料国防重点实验室主任，荣获教育部青年教师奖和国家杰出青年基金；博士生导师徐永东教授现任西北工业大学超高温复合材料国防重点实验室常务副主任，荣获教育部跨世纪人才基金，2005年被评为"陕西省十大杰出青年"；博士后叶枫和已毕业的博士殷小玮获德国洪堡奖学金；潘正伟博士在纳米材料研究领域取得了重大突破，研究论文先后在国际权威刊物 Nature 和 Science 上发表；在读博士生苏娟华发表的论文已被 SCI 收录10多篇；还有李镇江博士、黄剑锋博士、熊信柏博士等的论文发表在国际、国内著名杂志上，博士生们还分别在其研究领域里申请了10多项国家发明专利。

在治学的道路上，张立同以一位严师著称；在日常的生活中，她又是一位值得尊敬的慈母，她以女性特有的细心给了每位学生母亲般的关爱。有一次，张立同接电话得知，一名研究生的姐姐因车祸去世，她立即派人买好飞机票，等第二天该研究生考完试后，她将实情告知，这位学生既没有耽误考试又及时赶回了家。每当提起这件事，这位研究生总是感动地说："我不仅遇到了一位好老师，更遇到了一位好母亲。"

张立同的一位新婚不久的女博士生在一次晚上下班回家的路上和丈夫双双出了车祸，当这位博士生被抢救过来得知自己的丈夫已永远地离开自己后，悲痛欲绝，对生活完全失去了信心。张立同就一直从病房到她出院不停地开导、安慰她，终于使这名学生树立起了生活的信心，并圆满完成了学业，获得了博士学位。张立同的学生说，像这样的事例太多太多了。

一位美国电子工程教授请张立同剖析一种电子材料的功能故障，她很快解决了问题，这位教授十分感激，要支付高额酬金，张立同婉言谢绝："中国人更注重友情。"美国教授为此称赞她："你是一位真正的学者。"一位中国博士研究生在论文中遇到一个透射电镜制样中的材料难题，在此之前一个法国留学生因没有解决这个难题而被教授"炒了鱿鱼"，这位中国学生也面临着同样的窘境。张立同教授立即伸出援助之手，指导他很快解决了问题。"学者两事，道德文章"在张立同身上体现的人格魅力让人折服。

在谈到如何培养年轻人的问题时，张立同曾经这样说过："现在我已年过60，也许在院士中还算年轻，但是必须承认，已步入人生历程的老年期，创新思维的鼎盛期已过。我要逐步将核心地位转移到年轻人身上，否则就会挡路了。"大音希声，朴实的话语尽显大家风范。人如斯言，在她的精心培养下，课题组已建立起一支由年轻博士组成的高素质学术梯队，在他们之中，有一人获得国家杰出青年科学基金，一人获教育部高校青年教师奖，两人获国务院政府特殊津贴，两人获教育部跨世纪优秀人才基金资助，一人获国防科工委委属高等院校优秀教师称号，一人获国防"511 人才工程"学术技术带头人称号。但她不满足于现状，殚精竭虑的是青年人的成长和学术梯队的建设。她奋斗的目标是要搭建一个平台，一个提供全方位材料科学研究的大舞台，一个真正产学研相结合的大舞台，一个年轻人可以施展才华的大舞台。

"一个女人能走多远？"张立同院士以自己突出的业绩做了回答。她登上了许多男同志也难以企及的高峰："八五""九五"期间，课题组共承担了国防预研、航空型号、国家基金、部委基金、横向协作项目等 26 项课题；她先后主持国家和部委级重大和重点项目 30 余项，获国家科技进步一、二、三等奖共 4 项，省部级一、二等奖 13 项，发明专利 6 项，发表论文 260 余篇；她先后获"全国三八红旗手""部级优秀研究生导师""国家级有突出贡献中青年科技专家"等荣誉称号，光荣地当选为全国人大第九届代表和陕西省第九届人大常委会委员。在常人眼中，这够风光的，但对待名利荣誉，张立同却淡泊视之。多年来，无论是报奖还是定职，张立同从来不争，甚至申请中国工程院院士，也是领导反复动员后才填的表，在她的心目中，唯有事业最风光。

创造不息，攀登不止。如今，已过花甲之年的张立同院士仍在她生命的金秋为崇高的事业不断地求索奉献，她将用自己的执着和赤诚在我国的国防事业发展史上写下精彩的一笔。

（刊登于《学位与研究生教育》2005 年第 9 期）

大师的风范 创新的团队
——记北京理工大学毛二可院士及其创新团队

龙 腾[*]

龙 腾[*]

2006 年6月3日下午，在北京人民大会堂，我的导师、中国工程院院士、北京理工大学雷达技术研究所毛二可教授作为全国50名优秀共产党员之一，接受了胡锦涛主席的接见。此时此刻，从风光秀丽的南海之滨到白山黑水的北国边疆，由毛老师带领的团队取得的一项项科研成果已装配在国防系统各个部位，在默默地保卫着祖国的领土、领海和领空。

在繁星闪烁的苍穹，一颗新的卫星刚刚升空。当卫星获取的数据从天空传到地面，在祖国边陲的多个地面接收站里，由毛老师带领团队研制的卫星快视处理系统正在飞速地运转，显示屏幕不断滚动，一张张实战需要的卫星图片清晰可见。

在祖国中部腹地，一个电子靶场的雷达正在模拟敌方雷达工作。这时，由毛老师带领团队研制的电子干扰器突然开机，"敌方"雷达显示屏上立刻出现多个假目标，电子干扰器造成的假象迷惑了"敌人"，看上去如同我军数十架战机正向他们逼近。

在祖国的西部大地，一枚火箭在烈焰中腾空而起，将一颗探索卫星送进了轨道。卫星上装载着由毛老师带领团队研制的我国第一台星载雷达测量仪，在太空中执行着重要而特殊的使命。

这些充满尖端技术的卫星快视处理系统、灵巧欺骗干扰系统、星载雷达测量仪，都是毛老师带领北京理工大学雷达技术研究所创新团队取得的成果。

一、选准方向，深入研究，形成核心竞争力

1964年，国防科委在北京工业学院成立了雷达技术研究室，这就是今天我们雷达技术研究所（以下简称"雷达所"）的前身。20世纪80年代，毛老师带领雷达所连续获得了4项国家发明奖和近10项省部级科技奖，为团队日后的发展奠定了牢固的基石。但在进入20世纪90年代以后，雷达研究面临生存环境的两大改变：从外部讲，军用雷

达研究开始出现激烈的竞争，雷达所的传统研究方向已被研制雷达整机的科研机构所涉及；从内部讲，应届高中毕业生开始热衷于报考就业好、收入高的通信专业，而不愿意报考毕业后工作辛苦、收入不高的雷达专业。这直接影响到雷达研究所的发展。

还要不要坚持以雷达为主的科研方向呢？有人主张将研究所的科研方向转向来钱最快最多的电子技术研究领域。面对新情况，毛老师从我国国防事业的需求出发，力排众议，坚持研究所定位不变。他说："我国的国防事业需要雷达技术，我们的研究专长是雷达技术，研究方向不能改变。"

对于如何拓展新的生存空间，毛老师想出的办法把大家都吓了一跳。毛老师说："从现在起，我们不仅要研究雷达部件，而且要研究雷达整机。"这个想法一提出来，团队成员都大吃一惊：一个只有10几名教师、只搞过雷达部件的小研究所，连专业方向都不齐全，怎么研究雷达整机？

但是毛老师审时度势，看到了国防科技的发展趋势和未来战争的实际需要，也看到了团队潜在的优势。他多次对老师和研究生们说："我们要研究的雷达整机，不是传统、成熟的雷达，也不是国外先进雷达的简单翻版，它应是符合雷达技术发展规律和我军未来作战需求的新体制雷达。研究这种新体制雷达可以发挥高等院校智力密集的优势，是我们这个团队唯一的出路。"以后的实践表明，毛老师的预见完全正确。他带领团队研制新体制雷达，取得了多项自主创新成果。

毛老师迈出的第一步，是研制矢量脱靶量测量雷达。为研制这种雷达，需要在海边做大量的试验，条件相当艰苦，有时甚至有生命危险。有一个冬天，毛老师带领学生在船上观察调试设备，一个学生抱着仪器在甲板上行走时，由于甲板上结了厚厚一层冰，这个学生脚下一滑，半个身子掉进了冰冷的海里，如果不是毛老师一把抓住仪器的电缆拉住了他，后果不堪设想。还有一次，毛老师带领团队在海上连续工作了两天，人已经筋疲力尽，谁知在返航途中，基地又发来指令，要求他们连夜再赶赴打靶海域，从靶船上取回数据。当时海湾的风浪很大，白天爬到靶船上9米多高的支架取数据都非常危险，何况是深夜！但课题组却二话没说，立即掉转船头驶向外海，取回了数据。

毛老师和他的团队就这样呕心沥血，历经8个寒暑，终于完成了雷达定型，成果在陆海空各个领域推广使用。一位试验基地的高级指挥员评价说："毛二可院士及其创新团队研制的矢量脱靶量测量雷达，就是用先进的科学技术，保障我军的导弹能够精确地命中目标，为赢得战争胜利提供最可靠的保证。"

毛老师带领团队取得的另一项重要创新成果，是通用模块化实时信号处理系统。这项研究起步之前，美国已有成熟的军用标准。毛老师说："我们不能完全照搬美军的标准，要根据国内的实际情况走自己的路。"

从1995年开始，毛老师带领团队研制第一代到第四代通用处理机，终于研制成具有完全自主知识产权、可以充分满足实战需要的货架产品，已推广应用于雷达、制导、航天遥感、卫星导航等多个领域，形成一种我军装备信息化的基础计算平台。

从 20 世纪 80 年代的辉煌到 21 世纪的更进一步，毛老师带领雷达所探索了高等院校基层科研单位的生存、发展之路，其精髓就是不盲从于抽象的理念和国外的经验，而是从国内需求和技术发展的自身规律出发，独立自主地提出创新的解决办法；沉下心来，做深、做透每一个技术细节，形成自己的核心竞争力。这种发展思路，来自毛老师对学术规律的准确把握和洞察力，来自他不盲从、不跟风、独立自主的创新精神，来自他对党的事业、对国防科技和教育事业的执着和热爱。

二、关心、爱护青年人才，打造年轻的创新团队

就在毛老师为雷达所苦心探寻学术方向的同时，打造新一代创新团队又成为另一个更为艰难的担子，压得他几乎喘不过气来。20 世纪 80 年代后期，由于脑体倒挂严重，国防、教育投入不足，高校教师待遇偏低，雷达所年轻人才流失严重。眼看着自己培养的优秀人才一一离开，毛老师不止一次忧伤地说："我们花这么多钱买来的仪器设备，将来给谁用啊？"

1994 年冬天，我自己也要博士毕业了。毕业之后何去何从，这是每一个青年学生都要面临的人生选择。当时我已在毛老师的指导下研究了五年雷达和信息处理，对导师、对专业、对学校都有了很深的感情。记得刚到北京理工大学的时候，我在专业上一无所知，是毛老师手把手教我怎么做电路、如何编软件。每当和他谈起雷达、谈起信息处理时，平常沉默寡言的毛老师都会滔滔不绝，经常会忘了吃饭的时间，同学们甚至开玩笑说"不能和毛老师谈雷达，一谈就完不了，吃不上饭"。当我在科研中遇到困难的时候，他总是鼓励我说："要闯出一条路来。"他理解的眼神和鼓励的话语，是我一次又一次战胜困难的坚强后盾。

我知道，在当时的情况下，如果选择留校，就意味着接受清贫的生活和艰苦的工作。毛老师自己就曾一家四口人 20 多年挤在一间仅有 12 平方米的教师宿舍里；为了科研，他完全没有"业余时间"的概念，晚上和周末都在工作；他对生活的要求也简化到了极点。过着这样的生活，他追求的又是什么？孔子曾评价自己的弟子颜回：一箪食，一瓢饮，在陋巷，不改其乐。毛老师身居陋室，关心的却是科学的发现和探索；他失去了很多常人生活中的享乐，但却在科研中体会着最大的快乐。我如果留校，也许一直会清贫艰苦，但是毛老师在清贫艰苦的生活中却锻造出渊博的学识、丰硕的成果和桃李满天下的人才。我从内心深处深深地敬仰和钦佩毛老师，愿意追随他从事雷达研究事业，希望自己能成为像他一样的人。

我决定留校以后，为了解决我们这些青年教师的生活待遇问题，毛老师多次找校领导反映情况，终于帮我申请来一个 12 平方米的筒子楼宿舍。从外地回校工作的高梅国博士，有两年的时间既没有北京户口也没有学校的教师身份，毛老师就从老教师的奖金里挤出钱来，给高梅国发工资和奖金。毛老师和他的老同事对雷达所的青年教师和学生

就如同对待自己的孩子，既严格要求，又呵护有加。雷达所的每一步发展，都凝聚了毛老师的无尽心血和情感。

为了打造新一代的创新团队，毛老师不仅以他的知识教诲人、以他的精神力量感召人、以尽可能的待遇挽留人，更重要的是，以责任和重担培养人。1996 年，我和高梅国刚刚留校不久，毛老师就推荐我们两人同时担任雷达所的副所长。1998 年，吴嗣亮博士后出站留校工作，很快就成为团队最大的脱靶量测量雷达项目负责人。2000 年，我和高梅国、吴嗣亮三人以 34 岁的平均年龄同时成为北京理工大学的教授、博士生导师。2004 年，赵保军、曾涛又同时成为博士生导师，当时曾涛只有 33 岁。毛老师以他的人格力量和对青年人才的无限关爱，终于为雷达所培养了一批中青年学术带头人，奠定了雷达所今天蓬勃发展的团队基础。

三、团结人、培养人、宽容人，成功建立大团队管理模式

在确定学科方向、打造科研团队的同时，毛老师还有一个一直在思考的问题，就是雷达所的管理模式。

20 世纪 80 年代，毛老师和他的同事们出于对党的事业的共同关注和热爱，把雷达所的全部科研经费、实验室设备等公共资源集中起来，实行统一管理和调度。这种管理模式有利于综合调度团队的人、财、物等各种资源。在这种管理模式下，毛老师和雷达所的同志们将科研结余的经费集中起来用于实验室建设，10 年间自主投入了 220 万元，而他们当时的工资每月只有几百元。

进入 20 世纪 90 年代，外界对雷达所的管理运行模式发出了议论：美国的高校基本都是一名导师带几个研究生，搞成分散的小团队，国内不少高校也是这样做的，为什么雷达所偏偏要搞成集中统一管理的大团队呢？

在各种议论和压力面前，毛老师再一次表现了不盲从、不跟风、一切从实际出发的独立思考和自主创新精神。他说："课题组长负责制，难以适应雷达领域系统创新和技术创新需要多学科联合攻关的要求。集中管理模式有利于集中全所资源和力量，构建大团队、形成大平台、承担大项目、产生大成果。"以后的实践再次证明了毛老师的眼光和远见。

1999 年，矢量脱靶量测量雷达的研究正处于十分艰苦的阶段，前期经费已经用完，而后续经费还遥遥无期。大团队集中管理的优势立即显示了出来。团队用其他项目结余的经费支持这个项目，使矢量脱靶量测量雷达研究顺利渡过难关。参与研究的一位老师感慨地说："如果不是有毛老师，如果不是实行大团队集中管理，这个项目早就垮了。"2000 年，有一个单位希望我们研制一种图像跟踪信息处理机，这是一个新的领域，我们以前没有研究基础。大团队集中管理的优势再一次凸显出来。团队在全所范围调动精兵强将，很快拿出了样机，为雷达所开辟了一个新的研究方向。

从一个课题组单独打拼发展到多个课题组互相配合；从单一的雷达研究领域扩展到国防科研多个领域，雷达所的发展始终得益于以大团队为基础的管理模式。而要维系这种模式，除了要健全各种规章制度之外，团队的团结是核心问题。1993 年，当我还是一个博士生的时候，一天晚上，毛老师照例在深夜回家之前巡视检查学生功课。他来到我们实验室，当时我和一位同学正在讨论学术问题。毛老师回答了我们的提问后，突然问我们说："你们觉得雷达所发展最重要的因素是什么？"我们两人都不知怎么回答。毛老师说："雷达所发展最重要的因素是团结。人心齐，泰山移，你们以后一定要记住。"谈话一直持续到午夜，毛老师才在浓重的夜色中离开实验室。那次谈话和毛老师对团结的重视深深地留在了我的记忆里。10 几年来，雷达所一直沿着这个方向奋斗。尽管雷达所领导更换了一代又一代，团结和谐始终是雷达所不断发展壮大的内在动力。而毛老师"凝聚人、培养人、宽容人"的为人准则，始终是雷达所成功建立大团队管理模式、营造团结和谐氛围的力量源泉。

四、钟爱学术、乐在其中

毛老师治学严谨，对虚假数据深恶痛绝。为培养学生严谨的学风，他经常亲自参加学生的实验，且一再告诫他们：实验结果不能光听别人说，一定要自己动手去做。一次，我们要做一个信号调试的实验，为了避免微波辐射影响其他人身体健康，实验要从夜里 12 点开始。那时，毛老师已经快 60 岁了。我们都劝他回家休息，可是他坚决不肯，一直坚持指导我们到第二天早晨 7 点钟，实验数据和结果出来后，他才拖着疲惫的身子离开实验室，开始他第二天的工作。虽然毛老师已培养出了一支科研团队，有些实验他大可不必躬亲，但是为了获得科研成果的实测数据，他总是亲自到实验现场。在现场试验中，他曾被高压电击倒，手臂被撕裂，但为了不影响科研进度，他仍坚持在现场。

在为雷达所确定了学科方向、培养了研究团队、建立了管理模式之后，雷达所开始进入快速发展的时期。而当年白手起家、艰难创业的毛老师和雷达所的开拓者们，却在这收获的季节选择了退居二线，把他们亲手开创、蓬勃发展的事业放手交给了年轻一代。

离开行政工作以后，毛老师最大的乐趣就是在办公室里拿着计算器和笔在纸上写写算算，根据自己了解的国内需求，亲自设计新体制雷达系统的总体方案。每次只要一说起雷达，他立刻就会兴奋起来，拿出新写的方案和测算的指标，详细地说起每一个细节，完全沉浸在新体制雷达和技术方案的快乐世界里。他敏捷的思维和对技术的把握，完全不像一个 72 岁的老人，让我们这些年轻人都自叹不如。从 2004 年到 2006 年，毛老师亲自设计、撰写了 10 多个项目建议书和详细方案，有很多项目他还要亲自去答辩。可是每次项目申请成功之后，他总是把项目负责人写成我们年轻人的名字，把自己的名字放在我们后面。在他的眼里，我们仿佛仍然是当年环绕在他周围的那些学生。虽然他已经年逾古稀，却仍然在为我们付出无限的关爱。

　　从1951年到2006年，55年过去了，青丝已变成白发。毛老师带领雷达技术研究所，为中国的国防科技和教育事业奋斗了半个多世纪。从他身上，我们看到了一位国防科技战线学术大师的风范。他一切从实际出发，自主创新，艰难创业；他教书育人，潜心科研，淡泊名利。他以崇高的品德、卓越的学识和几十年如一日的勤奋努力，为雷达技术研究所建立了新的学科方向、科研团队和管理模式，为高等院校的基层科研单位在国防科技领域的创新研究闯出了一条新路。我们要把毛老师开创的事业不断发扬光大，为国防科技和教育事业的发展做出更大的贡献！

（刊登于《学位与研究生教育》2006年第8期）

程千帆先生是怎样指导研究生的

徐有富*

1979 年9月18日上午，莫砺锋、张三夕和我第一次叩开了程千帆先生的家门，望着满头银发的程先生不禁肃然起敬，从此我们便踏上了艰辛而又快乐的求学之路。现就程先生如何指导研究生的问题谈点体会。

一、思想、学习、生活都管

在我们与程先生初次见面时，先生就强调："你们的思想、学习、生活我都管。"谈话结束时，还送给我们八字箴言："敬业、乐群、勤奋、谦虚。"次日，在中文系研究生师生座谈会上，除八字箴言外，程先生还要求我们做学问要"甘于寂寞"。

程先生对我们的学习非常关心，他自己出版的书，总是送我们每人一本。在送给我的《史通笺记》上还特地钤了一枚闲章，印文曰："毂灾梨枣亦英雄。"因为过去的书板都用梨木、枣木等坚硬的木料刻成，出版一部书等于要使许多梨树、枣树遭殃，所以"毂灾梨枣"也就是著书立说的意思。此印反映了程先生年轻时的雄心壮志，同时对我们也是一个鞭策，所以我很珍惜。后来这本书被一位朋友借去了，较长时间未还。同样的书倒容易找到，但是书上的这枚印章却不易得。于是，我便拿上另一本书请程先生再为我钤上这枚印章，谁知程先生竟以此印相赠。我哪里敢要！程先生说："我年轻时气盛，现在再不会用此印了。"我想先生治学已入化境，自然虚怀若谷，而我还在蹒跚学步，岂能拒绝先生的教诲，于是便欣然接受了这枚印章。此外，程先生还爱将所藏复本图书送给学生，我有一本《王利器论学杂著》，扉页上写着"千帆先生正"，落款为"九四年国际儿童节，北京"，还钤有"书为晓者传""一千万字富翁""利器持赠"等三方印章，显然是该书作者王利器先生送给程先生的。程先生便将该书送给了我，所以扉页上还写着"转赠有富贤弟"，落款为"千帆"。睹此，感到前辈学者的流风逸韵，总是在潜移默化地影响着后人。

研究生读书当然主要靠图书馆，程先生甚至连我们的借书问题都考虑到了，他还专

---

* 徐有富，南京大学中文系教授。

门同系资料室与学校图书馆的管理员协商过。例如他在给我的一个条子中写道："我已代你们在大馆借到《旧唐（书）》一至十册。我问过大馆人员，研究生每人可借10册。"除利用图书馆的丰富藏书外，一些常用的书得靠自己买，当时我们都是穷学生，我虽然带薪读书，一个月的工资就40几块钱，还需要养家糊口，所以我一个人在南京，每个月的生活费也只有30元钱，要买书就得靠省吃俭用了。记得因为写毕业论文《唐诗中的妇女形象》，需要买一套《全唐诗》，我问营业员这套书的价钱，他蛮不情愿地说："39！"言下之意是："你买不起，问也是白问。"而这一次我是有备而来的，真的买了，弄得那位营业员有点不好意思。从这件生活小事可见我们当时的购书能力是多么低。而且当时学术著作出得很少，也不易买到，所以程先生特地为我们代买了《文选》《李太白全集》《唐宋诗举要》《新英汉词典》等不少书，还借给我们100元钱作为买书的周转金，他甚至连包书皮的纸都给我们准备好了。

最让我们感到轻松愉快的还是每周一次与程先生海阔天空的闲谈。程先生曾风趣地说："剑桥大学的学问是在喝咖啡中得来的，我这里可没有咖啡招待。"每次闲谈都由程先生主讲，名人逸事、治学方法是经常涉及的内容：比如刘永济先生每天起得很早，大声朗诵《十三经》等书；唐圭璋编《全宋词》《全金元词》，徒步跑南京图书馆，风雨无阻；程先生和孙望先生得到刘国钧馆长的特许，在金陵大学图书馆书库里站着看书，抄资料；程先生说写论文要言必有据，好比盖房子块块砖头要落实；程先生说分析的语言要注意其不可移动性。这些都给我留下了深刻印象。

此外，程先生还组织我们到栖霞山等处游玩。游玩时也连带着谈诗说文。譬如我们在游栖霞山时，看到石缝里长出来的植物都显示出了顽强的生命力，程先生立刻联想起苏东坡的几句诗：一是《栖贤三峡桥》中的"清寒入山谷，草木尽坚瘦"；一是《百步洪二首》之二中的"君看岸边苍石上，古来篙眼如蜂窠"，并且指出这些诗都是对生活仔细观察与深刻体验的结果。说老实话，过去我没读过这几句诗，经先生这么一说，便留下了深刻印象。程先生还一再强调从事古代文学教学与研究一定要练习写写诗，我交上去的作业是一组新诗，后来他在上课时曾提到从事文学研究应当有创作经验，练习写新诗、绘画也行。

毕业前，程先生还专门给我们讲过《五灯会元》卷七《龙潭信禅师法嗣》中的一个故事。德山宣鉴禅师去拜访龙潭信禅师，德山宣鉴禅师在法堂上见到龙潭信禅师后说："我一直向往龙潭，但是来了以后既没有见到龙，又没有见到潭。"龙潭信禅师欠身说："您已经亲到龙潭了。"德山宣鉴禅师不知如何应对，只好暂时住了下来。一天晚上，德山宣鉴禅师站在龙潭信禅师身旁。龙潭信禅师说："时间不早了，您为什么还不走呢？"德山宣鉴禅师刚出门便回头说："外面很黑。"龙潭信禅师点上蜡烛交给德山宣鉴禅师，德山宣鉴禅师正要接，龙潭信禅师又将蜡烛吹灭了。德山宣鉴禅师大悟，便倒身礼拜龙潭信禅师。德山宣鉴禅师悟到了什么，不得而知。我听了这个故事，感到程先生的用意是告诉我们做学问光靠导师指引不行，还要靠自己去摸索、去实践。

由于我毕业后留校工作，所以一直都受到程先生的关心，先是协助程先生整理《汪辟疆文集》，接着程先生又让我与他合著《校雠广义》。这项工作先后花了 10 多年时间，当然会不断地受到先生的教诲。在此期间，我还申请了一个国家社会科学基金项目《中国古典文学史料学》，由于我水平有限，希望程先生挂帅，由我来做一些具体工作，但程先生坚决不同意，后来这本书的署名为"徐有富主编，程千帆校阅"。程先生在校阅时花了很多心血，我注意到这次他在书稿上所作的批改，没有像过去那样用红墨水笔，而是用铅笔。于细微处见精神，我知道先生是希望我独立负责一项比较大的科研工作，培养我独立从事科研工作的能力。程先生对我的科研工作始终关心，听说我在写《郑樵评传》，特地将吴怀棋教授校补的《郑樵文集》转赠给我，给我的写作带来了极大的方便。听说我在写《治学方法与论文写作》，又特地为我开列一些学术范文目录；在翻阅了我的讲稿后，还对我的稿子作了充分的肯定，这对我完成此书的写作任务无疑是巨大的鼓励。

二、注意传授治学方法

程先生指导研究生非常注意传授治学方法，为了培养我们获取知识的能力，程先生除开设"校雠学"外，还开了"中文工具书使用法"课程，并特地向南京师范大学赵国璋教授讨了三本《语文工具书使用法》送给我们。程先生治学是从目录学入门的，所以他也要求我们钻研目录学，"校雠学"的课程作业就是让我们将《四库全书总目》提要读一遍，写一篇心得体会。为了让我们进步快一点，他还专门为我们列了一个专业文献选读书目。有位学生问他："假如您现在年轻二三十岁或更多，您将如何着手？"他回答道："假使说我现在是一个大学生，我还是首先注意从目录学入门。"由于程先生是一位目录学家，早在 1939 年就出版过《目录学丛考》，所以特别重视目录学。他对我们进行了系统的目录学教育与训练，使我们大开眼界，少走了不少弯路。

早在 1979 年 9 月 20 日，也就是我们入学后的第三天，程先生就送给我们每人一摞卡片，教我们写读书笔记，并专门谈了治学方法问题。程先生不仅言传身教，而且还严格检查。我这里还保存着程先生自己写的一本读书笔记，工笔楷书，抄的是普暄所撰《误书百例》，题下注"原载河北省立女子师范学院女师学院期刊第三卷第一期"。笔记一字不苟，令人赏心悦目，卷端还钤有"程千帆印"以示珍重。他也用这样的要求来批改我们的读书笔记，将错字、不规范的简化字，甚至行书字、草书字都一一标了出来。为了弥补我们史学知识之不足，程先生还特地让我们通读《史通》《旧唐书》以及金毓黻的《中国史学史》、范文澜的《中国经学史的演变》等，并要求我们写读书笔记。在批改中有什么看法，他也随手批在我们的笔记中，譬如金毓黻在《中国史学史》中谈到"古代之史籍，应有广狭二义"，先生批曰："古代成文之史料，广狭之义盖有以时递更者，未可执而不化，如今日读《史记》，或以史料视之。"我在笔记中还摘录了金毓黻的一段话："孔子曰：'君子放其所不知，盖阙如也。'治古史者，不可不知此义。"程先生在这段话的后面共画了四个圈，表示赞赏。程先生看完了我的读书笔记，还特地用朱笔批上"阅，80.2.13"。凡此都告诉我们读书写笔记既要认真，又要思考。

到写论文的时候，程先生专门给我们一份《习作论文简例》以及《校对符号及其用法》用来参考。对我们的论文程先生当然更是精批细改，使我们终身受益。例如我在论文中引用了《资治通鉴》中的一句话，程先生批曰："此处应用《汉书》，凡是史料相同的，应尽量用最原始的；原始资料有不足处，则以后者补充或纠正之。"他要求我们做学问要甘于寂寞，但是如果我们的作业写得还可以他也乐意推荐发表。譬如我写过一篇《简谈宋诗中的议论》，他先是让我在系里的学术报告会上宣读，后来又将这篇习作推荐给《南京大学学报》发表。论文发表后，还被《中国人民大学复印报刊资料·中国古代近代文学研究》在1981年第6期以头条位置全文转载，这对一位在校研究生来说，当然是很大的鼓励。

毕业留校任教多年后，我自己也成了博士生导师，在如何指导研究生方面也不断获得过程先生的帮助。1999年11月30日上午，我和三位博士生拜访了程先生。由于我们在去之前早已同先生约好了，先生显然做了准备，所以一见到我们就兴致勃勃地谈起了治学方法。他说："要学好文学，一方面要注重文学理论，一方面要注重材料；也就是说，一方面要注意文艺学，一方面要注意文献学。文艺学能使我们看问题看得深，文献学能使我们看问题很具体、很扎实。文艺学与文献学两者有个结合点，那就是作品，首先要把作品弄得很清楚。不了解产生作品的那个时代，那你也就不易理解其作品。读作品首先要了解作者想些什么。……学文学的人，自己应当能够写作品，如果完全不写，就会对文学作品不亲。……攻读博士学位要选一个很好的题目，我在南大指导10位博士生，他们的毕业论文基本上已经出版了。……尽可能求博，尽可能具有自己独特的地方。"程先生的这些经验之谈，也为我们读书指明了方向。我在指导研究生时也特别注意论文选题。因此，我所指导的博士学位论文也有好几部已经出版了。

三、把培养学生放在第一位

高校对老师的评价标准，普遍重视科研而轻视教学。迫于评职称、评奖、评估、申报科研项目等活动的压力，老师们往往都将自己的科研工作放在第一位，而将教学放在第二位。但是程先生却一再强调"要把自己的研究工作摆在第二位，而把培养学生放在第一位"。这一观点和他的教学经验，实在值得我们重视与学习。

除指导我们阅读、撰写论文外，程先生还亲自让我们上"校雠学""史通""杜诗""古诗选讲"等课程。其中"古诗选讲"我们听过好几个学期，所以听课笔记中还有"历代诗选"等不同的课程名称。现将"历代诗选"听课笔记中开头程先生的一段话抄录如下："20多年没有上课，是由于各种原因，今天要丑话讲在前面。'历代诗选'选讲汉至宋代的五、七言诗。学生好比姑娘出嫁,学校要多陪些东西。我提一个要求,要多读、多背,三年后不背熟三百首,就不能毕业。有些学生说诗词格律不懂,就是因为作品读得太少,就不会有两只知音的耳朵。汉时司马相如说读了1 000篇赋,就学会了写赋。三国时的学者董遇把他的读书经验概括成'读书百遍,其义自见'八个字。"我想这段话给每个听课的人都留下了深刻印象。

听程先生上课是一件快乐的事,即使像"校雠学"这种表面上看起来比较枯燥的课程,程先生也有办法上得生动活泼,以至于系内系外、校内校外来旁听的人很多。至今我还记得程先生上课时说过的一段小插曲。有人请私塾先生,谈好报酬后又提了一个条件,先生若教错一个字要扣半吊钱。课程结束后先生将钱交给师娘,师娘数后问:"为什么少了两吊钱?"先生说:"一吊给了李麻子,一吊给了王四嫂。"师娘想将钱给李麻子也就罢了,为什么还要给王四嫂,非问个明白不可。原来这位先生在教《论语》时把"季康子"说成了"李麻子",在教《孟子》时又将"王曰叟"说成了"王四嫂",所以扣了两吊钱。这个故事生动地说明了"校勘学"中形近而误的现象。

程先生的一个老学生曾探讨过程先生的教学经验,现录之如下:"特别使学生们佩服的是,他讲一篇作品,总要连及许多诗作,他都随口而出,背诵如流。每一堂课又总会有一两个精彩的例子,引得满堂哗然。后来慢慢地熟了,我问先生:'你怎么记得那么多作品,都背得那么流畅?'程先生说:'先生差矣!'我立即纠正:'是学生差矣。'他笑了,说:'那是一样的。'然后他解释,谁也背不下那么多作品;再说,即使背得下来,也不能绝对自信,说不定就记错了。'那秘密非常简单',他说,'我备了课。明天要上课,今天晚上设计好,要引哪些作品,先记下来;到课堂上就会应付自如了。'他还说,每堂课都要准备好一两个精彩例子,听的人才会印象深刻。"

程先生培养学生的经验之一就是友善地施加压力,他常交给他们一些经过努力能够完成的教学与科研任务。我读研究生毕业后不久,程先生就让我给中文系研究生上"校雠学"课程了,后来他还推荐我给南京师范大学古典文献专业上"版本学"课程,还有好几位教师也旁听这门课。正因为有巨大的压力,为了避免在讲台上出洋相,我才继续认真地学习了校雠学知识。我感到教一门课是学习这门课程的最好方法。程先生于1985年12月1日写的《校雠广义叙录》中提到过这件事:"徐有富同志毕业之后,留校任教。和当年我随刘国钧、汪辟疆两位先生学习这门科学时深感兴趣一样,他也对校雠学有强烈的爱好,并且有对之进行深入研究的决心。因此,我就不仅将这门功课交给了他,并且将写成这本著作的工作也交给他了。年过70的我,体力就衰,对于校雠之学已经力不从心,难以有所贡献,现在有富同志能够钻研,总算是薪尽火传,这也使我稍为减轻了未能发扬光大刘、汪两位老师学术的内疚。"程先生和我经过10多年的努力,终于写出了140万字的《校雠广义》。这部书曾荣获江苏省哲学社会科学优秀著作二等奖、教育部优秀教材一等奖、国家级教学成果二等奖、第四届国家图书奖。

程先生对学生是始终关注的。记得2000年3月初,我受学校派遣赴韩国讲学前,程先生还特意为我饯行，想不到这次小聚竟成了永别。同年 4 月 16 日，程先生还亲笔给我写过一封信，其字迹如松枝竹节般苍劲有力，而行文一如既往地睿智、俏皮，充满着青春的活力。现将信的最后一部分恭录于后："我的文集由伯伟、砺锋处理，在河北教育出版社出版，一切顺利，大约今年可出。《中华大典·唐五代分典》今年可出。5月份要开魏晋南北朝及理论分典审稿会。武汉大学吴志达主编的明清分典亦在准备中，如顺利，2003 年可以出齐。此亦弟之所愿闻也。我身体不好，幸眠食尚可耳。近以《唐宋诗名篇》一书分赠诸弟子女，见徐阳甚温厚有礼，为之一喜。客中望保重。我 90生日，诸君想出一论文集作为纪念，但未成议。今年弟千万不可为我生日归国，至要。即颂著安。"想不到这竟是先生写给我的最后一封信。先生 6 月 3 日不幸去世，一位即将走到生命尽头的老人，还念念不忘自己的工作，念念不忘自己的学生，甚至学生的子女。每念及此，不免黯然神伤。记得出版《程千帆先生八十寿辰纪念文集》前，我写了一篇文章，当时程先生因病住在江苏省人民医院，我特地将文稿拿去给先生修改，先生不但没有责备我，相反还感到很高兴。现在写文章，再想请先生修改已经不可能了。由于当时在异国他乡，无缘参加先生的追悼会，因此，谨以此文寄托我对先生的哀思。

（刊登于《学位与研究生教育》2006 年第 8 期）

非名牌大学如何培养出名牌博士

——周益春教授的博士生培养之道

宋德发*

周益春，1963 年生于湖南衡阳，湘潭大学副校长，材料与光电物理学院教授。作为第二届高等学校教学名师奖获得者（2006 年），他以善于指导博士生而享誉业界：1999 年至今，他共培养出博士 13 人，其中晋升教授并担任博士生导师者的 7 人，长江学者特聘教授 1 人，国家杰出青年基金获得者 1 人，全国优秀博士学位论文作者 1 人，全国优秀博士学位论文提名奖作者 1 人，湖南省优秀博士学位论文作者 2 人，宝钢奖特等奖获得者 1 人；人均获得国家发明专利 1 项、国家自然科学基金 1.5 项；发表影响因子 1.5 以上论文 5 篇……这些成就让我们敬佩，也让我们好奇：他到底用什么"独门秘籍"带出如此多的高徒呢？通过半年多的追踪与寻访，我们发现了他在博士生培养之中有三个关键词：态度、方法和团队。

一、"在 40 岁以后把研究生当作孩子一样带"

在一次公开演讲中，周益春教授提到一个他一贯所持的观点：一个人能否获得成功，20% 靠智商，80% 靠情商。情商的内涵很丰富，其中有一个层面就是对待事业的态度。态度也许不能决定一切，但很多时候它的确至关重要，甚至说是一切事业的前提和基础。那么，周益春教授是如何看待博士生培养事业的呢？

周益春教授一直坚持一个信念：导师要发自内心地爱护自己的弟子，"在 40 岁以前把研究生当作弟弟妹妹一样带，在 40 岁以后把研究生当作孩子一样带"，说得直白一点，就是"导师永远不要占学生的'便宜'，要让学生多占导师的'便宜'"。已过不惑之年的周教授将研究生当作自己的小孩一样去关爱、去赞美、去批评、去引导、去包容。他"悲伤着他们的悲伤"，毫不犹豫地捐出湖南省芙蓉学者岗位津贴 10 万元，为家庭贫困的学生设立奖学金，解决了他们的后顾之忧；他"快乐着他们的快乐"，为学生的进步和成就感到由衷的幸福，觉得培养人才是一种享受，是一位导师最大的成

---

* 宋德发，湘潭大学文学与新闻学院教授。

功。周益春教授的学生杨丽副教授形象地描绘道："周老师保护自己的学生就像母鸡保护自己的小鸡一样。"可以说，他的每一位博士都亲身感受到导师在生活上无微不至的关爱。朱旺博士说："有一件事情我一直记得，早在读硕士一年级时，周老师把包括我在内的20多个课题组成员请到家里过中秋节，他亲自下厨为大家做出一顿美味大餐。"蒋丽梅博士深情回忆说："去年我刚生完小孩，我的丈夫过来和我一起读博士，周老师听说我们没有房子住，立刻帮我们安排在一个招待所。"

周益春教授将导师的角色提升到"父母"的高度，其责任感和担当精神让人感佩，也让很多现实问题迎刃而解。在采访他时，我们预设了一个想当然的问题："优秀研究生的培养需要导师和学生通力合作，但由于内因决定外因，所以在研究生的成长中，研究生自身的素质和努力才起到主导作用，那么，您认为您的博士研究生有哪些过人之处呢？"对于这种说法，周益春教授并不认同，在他看来，从哲学理论的角度看，似乎如此，但如果导师真这样想的话，很可能是在为推卸责任寻找一种托词，也就是说，研究生是否成才，导师的作用才是主导性的，"没有教不会的学生，只有不会教的导师"，周益春教授如是说。他进一步表明，并非只有他一个人持这种观点，教育部原副部长张保庆也是这样理解的："我们现在高水平的博士生不多，是因为导师有问题，导师水平不够，给博士生指导方向有误，不能把博士生带到领域前沿去，这很麻烦。"周益春教授还援引《中国青年报》的一则报道强化他的观点：一项共有7 730人参与的调查显示，53.6%的青年学子认为读研值不值的关键在于"跟了哪个导师"，导师在这个问题上的重要性，远远高于"自己的努力"和"学校的名气"。从周益春教授的学生那儿，我们获得了类似的答案，如全国优秀博士学位论文作者钟向丽副教授认为："我以前并不清楚自己适合做什么，能够做什么，会做到什么程度，但我很幸运跟了一个好导师，才能取得现在的成绩。"

周益春教授承认，湘潭大学由于地理位置、学校名气等原因，很难招收到天赋异禀的学生，这时导师如果没有足够的耐心和智慧去发掘学生的潜力，那么，学生的起点可能就决定了他们的终点。而将学生视作自己的孩子，情况可能就会不同，因为在每个父母的心目中，自己的孩子都是最好的，至少是可以越变越好的，所以他们都会付出百分之一百以上的努力去培养他们。像父母对待孩子一样相信孩子的未来，就有可能将起点低的学生培养得比较优秀，将起点高的学生培养得非常优秀，甚至可以将起点低的学生培养成杰出的人才。

在实践中，周益春教授也确实将足够多的财力、时间和精力投入到学生身上，给他们上课，和他们聊天，和他们一起散步，一起开讨论会。周益春教授的博士生都有一个共同的感受："和周老师在一起，就像和自己的父母在一起一样，很亲切，很温馨，丝毫没有距离感。因此，我们也敢于和他说自己的困惑、想法。"

我们有时不免疑惑，周益春教授身兼管理者、学者和导师的三重身份，是如何做到分身有术的呢？周益春教授认为，现代人的身份越来越多，尤其是在自己的专业方面做到一定程度的中年人，更容易被社会赋予更多的角色。在当今社会，要找到一个身份完全单一的人几乎是不可能的。就像身份最单纯的普通教授往往也兼具学者和老师的双重身份；而作为老师，他们又很可能身兼本科教学、硕士生指导和博士生培养的三重任务。面对这些情况，一个人稍不注意，就会造成身份错乱。不过，假如他头脑清醒，规划得当，又是可以解决多重身份问题的。

周益春教授解决多重身份问题的策略可以概括为四点：①在管理方面，给予下属足够的信任和权力，放手让他们去做。事实证明，适当的"无为而治"比管得太多效果还好一些。用他的学生——教育部"新世纪优秀人才支持计划"获得者王金斌教授的话说："作为一个管理者（领导和团队带头人），周老师有一件事做得非常有智慧，那就是善于抓主要矛盾，善于宏观思考，善于把握方向性和前沿性的问题。"②在科研方面，讲究团队合作，用课题带学生，如将一个国家级课题分解成很多小课题作为博士学位论文题目。③比一般人更勤奋。他平时不唱歌、不打牌、不搓麻将，几乎将能用的时间都投在了工作上。"周老师经常一下飞机就可以召集我们开讨论会，对他来说，开会就是休息。"他的博士刘奇星评价说。"看到他头发操劳得都白了，我们有些于心不忍"，博士王秀锋感叹地说。④一年只招一个博士生。不管父母如何爱自己的学生，假如孩子太多，那么他的爱也是不够分享的。周益春教授尽管科研经费充足，招生指标很多，但他坚持"宁缺毋滥""质量远比数量重要"的原则，每年只带一个博士生。

二、"适当的方法会起到事半功倍的效果"

周益春教授认为，所有的父母都爱自己的孩子，但不是所有的父母都能教育好自己的孩子。同样的道理，如果导师对学生只有爱心，却没有掌握行之有效的方法，那么，这种爱也可能是"糊涂的爱"，对学生的成长，尤其是专业上的提升并无实质性的帮助。鉴于这样的认识，他极为重视方法的重要性。而他常用的方法主要有6种。

1. 聊天选材法

周益春教授强调，他推崇导师的主导作用并不等于不重视选材的重要性。毕竟人各有所长，又各有所短，要是录取了一个根本不适合从事科研的人，那么任何导师都将束手无策。湘潭大学这个平台和名牌大学相比有一定差距，招收到特别有天赋的学生有些困难，但是依然具有一定的吸引力，还是有机会在"矮子中选将军"，招收到一些科研方面的"潜力股"，关键要看如何去选拔。周益春教授说他不喜欢通过常规的考试来考查学生，而是偏爱用"聊天法"来探测学生的潜力，包括他们的性格、思维、表达能力等是否有可塑性。就像他的博士蒋丽梅所观察到的那样："周老师特别喜欢奇才。"周益春教授坦陈他更青睐思维活跃、喜欢提问、具有团队合作精神的学生。他的博士生马增胜，本科毕业的学校非常一般，到湘潭大学读研究生后考试成绩也很一般，但在听周益春教授的材料固体力学课时特别喜欢问问题，还经常和老师争辩，周益春教授由此发现了他的科研潜质，就破格招他为硕博连读研究生。短短三年时间中，马增胜进步非常大，在薄膜力学研究方面作出了出色的成绩：其论文发表在力学学科影响因子（为5.08）最高的《国际塑性力学》期刊上；一毕业就获得国家自然科学基金项目；协助魏悦广教授、周益春教授组织的中国力学大会2011暨钱学森诞辰100周年纪念大会的薄膜、涂层及界面力学专题研讨会吸引了一批国内外著名专家参加。

2. 潜移默化法

周益春教授认为，有什么样的父母就有什么样的儿女。他的学生王金斌和钟向丽是科研上的"金童玉女"，平时很忙，吃饭的时候常会催小孩："快点，快点，学生在等我了！"耳濡目染，他们的小孩和同学们做游戏时也会说："快点，快点，学生在等我了！"同样的道理，有什么样的导师就有什么样的学生。在周益春教授看来，导师可以被超越，也应该被超越，但导师首先应该被模仿。如果学生一直超越不了导师，那是学生的失败；如果导师不曾经被模仿，那是导师的失败。周益春教授深情回忆到，他的硕士生导师赵伊君院士、博士生导师解伯民教授和段祝平教授深深地影响了他的一生。现在的他，不仅希望用"言传"，更期待用"身教"来影响自己的学生。周益春教授说："赵伊君院士已经82岁，解伯民教授已经81岁，'年轻一些'的段祝平教授也已74岁，他们却还在为国家的强盛奋战在科研阵地，我才48岁，怎能懈怠？如果懈怠了，我的学生如何看我？所以，努力是我必然的选择，我很努力，我的学生自然不好意思偷懒。"周益春教授的博士生杨琼这样描述自己的导师："大年三十前一天才回家，正月初三就回到办公室，经常和我们一起吃盒饭，我们从未见过如此努力、如此痴迷工作的人。正是在他的感召之下，我们也变得非常努力，你看现在是正月初十，我们整栋大楼已经灯火通明，同学们都回来做研究了。"

3. 圆桌会议法

在圆桌会议上，周益春教授从未将自己当作居高临下地掌控话语权的领导、导师和权威，而是将自己视为与学生平等的一名科研人员，研讨一些共同的学术话题。周益春教授说："我的学生喜欢和我'吵架'，有时还'吵'得很厉害，这点我特别喜欢，因为我们为学术问题而'吵'。他们敢和我'吵'代表他们不迷信、不盲从，有胆识、有发现和有思想，像我们最近刚刚完成的一本书的提纲，就是'吵了好几场架'的结晶。"他的学生王金斌教授自豪地说："周老师经常被我们批得'体无完肤'。"周益春教授还将博士、硕士学位论文放到圆桌会议上让学生一起来审，让他们找出其中的优缺点，然后再总结，这就可以让学生获得很好的启发。他申报项目也是如此，鼓励学生在会场对项目选题进行充分的集体讨论，要求只提缺点，少说优点。通过讨论，课题申报书获得了完善，所以他们申报的项目基本上是百发百中。另外，周益春教授每年都要举办两次大的学术讨论会，会议的标准和程序全部按照国际会议的通行规格，让学生自己去组织，自己演讲，大家讨论，这样既锻炼了学生的思考能力，又锻炼了学生的组织和表达能力。

4. 论文修改一段法

周益春教授很重视文章的文字表达，他从中文系和英语系请来写作课老师给博士生上写作课，以此来提升他们的表达能力。同时，他抽出大量时间给学生改论文，并且是当面修改。他要求学生坐在旁边，然后选择其中有代表性的一段，一个字、一个词、一句话地改，让学生明白为什么要用这个词，不用那个，为什么用这种时态，不用那种时态，这样学生的印象就非常深刻，大部分学生通过这样的一两次修改就可以自己用英文写作和发表论文了。谈及论文修改，钟向丽博士还提及一件让她终生难忘的往事：2008年发生冰灾，她预产期将近，不方便出门，周益春教授就踏着冰雪到她家里给她修改论文。如今钟向丽也是研究生导师，她说自己修改学生论文的方式正是从导师那里继承过来的。这一点，我们从无意中读到的一篇新闻报道（《湘潭大学博士、硕士生导师钟向丽：桃李满园，硕果累累》）中获得了证实："2007级硕博连读学生张溢说，钟老师的敬业精神令人感动。他回忆道，2010年中秋节，白天钟老师为他修改了一整天的论文，从语法、数据、结构、布局等各方面仔细修改。快要到晚上了，张溢心里在盘算着要和同学好好聚聚，就提出了明天再改的想法。'不行，今天一定要改好。'钟老师说道，就这样他们伴着圆月一直修改到晚上10点。"

5. 战略眼光选题法

周益春教授认为，一个诗人不能遮住另一个诗人的光芒，但一个科学家足以让另一个科学家被遗忘，也就是说，人文科学研究"喜新不厌旧"，自然科学却"喜新厌旧"。所以，一个科研工作者要站在科研的最前沿去发现问题，确定哪些问题是目前最重要的、是学术上的金矿。周益春教授说，一个好的选题意味着成功一半，可究竟如何选题呢？他总结出"9字方针"：①有意义，即要有学术价值，属于科学问题，要有解决的价值；②有条件，即要具备解决该问题的条件，能够解决；③有应用，即国家和社会有这样的需求，尤其要考虑国家重大需求问题，国家不需要的选题，选了也没有用。像他们最近研制的铁电薄膜存储器、航空发动机热障涂层涡轮叶片以及薄膜动力电源等，都是涉及国计民生的重大课题。周益春教授认为，有了好的选题、好的思想，再加上勤奋和适当的方法，应该能够作出独特并且比他人更好的成果。

6. "九九八十一"难法

周益春教授认为，研究生的科研潜能需要借助一些外部压力来激发，因此，他联合导师组，为博士生们设置了"九九八十一难"。面试的时候，导师组在一起分析哪个学生适合做什么，又适合哪个导师来带。学生进校后，导师组又一起商讨要开设哪些有针对性的课程；接下来是每两周召开一次的小型讨论会，在讨论会上，学生要向导师组汇报自己阶段性的思考和接下来的打算。必不可少的还有每年两次的中期检查，即暑假前进行一次，寒假前进行一次。开题报告分为两组进行，导师和他指导的学生分开，这样更方便其他导师对论文的构想进行"口无遮拦"的评论。论文答辩时，研究生将论文交给答辩秘书，导师组再根据论文的方向分给两个导师进行内部初审。经过层层把关和层层考核，周益春教授的博士生最后都完成了蜕变。"过程越地狱，结果就越天堂"，周教授幽默地说。

周益春教授一再强调，导师必须清楚本科生培养、硕士生培养和博士生培养的区别："给本科生常识，给硕士生方法，给博士生视野。"如果像培养本科生一样来培养研究生，如天天上课、考试，不仅很累，也没有什么成效；如果遵循研究生培养的特点和规律，注重"战术"，即方法、思想和视野的训练，就会收到事半功倍的效果。

三、"有一个优秀的团队，才能持续性涌现优秀的个体"

周益春教授认为，研究生培养是一个系统工程，除了导师、学生的因素至关重要外，还有一个常被忽视的因素——团队。在他看来，团队意味着一种氛围、一种传统、一种文化、一种土壤。没有优秀的团队，或许能产生个别优秀的人才；有了一个优秀的团队，才能持续性涌现优秀的个体。举个简单的例子，博士学位论文的选题、结构、创新点、文字表达、一些涉及其他领域的试验数据等，是研究生一个人做更好？还是研究生和自己的导师一起做更好？或是融合一群导师和研究生的智慧更好？答案显然是后者。这就需要建设一个高水平且团结的科研教学群体。鉴于此，周益春教授一直致力打造一个具有凝聚力和向心力的团队，为整个学位点的博士生培养营造一个和谐的氛围和高水平的平台。

经过10余年的建设，到目前为止，周益春教授的团队是教育部创新团队、教育部首批教学团队、湖南省首批自然科学创新群体。团队共有教师19人（教授10人、副教授6人、讲师3人），其中国家教学名师1人，国家杰出青年基金获得者2人，教育部"长江学者奖励计划"特聘教授1人，湖南省"芙蓉学者计划"特聘教授6人，湖南省"百人计划"专家1人，另有博士生、硕士生70余人。那么，如何将这些优秀的个体打造成更有战斗力的整体呢？团队核心成员钟向丽博士说出肺腑之言："周老师把这个团队当成自己的家，他是一位民主、公正和慈爱的家长。我们是家庭的成员，他对我们有望子成龙、望女成凤的心态。我们需要他指导的时候，他就指导；需要他爱护的时候，他就爱护；需要他提供机会的时候，他就提供机会。他就是这样一个身份，绝对是这样，你们随便问哪一个学生，都会这样说。我们这个团队这么大，有些小摩擦是很正常的，在他的带领和协调下，我们越来越融洽，你总感到不孤单，不会有人把你落下。我进入这个团队非常幸运，别人都很羡慕。"简言之，周益春教授秉承"小赢靠智，大赢靠德"的理念，从两个方面来凝聚这支藏龙卧虎的队伍。

1. 不断加强自己的专业水平

周益春教授的博士们这样评价他们的导师："周老师对科研充满了感情和激情，这些东西不是想有就有的。"周益春教授说他有一个偶像，就是我国著名材料科学家、中国科学院和中国工程院资深院士、国家最高科技奖获得者师昌绪先生。2007年6月1日，师昌绪先生赠送给他一幅亲笔题词："做人要海纳百川，贵在诚心；做事要认真负责，贵在坚持；做学问要实事求是，贵在探索。与周益春教授共勉。"周益春教授指着墙上的题词告诉我们："这是我为学、为人的标尺。作为团队带头人，如果我只懂得做协调工作，只知道站在一旁指手画脚，是不可能让人信服的，因此，我自己首先必须是个专家，有强烈的事业心、责任心，必须深入到教学科研第一线去，否则，不可能有新的思想和战略眼光，也自然无法带领整个团队朝着正确的方向前进。"正是因为有这样的信念，并通过数十年如一日的辛勤付出，周益春教授才在科研领域取得了一系列骄人的成就：先后承担国家自然科学基金杰出青年基金、国家"863 计划"项目、国家"863 计划"引导项目、国家自然科学基金重点和面上项目、湖南省科技重大专项、教育部重大项目培育项目等多项课题；先后获得省部级自然科学奖和科技进步奖一等奖各1 项，国家科技进步奖二等奖 1 项、国家发明专利 15 项；在 Applied Physics Letters、Acta Materialia、International Journal of Plasticity 等国际重要刊物发表 SCI 收录论文 120 余篇，论文被 Science 等国际著名刊物引用 600 余次。也因为这些成绩，他才成为 2005 年国家杰出青年基金获得者、教育部"跨世纪人才"和湖南省"芙蓉学者计划"特聘教授。

2. 有包容心和牺牲精神

衡量一个学术带头人是否成功不仅要看他自己做得如何，更要看他的团队做得如何。在周益春教授看来，带好一个团队是非常复杂的事情，但一个有智慧的人可以让复杂的事情变得很简单，简单到只有两个词："包容"和"牺牲"。他很推崇师昌绪先生的观点：做人不要嫉妒，因为"嫉妒是万恶之源"；有了嫉妒，会造成不团结，互相拆台，以至于可以完成的事情完不成。假如一个团队的领导嫉妒心太强，"武大郎开店，高者我不用"，那么更会使这个团队每况愈下，一代不如一代。周益春教授认为，每个人都有优缺点，在日常生活和工作中，要多看他们的优点，缺点可以批评，但要放在私底下，并且表达得艺术一点，在公开的场合，要多一些鼓励。在涉及个体利益的时候，周益春教授则看得很超脱、很淡然，如平时和学生、同事合作发表论文，五六个作者，他一般署名在最后一个。他领导的团队获得了"湖南省自然科学创新群体"称号，学校根据计算发放岗位津贴 48 534 元，作为带头人，他只拿了 2 134 元。他的博士生杨丽副教授这样评价他的自我牺牲精神："他是一个先人后己的人，比如每次申请课题，其他老师都会轮流找他讨论申报书，他有求必应，这样，他自己的项目往往都是放到最后一天看的。"正因为这样，周益春教授才具有强大的亲和力和号召力，将一群个性十足的博士、教授紧紧地团结起来，朝着共同的目标携手共进。

（刊登于《学位与研究生教育》2012 年第 8 期）

桃李不言　下自成蹊

——徐光宪先生的治学经验与育人心得

马明霞　白　迪　王启烁*

在北京大学的化学楼里，有这样一位平易近人、笑容可掬的老先生，90多岁的高龄仍然时常到实验室里与化学与分子工程学院的同事、学生聊聊学习进展和科研进程。"80后"的在读研究生们喜欢亲切地称呼他"徐爷爷"；"60后"的院士们喜欢尊敬地称呼他"徐先生"。他，就是我国著名的物理化学家、无机化学家、教育家，现任北京大学稀土材料化学国家重点实验室学术委员会名誉主任的徐光宪院士。

60多年的教育和科研生涯，让徐先生的名字频繁出现在我国各大重要奖项的获奖名单上：1987年获国家自然科学二等奖，1994年获首届何梁何利科技进步奖，1998年获国家科技进步二等奖，2005年获何梁何利科学成就奖，2006年获北京大学首届蔡元培奖，2009年1月9日获2008年度国家最高科学技术奖。此外，由他编著的《物质结构》一书获评国家优秀教材特等奖。他创立的"串级萃取理论"解决了稀土分离的难题，在全国普遍推广应用后，使中国单一高纯稀土的生产与外贸占到世界90%以上的份额，彻底打破美、法、日等发达国家对国际稀土市场的垄断格局，达到国际领先水平并获得巨大的经济及社会效益。在量子化学等领域多达300万字的著述奠定了徐先生在化学界的泰斗地位，他和他的研究团队造就了一个关于稀土的"中国传奇"。

几十年来，徐先生已经教育和培养了我国几代化学工作者。他不仅培养了博士生和硕士生近百人，还为我国稀土产业界培养了大批工程技术人员。目前活跃在我国化学界的重量级科学家黎乐民院士、黄春辉院士、严纯华院士、高松院士都是徐先生的学生。

徐先生的学生，现任北京大学稀土材料化学及应用国家重点实验室主任的严纯华院士每当提到恩师，都充满了崇敬之情。他常对自己指导的研究生说：科学家中有两种人，一种是"工匠"，还有一种是"大师"。前者的目光局限在具体的研究中，而后者则研究到了科学的哲学层面。徐光宪先生已经达到了后者的境界。是什么让徐光宪先生赢得了这么多学生的敬佩和尊敬？是什么让一位老师可以在执教生涯中培养出那么多优

---

* 马明霞，华中科技大学教育科学研究院博士研究生；白迪，中国科学院武汉病毒研究所；王启烁，中国科学院水生生物研究所。

秀的学生？带着这份好奇与敬仰，我们在北京拜访了 92 岁高龄的徐光宪院士，请他讲述 60 多年的治学和育人之道。

一、"为人师表、育人育心"是徐先生的育人理念

当我们问徐先生，几十年来他认为最骄傲和自豪的事情是什么时，他给出了让我们吃惊的答案。他没有感慨自己所取得的具有传奇色彩的科研成就，反而心态平和、充满幸福地说："我有幸指导到了一批优秀的学生，并与他们一起完成了一个又一个的科研难题，而且他们今天的成就都早已超过了我。他们对我的超越，让我看到了国家的进步与发展。""医者，仁者心；师者，父母心。"对待学生亲如子女、爱如家人的情怀，让徐先生的学生们感受到了为师者"传道、授业、解惑"的教育真谛。徐先生行事不张扬，但其举手投足都在潜移默化地感染着周围的人。他从不刻意地向学生们灌输要如何做人、如何做科研，而是通过自己的言行举止向学生们阐释着什么是"学为人师、行为世范"。面对家庭困难的学生，徐先生用自己的工资和稿费资助他们渡过人生中的难关；面对身处科研迷茫阶段的学生，徐先生用自己的亲身经历向他们讲述科研的艰辛与荣耀；面对需要科研指导的学生，徐先生不但会向学生们传授从事科研工作的方法，还培养他们从事科研工作的严谨态度和科学精神。曾任北京大学化学与分子工程学院院长的高松院士也是徐先生的学生。在他眼里，徐先生不仅是位非常有名望的科学家，也是位非常宽厚、平易近人的老师和长者。在高松院士当年奠定科研方向的关键时期，徐先生给予了他莫大的帮助与鼓励。徐先生坦言说，自己对于学生有着深厚的感情，而且与年轻学生们的朝夕相处，也让 92 岁高龄的他仍然保持着一份童真，一份作为教师所享受到的尊敬与荣耀。

二、"志存高远、爱国敬业"是徐先生的为人原则

徐先生谦逊地说，他今天所取得的成就不是因为自身有着过人的聪明才智，而在于自己坚守了"立足基础研究，面向国家目标"的研究理念，将国家重大需求和学科发展前沿紧密结合起来。严格来说，是国家的科研发展需求催生了他研究生涯中的辉煌成就。

徐先生经常向一届届的学生们讲述自己年轻时求学的经历，回忆战争动荡年代里求知的艰辛，但是每当提及新中国成立后，自己和妻子毅然放弃美国优越的科研和生活环境，回到祖国，在北京大学开始自己的执教生涯时，徐先生总是会激动地总结说："科学是无国界的，但是科学家是有祖国的，国家需要永远是放在第一位的。"

在"文化大革命"中，徐先生也遭到了不公正的待遇，被定性为"特务"。纵使在如此恶劣的环境下，徐先生也没有放弃对科学事业的追求。他对科学的执着和对人才的

爱护凝聚并团结了整个科研团队里的每一位同事和学生。在他的建议和争取下，1986年北京大学稀土化学研究中心成立，1991年北京大学建立了稀土材料化学及应用国家重点实验室，承担了包括"85国家攀登计划""973计划""863计划"和国家自然科学基金等多项稀土科学基础研究的国家重大项目，成为我国稀土功能材料基础研究的重要基地之一。半个多世纪来，徐院士根据国家的需要，服从组织分配，数次变更科研方向，开展了广泛的研究和教学工作。目前，由于年事已高，徐先生已很少参加一线的科研工作。但是，他的生活助理告诉我们，徐老仍然坚持每天读书看报，时刻关注着国家大事，并通过互联网与科研界的同行们保持联系。几乎每天都有来自全国各地的科研学者慕名到徐先生家中拜访求教。每每有客人来到家中，徐先生都热情地接待，送别时还不忘请客人们自取客厅茶几上名片夹里的个人名片。徐先生真诚地告诉我们，"能为社会和大家做点事情，是我的荣幸，我现在有做不完的工作，这说明社会还需要我，使我能体会到自己存在的价值，这是我人生最大的安慰。"

三、"因材施教、以德服人"是徐先生营造和谐师生关系的秘诀

徐先生坦言，"严师出高徒"这句话在自己身上并没有体现得太充分。徐先生说，虽然他的学生中有很多已成为科技界的优秀人才，但自己还算不上是位"严师"，他对学生道德品质上的严格要求远远超过了对他们科研工作方面的要求。善于观察学生学习和生活细节的徐先生，总是可以将"因材施教"的教育理念在看似宽松的师生关系中潜移默化地一一实现。徐先生说，在指导研究生如何做科研方面，他和每一位导师都是一样的，都是通过悉心指导、答疑解惑来帮助学生实现在科研上的成长与进步。如果说在育人方面有什么独特的地方，可能就在于他是一个尊重学生意见的老师，会给学生们很大的发展空间，放手让他们去做，他也特别刻意地培养学生"主动学习、独立思考"的能力。徐先生说，学习是一个需要发挥自身主观能动性的过程，只有主动去学才能知道自己缺少什么知识，自己需要什么知识；同时，对于研究生阶段的学生来说，独立思考能力的培养对于科研素养的积累非常重要，不能总寄希望于导师或者前辈的帮助。学会独立思考、勇于探索，是科研工作者必须具备的一项基本素质。徐先生还谦虚地对我们说："我的很多学生在自己的研究领域后来都超过了我。"徐先生对学生的培养，更像是一种对他们科研兴趣的培养。兴趣是最好的老师。徐先生给了学生们很大的发掘自己兴趣的自由。他在科研方面给予学生们研究大方向上的指导，表面上看是放手管理，实际上是在密切关注学生的发展动态，为学生的科研成长保驾护航。

作为1981年我国首批博士生导师中的一员，30年来徐先生已经培养了几十名博士，虽然北京大学的化学楼里是"铁打的营盘流水的兵"，徐先生送走了一批又一批的学生，但是每当询问起他与学生之间相处的故事，他都能向我们娓娓道来每个学生的性格特点、个人特质、脾气秉性，每一个学生在徐先生眼中都是一颗会发光的金子。在科

研道路上一直接受徐先生指导的北京大学严纯华院士，在回忆与徐先生的师生相处时仍然难掩心中的激动与感恩，他认为徐先生谦虚的为人和勤奋的治学态度对学生的影响是最大的。在严院士心里，徐先生的形象犹如父亲一般高大。严院士曾说过："学术上，我可能在某些方面可以超过徐先生，但是在为人师表方面，我永远只能仰望徐先生的背影。"

指导研究生很大程度上是通过言传身教，而身教比言传更有说服力。作为教师，徐先生认为教书育人是教师的天职。徐先生说，科学研究与人才培养是密切联系在一起的，作为导师，只有把科研工作做好了才能培养出高水平的学生；而人才培养是比科研更重要、更神圣的工作，因为我们是在为国家储备新的科研力量。北京大学的黄春辉院士也是徐先生培养出来的学生，虽然黄院士现在也是一位深受学生们爱戴的优秀导师，但是她仍然感慨徐先生的人格魅力是一面不倒的旗帜，凝聚着一个团队，指引着科学研究的方向。以德服人、率先垂范是徐先生送给学生们最宝贵的一份礼物，也是缔造和谐师生关系的基础。

四、"高瞻远瞩、全面布局"的人才战略观是徐先生育人思想的集中体现

为了深入了解徐先生师生相处的小故事，我们采访了徐先生的学生——中国科学院院士、发展中国家科学院院士严纯华教授。严院士认为徐先生循循善诱、因材施教的育人理念在他调整研究方向上得到了突出的体现。严院士回忆说，"当年，我作为北京大学化学系的本科生，早在选择本科毕业论文的方向时，我就认定自己一生的研究方向应该是从事无机化学方面的研究，跟随我国分子光谱领域的领军人物吴瑾光老师，在中国顶尖级的实验室里，用最先进的设备开展科研工作。但是，人生中就是有很多的必然和偶然。我读研究生阶段刚好是稀土分离科学和技术在世界上蓬勃发展的时期。徐光宪院士紧密关注学科发展动态，认为将学生调整到国际重要、中国急需的科研发展领域上来才能为我国人才梯队建设做好充分准备。他请当年担任萃取化学这门课程的李标国老师推荐一位学生从事稀土研究工作。由于我当年这门课程考了第一名，所以就被推荐给了徐先生。为了说服我调整专业方向，徐先生并没有采取强制的手段，而是循循善诱地一步步培养我对这个领域的兴趣，拉近我与稀土研究的距离。记得徐先生第一次找我谈及调整研究方向的话题时，他并没有直入主题，没有命令式地逼迫我，反而和我聊起了世界稀土研究的发展动态、我们国家的科研发展与需求。我当时并没有因为他的话语而动摇，坚持说我对稀土研究这个方向不感兴趣。徐先生不厌其烦地第二次约我聊天，他向我谈起了我国稀土领域的科研发展需要有新生力量的加入，个人的责任感和国家的需求紧密结合时才能迸发出最强大的力量。我在这次谈话后仍然没有改变自己的想法。第三次聊天时，徐先生现身说法，直接向我讲述了他自己科研道路上几次调整研究方向的故

事，并且告诉我，对一个研究方向不感兴趣主要是因为对它还不了解，只要深入了解了，就会发现其中的乐趣。我被徐先生不厌其烦的教诲所感动，最终转入了稀土研究领域。20多年的科研实践表明，徐先生的睿智与指导帮助我找到了科研带给我的乐趣，此次研究方向的调整奠定了我科研事业的基础，也是我人生的重大转折点。"

严纯华院士反复提及，"恩师徐先生不仅在科研方面作出了重大创新成果，在对学生的培养方面也处处从学生的学术可持续发展方面进行全盘考虑，其前瞻性的人才战略布局体现了其深刻的育人思想。"在北京大学化学系一个小小的实验室里，产生了4位中国科学院院士，这一成绩的取得除了与学生自身的努力和天资有关系外，徐先生的人才战略也是北京大学化学系人才辈出的重要原因。徐先生在几十年的育人实践中始终秉持一个理念：同一单位的研究生们在研究方向的选择上不能趋同，只有保证学生的学术利益和科研发展不冲突，才能保持人才的集团优势和个人强项得到充分的发挥。严纯华院士和高松院士都是徐先生眼中的优秀学生，为了保证两位优秀的科研人才在科研事业发展过程中多些合作、少些冲突，在充分尊重学生意愿的情况下，徐先生果断地支持高松院士将博士学位论文研究方向调整到配位化学与分子磁性研究方面，并且推荐他到德国深造学习。严纯华院士和高松院士两位优秀的科研人才不负老师的期望，在稀土化学和量子化学两大领域都成长为新一代的领军人物。

五、"学习有术、创新有法"是徐先生送给青年科技工作者的治学秘诀

由于此次访谈约在了徐老先生的家中，因此也让我们有机会感受到了徐先生朴实无华的学人风范。徐先生家中没有豪华的家具，没有奢华的家电，整洁的房间里摆放最多的是一排排四四方方的书柜，里面摆放的全是徐先生和夫人高小霞院士几十年来积累的书籍和科研笔记，甚至还有徐先生70年前在交通大学时的毕业论文手稿。在徐先生眼里，书本和知识本身都不如学习方法重要，只有掌握了良好的学习方法，才能更好地吸收所学知识，举一反三，学以致用。

徐先生结合自己多年的治学经历，在科研创新方法学的探索方面形成了自己独到的见解。他将科研方面的创新方法归结为：在"中药铺抽屉"的广博知识积累的基础上，利用"创新链和创新树"，灵活地运用分类研究法、学科交叉法、"移花接木"法、"四两拨千斤"法、"逆向思维"法、"柳暗花明"法、"天上人间"法、"傻瓜提问"法、大胆假设小心求证法、意外机遇法、灵感培养法、虚拟实验法、综合集成法（系统科学的创新），最终接近"无中生有"的原始创新。

1. 分门别类的知识积累是科研创新的基础

徐先生回忆说，他年轻的时候身体一直不好，总生病，要经常去中药铺买药，偶然间他发现中药铺的药柜层层叠叠有几百个抽屉，其中分门别类地放置了各种中草药，药

铺店员给病人取药时却很清楚哪个药在哪个抽屉，丝毫不错。年少的徐先生那时就领悟到一个道理，其实知识和中药一样，也需要分门别类地整理，在脑海里构建这些抽屉，这样，等到应用这些知识的时候才能条理清晰、得心应手。徐老先生特别叮嘱，在研究生阶段的学习过程中，不但要注重分门别类地积累知识的学习方法，还需要将知识转化为实践，最后才能形成智慧。

2. 找准创新链和创新树是科研创新的前提

科学研究是场接力赛，所以每一项科学创新都是在继承前人研究成果的基础上产生的。因此，研究生导师能否站在科学研究的前沿直接关乎研究生成长的高度。一代代科研工作者在横向的创新链和纵向的创新树上寻求着创新灵感和创新思维。所以，不管是导师还是研究生都需要找准创新点。

3. 学科交叉、"移花接木"是科研创新的动力

"移花可以接木，杂交可以创新。"徐先生说，科学可分为上游、中游、下游。数学、物理学是上游，化学是中游，生物、医学、社会科学等是下游。上游科学研究的对象比较简单，但研究的深度很深；下游科学的研究对象比较复杂。"移上游科学之花，可以接下游科学之木。"具有上游科学的深厚基础的科学工作者，运用学科交叉和"移花接木"，将知识移植到下游科学，往往能取得突破性的成就。

4. 逆向思维、大胆设想是科研创新的必备能力

反其道而行之的逆向思维常常有助于化解科研过程中的困惑。大胆设想、勇于发问、敢于质疑的青年人的好奇心往往是创新的开端。因此，作为研究生导师，我们不应迷信永恒的权威和绝对的真理，我们需要在指导研究生时不唯书、不唯上、只唯学。

5. 勤奋踏实、培养灵感是科研创新的有利条件

徐先生说，他所倡导的"灵感培养法"早已在王国维先生的《人间词话》中被归纳为经典的治学三境界：第一境界是"昨夜西风凋碧树，独上高楼，望尽天涯路"，这是治学或研究的开始，要找到学科发展的前沿，作为科研创新的起点。第二境界是"衣带渐宽终不悔，为伊消得人憔悴"，任何人在科研道路上都会遇到紧张的阶段，遇到困难，不知如何解决才好，这时我们需要的就是勤奋踏实、耐住寂寞。第三境界是"众里寻他千百度，蓦然回首，那人却在，灯火阑珊处"，正在山穷水尽的时候，忽然灵感到来，我们终于得到了解决困难的方案或预期得到的科研结果。

六、"教学相长、大爱无边"是徐先生送给年轻导师们的育人感悟

雅斯贝尔斯在《什么是教育》一书中指出："所谓教育，不过是人对人的主体间的灵肉交流活动（尤其是老一代对年轻一代），包括知识内容的传授、生命内涵的领悟、意志行为的规范，并通过文化传递功能将文化遗产教给年轻的一代，使他们自由地生成，并启迪其自由的天性。"作为一名教师，徐先生用自己与学生们几十年的相处印证

了什么是平等民主、情感交融、教学相长的师生关系，向我们阐释了教育的真谛。徐先生感慨地说，青年科技工作者是祖国科学事业强盛的动力，导师能培养出超越自己的学生，是为师者最大的责任、最大的成就和最大的贡献。做研究生导师是一份需要用良心和爱心去从事的职业，我们必须甘为人梯，甘当学生成长道路上的一盏路灯。科研工作需要团队协作，团队协作需要有爱来支撑，用心做事、用爱育人是徐先生送给年轻导师们的育人感悟。

　　"师生交往本质就是教师的人格魅力与学生的人格精神在教育中的相遇，教师的人格精神必定对学生精神发展产生影响。"在中国科研人才培养的历史上，师徒一门多院士并不多见，但是徐光宪院士用自己几十年的育人实践把理想变成了现实。著名东方学家、我国著名国学家季羡林先生对徐光宪院士的评价——"桃李满天下，师德传四方"，高度概括了徐先生的执教生涯和育人成就。

参 考 文 献

[1] 朱晶.化学大师：徐光宪［M］.北京：中国科学技术出版社，2012.
[2] 徐飞.成蹊集：科学人生卷［M］.上海：上海交通大学出版社，2011.

（刊登于《学位与研究生教育》2012年第12期）

以勤为师　　以真为师　　以实为师　　以爱为师

——论杨德广教授的研究生培养之道

罗志敏[*]

罗志敏*

杨德广教授，中国高等教育学的创始人之一，曾长期担任中国高等教育学会副会长、全国高等教育学研究会理事长、上海市高等教育学会常务副会长等重要职务。他不仅因为曾经主导过多次成功的高等教育改革实践而被誉为我国高教界的一名敢说敢干的"闯将"，也是一位著作等身的高等教育专家，同时也是至今还被广大师生、行政干部时常念叨的"干实事的校长"。对于他的这些成就，已有文献多有论及。作为学界的"晚辈"，笔者很难再有什么新的论述，也不敢妄加一些难有什么分量的评论。但例外且很荣幸的是，笔者曾担任过杨德广教授近两年的助教，也多次向他请教过教学、科研乃至生活上的一些问题，在此过程中除了能亲身感受到他的人格魅力之外，对他在研究生教学过程中那种独具"杨氏风格"的人才培养理念和实践也深有体会。基于此，能写成一篇专门分析杨德广教授有关研究生培养方面的文章，就成了本人这两三年以来一直的心愿。

杨德广教授从 1995 年起就开始招收硕士研究生，1998 年开始招收博士研究生，截至目前共培养出 40 多位研究生，并至今仍为高等教育学、教育经济与管理、发展与教育心理学等专业的研究生讲授高等教育学、高等教育管理学、现代教育理念等学位课程，被广大研究生誉为"教书育人的良师益友"。今年（2015 年）恰逢杨德广教授从教 50 周年，为了尽可能全面且客观地梳理出他在研究生培养方面的思想及做法，本文一是采取文本分析法，收集他曾主讲过的学位课程的最近 10 届研究生（2005 届至 2014 届）所提交的课程作业，从中发现并抽取了 147 份，这些作业直接或间接涉及其所讲授课程的教学情况。二是访谈法，对于文本中所反映出来的一些事实或感想，有针对性地与一些研究生进行了面对面的访谈，或邮件或电话访谈，访谈对象既有以他为导师的研究生，也有曾选修其课程的研究生，他们有的已经工作多年，有些还未毕业。而在已工作的研究生中，既有大学校级领导这样的行政干部，也有普通的教师和企业员工。三是依据笔者担任其助教以来的有关谈话记录、观察和体会所获得的一些质性数据。此

外，笔者还获取了一些与其相关的研究论文、新闻报道和评论、论坛发（回）帖、微博以及微信，作为本文研究的辅助资料。整个调研从 2013 年 6 月开始，直至 2015 年 4 月结束。

经过内容分析、关键词提取以及词频统计等流程，笔者发现，对杨德广教授在研究生培养方面的描述或分析，主要体现在他的课堂教学、课外及生活交往等层面，并可以浓缩为四个单体词："勤""真""实""爱"。本文就以此为解析框架，论述他的为师之道。

一、以"勤"为师

作为师者、长者，杨德广教授经常在课堂上给研究生强调为人为学一定要勤奋，而这又主要体现在他对时间的利用和珍惜上。他常讲，"时间就是生命"，"浪费时间无异于自杀"，"充分利用时间，提高时间的利用价值，就是延续有限的生命"。

就这样，他把"立志、勤奋、惜时"作为激励自己和研究生的人生警世格言。他常对学生讲"世界上最重要的一个字就是'今'，牢牢地抓住今天，而不要等待明天"，也常告诫他的学生要"管理好自己 8 小时之外的时间"。也正是如此，他在工作之余仍笔耕不辍，至今出版有关高等教育方面的专著 40 余部，发表文章 500 多篇。我国著名高等教育专家潘懋元先生对他的评价是："杨德广教授等身的著作是在繁忙的行政领导工作中，午不休、夜少眠，一个格子一个格子爬出来的。"离开大学校长这个工作岗位后，他更没有闲着，如从 2004 年至 2012 年，他撰写并公开发表的科研论文就达 97 篇，平均每年有 12 篇之多。在他看来，教师是他的天职，而科研则是他的生命之光。作为一名高校教师尤其是主要从事研究生教育的教师，科研与教学二者皆不可或缺，教师不断进行科研，既能充实自己的教学内容，也是提高教学水平、培养创新型人才的基础和关键。

杨德广教授的这些丰硕的、不断推陈出新的科研成果，给他的课堂增添了极为丰富的素材，使他能将那些新颖的学术观点和自己的研究心得运用到教学中，从而丰富教学内容，在一种娓娓道来式的讲授中拓宽了学生的思路和视野，大大增强了教学效果。对于这一点，来自上海师范大学教育学院的张艳辉博士深有体会："杨老师的课能紧紧抓住时代的脉搏，站在时代发展的高度，对教育的挑战、问题、应对措施等提出自己的观点，给人耳目一新的感觉。"

明白一个道理，采取一个做法不难，难就难在坚决地执行，一如既往地坚持。在长达 50 年的从教生涯中，杨德广教授身体力行，要求学生做到的，自己首先做到。动人以言者，其感不深；动人以行者，其应必速。杨德广教授就是用他一贯的实际行动教育了学生，感染了学生。2006 届研究生丁静林感叹道："如果不是亲眼所见，也许连我自己也不会相信，只要不是出差、上课，不管是工作日还是周末，几乎都会在教苑楼的办公室里看到他忙碌的身影。每每看到杨老师辛勤工作时，我都会深受感动和感染：一个已届古稀的老人都如此勤奋，作为青年的我们还有什么理由懒懒散散、浪费光阴呢？

另一位研究生（2007届周红霞）说，杨德广教授工作很忙，社会活动也多，但上课从来没有迟到过一次，有时因为刚从校外开完会回来连晚饭也顾不上吃就直奔教室。而他撰写的那些论文，大都是在他忙里偷闲中写出来的。

此外，杨德广教授善于接受新知和新方法（如他近期对"翻转课堂"教学模式的借鉴应用），坚持他提出的"工作、学习、研究"六字方针，并一直提倡要积极动脑。为了能形成他常讲的那种"努力工作 – 努力学习 – 努力研究 – 努力工作"良性循环，他提倡要锻炼好身体。他常以自己年幼时的体弱多病到现在的好身体为例，教育学生一定要坚持每天锻炼身体。"身体好是勤奋工作的本钱""健健康康为祖国工作50年"是他常叮嘱研究生的话。

二、以"真"为师

所谓"真"，先哲对之有很好的解释："真者，精诚之至也。不精不诚，不能动人。"其大意就是：真就是终极的精炼、诚意，不是这样就不能打动人。杨德广教授在研究生培养过程中就恰恰体现出了这种"真"，从而能让学生在一种潜移默化中学到做人做学问的大智慧，领略大境界。

一方面，体现这种"真"就是他常以"真的自己"来教育学生。无论是在课堂上，还是在课外，他都是敞开心扉地与学生交流，甚至"现身说法"，把自己真实且完整地展现在学生面前。如他从不在学生面前忌讳自己的贫苦出身以及曾经遭受的磨难和缺憾，常结合自身的过往经历、生活信条、做人原则、处世之道、养身之道及为学之道对学生进行启发和引导，让人深有感触，深受教育。再如，"成才先成人——和研究生谈做人的责任与使命"是他常给研究生上的第一节课。他认为，研究生要做一个有知识的人，但更要做一个有文化、有追求、有信仰的人。于是，他在课堂上也往往以自己为例，谈他苦难的童年、艰难的青年、磨难的中年、幸福的老年，讲成就他的三大"法宝"：一要有坚定的信仰和志向，二要勤奋，三要有抗干扰能力。他还结合自己做大学校长的经历教育学生要"对金钱看轻点，对名利看淡点，对事业看重一点"。2005届研究生谢青为此感慨道："我觉得杨校长不仅仅是用书本上课，而且是用自己一生和为人作为教材来给我们传授知识。"

这种做法，再加上他那种充满亲和力、语气铿锵有力的讲解，使学生在他那种对"自我"真挚的述说中受到了"春风化雨、润物无声"式的教育和影响，这也使他成为"善言""善道"的师者。2013届研究生饶阿婷认为："结合自己的经历进行教学的方法，首先让我们感受到的是榜样的力量，这使我们在学习中更深入地、全面地懂得了许多做人和做事的道理。"2007届研究生王俊也持同样看法："杨老师的课看似平常，但细细品来，却发现他一点一滴的言谈举止都蕴含着他的良苦用心。"2007级研究生李玉美对此也感叹道："杨老师的课对许多已是研究生的同学而言，不能不说是一份久违的精神挑动。经他几番语重心长的教导，大家开始有意无意地追忆起先烈们的壮志，开始重温先贤们的豪情。只有把自己的奋斗动力建立在深厚的基础上，才可能有更高远的跨越；只有上紧了发条的钟表，才能经得起时间的考验而动力长久。"

另一方面，体现这种"真"就是杨德广教授常以"真的事情"来教育学生。这些"真的事"要么是一些现实生活中大家所熟悉的实例，要么是从他多年从事教育管理工作亲身体验、摸索出来的，学生听后，往往不需太多的思考和分析，就能通其条理、明其精髓。对此，2007届研究生赵玲玲评价道："杨老师在讲到中国教育面临的形势和挑战时，就会联系到中外教育发展的历史进程和当今世界政治、经济发展的格局以及这种趋势对中国教育的影响；在涉及教育的产业性和公益性的问题时，他会联系到教育的属性问题、教育产业的市场支持以及现实性和可行性问题。无论涉及任何章节的内容，杨老师都能联系到各学科的相关知识，而且他的记忆力非常好，有关教育问题的统计数字他都能脱口而出。"

杨德广教授教学方法虽然没有什么所谓的"花哨"，但却脉络精密，言近旨远。2007届研究生胡政莲就说："听杨教授的课，总让人感觉不到时间的流逝。因为他的课没有说教，没有枯燥乏味的理论，而是能让人在工作、学习和生活中得到验证，从而产生共鸣的观点。他深入浅出、条理清晰、旁征博引的讲解，听他的课就是一种精神享受。"

三、以"实"为师

与他实打实、不愿坐而论道的行事作风一样，杨德广教授在研究生教学中的"实"主要体现在他教学的实践性很强，并在此过程中培养学生多方面的能力。他曾强调，通过让研究生主讲课程、专题研讨、教师点评的方式，努力提高和增强他们的学习与研究的自主能力。

随着近年来研究生招生规模的扩大、招生类型的增多，研究生的培养质量成了广受社会关注的话题。如我们经常会听到有些导师抱怨自己带的学生"连一段完整的话都写不好"等令人不解和泄气的话。对于这一问题，杨德广教授便提出了"能说会写"这一很具针对性和实用性的研究生培养目标。

"能说会写"，看似普通平常，却恰恰抓住了当前研究生培养尤其是教育类硕士研究生人才培养的核心和关键。在杨德广教授看来，所谓"说"，绝不是简单的谈话聊天，而是能就某一话题在公开场合清晰地表达自己的见解或观点；所谓"写"，也不是简单地写一段文字，而是能够把自己的见解或观点完整无误地用文字表达出来，并能写出符合规范的、达到公开发表要求的学术论文。为了贯彻他力主的"站起来能说、坐下来能写"这一思想，杨德广教授的教学形式多样。在他的课上，不仅要求研究生以小组形式或独立在讲台上讲授某一个章节、做读书报告、专题研讨和参加学术辩论赛等，还要求写心得感想、写短评、写课程论文。这样做无疑是克服了目前许多高校研究生教学实践中存在的形式单一（大多以研究生协助导师做科研课题为主）的弊端，大大地提升了学生的动手能力和创新能力。

关于读书报告，2010届研究生余倩谈道："杨老师一直坚持课前给我们15分钟时间进行一次简短的读书报告。这项作业不仅仅是在学生中学到了很多东西，作为听众，也在其他同学的读书报告中了解了一本书。这学期，我们好像都读了20多本书，受益匪浅。"

关于专题研讨，2014届研究生周洋的感受是："他安排我们'一人主讲，人人都讲'，并要求我们不要拘泥于某一方的观点，多角度看问题，这样每位同学都要查阅大量资料，思考并阐述自己的观点，真不轻松。"

对于课程论文，杨德广教授对研究生的要求很严格，每一篇论文他都会认真、仔细地批改。对于一些质量比较高的课程论文，他都会悉心指导、反复修改，然后向一些学术刊物推荐发表。这种做法让研究生体验到了写论文的快乐，提升了他们潜心做科研的动力。

学术辩论赛所选主题都是经过师生几轮讨论后才确定下来，既是当前的社会热点、难点话题，也是学术上很有研究价值和意义的问题。为了能让学生充分地准备辩论赛而不流于形式，杨德广教授不仅自掏腰包准备奖品，还会在聘请一些老师、高年级研究生作为评委，并邀请其他学院的研究生前来观战，所以现场"火药味十足"。

另外，这种"实"还体现在他的课从来不拘泥于某种固定的模式或套路。杨德广教授总是根据学生以及课程的特点不断作出新的调整，但是有一条不变的逻辑就是：他给学生安排的学习任务与他的授课内容一样，由浅入深，由易到难；在研究生从广泛收集资料到阐述自己的观点、再到整理成论文的一系列过程中，逐步培养他们的能力。2013届研究生陈欠时以杨老师讲授的高等教育学课程为例总结道："杨老师的这种既'说'又'写'、循环往复、层层递进的教学过程使我有一种成就感：这不仅让我能以比较专业思辨的口吻清晰地向他人表达我的观点，还能尝试着写学术论文了。"

所以，凡是选修过他的课的研究生，一学期下来一个比较深的感觉就是"很忙""很累"，但又很"充实"，"收获很大"。目前，为了体现他的这种"实"，杨德广教授又尝试把"翻转课堂"的教学模式整合到2014级研究生的课堂教学中，让学生在类似"头脑风暴"式的研讨中经受学术锻炼，以培养他们信息的收集、消化能力以及多角度分析和解决问题的能力。

四、以"爱"为师

在研究生们的心目中，杨德广教授不仅是一位在学习上"严在当严处"的师者，也是一位"爱在细微中"的长者。他的办公室、客厅里常常挤满了来访的学生，大家或坐或站，听他谈人生的智慧，交流做学问的方法。学生们每临人生选择的重要关头，如找工作、调换工作、是否继续学习深造乃至婚恋等问题，第一个想到的总是杨老师，希望听听他的想法和意见。

杨德广教授在学习及生活上关心、爱护他的每位学生。每逢节日假期，他都会召集研究生到他家聚餐。有研究生统计过，每年到他家聚餐不下10次，几乎是逢节必聚。每次聚餐，他一方面忙前忙后，准备食材并亲自动手烧饭做菜，一方面也招呼大家每人都自己动手做一个菜。在此过程中他亲切地与大家拉家常，了解他们的学习情况、家庭状况以及个人婚恋等，这让那些远离家乡、远离父母的研究生们感受到慈父般的关爱。除此之外，他每年还会召集他门下的应、往届学生回母校参加"阳光之家"大聚会，并坚持包括餐饮、外地学生住宿在内的所有花费都由他来支付。

谈到这样做的原因，杨德广教授认为：一是他们大都是外地学生，每逢佳节倍思亲，把他们邀请到我家里来，聚在一起，希望他们能体会到一点家的感觉。二是教育不仅是传授知识，也是一种相互影响，请学生过来吃饭也是一种教育方式。同学相聚自然能增加包括学习方面在内的交流，培养感情。我还每次邀请一些居住在附近的往届毕业生也加入进来，这样就能更大范围地促进他们之间的交流。三是还希望在此过程中能培养他们在生活以及工作中的大气、大度、大方，并且要有爱心。

卢梭在《爱弥儿》中有一句极有内涵的话："教育需要爱。"近些年来，除了延续对学生的关爱之外，杨德广教授还把这种关爱延展到整个教育事业，即他从事的教育慈善事业。2010年，他卖掉自住的房子筹集了300万元，用于捐助三所学校的贫困生和优秀生；2012年，他又捐助80万元用于帮助甘肃4所乡村学校的贫困生；2015年，他代表"阳光慈善之家"向上海大学海湾园区捐赠了6 000棵用于校园绿化的树苗；每年他都向上海师范大学爱心基金和教育发展基金会捐款，且捐款数额逐年递增等。目前，他又给自己定下了"有生之年至少要资助3 000名贫困生和优秀生"的目标。

杨德广教授曾是一位生下来仅靠吃豆渣养活、小时候因为跳入寒冬刺骨的池塘里打捞家中唯一一把镰刀而冻得险些丧命的农民儿子。现如今，他也不是财大气粗的老板，更不是坐拥万贯家财的富翁，但是，与他一直坚持的"勤奋有为"一样，杨德广教授在用他的那种坚韧的实际行动，践行着他常给学生所讲的"大学不仅要有大师、大楼，还要有大爱"的思想。当然，他也深知从事教育慈善事业个人力量有限，于是近年来他还在扮演着一个被媒体称颂为"点燃者"的角色，即他用实实在在的行动带动了周围越来越多的人加入这一事业中来。在这些被他"点燃"的人当中，既有不愿透露姓名、以"杨德广帮困基金"名义一次性捐款200万元的企业家，有罹患恶性肿瘤、在病床上仍坚持认领"一对一"资助对象的年逾六旬的翁敏华教授。

更为重要且有意义的是，他的这种"点燃者"角色还影响、教育了他的一届届学生。如已毕业的研究生李福华、陈润奇、靳海燕、陈敏、朱炜、刘岚、汪怿、向旭、季成钧、吴海燕等，听说他资助 32 名中小学生并计划一直供他们读完高中、大学的事迹之后，也纷纷效仿他的行动，按照对方提供的名册认领贫困生并"一对一"予以重点资助，有些还拉上家属领取"双份"。2014 年年初，当杨德广教授打算全部包下当年剩余的 4 个资助名额时，没想到他的学生陈敏只是在其微信圈里"一招呼"，竟一下涌来 20 多人前来争抢。

杨德广教授不仅是教职员工眼中的"平民校长""绿化校长""自行车校长"，在学生眼中更是平易近人，坦诚待人，没有一点校长或大教授的架子。他在研究生培养方面的成就，不仅使他赢得了学生的崇敬和爱戴，也获得了来自政府和社会的众多赞誉。2014 年年末，他作为老干部的杰出代表受到了习近平总书记等国家领导人的亲切接见。对于在这方面所取得的成就，他却延续着与他在高校管理、科研等方面同样的谦逊，这就如同他时常对学生所讲的那样："我一直认为自己水平不高，但是我认为，水平不高，态度就要好。""要做好自己，但求有为无愧。"

方寸讲坛载仁者心怀，广阔人生显智者风范。杨德广教授在研究生培养过程中所付出的真情和心血、所体现出来的精髓思想、独到的见解以及方式方法，既是他仁者、智者人生的体现，也是永远值得我们这些高校教师自我鞭策的动力和效仿的典范。

（刊登于《学位与研究生教育》2015 年第 9 期）

陈寅恪是如何指导研究生研究和写作的

陈寅恪不仅是中国历史上继司马光、顾炎武之后"高瞻远瞩，苦心孤诣，具有独到史识"的史学大师，也是一名卓越的教育家。他培养的研究生朱延丰、姚薇元、汪篯、王永兴、石泉、王忠、万绳楠、艾天秩等日后都成为著名学者。他的课堂教学被学生誉为"深入人心、令人迷醉的教学艺术"，"其教学活动在不期然间引领学生走入了特定的学术道路、形塑了学生的理论思维，从而为学生奠定了坚实而恒久的学术基础"。鉴于"当下提升文科研究生质量最要紧的两个关键环节：一是掌握专业化的学术阅读的基本要求与技能；一是学位论文写作的规训"这一认知，本文主要探讨陈寅恪是如何指导研究生进行学术阅读与论文写作的，以期为当下研究生导师指导研究生提供一些参考。

一、指导研究生做学问的三种方式

与当下教师上课主要是讲教材不同，陈寅恪授课的指导思想是告诉学生应读哪些文献及阅读文献的方法，并通过具体的文献分析传授治学方法。质言之，其授课并不是教给学生知识，而是教学生如何做学问。

1. 批判阅读：强调大量阅读原典但并不尽信

陈寅恪在教学和研究中都特别重视文献阅读，如民国二十一年（1932），他讲授《晋至唐文化史》时规定："本课程学习方法，就是要看原书，要从原书中的具体史实，经过认真细致而实事求是的研究，得出自己的结论，一定要养成独立精神、自由思想、批评态度。"万绳楠说陈寅恪经常告诫他："要多读书，基础一定要厚；要会思索，发前人之未发。"强调看原书、通过具体分析得出结论是陈寅恪指导学生阅读文献的指导思想，也是其授课特点之一。

陈寅恪讲授每门课时都要先分类讲解课程所需系统阅读的参考典籍。由杨联陞所提供的 1935 年《隋唐史第一讲笔记大略》可以窥见其概况。依其讲解内容，与典籍相关

---

* 高贤栋，鲁东大学历史文化学院副教授。

的大体可以分为三部分。

第一部分，陈寅恪首先将该课程所需阅读及参考的典籍分成三大类进行介绍：一是《通鉴隋唐纪》《通典》，这是应该先阅读的两部典籍；二是《隋书》《旧唐书》《新唐书》三部正史；三是《全唐文》《全唐诗》《唐律》《唐六典》《太平御览》《册府元龟》等。

第二部分，陈寅恪分别评点各典籍的优缺点，指出《通鉴纪事本末》只是索引性质，不能代替《通鉴》，该书疏漏之处颇多，其标目也经常误导读者；《通典》有考证功夫，作者有自己的观点，并不是简单地抄录其他典籍的相关内容；《文献通考》中只有宋以前的内容有价值；《全唐文》是由清人辑录的，大部分抄录自宋人的《文苑英华》，也有一部分抄录自《永乐大典》；《全唐诗》也是由清人辑录的，错误颇多，如果有相关诗人的独立集子，就不要引《全唐诗》，但如果是从明人地理志中引过来的则可以引用。

第三部分，陈寅恪强调《通鉴》的考订价值，要求学生读正史必须参考《通鉴》。

根据记载，陈寅恪开设其他课程也是先介绍典籍，如汪荣祖回忆 1932 年的"晋至唐文化史"课、蒋天枢回忆 1951 年的"唐史专题研究"课，均是如此。其阅读指导有三大特色。

第一，强调研究中古史要系统阅读全部史料，并学习佛学知识。比如，寅恪在指导艾天秩的过程中，曾经谈过治中古史的优劣，其好处是认字和辨伪的任务比上古史少，而史料又不像近古史那样多到难以全部占有的地步，中古史方向的研究生应该也完全可以系统阅读全部史料。另外，他指出，研究中古史的劣势在于研究中国中古文化必须懂得佛学，而要弄懂佛学必须精通梵文。

第二，强调熟悉典籍特点。陈寅恪从史学史的角度评论《史记》《汉书》《后汉书》《三国志》等史书各自的特色和缺陷，还特别指导研究生阅读《世说新语》等南北朝以来的笔记小说，这是陈寅恪本人及其弟子中古史研究的特色之一。

第三，重视批判性阅读。有时他也对中国人牵强附会地制造古迹、神化古人的坏习惯进行批评，如某地石头上有杨贵妃的脚印，比正常人的大好几倍，陈寅恪以"那样的女人唐明皇敢要吗？"为由指出其虚妄。有时陈寅恪还会讲到一些历史传说的演变源流，如从杞梁氏之妻到孟姜女哭长城，说到今天山海关的孟姜女庙是附会而来的。这种指导能够帮助学生更好地理解史料的形成，判断史料的真伪。

陈寅恪在招收研究生时，有一个环节是测试考生的阅读量，如面试艾天秩时，要求他详细介绍读过哪些书，艾天秩先将从 6 岁发蒙开始一直到大学毕业所读的书列举了一遍，没有达到陈寅恪的要求。接着，陈寅恪又启发式地问他是不是也读过小说、野史，艾天秩又如实地把读过的古典小说和现代作品都讲了一遍，仍未达到陈寅恪考查的目的。最后，陈寅恪索性自己提出 30 多种书名问艾天秩读过没有。当时陈寅恪提到的书名大体上可以分三类：第一类是艾天秩知道书名且读过一点的，如《史记》《资治通鉴》；第二类是他只听过名字但连书都没有见过的，如《通典》《世说新语》；第三类是连名字都没有听过的，如《洛阳伽蓝记》《酉阳杂俎》。陈寅恪这样做的目的一是了解学生的基础，便于因材施教；二是让学生大致了解作为研究生应该阅读哪些典籍。

陈寅恪对研究生不仅要求阅读量大，而且要求将其中的重点典籍读熟。如王永兴跟着陈寅恪读书时，陈寅恪告诉他只听课不读书是做不好学问的。那几年，王永兴的大部分精力和时间都用在了陈寅恪讲授的"魏晋南北朝史""隋唐史"两门课的学习上。陈寅恪指定的必读书目很多，包括《三国志》《晋书》《旧唐书》等正史，《通典》《唐会要》《五代会要》等典章类典籍，特别强调精读熟读《资治通鉴》，不仅要读司马光的原文，而且要同时阅读《通鉴考异》与胡三省的注解。那时，王永兴的书架上经常摆着《资治通鉴》、两《唐书》，整天就在宿舍读书。艾天秩第一次与陈寅恪见面，陈寅恪也给他布置了读书任务，要求他一篇不漏地将严可均编的《全上古三国六朝文》通读一遍，其中三国部分要读熟，每周找一次导师，谈感受和问题。大量阅读典籍尤其是熟读关键典籍是陈寅恪对研究生的基本要求；同时，这也是陈门弟子日后得以成功的不二法门。

2. 先典籍后观点再专题：授课过程示范治学方法

通过授课传授治学方法是陈寅恪课堂的特色之一。艾天秩读研究生后，第一次见陈寅恪时，陈寅恪就告诉他："我在学校开两门课，一门是'隋唐史'，一门是'元白诗笺证'，每个学年开一门，轮番开，今年是'元白诗笺证'。你不是想跟我学治史的方法吗？听听这门课可能对你有启发。"

陈寅恪每轮授课都是介绍典籍后，再用几节课讲基本观点与研究方法，然后再讲专题，从而培养学生独立研究的能力。如1951年"唐史专题研究"课的教学大纲明确说明："此课在开课之初，先讲述材料之种类，问题之性质，及研究之方法等数小时，其后再由学生就其兴趣能力之所在，选定题目分别指导，令其自动研究。学期或学年终了时，缴呈论文一篇，即作为此课成绩，不另行考试。"在文献选择方面，陈寅恪主要依赖二十四史、《资治通鉴》等通行史书，较少使用石刻史料与野史等，主要是前者经过史家考信征实，比后者可靠，如其在《李德裕贬死年月及归葬传说辨证》一文中，指出《续前定录》与《补录记传》等野史"皆属于小说家文学想象之范围，不可视同史学家考信征实之材料"，"至《感定录》所言年岁与史实不合，其误甚明，不待赘言"。又如唐代非士族的墓志，因为写墓志铭的人文化水平不高，所写墓志除了个人信息外，其余内容都是一些极端公式化的文字，与墓主个人人生经历无关。关于研究方法，石泉回忆说："陈寅恪通过讲课教给学生研究问题的方法，培养学生独立研究的能力。不过陈师并非孤立地讲方法，而是通过对史料的具体分析来传授研究方法的。"由此可以看出，陈寅恪的授课并非讲已有知识，而是先将其研究过程展示给学生，然后让学生效仿，撰写论文，真正做到了"授之以渔"。

不过，由于这种授课方法信息量大，需要听课者课下花工夫去消化。倘若听课者能积极消化、反思，便会有很大收益。陈寅恪的研究生王永兴每节课之后都是如此做的。陈寅恪在西南联大任教期间轮流讲授"魏晋南北朝史""隋唐史"两门课，每门课都是讲授一学年，而且每轮都是讲授新内容，从来不讲以前讲过的内容。王永兴当时所住的宿舍离教室远达七八公里，每次上完课后，他都是一边走路一边思考导师上课讲授的内容。他认为："从先生讲课中，可以窥见先生如何读书，如何发现问题，如何分析并解决问题；从先生讲课中，也可窥见先生如何搜集史料，分析考证比较，采用最真实而详备的史料多种，以证成先生的创新学说。"相反，如果学生准备不足，听陈寅恪的课就很吃力。清华大学国学院学生戴家祥就认为："陈寅恪先生讲课太乱，缺乏条理，听者不知其好处。他 37 岁一回国就当教授，懂的东西固然很多，但没有教学经验，讲课效果不好。"两相比较可以发现，陈寅恪授课内容比较艰深，学生能否投入足够精力，直接影响听课收获。

3. 个别指导：引导学生发现问题

陈寅恪每周都花一个下午对研究生进行个别指导，旨在引导大家学会发现问题。其具体程序一般是先让学生自己谈感受和疑问，然后通过追问、启发、讲解等方式对学生进行指导。根据艾天秩回忆，他在陈寅恪门下受业一年多，接受个别指导多达 40 多次，每次谈话的大体程序都是艾天秩自己先谈一周来读了哪些材料，有什么感受和疑问。当他谈得过于粗略时，陈寅恪就让他谈细致点，谈得过于啰唆时，陈寅恪马上指令他转换话题。陈寅恪的指导有两个特点：一是从来不评价学生谈得对不对、好不好、材料是否可靠、理解是否正确，也不对学生的观点表示可否；二是从不直接回答学生提出的问题，而是或者通过追问、采用循循善诱的方式帮助学生逐渐获得答案，或者具体告知学生再进一步阅读某某文献，等于是给定一个探索途径或者是思考方向。这种个别指导的作用：一是了解学生的读书效果，尤其是学生在应该关注到的地方是否有所思考；二是解决学生的疑问，以批判性审视的方式引导学生不断提升自身认知水平；三是教给学生解决疑难的办法，培养学生独立思考和解决问题的能力。

陈寅恪特别喜欢能经常提出问题的学生，只要学生能有一得之见，他就给予热情扶植。如果学生读书发现不了问题，陈寅恪则要求他们进行反省。王永兴曾说过，陈寅恪指导其读书的另外一种方式是审批他的读书报告，每学期交两份。有一次，在看完王永兴的读书报告后，陈寅恪说王永兴："读书很认真，这一长处应继续保持。但为什么提不出问题呢？自己应该认真想想，病在何处。"王永兴并没有交代陈寅恪最终是如何帮助他解决这一问题的，但从日后其成为著名学者可以推测，陈寅恪这种指导方式帮他很好地解决了"无问"的难题。

二、严谨性与创新性：小论文写作的两个要求

根据艾天秩回忆，陈寅恪在第一学期末就开始指导研究生如何科学地写作小论文，

旨在培养学生的基本科研能力。其核心环节有两个：一是学术史梳理；二是文献资料的收集、摘录、整理及考证。

第一，重视学术史梳理，避免重复劳动，确保论文的创新性。陈寅恪一向重视学术史，如他在讲授唐史时曾告诉学生，日本的中国史研究工具好，材料多，是中国史学的主要竞争对手，缺点是视野不够开阔，常有小贡献，但也有累赘的毛病。陈寅恪在双目失明之后，依然十分重视世界学术动态，每周用两个下午让助手为其朗读相关期刊论文，还时常让周一良为其朗读翻译日文论文。指导艾天秩写小论文时，陈寅恪问了他几个问题：曹魏末年的三次大叛乱为何都是在寿春？为何都是败在司马氏手中？这三次叛乱的区别与联系有哪些？败因何在？陈寅恪要求艾天秩在动手之前首先了解国内外关于这个问题已经发表了哪些成果，然后在前人研究基础上进行新的探索。

由于艾天秩外语不好，陈寅恪让其去向清华大学图书馆的一位老先生请教，从而获知还没有关于该问题的专文论述，沾点边的文章有5篇，其中3篇是用日文发表的，2篇是用英文发表的，并获知了这5篇文章的大致内容。对于用日文发表的3篇文章，陈寅恪又介绍其向周一良请教。其后，艾天秩将5篇文章的概要向陈寅恪汇报了一遍，陈寅恪认为这5篇文章基本上没有触及他让艾天秩研究的问题，从而断定该问题属于新探索。经过这种学术史梳理之后，陈寅恪才让艾天秩开始搜集资料。

第二，重视文献资料的搜集、摘录、整理及考证，确保论文的严谨性。陈寅恪告诉艾天秩，要从多个方面去找曹魏短暂兴亡的内在原因，主要包括东汉末年士族及豪族各集团之间的政治关系、文化影响、军事得失、经济原因等。艾天秩在梳理完学术史之后，就围绕着这些问题开始搜集一手资料。当时，陈寅恪给艾天秩的建议是："关键是带着自己的问题去精读细想由此及彼地思考，不要忽视同一史料不同史书提法的细微差异，抓住问题去寻根究底，尽力把原始材料按题目的要求排比起来。"当艾天秩遇到问题向陈寅恪求教时，陈寅恪往往是提示他从哪个方向去找，主要是认真钻研《三国表》裴注，其次是查证《通典》与《通鉴》，最后是参考建安七子及曹氏父子的诗文。后来，艾天秩从搜集到的材料中选择了20几条作为写作的证据。

对艾天秩的指导，体现出陈寅恪对史料的基本态度。他特别强调资料收集要全，选用要精，且不以人废言。对此，石泉回忆说："陈师常说，他最欣赏法国学者写文章的风格，证据够用了，就不多举了，不多啰唆。英国人的文章也不错。他最厌烦繁复冗长、堆砌材料的文章。陈师掌握的史料虽极丰富，但为文绝不广征博引以自炫，而只引用最必要的材料，因此行文十分简洁。"另外，陈寅恪很反对以人废言。1946年，石泉引用了黄秋岳所著《花随人圣庵摭忆》一书中的部分史料，燕京大学一位老先生说该书作者是汉奸，不能引用他的论著。石泉把这话向陈寅恪报告后，陈寅恪明确答复："只要有史料价值，足以助我们弄清问题，什么材料都可用，只看我们会不会用，引用前人论著，不必以人废言。"对于一时难以获取的史料，他则提醒学生以后要随时留意。王永兴回忆说，他在撰写一篇关于魏博牙军的文章时，查阅了两《唐书》等正史、唐人诗文、《太平广记》等笔记小说。文章完成后，陈寅恪指出，史料仍然不足，只是由于"史语所已迁往四川，省图书馆藏书恐亦不多，无书可查，俟他日完成之"。

三、选题与逻辑：毕业论文的指导重点

与对待小论文不同，陈寅恪对毕业论文的指导旨在培养学生的选题与逻辑能力。在学生写作前，陈寅恪要求他们和他进行讨论，并以答疑解惑、提供关键性史料等方式给予帮助，保证他们毕业论文的质量。

1. 选题重现实意义且能以小见大

据陈门弟子回忆，陈寅恪在指导研究生的毕业论文选题时特别强调两点：一是研究具有现实意义的重大问题，二是要能够以小见大。这两点也是陈寅恪本人从事学术研究的特点。就第一点而言，"先生之治史读史，无不时时立足于现实，着眼于现实，从现实的感受、现实的需要出发求对历史与现实的通观通解通识。'立足现实、回应现实'以治史，才能将世事与史籍两相会通，交融互释，得出深切之体认。细读先生的著作，便可看出，不仅对唐、宋史的研究如此，对魏晋清谈及其人物的评价研究，或是对陈端生、柳如是等杰出女子之着力表彰等，无不蕴含着对现实的感受和着眼于现实的求索。研究的题目与对象似乎远僻，其实都往往是由于对现实的深切感受所驱动，与实际生活贴联得十分紧密。"如根据陈寅恪的说法，南北朝隋唐注重门第，在决定士大夫升迁的因素中，"婚"与"宦"占很大重要性。陈寅恪弟子汪篯的毕业论文《新唐书宰相世系表母系的研究》专门研究唐代宰相中的婚姻集团，正是这个课题的一部分。另外，朱延丰的《突厥事迹考》、石泉的《甲午战争前后之晚清政局》等毕业论文研究的也都是具有现实意义的重大问题。

第二个特点是以小见大。"听陈先生的课可以很明显地感到他是批判地继承了清代乾嘉学派考据实证的严谨家法的，又用近代西方的治学方法加以改造。对史料能大踏步地钻进去，又大踏步地走出来，非常主动地得心应手。既非常严谨于第一手史料的可靠与旁证，又不局限于就事论事，就字认字，而是把史实放在广阔的时间空间时代背景条件下，从联系中发现问题穷根究底，得出新结论。看起来似乎他在课堂上遨游学海信手拈来，实际上他是牢牢抓住事物背后的错综复杂的因果联系的。他对我国中古政治制度、氏族演变发掘之深广，诗史互证眼界的开阔活泼与小处见大的结论之精妙，无不与此有关。"石泉也曾说过："陈师的考证极精，但又绝非烦琐考证，所考问题，都是小中见大，牵涉重大社会、文化、政治、经济方面的问题。"陈寅恪弟子的论文，如姚薇元的《北朝胡姓考》，"不仅更正了古代一些姓氏书的错误，尤其重要的是较全面地反映了魏晋南北朝民族融合的状况及少数民族在魏晋南北朝唐时代的历史影响"，也是"以小见大"的典范之作。

2. 提纲要符合逻辑且要有深度、广度和依据

在学生正式开始撰写毕业论文前，陈寅恪特别重视论文提纲，其大体步骤是先由导

师提若干问题，让研究生去阅读思考，形成大体思路，之后汇报、充实、修改，最终写出一份详细的提纲。对此，艾天秩回忆说，在完成一篇小论文之后，陈寅恪就要求他一步步地加深和开拓问题，并给他提了好几个问题，希望他能透过种种偶然因素，探索曹魏在三国鼎立中起主导作用的因果联系。艾天秩遵从导师的指导，用了大半年时间在加深和开拓方面下功夫，到下半年开始有了粗线条的轮廓。他将此轮廓向陈寅恪汇报后，陈寅恪又在不少环节上追问其史料依据，并让其进一步寻找证据。这样反复两遍之后，陈寅恪让其正式写一个详细提纲，要求标明支持各个论点的史料有哪几条，且要引用原文并说明出处。从中可以看出，陈寅恪对研究生毕业论文提纲的核心要求是符合逻辑、有深度、有广度、有依据。

与艾天秩相比，石泉的硕士学位论文是自选题目，准备比较充分，陈寅恪只是在材料搜集、分析、鉴别等方面提出了一些要求。在某日夜间，石泉与导师聊天时，陈寅恪问石泉对哪方面感兴趣，想作什么毕业论文题目，石泉回答说，近人王信忠写了一本《中日甲午战争的外交背景》，他想接着研究甲午战争中国惨败的内政背景，并陈述了自己的基本思路和想法。陈寅恪听后当即表示此题可作，并提醒说相关材料隐晦，必须在搜寻、鉴别、分析史料上下苦功夫。最终，石泉和导师商定以《中日甲午战前后的中国政局》作为毕业论文题目。关于该文的提纲，石泉在陈寅恪的指导下，先找出甲午战争中国之所以失败、自强运动之所以未能充分展开的三条线索：一是由于士大夫认识不足，洋务运动受到牵制，李鸿章本人也受到了守旧士大夫的攻击；二是太平天国运动后，汉人新兴势力崛起，形成地方分权之势，清帝国的中央集权被破坏，自强运动因而受到制约；三是满人统治集团内部分裂，中央政府日趋分化，自强工作难以推进。由于内政上的这些变化，其间政局出现四种变化：一是李鸿章与淮军失势；二是以翁同龢为代表的清流势力再度崛起，但他们并未拿出挽救时局的有效措施；三是德宗和太后的政见分歧日益明显，宫廷矛盾加剧并表面化；四是军队弱点充分暴露，北洋新军逐渐兴起。有了这些认识后，最终敲定论文分六章：第一章是概述甲午战前30年间的政局，第二至第五章按照时间分成"自发端至宣战""战争初期""和战并进时期""和议形成"四个时期论证政局变化，第六章概括战后政局新形势。提纲确定后，石泉就正式开始进入毕业论文撰写阶段。在此期间，陈寅恪还会不时地给石泉以必要的帮助，以保证其顺利地完成任务。

3. 撰写阶段每一章节都要反复讨论

在毕业论文提纲敲定后的论文撰写环节，陈寅恪要求学生在撰写每一章节之前，都要和他讨论，写完之后再交由他审查，审查通过后，才能进入下一章节的写作。对此，石泉回忆说，每一章写作之前，他都是先给导师讲自己的看法，再和导师讨论，方才动手写作。每一大节或一小章完成后，读给导师听，然后详细讨论，再定稿。导师对史料的搜集、考证要求极其严格，对于自己提出的观点，导师是一再从反面质疑，以尽量减少漏洞。石泉回忆道："其高度谨严之科学精神，对我此后一生的治学态度、途径与方法，皆有深远影响。"正因为陈寅恪的指导非常科学严格，所以他所指导的研究生论文质量都很高，如刘桂生在评价石泉的毕业论文时指出："可以断言的是，石泉教授这部少作、旧作，体现了中国良史之传统，其史学思想、史学方法与严谨的学风，都有其历史性的价值和切中时弊的现实意义。即以学风一端而言，本书对史料之搜集、考辨、研讨、分析，可谓详尽、透彻、深细。"

在指导过程中，陈寅恪以答疑解惑的方式给研究生提供了很多帮助。如石泉在写毕业论文期间，碰到很多当时士人私函中所用隐语，陈寅恪常常一语猜透，使难解的材料顿时明朗，成为其立论的关键性史料。如张佩纶在甲申变局前写给张之洞的密函中有"僧道相争"与"僧礼佛甚勤"等隐语，陈寅恪读后马上就做出了解读："'僧'当指醇王，字朴庵；'道'指恭王，号乐道堂主；'佛'则指太后，当时宫中久已称太后为'佛爷'。隐语解通后，甲申政局变动前恭、醇两王之矛盾及太后与醇王之密谋，就又增一证据。"又如《翁松禅（同龢）报张啬庵（謇）手书》中有一私人密函中云："封豕诚可以易长庚，但恐此星照别处。"陈寅恪当即指出："封豕指刘姓，长庚则是李，结合翁同龢日记等有关事，可知张謇必曾建议以湘军著名首领刘锦棠取代李鸿章为直隶总督，但又恐生他变，而未实现。"

另外，陈寅恪还经常给学生提供一些关键性史料。在石泉写作毕业论文期间，陈寅恪曾为其提供过一些未见于记载但很有价值的一手史料，如早年陈氏家住在湖南，和谭嗣同家有交往。谭嗣同幼年曾受继母虐待，常跑到陈家去哭。谭嗣同热情奔放、易于激动的性格和这种特殊的家庭环境有关。又如，陈寅恪谈过一个笑话，说是李木斋亲自听到的事，翁同龢长期担任户部尚书一职，甲午战争后，大臣们商议要编练新式军队时，有人提议一棚三四十个士兵，每人要发一支步枪，翁氏认为三四十个士兵有一支枪就够了，足见当时政府高级官员对于新政的无知程度。这些关键性史料都成为研究生毕业论文的重要证据。

五、结语

陈寅恪之所以能培养出一批优秀的研究生，主要有三方面的原因。

首先，认真负责的作风，一丝不苟的态度。陈寅恪每一次授课都不重复以前讲过的内容，其课堂可谓"字字精金美玉"。其对研究生的个别指导贯穿了从阅读到写作的各个环节，且一直坚持每周指导一次。万绳楠回忆说："陈老师对教学的高度负责精神，也给我留下了深刻印象。那时，陈老师的眼睛已经失明，年龄也接近60，可是每周如常授课。在我的记忆中，陈老师一堂课也没有缺过。"

其次，扎实的研究基础，开阔的学术视野。陈寅恪本人博览群书，记忆超群，勤于写作，在中古史、佛教史、近代史、文字学等领域都有建树，基础扎实，视野开阔，这种学术功底使其指导学生颇为得心应手。

最后，真切的现实关注，深厚的爱国情怀。陈寅恪的论著满篇考证，但关注的都是有关中华民族成败兴亡的大问题，充分展现出以小见大的魅力，体现了历史与现实的通解通识，且将之贯彻到指导研究生工作中。陈寅恪尤其关注中华民族文化的保存与发展，这在他本人的研究和他指导学生的论文中都有明显体现，如对于东晋王导，乾嘉学者王鸣盛认为其名声很大是因为他出身于门阀大族，其个人无所建树，陈寅恪则认为："王导之笼络江东士族，统一内部，结合南人北人两种实力，以抵抗外侮，民族因得以独立，文化因得以续延，不谓民族之功臣，似非平情之论也。"再如，关于民族融合问题的趋势，陈寅恪指出："胡族与胡族之间的融合，将让位于胡汉之间的融合；以地域区分民族，将让位于以文化区分民族。"

当下高校"双一流"建设的重要任务之一是提高研究生的培养质量，梳理总结前人的成功经验有助于这一任务的完成。陈寅恪就是这样一位非常成功的导师典型。作为研究生导师，我们有必要认真学习其治学态度、学术视野、治学方法、家国情怀，不断提高自身水平，为新时代的研究生教育贡献自己的力量。

参 考 文 献

[1] 周勋初. 陈寅恪先生的"中国文化本位论"[C]//北京大学中国中古史研究中心. 纪念陈寅恪先生诞辰百年学术论文集. 北京：北京大学出版社，2003：20-31.

[2] 王喜旺. 教学艺术大师：被遮蔽的陈寅恪"肖像"[J]. 河北师范大学学报，2015（6）：48-52.

[3] 辛逸. 学术阅读与学位论文写作规训：提高文科研究生质量的重要途径[J]. 中国高教研究，2009（5）：32-35.

[4] 汪荣祖. 陈寅恪与乾嘉考据学[C]//纪念陈寅恪教授国际学术讨论会秘书组. 纪念陈寅恪教授国际学术讨论会文集. 广州：中山大学出版社，1989：219-224.

[5] 陈寅恪. 魏晋南北朝史讲演录[M]. 合肥：黄山书社，1987.

[6] 杨联陞. 陈寅恪先生唐史第一讲笔记[C]//俞大维，等. 谈陈寅恪. 台北：传记文学出版社，1978：31-34.

[7] 蒋天枢. 陈寅恪先生编年事辑（增订本）[M]. 上海：上海古籍出版社，1997：149-150.

[8] 艾天秩. 忆先师陈寅恪先生[G]//清华大学历史系. 文献与记忆中的清华历史系（1926-1952）. 北京：清华大学出版社，2016：378-393.

[9] 王永兴. 王永兴学述[M]. 杭州：浙江人民出版社，1999：3-25.

[10] 陈寅恪. 李德裕贬死年月及归葬传说辨证[G]//陈寅恪. 金明馆丛稿二编. 北京：生活·读书·新知三联书店，2001：9-56.

[11] 陈寅恪. 元白诗笺证稿[M]. 北京：生活·读书·新知三联书店，2001：3.

[12] 石泉，李涵. 听寅恪师唐史课笔记一则[C]//北京大学中国中古史研究中心. 纪念陈寅恪先生诞辰百年学术论文集. 北京：北京大学出版社，1989：32-34.

[13] 戴家祥，林在勇. 清华国学研究院·导师·治学[J]. 文艺理论研究，1997（4）：2-8.

[14] 吴学昭. 吴宓与陈寅恪（增补本）[M]. 北京：生活·读书·新知三联书店，2014：315.

[15] 石泉，李涵. 追忆先师寅恪先生[C]//纪念陈寅恪教授国际学术讨论会秘书组. 纪念陈寅恪教

授国际学术讨论会文集．广州：中山大学出版社，1989：55－64.

[16] 石泉．甲午战争前后之晚清政局［M］．北京：生活·读书·新知三联书店，1997.

[17] 周法高．记昆明北大文科研究所［G］∥王世儒，闻笛．我与北大——"老北大"话北大．北京：北京大学出版社，1998：513－540.

[18] 姚薇元．北朝胡姓考（修订本）［M］．武汉：武汉大学出版社，2013.

[19] 陈寅恪．述东晋王导之功业［G］∥陈寅恪．金明馆丛稿初编．北京：生活·读书·新知三联书店，2001：55－77.

[20] 董贵成．导师培养博士生需要关注的若干重要环节［J］．学位与研究生教育，2018（9）：11－15.

（刊登于《学位与研究生教育》2020年第4期）

附　录

中华人民共和国学位法

(2024 年 4 月 26 日第十四届全国人民代表大会常务委员会第九次会议通过)

目　　录

第一章　总　　则

第一条　为了规范学位授予工作，保护学位申请人的合法权益，保障学位质量，培养担当民族复兴大任的时代新人，建设教育强国、科技强国、人才强国，服务全面建设社会主义现代化国家，根据宪法，制定本法。

第二条　国家实行学位制度。学位分为学士、硕士、博士，包括学术学位、专业学位等类型，按照学科门类、专业学位类别等授予。

第三条　学位工作坚持中国共产党的领导，全面贯彻国家的教育方针，践行社会主义核心价值观，落实立德树人根本任务，遵循教育规律，坚持公平、公正、公开，坚持学术自由与学术规范相统一，促进创新发展，提高人才自主培养质量。

第四条　拥护中国共产党的领导、拥护社会主义制度的中国公民，在高等学校、科学研究机构学习或者通过国家规定的其他方式接受教育，达到相应学业要求、学术水平或者专业水平的，可以依照本法规定申请相应学位。

第五条　经审批取得相应学科、专业学位授予资格的高等学校、科学研究机构为学位授予单位，其授予学位的学科、专业为学位授予点。学位授予单位可以依照本法规定授予相应学位。

第二章　学位工作体制

第六条　国务院设立学位委员会，领导全国学位工作。

国务院学位委员会设主任委员一人，副主任委员和委员若干人。主任委员、副主任委员和委员由国务院任免，每届任期五年。

国务院学位委员会设立专家组，负责学位评审评估、质量监督、研究咨询等工作。

第七条 国务院学位委员会在国务院教育行政部门设立办事机构，承担国务院学位委员会日常工作。

国务院教育行政部门负责全国学位管理有关工作。

第八条 省、自治区、直辖市人民政府设立省级学位委员会，在国务院学位委员会的指导下，领导本行政区域学位工作。

省、自治区、直辖市人民政府教育行政部门负责本行政区域学位管理有关工作。

第九条 学位授予单位设立学位评定委员会，履行下列职责：

（一）审议本单位学位授予的实施办法和具体标准；

（二）审议学位授予点的增设、撤销等事项；

（三）做出授予、不授予、撤销相应学位的决议；

（四）研究处理学位授予争议；

（五）受理与学位相关的投诉或者举报；

（六）审议其他与学位相关的事项。

学位评定委员会可以设立若干分委员会协助开展工作，并可以委托分委员会履行相应职责。

第十条 学位评定委员会由学位授予单位具有高级专业技术职务的负责人、教学科研人员组成，其组成人员应当为不少于九人的单数。学位评定委员会主席由学位授予单位主要行政负责人担任。

学位评定委员会做出决议，应当以会议的方式进行。审议本法第九条第一款第一项至第四项所列事项或者其他重大事项的，会议应当有全体组成人员的三分之二以上出席。决议事项以投票方式表决，由全体组成人员的过半数通过。

第十一条 学位评定委员会及分委员会的组成人员、任期、职责分工、工作程序等由学位授予单位确定并公布。

第三章　学位授予资格

第十二条 高等学校、科学研究机构申请学位授予资格，应当具备下列条件：

（一）坚持社会主义办学方向，落实立德树人根本任务；

（二）符合国家和地方经济社会发展需要、高等教育发展规划；

（三）具有与所申请学位授予资格相适应的师资队伍、设施设备等教学科研资源及办学水平；

（四）法律、行政法规规定的其他条件。

国务院学位委员会、省级学位委员会可以根据前款规定，对申请相应学位授予资格的条件做出具体规定。

第十三条　依法实施本科教育且具备本法第十二条规定条件的高等学校，可以申请学士学位授予资格。依法实施本科教育、研究生教育且具备本法第十二条规定条件的高等学校、科学研究机构，可以申请硕士、博士学位授予资格。

第十四条　学士学位授予资格，由省级学位委员会审批，报国务院学位委员会备案。

硕士学位授予资格，由省级学位委员会组织审核，报国务院学位委员会审批。

博士学位授予资格，由国务院教育行政部门组织审核，报国务院学位委员会审批。

审核学位授予资格，应当组织专家评审。

第十五条　申请学位授予资格，应当在国务院学位委员会、省级学位委员会规定的期限内提出。

负责学位授予资格审批的单位应当自受理申请之日起九十日内做出决议，并向社会公示。公示期不少于十个工作日。公示期内有异议的，应当组织复核。

第十六条　符合条件的学位授予单位，经国务院学位委员会批准，可以自主开展增设硕士、博士学位授予点审核。自主增设的学位授予点，应当报国务院学位委员会审批。具体条件和办法由国务院学位委员会制定。

第十七条　国家立足经济社会发展对各类人才的需求，优化学科结构和学位授予点布局，加强基础学科、新兴学科、交叉学科建设。

国务院学位委员会可以根据国家重大需求和经济发展、科技创新、文化传承、维护人民群众生命健康的需要，对相关学位授予点的设置、布局和学位授予另行规定条件和程序。

第四章　学位授予条件

第十八条　学位申请人应当拥护中国共产党的领导，拥护社会主义制度，遵守宪法和法律，遵守学术道德和学术规范。

学位申请人在高等学校、科学研究机构学习或者通过国家规定的其他方式接受教育，达到相应学业要求、学术水平或者专业水平的，由学位授予单位分别依照本法第十九条至第二十一条规定的条件授予相应学位。

第十九条　接受本科教育，通过规定的课程考核或者修满相应学分，通过毕业论文或者毕业设计等毕业环节审查，表明学位申请人达到下列水平的，授予学士学位：

（一）在本学科或者专业领域较好地掌握基础理论、专门知识和基本技能；

（二）具有从事学术研究或者承担专业实践工作的初步能力。

第二十条　接受硕士研究生教育，通过规定的课程考核或者修满相应学分，完成学术研究训练或者专业实践训练，通过学位论文答辩或者规定的实践成果答辩，表明学位申请人达到下列水平的，授予硕士学位：

（一）在本学科或者专业领域掌握坚实的基础理论和系统的专门知识；

（二）学术学位申请人应当具有从事学术研究工作的能力，专业学位申请人应当具有承担专业实践工作的能力。

第二十一条 接受博士研究生教育，通过规定的课程考核或者修满相应学分，完成学术研究训练或者专业实践训练，通过学位论文答辩或者规定的实践成果答辩，表明学位申请人达到下列水平的，授予博士学位：

（一）在本学科或者专业领域掌握坚实全面的基础理论和系统深入的专门知识；

（二）学术学位申请人应当具有独立从事学术研究工作的能力，专业学位申请人应当具有独立承担专业实践工作的能力；

（三）学术学位申请人应当在学术研究领域做出创新性成果，专业学位申请人应当在专业实践领域做出创新性成果。

第二十二条 学位授予单位应当根据本法第十八条至第二十一条规定的条件，结合本单位学术评价标准，坚持科学的评价导向，在充分听取相关方面意见的基础上，制定各学科、专业的学位授予具体标准并予以公布。

第五章 学位授予程序

第二十三条 符合本法规定的受教育者，可以按照学位授予单位的要求提交申请材料，申请相应学位。非学位授予单位的应届毕业生，由毕业单位推荐，可以向相关学位授予单位申请学位。

学位授予单位应当自申请日期截止之日起六十日内审查决定是否受理申请，并通知申请人。

第二十四条 申请学士学位的，由学位评定委员会组织审查，作出是否授予学士学位的决议。

第二十五条 申请硕士、博士学位的，学位授予单位应当在组织答辩前，将学位申请人的学位论文或者实践成果送专家评阅。

经专家评阅，符合学位授予单位规定的，进入答辩程序。

第二十六条 学位授予单位应当按照学科、专业组织硕士、博士学位答辩委员会。硕士学位答辩委员会组成人员应当不少于三人。博士学位答辩委员会组成人员应当不少于五人，其中学位授予单位以外的专家应当不少于二人。

学位论文或者实践成果应当在答辩前送答辩委员会组成人员审阅，答辩委员会组成人员应当独立负责地履行职责。

答辩委员会应当按照规定的程序组织答辩，就学位申请人是否通过答辩形成决议并当场宣布。答辩以投票方式表决，由全体组成人员的三分之二以上通过。除内容涉及国家秘密的外，答辩应当公开举行。

第二十七条 学位论文答辩或者实践成果答辩未通过的，经答辩委员会同意，可以在规定期限内修改，重新申请答辩。

博士学位答辩委员会认为学位申请人虽未达到博士学位的水平，但已达到硕士学位的水平，且学位申请人尚未获得过本单位该学科、专业硕士学位的，经学位申请人同意，可以做出建议授予硕士学位的决议，报送学位评定委员会审定。

第二十八条 学位评定委员会应当根据答辩委员会的决议，在对学位申请进行审核的基础上，做出是否授予硕士、博士学位的决议。

第二十九条 学位授予单位应当根据学位评定委员会授予学士、硕士、博士学位的决议，公布授予学位的人员名单，颁发学位证书，并向省级学位委员会报送学位授予信息。省级学位委员会将本行政区域的学位授予信息报国务院学位委员会备案。

第三十条 学位授予单位应当保存学位申请人的申请材料和学位论文、实践成果等档案资料；博士学位论文应当同时交存国家图书馆和有关专业图书馆。

涉密学位论文、实践成果及学位授予过程应当依照保密法律、行政法规和国家有关保密规定，加强保密管理。

第六章 学位质量保障

第三十一条 学位授予单位应当建立本单位学位质量保障制度，加强招生、培养、学位授予等全过程质量管理，及时公开相关信息，接受社会监督，保证授予学位的质量。

第三十二条 学位授予单位应当为研究生配备品行良好、具有较高学术水平或者较强实践能力的教师、科研人员或者专业人员担任指导教师，建立遴选、考核、监督和动态调整机制。

研究生指导教师应当为人师表，履行立德树人职责，关心爱护学生，指导学生开展相关学术研究和专业实践、遵守学术道德和学术规范、提高学术水平或者专业水平。

第三十三条 博士学位授予单位应当立足培养高层次创新人才，加强博士学位授予点建设，加大对博士研究生的培养、管理和支持力度，提高授予博士学位的质量。

博士研究生指导教师应当认真履行博士研究生培养职责，在培养关键环节严格把关，全过程加强指导，提高培养质量。

博士研究生应当努力钻研和实践，认真准备学位论文或者实践成果，确保符合学术规范和创新要求。

第三十四条 国务院教育行政部门和省级学位委员会应当在各自职责范围内定期组织专家对已经批准的学位授予单位及学位授予点进行质量评估。对经质量评估确认不能保证所授学位质量的，责令限期整改；情节严重的，由原审批单位撤销相应学位授予资格。

自主开展增设硕士、博士学位授予点审核的学位授予单位，研究生培养质量达不到规定标准或者学位质量管理存在严重问题的，国务院学位委员会应当撤销其自主审核资格。

第三十五条 学位授予单位可以根据本单位学科、专业需要，向原审批单位申请撤销相应学位授予点。

第三十六条 国务院教育行政部门应当加强信息化建设，完善学位信息管理系统，依法向社会提供信息服务。

第三十七条 学位申请人、学位获得者在攻读该学位过程中有下列情形之一的，经学位评定委员会决议，学位授予单位不授予学位或者撤销学位：

（一）学位论文或者实践成果被认定为存在代写、剽窃、伪造等学术不端行为；

（二）盗用、冒用他人身份，顶替他人取得的入学资格，或者以其他非法手段取得入学资格、毕业证书；

（三）攻读期间存在依法不应当授予学位的其他严重违法行为。

第三十八条 违反本法规定授予学位、颁发学位证书的，由教育行政部门宣布证书无效，并依照《中华人民共和国教育法》的有关规定处理。

第三十九条 学位授予单位拟作出不授予学位或者撤销学位决定的，应当告知学位申请人或者学位获得者拟作出决定的内容及事实、理由、依据，听取其陈述和申辩。

第四十条 学位申请人对专家评阅、答辩、成果认定等过程中相关学术组织或者人员作出的学术评价结论有异议的，可以向学位授予单位申请学术复核。学位授予单位应当自受理学术复核申请之日起三十日内重新组织专家进行复核并作出复核决定，复核决定为最终决定。学术复核的办法由学位授予单位制定。

第四十一条 学位申请人或者学位获得者对不受理其学位申请、不授予其学位或者撤销其学位等行为不服的，可以向学位授予单位申请复核，或者请求有关机关依照法律规定处理。

学位申请人或者学位获得者申请复核的，学位授予单位应当自受理复核申请之日起三十日内进行复核并作出复核决定。

第七章 附　则

第四十二条 军队设立学位委员会。军队学位委员会依据本法负责管理军队院校和科学研究机构的学位工作。

第四十三条 对在学术或者专门领域、在推进科学教育和文化交流合作方面做出突出贡献，或者对世界和平与人类发展有重大贡献的个人，可以授予名誉博士学位。

取得博士学位授予资格的学位授予单位，经学位评定委员会审议通过，报国务院学位委员会批准后，可以向符合前款规定条件的个人授予名誉博士学位。

名誉博士学位授予、撤销的具体办法由国务院学位委员会制定。

第四十四条 学位授予单位对申请学位的境外个人，依照本法规定的学业要求、学术水平或者专业水平等条件和相关程序授予相应学位。

学位授予单位在境外授予学位的，适用本法有关规定。

境外教育机构在境内授予学位的，应当遵守中国有关法律法规的规定。

对境外教育机构颁发的学位证书的承认，应当严格按照国家有关规定办理。

第四十五条 本法自 2025 年 1 月 1 日起施行。《中华人民共和国学位条例》同时废止。

中华人民共和国教育部令第 34 号
学位论文作假行为处理办法

《学位论文作假行为处理办法》已经 2012 年 6 月 12 日第 22 次部长办公会议审议通过，并经国务院学位委员会同意，现予发布，自 2013 年 1 月 1 日起施行。

教育部部长　袁贵仁

2012 年 11 月 13 日

学位论文作假行为处理办法

第一条　为规范学位论文管理，推进建立良好学风，提高人才培养质量，严肃处理学位论文作假行为，根据《中华人民共和国学位条例》《中华人民共和国高等教育法》，制定本办法。

第二条　向学位授予单位申请博士、硕士、学士学位所提交的博士学位论文、硕士学位论文和本科学生毕业论文（毕业设计或其他毕业实践环节）（统称为学位论文），出现本办法所列作假情形的，依照本办法的规定处理。

第三条　本办法所称学位论文作假行为包括下列情形：

（一）购买、出售学位论文或者组织学位论文买卖的；

（二）由他人代写、为他人代写学位论文或者组织学位论文代写的；

（三）剽窃他人作品和学术成果的；

（四）伪造数据的；

（五）有其他严重学位论文作假行为的。

第四条　学位申请人员应当恪守学术道德和学术规范，在指导教师指导下独立完成学位论文。

第五条　指导教师应当对学位申请人员进行学术道德、学术规范教育，对其学位论文研究和撰写过程予以指导，对学位论文是否由其独立完成进行审查。

第六条　学位授予单位应当加强学术诚信建设，健全学位论文审查制度，明确责任、规范程序，审核学位论文的真实性、原创性。

第七条　学位申请人员的学位论文出现购买、由他人代写、剽窃或者伪造数据等作假情形的，学位授予单位可以取消其学位申请资格；已经获得学位的，学位授予单位可以依法撤销其学位，并注销学位证书。取消学位申请资格或者撤销学位的处理决定应当向社会公布。从做出处理决定之日起至少 3 年内，各学位授予单位不得再接受其学位申请。

前款规定的学位申请人员为在读学生的，其所在学校或者学位授予单位可以给予开除学籍处分；为在职人员的，学位授予单位除给予纪律处分外，还应当通报其所在单位。

第八条 为他人代写学位论文、出售学位论文或者组织学位论文买卖、代写的人员，属于在读学生的，其所在学校或者学位授予单位可以给予开除学籍处分；属于学校或者学位授予单位的教师和其他工作人员的，其所在学校或者学位授予单位可以给予开除处分或者解除聘任合同。

第九条 指导教师未履行学术道德和学术规范教育、论文指导和审查把关等职责，其指导的学位论文存在作假情形的，学位授予单位可以给予警告、记过处分；情节严重的，可以降低岗位等级直至给予开除处分或者解除聘任合同。

第十条 学位授予单位应当将学位论文审查情况纳入对学院（系）等学生培养部门的年度考核内容。多次出现学位论文作假或者学位论文作假行为影响恶劣的，学位授予单位应当对该学院（系）等学生培养部门予以通报批评，并可以给予该学院（系）负责人相应的处分。

第十一条 学位授予单位制度不健全、管理混乱，多次出现学位论文作假或者学位论文作假行为影响恶劣的，国务院学位委员会或者省、自治区、直辖市人民政府学位委员会可以暂停或者撤销其相应学科、专业授予学位的资格；国务院教育行政部门或者省、自治区、直辖市人民政府教育行政部门可以核减其招生计划；并由有关主管部门按照国家有关规定对负有直接管理责任的学位授予单位负责人进行问责。

第十二条 发现学位论文有作假嫌疑的，学位授予单位应当确定学术委员会或者其他负有相应职责的机构，必要时可以委托专家组成的专门机构，对其进行调查认定。

第十三条 对学位申请人员、指导教师及其他有关人员做出处理决定前，应当告知并听取当事人的陈述和申辩。

当事人对处理决定不服的，可以依法提出申诉、申请行政复议或者提起行政诉讼。

第十四条 社会中介组织、互联网站和个人，组织或者参与学位论文买卖、代写的，由有关主管机关依法查处。

学位论文作假行为违反有关法律法规规定的，依照有关法律法规的规定追究法律责任。

第十五条 学位授予单位应当依据本办法，制定、完善本单位的相关管理规定。

第十六条 本办法自 2013 年 1 月 1 日起施行。

教育部关于全面落实研究生导师
立德树人职责的意见

教研〔2018〕1号

各省、自治区、直辖市教育厅（教委），新疆生产建设兵团教育局，有关部门（单位）教育司（局），中央军委训练管理部职业教育局，部属各高等学校：

研究生教育作为国民教育体系的顶端，是培养高层次专门人才的主要途径，是国家人才竞争的重要支柱，是建设创新型国家的核心要素。研究生导师是我国研究生培养的关键力量，肩负着培养国家高层次创新人才的使命与重任。为贯彻全国高校思想政治工作会议精神，努力造就一支有理想信念、道德情操、扎实学识、仁爱之心的研究生导师队伍，全面落实研究生导师立德树人职责，制定本意见。

一、指导思想和总体要求

1. 指导思想。高举中国特色社会主义伟大旗帜，以马克思列宁主义、毛泽东思想、邓小平理论、"三个代表"重要思想、科学发展观、习近平新时代中国特色社会主义思想为指导，增强中国特色社会主义道路自信、理论自信、制度自信、文化自信。全面贯彻党的教育方针，把立德树人作为研究生导师的首要职责，为实现"两个一百年"奋斗目标、实现中华民族伟大复兴的中国梦，培养德才兼备、全面发展的高层次专门人才。

2. 总体要求。落实导师是研究生培养第一责任人的要求，坚持社会主义办学方向，坚持教书和育人相统一，坚持言传和身教相统一，坚持潜心问道和关注社会相统一，坚持学术自由和学术规范相统一，以德立身、以德立学、以德施教。遵循研究生教育规律，创新研究生指导方式，潜心研究生培养，全过程育人、全方位育人，做研究生成长成才的指导者和引路人。

二、强化研究生导师基本素质要求

3. 政治素质过硬。坚持正确的政治方向，拥护中国共产党的领导，不断提高思想政治觉悟；贯彻党的教育方针，严格执行国家教育政策，坚持教育为人民服务，为中国共产党治国理政服务，为巩固和发展中国特色社会主义制度服务，为改革开放和社会主义现代化建设服务；自觉维护祖国统一、民族团结，具有高度的政治责任感，将思想教育与专业教育有机统一，成为社会主义核心价值观的坚定信仰者、积极传播者、模范实践者。

4. 师德师风高尚。模范遵守教师职业道德规范，为人师表，爱岗敬业，以高尚的道德情操和人格魅力感染、引导学生，成为先进思想文化的传承者和社会进步的积极推动者；谨遵学术规范，恪守学术道德，自觉维护公平正义和风清气正的学术环境；科学选才，规范招生，正确行使导师权力，确保招生录取公平公正；有责任心和使命感，尽职尽责，确保足够的时间和精力及时给予研究生启发和指导；有仁爱之心，以德育人，以文化人。

5. 业务素质精湛。具有深厚的学术造诣和执着的学术追求，关注社会需求，推动知识文化传承发展；熟悉国家招生政策，胜任考试招生工作。秉承先进教育理念，重视课程前沿引领，创新教学模式，丰富教学手段；不断提升指导能力，着力培养研究生创新能力，实现理论教学与实践指导之间的平衡，助力研究生成长成才。

三、明确研究生导师立德树人职责

6. 提升研究生思想政治素质。引导研究生正确认识世界和中国发展大势，正确认识中国特色和国际比较，正确认识时代责任和历史使命，正确认识远大抱负和脚踏实地；树立正确的世界观、人生观、价值观，坚定为共产主义远大理想和中国特色社会主义共同理想而奋斗的信念，成为德智体美全面发展的高层次专门人才。

7. 培养研究生学术创新能力。按照因材施教和个性化培养理念，积极参与制定执行研究生培养计划，统筹安排实践与科研活动，强化学术指导；定期与研究生沟通交流，指导研究生确定研究方向，深入开展研究；营造和谐的学术环境，培养研究生的创新意识和创新能力，激发研究生创新潜力；引导研究生跟踪学科前沿，直面学术问题，开拓学术视野，在学术研究上开展创新性工作。

8. 培养研究生实践创新能力。鼓励研究生积极参加国内外学术和专业实践活动，指导研究生发表各类研究成果，培养研究生提出问题、分析问题和解决问题的能力，强化理论与实践相结合；支持和指导研究生将科研成果转化应用，推动产学研用紧密结合，提升创新创业能力。

9. 增强研究生社会责任感。鼓励研究生将个人的发展进步与国家和民族的发展需要相结合，为国家富强和民族复兴贡献智慧和力量；支持和鼓励研究生参与各种社会实践和志愿服务活动，在服务人民与奉献社会的过程中实现自己的人生价值；培养研究生的国际视野和家国情怀，积极致力于构建人类命运共同体，努力成为世界文明进步的积极推动者。

10. 指导研究生恪守学术道德规范。培养研究生严谨认真的治学态度和求真务实的科学精神，自觉遵守科研诚信与学术道德，自觉维护学术事业的神圣性、纯洁性与严肃性，杜绝学术不端行为；在研究生培养的各个环节，强化学术规范训练，加强职业伦理教育，提升学术道德涵养；培养研究生尊重他人劳动成果，提高知识产权保护意识。

11. 优化研究生培养条件。根据不同学科、类别的研究生培养要求，积极为研究生的学习和成长创造条件，为研究生开展科学研究提供有利条件；鼓励研究生参与各种社会实践和学术交流；积极创设良好的学术交流平台，增加研究生参与社会实践和学术交流的机会；鼓励研究生积极参与课题研究，并根据实际情况，为研究生提供相应的经费支持。

12. 注重对研究生人文关怀。要加强人文关怀和心理疏导，加强校规校纪教育，把解决思想问题同解决实际问题结合起来，了解学生成长环境和过程，在关心帮助研究生的过程中做好教育和引导工作。加强与研究生的交流与沟通，建立良好的师生互动机制，关注研究生的学业压力，营造良好的学习氛围，提供相应的支持和鼓励，保护研究生合法权益；关注研究生的就业压力，引导研究生做好职业生涯规划，关心研究生生活和身心健康，不断提升研究生敢于面对困难挫折的良好心理素质。

四、健全研究生导师评价激励机制

13. 完善评价考核机制。坚持立德树人，把教书育人作为研究生导师评价的核心内容，突出教育教学业绩评价，将人才培养中心任务落到实处。教育行政部门要把立德树人纳入教学评估和学科评估指标体系，加强对研究生导师立德树人职责落实情况的评价；研究生培养单位要结合自身办学实际和学科特色，制订研究生导师立德树人职责考核办法，以年度考核为依托，坚持学术委员会评价、教学督导评价、研究生评价和导师自我评价相结合，建立科学、公平、公正、公开的考核体系。

14. 明确表彰奖励机制。研究生培养单位要将研究生导师立德树人评价考核结果，作为人才引进、职称评定、职务晋升、绩效分配、评优评先的重要依据，充分发挥考核评价的鉴定、引导、激励和教育功能。强化示范引领，对于立德树人成绩突出的研究生导师，研究生培养单位要给予表彰与奖励，推广复制优秀导师、优秀团队的成功经验。

15. 落实督导检查机制。教育行政部门和研究生培养单位要把研究生导师立德树人职责落实情况纳入教学督导范畴，加强督导检查。对于未能履行立德树人职责的研究生导师，研究生培养单位视情况采取约谈、限招、停招、取消导师资格等处理措施；对有违反师德行为的，实行一票否决，并依法依规给予相应处理。

五、强化组织保障

16. 各级教育主管部门加强组织领导。尊重高校办学自主权，优化管理，强化服务，加强宏观指导；统筹协调各方资源，切实保障各项投入，为研究生导师队伍建设积极创造条件；强化督导检查，确保政策落实；突出制度建设，形成落实导师立德树人职责的长效机制。

17. 研究生培养单位全面贯彻落实。制定和完善相关规章制度，强化落实，确保实效；安排专项经费用于导师队伍建设，定期组织交流、研讨，提升导师学术研究水平和研究生指导能力；尊重和保障导师自主性，维护和规范导师在招生、培养、资助、学术评价等环节中的权利；保障导师待遇，加强导师培训，支持导师参加学术交流活动和行业企业实践，逐步实现学术休假制度；改善导师治学环境，提供必要的工作场所、实验设施等条件；积极听取导师意见，营造良好校园文化环境，提升导师工作满意度。

18. 倡导全社会共同关心协同参与。积极营造全社会尊师重教的良好氛围，动员各界力量关心导师队伍建设；大力宣传导师立德树人先进典型，加强榜样示范教育；倡导全社会共同关心、协同参与，促进导师立德树人工作机制的常态化科学化。

各省级教育主管部门和研究生培养单位，要根据本意见制定相关的实施细则。

教育部

2018 年 1 月 17 日

教育部关于加强博士生导师
岗位管理的若干意见

教研〔2020〕11号

各省、自治区、直辖市教育厅（教委），新疆生产建设兵团教育局，有关部门（单位）教育司（局），部属各高等学校、部省合建各高等学校：

博士研究生教育是国民教育的顶端，是国家核心竞争力的重要体现。博士生导师是博士生培养的第一责任人，承担着培养高层次创新人才的使命。改革开放以来，广大博士生导师立德修身、严谨治学、潜心育人，为国家发展作出了重大贡献。但同时，部分培养单位对博士生导师的选聘、考核还不够规范，个别博士生导师的岗位意识还需进一步增强。为深入学习贯彻党的十九大和十九届二中、三中、四中全会精神，全面贯彻落实全国教育大会和全国研究生教育会议精神，建设一流博士生导师队伍，提高博士生培养质量，现就加强博士生导师岗位管理提出如下意见。

一、严格岗位政治要求。坚持以习近平新时代中国特色社会主义思想为指导，拥护中国共产党的领导，贯彻党的教育方针；具有高度的政治责任感，依法履行导师职责，将专业教育与思想政治教育有机融合，做社会主义核心价值观的坚定信仰者、积极传播者、模范实践者。

二、明确导师岗位权责。博士生导师是因博士生培养需要而设立的岗位，不是职称体系中的一个固定层次或荣誉称号。博士生导师的首要任务是人才培养，承担着对博士生进行思想政治教育、学术规范训练、创新能力培养等职责，要严格遵守研究生导师指导行为准则。培养单位要切实保障和规范博士生导师的招生权、指导权、评价权和管理权，坚定支持导师按照规章制度严格博士生学业管理，增强博士生导师的责任感、使命感、荣誉感，营造尊师重教良好氛围。

三、健全岗位选聘制度。培养单位要从政治素质、师德师风、学术水平、育人能力、指导经验和培养条件等方面制定全面的博士生导师选聘标准，避免简单化地唯论文、唯科研经费确定选聘条件；要制定完善的博士生导师选聘办法，坚持公正公开，切实履行选聘程序，建立招生资格定期审核和动态调整制度，确保博士生导师选聘质量；选聘副高级及以下职称教师为博士生导师的，应从严控制。博士生导师在独立指导博士生之前，一般应有指导硕士生或协助指导博士生的经历。对于外籍导师、兼职导师和校外导师，培养单位要提出专门的选聘要求。

四、加强导师岗位培训。建立国家典型示范、省级重点保障、培养单位全覆盖的三级培训体系。构建新聘导师岗前培训、在岗导师定期培训、日常学习交流相结合的培训制度，加强对培训过程和培训效果的考核。新聘博士生导师必须接受岗前培训，在岗博士生导师每年至少参加一次培训。要将政治理论、国情教育、法治教育、导师职责、师德师风、研究生教育政策、教学管理制度、指导方法、科研诚信、学术伦理、学术规范、心理学知识等作为培训内容，通过专家报告、经验分享、学习研讨等多种形式，切实保障培训效果。

五、健全考核评价体系。培养单位要制定科学的博士生导师考核评价标准，完善考核评价办法，将政治表现、师德师风、学术水平、指导精力投入、育人实效等纳入考核评价体系，对博士生导师履职情况进行综合评价。以年度考核为依托，加强教学过程评价，实行导师自评与同行评价、学生评价、管理人员评价相结合，建立科学合理的评价机制。

六、建立激励示范机制。培养单位要重视博士生导师评价考核结果的使用，将考评结果作为绩效分配、评优评先的重要依据，作为导师年度招生资格和招生计划分配的重要依据，充分发挥评价考核的教育、引导和激励功能。鼓励各地各培养单位评选优秀导师和优秀团队，加大宣传力度，推广成功经验，重视发挥优秀导师和优秀团队的示范引领作用。

七、健全导师变更制度。培养单位要明确导师变更程序，建立动态灵活的调整办法。因博士生转学、转专业、更换研究方向，或导师健康原因、调离等情况，研究生和导师均可提出变更导师的申请。对于师生出现矛盾或其他不利于保持良好导学关系的情况，培养单位应本着保护师生双方权益的原则及时给予调解，必要时可解除指导关系，重新确定导师。

八、完善岗位退出程序。对于未能有效履行岗位职责，在博士生招生、培养、学位授予等环节出现严重问题的导师，培养单位应视情况采取约谈、限招、停招、退出导师岗位等措施。对师德失范者和违法违纪者，要严肃处理并对有关责任人予以追责问责。对于导师退出指导岗位所涉及的博士生，应妥善安排，做好后续培养工作。

九、规范岗位设置管理。培养单位应根据自身发展定位、学科发展规划、资源条件、招生计划和师资水平等因素，科学确定博士生导师岗位设置规模；根据学科特点、师德表现、学术水平、科研任务和培养质量，合理确定导师指导博士生的限额，确保导师指导博士生的精力投入。

十、完善监督管理机制。各省级教育行政部门要监督指导本地区培养单位完善博士生导师岗位管理制度，并将制度建设和落实情况纳入相应评估指标和资源分配体系。培养单位要制定博士生导师岗位管理相关制度办法，加强和规范博士生导师岗位管理，保障博士生导师合法权益，推动博士生导师全面落实岗位职责。

教育部
2020 年 9 月 24 日

教育部关于印发《研究生导师指导
行为准则》的通知

教研〔2020〕12 号

各省、自治区、直辖市教育厅（教委），新疆生产建设兵团教育局，有关部门（单位）教育司（局），部属各高等学校、部省合建各高等学校：

为深入学习贯彻党的十九大和十九届二中、三中、四中、五中全会精神，全面贯彻落实全国教育大会、全国研究生教育会议精神，加强研究生导师队伍建设，规范研究生导师指导行为，全面落实研究生导师立德树人职责，我部研究制定了《研究生导师指导行为准则》（以下简称准则）。现印发给你们，请结合实际认真贯彻执行。

一、准则是研究生导师指导行为的基本规范。研究生导师是研究生培养的第一责任人，肩负着为国家培养高层次创新人才的重要使命。长期以来，广大研究生导师立德修身、严谨治学、潜心育人，为国家发展作出了重大贡献，但个别导师存在指导精力投入不足、质量把关不严、师德失范等问题。制定导师指导行为准则，划定基本底线，是进一步完善导师岗位管理制度，明确导师岗位职责，建设一流研究生导师队伍的重要举措。

二、认真做好部署，全面贯彻落实。各地各校要结合研究生导师队伍建设实际，扎实开展准则的学习贯彻。要做好宣传解读，帮助导师全面了解准则内容，做到全员知晓。要完善相关制度，将准则真正贯彻落实到研究生招生培养全方位、全过程，强化岗位聘任、评奖评优、绩效考核等环节的审核把关。

三、强化监督指导，依法处置违规行为。各地各校要落实学校党委书记和校长师德建设第一责任人责任、院（系）行政主要负责人和党组织主要负责人直接领导责任，按照准则要求，依法依规建立研究生导师指导行为违规责任认定和追究机制，强化监督问责。对确认违反准则的相关责任人和责任单位，要按照《教育部关于高校教师师德失范行为处理的指导意见》（教师〔2018〕17 号）和本单位相关规章制度进行处理。对违反准则的导师，培养单位要依规采取约谈、限招、停招直至取消导师资格等处理措施；对情节严重、影响恶劣的，一经查实，要坚决清除出教师队伍；涉嫌违法犯罪的移送司法机关处理。对导师违反准则造成不良影响的，所在院（系）行政主要负责人和党组织主要负责人需向学校分别作出检讨，由学校依据有关规定视情节轻重采取约谈、诚勉谈话、通报批评、纪律处分和组织处理等方式进行问责。我部将导师履行准则的情况纳入学位授权点合格评估和"双一流"监测指标体系中，对导师违反准则造成不良影响的高校，将视情核减招生计划、限制申请新增学位授权，情节严重的，将按程序取消相关学科的学位授权。

各地各校贯彻落实准则情况，请及时报告我部。我部将适时对落实情况进行督查。

教育部

2020 年 10 月 30 日

研究生导师指导行为准则

导师是研究生培养的第一责任人，肩负着培养高层次创新人才的崇高使命。长期以来，广大导师贯彻党的教育方针，立德修身、严谨治学、潜心育人，为研究生教育事业发展和创新型国家建设做出了突出贡献。为进一步加强研究生导师队伍建设，规范指导行为，努力造就有理想信念、有道德情操、有扎实学识、有仁爱之心的新时代优秀导师，在《教育部关于全面落实研究生导师立德树人职责的意见》（教研〔2018〕1 号）、《新时代高校教师职业行为十项准则》基础上，制定以下准则。

一、坚持正确思想引领。坚持以习近平新时代中国特色社会主义思想为指导，模范践行社会主义核心价值观，强化对研究生的思想政治教育，引导研究生树立正确的世界观、人生观、价值观，增强使命感、责任感，既做学业导师又做人生导师。不得有违背党的理论和路线方针政策、违反国家法律法规、损害党和国家形象、背离社会主义核心价值观的言行。

二、科学公正参与招生。在参与招生宣传、命题阅卷、复试录取等工作中，严格遵守有关规定，公平公正，科学选才。认真完成研究生考试命题、复试、录取等各环节工作，确保录取研究生的政治素养和业务水平。不得组织或参与任何有可能损害考试招生公平公正的活动。

三、精心尽力投入指导。根据社会需求、培养条件和指导能力，合理调整自身指导研究生数量，确保足够的时间和精力提供指导，及时督促指导研究生完成课程学习、科学研究、专业实习实践和学位论文写作等任务；采用多种培养方式，激发研究生创新活力。不得对研究生的学业进程及面临的学业问题疏于监督和指导。

四、正确履行指导职责。遵循研究生教育规律和人才成长规律，因材施教；合理指导研究生学习、科研与实习实践活动；综合开题、中期考核等关键节点考核情况，提出研究生分流退出建议。不得要求研究生从事与学业、科研、社会服务无关的事务，不得违规随意拖延研究生毕业时间。

五、严格遵守学术规范。秉持科学精神，坚持严谨治学，带头维护学术尊严和科研诚信；以身作则，强化研究生学术规范训练，尊重他人劳动成果，杜绝学术不端行为，对与研究生联合署名的科研成果承担相应责任。不得有违反学术规范、损害研究生学术科研权益等行为。

六、把关学位论文质量。加强培养过程管理，按照培养方案和时间节点要求，指导研究生做好论文选题、开题、研究及撰写等工作；严格执行学位授予要求，对研究生学位论文质量严格把关。不得将不符合学术规范和质量要求的学位论文提交评审和答辩。

七、严格经费使用管理。鼓励研究生积极参与科学研究、社会实践和学术交流，按规定为研究生提供相应经费支持，确保研究生正当权益。不得以研究生名义虚报、冒领、挪用、侵占科研经费或其他费用。

八、构建和谐师生关系。落实立德树人根本任务，加强人文关怀，关注研究生学业、就业压力和心理健康，建立良好的师生互动机制。不得侮辱研究生人格，不得与研究生发生不正当关系。

中共中央　国务院关于弘扬教育家精神加强新时代高素质专业化教师队伍建设的意见

（2024 年 8 月 6 日）

教师是立教之本、兴教之源，强国必先强教，强教必先强师。为大力弘扬教育家精神，加强新时代高素质专业化教师队伍建设，进一步营造尊师重教良好氛围，现提出如下意见。

一、总体要求

坚持以习近平新时代中国特色社会主义思想为指导，深入贯彻党的二十大和二十届二中、三中全会精神，坚持党对教育事业的全面领导，贯彻新时代党的教育方针，落实立德树人根本任务，把加强教师队伍建设作为建设教育强国最重要的基础工作来抓，强化教育家精神引领，提升教师教书育人能力，健全师德师风建设长效机制，深化教师队伍改革创新，加快补齐教师队伍建设突出短板，强化高素质教师培养供给，优化教师资源配置，打造一支师德高尚、业务精湛、结构合理、充满活力的高素质专业化教师队伍，为加快教育现代化、建设教育强国、办好人民满意的教育提供坚强支撑。

工作中要坚持教育家精神铸魂强师，引导广大教师坚定心有大我、至诚报国的理想信念，陶冶言为士则、行为世范的道德情操，涵养启智润心、因材施教的育人智慧，秉持勤学笃行、求是创新的躬耕态度，勤修乐教爱生、甘于奉献的仁爱之心，树立胸怀天下、以文化人的弘道追求，践行教师群体共同价值追求。坚持教育家精神培育涵养，融入教师培养、发展，构建日常浸润、项目赋能、平台支撑的教师发展良好生态。坚持教育家精神弘扬践行，贯穿教师课堂教学、科学研究、社会实践等各环节，筑牢教育家精神践行主阵地。坚持教育家精神引领激励，建立完善教师标准体系，纳入教师管理评价全过程，引导广大教师将教育家精神转化为思想自觉、行动自觉。

经过 3 至 5 年努力，教育家精神得到大力弘扬，高素质专业化教师队伍建设取得积极成效，教师立德修身、敬业立学、教书育人呈现新风貌，尊师重教社会氛围更加浓厚。到 2035 年，教育家精神成为广大教师的自觉追求，实现教师队伍治理体系和治理能力现代化，数字化赋能教师发展成为常态，教师地位巩固提高，教师成为最受社会尊重和令人羡慕的职业之一，形成优秀人才争相从教、优秀教师不断涌现的良好局面。

二、加强教师队伍思想政治建设

（一）加强理想信念教育。建立健全教师定期理论学习制度，坚持不懈用习近平新时代中国特色社会主义思想凝心铸魂。持续抓好党史、新中国史、改革开放史、社会主义发展史学习教育。统筹各级各类党校（行政学院）等资源，定期开展教师思想政治轮训，增进广大教师对中国共产党和中国特色社会主义的政治认同、思想认同、理论认同、情感认同。

（二）加强教师队伍建设党建引领。把党的政治建设摆在首位，牢牢掌握党对教师队伍建设的领导权。选优配强教师党支部书记，强化教师党支部书记"双带头人"培育，充分发挥教师、师范生党支部的战斗堡垒作用和党员教师的先锋模范作用。注意做好在高层次人才、优秀青年教师、少先队辅导员和海外留学归国教师中发展党员工作，落实好"三会一课"等党的组织生活制度，把教师紧密团结在党的周围。坚持党建带群建，加强青年教师思想政治引领。

三、涵养高尚师德师风

（三）坚持师德师风第一标准。将思想政治和师德要求纳入教师聘用合同，在教师聘用工作中严格考察把关。将师德表现作为教师资格准入、招聘引进、职称评聘、导师遴选、评优奖励、项目申报等的首要要求。各级组织人事和教育部门将师德师风建设纳入学校基层党建述职评议考核、领导班子和领导人员考核及全面从严治党任务清单，与教育督导、重大人才工程评选、教育教学评估、学位授权审核、学位授权点评估等挂钩。学校主要负责人要认真履行师德师风建设第一责任人职责，压实高校院（系）主要负责人责任。

（四）引导教师自律自强。引导广大教师自觉践行教育家精神，模范遵守宪法和法律法规，依法履行教师职责，坚决抵制损害党中央权威、国家利益的言行；模范遵守新时代教师职业行为准则，自觉捍卫教师职业尊严；模范遵守社会公德，形象得体、言行雅正。加强科研诚信与优良教风学风建设，坚决抵制学术不端，营造风清气正的学术生态。通过典型案例强化警示教育。

（五）加强师德师风培养。把学习贯彻习近平总书记关于教育的重要论述作为教师培养的必修课，作为教师教育和培训的重要任务，使广大教师把握其深刻内涵、做到知行合一。将师德师风和教育家精神融入教师教育课程和教师培养培训全过程。开发教育家精神课程教材资源。用好国家智慧教育公共服务平台，开展师德师风和教育家精神专题研修。有计划地组织教师参加革命传统教育、国情社情考察、社会实践锻炼，引导教师在理论与实践中涵养高尚师德和教育家精神。

（六）坚持师德违规"零容忍"。依规依纪依法查处师德违规行为，对群众反映强烈、社会影响恶劣的严重师德违规行为，从严从重给予处理处分。落实教职员工准入查询和从业禁止制度。各地各高校要将师德师风建设作为教育系统巡视巡察和督查检查的重要内容。坚持失责必问、问责必严，对相关单位和责任人落实师德师风建设责任不到位、造成严重后果或恶劣影响的，予以严肃问责。

四、提升教师专业素养

（七）健全中国特色教师教育体系。大力支持师范院校建设，全面提升师范教育水平。坚持师范院校教师教育第一职责，强化部属师范大学引领，大力支持师范院校

"双一流"建设。以国家优秀中小学教师培养计划为引领，支持"双一流"建设高校为代表的高水平院校为中小学培养研究生层次优秀教师。实施师范教育协同提质计划。优化师范生公费教育政策。深化实施中西部欠发达地区优秀教师定向培养计划。优化师范院校评估指标，改革师范类专业认证，支持师范专业招生实施提前批次录取，推进培养模式改革。师范院校普遍建立数学、科技、工程类教育中心，加强师范生科技史教育，提高科普传播能力。加大对师范类专业研究生学位授权审核的支持力度。加强培养基本条件和实践基地建设。加强英才教育师资培养。强化紧缺领域师资培养。

（八）提高教师学科能力和学科素养。将学科能力和学科素养作为教师教书育人的基础，贯穿教师发展全过程。推动相关高校优化课程设置，精选课程内容，夯实师范生坚实的学科基础。在中小学教师培训中强化学科素养提升，推动教师更新学科知识，紧跟学科发展。加强中小学学科领军教师培训，培育一批引领基础教育学科教学改革的骨干。将高校教师学科能力和学科素养提升作为学科建设的重要内容，推动教师站在学科前沿开展教学、科研，创新教学模式方法。适应基础学科、新兴学科、交叉学科发展趋势，支持高校教师开展跨学科学习与研究，加强学科领军人才队伍建设，发挥引领带动作用。

（九）提升教师教书育人能力。强化高层次教师培养，为幼儿园、小学重点培养本科及以上层次教师，中学教师培养逐步实现以研究生层次为主。实施教师学历提升计划。强化中小学名师名校长培养。完善实施中小学教师国家级培训计划，完善教师全员培训制度和体系，加强乡村教师培训，提升乡村教师能力素质。推进中小学教师科学素质提升。支持高水平大学与高等职业院校、企业联合开展职业教育教师一体化培养培训，优化实施职业院校教师素质提高计划。推动高校将博士后作为教师重要来源。健全高校教师发展支持服务体系。实施数字化赋能教师发展行动，推动教师积极应对新技术变革，着眼未来培养人才。

（十）优化教师管理和资源配置。完善国家教师资格制度，建立完善符合教育行业特点的教师招聘制度，严把教师入口关。深化职称制度改革，优化教师岗位结构比例。职称评聘向乡村教师倾斜。适应小班化、个性化教学需要，优化教师资源配置。加强科学和体育美育等紧缺薄弱学科教师配备，强化思政课教师和辅导员队伍配备管理。优化中小学教师"县管校聘"管理机制。深入实施教育人才"组团式"支援帮扶计划、国家银龄教师行动计划、乡村首席教师岗位计划等。建立健全高校产业兼职教师管理和教师企业实践制度。

（十一）营造教育家成长的良好环境。倡导教育家办学，落实学校办学自主权，鼓励支持教师和校长创新教育思想、教育模式、教育方法，形成教学特色和办学风格。推进教师评价改革，突出教育教学实绩，注重凭能力、实绩和贡献评价教师，坚决克服唯分数、唯升学、唯文凭、唯论文、唯帽子等现象，推进发展性评价。强化国家重大战略任务和重大人才工程引领，高层次人才遴选和培育突出教书育人导向，让科学家同时成为教育家，充分发挥科学家在人才培养中的重要作用，将教育家精神、科学家精神、工匠精神等相融汇，提升教书育人质量。

五、加强教师权益保障

（十二）加大各级各类教师待遇保障力度。健全中小学教师工资长效联动机制，巩固义务教育教师平均工资收入水平不低于当地公务员平均工资收入水平成果，强化高中、幼儿园教师工资待遇保障。落实好工资、社会保险等各项政策。研究提高教龄津贴标准。落实好乡村教师生活补助政策。加大教师培训经费投入力度。保障教师课后服务工作合理待遇。加强乡村教师周转宿舍建设。

（十三）维护教师合法权益。维护教师教育惩戒权，支持教师积极管教。学校和有关部门要依法保障教师履行教育职责。依法惩处对教师的侮辱、诽谤、恶意炒作等言行，构成犯罪的，依法追究刑事责任。学校和教育部门要支持教师维护合法权益。大力减轻教师负担，统筹规范社会事务进校园，精简督查检查评比考核事项，为中小学、高校教师和科研人员减负松绑，充分保证教师从事主责主业。

六、弘扬尊师重教社会风尚

（十四）厚植尊师重教文化。提高教师地位，支持和吸引优秀人才热心从教、精心从教、长期从教、终身从教。推进全社会涵养尊师文化，提振师道尊严，注重尊师教育，开展尊师活动，将尊师文化融入学生日常言行。发扬"传帮带"传统，通过教师入职、晋升、荣休等活动，浸润传承教育家精神。支持自然人、法人或其他组织采取多种方式尊师重教，形成良好社会氛围。

（十五）加大教师荣誉表彰力度。加强对优秀教师激励奖励，完善相关制度。对作出突出贡献的教师集体和个人，按照有关规定给予表彰奖励，表彰奖励向乡村教师倾斜。

（十六）创新开展教师宣传工作。宣传优秀教师典型。鼓励支持教育家精神研究，形成一批高质量学术成果。强化教育、教师题材文艺作品创作，推出更多讴歌优秀教师、弘扬教育家精神的文艺精品。用好新媒体等渠道，拓展教师宣传阵地。依托博物馆、展览馆和文化馆等，开展教育家精神主题展览。加强教师相关新闻舆论引导和监督，激浊扬清、弘扬正气。

（十七）讲好中国教育家故事。深入实施学风传承行动等活动，传播教育家思想、展现教育家风貌。将弘扬教育家精神纳入国际传播话语体系，搭建国际交流合作平台，讲好中国教育家故事，传播中国教育声音，贡献中国教育智慧。

各级党委和政府要高度重视教师队伍建设，结合实际抓好本意见贯彻落实，形成齐抓共管的工作格局。各级各类学校要将高素质专业化教师队伍建设作为学校发展的关键基础性工作，健全工作机制，强化工作保障。各级领导干部要深入学校了解教师情况，为广大教师办实事、解难事。